高等学校土建类专业“十三五”规划教材

建筑结构CAD

——PKPM应用与设计实例

（第2版）

赵 菲　肖天崟　主编　　陈超核　主审

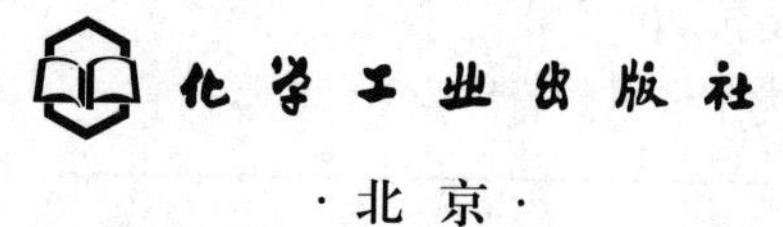

·北京·

本书以最新 V4.1 版本的 PKPM 结构设计软件为蓝本，紧密结合现行建筑结构规范，突出重点，辅以工程实例，详细介绍了结构建模、SATWE 分析计算和 JCCAD——基础设计三大核心模块以及混凝土结构施工图后处理模块的使用方法，并通过丰富的工程实例，阐述了概念设计思想在结构计算机辅助设计中的应用。

本书适合高等院校土木工程专业师生教学使用，也可供建筑结构设计人员及 PKPM 软件的初学者使用。

图书在版编目（CIP）数据

建筑结构 CAD：PKPM 应用与设计实例/赵菲，肖天鋆主编. —2 版. —北京：化学工业出版社，2018.8（2025.1重印）

高等学校土建类专业“十三五”规划教材

ISBN 978-7-122-32536-5

Ⅰ.①建… Ⅱ.①赵…②肖… Ⅲ.①建筑结构-结构设计-计算机辅助设计-应用软件-高等学校-教材 Ⅳ.①TU318-39

中国版本图书馆 CIP 数据核字（2018）第 145375 号

责任编辑：陶艳玲　　装帧设计：韩　飞

责任校对：边　涛

出版发行：化学工业出版社（北京市东城区青年湖南街 13 号　邮政编码 100011）

印　　刷：三河市航远印刷有限公司

装　　订：三河市宇新装订厂

787mm×1092mm　1/16　印张 24¾　字数 534 千字　2025 年 1 月北京第 2 版第 10 次印刷

购书咨询：010-64518888　　售后服务：010-64518899

网　　址：http://www.cip.com.cn

凡购买本书，如有缺损质量问题，本社销售中心负责调换。

定　　价：59.00 元

前言

PKPM软件是面向建筑工程全生命周期的集建筑、结构、设备、节能、概预算、施工技术、施工管理、企业信息化于一体的大型建筑工程软件系统，并且紧跟行业需求和规范更新，不断推陈出新开发出对行业产生巨大影响的软件产品，使国产自主知识产权的软件几十年来一直占据我国结构设计行业应用和技术的主导地位，及时满足了我国建筑行业快速发展的需要，显著提高了设计效率和质量。随着PKPM软件的升级换代，为了让读者及时了解最新V4.1版本的PKPM结构设计软件的使用，编著者对第一版进行了修订。在修订过程中，遵照第一版的编写原则，依据现行的建筑结构规范、规程，结合具体工程实例的操作，突出重点，详细介绍了结构建模、SATWE分析计算和JCCAD基础设计三大核心模块以及混凝土结构施工图后处理模块的使用方法。

本书共分为6章，第1章概述了PKPM系列软件中结构设计部分各模块的主要功能；第2章介绍了结构建模的操作步骤，包括轴网建立、构件布置、荷载布置以及楼层组装等；第3章介绍了SATWE模块的操作步骤，包括平面荷载校核、设计模型前处理、分析模型和计算以及计算结果的图形和文本显示等，并且从“规范规定”“参数含义”“参数取值”和“注意事项”四个方面对SATWE计算和控制参数的设置进行了详尽阐述；第4章介绍了混凝土结构施工图的操作步骤，包括板、梁、柱和剪力墙施工图的绘制等；第5章介绍了JCCAD——基础设计模块的操作步骤，包括地质模型、基础模型、桩承台和独基计算、沉降计算以及施工图的绘制等；第6章内容同第一版，阐述了概念设计的主要内容，并通过丰富的工程实例，从概念设计的角度探讨这些工程的结构方案和结构设计要点，旨在强调概念设计思想在结构计算机辅助设计中的应用及其重要性。

本书第1、第6章由赵菲编写，第2章由赵菲和肖天崟编写，第3、第4章由赵菲和张亚惠编写，第5章由赵菲和昌魏编写。全书由陈超核教授主审。

本书适合高等院校土木工程专业的师生作为教材使用，也可供建筑结构设计人员及PKPM软件的初学者使用。

第一版书的出版得到了众多读者的支持和厚爱，在此编著者们表示诚挚的感谢。限于编著者水平，第二版书中仍然难免有疏漏之处，恳请读者批评指正。

编　者

2018年5月

第1版前言
Preface

PKPM设计软件是一套集建筑、结构、设备设计于一体的集成化CAD系统，它在国内建筑设计行业占有绝对优势，市场占有率达90%以上，现已成为国内应用最为普遍的CAD系统。随着部分最新版结构设计规范、规程的出台，PKPM软件也相应地进行了升级换代，为了让读者及时了解最新版PKPM软件的使用，编著者根据最新2011规范版本的PKPM结构设计软件编写了本书。在编写过程中，依据现行的建筑结构规范、规程，结合具体工程实例的操作，突出重点，详细介绍了PMCAD模型建立、SATWE分析计算和JCCAD基础设计三大核心模块的使用方法。

本书共分为6章，第1章概述了PKPM系列软件中结构设计部分各模块的主要功能；第2章介绍了PMCAD模块的操作步骤，包括结构模型的建立、荷载输入以及结构平面图的绘制等；第3章介绍了SATWE模块的操作步骤，包括SATWE数据的生成、结构内力和配筋计算以及分析结果的图形和文本显示等，并且从“规范规定”“参数含义”“参数取值”和“注意事项”四个方面对SATWE计算和控制参数的设置进行了详尽阐述；第4章介绍了墙梁柱施工图后处理模块的操作步骤，包括梁、柱和剪力墙施工图的绘制等；第5章介绍了JCCAD基础设计模块的操作步骤，包括基础的人机交互输入、沉降计算和施工图的绘制等。此外，在传统的土木工程专业教学中，由于通常只重视单独构件和孤立的结构分体系的力学概念讲解，忽略对整体结构体系概念的强调，因此学生在进行毕业设计的计算机辅助设计时，往往缺乏对整体结构概念的认识，只会盲目照搬规范和规程的条文限值，过分依赖计算机分析结果而出现结构计算模型与实际建筑物的较大差别；或由于对软件的基本理论假定、应用范围和限制条件认识不清而导致错误的计算结果，这种情况在年轻的结构工程师中也屡有出现。鉴于此，编著者专门编写了第6章内容，阐述了概念设计的主要内容，并通过丰富的工程实例，从概念设计的角度探讨这些工程的结构方案和结构设计要点，旨在强调概念设计思想在结构计算机辅助设计中的应用及其重要性。

本书第1、第2、第4章由肖天崟编著，第3、第6章由赵菲编著，第5章由高洪波编著。全书由陈超核和赵菲负责主编、修改和定稿工作。

本书的编著要感谢中国中元国际工程公司的肖自强高工、李基波高工和海南省建筑设计院的任学斌高工，他们为本书提供了丰富的工程案例。

海南省教育厅（项目编号：Hjkj200723）和海南大学（项目编号：hd09xm76）为本书的出版提供了资助。

本书适合高等院校土木工程专业学生、建筑结构设计人员及PKPM软件的初学者使用。

限于编著者水平，书中难免有疏漏、错误之处，恳请读者批评指正。

编著者

2011年7月

符 号 约 定

1. 符号含义

• ［…］：按键盘上的某一个键，执行某项操作。

例如：按［F5］键，表示重新显示当前图、刷新修改结果；按［Esc］键，用于否定、放弃、返回菜单等。

• 【…】：点击屏幕上方的下拉菜单，或对话框里的功能菜单命令，执行某项操作。

例如：点击屏幕上方的下拉菜单【荷载布置】，显示荷载布置的各项子菜单。

点击独基对话框中的【自动布置】，显示自动布置的各项子菜单。

• 【…/…/…】：点击下拉菜单的下级子菜单命令，执行某项操作。

例如：点击【构件布置／柱】，表示点击下拉菜单【构件布置】后，再点击【柱】命令。

• "…"：屏幕下方的人机对话内容，或对话框中输入和选择的参数，或规范原文。

例如：直线轴网输入对话框中的下开间一栏输入："6000，7000，5000"。

• 〈…〉：对话框中的选项。

例如：点击【构件布置／柱】，弹出柱布置对话框，点击〈布置〉。

• 《…》：书名。

2. 字体含义

• 黑体加粗：表示规范强制性条文。

• 楷体：表示与工程实例相关的内容。

目录

Contents

第1章 PKPM系列软件简介

PKPM设计软件（又称PKPMCAD）是一套集建筑、结构、设备（给排水、采暖、通风空调、电气）设计于一体的集成化CAD系统。它在国内建筑设计行业占有绝对优势，市场占有率达90%以上，现已成为国内应用最为普遍的建筑设计CAD系统。本书根据目前最新的PKPM多层及高层结构集成设计系统V4.1版进行编写，主要介绍该软件的结构部分。

用鼠标双击桌面上的PKPM快捷图标，启动PKPM主界面，如图1-1所示。界面上部由“结构”“砌体”“钢结构”“鉴定加固”“预应力”“工具 & 工业”“用户手册”、“改

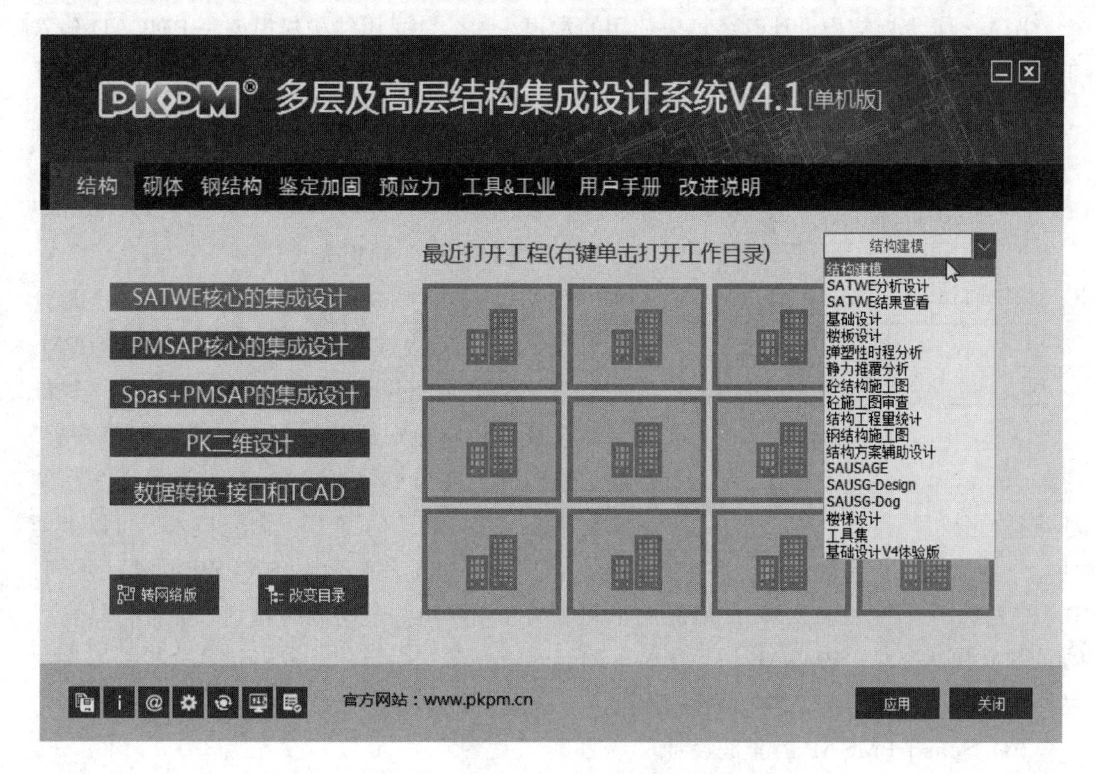

图1-1 PKPM结构系列软件操作界面

进说明”等板块组成，在“结构”板块下，界面左侧有“SATWE核心的集成设计”、“PMSAP核心的集成设计”、“Spas＋PMSAP的集成设计”、“PK二维设计”以及“数据转换-接口和TCAD”模块组成。点击任一模块，例如“SATWE核心的集成设计”，界面右上角的专业模块列表中会显示出不同的子模块，包括结构建模、SATWE分析设计、SATWE结果查看、基础设计、楼板设计、弹塑性时程分析、混凝土结构施工图、楼梯设计等等。界面右半部分由若干灰色方块组成，点击任一灰色方块可新建一个工程的工作目录。对于已建的工作目录，则会显示出工作目录的名称。“结构”板块下各个模块的主要功能简单介绍如下。

（1）SATWE核心的集成设计

SATWE核心的集成设计是指以SATWE作为分析计算核心模块的集成设计，包括结构建模（PMCAD）、SATWE分析设计、SATWE结果查看、基础设计、楼板设计、弹塑性时程分析、静力推覆分析、混凝土结构施工图、混凝土施工图审查、楼梯设计等模块。SATWE是专门为多高层建筑结构分析与设计而开发的、基于壳元理论的空间组合结构有限元分析软件，适用于多层和高层钢筋混凝土框架、框架-剪力墙、剪力墙结构，以及高层钢结构和钢-混凝土混合结构，主要功能包括：可从结构建模模块PMCAD建立的模型中自动提取生成SATWE所需的几何信息和荷载信息，可完成建筑结构在恒载、活载、风载、地震力作用下的内力分析、荷载效应组合及配筋计算。完成计算后，可接力混凝土结构施工图模块绘制板、梁、柱、墙的施工图，并为基础设计软件JCCAD提供设计荷载。

图1-2所示为结构设计时各模块使用的常规流程。首先用结构建模模块PMCAD输入工程模型及荷载等信息，再用分析设计模块（SATWE或PMSAP）进行结构的分析计算，然后用JCCAD模块进行基础设计和绘制基础施工图；同时也可用混凝土结构施工图模块绘制板、梁、柱、墙的施工图。

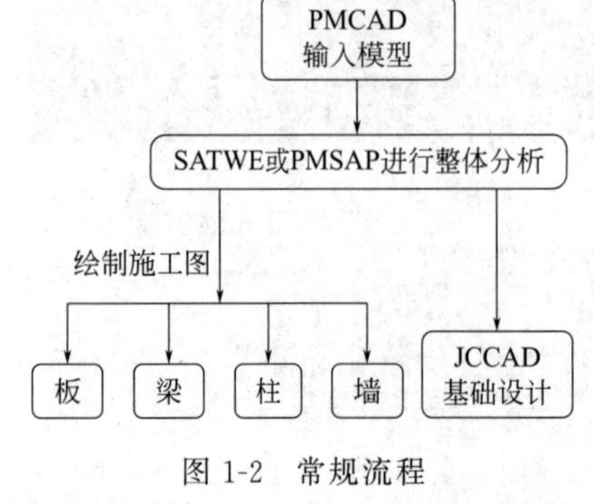

图1-2 常规流程

（2）PMSAP核心的集成设计

PMSAP核心的集成设计是指以PMSAP作为分析计算核心模块的集成设计，包括结构建模（PMCAD）、PMSAP分析设计、PMSAP结果查看、基础设计、楼板设计、弹塑性时程分析、静力推覆分析、混凝土结构施工图等模块。PMSAP是另一个多高层建筑结构分析与设计软件，它在程序总体结构的组织上采用了通用有限元技术，可以处理任意结构形式，所有构件均可在空间中任意放置。与其他程序（如SATWE）截然不同，PMSAP采用了广义协调技术，墙元的空间协调性和网格的良态同时得到了保证，具有很高的精度和适应性。PMSAP适用于特殊的、比较复杂的高层建筑，当计算分析需要采用两个或两个以上的力学模型时可采用。

（3）Spas＋PMSAP的集成设计

Spas＋PMSAP的集成设计是指以SPASCAD作为结构建模模块、以PMSAP作为分析计算核心模块的集成设计，包括空间建模与PMSAP分析、PMSAP结果查看、基础设计、弹塑性时程分析、静力推覆分析、混凝土结构施工图等模块。SPASCAD采用了带有z坐标的真实空间结构模型输入方法，适用于各种类型的建筑结构的建模，弥补了对于无法划分楼层的结构PMCAD不能建模的问题，为PMSAP三维结构分析提供了前处理功能。SPASCAD对于结构模型的描述是通过建立结构构件的定位网格和节点，再在网格和节点上布置构件和荷载，最终形成空间结构模型。再通过设定细部参数，完成力学模型的完整定义，并最终完成结构的计算分析。SPASCAD与PMCAD的功能特点和适用范围的对比见表1-1。

表1-1 SPASCAD和PMCAD的对比

功能比较	SPASCAD	PMCAD
建模方式	空间建立真实结构模型； 所有构件通过空间网格线定位，例如布置柱、梁构件时必须选择一个网格线；布置一片墙或者楼板必须选择一个闭合区域	按照标准层输入，楼层组装； 构件通过网格线和节点定位，例如布置一根柱只需指定一个节点，布置一根梁、一片墙只需指定一段网格
模型编辑	可选择局部或整体作为【选择集】，在选择集中输入网格节点，布置构件、荷载； 网格线节点包含X、Y、Z三个坐标分量，只有在定义了工作基面后，才可以采用X、Y两个坐标分量	选择【标准层】，在标准层中输入网格节点，布置构件、荷载； 网格线节点包含X、Y两个坐标分量，Z坐标靠楼层高度和标高来确定
适应范围	任意空间结构，例如机场候机楼、火车站、体育场馆、空间桁架、塔架等结构，以及能用PMCAD建模的结构	适合用层模型建立的结构，例如多、高层民用建筑

从以上简单比较来看，SPASCAD提供了真正空间建模的途径，应用范围要更广泛一些。

(4) PK二维设计

包括PK二维设计和PMCAD形成PK文件两个模块。PK模块主要应用于平面杆系的框架、排架和连续梁的结构计算及施工图设计。主要功能包括：可与结构建模模块PMCAD接口，自动导荷并生成结构计算所需的数据文件；可提供丰富的计算简图及结果图形，提供模板图及钢筋材料表；可按照梁柱整体画、梁柱分开画、梁柱钢筋平面图表示法和广东地区梁表柱表四种方式绘制施工图。

(5) 数据转换-接口和TCAD

该模块可实现PKPM和其他软件的数据转换（包括PKPM和ETABS、MIDAS GEN、SAP2000、REVIT、PDS以及AVEVA的数据转换）以及图形编辑与打印功能(TCAD)。

第2章

结构建模

2.1 结构建模的基本功能

结构建模（PMCAD）模块是PKPM系列结构设计各软件的核心，它为各分析设计模块提供必要的数据接口，同时也是三维建筑设计软件APM与结构设计CAD相连接的必要接口，因此结构建模在整个系统中起到承前启后的重要作用。结构建模（PMCAD）的基本功能包括：

(1) 智能交互建立全楼结构模型

程序通过智能交互方式引导用户在屏幕上逐层布置柱、梁、墙、洞口、楼板等结构构件，快速搭起全楼的结构构架。

(2) 自动导算荷载建立恒活荷载库

① 对于用户给出的楼面恒活荷载，程序自动进行楼板到次梁、次梁到框架梁或承重墙的分析计算。

② 计算次梁、主梁及承重墙的自重。

③ 引导用户人机交互地输入或修改各房间楼面荷载、次梁荷载、主梁荷载、墙间荷载、节点荷载及柱间荷载等。

(3) 为各种计算模型提供计算所需数据文件

① 可指定任一个轴线形成PK模块平面杆系计算所需的框架计算数据文件，包括结构立面、恒载、活载、风载的数据。

② 可指定任一层平面的任一由次梁或主梁组成的多组连梁，形成PK模块按连续梁计算所需的数据文件。

③ 为空间有限元壳元计算程序SATWE提供数据，SATWE用壳元模型精确计算剪力墙，程序对墙自动划分壳单元并写出SATWE数据文件（这部分功能放在SATWE中）。

④ 为特殊多、高层建筑结构分析与设计程序（广义协调墙元模型）PMSAP提供计算

数据（这部分功能放在 PMSAP 模块中）。

(4) 为上部结构各绘图 CAD 模块提供结构构件的精确尺寸

如梁柱施工图的截面、跨度、挑梁、次梁、轴线号、偏心等，剪力墙的平面与立面模板尺寸，楼板厚度，楼梯间布置等等。

(5) 为基础设计 CAD 模块提供布置数据与恒活荷载

不仅为基础设计 CAD 模块提供底层结构布置与轴线网格布置，还提供上部结构传下的恒活荷载。

2.2 建模程序的启动

2.2.1 工程概况

如果只是讲解一个个菜单命令是很枯燥乏味的，也不便于读者理解，因此，我们通过一个贯穿本书的工程实例的建模过程来讲解 PMCAD 的操作，使初学者能快速熟悉软件，提高信心与兴趣。

工程实例概况（如图 2-1 所示）：某工程为一栋 5 层办公楼，钢筋混凝土框架结构，开间 4.8m，进深 6.0m，内走廊宽 2.4m，首层层高 4.0m（自基础顶面算起），2～5 层层高 3.3m。内、外填充墙采用蒸压粉煤灰砖砌筑，墙厚均为 200mm。场地土类别为Ⅱ类，抗震设防烈度为 7 度，设计基本地震加速度为 0.15g，场地基本风压 0.5kN/m^2。柱截面尺寸可初选 450mm×450mm，主梁截面尺寸初选 250mm×500mm，房间内设一道次梁，截面尺寸初选 200mm×300mm，板厚 100mm，截面尺寸的选择见后续内容。

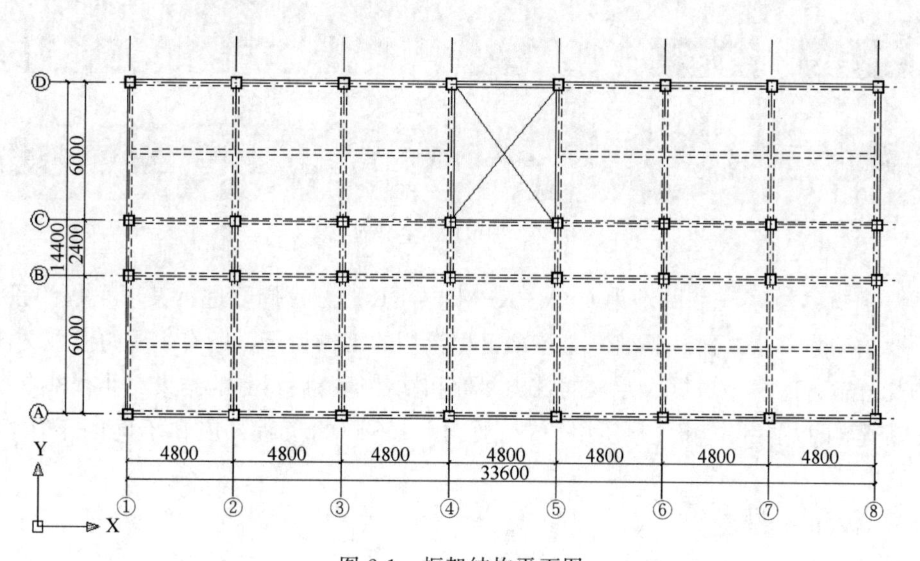

图 2-1 框架结构平面图

2.2.2 建立新工程

(1) 创建工作目录

实例操作：

首先在 D 盘新建文件夹“D:\PKPMWORK\例题”，然后双击桌面 PKPM 快捷图标，或者使用桌面“多版本 PKPM”工具启动 PKPM 主界面，如图 2-2 所示。进入 PKPM 主界面后，在界面上部的各专业板块中选择“结构”板块，点击界面左侧的“SATWE 核心的集成设计”模块，在界面右上角的专业模块列表中选择“结构建模”。然后在主界面中部点击一空白灰色方块，程序弹出如图 2-3 所示的选择工作目录对话框。选择刚刚建立的文件夹，点击〈确认〉，回到主界面。

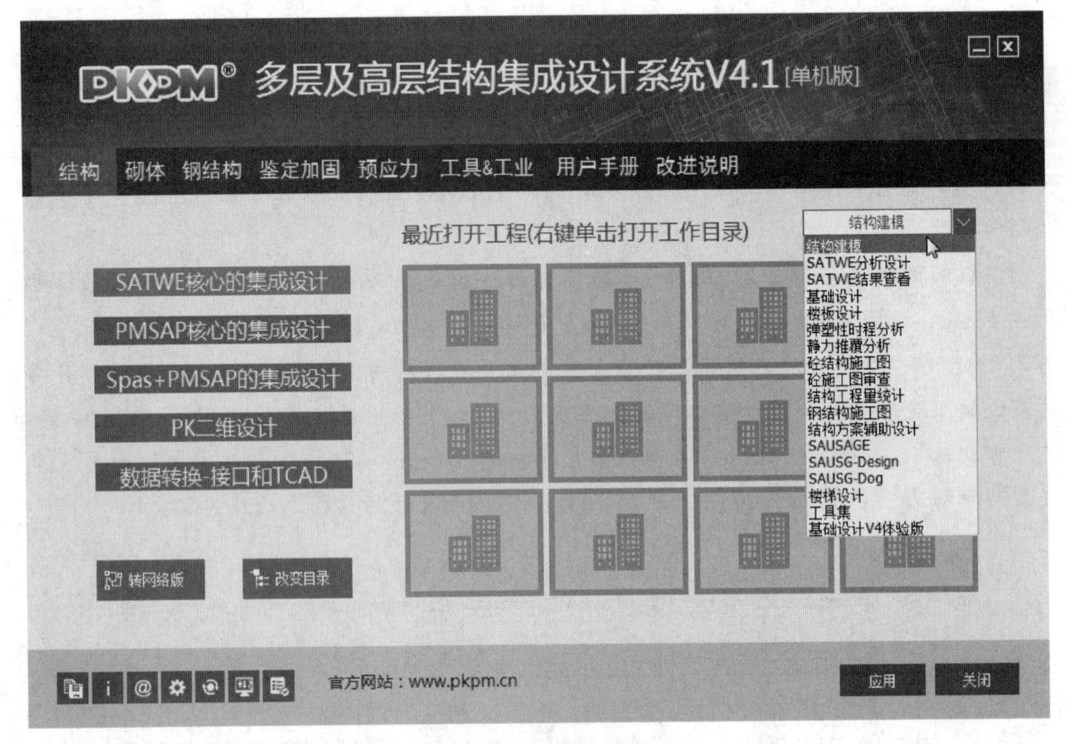

图 2-2 PKPM 主界面

注意事项：程序缺省目录为 C:\PKPMWORK，当我们要进行某项工程的设计时，最好不要用缺省目录，而应新建一个该项工程专用的工作目录，所有生成的模型文件，包括用户交互输入的模型数据、定义的各类参数和软件运行后得到的结果文件，都自动保存在这个新建的工作目录中，方便用户查询使用。不同的工程，应在不同的工作目录下运行。

(2) 输入新工程名

实例操作：

点击 PKPM 主界面中部的“例题”方块，再点击界面右下方的〈应用〉按钮，或者

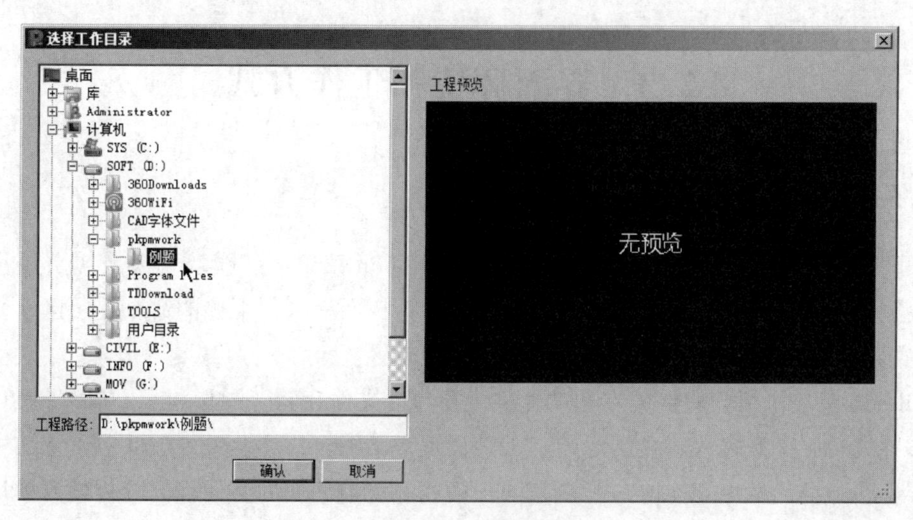

图 2-3　选择工作目录对话框

直接双击“例题”方块，程序弹出如图 2-4 所示的工程名输入对话框，输入新建工程名称“ex1”或其他自定义名称，点击〈确定〉，进入建模主界面，如图 2-5 所示。

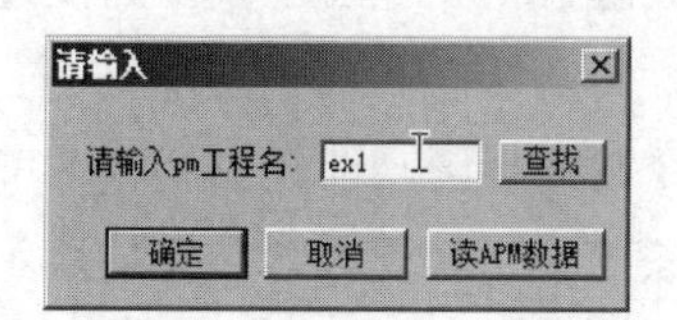

图 2-4　工程名输入对话框

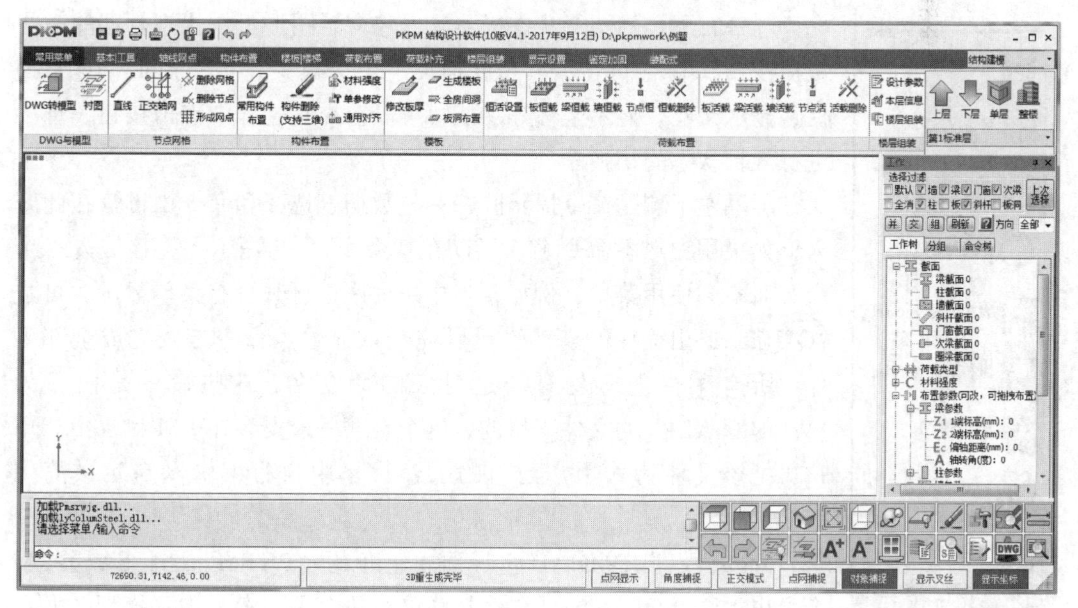

图 2-5　结构建模主界面

2.3 界面环境和工作方式

2.3.1 界面环境

如图 2-5 所示，程序将屏幕划分为上侧的 Ribbon 菜单区、模块切换及楼层显示管理区、快捷命令按钮区，右侧的工作树、分组及命令树面板区，下侧的命令提示区、快捷工具条按钮区、图形状态提示区以及中部的图形显示区。

Ribbon 菜单主要为软件的专业功能，主要包含文件存储、图形显示、轴线网点生成、构件布置编辑、荷载输入、楼层组装、工具设置等功能。

屏幕右上角的模块切换区，可以在同一集成环境中切换到其他计算分析处理模块，而楼层显示管理区，可以快速进行单层、全楼的展示。

说明：当 Ribbon 菜单区因过长被楼层显示管理区遮挡时，可将光标移至菜单区，并通过上下滚动鼠标滚轮使 Ribbon 菜单区左右移动。

屏幕左上角的快捷命令按钮区，主要包含了模型的快速存储、恢复，以及编辑过程中的恢复（Undo)、重做（Redo）等功能。

右侧的工作树、分组及命令树面板区功能详见 2.3.3 节的介绍。

屏幕右下侧的快捷工具条按钮区，主要包含了模型显示模式快速切换，构件的快速删除、编辑、测量工具，楼板显示开关，模型保存、编辑过程中的恢复（Undo)、重做(Redo）等功能。

图 2-6 【文件】菜单

屏幕右下角的图形状态提示区，包含了图形工作状态管理的一些快捷按钮，有点网显示、角度捕捉、正交模式、点网捕捉、对象捕捉、显示叉丝、显示坐标等功能，可以在交互过程中点击按钮，直接进行各种状态的切换。

屏幕左下侧是命令提示区，一些数据、选择和命令由键盘在此敲入，如果用户熟悉命令名，可以在“命令:”的提示下直接敲入一个命令而不必使用菜单，例如，当用户程序运行时没有菜单显示，可敲“QUIT”退出程序。当然也可以完全依靠输入命令方式完成全部工作，所有菜单内容均有与之对应的命令名，这些命令是由名为“WORK. ALI”的文件支持的，这个文件一般安装在 PM 目录中。用户可把该文件拷入用户当前的工作目录中自行编辑以自定义简化命令。

此外，点击 PMCAD 主界面左上角的“PKPM”图标 PKPM，会弹出如图 2-6 所示的【文件】菜单，包含了保存、恢复模型，发布桌面 i-model、移动 i-model，导入 DXF 文件，打印当前图形区域等功能。

2.3.2 常用功能键

为了便于操作和图形的显示，这里介绍几个常用的功能键用法。

- 鼠标左键　同 [Enter] 键，用于确认、输入等
- 鼠标右键　同 [Esc] 键，用于否定、放弃、返回菜单等
- 按住鼠标中滚轮平移　拖动平移显示的图形
- 鼠标中滚轮往上滚动　连续放大图形
- 鼠标中滚轮往下滚动　连续缩小图形
- [Tab]　用于功能转换，或在绘图时为选取参考点
- [Ctrl] ＋按住滚轮平移　三维线框显示时变换空间透视的方位角度
- [F1]　帮助
- [F2]　坐标显示开关，交替控制光标的坐标值是否显示
- [Ctrl] ＋ [F2]　点网显示开关，交替控制点网是否在屏幕背景上显示
- [F3]　点网捕捉开关，交替控制点网捕捉方式是否打开
- [Ctrl] ＋ [F3]　节点捕捉开关，交替控制节点捕捉方式是否打开
- [F4]　角度捕捉开关，交替控制角度捕捉方式是否打开
- [Ctrl] ＋ [F4]　十字准线显示开关，可以打开或关闭十字准线
- [F5]　重新显示当前图形、刷新修改结果
- [Ctrl] ＋ [F5]　恢复上次显示
- [F6]　充满显示全图
- [F7]　放大一倍显示
- [F8]　缩小 1/2 显示
- [F9]　设置捕捉参数

2.3.3 工作树、分组和命令树

如图 2-7 所示，新版增加的工作树，提供了一种全新的方式，可以做到以前版本不能做到的选择、编辑交互。树表提供了建模中已定义的各种截面、荷载、属性，反过来可作为选择过滤条件，同时也可由树表内容看出当前模型的整体情况。

工作树的交互对象都是针对先选中的构件。

双击树表中任一种条件，可直接选中当前层中满足该条件的构件供编辑使用，而且还可以多种条件同时作用，比如取交集、并集。

拖动一个条件到工作区，可以完成对已选择构件的布置。

(1) 工作树的基本作用

首先，在工作树中列出了截面、荷载、材料、布置参数、SATWE 超筋信息以及计算配筋简图信息作为条件。这些条件有如下作用。

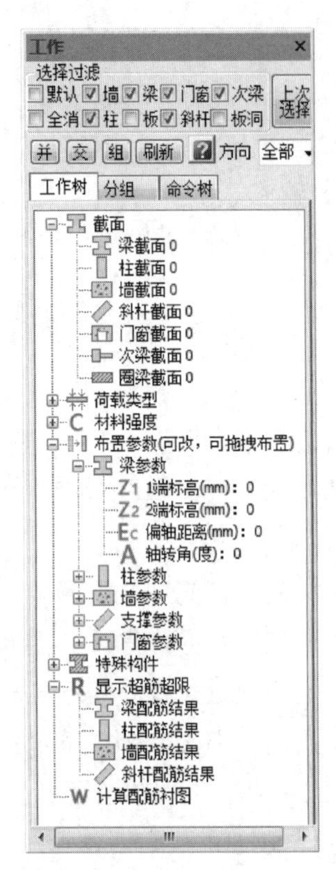

图 2-7　工作树面板

① 展示已布置模型的各种信息，如梁截面、荷载，使用了哪些材料。

② 工作树的交互对象都是需要先选择的，和前面的交互先选择一起，可以根据这些条件选中构件，作为下一步编辑的构件范围。例如，如图 2-8 所示，双击柱截面列表中的矩形 500＊500，则程序自动选中模型中所有截面为 500mm×500mm 的柱子。

当然也可以随时在模型上点击选中更多的构件，或者按住［shift］键反选去掉这些构件。

③ 工作树的条件，可以拖动到屏幕中，将选中的构件改为这种条件。例如，如图 2-9 和图 2-10 所示，将柱截面列表中的工字形截面拖动到屏幕中，则选中的矩形柱子全部替换为工字形截面。

(2) 多条件筛选和右键菜单

工作树提供了强大的选择方式进行构件的查找和筛选。已经被选中的构件，可以再次使用其他条件在右键菜单中选择【交集选中】或【并集选中】。例如，如图 2-11 所示，已经双击选中了工字形截面，再点击材料条件，右键菜单中点击【交集选中】，则会在前面选中的工字形截面柱中进一步筛选出材料等级是 C35 的柱子。如果选择【并集选中】，则会在前面已经选中的工字形截面柱的基础上，同时加上所有 C35 的构件。

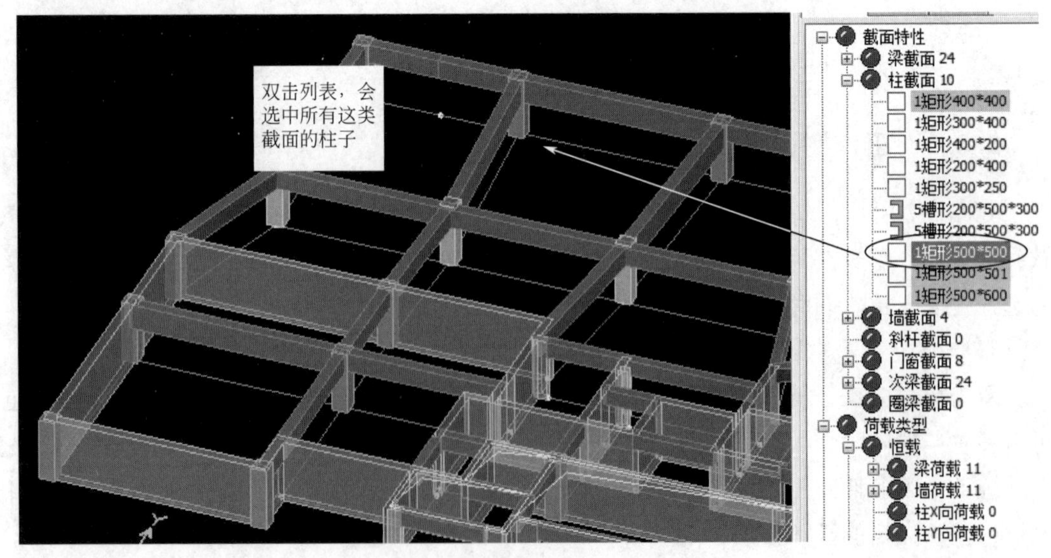

图 2-8　双击截面列表选中柱子

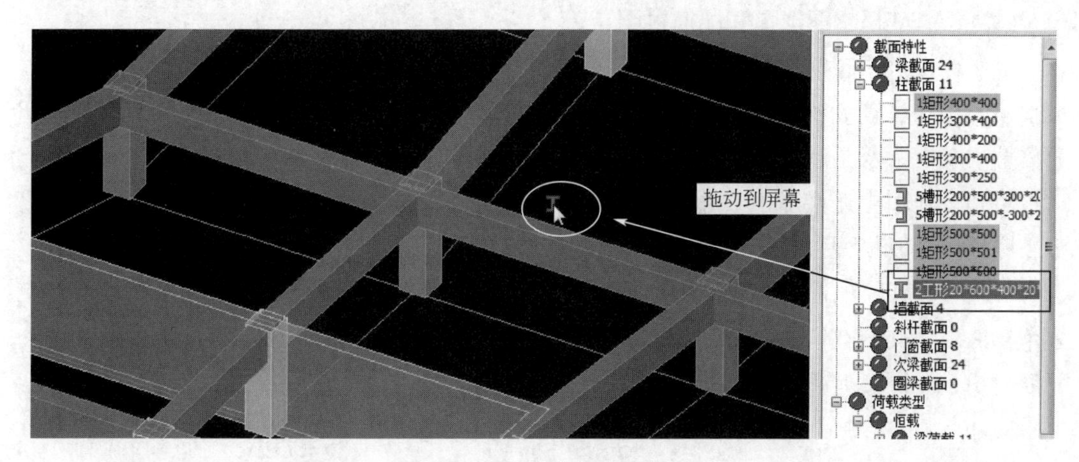

图 2-9　拖动截面到屏幕

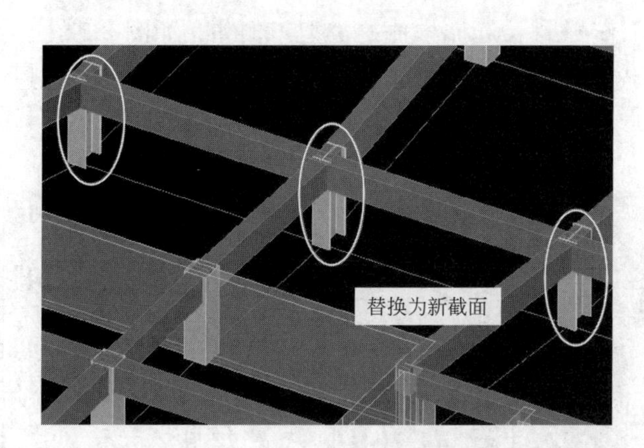

图 2-10　柱截面替换为新类型

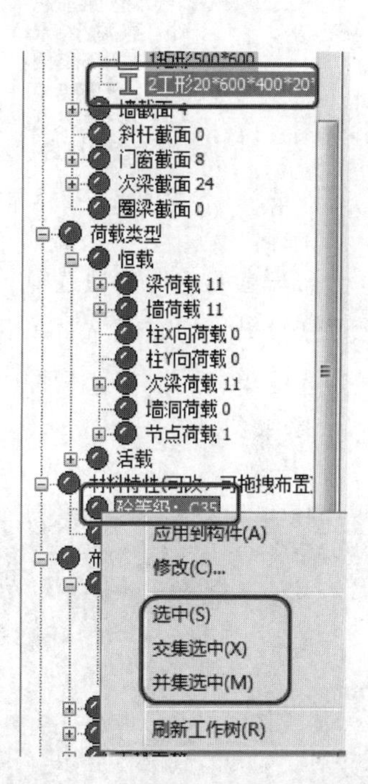

图 2-11　工作树的并集、交集选中

使用范例如下。

① 选择某一梁截面并布置有某类荷载的梁，将其截面修改。

② 选择某两类梁截面和某一墙截面，将梁和墙的混凝土强度修改。

③ 选择某两类梁截面，增加某种恒载。

④ 选择标高 1 和标高 2 等于某值的梁，将其截面修改。

⑤ 选择超筋的柱，选择某一类截面，将其截面放大（改类型），只需一步拖动操作。

(3) SATWE 超筋选择和配筋衬图

工作树提供了超筋选择条件和 SATWE 配筋衬图，如图 2-12 所示。对于大体量工程，查找超筋构件位置会变得比较困难，新版在 PMCAD 的工作树中增加了读取 SATWE 超筋信息的功能，双击超筋列表可以直接选中并高亮显示超筋构件。

另外工作树中还增加了显示 SATWE 计算配筋简图的功能，方便用户根据计算配筋结果反过来查改模型。

SATWE 计算配筋是在自然层中表达的，而 PMCAD 是标准层，如果一个标准层对应多个自然层，则会在同一个标准层下，根据双击的自然层，显示对应的自然层超筋信息和配筋简图，如图 2-13 所示。

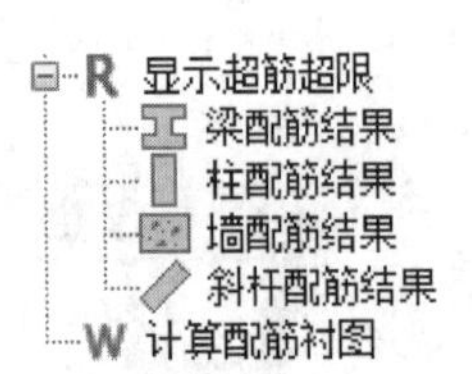

图 2-12 工作树的超筋选择和配筋衬图

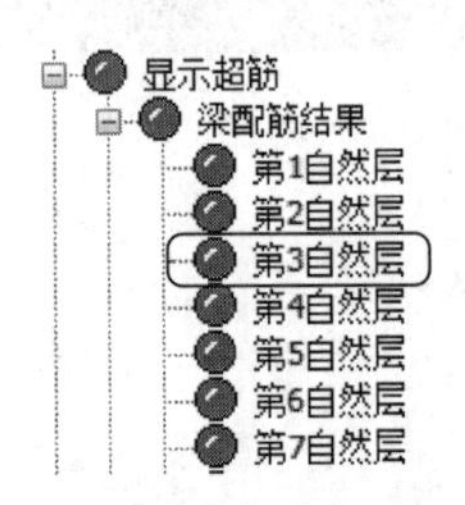

图 2-13 双击自然层展示超筋信息

(4) 筛选的构件类型选择

可以定义模型交互选择和双击工作树列表选择构件的类型。例如，如图 2-14 所示，若只勾选柱子，则在框选构件时只会选中柱构件，而不会选中其他类型构件，这对快速筛选指定类型构件是很有用处的。

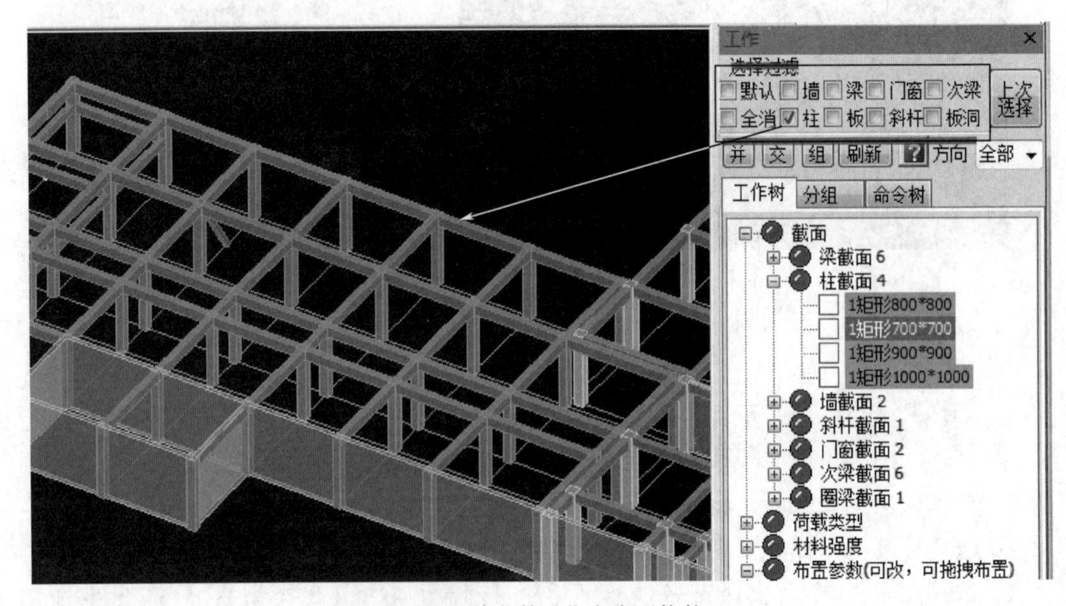

图 2-14 快速筛选指定类型构件

此外，还可以根据构件的方向来决定过滤条件。如图 2-15 所示，若构件类型中只勾选梁，方向下拉框中选择“Y 向”，则在双击截面列表中的“1 矩形 500＊500”时，只会高亮选中沿 Y 轴方向布置的梁构件。

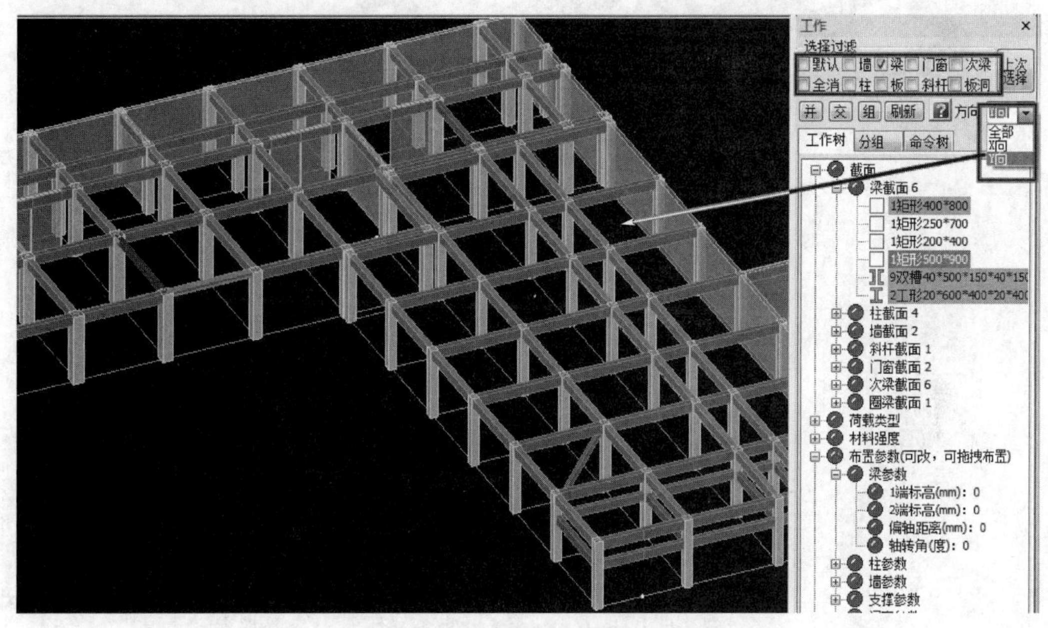

图 2-15　根据构件的方向决定过滤条件

（5）分组

工作树还提供了分组功能，分组是将选择的构件记录在组中，方便再次调用。

被选中的构件，可以作为一组保存起来。分组结果记录在模型文件中，下次进入模型会带回这些信息，双击分组信息列表，就可以高亮显示这些构件，如图 2-16、图 2-17 所示。

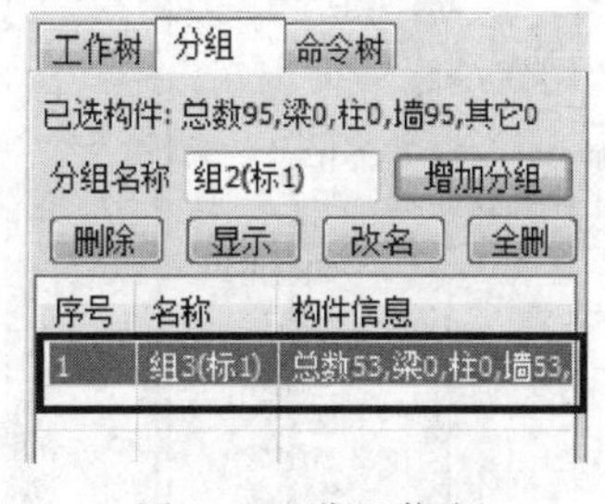

图 2-16　分组信息

（6）命令树

右侧列表中还集成了命令树，如图 2-18 所示，左侧是快捷栏，右侧是命令树，树中按上部 Ribbon 菜单的组织结构用树的形式列出了各命令。

在快捷栏中点击〈自定义〉按钮，可弹出如图 2-19 所示的用户自定义命令对话框。对话框左侧的树表按照 Ribbon 菜单的组织，列出了所有的菜单命令，用户勾选想要的命令后，该命令会自动加入到右侧列表中，在右侧列表中选择某个命令，可对该命令进行〈改名〉，改为自己想要的名字。还可以通过〈上移〉、〈下移〉和〈加分隔〉调整命令的位置，调整完后，点击〈确定〉，调整后的命令会显示在快捷栏中。

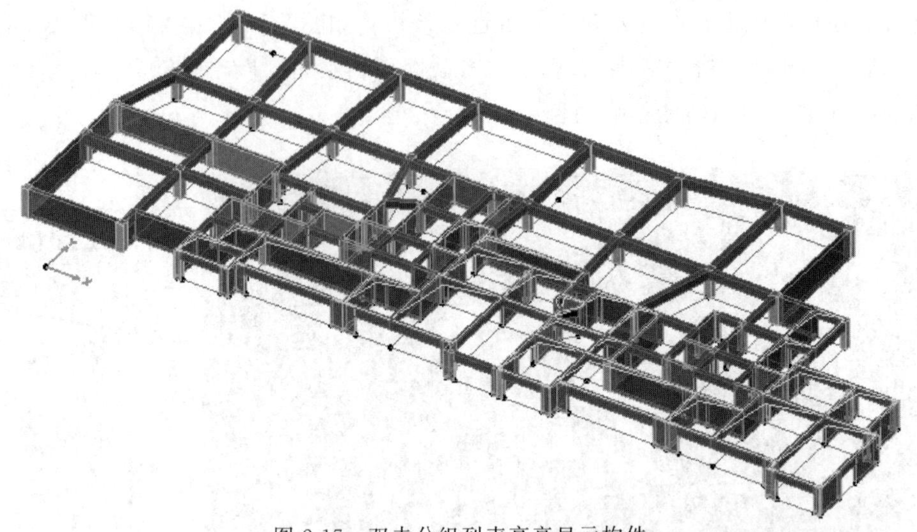

图 2-17　双击分组列表高亮显示构件

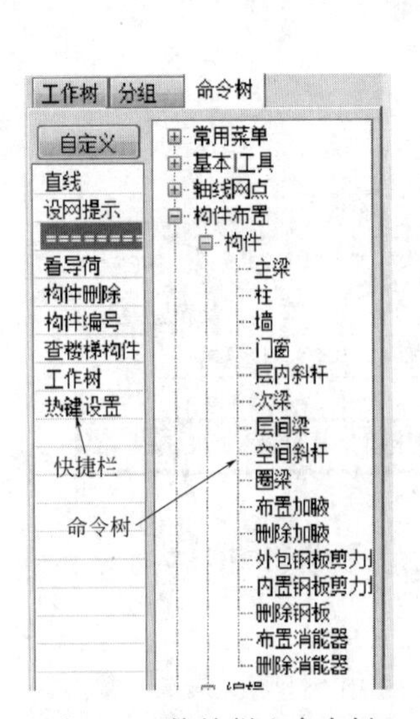

图 2-18　快捷栏和命令树

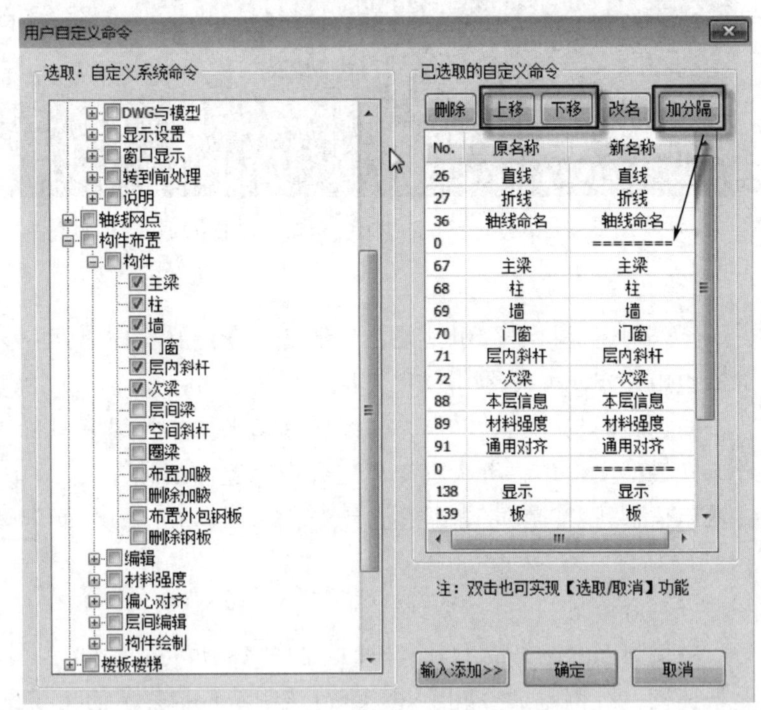

图 2-19　快捷菜单的定制

2.4　结构建模的主要步骤

首先引入结构标准层的概念，所谓结构标准层是指结构布置与荷载布置都相同的楼层。

PMCAD 建模是逐层录入模型，再将所有楼层组装成工程整体的过程，建模的主要步骤如下。

【轴线网点】：输入各层平面的轴线网格，各层网格平面可以相同，也可以不同。程序要求平面上布置的构件一定要放在轴线或网格线上，因此凡是有构件布置的地方一定先用【轴线网点】菜单布置轴线。

【构件布置】：先定义构件（包括柱、梁、墙、洞口、斜柱支撑、次梁、层间梁、圈梁）的截面尺寸，再把各种构件布置在平面网格和节点上。构件布置时可以设置对于网格和节点的偏心。

【本层信息】：输入结构标准层信息，包括板厚、板保护层厚度、板、梁、柱、墙的混凝土强度等级以及钢筋级别等。

【楼板】：生成房间和现浇板信息，布置预制板、楼板开洞、悬挑板、楼板错层等楼面信息。

【荷载布置】：输入作用在楼面的均布恒载和活载以及作用在梁、墙、柱和节点上的恒载和活载，并对各房间的荷载进行修改。

【设计参数】：输入设计参数，包括总信息、材料信息、地震信息和风荷载信息等。

【楼层管理】：完成一个标准层的布置后，可以使用【加标准层】命令，把已有的楼层全部或局部复制下来，再在其上接着布置新的标准层，这样可保证各层组装在一起时，上下楼层的坐标系自动对位，从而实现上下楼层的自动对接。

【楼层组装】：依次录入各标准层的平面布置后，根据结构标准层和各层层高，使用【楼层组装】命令组装成全楼模型。

接下来的章节将对上述建模过程所涉及的功能进行介绍，为了便于读者快速掌握工程实例的建模过程，进入每一项主菜单后，对于工程实例建模过程中需要用到的子菜单，均辅以实例操作步骤。

2.5 轴线网点

由于梁、墙、柱等构件必须要布置在轴线或节点上，所以轴线输入是整个建模工作的基础。【轴线网点】菜单如图 2-20 所示，其中集成了轴线输入和网格生成两部分主要功能，只有在此绘制出准确的图形才能为以后的布置工作打下良好的基础。

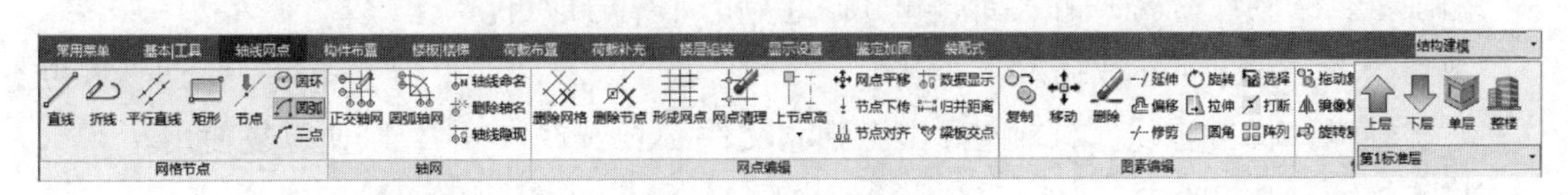

图 2-20　轴线网点菜单

网格是轴线交织后被交点分割成的小段红色线段，在所有轴线相交处及轴线本身的端点、圆弧的圆心都产生一个白色的节点，将轴线划分为网格与节点的过程是在程序内部适时自动进行的。

2.5.1 轴网

(1) 坐标的输入

PMCAD 中坐标的输入方式可以直接用鼠标点取，也可用键盘输入在命令栏内，需要注意的是，这里输入坐标的形式与 AutoCAD 中有所不同，具体如下。

绝对直角坐标：! X，Y，Z 或! X，Y （注意前面加一个惊叹号“!”）

相对直角坐标：X，Y，Z 或 X，Y

绝对极坐标：! 距离＜角度 / ! 距离＜角度，高度 / ! 距离＜角度＜仰角（注意前面加一个惊叹号“!”）

相对极坐标：距离＜角度 / 距离＜角度，高度 / 距离＜角度＜仰角

比如绘制“两点直线”，端点为 (4800，6000)，(4800，14400) (注：此处单位为 mm)

点击上方菜单【轴线网点】，再点击【直线】，然后在命令栏中输入：

! 4800，6000 [Enter]

! 4800，14400 [Enter] (绝对坐标)

或

0，8400 [Enter] (相对坐标)

(2) 正交轴网的输入

对于规则的轴网，最直接和最简单的方法莫过于选择【正交轴网】了，这是建立以矩形为主要结构平面形式时最常用的轴线输入方式，可不通过屏幕画图方式，而是参数定义方式形成平面正交轴网。

点击【轴线网点/正交轴网】，屏幕弹出如图 2-21 所示的直线轴网输入对话框。

【正交轴网】是通过定义开间和进深形成正交网格，定义开间是指输入横向从左到右连续各跨的跨度，上下两侧跨度可能不相同，所以有上开间和下开间之分；定义进深是指输入竖向从下到上各跨的跨度，左右两侧跨度可能不相同，所以又分为左进深和右进深。跨度数据可用光标从屏幕上已有的常见数据中挑选，或从键盘输入。同时还可以输入转角旋转整个轴网，并可以指定基点位置，方便用户把轴网布置在平面上任何位置或与已有轴网连接。

正交轴网对话框中部分参数的含义如下。

转角：指轴网的旋转角度。

输轴号：给轴线命名，输入横向和竖向起始的轴线号即可。

数据全清：清除所有数据。

导出轴网：将当前设置的轴网导出至独立文件 axisrect.axr 中，以便重复使用。

导入轴网：从已有的 axisrect.axr 文件中导入输入过的轴网，当轴网类似时可避免重复工作。

改变基点：可在轴网四个角端点间切换基点，以改变布置轴网时的基点。

实例操作：

点击【轴线网点/正交轴网】，进入直线轴网输入对话框（如图 2-21 所示）。在〈下开

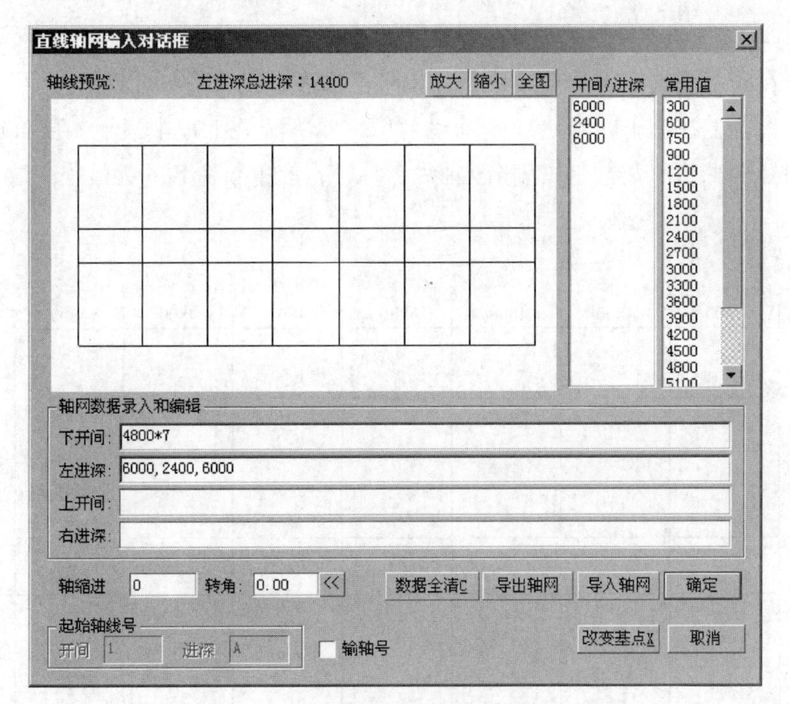

图 2-21　直线轴网输入对话框

间〉处输入“4800*7”，或者从〈常用值〉一栏中双击“4800”七次，在〈左进深〉处输入“6000，2400，6000”，或者从〈常用值〉一栏中依次双击“6000”“2400”和“6000”，其他参数都取默认值。点击〈确定〉后，将生成的正交轴网拖放到屏幕绘图区中合适的位置处，然后点击鼠标左键将轴网定位，此时程序自动在轴线与轴线的交点处生成白色网点。至此，一个简单的轴网生成完毕。

(3) 轴线命名

轴网生成后可以用本菜单为轴线命名，在此输入的轴线名将在施工图中使用。

实例操作：

点击【轴线网点/轴线命名】。

命令栏提示“轴线名输入：请用光标选择轴线（[Tab] 成批输入）”，按键盘上的 [Tab] 键，选择成批轴线命名方式。

命令栏提示“移光标点取起始轴线”，用鼠标点取最左边的一条竖向轴线，此时全部竖向轴线都被选中。

命令栏提示“移光标去掉不标的轴线（[Esc] 没有）”，本例没有不需要命名的轴线，按键盘上的 [Esc] 键或者单击鼠标右键。

命令栏提示“输入起始轴线名：()”，回车或输入“1”，表示起始轴线从“1”开始命名，程序将该方向所有轴线全部命名。

我们可以用同样的方法命名横向轴线，注意起始轴线应选择最下面的一条横向轴线，起始轴线名应输入“A”并回车。轴线命名完成后，按 [F5] 刷新屏幕，如图 2-22 所示。

注意事项如下。

① 凡是在同一条直线上的线段，不论其是否贯通都视为同一轴线。

② 同一位置上在施工图中出现的轴线名称，取决于该工程中最上一层（或最靠近顶层）中命名的名称，所以当用户想修改轴线名称时，应重新命名的为最上一层（或最靠近顶层的层）。

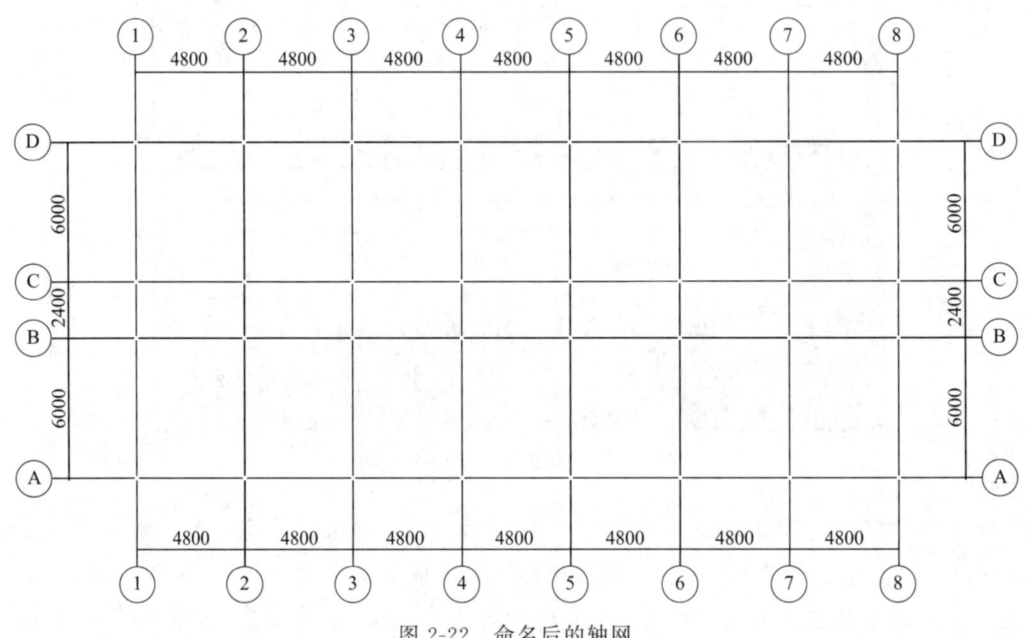

图 2-22 命名后的轴网

（4）轴线隐现

【轴线网点/轴线隐现】是一条开关命令，点击它可以显示或关闭轴线、各跨跨度和轴线号。

2.5.2 网格节点

程序提供了【直线】、【折线】、【平行直线】、【矩形】、【节点】、【圆环】、【圆弧】等基本图素，它们配合各种捕捉工具、热键和其他一级菜单中的各项工具，构成了一个小型绘图系统，用于绘制各种形式的轴线。

【直线】：用于绘制零散的直轴线，可以使用任何方式和工具进行绘制。

【折线】：适用于绘制连续首尾相接的直轴线和弧轴线，按［Esc］可以结束一条折线，输入另一条折线或切换为切向圆弧。

【平行直线】：适用于绘制一组平行的直轴线，首先绘制第一条轴线，以第一条轴线为基准输入复制的间距和次数，间距值的正负决定了复制的方向。以“上、右为正”，可以分别按不同的间距连续复制，命令栏自动累计复制的总间距。

此命令也是轴网输入的常用命令，下面举例说明如何用本命令建立上述轴网。

首先按键盘上的［F4］键，打开角度捕捉开关（相当于CAD中的正交开关，不仅可以画正交轴线，还可以画30°、45°和60°的斜线）。

点击【平行直线】，首先输入水平轴线。

命令栏提示“输入第一点”，在屏幕绘图区中合适的位置处，点击鼠标左键输入水平轴线的第一点。

命令栏提示“输入下一点”，点击鼠标左键输入水平轴线的另一点，此时屏幕上显示第一条水平轴线。

命令栏提示“输入复制间距，（次数）累计距离=0.0按［Esc］取消复制”，如图2-23所示。

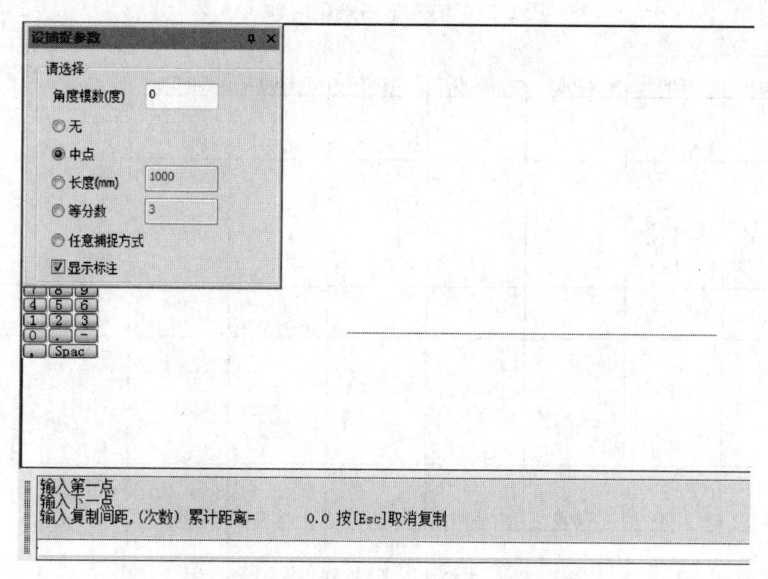

图2-23　输入第一条水平轴线

输入“6000”，按［Enter］，屏幕上自动画出第二条轴线。

输入“2400”，按［Enter］，屏幕上自动画出第三条轴线。

输入“6000”，按［Enter］，屏幕上自动画出第四条轴线。至此，四条水平轴线输入完毕。

再次点击【平行直线】，开始输入竖向轴线。

用光标分别捕捉第一条和第四条水平轴线的左端点，画出第一条竖向轴线，如图2-24所示。

输入“4800，7”，按［Enter］，屏幕上自动画出7条竖向轴线。

按［F5］刷新屏幕，此时轴网自动生成网点，如图2-25所示。在右侧出头的轴线上会有多余的网点，可以用工具栏删除按钮把多余的网点和出头的轴线删除，删除后再点一次【形成网点】命令，形成轴网如图2-26所示。

【矩形】：适用于绘制一个与x、y轴平行的闭合矩形轴线，它只需要两个对角的坐标，因此它比用【折线】绘制的同样轴线更快速。

图 2-24 输入第一条竖向轴线

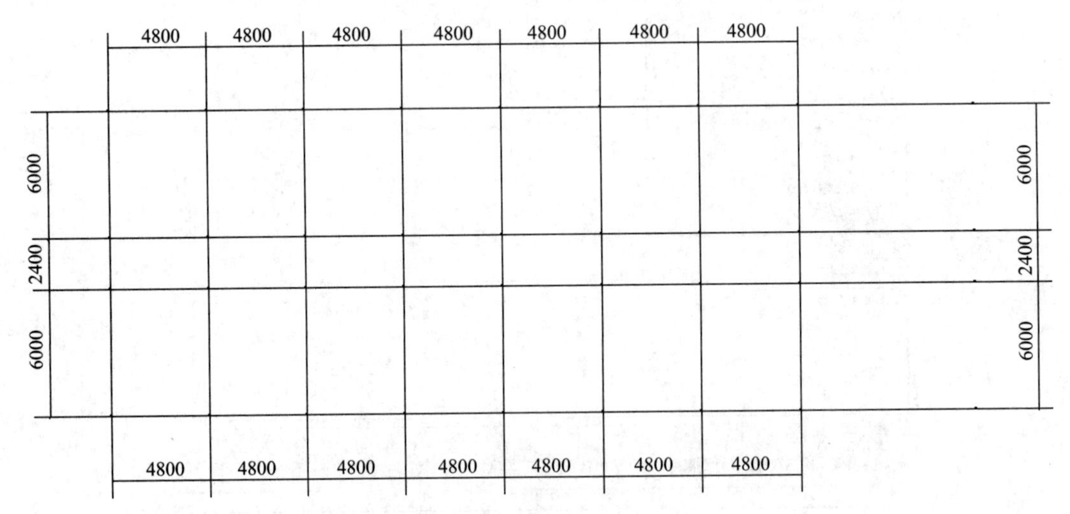

图 2-25 形成网点

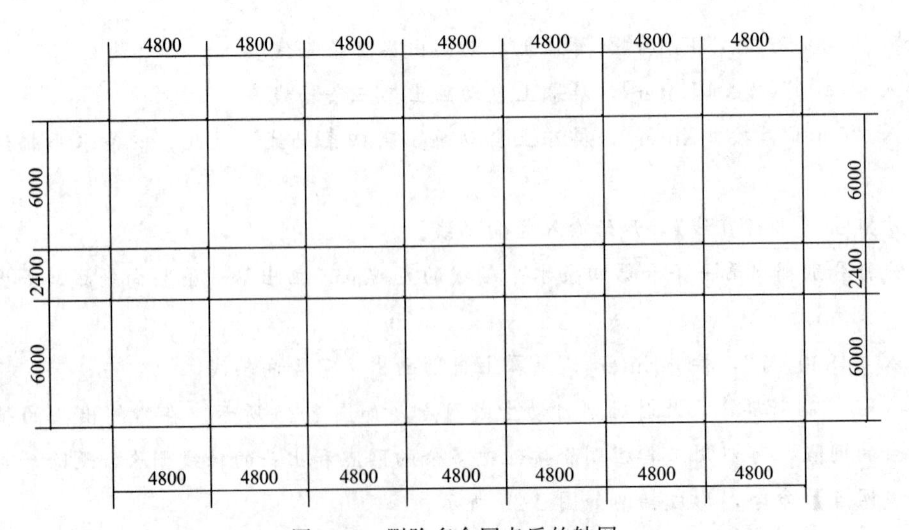

图 2-26 删除多余网点后的轴网

【节点】：用于直接绘制白色节点，供以节点定位的构件使用，绘制是单个进行的，如果需要成批输入可以使用图素编辑菜单进行复制。

【圆环】：适用于绘制一组闭合同心圆环轴线。在确定圆心和半径或直径的两个端点或圆上的三个点后可以绘制第一个圆。输入复制间距和次数可绘制同心圆，复制间距值的正负决定了复制方向，以“半径增加方向为正”，可以分别按不同间距连续复制，命令栏自动累计半径增减的总和。

【圆弧】：适用于绘制一组同心圆弧轴线。按圆心起始角、终止角的次序绘出第一条弧轴线，绘制过程中还可以使用热键直接输入数值或改变顺逆时针方向。输入复制间距的次数，复制间距值的正负表示复制方向，以“半径增加方向为正”，可以分别按不同间距连续复制，命令栏自动累计半径增减总和。

【三点】：适用于绘制一组同心圆弧轴线。按第一点、第二点、中间点或第一点、第二点、第三点的次序输入第一个圆弧轴线，绘制过程中还可以使用热键直接输入数值。输入复制间距和次数，复制间距的正负表示复制方向，以“半径增加方向为正”，可以分别按不同间距连续复制，命令栏自动累计半径增减总和。

2.5.3 网点编辑

网点编辑的主要作用是将用户输入的轴线几何线条用节点分割为网格（程序自动完成），还可以删除网格、节点，也可对网点进行清理。主要子菜单如下。

【删除网格】：在形成网点图后可对网格进行删除。注意：网格上布置的构件也会同时被删除。

【删除节点】：在形成网点图后可对节点进行删除。删除节点过程中若节点已被布置的墙线挡住，可使用［F9］键中的〈显示填充〉开关项使墙线变为非填充状态。端节点的删除将导致与之联系的网格也被删除。

【形成网点】：可将用户输入的几何线条转变成白色节点和红色网格线，以便于构件定位，并显示轴线与网点的总数。该项功能在输入轴线后由程序自动执行，用户一般不必专门点此菜单。

【网点清理】：清除本层平面上没有用到的网格和节点，如作辅助线用的网格、从别的层拷贝过来的网格等，以避免无用网格对程序运行产生的负面影响。

【上节点高】：上节点高是指本层在层高处相对于楼层的高差，程序隐含为每一节点位于层高处，即上节点高为0。改变上节点高，也就改变了该节点处的柱高和与之相连的墙、梁的坡度。使用该菜单可以更方便地处理像坡屋顶这样楼面高度有变化的情况。

【网点平移】：可以不改变构件的布置情况，而对轴线、节点、间距进行调整。

【节点对齐】：将上面各标准层的各节点与第一层的相近节点对齐，归并的距离就是【归并距离】菜单中定义的节点距离，用于纠正上面各层节点网格输入不准的情况。

【归并距离】：是为了改善由于计算机精度有限产生意外网格的菜单。如果有些工程规模很大或带有半径很大的圆弧轴线，【形成网点】菜单会由于计算误差、网点位置不准而引起网点混乱，常见的现象是本来应该归并在一起的节点却分开成两个或多个节点，造成房间不能封闭，此时应执行本菜单。程序要求输入一个归并间距，这样凡是间距小于该数值的节点都被归并为同一个节点。程序初始的节点归并间距设定为 50mm。

2.6 构件布置

这是各层平面布置的核心功能，程序采用了一种全新的构件布置对话框方式。在如图 2-27所示的【构件布置】菜单中点击【主梁】、【柱】、【墙】、【门窗】等子菜单时，屏幕左侧将弹出构件布置对话框，如图 2-28 所示，可以完成对截面的增加、删除、修改、清理、显示以及构件的布置等工作。

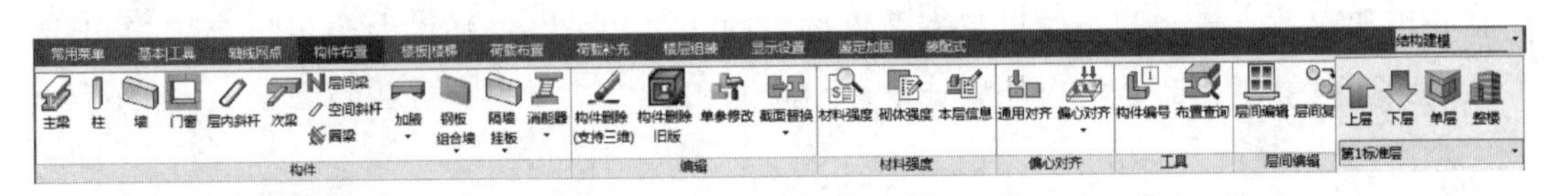

图 2-27 构件布置菜单

2.6.1 构件布置对话框

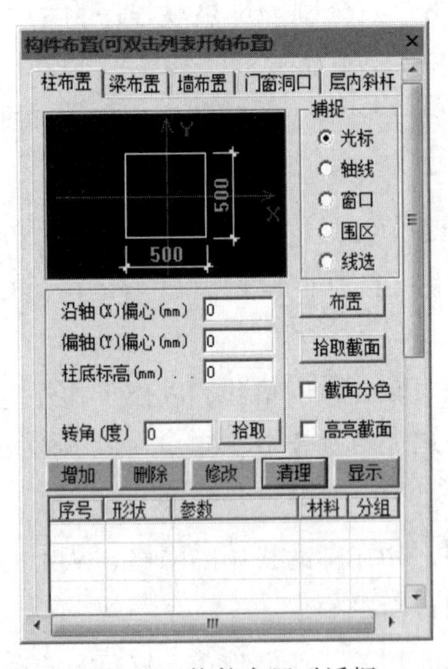

图 2-28 构件布置对话框

构件布置包括主梁、柱、墙、门窗、层内斜杆、次梁、空间斜杆、层间梁和圈梁等构件的布置，这些构件在布置前必须要定义它的截面形状、尺寸、材料等信息，程序对构件的定义和布置都采用如图 2-28 所示的构件布置对话框。对话框的顶部为构件类别选项卡，点击任一选项卡，程序会自动切换布置信息；对话框的左上部提供了每类构件的预览图，右上部为构件布置方式，包括光标、轴线、窗口、围区和线选五种方式；对话框中部为构件布置时需要输入的参数（如偏心、转角、标高等）以及〈增加〉、〈删除〉、〈修改〉、〈布置〉等按钮；对话框下部为截面列表，显示已定义的截面类型。

(1) 构件布置方式

构件布置有五种方式，按［Tab］键可在这五种方式之间依次转换。

① 光标方式：在选择了构件截面类型，并输入了偏心值后程序首先进入该方式。凡是被光标选中的节点或网格即被布置上该构件，若该处已有构件，则将被当前值替换，用户可随时用［F5］键刷新屏幕，观察布置结果。

② 轴线方式：用光标点取某根轴线，则该轴线上所有的节点或网格将布置上该构件。

③ 窗口方式：用光标在图中截取一个窗口，则窗口内所有的节点或网格将布置上该构件。

④ 围区方式：用光标点取多个点围成一个任意形状的围区，则围区内所有的节点或网格将布置上该构件。

⑤ 线选方式：当切换到该方式时，需拉一条线段，则与线段相交的节点或网格上将布置上该构件。

(2) 按钮和选项含义

〈增加〉：定义一个新的截面参数。点击〈增加〉按钮，将弹出构件截面参数对话框，在对话框中输入截面的相关参数，包括截面类型、材料类别和截面尺寸等。

〈删除〉：删除已经定义过的构件截面参数，对于已经布置于各层的这种构件也将自动删除。

〈修改〉：修改已经定义过的构件截面参数，包括截面类型、材料类别和截面尺寸等，对于已经布置于各层的这种构件的参数也会自动改变。

〈布置〉：在对话框的截面列表中选取某一种截面后，点击〈布置〉按钮可将它布置到楼层上。选取某一种截面后双击鼠标左键也可以进入布置状态。

〈清理〉：自动将定义了但在整个工程中未使用的截面类型清除掉，这样便于在布置或修改截面时快速地找到需要的截面。同时由于容量的原因，也能减少在工程较大时截面类型不够的问题。

〈显示〉：用于查看指定的构件定义类型在当前标准层上的布置情况。例如，先在柱截面列表中选择1号截面，再点击〈显示〉按钮，则平面图形上凡是属于1号截面的柱子开始闪烁显示，按鼠标左右键或键盘上的任意键可停止柱的闪烁显示。

〈拾取截面〉：如果需要使用图面上已有构件的截面类型、偏心、转角、标高等信息，可以点击〈拾取截面〉按钮，根据命令行提示从图形上选中某一构件后，程序会将这个构件的标高、偏心等布置信息自动刷新到布置信息区域内的各个文本输入框，再点击〈布置〉按钮就可以快速输入相似构件了。

〈截面分色〉：为了便于用户观察各类截面在当前层乃至全楼的布置情况，程序提供了按截面显示功能。勾选该项后，程序自动对截面列表中的各个截面自动分配一个颜色值并给出截面形状、尺寸和材料信息（颜色值可点击表格中的颜色修改），同时根据各个颜色刷新图形。

〈高亮截面〉：勾选后，楼层中使用当前选中截面的构件，将以高亮形式显示，程序支持三维透视图、视角转动等常规操作，便于用户观察楼层对当前选中截面的使用情况。

2.6.2 柱布置

(1) 柱截面尺寸的估算

在结构设计中，框架梁、柱截面尺寸应根据承载力、刚度及延性等要求确定。初步设

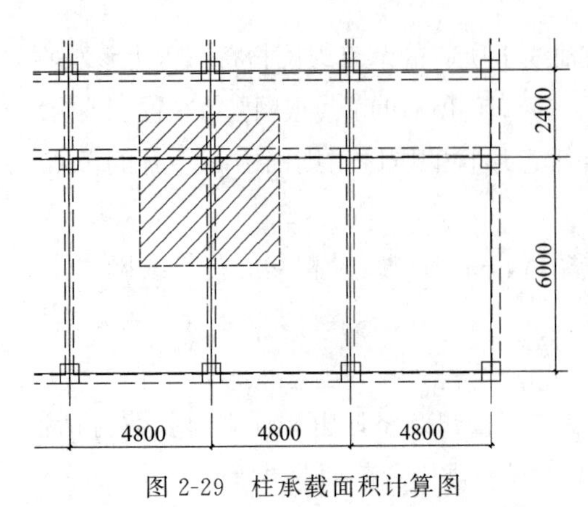

图 2-29 柱承载面积计算图

计时，通常由经验或估算来选定截面尺寸，然后进行承载力、变形等验算，校核所选尺寸是否合适。

柱截面尺寸可直接凭经验确定，也可先根据其所受轴力按轴压比（$\mu=N/f_cA$）估算，此处 N 为柱轴向压力设计值，可近似按 $N=1.25N_k$ 计算，N_k 为柱轴向压力标准值，可按柱承载面积每层 15～18kN/m^2（经验值）考虑。

本例中，以中柱为例，如图 2-29 所示，一根柱子的承载面积（近似按阴影部分计算）为 $(6+2.4)/2\times4.8=20.16\text{m}^2$，假设楼层为 5 层，$N=1.25\times15\times20.16\times5=1890\text{kN}$，抗震等级为三级，混凝土强度等级取 C25，由《建筑抗震设计规范》(2016 年版)（GB 50011—2010）（以下简称《抗震规范》）表 6.3.6 查得柱轴压比限值为 0.85，则柱截面面积 $A\geqslant N/(\mu f_c)=1890\times10^3/(0.85\times11.9)=186851\text{mm}^2$，柱子截面形式采用正方形，则柱子截面尺寸 $B=H=\sqrt{A}=\sqrt{186851}=432\text{mm}$，初选 $B=H=450\text{mm}$。

需要说明的是，这里只是估算，初选的柱截面尺寸并不一定满足要求，当后续程序（如 SATWE）验算出柱承载力或变形不满足要求时，需修改柱截面，再重新验算，直至满足要求为止，有时可能需要反复修改多次才能获得比较合适的结果。

另外，按照规范规定，框架柱的截面宽度和高度均不宜小于 400mm，圆柱截面直径不宜小于 450mm，柱截面高宽比不宜大于 3。为避免柱产生剪切破坏，柱净高与截面长边之比宜大于 4，或柱的剪跨比宜大于 2 等，这些要求必须在选取柱截面尺寸时加以考虑。

(2) 柱截面类型与截面尺寸的定义

布置柱之前必须先定义柱的截面形状类型、尺寸及材料。

实例操作：

点击【构件布置/柱】，弹出柱布置对话框，如图 2-28 所示。

点击〈增加〉按钮，弹出柱截面参数输入对话框，如图 2-30 所示。

点击〈截面类型〉右侧的双箭头按钮，弹出柱截面类型对话框，如图 2-31 所示。程序提供 35 种柱截面类型供选择，用户只需用鼠标点击所需的一种截面即可。这里我们选择第一种——矩形截面，所以在〈截面类型〉右侧显示类型为“1：矩形”。

在〈矩形截面宽度 B（mm）〉和〈矩形截面高度 H（mm）〉处均输入“450”。

在〈材料类别〉处选择“6：混凝土”。程序提供了“1：砖”、“2：石”、“3：灰”、“4：木”、“5：钢”、“6：混凝土”、“7：玻璃”、“8：塑料”、“9：合金”、“10：刚性材料”、“16：轻骨料”等材料类别。

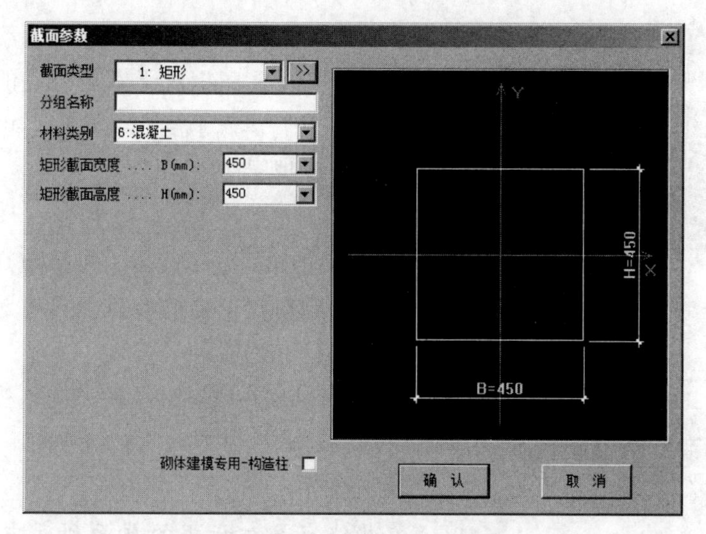

图 2-30　柱截面参数输入对话框

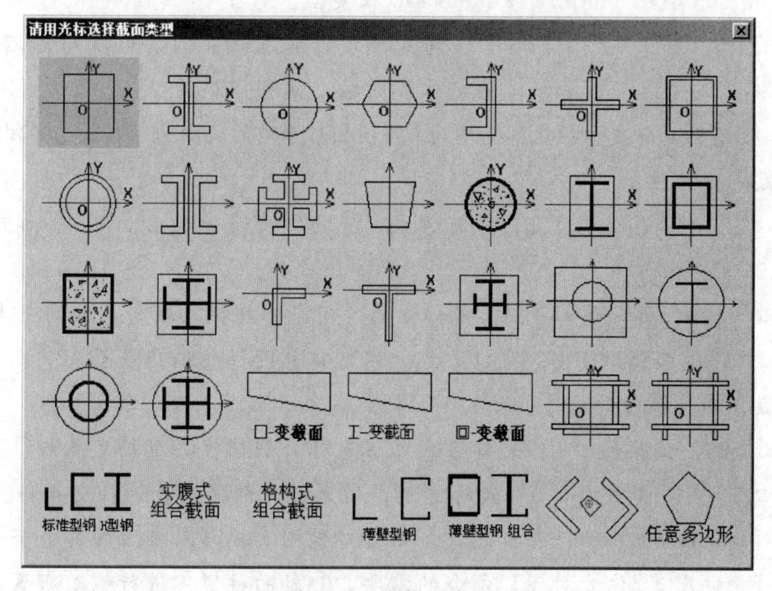

图 2-31　柱截面类型

点击〈确认〉，此时柱布置对话框中保存刚才已定义的柱，如图 2-32 所示。

以同样方式定义截面尺寸为 400×400 的柱，用于顶层柱的布置。

(3) 柱的布置

完成柱的定义后，我们开始进行柱的布置。

构件布置对话框中关于柱布置的参数有偏心、转角及柱底标高。

转角：柱宽边方向与 X 轴的夹角。

沿轴（X）偏心：沿柱宽方向（转角方向）相对于节点的偏心，右偏为正，左偏为负。

偏轴（Y）偏心：沿柱高方向相对于节点的偏心，上偏（柱高方向）为正，下偏

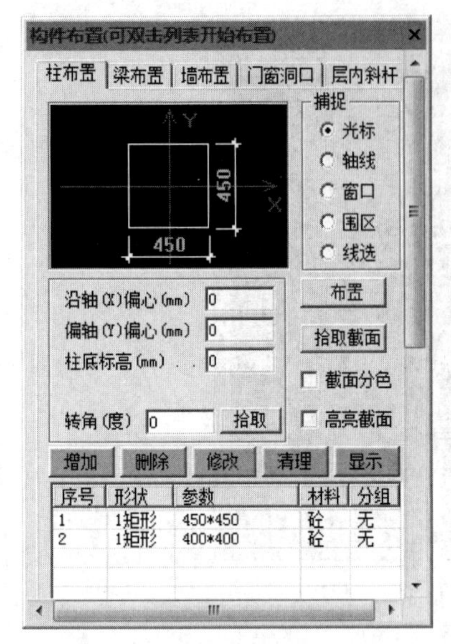

图 2-32 柱布置对话框

为负。

柱底标高：柱底相对于本层层底的高度，柱底高于层底时为正值，低于层底为负值。可以通过柱底标高的调整实现越层柱的建模。

注意事项如下。

① 柱必须布置在节点上，每个节点只能布置一根柱。如果在已布置了柱的节点上再布置柱，则后布置的柱将覆盖已有的柱。

② 柱沿轴线布置时，柱的方向（柱宽方向）自动取轴线方向，即柱宽方向与轴线方向一致。

实例操作：

在构件布置对话框的截面列表中选择已定义的450×450柱类型。

考虑美观，本工程实例要求柱与外墙齐平，若以墙定位，则柱、梁有可能偏心。

本例中，所有柱的转角和柱底标高均为0。柱相对于墙的偏心为（450－200）/2＝125mm。

首先布置Ⓐ轴的柱子。

沿轴偏心125，偏轴偏心125；光标方式，点击〈布置〉按钮，用光标捕捉Ⓐ轴与①轴的交点。

沿轴偏心－125，偏轴偏心125；光标方式，用光标捕捉Ⓐ轴与⑧轴的交点。

沿轴偏心0，偏轴偏心125；窗口方式，用窗口包围Ⓐ②轴交点至Ⓐ⑦轴交点。

接着布置Ⓑ轴与Ⓒ轴的柱子。

沿轴偏心125，偏轴偏心0；光标方式，用光标分别捕捉Ⓑ①轴交点与Ⓒ①轴交点。

沿轴偏心－125，偏轴偏心0；光标方式，用光标分别捕捉Ⓑ⑧轴交点与Ⓒ⑧轴交点。

沿轴偏心0，偏轴偏心0；窗口方式，用窗口包围Ⓑ轴与Ⓒ轴上的其余节点。

为讲解【构件布置/偏心对齐】命令的需要，Ⓓ轴的柱暂不进行偏心布置。

沿轴偏心0，偏轴偏心0；轴线方式，用光标点取Ⓓ轴。

说明：完成450×450柱的布置后，截面列表中的该行背景变成浅绿色，表示当前标准层有构件使用该截面。

(4) 柱的删除

如果不小心布置错误，可以选择【构件删除】菜单对柱进行删除。该功能在【常用菜单】、【构件布置】和屏幕右下方的快捷菜单栏中均可找到，快捷菜单栏中的图标为▨。新版的【构件删除】可在二维和三维下通用，对于选择层间梁等层间构件和切换视角后的选择提供了方便。

点击【构件删除】，弹出对话框如图2-33所示。选择〈柱〉和下方的选择方式，然后在图中选择需要删除的柱，删除完毕后再重新布置柱。也可以不删除布置错误的柱，直接在同一位置重复布置柱，则新布置的柱会取代原有的柱。最后按［F5］刷新屏幕观察布置的结果。

除此之外，【构件删除】菜单还支持“反选”功能，即在选择完构件后（构件会以亮粉色标示被选中），此时按住［Shift］键再次选择已选的构件，则该构件会变为未选中状态，从选择集中剔除。

(5) 柱截面尺寸的显示

柱布置完成后，可以通过【轴线网点/数据显示】菜单在平面图上显示出所有柱的截面尺寸。

实例操作：

点击【轴线网点/数据显示】，弹出截面显示对话框，如图2-34所示。

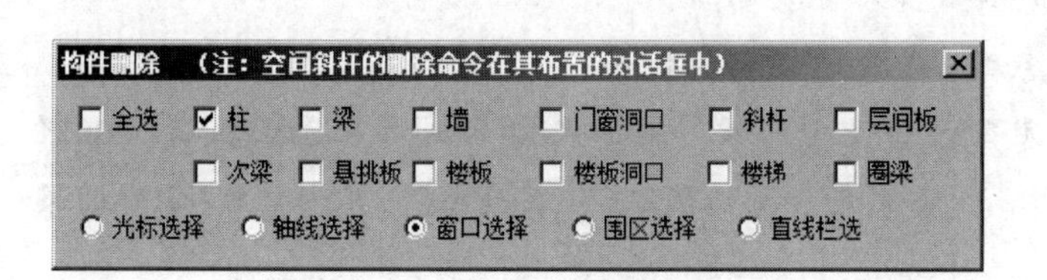

图2-33 构件删除对话框

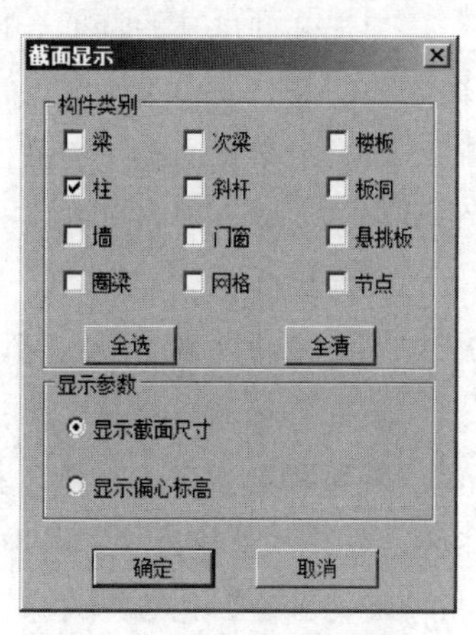

图2-34 截面显示对话框

在〈柱〉处打钩，点选〈显示截面尺寸〉，点击〈确定〉后，平面图上即显示出所有柱的截面尺寸，如图2-35所示。如果取消〈柱〉的勾选，则平面图上不再显示柱的截面尺寸。

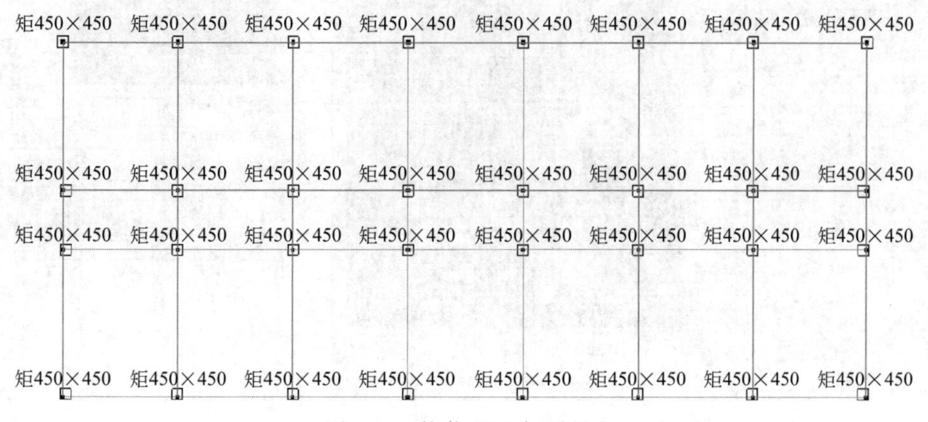

图2-35 柱截面尺寸显示图

2.6.3 主梁布置

(1) 梁截面尺寸的估算

这里简要说明一下梁截面尺寸的初步选取。框架结构中框架梁的跨度一般为 5～8m，截面高度 h 可按 $h=(1/15\sim1/10)l$ 确定，其中 l 为梁的计算跨度。为了防止梁发生剪切脆性破坏，h 不宜大于 1/4 梁净跨。框架梁截面宽度可取 $b=(1/3\sim1/2)h$，且不宜小于 200mm。为了保证梁的侧向稳定性，梁截面的高宽比（h/b）不宜大于 4。次梁跨度一般为 4～6m，梁高为跨度的 1/18～1/12。

本例中框架梁的最大跨度为 6m，梁高 h 取跨度的 1/12＝6000×1/12＝500mm，梁宽取梁高的 1/2＝500×1/2＝250mm。

与柱截面尺寸的选取一样，这里只是初步选取梁的截面尺寸，当后续计算中如果显示梁配筋超筋、变形过大时，需要返回这里更改梁的截面尺寸重新计算，直至验算通过。

(2) 主梁截面类型与截面尺寸的定义

布置主梁之前必须先定义主梁的截面形状类型、尺寸及材料。

实例操作：

点击【构件布置/主梁】，程序弹出梁布置对话框。

点击〈增加〉按钮，弹出梁截面参数输入对话框，如图 2-36 所示。

同柱的定义方式一样，我们定义两种类型的梁，截面尺寸分别为 250×500 和 200×300，截面类型均为“1”，即矩形截面，材料类别均为“6：混凝土”。其中 200×300 的梁用于次梁布置，见后续内容。

点击〈确认〉，此时构件布置对话框中保存刚才已定义的梁，如图 2-37 所示。

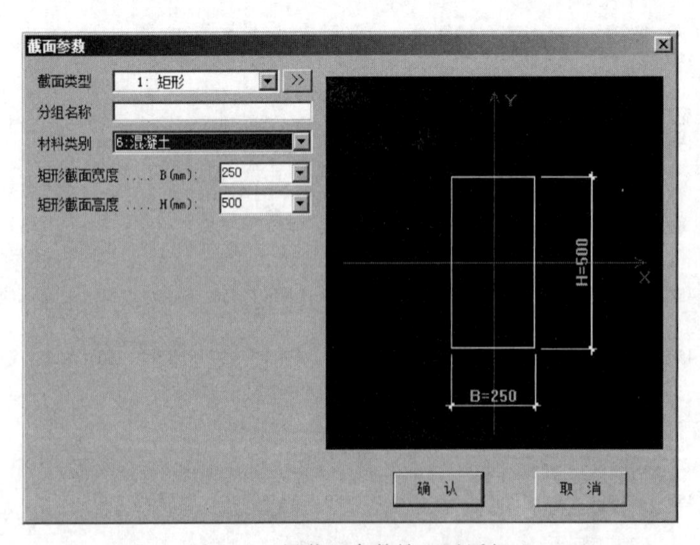

图 2-36 梁截面参数输入对话框

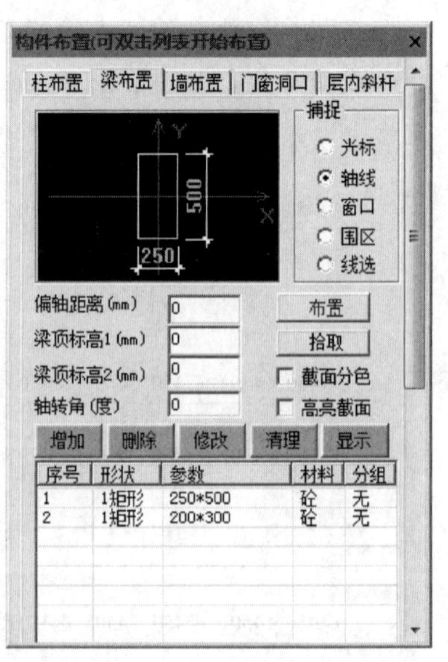

图 2-37 梁布置对话框

(3) 主梁的布置

完成主梁的定义后，我们开始进行主梁的布置。

构件布置对话框中关于梁布置的参数有偏轴距离、梁顶标高和轴转角。

偏轴距离：即梁相对于网格线的偏心。如果采用光标和轴线布置方式，则偏心方向与偏轴距离的正负无关，只需输入偏心的绝对值即可。布置梁时，光标偏向网格的哪一边，梁也偏向哪一边。如果采用窗口和围区布置方式，则偏轴距离为正表示左、上偏，为负表示右、下偏。

梁顶标高：梁两端相对于本层顶的高差。如果梁两端标高为“0”，则梁上沿与楼层同高。通过修改梁顶两端点的标高，可以生成越层斜梁和层间梁。如果梁所在的网格是竖直的，梁顶标高1指下面的节点，梁顶标高2指上面的节点；如果梁所在的网格不是竖直的，梁顶标高1指网格左边的节点，梁顶标高2指网格右边的节点。

轴转角：梁截面绕截面中心的转角。

注意事项：主梁必须布置在两节点间的网格线上，程序默认梁长为两节点间的距离。一段网格线上通过调整梁端的标高可布置多道梁，但两根梁之间不能有重合的部分。

实例操作：

在如图2-37所示的梁布置对话框的截面列表中选择250×500的梁。

本例中，所有主梁的轴转角和梁顶标高均为0。梁相对于墙的偏心为(250－200)/2＝25mm。

首先布置建筑外围的梁。

偏轴距离25，轴线方式，点击〈布置〉按钮，用光标分别点取Ⓐ轴、Ⓓ轴、①轴、⑧轴，点取时光标相对于轴线分别向上、向下、向右、向左偏。

接着布置其余的梁。

偏轴距离0，轴线方式，用光标分别点取除Ⓐ轴、Ⓓ轴、①轴、⑧轴以外的其余轴线。

(4) 主梁的删除

如果不小心布置错误，可以选择【构件布置/构件删除】菜单对主梁进行删除。点击【构件删除】，在如图2-33所示的构件删除对话框中选择〈梁〉和下方的选择方式，然后在图中选择需要删除的主梁，删除完毕后再重新布置主梁。也可以不删除布置错误的主梁，直接在同一位置重复布置主梁，则新布置的主梁会取代原有的主梁。最后按［F5］刷新屏幕观察布置的结果。

(5) 主梁截面尺寸的显示

主梁布置完成后，可以通过【数据显示】菜单在平面图上显示出所有主梁的截面尺寸。

实例操作：

点击【轴线网点/数据显示】，弹出截面显示对话框，如图2-34所示。

在〈梁〉处打钩，点选〈显示截面尺寸〉，点击〈确定〉后，平面图上即显示出所有主梁的截面尺寸，如图2-38所示。

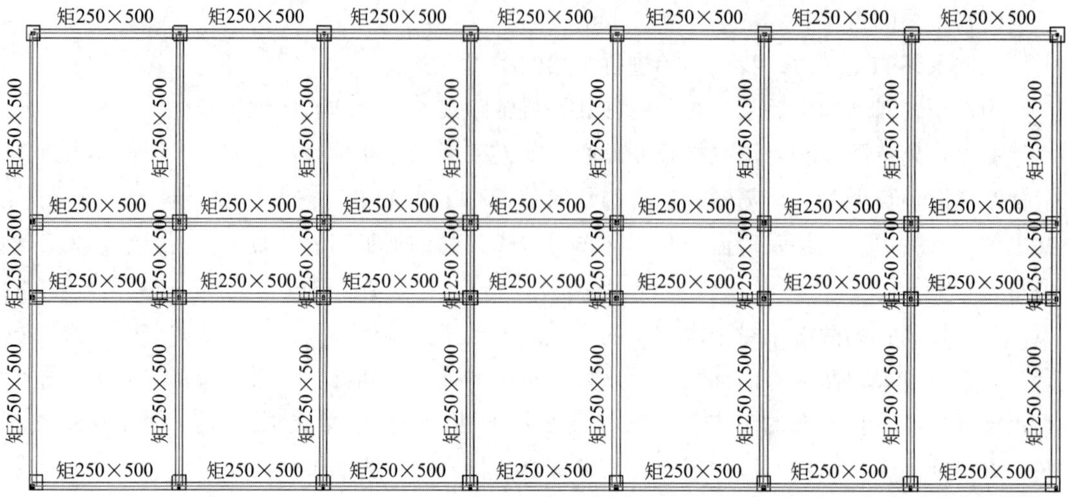

图 2-38 主梁截面尺寸显示图

2.6.4 偏心对齐

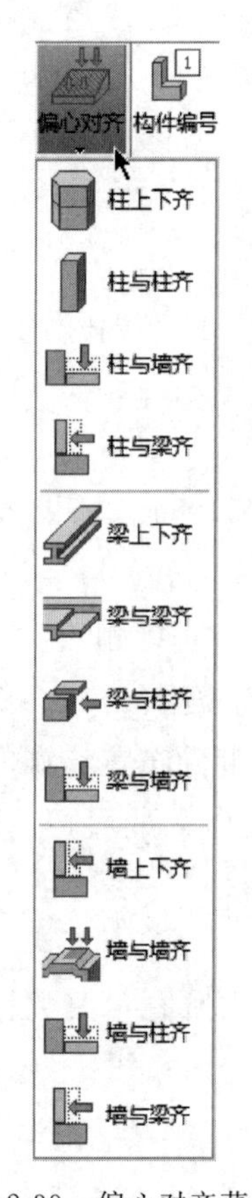

图 2-39 偏心对齐菜单

本菜单用于程序根据梁、柱、墙的布置要求自动完成偏心计算与偏心布置。菜单界面如图 2-39 所示，包括柱、梁、墙三种构件的十二项偏心对齐操作方式。举例说明如下。

(1) 柱上下齐

当上下层柱的尺寸不一样时，可按上层柱对下层柱某一边对齐（或中心对齐）的要求自动算出上层柱的偏心并按该偏心对柱的布置自动修正。此时如果打开【构件布置/层间编辑】菜单，可使从上到下各标准层的某些柱都与第一层的某边对齐。因此用户布置柱时可先省去偏心的输入，在各层布置完后再用本菜单修正各层柱偏心。

(2) 梁与柱齐

可使梁与柱的某一边自动对齐，按轴线或窗口方式选择某一列梁时可使这些梁全部自动与柱对齐，这样在布置梁时不必输入偏心，省去人工计算偏心的过程。

注意事项如下。

① 各种对齐方式的区别：柱上下齐是指上下层的柱对齐，柱与柱齐是指同层的柱对齐；柱与梁齐是指以梁为参考移动柱，使柱与梁对齐，梁与柱齐是指以柱为参考移动梁，使梁与柱对齐。

② 用光标选择柱或梁时，一定要使光标捕捉到节点或点取到网格线上，否则无法选中构件。

实例操作：

利用【柱与梁齐】命令完成Ⓓ轴柱的偏心布置。

点击【构件布置/偏心对齐/柱与梁齐】。

命令栏提示："边对齐/中对齐/退出？（Y［Ent］/A［Tab］/N［Esc］）"，按［Enter］，选择边对齐。

命令栏提示："光标方式：用光标选择目标（［Tab］转换方式，［Esc］返回）"，按［Tab］键切换到轴线方式，并用光标点取Ⓓ轴。

命令栏提示："请用光标点取参考梁"，用光标点取Ⓓ轴的任意一道梁，此时选中的梁以黄色显示。

命令栏提示："请用光标指出对齐边方向"，用光标点取Ⓓ轴上方，则Ⓓ轴的所有柱外侧均与Ⓓ轴的梁外侧对齐。

采用同样方式，可使Ⓓ①轴交点的柱外侧与①轴梁外侧对齐，Ⓓ⑧轴交点的柱外侧与⑧轴梁外侧对齐。

2.6.5 次梁布置

(1) 次梁布置

次梁与主梁采用同一套截面定义的数据，如果对主梁的截面进行定义、修改，次梁也会随之修改。

布置次梁不需要网格线，而是选取与之首、尾两端相交的主梁或墙，连续次梁的首、尾两端可以跨越若干跨一次布置。次梁的端点一定要搭接在梁或墙上，否则悬空的部分传入后面的模块时将被删除掉。

注意事项：布置的次梁应满足以下三个条件。

① 次梁必须与房间的某边平行或垂直（程序中的房间是指由主梁和墙围成的闭合多边形）；

② 非二级以上次梁；

③ 次梁之间有相交关系时，必须相互垂直。

对不满足这些条件的次梁，虽然可以正常建模，但后续模块的处理可能产生问题。

实例操作：

点击【构件布置/次梁】，程序弹出次梁布置对话框，选择200×300的梁类型，点击〈布置〉按钮。

命令栏提示"输入第一点［TAB节点捕捉 ESC取消］"，鼠标选取ⒶⒷ轴线间①轴线的中点（以三角形符号显示，注意开启捕捉功能），如图2-40所示。

命令栏提示"输入下一点（［Esc］结束）"，用鼠标选取ⒶⒷ轴线间②轴线的中点。

命令栏提示"输入复制间距，（次数）累计距离＝0.0，按［Esc］取消复制"，由于每个房间只布置一根次梁，故不用复制，按鼠标右键或［Esc］键退出。

命令栏提示"输入第一点"，重复以上步骤，逐段布置次梁。

次梁可以一小段一小段地布置，当同在一条直线上时，也可直接从①轴拉通到⑧轴布

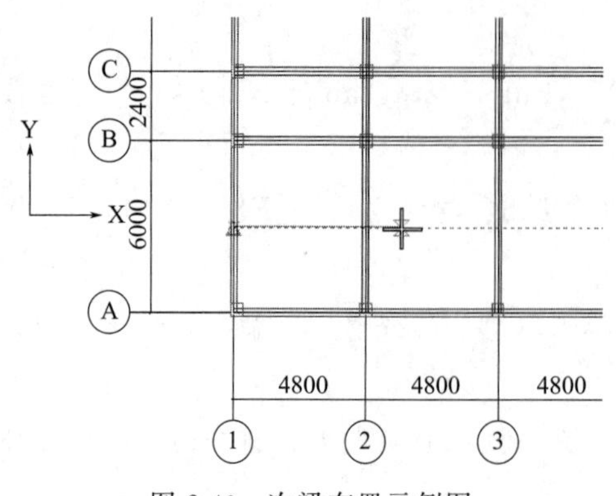

图 2-40 次梁布置示例图

置。同样的方法，把ⒸⒹ轴线间的次梁也布置上，注意的是楼梯间不要布置次梁。

需要说明的是，在结构设计中主梁跨间最好不要只设置一根次梁，以减小主梁跨间弯矩的不均匀，此处为了方便起见，只以一根次梁为例说明次梁布置方法。

(2) 次梁删除

如果不小心布置错误，可以选择【构件布置/构件删除】菜单对次梁进行删除。点击【构件删除】，在如图 2-33 所示的构件删除对话框中选择〈次梁〉和下方的选择方式，然后在图中选择需要删除的次梁即可。

(3) 次梁截面尺寸的显示

次梁布置完成后，可以通过【数据显示】菜单在平面图上显示出所有次梁的截面尺寸。

实例操作：

点击【轴线网点/数据显示】，弹出截面显示对话框。

在〈次梁〉处打钩，点选〈显示截面尺寸〉，点击〈确定〉后，平面图上即显示出所有次梁的截面尺寸，次梁是以灰白色双线条显示的，如图 2-41 所示。

图 2-41 次梁截面尺寸显示图

次梁也可以按照主梁的方式输入，两种类型的次梁在建模、计算和出图方面都有区别。当按照主梁的方式输入时，必须布置在轴线上，以浅绿色线条显示，布置这种次梁时，必须先绘制轴线，再在轴线上布置次梁。两类次梁各有特点，不宜笼统地讲哪种方式好，哪种方式不好，对于大量规则的房间适宜按次梁方式输入，不划分房间，不增加节点，计算简化；而对于不规则房间、卫生间等需要划分房间时，适宜按主梁方式输入，增加房间数量，计算稍费时。

2.6.6 其他构件布置

前面介绍了柱、主梁、次梁的布置方式，墙、门窗、斜杆等构件的布置操作基本类似，这里做些说明。

① 布置的墙体一般为受力构件，即剪力墙或承重墙，对于不承重的填充墙不需要布置，应该将墙重转化为梁间荷载在【荷载布置】菜单中输入。

② 门窗洞口布置在网格上，该网格上还应布置墙。一段网格上只能布置一个洞口。布置洞口时，可以在洞口布置参数对话框中输入定位信息。定位方式有左端定位方式、中点定位方式、右端定位方式和随意定位方式，如果定位距离大于0，则为左端定位，若键入0，则该洞口在该网格线上居中布置，若键入一个小于0的负数（如−D，单位：mm），程序将该洞口布置在距该网格右端为D的位置上。如需洞口紧贴左或右节点布置，可输入1或−1。如第一个数输入一大于0小于1的小数，则洞口左端位置可由光标直接点取确定。洞口最多可以定义240类截面。

2.6.7 本层信息、材料强度

【本层信息】菜单的功能是输入结构信息，包括板厚、构件的混凝土强度等级、钢筋级别以及标准层层高等；【材料强度】菜单的功能是修改在【本层信息】菜单中定义的材料强度，包括修改墙、梁、柱、斜杆、楼板、悬挑板、圈梁的混凝土强度等级以及柱、梁、斜杆的钢号。其中【本层信息】菜单必须操作，否则因缺少工程信息在数据检查时会出错。

实例操作：

点击【构件布置/本层信息】，弹出本标准层信息对话框，本例中的所有参数应按工程实际情况输入，如图2-42所示，点击〈确定〉返回。

点击【构件布置/材料强度】，程序弹出构件材料设置对话框，可以设定混凝土强度等级或构件的钢号，如图2-43所示。图中显示梁的混凝土强度等级为C25。

注意事项如下。

①【本层信息】中的参数〈本标准层层高〉仅用于定向观察某一轴线立面时做立面高度的参考值，与实际层高没有关系，不必修改，各层层高的数据应在【楼层组装】菜单中输入。

②【本层信息】中输入的板厚、混凝土强度等级等参数均为本标准层统一值，可通过【楼板楼梯/修改板厚】和【材料强度】菜单进行详细的修改。

③ PMCAD建模时设置的构件材料强度可以传给SATWE、PMSAP等计算软件，如在SATWE等计算软件中修改材料强度，其修改信息也保存在PMCAD模型中，实现一模多改，数据共享。

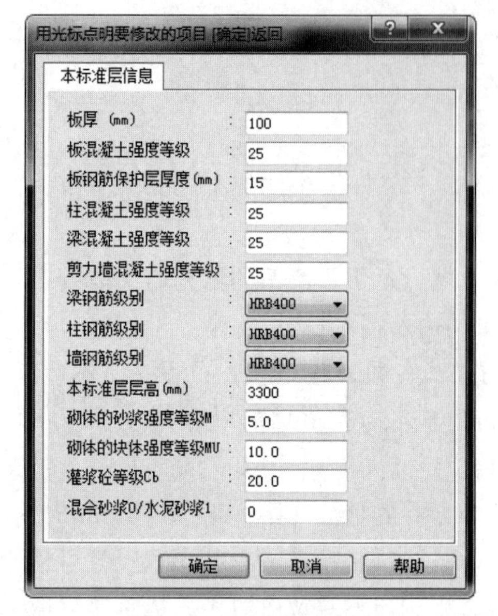

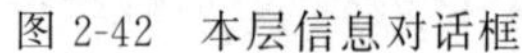
图 2-42 本层信息对话框

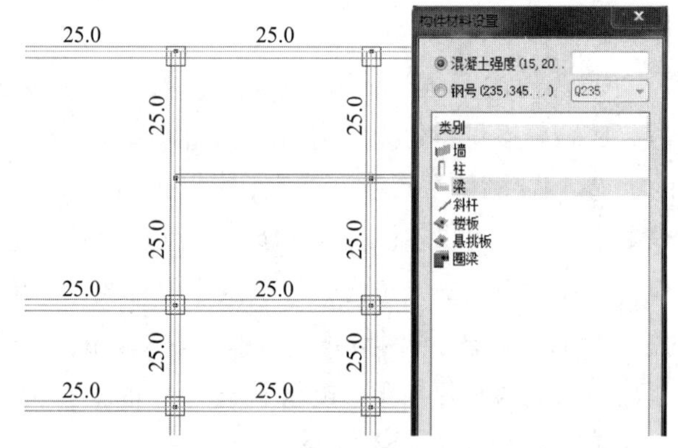

图 2-43 构件材料设置对话框

2.6.8 添加新标准层

当标准层平面布置发生变化时（例如柱、梁截面发生变化，增加或减少构件等情况），需要建立新的标准层，有两种操作方法：一种是点击屏幕右上方工具栏中的下拉选择窗口，选择“添加新标准层”，如图 2-44 所示；另一种是点击菜单【楼层组装/楼层管理/加标准层】，两种方式都会弹出添加标准层对话框，如图 2-45 所示。

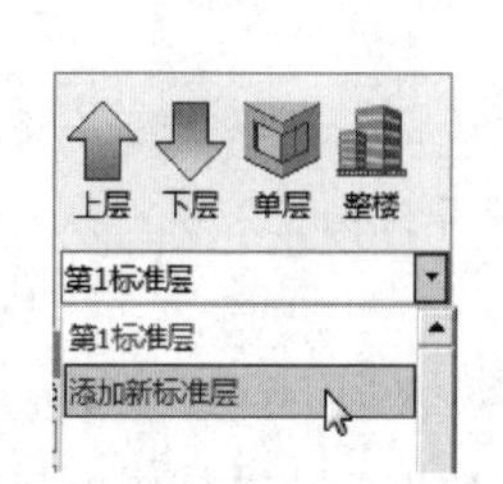

图 2-44 添加新标准层快捷窗口

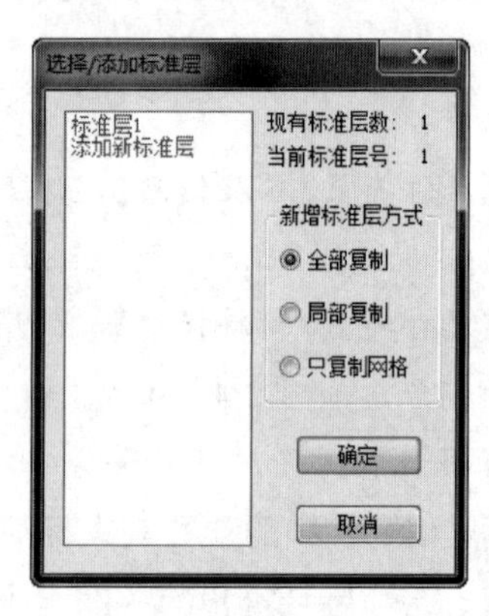

图 2-45 添加标准层对话框

新标准层应在旧标准层基础上输入，以保证上下节点网格的对应，为此应将旧标准层的全部或一部分复制到新标准层，然后在此基础上进行修改。复制标准层时，可将一层全部复制，也可只复制平面的一部分或几部分，还可以只复制网格。当局部复制时，可按照光标、轴线、窗口、围区 4 种方式选择复制的部分。复制标准层时，该层的轴线也被复制，可对轴线增删修改，再形成网点生成该层新的网格。

切换标准层可以点取图2-44所示的下拉选择窗口中的“第N标准层”进行，也可点“上层”和“下层”直接切换到相邻的标准层。

实例操作：

在如图2-45所示的添加标准层对话框中，选择“全部复制”，点击〈确定〉后，屏幕右上方工具栏中的下拉选择窗口中显示“第2标准层”，表示现在正在编辑的标准层层号，利用这个快捷窗口可以快速地在多个标准层之间进行切换。

在“第2标准层”中，我们做如下修改，使之成为屋顶层。

① 柱截面改为“400×400”。

点击【构件布置/截面替换/柱替换】，弹出如图2-46所示的构件截面替换对话框，在对话框左侧选择450×450的柱，右侧选择400×400的柱，并在右侧“第2标准层”前打钩，点〈替换〉后，第2标准层所有450×450的柱截面均替换为400×400，点〈保存〉后弹出截面替换记录文件，显示“第2标准层替换了32个柱截面”。

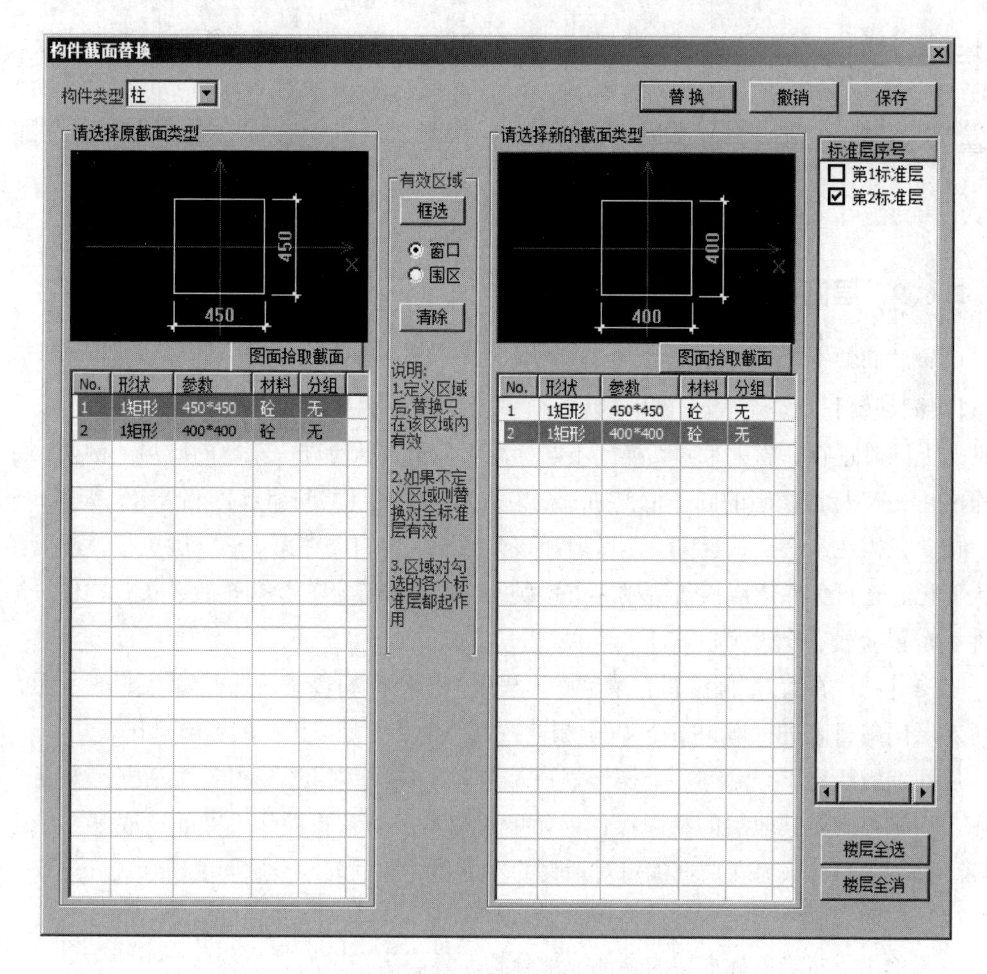

图2-46 构件截面替换对话框

由于柱截面变小，建筑外围柱的外侧与梁的外侧不再齐平，可利用【构件布置/偏心对齐/柱与梁齐】命令对柱的位置进行调整。

② 在楼梯间处加上次梁。

点击【构件布置/次梁】命令，在楼梯间处布置一根 200×300 的次梁。

修改后的第 2 标准层平面图如图 2-47 所示。

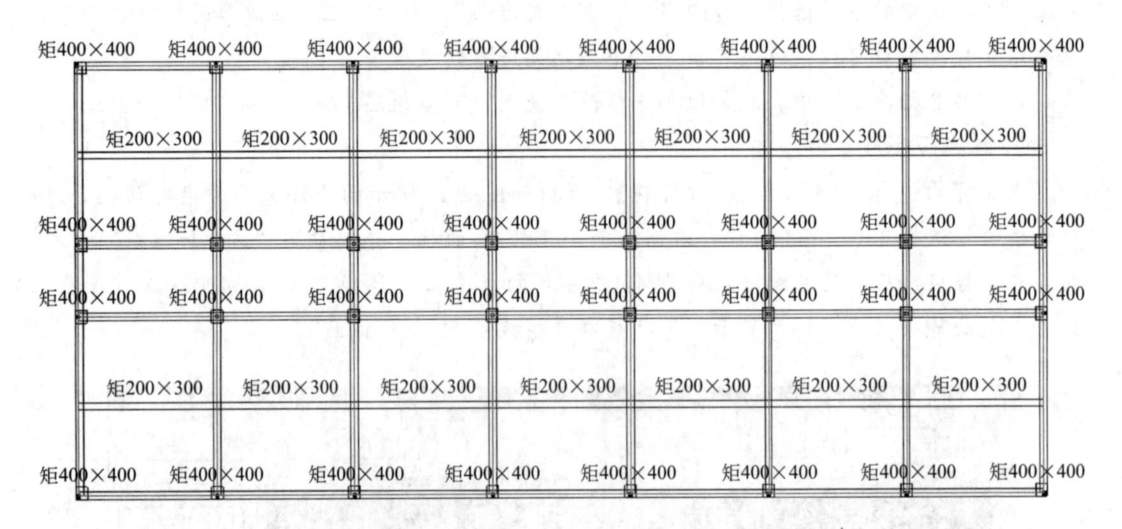

图 2-47 第 2 标准层平面图

2.6.9 层间编辑、层间复制

(1) 层间编辑

【层间编辑】是一个实际工程中使用频率较高的菜单，该菜单可将操作在多个或全部标准层上同时进行，省去来回切换到不同标准层，再去执行同一菜单的麻烦。例如，如需在第 1～第 N 标准层上的同一位置加一根梁，则可先在【层间编辑】菜单定义编辑 1～N 层，接着只需在某一层布置梁，然后增加该梁的操作将自动在第 1～N 层执行，不但操作大大简化，还可免除逐层操作造成的布置误差。类似操作还有绘制轴线、布置构件、删除构件、布置荷载、修改偏心等。

点击【构件布置/层间编辑】菜单后，程序弹出层间编辑对话框，如图 2-48 所示，用户可对层间编辑表进行增删操作，〈全删〉按钮的功能就是取消层间编辑操作。

层间编辑状态下，对每一个操作程序都会弹出层间编辑选择内容对话框，如图 2-49 所示，用来控制对其他层的相同操作。如果想取消层间编辑操作，可以点取第 5 个选项〈清除层间编辑〉，或者在层间编辑对话框的左下角处取消勾选〈层间编辑开关〉。

(2) 层间复制

本菜单用于将当前标准层的全部或部分构件复制到指定的其他标准层中。

点【层间复制】菜单后，程序将弹出层间复制目标层设置对话框，用户可对层间复制表进行增删操作，注意只选要复制的标准层，被复制构件的标准层不选。

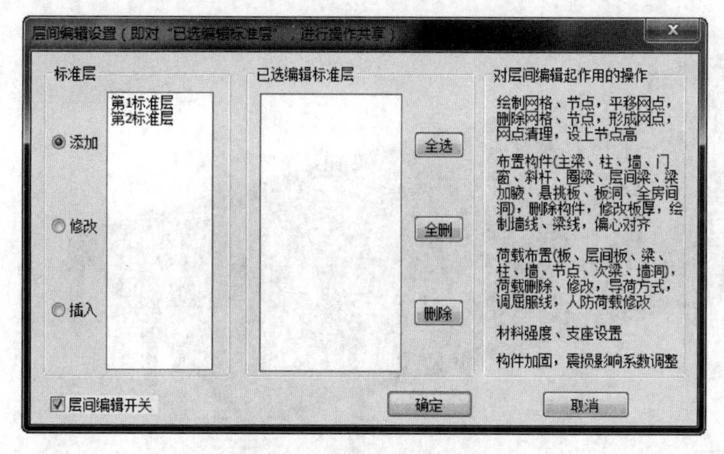

图 2-48　层间编辑对话框

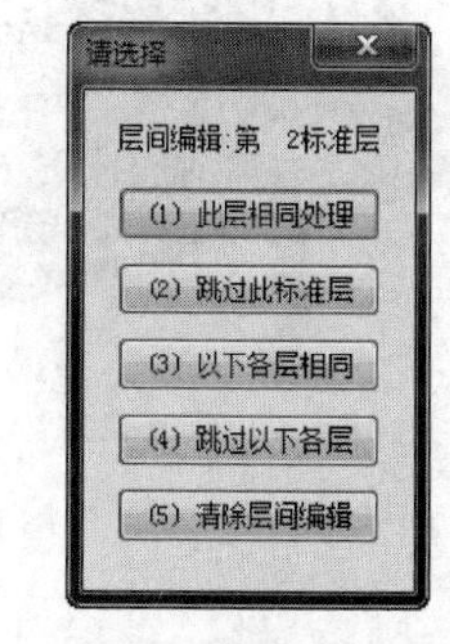

图 2-49　层间编辑选择内容对话框

2.6.10　构件绘制

【绘墙线】、【绘梁线】这两个菜单用于把墙、梁的布置连同轴线一起输入，省去了先输入轴线再布置墙、梁的两步操作。程序为墙、梁线的绘制操作提供了直线、平行线、辐射线、圆弧线及三点弧线的绘制方法。

2.7　楼 板 楼 梯

如图 2-50 所示，【楼板楼梯】菜单包括生成楼板、修改板厚、楼板错层设置、悬挑板布置、板洞布置、层间板布置、预制板布置以及楼梯布置等功能。

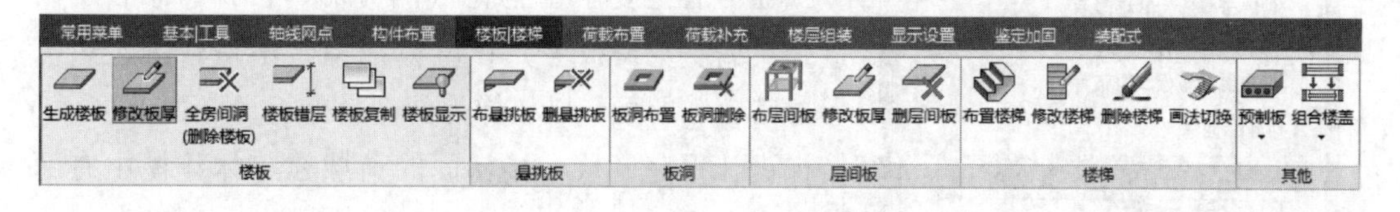

图 2-50　楼板楼梯菜单

2.7.1　楼板

(1) 生成楼板

实例操作：

分别进入第 1 和第 2 标准层，点击【楼板楼梯/生成楼板】，程序会对所有的房间自动生成楼板，板厚默认取【本层信息】菜单中输入的板厚值 100mm。点击【显示设置/轴侧视图】，程序显示出如图 2-51 所示的一层三维视图，楼板用半透明的灰白色显示。在观察三维视图时，按住键盘上［Ctrl］的同时按鼠标中键（滚轮），可以改变观察角度。点击【显示设置/视图平移缩放/平面视图】或者屏幕右下方的“平面视图”图标，图形返回平面视图状态。

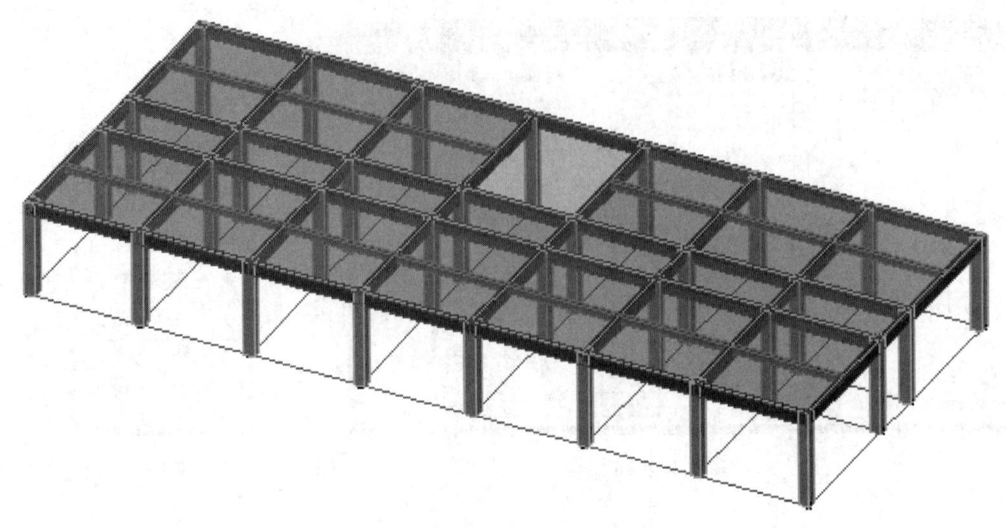

图 2-51 一层轴测图

《混凝土结构设计规范》(GB 50011—2010)(以下简称《混凝土规范》) 9.1.2 条规定,“现浇混凝土板的尺寸宜符合下列规定:

1 板的跨厚比:钢筋混凝土单向板不大于 30,双向板不大于 40;……”。

《混凝土规范》表 9.1.2 规定双向板最小厚度 80mm。本例中,由于房间内加了一道次梁,因此板跨为 6000mm/2=3000mm,板厚取缺省值 100mm,则板的跨厚比为 3000/100=30<40,满足规范要求。

注意事项:如果某标准层修改了梁墙的布置,则需要用【生成楼板】菜单重新生成楼板。

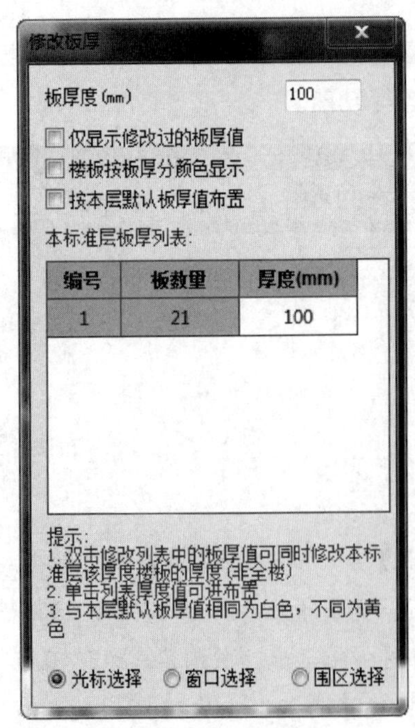

图 2-52 修改板厚对话框

(2)修改板厚

通常非主要承重构件(填充墙、楼梯、阳台、雨篷、挑檐、空调板等)在整体建模时不用输入,只需考虑其荷载即可。以楼梯为例,其分析可以由 LTCAD 楼梯设计程序完成,楼梯间的荷载在整体建模中有两种考虑方法。

① 设置楼梯间板厚为 0,即该房间没有楼板,但仍可以设置楼板面荷载及导荷方式,以此近似替代楼梯间的荷载。

② 用【楼板楼梯/全房间洞】命令将楼梯间开洞,该房间不能输入楼板荷载,可以将楼梯间实际荷载直接输入到房间周边相应构件上。

为了简便起见,我们这里采用第一种方法。

实例操作:

点击【楼板楼梯/修改板厚】,弹出对话框如图 2-52

所示。

在〈板厚度（mm）〉处输入“0”，命令栏提示“光标方式：用光标选择目标［若没选中，则自动转入窗口方式］（［Tab］转换方式，［Esc］返回）”，此时光标放在各房间上时，各房间四周出现一个黄色矩形框，点击鼠标，则该房间楼板厚度设为指定数值，如图2-53所示，在平面图上部正中楼梯间处点击鼠标，则该房间板厚设为0。

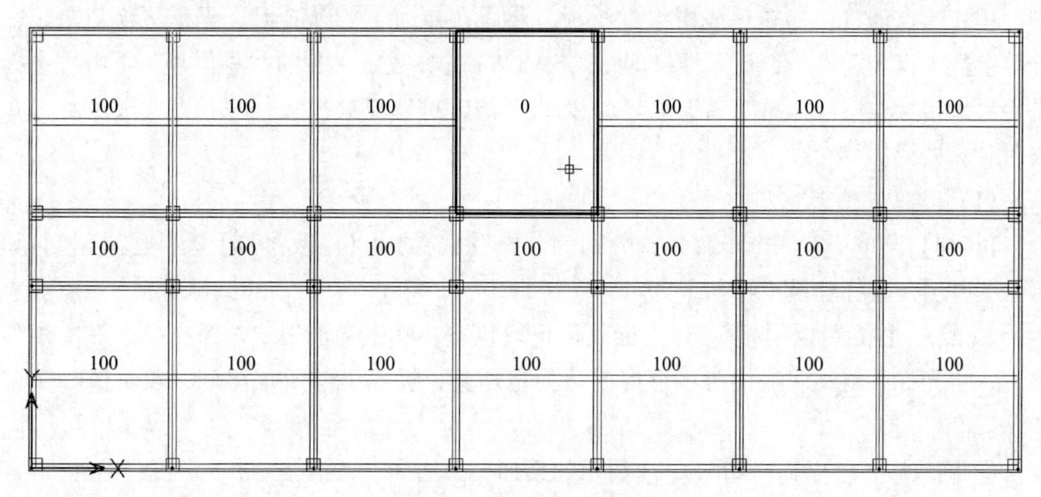

图2-53 修改楼梯间板厚

2.7.2 悬挑板

布悬挑板具体操作要点如下。

① 悬挑板的布置方式与一般构件类似，需要先进行悬挑板形状的定义，然后再将定义好的悬挑板布置到楼面上。

② 悬挑板的类型定义：程序支持输入矩形悬挑板和自定义多边形悬挑板。在悬挑板定义中，增加了悬挑板宽度参数，输入0时取布置的网格宽度。

③ 悬挑板的布置方向由程序自动确定，其布置网格线的一侧必须已经存在楼板，此时悬挑板挑出方向将自动定为网格的另一侧。

④ 悬挑板的定位距离：对于在定义中指定了宽度的悬挑板，可以在此输入相对于网格线两端的定位距离。

⑤ 悬挑板的顶部标高：可以指定悬挑板顶部相对于楼面的高差。

⑥ 一道网格只能布置一个悬挑板。

删除悬挑板时，只需在构件删除对话框中勾选〈悬挑板〉，即可删除所选的悬挑板。

2.7.3 楼梯

《抗震规范》3.6.6-1条规定，“计算模型的建立、必要的简化计算与处理，应符合结构的实际工作状况，计算中应考虑楼梯构件的影响。”条文说明指出，考虑到地震中楼梯的梯板具有斜撑的受力状态，故增加了楼梯构件的计算要求，针对具体结构的不同，楼梯构件对结构的可能影响很大或不大，应区别对待，楼梯构件自身应计算抗震，但并不要求一律参与整体结构的计算。

为了适应新的抗震规范要求，程序给出了计算中考虑楼梯影响的解决方案：在 PMCAD 的模型输入中输入楼梯，可在矩形房间输入二跑或平行的三跑、四跑楼梯等类型。程序可自动将楼梯转化成折梁或折板。此后在接力 SATWE 时，无需更换目录，在计算参数中直接选择是否计算楼梯即可。SATWE【参数定义】的“总信息”页中可选择是否考虑楼梯作用（详见 3.3.1.1 节），如果考虑，可选择梁或板任一种方式或两种方式同时计算楼梯。

(1) 楼梯布置

【楼梯】菜单下有四个子菜单，分别为【布置楼梯】、【修改楼梯】、【删除楼梯】和【画法切换】。楼梯建模步骤如下。

① 点击【布置楼梯】菜单，光标处于识取状态，程序要求用户选择楼梯所在的矩形房间，当光标移到某一房间时，该房间边界将加亮，提示当前所在房间，点击鼠标左键确认。

② 确认后，程序弹出如图 2-54 所示的楼梯类型选择对话框。

程序共有 12 种楼梯类型可供用户选择：单跑直楼梯、双跑直楼梯、平行两跑楼梯、平行三跑楼梯、平行四跑楼梯、双跑转角楼梯、双分中间起跑楼梯、双分两边起跑楼梯、三跑转角楼梯、四跑转角楼梯、双跑交叉楼梯、双跑剪刀楼梯带平台。

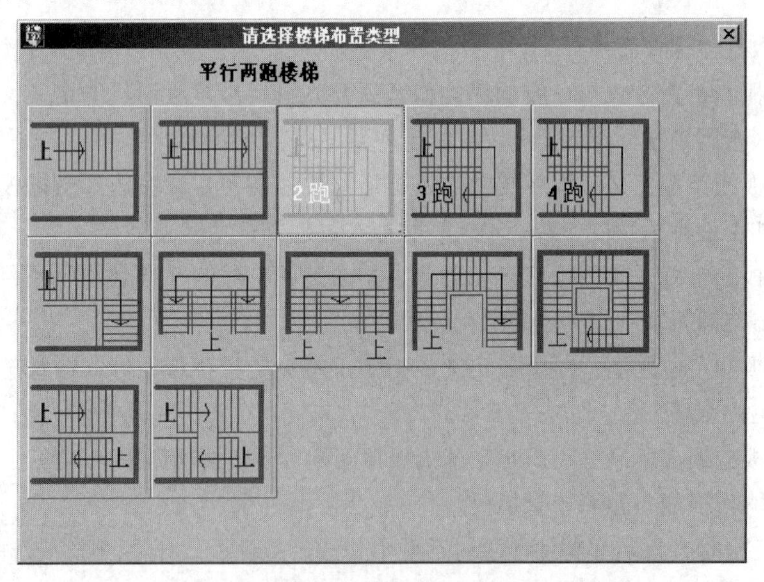

图 2-54 楼梯类型选择对话框

③ 选择好楼梯类型后，程序弹出楼梯设计对话框，如图 2-55 所示。对话框右侧显示楼梯的预览图，程序根据房间宽度自动计算梯板宽度初值，用户可修改楼梯定义参数。部分参数含义如下。

起始高度（mm）：第一跑楼梯最下端相对本层底标高的相对高度。

坡度：当修改踏步参数时，程序根据层高自动调整楼梯坡度，并显示计算结果。

起始节点号：用来修改楼梯布置方向，可根据预览图中显示的房间角点编号调整。

是否是顺时针：确定楼梯走向。

点击〈确定〉按钮，完成楼梯的定义与布置。

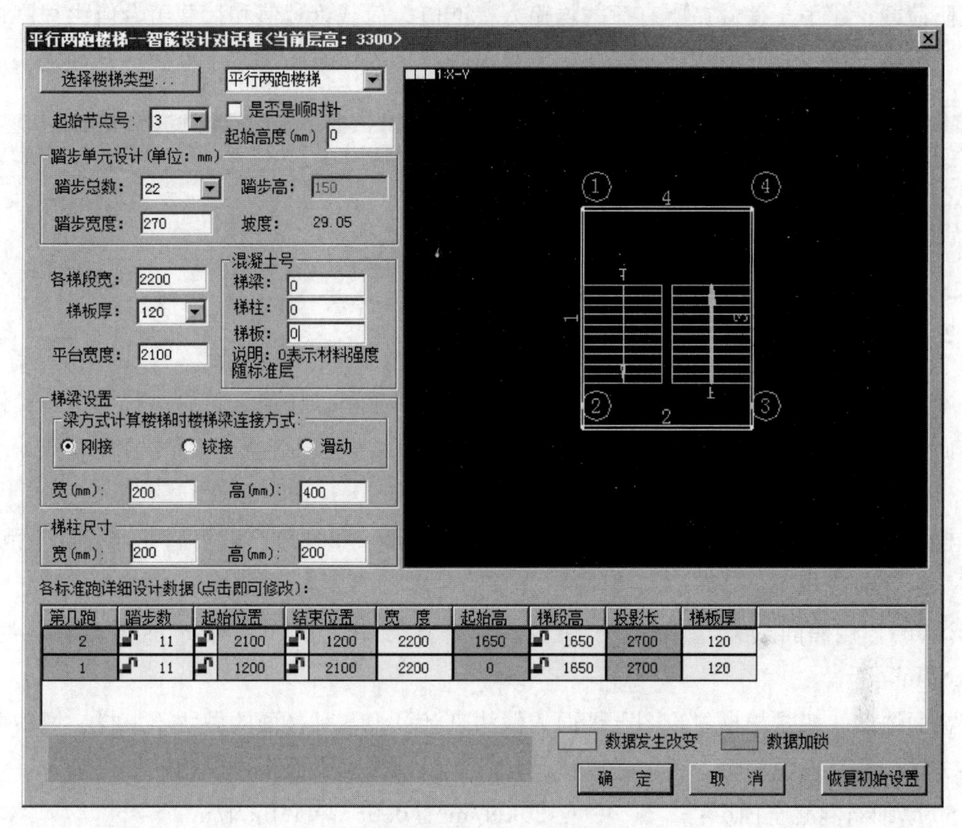

第几跑	踏步数	起始位置	结束位置	宽 度	起始高	梯段高	投影长	梯板厚
2	11	2100	1200	2200	1650	1650	2700	120
1	11	1200	2100	2200	0	1650	2700	120

图 2-55 楼梯设计对话框

(2) 楼梯修改

程序可保留用户原先所布置楼梯的数据，方便在其基础上进一步修改。点击【修改楼梯】菜单，按提示选择已布置楼梯的房间，程序弹出如图 2-55 所示的楼梯设计对话框，内部的参数为先前编辑过的参数，用户可对楼梯数据进行修改。

(3) 楼梯删除

楼梯删除操作与其他构件删除操作是一样的。点击【删除楼梯】菜单，程序弹出构件删除对话框，其中楼梯选项是勾选的，选择与梯跑平行的房间边界，这时该梯跑将高亮显示，点击左键即可删除。

注意事项：布置楼梯时最好在【本层信息】中输入楼层组装时使用的真实高度，这样程序能自动计算出合理的踏步高度与数量，便于建模。楼梯计算所需要的数据（如梯梁、梯柱等的几何位置）是在楼层组装之后形成的。

2.8 荷载布置

如图 2-56 所示，【荷载布置】菜单的主要功能是输入当前标准层结构上的各类荷载，包括：①楼面恒活荷载；②非楼面传来的梁间荷载、次梁荷载、墙间荷载、节点荷载；③人防荷载；④吊车荷载。所有荷载均输入标准值，荷载设计值和荷载组合值由程序自动完成。荷载方向：竖向荷载向下为正，节点荷载弯矩的正方向按右手螺旋法则确定。

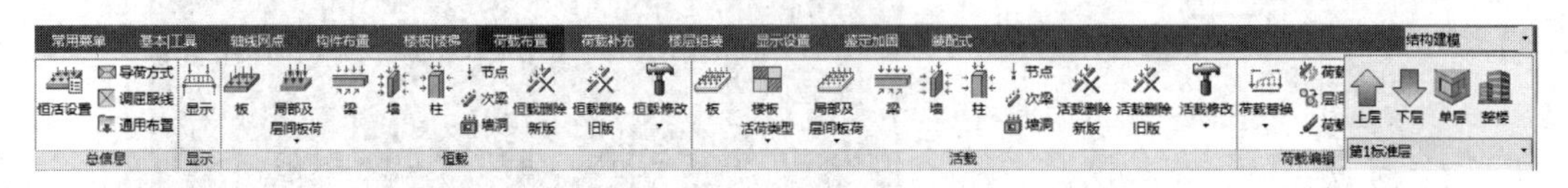

图 2-56 荷载布置菜单

2.8.1 恒活设置

本菜单用于定义楼面恒载和活载标准值。在介绍菜单操作前，首先讲解本工程实例中的楼面恒载与活载是如何确定的。

(1) 楼面恒载与活载的确定

楼面活载可依据《建筑结构荷载规范》(GB 50009—2012)（以下简称《荷载规范》）取值。由《荷载规范》表 5.1.1 查得办公室的楼面活荷载标准值为 2.0kN/m²，走廊为 2.5kN/m²，楼梯间为 3.5kN/m²；由表 5.3.1 查得不上人屋面均布活荷载标准值为 0.5kN/m²。

楼面恒载一般是根据建筑图上楼面的做法来计算，各种楼面的做法不一样，恒载取值也不一样，在计算恒载时，还要考虑楼下是否有吊顶等。下面举例说明：

50 厚细石混凝土面层： $20kN/m^3 \times 0.05m = 1.0kN/m^2$

板自重（设板厚 100mm）： $25kN/m^3 \times 0.10m = 2.5kN/m^2$

20 厚板底抹灰： $17kN/m^3 \times 0.02m = 0.34kN/m^2$

考虑二次装修： $0.5kN/m^2$

合计： $1.0 + 2.5 + 0.34 + 0.5 = 4.34kN/m^2$

一般设计时也可在混凝土板自重的基础上加 $2.0 \sim 2.5kN/m^2$ 来简化计算。

(2) 楼面荷载的定义

输入楼面荷载前必须先生成楼板，没有布置楼板的房间不能输入楼面荷载。

实例操作：

进入第 1 标准层，点击【荷载布置/恒活设置】，弹出楼面荷载定义对话框，如图 2-57 所示，分别输入恒载值 $4.5kN/m^2$，活载值 $2.0kN/m^2$。

进入第 2 标准层，重复上述操作步骤，恒载值改为 $6.0kN/m^2$，活载值改为 $0.5kN/m^2$，如图 2-58 所示。

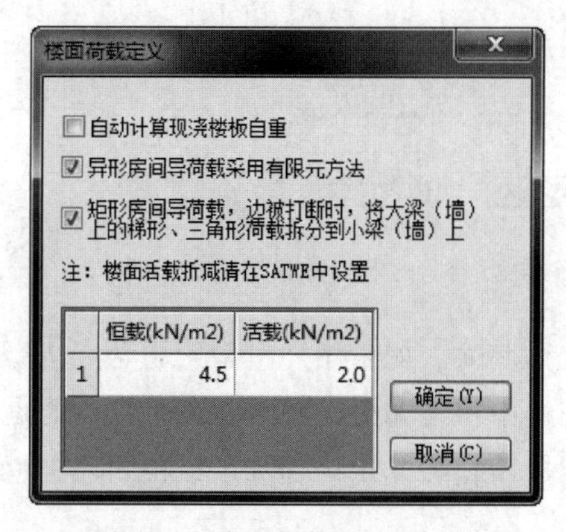

图 2-57 楼面荷载定义对话框

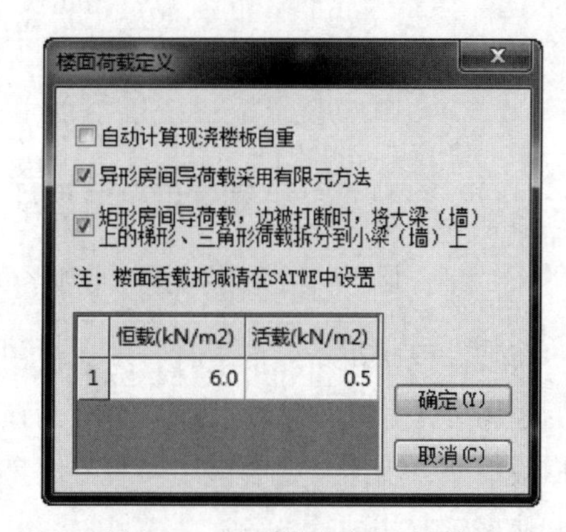

图 2-58 屋面荷载定义对话框

楼面荷载定义对话框中各参数的含义如下。

① 自动计算现浇楼板自重　该控制项是全楼的，即非单独对当前标准层。勾选该项后，程序会根据楼层各房间楼板的厚度，折合成该房间的均布面荷载，并将其叠加到该房间的面恒载值中。若勾选该项，则输入的楼面恒载值中不应该再包含楼板自重；反之，则必须包含楼板自重。

② 异形房间导荷载采用有限元方法　以前版本的程序，在对异形房间（三角形、梯形、L 形、T 形、十字形、凹形、凸形等）进行房间荷载导算时，是按照每边的边长占整个房间周长的比值，按均布线荷载分配到每边的梁、墙上。

现在版本的程序在上述方法的基础上新增加了一种导荷方法，即“异形房间导荷载采用有限元方法”。计算原理是：程序会先按照有限元方法进行导算，然后再将每个大边上得到的三角形、梯形线荷载拆分，按位置分配到各个小梁、墙段上，荷载类型为不对称梯形，各边总值有所变化，但单个房间荷载总值不变。

需要注意的是：当单边长度小于 300mm 时，整个房间会自动按照旧版本边长法做均布导算。

现在版本的程序默认使用有限元方法进行导荷，如果用户希望使用老方法（均布化）来处理荷载，则取消“异形房间导荷载采用有限元方法”的选中状态即可。

注意事项：由于导荷工作是在退出建模程序的过程中进行，所以查看导荷结果应在退出建模程序后，再次进入建模程序时才行。

③ 矩形房间导荷打断设置　这项设置，主要用来处理矩形房间边被打断时，是否将大梁（墙）上的梯形荷载、三角形荷载分拆到小梁（墙）上。

以前版本的程序中，如果矩形房间周边网格被打断，在进行房间荷载导算时，程序会自动按照每边的边长占整个房间周长的比值，将楼面荷载按均布线荷载分配到每边的梁、墙上。

现在版本的程序在上述方法的基础上新增加了一种导荷方法。当用户选中该控制项时，程序会先按照矩形房间的塑性绞线方式进行导算，然后再将每个大边上得到的三角形、梯形线荷载拆分，按位置分配到各个小梁、墙段上，荷载类型为不对称梯形，各边总值不变，如图 2-59 所示。

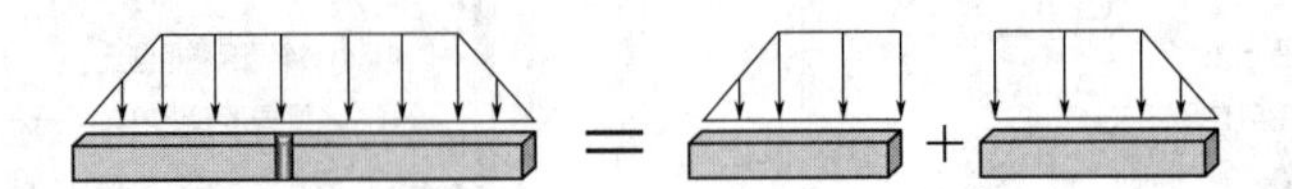

图 2-59 将一段大梁上的梯形荷载拆分成两段小梁上的非对称梯形荷载

新版本程序在新建模型时，默认使用新方法进行导荷。如果用户希望使用老方法（房间周边均布化）来处理荷载，只要取消该控制项的选中状态即可。另外，如果打开的是一个旧版模型，程序默认会采用旧版方法来进行房间导荷，除非用户勾选了该控制项，程序才会使用新方法进行导荷。

2.8.2 恒活修改

可通过【荷载布置/恒载/板】和【荷载布置/活载/板】菜单对楼面恒载和活载进行局部修改。

实例操作：

接下来对第 1 标准层的局部房间的恒载和活载进行修改。

进入第 1 标准层，点击【荷载布置/恒载/板】，屏幕上显示的所有楼面恒载值均为【恒活设置】菜单中定义的恒载值。考虑到楼梯间的恒载值较其他房间大，对其进行修改，首先在如图 2-60 所示的修改恒载对话框中输入“6.0”，点取“光标选择”方式，然后将光标移至楼梯间，按鼠标左键确认，此时楼梯间恒载值由 4.5 改为 6.0，如图 2-61 所示。

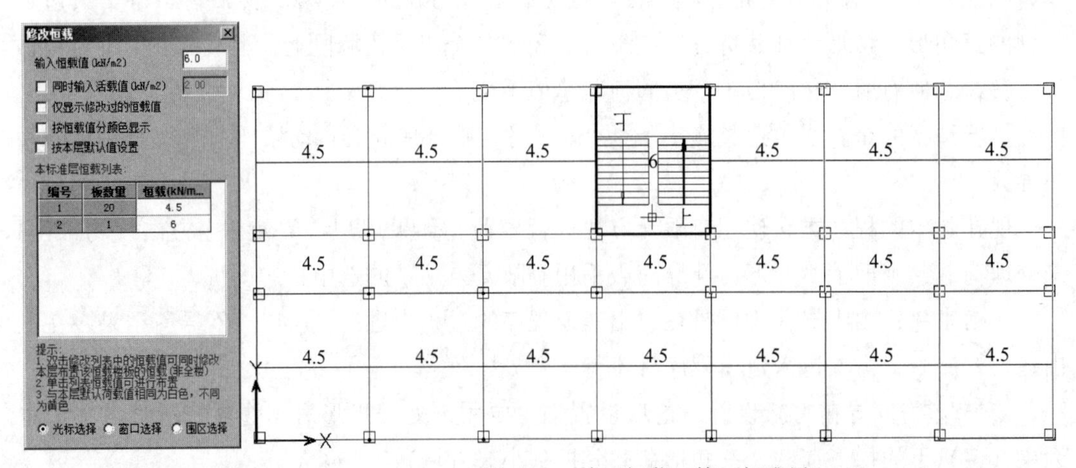

图 2-60 修改恒载对话框

图 2-61 楼面恒载（第 1 标准层）

点击【荷载布置/活载/板】，在如图 2-62 所示的修改活载对话框中输入“2.5”，对走廊的活载值进行修改，再输入“3.5”，对楼梯间的活载值进行修改，如图 2-63 所示。

进入第 2 标准层，点击【荷载布置/恒载/板】，屏幕上显示的所有楼面恒载值均为 6.0，如图 2-64 所示；点击【荷载布置/活载/板】，屏幕上显示的所有楼面活载值均为

0.5，如图 2-65 所示。

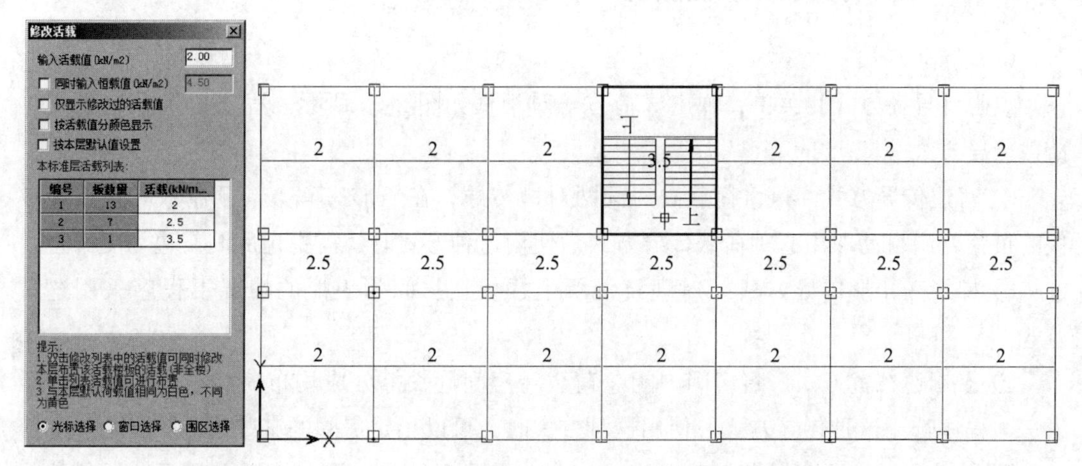

图 2-62　修改活载对话框　　　　图 2-63　楼面活载（第 1 标准层）

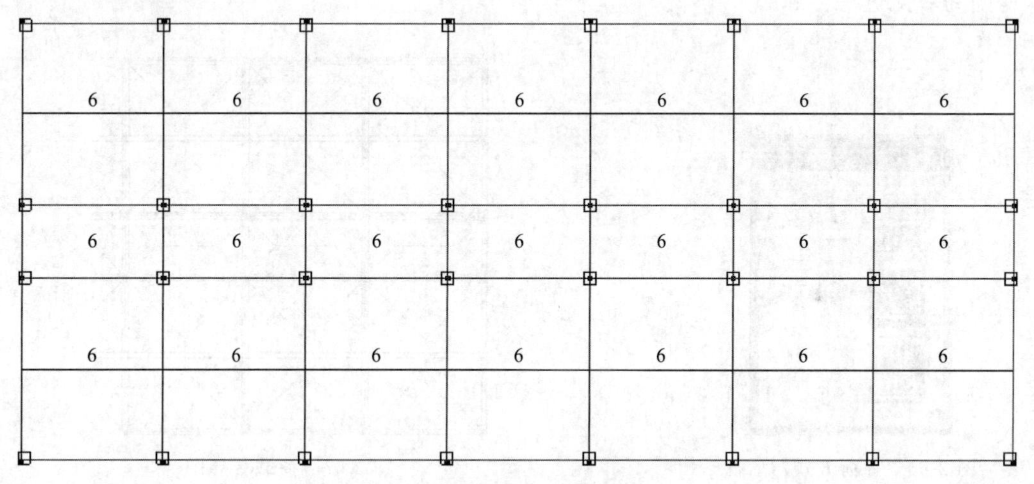

图 2-64　楼面恒载（第 2 标准层）

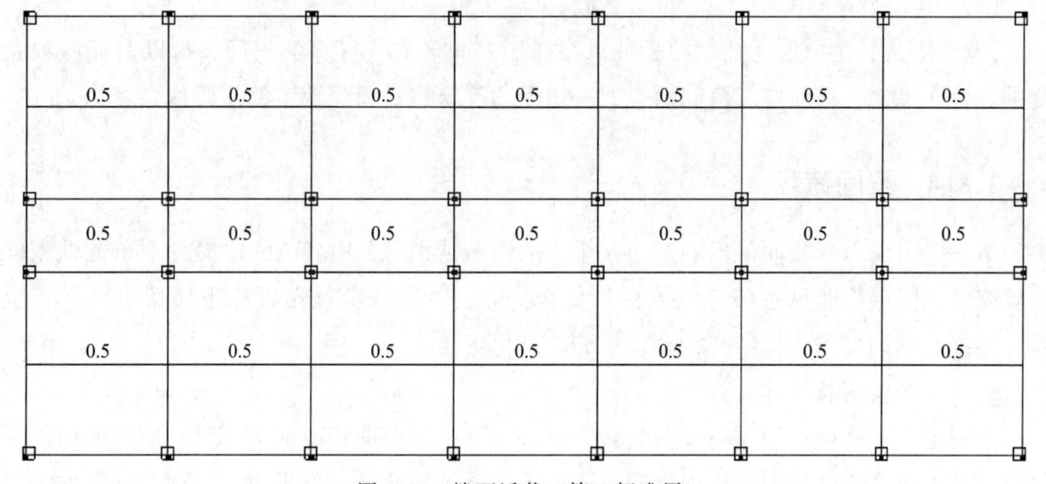

图 2-65　楼面活载（第 2 标准层）

2.8.3 导荷方式、调屈服线

（1）导荷方式

点击【导荷方式】菜单，弹出导荷方式对话框如图 2-66 所示。程序提供了以下三种荷载传导方式。

① 对边传导方式　只将荷载向房间两对边传导，在矩形房间上铺预制板时，程序按板的布置方向自动取用这种荷载传导方式。使用这种方式时，需指定房间某边为受力边。

② 梯形三角形传导方式　对现浇混凝土楼板且房间为矩形的情况下程序采用这种方式。

③ 沿周边布置方式　将房间内的总荷载沿房间周长等分成均布荷载布置，对于非矩形房间程序选用这种传导方式。使用这种方式时，可以指定房间的某些边为不受力边。

图 2-67 所示为程序提供的荷载传导方式，由图可见，作用在楼板上的恒、活荷载是以房间为单元进行传导的。

图 2-66　导荷方式对话框

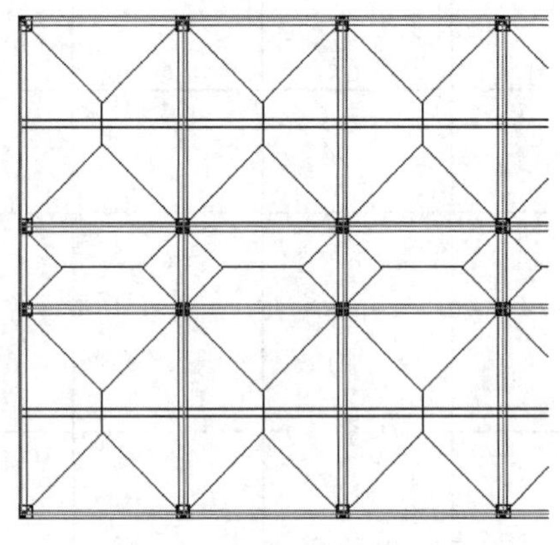

图 2-67　荷载传导图

（2）调屈服线

【调屈服线】菜单的功能主要是针对按梯形三角形方式导算的房间，可以对屈服线角度进行特殊设定，从而实现房间两边、三边受力等状态。程序缺省的屈服线角度为 45°。

2.8.4 梁间荷载

本菜单可输入非楼面传来的作用在梁上的恒载或活载。PMCAD 建模时不布置框架间的填充墙、隔墙等非承重墙，但应将其荷载折算成均布线荷载布置在下层梁上。对于主梁、次梁及柱的自重，程序会自动计算，不需再考虑。

（1）填充墙荷载的计算

工程上一般将墙作为均布线荷载输入，如果墙上洞口面积占很大部分，应将洞口部分的重量减去再平均分布。对于内墙门洞一般不减，计算简便，偏于安全。简要计算如下。

查《荷载规范》：蒸压粉煤灰砖墙重度 15kN/m³，水泥砂浆重度 20kN/m³，墙厚 200mm，每侧抹灰厚 20mm，墙高 2.8m（层高 3.3m－梁高 0.5m），则墙体线荷载为 15×0.2×2.8＋20×0.02×2.8×2＝10.64kN/m。

外墙上有窗时，应扣除窗洞墙体荷载再加上窗本身荷载。假设窗大小为 1.8m×1.5m，则窗洞墙体荷载（转换成线荷载）：(15×1.8×1.5×0.2＋20×1.8×1.5×0.02×2)/4.8＝2.14kN/m

窗自重荷载（窗自重 0.45kN/m²，转换成线荷载）：0.45×1.8×1.5/4.8＝0.25kN/m

有窗外墙下梁间恒载：10.64－2.14＋0.25＝8.75kN/m

内墙荷载取 10.64kN/m。

若屋顶女儿墙高度取 1.1m，则女儿墙自重为 15×0.2×1.1＋20×0.02×1.1×2＝4.18kN/m，近似取 4 kN/m。

（2）梁间荷载的布置

实例操作：

点击【荷载布置/恒载/梁】，弹出梁恒载布置对话框如图 2-68 所示。在该对话框中点击〈增加〉按钮，弹出添加梁荷载对话框（图 2-69），用户可在该对话框中选择荷载类型并输入荷载值，这里选择第一种（均布线荷载），输入荷载 10.64，点〈确定〉返回。再以同样的步骤定义数值分别为 8.75 kN/m 和 4kN/m 的均布线荷载。

进入第 1 标准层，在梁恒载布置对话框中选择 10.64 的梁荷载，点击〈布置〉按钮，按图 2-70 所示，采用光标、轴线、窗口等方式选择要布置荷载的主梁，布置好后梁上会显示出相应的荷载值。同样的方法，我们可以将大小为 8.75 kN/m 的荷载值按图 2-70 所示布置在梁上。房屋中间走廊处以及楼梯间的一侧没有隔墙，故没有布置荷载。

进入第 2 标准层，第 2 标准层为屋面，只有周边一圈设置女儿墙，对应的梁间荷载为 4kN/m，其余梁上无荷载，荷载布置如图 2-71 所示。

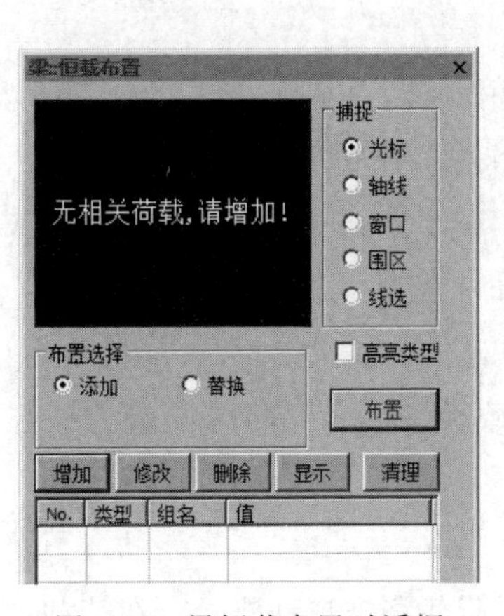

图 2-68 梁恒载布置对话框

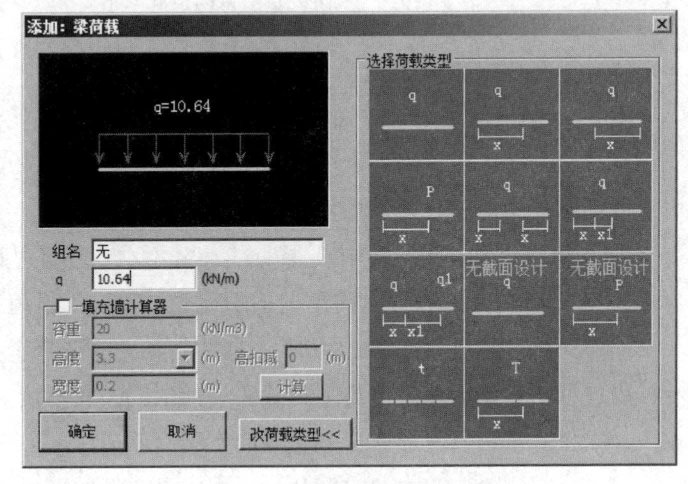

图 2-69 添加梁荷载对话框

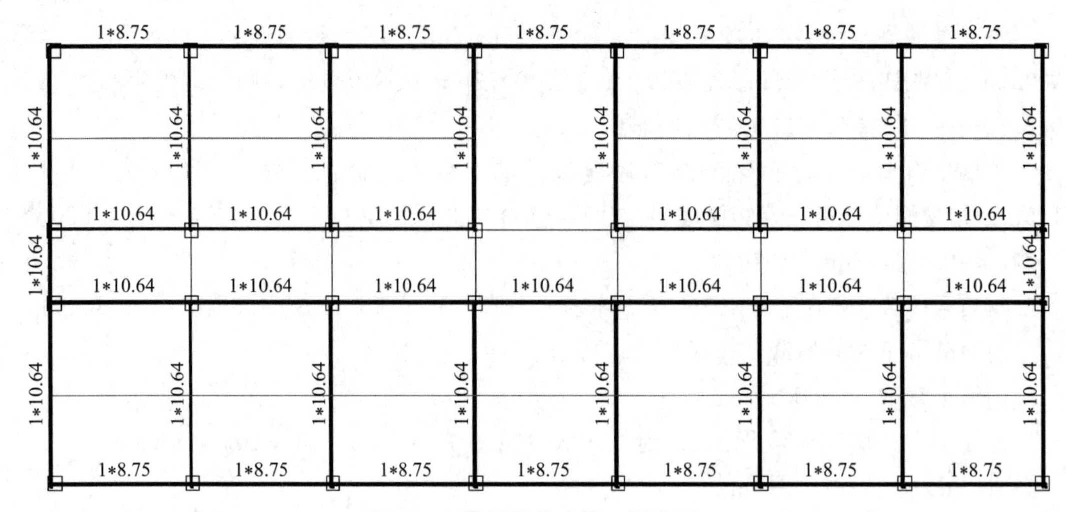

图 2-70 梁间恒载（第 1 标准层）

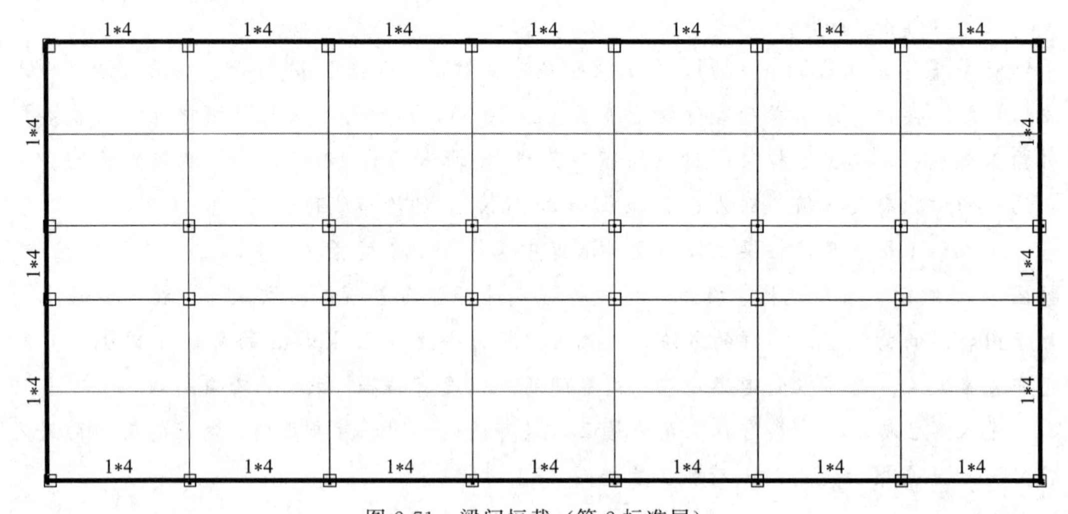

图 2-71 梁间恒载（第 2 标准层）

(3) 其他功能介绍

图 2-68 的梁恒载布置对话框中的其他选项和按钮功能介绍如下。

〈布置选择〉：在荷载列表中选择某种荷载后，点击〈布置〉按钮将其布置到构件上，用户可使用〈添加〉和〈替换〉两种方式进行输入。

① 选择〈添加〉时，构件上原有的荷载不动，在其基础上增加新的荷载；

② 选择〈替换〉时，当前工况下的荷载被替换为新荷载。

〈高亮类型〉：当勾选该选项时，本层布置当前选择荷载类型的荷载将以高亮方式显示，用户可以方便地看清该类型荷载在当前层的布置情况。

〈修改〉：修正当前选择荷载类型的定义数值。

〈删除〉：删除选定类型的荷载，工程中已布置的该类型荷载将被自动删除。在荷载定义删除时，支持多选，可用鼠标左键在列表中进行框选，或者按住键盘上的［Shift］键，再用鼠标左键进行单击，都可以选择连续的多项荷载定义进行删除。

〈显示〉：根据下述【荷载布置/显示】菜单中设定的方法，在平面图上高亮显示出当前类型梁恒载的布置情况。

〈清理〉：自动清理荷载列表中在整楼中未使用的荷载类型。

图 2-69 的添加梁荷载对话框中的其他选项功能介绍如下。

〈填充墙计算器〉：为方便用户输入填充墙的折算线荷载值，程序增加了辅助计算功能。程序自动将楼层组装表中的各层高度进行统计，添加到填充墙高度列表中供用户选择，同时，提供了一个〈高扣减〉参数，主要用来考虑填充墙高度时，扣除层顶的梁高值。用户再输入填充墙的容重和宽度值，点击〈计算〉按钮，程序会自动计算出线荷载，并将组名按上述各参数进行修改。在布置这类线荷载时，程序也会将组名标识在图上，方便识别对比。

2.8.5 荷载显示

本菜单用于设置荷载信息在屏幕上的显示形式。点击【荷载布置/显示】菜单，弹出荷载显示设置对话框如图 2-72 所示。为了方便用户看清常用荷载在层内的布局，程序默认梁、柱、墙、节点、次梁、墙洞多种荷载同时显示在图面上。同时，多种荷载显示的情况下，为了更方便地区分荷载的构件类型，在“丰富”显示状态时程序作了如下 3 个设定。

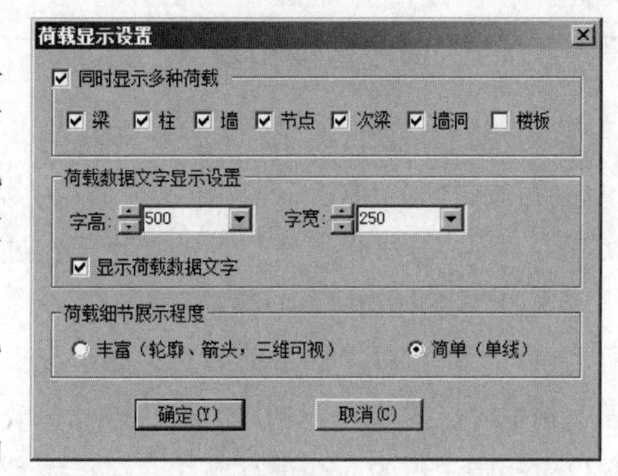

图 2-72　荷载显示设置对话框

① 恒载线条颜色为白色，活载线条颜色为粉色。

② 当同一网格处有多种构件荷载时，如墙托梁，层间梁，一道梁上布置多个荷载等，程序自动错开荷载进行显示。

③ 荷载的字体颜色做了如下约定：

梁、次梁荷载字体为红色；

墙、墙洞荷载字体为绿色；

节点荷载字体为白色；

柱荷载字体为黄色。

实例操作：

点击【荷载布置/显示】菜单，弹出荷载显示设置对话框如图 2-72 所示。“显示荷载数据文字”一项程序默认为勾选，如果不想显示荷载值，可取消勾选该项。如果觉得字体大小不合适，还可以调整字高和字宽。

图 2-70 中梁间荷载显示为“1 * 10.64”，表示荷载类型为第一种（均布荷载），大小

为 10.64kN/m。

2.8.6 荷载删除和修改

（1）荷载删除

根据工况的不同，荷载的删除分为【恒载删除】和【活载删除】两个菜单，例如点击【恒载删除】时，程序弹出如图 2-73 所示的恒荷载删除对话框。

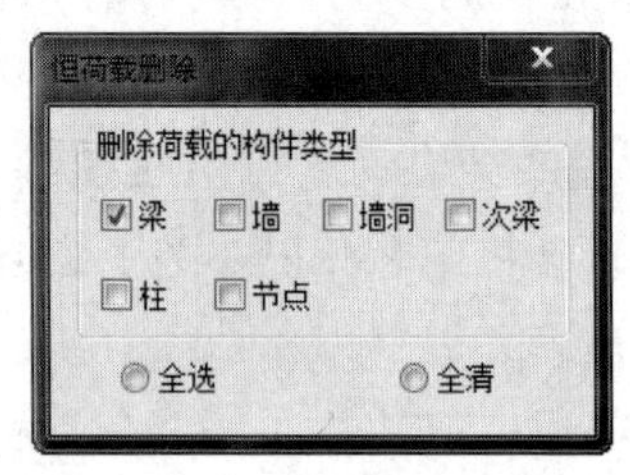

图 2-73 恒荷载删除对话框

程序允许同时删除多种类型的荷载，当进入荷载删除功能时，此时仅显示勾选构件的荷载，退出荷载删除时，自动恢复原先的荷载显示。删除方式包括光标、轴线、窗口、围区和直线选择五种方式。

（2）荷载修改

分为【恒载修改】和【活载修改】两个菜单，其功能为修改已经布置到构件上的荷载，如果修改后的荷载值在荷载定义列表中不存在，则此荷载会自动添加到荷载定义列表中。

2.8.7 荷载替换和复制

（1）荷载替换

【荷载替换】包含了梁荷载、柱荷载、墙荷载、节点荷载、次梁荷载和墙洞荷载的替换命令，程序还提供了查看荷载替换操作过程日志的功能。

例如点击【荷载替换/梁荷载替换】命令后，程序弹出构件荷载替换对话框，如图 2-74 所示，对话框的最上部是荷载类型和工况类型选择列表，荷载类型选择列表可以在不退出该对话框时，对柱、墙等其他构件进行荷载替换操作；工况类型分为恒载和活载，程序每次仅对相同工况的荷载进行操作，这样做是由于图面每次仅显示一种工况，便于查看替换结果，以免图面混淆。对话框的左侧列表为原荷载类型，右侧列表为新荷载类型，在列表中，浅绿色的行表示该荷载在本标准层中有构件使用，单击该行这些荷载会自动加亮。对话框的最右侧为需要进行荷载替换的标准层，可选择某一个或某几个标准层进行操作。

操作步骤与【截面替换】类似，左侧列表中选择原荷载类型，右侧列表中选择新荷载类型，勾选需要替换荷载的标准层，然后点击〈替换〉按钮，程序会自动将原荷载替换成新荷载，并刷新图面。可以连续进行多次荷载替换，完成后，点击〈保存〉按钮并退出，程序将自动打开“荷载替换记录”日志文件，其中，记录了进行各次荷载替换操作的时间，原荷载及新荷载的工况、类型、参数、分组等信息，并给出了各标准层及全楼进行该次替换操作的荷载个数。

如果对荷载替换进行了误操作，想恢复原来结果，可以点击〈撤销〉按钮，程序将自动恢复进入构件荷载替换对话框前荷载布置的状态。

在选择原荷载、新荷载类型时，可以从图面拾取，例如，点击〈图面拾取荷载〉按

图 2-74　构件荷载替换对话框

钮，屏幕下方的信息栏提示“光标方式：用光标选择目标［若没选中，则自动转入窗口方式］（［Tab］转换方式，［Esc］返回）”，使用鼠标左键在图面上拾取一个需要替换的梁荷载，程序会将所有这种荷载高亮显示，同时，在构件荷载替换对话框的左侧列表中，自动跳转到该荷载类型并加亮显示。

如果选择的荷载有多个时，程序会弹出对话框来进行选择。

（2）荷载复制

在复制同类构件上已布置的荷载时，可以选择恒载和活载同时复制，程序为避免图面杂乱，仅画出了恒载，但不会影响活载的复制。

（3）层间复制

本菜单可以将其他标准层上已经输入的构件或节点上的荷载拷贝到当前标准层，包括梁、墙、柱、次梁、节点及楼板荷载（图 2-75）。当两标准层之间某构件在平面上的位置完全一致时，就会进行荷载的复制。

2.8.8　柱间荷载

本菜单主要输入柱间的荷载。点击【荷载布置/恒载/柱】，弹出柱恒载布置对话框如

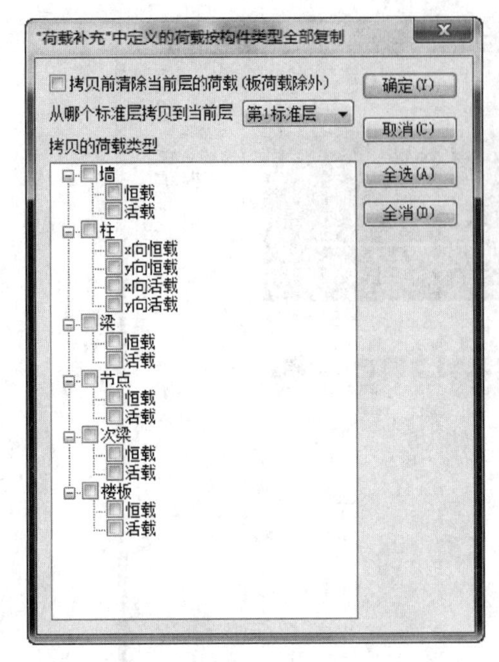

图 2-75 荷载层间复制对话框

图 2-76 所示，点击〈增加〉按钮，弹出添加柱荷载对话框（图 2-77）。程序提供了三种荷载类型，分别为竖向偏心集中力、水平均布荷载和水平集中力。

柱间荷载的定义信息与梁（墙）不公用，故操作间互不影响。由于作用在柱上的荷载有 X 向和 Y 向两种，所以，在布置时需要选择作用力的方向。

定义完荷载后，选择要布置的荷载，点击〈布置〉按钮，将荷载布置在相应的柱上，此时柱边会显示出荷载的种类、方向与大小，如图 2-78 所示。图中红色圆点表示集中力，红色短线段表示侧向均布荷载，相应的数字表示荷载类型 * 荷载数值 * 参数。

对已经定义了的荷载可以点击〈修改〉、〈删除〉、〈清理〉等按钮做相应的编辑。

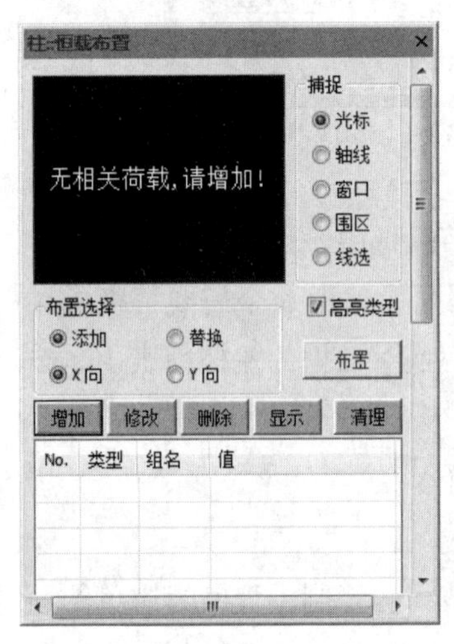

图 2-76 柱恒载布置对话框

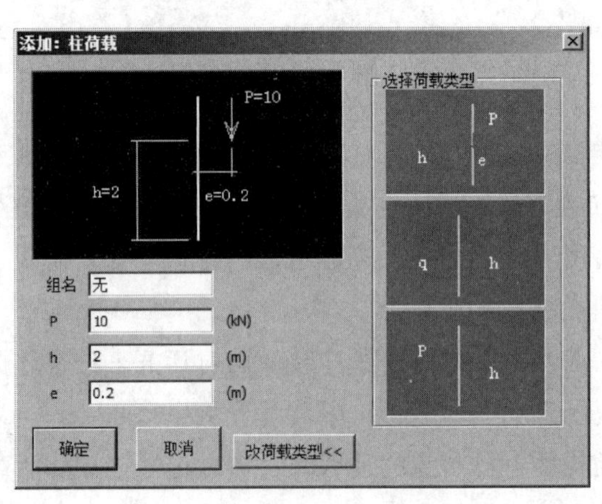

图 2-77 添加柱荷载对话框

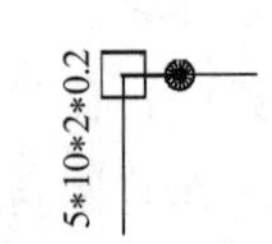

图 2-78 柱荷载布置示意

需要说明的是，这里所说的柱间荷载输入一般用于工业厂房柱，对于普通框架结构，程序会根据用户的要求自动计算风荷载或地震作用，并将荷载传递到柱上，无需用户单独输入柱间荷载。

【荷载布置】主菜单下的【墙】、【节点】、【次梁】等子菜单的操作与上述菜单类似，这里不再赘述。

2.8.9 人防荷载

点击【荷载布置/人防设置/人防设置】，弹出人防设置对话框，如图2-79所示。

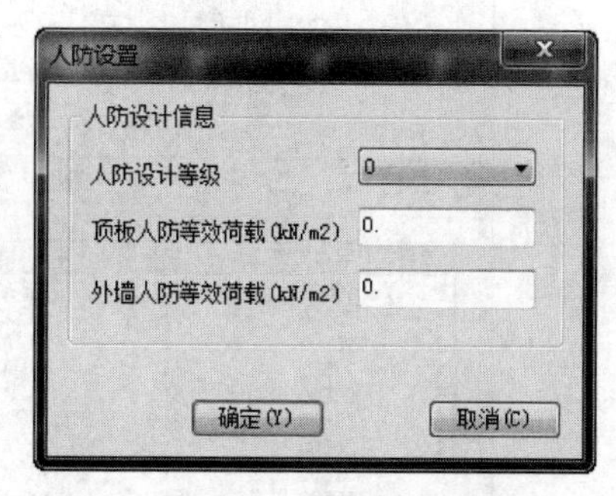

图2-79 人防设置对话框

根据《人民防空地下室设计规范》GB 50038—2005（以下简称《人防规范》）规定，可以设置核武器和常规武器的抗暴设计等级，顶板和外墙的人防等效荷载。当更改了〈人防设计等级〉时，顶板人防等效荷载自动给出该人防等级的等效荷载值。

注意事项：人防荷载只能布置在±0.00以下的地下室楼层，否则可能造成计算错误。当在±0.00以上输入了人防荷载时，程序退出时的模型缺陷检查环节将会给出警告。

2.8.10 吊车荷载

点击【荷载布置/吊车荷载】，在打开的二级菜单中，可以对吊车荷载进行布置、显示、修改、删除等操作。点击【吊车布置】，弹出吊车资料输入对话框，如图2-80所示。为了减少吊车参数输入的难度，程序提供了自动计算吊车参数的功能，点击〈导入吊车库〉按钮，弹出吊车数据库对话框，如图2-81所示。

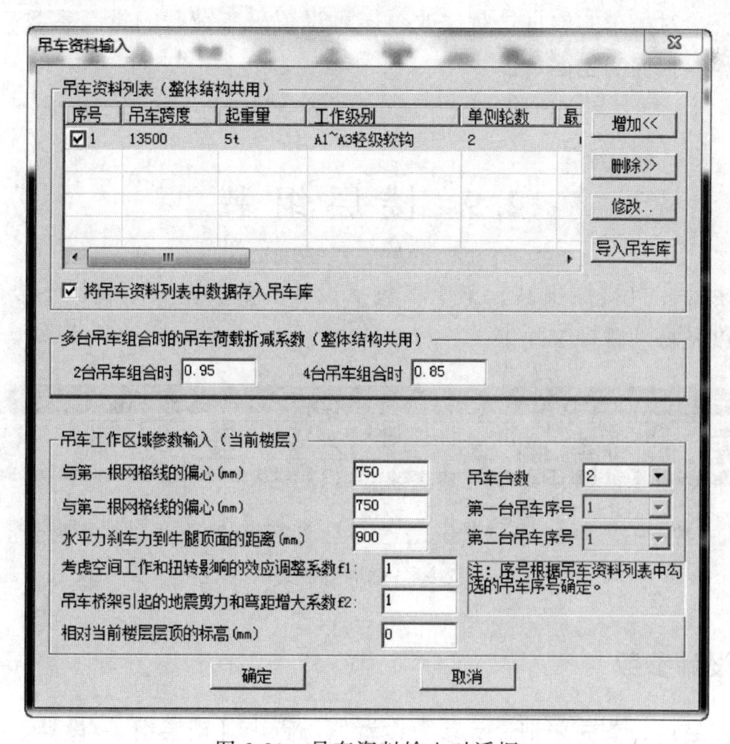

图2-80 吊车资料输入对话框

吊车数据库

吊车数据选择

CraneLib.lib(用户可以进行编辑，文本形式的吊车样本，参考钢结构设计手册第二版附录四)

DLBYZG.lib(不能编辑，参考大连博宇重工设备制造有限公司起重机样本)

吊车跨度(m) 全部 且 吊车起重量(t) 全部 吊车名称 LDA型电动单梁起重机

序号	吊车跨度mm	起重量t	工作级别	单侧轮数	最大轮压t	最小轮压t
1	10500	5t	A1~A3轻级软钩	2	6.20	1.45
2	13500	5t	A1~A3轻级软钩	2	6.80	1.75
3	16500	5t	A1~A3轻级软钩	2	7.40	2.20
4	19500	5t	A1~A3轻级软钩	2	7.90	2.95
5	22500	5t	A1~A3轻级软钩	2	8.50	3.35
6	25500	5t	A1~A3轻级软钩	2	9.80	4.25
7	28500	5t	A1~A3轻级软钩	2	10.50	5.10
8	31500	5t	A1~A3轻级软钩	2	11.30	5.75
9	10500	5t	A4,A5中级软钩	2	6.20	1.60
10	13500	5t	A4,A5中级软钩	2	6.80	1.85
11	16500	5t	A4,A5中级软钩	2	7.40	2.30
12	19500	5t	A4,A5中级软钩	2	7.90	2.95
13	22500	5t	A4,A5中级软钩	2	8.50	3.60
14	25500	5t	A4,A5中级软钩	2	9.80	4.50
15	28500	5t	A4,A5中级软钩	2	10.50	5.40
16	31500	5t	A4,A5中级软钩	2	11.30	6.05
17	10500	5t	A7 重级软钩	2	6.50	1.60
18	13500	5t	A7 重级软钩	2	7.00	1.95
19	16500	5t	A7 重级软钩	2	7.60	2.40
20	19500	5t	A7 重级软钩	2	8.20	2.95

删除>> 全部删除>> 确定 取消

图 2-81 吊车数据库对话框

在吊车库中储存了常用的吊车及其参数，选择跨度、起重量等合适的吊车，点击〈确定〉，返回上一级对话框，把选中的吊车加入到吊车资料列表中，如图 2-80 所示。这里可以根据实际情况，对吊车的数据进行修改，还可设置吊车荷载的折减系数、吊车偏心距、水平刹车力到牛腿顶面的距离等。

2.9 楼层组装

如图 2-82 所示，【楼层组装】菜单下包括设计参数、楼层组装、整楼模型、工程拼装、支座设置以及楼层管理等功能。

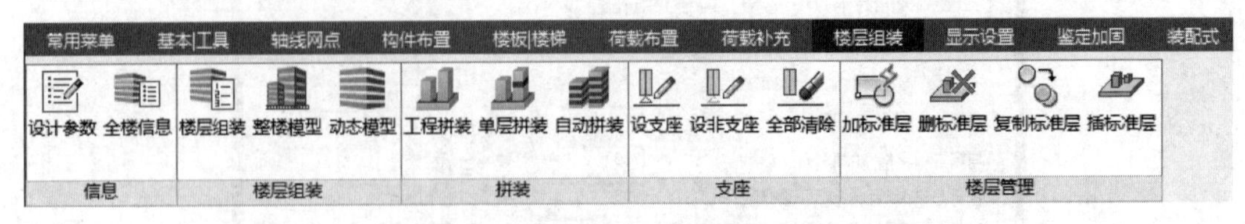

图 2-82 楼层组装菜单

2.9.1 设计参数

进行楼层组装前，首先要把设计参数设置好。点击【楼层组装/设计参数】即弹出设计参数对话框，如图 2-83 所示。参数内容包括结构分析所需的建筑物总体信息、材料信息、地震信息、风荷载信息和钢筋信息。

实例操作：

点击【楼层组装/设计参数】，弹出设计参数对话框，如图2-83所示，各项参数的取值可参照以下各图对话框中的取值输入。

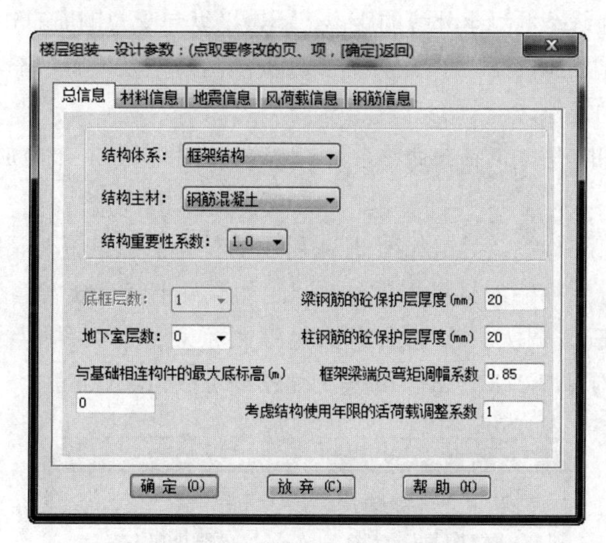

图2-83　总信息设置对话框

注意事项： 在建模过程中，必须执行【设计参数】菜单，即使不改变其中任何参数，也要打开并点击〈确定〉，否则会因为缺少工程信息在后续的数据检查中出错。

(1) 总信息

总信息设置对话框如图2-83所示，主要参数如下。

① 结构体系　PKPM为用户提供了框架结构、框剪结构、框筒结构、筒中筒结构、剪力墙结构、砌体结构、底框结构、配筋砌体、板柱剪力墙、异形柱框架、异形柱框剪、部分框支剪力墙结构、单层钢结构厂房、多层钢结构厂房、钢框架结构等十五种结构体系，用户可根据工程的实际情况进行选择，程序会根据不同的结构体系调整信息输入内容，并采取相应的计算方法。程序默认的结构体系是框架结构。

② 结构主材　该参数用于确定结构所使用的材料类别，程序提供了钢筋混凝土、钢和混凝土、有填充墙钢结构、无填充墙钢结构、砌体等几种材料，程序根据用户所选的材料调整材料参数输入内容，并采取相应的计算方法。程序默认的材料是钢筋混凝土。

③ 结构重要性系数　用户可以根据规范规定和工程实际情况选取该参数，程序提供了0.9、1.0、1.1三种选项，初始值为1.0。

④ 地下室层数　用于输入实际结构的地下室层数。在使用SATWE进行结构整体计算时，该参数对风荷载、地震作用及地下人防结构计算有一定影响。

⑤ 与基础相连构件的最大底标高　是指除底层外，其他层的柱、墙也可以与基础相连，如建在坡地上的建筑，一层以上的柱或墙可以悬空布置，这些层的悬空柱或墙在形成

平面框架的PK文件或空间计算SATWE数据时可以自动取为固定端。

⑥ 梁、柱钢筋的混凝土保护层厚度　用户可以根据规范规定和工程实际情况确定该参数。

注意事项： 最新《混凝土规范》规定保护层厚度的计算为最外层钢筋（包括箍筋、构造筋、分布筋）的外缘至混凝土外缘的距离，不再以纵向受力钢筋的外缘计算。

⑦ 框架梁端负弯矩调幅系数　用户需要根据结构特点及设计经验设置梁端负弯矩调幅系数，以提高梁的延性。

⑧ 考虑结构使用年限的活荷载调整系数　按设计使用年限50年为1.0，100年为1.1。

(2) 材料信息

点击“材料信息”标签，弹出如图2-84所示的材料信息设置对话框，用户可以依据规范规定和工程实际情况输入材料相关参数。比如混凝土容重缺省值为25kN/m³，用户可以根据实际情况适当调大。在考虑到抹灰等因素后，框架结构的混凝土容重可取26kN/m³，框剪结构可取27kN/m³，纯剪力墙结构可取28kN/m³。

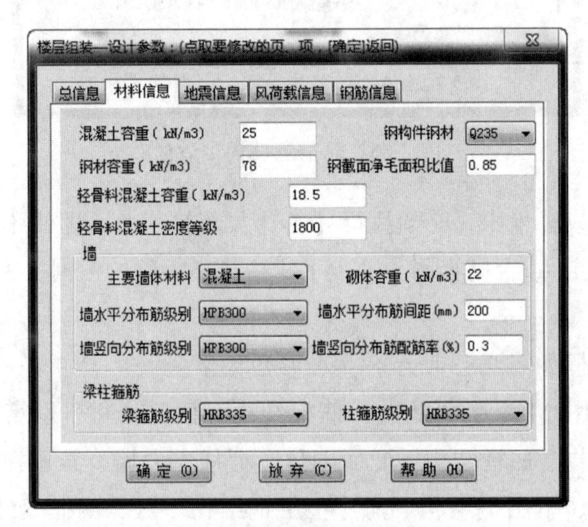

图2-84　材料信息设置对话框

(3) 地震信息

点击“地震信息”标签，弹出如图2-85所示的地震信息设置对话框，主要参数如下。

① 设计地震分组、地震烈度　按现行《抗震规范》取值。

② 场地类别　按工程所在场地地质资料输入。

③ 框架抗震等级、剪力墙抗震等级　按照现行《抗震规范》，根据结构类型、设防烈度、结构高度等因素确定。

④ 计算振型个数　通常振型个数不小于3，且为3的倍数。多塔结构计算振型应该更多些。

注意事项： 此处指定的计算振型数不能超过结构固有的计算振型总数，如一个规则的二层结构，采用刚性楼板假定，由于每块刚性楼板只有3个有效动力自由度，整个结构共

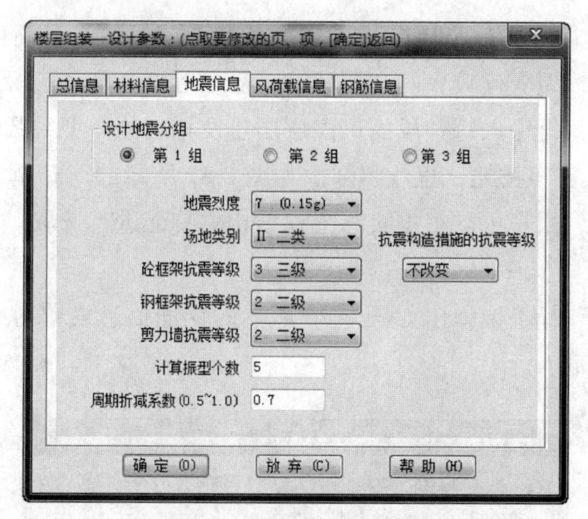

图 2-85 地震信息设置对话框

有 6 个有效动力自由度，这时最多只能指定 6 个振型，否则会造成计算异常。

⑤ 周期折减系数 因填充墙的抗侧刚度比框架结构大，有填充墙的框架结构周期会降低，地震作用加大。为了考虑这种影响，应对周期进行折减。框架结构，可取 0.6～0.7；框架-剪力墙结构可取 0.7～0.8；剪力墙结构可取 0.9～1.0。

⑥ 抗震构造措施的抗震等级 根据《抗震规范》第 3.3.2 条、3.3.3 条和 6.1.3-4 条对抗震构造措施提高或降低的要求，由用户指定提高或降低相应的等级。

(4) 风荷载信息

点击“风荷载信息”标签，弹出如图 2-86 所示的风荷载信息设置对话框，主要参数如下。

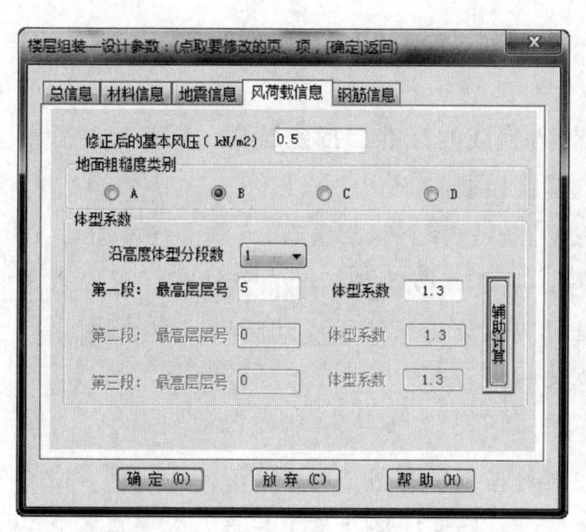

图 2-86 风荷载信息设置对话框

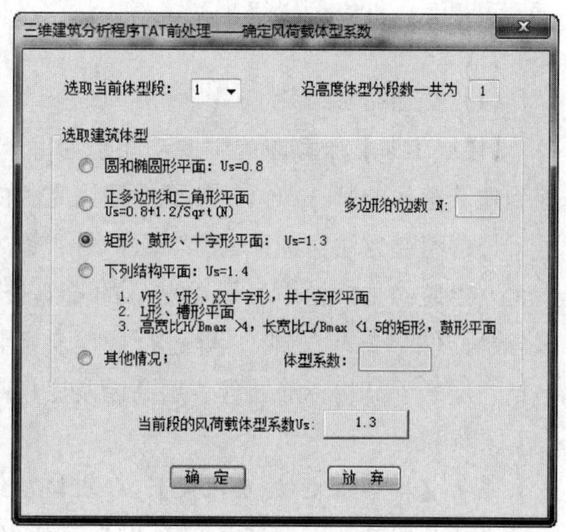

图 2-87 风荷载体型系数输入对话框

① 修正后的基本风压 一般结构取基本风压，高层和超高层等结构按相应规范取值。

② 地面粗糙度类别 按规范根据建筑物所在地的地理情况选取。

③ 沿高度体型分段数、最高层层号、体型系数　一般结构沿高度体型分段数取 1 即可，若是沿高度结构体型变化较大的高层建筑，最多可沿高度分三段取不同体型系数。用户输入体型分段数后，再输入每一段的最高层层号及相应的体型系数即可。

④ 辅助计算　点击该按钮，程序将弹出如图 2-87 所示的对话框，该对话框主要用于选取风荷载体型系数，用户可以根据实际工程结构的特征进行选取。

(5) 钢筋信息

点击“钢筋信息”标签，弹出如图 2-88 所示的钢筋信息设置对话框，各种级别钢筋的强度设计值可在此输入。

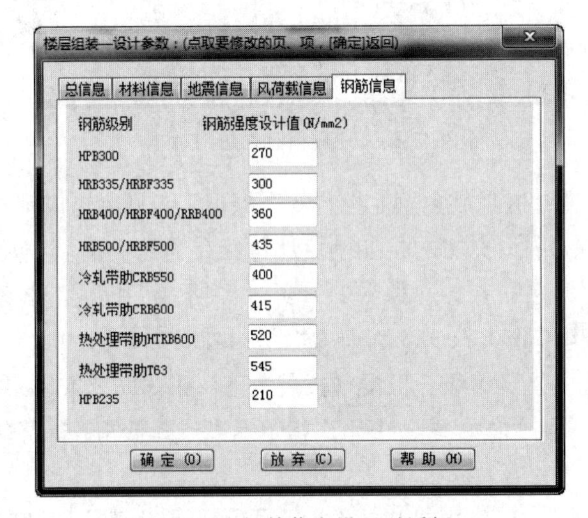

图 2-88　钢筋信息设置对话框

2.9.2　楼层组装

(1) 普通楼层组装

【楼层组装】子菜单的主要功能是为每个输入完成的标准层指定层高、层底标高后布置到建筑整体的某一部位，从而搭建出完整的建筑模型。

楼层组装方法：选择〈标准层〉号，输入层高，选择〈复制层数〉，点击〈增加〉，在右侧〈组装结果〉栏中显示组装后的自然楼层。需要修改组装后的自然楼层，可以点击〈修改〉、〈插入〉、〈删除〉等进行操作。组装结果框将显示添加成功后的楼层组装信息，包括：层号、结构标准层号、层高以及底标高等信息。

实例操作：

点击【楼层组装/楼层组装】，弹出楼层组装对话框，如图 2-89 所示。

在〈复制层数〉一栏中选择“1”，〈标准层〉一栏中选择“第 1 标准层”，〈层高〉一栏中输入“4000”，点击〈增加〉，在右侧〈组装结果〉一栏中即显示第 1 层的组装信息。首层层高通常从基础顶面算起，本例中取 4.0m。

在〈复制层数〉一栏中选择“3”，〈标准层〉一栏中选择“第 1 标准层”，〈层高〉一

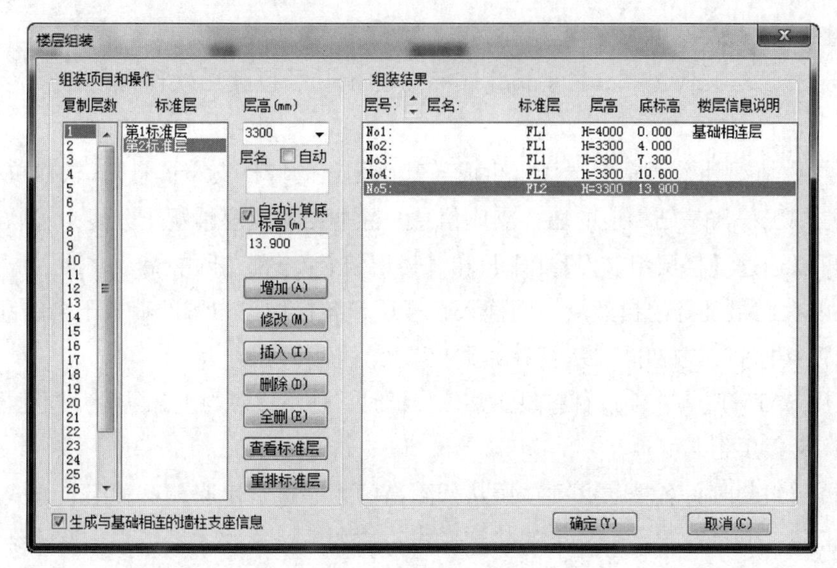

图 2-89 楼层组装对话框

栏中输入“3300”，点击〈增加〉，在右侧〈组装结果〉一栏中即显示第 2 层至第 4 层的组装信息。

在〈复制层数〉一栏中选择“1”，在〈标准层〉一栏中选择“第 2 标准层”，在〈层高〉一栏中输入“3300”，点击〈增加〉，在右侧〈组装结果〉一栏中即显示第 5 层的组装信息。

组装完成后，点击【楼层组装/整楼模型】，即可显示整个框架结构的模型图，如图 2-90 所示。可通过【显示设置/轴测视图】命令从任意角度观察。

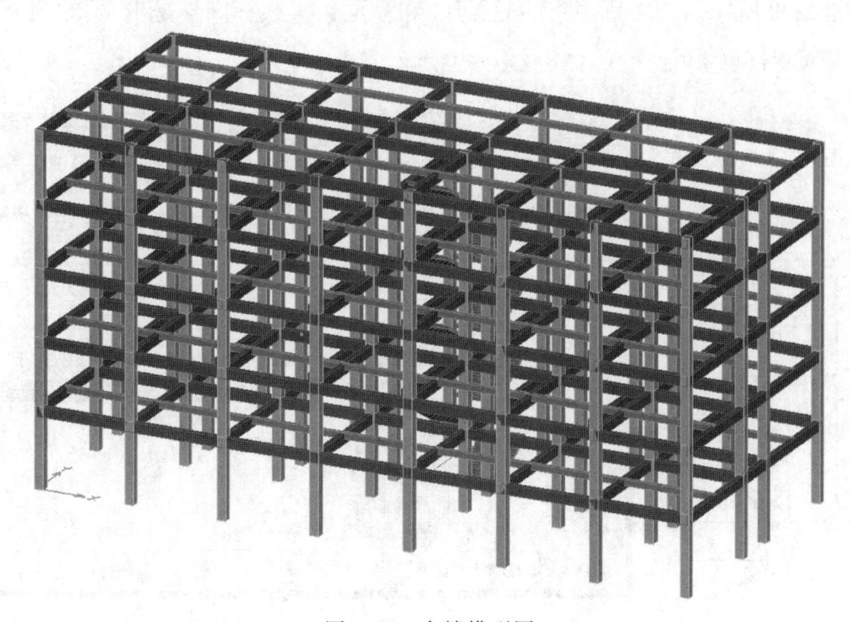

图 2-90 全楼模型图

注意事项如下。

① 普通楼层组装应选择〈自动计算底标高（m）〉，以便由软件自动计算各自然层的底标高。

② 除特殊情况外，通常应选择〈生成与基础相连的墙柱支座信息〉，软件可以正确判断和设置常规工程与基础相连的墙柱支座信息。除非结构支座情况十分复杂，软件设置不正确时，可以通过【楼层组装/设支座】和【楼层组装/全部清除】命令修改。

③ 可以在已组装好的自然层中间插入新楼层，各楼层已布置的荷载不会错乱。

④ 屋顶楼梯间、电梯间、水箱等通常应参与建模和组装。

⑤ 采用 SATWE 等软件进行有限元整体分析时，地下室应与上部结构共同建模和组装。

（2）广义楼层组装

普通楼层组装时，各楼层必须按照从低到高的顺序进行串联，这种组装方式适用于大多数常规工程。但是对于比较复杂的建筑形式，诸如不对称的多塔结构、连体结构，或者楼层概念不是很明确的体育场馆、工业厂房等，程序的处理方式并不理想。

程序引入广义层概念，在楼层组装时为每个楼层指定〈层底标高〉，该标高是相对于±0.000 标高的。这样模型中每个楼层在空间的组装位置完全由本层底标高确定，不再依赖楼层组装顺序。另一方面，广义楼层组装允许每个楼层不再仅仅和唯一的上层或唯一的下层相连，而可能上接多层或者下连多层，从而使楼层的组装更加灵活方便。

例如，如图 2-91 所示的双塔大底盘结构，采用广义楼层方式建模的方法如下：建立 3 个标准层，第 1 标准层为大底盘，包括 1、2 自然层；第 2 标准层为 1 号塔，包括 3～10 自然层；第 3 标准层为 2 号塔，包括 11～15 自然层。采用广义楼层方式进行楼层组装的楼层表如图 2-92 所示。应特别注意的是第 11 自然层，其底标高不是 10 层的顶标高 32m，而是大底盘的顶标高 8m。

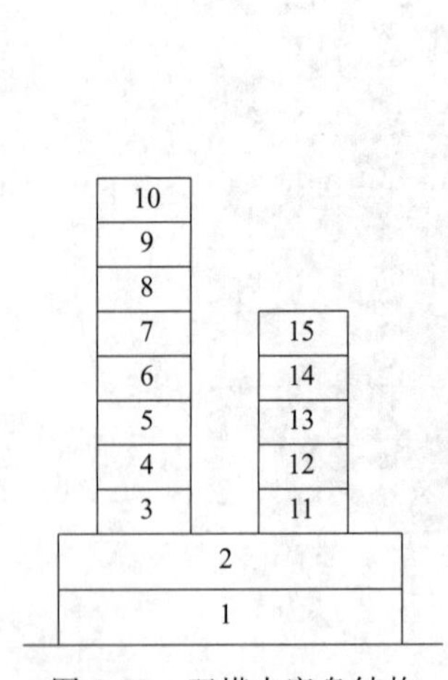

图 2-91　双塔大底盘结构

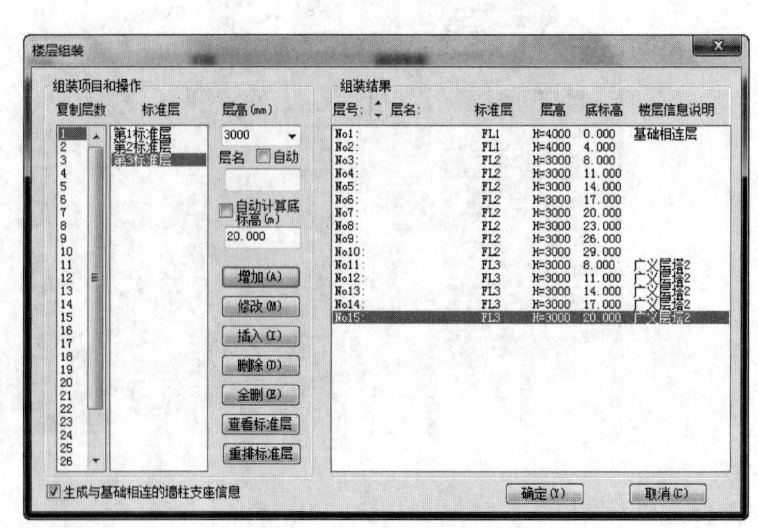

图 2-92　广义楼层组装表

(3) 整楼模型

【楼层组装/整楼模型】菜单以及屏幕右上侧的“整楼”快捷图标（图2-93）均可用于以三维方式显示全楼组装后的整体模型。点击该菜单或快捷图标后，程序弹出如图2-94所示的组装方案对话框，主要参数含义如下。

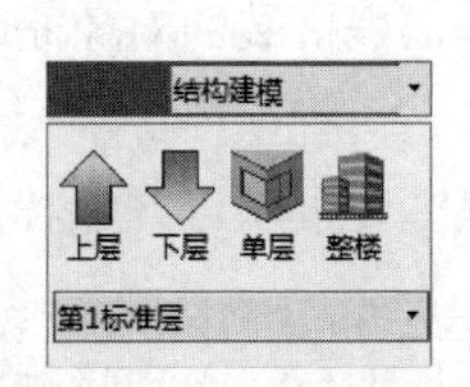

图2-93 整楼快捷图标

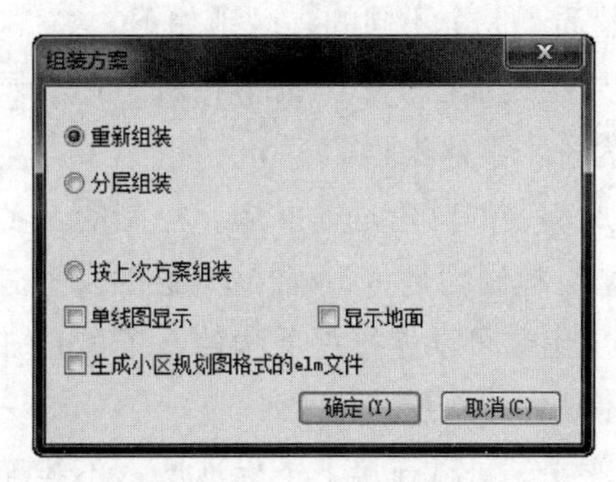

图2-94 组装方案对话框

〈重新组装〉：点此项可显示全楼模型，程序按照楼层组装的结果把从下到上全楼各层的模型整体地显示出来。如果屏幕显示不全，可按［F6］充满全屏幕显示。为方便观察模型全貌，可用［Ctrl］＋按住鼠标中键平移，来切换模型的方位视角。

〈分层组装〉：只拼装显示局部的几层模型。用户输入要显示的起始层号和终止层号，程序即三维显示局部几层的模型。

〈单线图显示〉：楼层组装时可以选择按单线图方式显示三维模型。单线图方式下，柱、梁、斜杆等杆件所画的位置，是忽略了杆件偏心的位置，这样做的好处是便于检查构件之间的连接关系。

(4) 动态模型

相对于【整楼模型】一次性完成组装的效果，【动态模型】功能可以实现楼层的逐层组装，更好地展示楼层组装的顺序，尤其可以很直观地反映出广义楼层模型的组装情况。点击该菜单后，程序弹出如图2-95所示的动态组装方案对话框，主要参数含义如下。

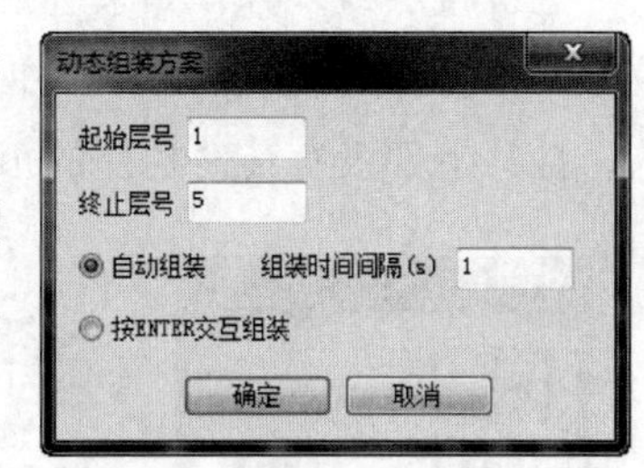

图2-95 动态组装方案对话框

〈自动组装〉：若选择此项，则用户可以在其右侧输入〈组装时间间隔〉，从而控制组装速度。

〈按ENTER交互组装〉：若选择此项，则用户每按一次［Enter］键，楼层就多组装一层。

2.9.3 工程拼装

(1) 工程拼装

工程拼装的作用，是将多个分别建模的工程拼装到一起，形成一个完整的工程模型，适于大型复杂工程的多人协同工作，达到提高工效的目的。软件在工程拼装时，可以保留包括结构布置、楼板布置、各类荷载、材料强度以及 SATWE 等计算软件定义的特殊构件在内的完整模型数据，功能强大而实用。

本节介绍的工程拼装与前面介绍的楼层组装都可以完成一个工程模型的整合工作，但二者工作性质是完全不同的，区别如下。

① 楼层组装是在一个工程中将若干标准层整合为一栋建筑；而工程拼装是将几个分工程整合为一个整体工程。

② 楼层组装的对象是标准层，控制的是各楼层底标高；工程拼装的对象是若干独立的工程模型，控制的是各工程模型底标高。

③ 楼层组装可以连接跨层构件，不能合并标准层；工程拼装可以合并顶标高相同的标准层，不能连接跨层构件。

④ 楼层组装可以连接上下标准层，不能连接同一平面的标准层，工程拼装既可以连接上下相关的工程，又可以连接同一平面的相邻工程。

(2) 单层拼装

可调入其他工程或本工程的任意一个标准层，将其全部或部分地拼装到当前标准层上。

2.9.4 支座设置

设置支座的作用，是使基础设计软件 JCCAD 读取上部结构模型底部的支座信息，包括网点、构件和荷载信息。支座的设置有自动设置和手工设置两种方式。

(1) 自动设置

进行楼层组装时，如果选择了楼层组装对话框左下角的〈生成与基础相连的墙柱支座信息〉，则程序将最低楼层的柱、墙底标高低于〈与基础相连构件的最大底标高（m）〉的，且其下部没有其他构件的节点自动设置为支座。

(2) 手工设置

对于特别复杂的工程，如果软件自动设置的支座不满足要求，可以点击【设支座】、【设非支座】和【全部清除】命令手工修改。点击【设支座】后，程序弹出对话框如图 2-96 所示。可以单独设置每个支座标高，直接在图上点取相应节点即可。

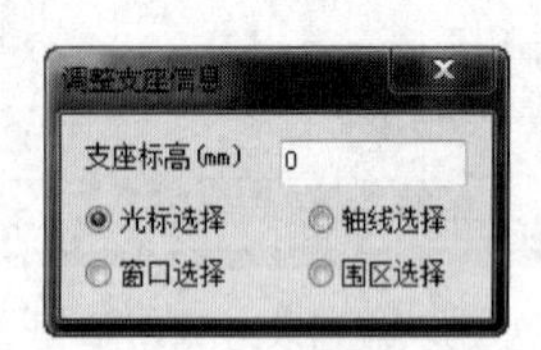

图 2-96 调整支座信息对话框

2.9.5 楼层管理

【楼层管理】菜单用于添加、插入新标准层，或者对已建的标准层进行删除、复制，也可以将其他工程中创建的标准层复制添加到当前工程的结构标准层中。主要子菜单功能如下。

(1) 加标准层

本菜单用于一个新标准层的输入，操作步骤同屏幕右上角标准层列表中的“添加新标准层”，详见2.6.8节。

(2) 删标准层

本菜单用于删除某一指定标准层。

(3) 复制标准层

本菜单可将某个标准层的全部或部分构件复制到指定的其他标准层中，功能同【构件布置/层间复制】，见2.6.9节。

(4) 插标准层

本菜单可在指定标准层前插入一新标准层，其网点和构件布置可从指定标准层上选择复制。

2.10 模型的保存与退出

(1) 模型的保存

随时保存文件可防止因程序的意外中断而丢失已输入的数据。如图2-97所示，用户可以从5处位置进行模型的保存，其中，有2处可以直接进行模型的保存工作，分别是屏幕左上角的“保存”快捷图标和【基本工具/保存模型】命令；另外3处则会给出“是否保存”的提示，分别是【基本工具/转到前处理】命令、屏幕右上角的结构计算分析模块切换和“程序退出”快捷图标 ×。

图2-97 “模型的保存”功能位置

(2) 退出建模程序

点击【基本工具/转到前处理】菜单，或者直接在屏幕右上角的下拉列表中选择分析模块的名称，程序会给出〈存盘退出〉和〈不存盘退出〉的选项（图2-98），如果选择〈不存盘退出〉，则程序不保存已做的操作并直接退出交互建模程序；如果选择〈存盘退出〉，则程序保存已做的操作，同时对模型整理归并，生成分析设计模块所需要的数据文件，并接着给出如图2-99所示的提示。

如果建模工作没有完成，只是临时存盘退出程序，则选择后续操作对话框中的几个选项可不必执行，因为执行需要耗费一定时间，可以只点击〈仅存模型〉按钮退出建模程序。如果建模已经完成，准备进行设计计算，则应执行这几个功能选项。各选项含义如下。

① 生成梁托柱、墙托柱的节点　如果模型有梁托上层柱或斜柱、墙托上层柱或斜柱的情况，则应执行这个选项，当托梁或托墙的相应位置上没有设置节点时，程序自动增加节点，以保证结构设计计算的正确进行。

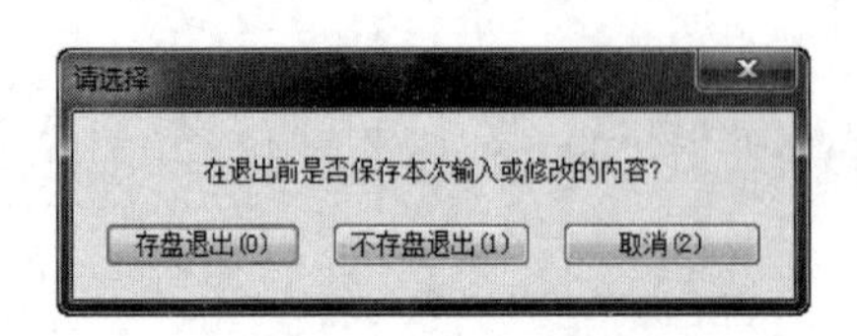

图 2-98　保存退出提示对话框

图 2-99　选择后续操作对话框

② 清除无用的网格、节点　模型平面上的某些网格节点可能是由某些辅助线生成，或由其他层拷贝而来，这些网点可能不关联任何构件，也可能会把整根的梁或墙打断成几截，打碎的梁会增加后面的计算负担，不能保持完整梁墙的设计概念，有时还会带来设计误差，因此应选择此项把它们自动清理掉。执行此项后再进入模型时，原有各层无用的网格、节点都将被自动清理删除。此项程序默认不勾选。

③ 生成遗漏的楼板　如果某些层没有执行【生成楼板】菜单，或某层修改了梁墙的布置，对新生成的房间没有再用【生成楼板】菜单去生成，则应选择执行此项，程序会将各层各房间遗漏的楼板自动生成。遗漏楼板的厚度取【构件布置/本层信息】中定义的楼板厚度。

④ 检查模型数据　勾选此项后程序会对整楼模型可能存在的不合理之处进行检查和提示，用户可以选择返回建模程序核对提示内容、修改模型，也可以直接继续退出程序。目前该项检查包含的内容如下。

a. 墙洞超出墙高。

b. 两节点间网格数量超过 1 段。

c. 柱、墙下方无构件支撑并且没有设置成支座（柱、墙悬空）。

d. 梁系没有竖向杆件支撑从而悬空（飘梁）。

e. 广义楼层组装时，因为底标高输入有误等原因造成该层悬空。

f. ±0.00 以上楼层输入了人防荷载。

g. 无效的构件截面参数。

⑤ 楼面荷载倒算　程序完成楼板自重计算，并对各层各房间进行楼面恒载、活载到房间周围梁墙的导算，如有次梁则先做次梁导算，从而生成作用于梁墙的恒、活荷载。

⑥ 竖向导荷　程序按照从上到下顺序完成各楼层恒、活荷载的导算，从而生成作用在底层基础上的荷载。

另外，确定退出该对话框时，无论是否勾选任何选项，程序都会进行模型各层网点、杆件的几何关系分析，分析结果保存在工程文件 layadjdata.pm 中，为后续的结构设计菜单做必要的数据准备。同时对整体模型进行检查，找出模型中可能存在的缺陷，进行提示。取消退出该对话框时，只进行存盘操作，而不执行任何数据处理和模型几何关系分析，适用于建模未完成临时退出等情况。

(3) 建模程序产生的文件

建模程序在存盘退出后主要产生下列文件。

① [工程名] .JWS 模型文件，包括建模中输入的所有内容、楼面恒活导算到梁墙上的结果，后续各模块部分存盘数据等。

② [工程名] .BWS 建模过程中的临时文件，内容与 [工程名] .JWS 一样，当发生异常情况导致 JWS 文件丢失时，可将其更名为 JWS 使用。

③ [工程名] .1WS～ [工程名] .9WS 9 个备份文件，存盘过程中循环覆盖，当发生异常情况导致 JWS 文件损坏时，可按时间排序，将最新一个更名为 JWS 使用。

④ axisrect. axr 【正交轴网】功能中设置的轴网信息，可以重复利用。

⑤ layadjdata. pm 建模存盘退出时生成的文件，记录模型中网点、杆件关系的预处理结果，供后续的程序使用。

⑥ pm3j _ 2jc. pm 荷载竖向导算至基础的结果。

⑦ pm3j _ gjwei. txt 构件自重文件，主要构件梁、柱、墙分层自重及全楼总重。

⑧ PmCmdHistory. log 建模程序自打开至退出过程，执行过的所有命令的名称、运行时间的日志文件。

⑨ [工程名]ZHLG. PM 记录了组合楼盖布置的位置信息、荷载值。

⑩ dchlay. pm 记录了吊车布置的位置信息、荷载值。

第3章

SATWE——多高层建筑结构有限元分析

随着经济的高速发展，我国多、高层建筑发展迅速，设计思想也在不断更新。结构体系日趋多样化，建筑平面布置与竖向体型也越来越复杂，这就给高层结构分析和设计提出了更高的要求，如何高效、准确地对这些复杂结构体系进行内力分析与设计，已成为我国多、高层建筑研究领域亟待解决的重要课题之一。

在多、高层结构分析中，对剪力墙和楼板的模型化假定是关键，它直接决定了多、高层结构分析模型的科学性，同时也决定了软件分析结果的精度和可信度。自20世纪80年代以来，我国不少单位组织研制了多、高层建筑结构分析软件，在一定程度上促进了我国多、高层建筑的发展。目前在工程中应用较多的多、高层结构分析软件主要有三类，一类是基于薄壁柱理论的三维杆系结构有限元分析软件，薄壁柱理论的优点是自由度少，使复杂的高层结构分析得到了极大的简化。但是，实际工程中的许多剪力墙难以满足薄壁柱理论的基本假定，用薄壁柱单元模拟工程中的剪力墙出入较大，尤其对于越来越复杂的现代多、高层建筑，计算精度难以保证。

第二类是基于薄板理论的结构有限元分析软件，把无洞口或有较小洞口的剪力墙模型化为一个板单元，把有较大洞口的剪力墙模型化为板-梁连接体系。这类软件对剪力墙的模型化不够理想，没有考虑剪力墙的平面外刚度及单元的几何尺寸影响，对于带洞口的剪力墙，其模型化误差较大。

第三类是基于壳元理论的三维组合结构有限元分析软件，由于壳元既具有平面内刚度，又具有平面外刚度，用壳元模拟剪力墙和楼板可以较好地反映其实际受力状态。基于壳元理论的多、高层结构分析模型，理论上比较科学，分析精度高。但美中不足的是现有的基于壳元理论的软件均为通用的有限元分析软件，虽然功能全面，适用领域广，但其前后处理功能较弱，在一定程度上限制了这类软件在高层结构分析中的应用。

3.1 SATWE 简介

SATWE（Space Analysis of Tall-Buildings with Wall-Element）是专门为多、高层建筑结构分析与设计而研制的空间组合结构有限元分析软件，适用于各种复杂体型的高层钢筋混凝土框架、框剪、剪力墙、筒体结构以及钢-混凝土混合结构和高层钢结构。SATWE 的核心工作就是要解决剪力墙和楼板的模型化问题，尽可能地减小其模型化误差，使多、高层结构的简化分析模型尽可能地合理，更好地反映出结构的真实受力状态。本节将对 SATWE 的特点、基本功能、适用范围、启动、分析设计界面及操作步骤等进行简单介绍。

3.1.1 SATWE 的特点

SATWE 具有如下特点。

(1) 模型简化与计算假定合理，分析精度较高

对剪力墙和楼板的合理简化及有限元模拟，是多、高层结构分析的关键。SATWE 采用空间杆单元模拟梁、柱及支撑等杆件，采用在壳元基础上凝聚而成的墙元模拟剪力墙，这种墙元对剪力墙洞口（仅限于矩形洞）的尺寸和位置没有限制，具有较好的适用性。墙元不仅具有平面内刚度，也具有平面外刚度，因此可以较好地模拟工程中剪力墙的真实受力状态。

对于楼板，SATWE 给出了四种简化假定，即假定，①楼板整体平面内无限刚：适用于多数常规结构；②楼板分块平面内无限刚：适用于多塔或错层结构；③楼板分块平面内无限刚，并带有弹性连接板带：适用于楼板局部开大洞、塔与塔之间上部相连的多塔结构及某些平面布置较特殊的结构；④弹性楼板：适用于特殊楼板结构或要求分析精度高的高层结构。在实际应用中，可以根据工程的具体情况采用相应的楼板简化假定以满足设计的精度要求。

(2) 具有较强的前后处理功能

由前处理程序 PMCAD 完成建筑结构模型的建立后，SATWE 自动读取 PMCAD 生成的建筑物的几何信息和荷载信息，并补充输入 SATWE 的特有信息，如特殊构件（弹性楼板、转换梁、框支柱等）、温度荷载、吊车荷载、支座位移、特殊风荷载、多塔等，以及局部修改原有材料强度、抗震等级或其它相关参数，完成墙元和弹性楼板单元自动划分，最终形成基础设计所需荷载。

SATWE 以 PK、基础设计、混凝土结构施工图等为后续程序。由 SATWE 完成内力分析和配筋计算后，可接混凝土结构施工图程序绘制梁、柱、剪力墙施工图，并可为基础设计软件提供传基础刚度及柱、墙底组合内力作为各类基础的设计荷载。同时自身具有强大的图形后处理功能。

3.1.2 SATWE 的基本功能

① 可从 PMCAD 建立的建筑结构模型中自动提取生成 SATWE 所需的几何信息和荷

载信息，并允许用户对这些信息进行编辑修改。

② 除了常用的构件截面类型（如矩形、圆形、工形、箱形等）外，SATWE还可以定义其他形式的截面类型，如异型混凝土截面、型钢混凝土组合截面、格构柱截面、自定义任意多边形异型截面等。

③ 考虑了多塔、错层、转换层及楼板局部开大洞口等结构的特点，可以高效、准确地分析这些特殊结构。

④ SATWE也适用于多层结构、工业厂房以及体育场馆等各种复杂结构，并实现了在三维结构分析中考虑活荷不利布置功能、底框结构计算和吊车荷载计算。

⑤ 具有模拟施工加载过程的功能，并可以考虑梁上的活荷载不利布置。

⑥ 可考虑多种地震作用效应，如单向地震作用、双向水平地震作用、多方向输入的地震作用效应；对于复杂体型的高层结构，可采用振型分解反应谱法进行耦联抗震分析和动力弹性时程分析。

⑦ 可以较准确地分析带多塔、错层、转换层及楼板局部开大洞口等的特殊结构。

⑧ 对于底层框架抗震墙结构，可以进行底框部分的空间分析和配筋设计；对于配筋砌体结构和复杂砌体结构，可以进行空间有限元分析和抗震验算。

⑨ 可进行吊车荷载的空间分析和配筋设计。

⑩ 可考虑上部结构和地下室的联合工作，对两者同时进行分析与设计，并具有地下室人防设计功能。

⑪ SATWE完成计算后，可接力施工图设计软件绘制梁、柱、剪力墙施工图，接力钢结构设计软件绘制钢结构施工图，并可为基础设计软件提供设计荷载，从而大大简化了基础设计中的数据准备工作。

⑫ SATWE具有较完善的数据检查和图形检查功能，并具有较强的容错能力。

3.1.3 SATWE的适用范围

结构层数（高层版）≤200层
每层梁数≤12000根
每层柱数≤5000根
每层墙数≤4000片
每层支撑数≤2000个
每层塔数≤20个
每层刚性楼板数≤99片
结构总自由度数不限。

3.1.4 SATWE的启动

实例操作：

在PKPM集成系统启动主界面（如图3-1所示）的左侧区域选择“SATWE核心的

集成设计”，中间区域选择工程目录“例题”，右上角的下拉框选择“SATWE 分析设计”，此时无论双击左侧绿色的“SATWE 核心的集成设计”还是双击中间区域工程，或点击右下角的〈应用〉按钮，均可进入 SATWE 分析设计界面。

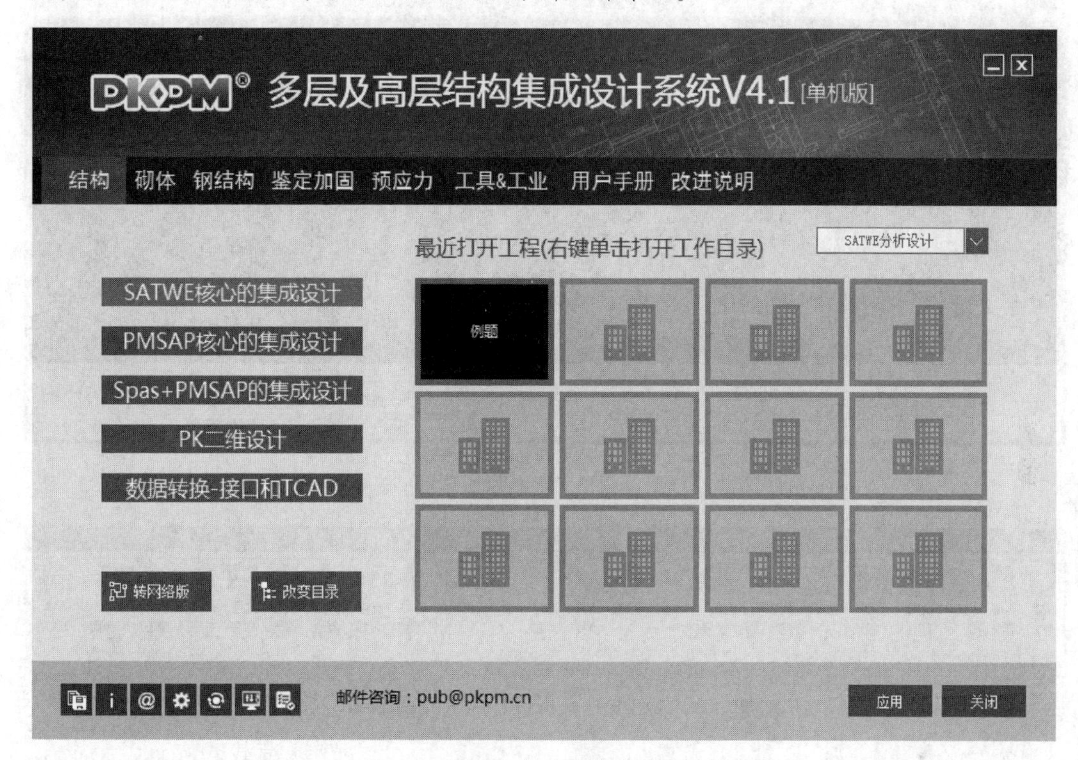

图 3-1　PKPM 集成系统启动主界面

3.1.5　SATWE 分析设计界面

SATWE 分析设计界面采用了目前流行的 Ribbon 界面风格，见图 3-2。界面的上侧为典型的 Ribbon 菜单，菜单的扁平化和图形化方便用户进行菜单查找和对菜单功能的理解。界面的左侧为停靠对话框，便于实现人图交互功能。界面的中间区域为图形窗口，用来显示图形以及进行人图交互。界面的左下角为当前的命令行，允许用户通过输入命令的方式实现特定的功能。界面的右下角为常用图标区域，该区域主要提供一些常用的、通用的功能。

SATWE 分析设计的 Ribbon 菜单如图 3-3 所示，主要包括【平面荷载校核】、【设计模型前处理】、【分析模型及计算】、【次梁计算】、【计算结果】、【补充验算】及【弹性时程分析】等几个主要标签。每一个标签是由许多功能组组成的，如【设计模型前处理】标签是由【参数】、【多塔定义】、【多模型定义】、【设计模型补充（标准层）】、【设计模型补充（自然层）】这些功能组组成。每一个组是一些密切相关功能的集合，如【多塔定义】组是由【多塔定义】、【遮挡定义】和【层塔属性】三项菜单组成，方便用户对相关菜单的查找。

SATWE 分析设计的停靠对话框如图 3-4 所示。该对话框允许用户在左侧停靠，也允许用户在右侧停靠，同时提供隐藏功能，尽可能地为用户提供最大的图形窗口。

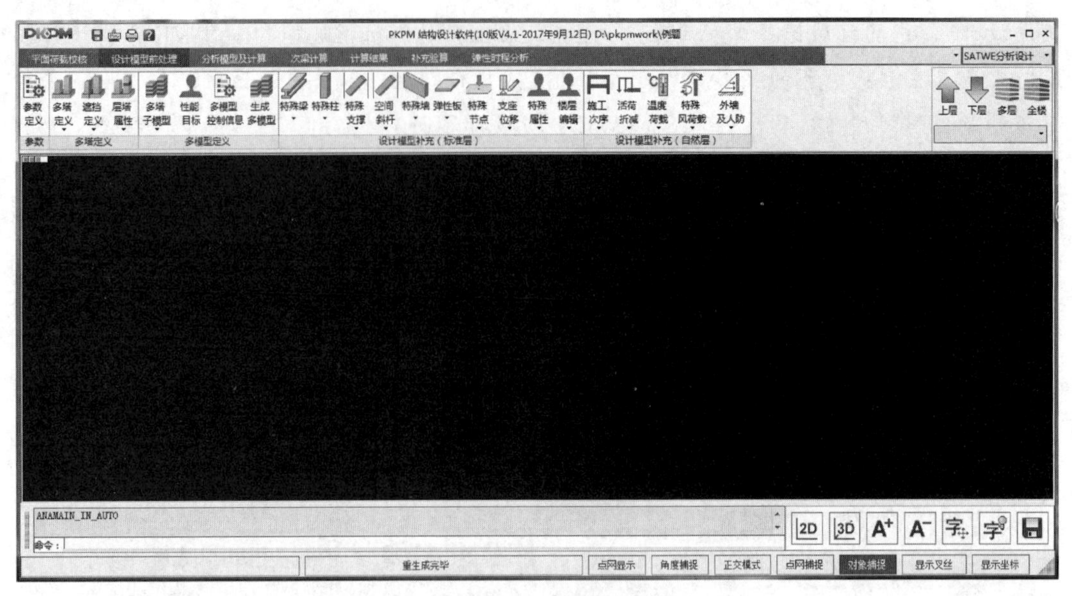

图 3-2　SATWE 分析设计界面

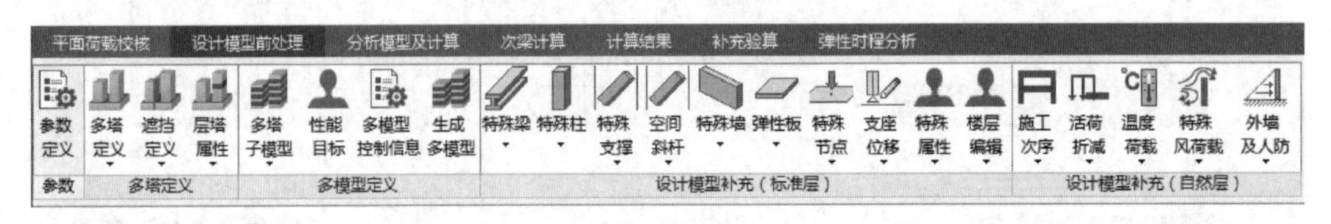

图 3-3　SATWE 分析设计的 Ribbon 菜单

SATWE 分析设计界面的右下角为常用图标区域，见图 3-5。该区域主要是为用户提供一些常用的功能，简化用户的操作流程。如【设计模型前处理】标签页提供了二维和三维显示的切换功能、字体增大和减小功能、移动字体、特殊字体控制开关和保存数据的功能。

特殊构件定义
层间编辑　楼层选择
特殊梁
不调幅梁
连梁
转换梁
转换壳元
一端铰接
两端铰接
滑动支座
门式钢梁
托柱钢梁
耗能梁
组合梁
单缝连梁
多缝连梁
交叉斜筋
对角暗撑
刚度系数

图 3-4　SATWE 分析设计的停靠对话框

图 3-5　SATWE 分析设计的常用图标

3.1.6　SATWE 的基本操作步骤

SATWE 的基本操作分为前处理、分析计算和后处理三个步骤。

① 前处理　执行 SATWE 分析设计模块的【设计模型前处理】菜单，其主要功能是在 PMCAD 生成的模型数据基础上，补充结构分析所需的部分参数，并对一些特殊结构（如多塔等）、特殊构件（如转换构件、弹性楼板等）、特殊荷载（如温度荷载等）等进行补充定义，最后综合上述所有信息，自动转换成结构有限元分析及设计所需的数据格式，供后续【分析模型及计算】和

【弹性时程分析】等程序调用。

② 分析计算　执行 SATWE【分析模型及计算】及【次梁计算】菜单，【分析模型及计算】的功能是完成结构的整体内力分析与配筋计算，【次梁计算】的功能是将在 PMCAD 中输入的次梁按“连续梁”简化力学模型进行内力分析，并进行截面配筋设计。

③ 后处理　执行 SATWE【计算结果】菜单，其主要功能是以图形和文本方式输出各项计算结果（如各荷载工况下构件的标准内力、构件的配筋等）。并根据工程的具体情况选择性地执行菜单【弹性时程分析】。

3.2　平面荷载校核

进入 SATWE 程序后的第一项菜单是【平面荷载校核】，子菜单如图 3-6 所示，工作界面中显示的荷载平面图如图 3-7 所示。【平面荷载校核】的主要功能是检查交互输入和自动导算的荷载是否准确，不会对荷载结果进行修改或重写，也有荷载归档的功能。用户在建好模型后，应该认真检查校对构件的承载情况。除了在布置构件荷载后检查以外，还应在【平面荷载校核】菜单中检查导荷情况。

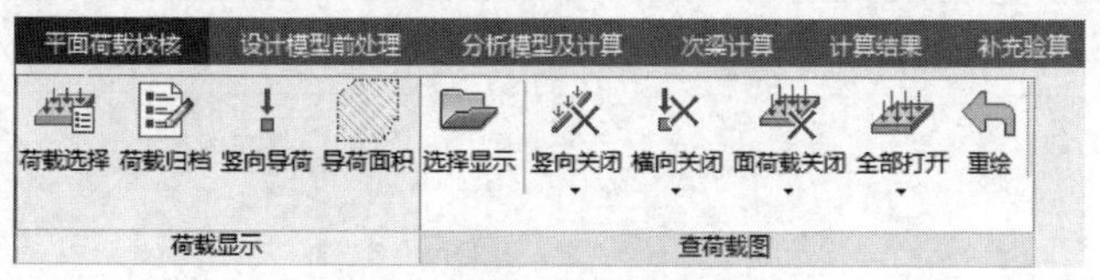

图 3-6　平面荷载校核菜单

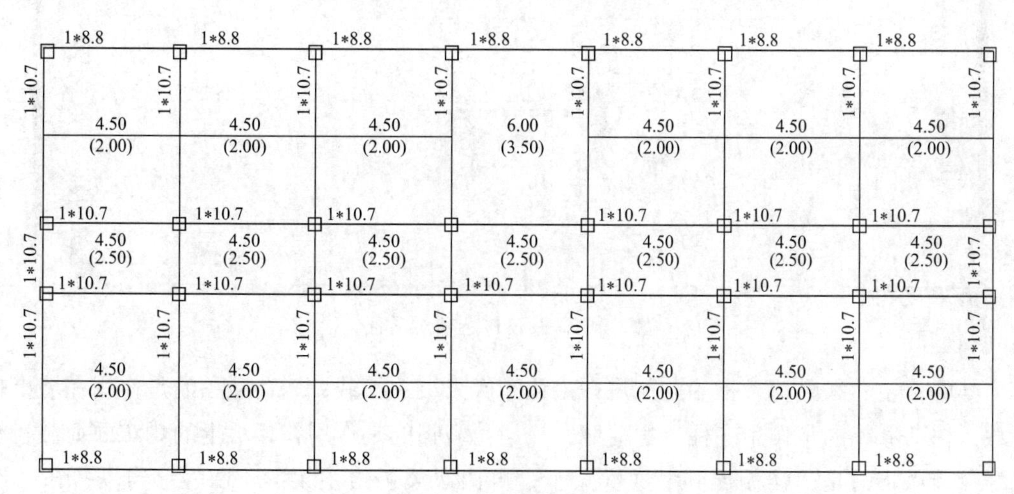

图 3-7　荷载平面图示意

荷载类型很多，按荷载作用位置分为主梁、次梁、墙、柱、节点和房间楼板；按荷载工况分为恒载、活载及其他各种工况；按获得荷载的方法分为交互输入的、楼板导算的和自重（主梁、次梁、墙、柱、楼板）；按荷载作用构件位置分为横向和竖向；按荷载作用面分布密度分为分布荷载（均布荷载、三角形、梯形）和集中荷载。

荷载检查有多种方法：文本方式和图形方式；按层检查和全楼检查；按横向检查和竖向检查；按荷载类型检查。荷载检查主要通过【平面荷载校核】主菜单下的二级菜单实现。下面分别介绍各项菜单功能。

(1) 选择楼层

程序进入时缺省的楼层为第一层，可通过点取界面右上角菜单（如图 3-8 所示）选择切换到要检查的其他自然层。点取【上层】或【下层】可直接切换到当前层的上一层或下一层。

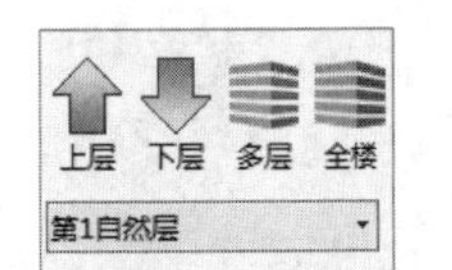

图 3-8　选择楼层菜单

(2) 荷载选择

此菜单选择荷载类型、荷载工况和显示方式等，点取【荷载选择】，程序弹出如图 3-9 所示的荷载校核选项对话框。

图 3-9　荷载校核选项对话框

其中，主、次梁荷载指的是作用在主梁和次梁上的荷载；墙荷载指的是作用在墙上的荷载；柱荷载指的是作用在柱上的荷载；楼面荷载指的是作用在楼板上的均布面荷载；楼面导算荷载指的是由楼板传到墙或次梁上，再由次梁传给主梁的、由程序自动算出的荷载；交互输入荷载指的是在建模中通过【荷载布置】菜单输入的梁、墙、柱或节点荷载。

梁、楼板自重分别指的是由程序自动算出的梁、楼板自重荷载。

其中方框是核选框，√号表示选中，荷载检查包括此类荷载，用光标再点一下变为空白，表示取消，荷载检查不包括此类荷载。

同类归并：把能合并的同类荷载合并为一个。如作用在同一根梁上同一工况的两个集中力，如果它们位置相同，那么可以合并为一个荷载表示。

字符高度和宽度：可修改图形方式显示荷载字符尺度。

显示方式包括文本方式和图形方式，带圆点表示选中，空白的表示不选。文本输出时，各校核项目中的荷载类型及参数按 PMCAD 用户手册附录 B 中定义。

(3) 荷载归档

该菜单用来自动生成全楼各层的或所选楼层的各种荷载图并保存，方便存档。点击菜单后，弹出选择归档楼层对话框，如图 3-10 所示。在这里可以选择要归档的楼层，选择生成 T 图或 DWG 图，并自定义图名。缺省的图名取决于所选择的荷载类型和荷载工况。

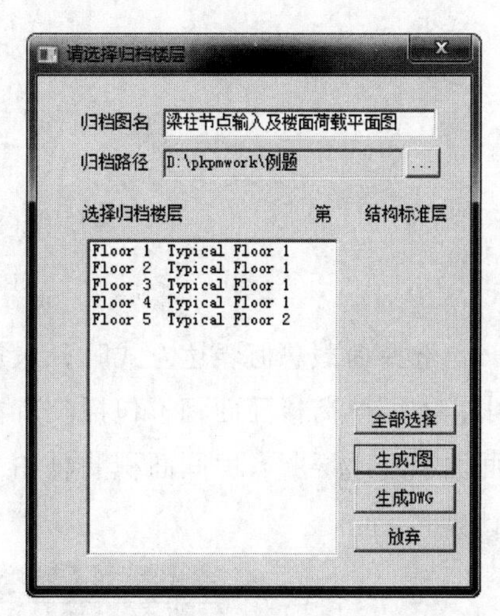

图 3-10　选择归档楼层对话框

(4) 竖向导荷

竖向导荷菜单用来计算作用于任意层柱底或墙底的、由其上各层传来的恒活荷载，可以根据《荷载规范》的要求考虑活荷折减，输出某层的总面积及单位面积荷载，也可以输出某层以上的总荷载。

点取此菜单后弹出如图 3-11 所示的对话框，用户可以选择竖向导荷类型和竖向导荷结果的表达方式。

选择荷载图表达方式时，是按每根柱或每段墙上分别标注由其上各层传来的恒活荷载，如图 3-12 所示的荷载总值是荷载图中所有数值相加的结果。

图 3-11　竖向导荷选项对话框

1062 1039 1039 1062

1064 1064 1064 1064

850 850 850 850

第1层(竖向导荷[黄节点荷载/白墙段合力]) [单位：kN]

图 3-12 荷载图表达方式

选择荷载总值表达方式时，采用图 3-13 所示的界面表达每一楼层竖向导荷结果。其中，本层导荷楼面面积不包括没有参与导荷的房间面积，如全房间洞的房间面积；本层楼面面积是本层所有房间面积的总和，是实际面积；本层平均每平方米荷载值是按导荷面积计算的。

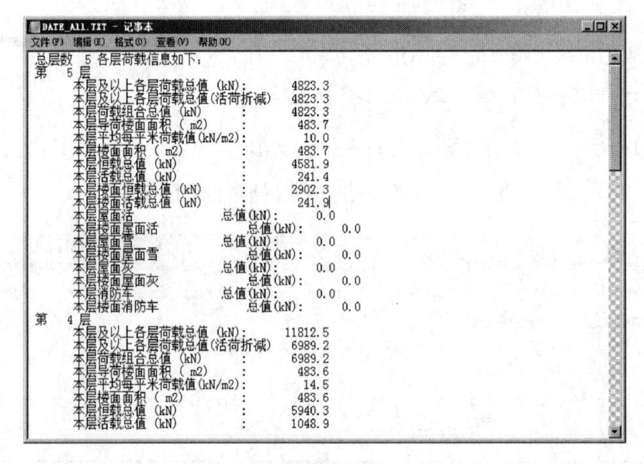
DATE_A11.TXT - 记事本

文件(F) 编辑(E) 格式(O) 查看(V) 帮助(H)

```
总层数  5 各层荷载信息如下:
第   5 层
        本层及以上各层荷载总值 (kN):         4823.3
        本层及以上各层荷载总值(活荷折减)     4823.3
        本层荷载组合总值 (kN)          :     4823.3
        本层导荷楼面面积 ( m2)         :      483.7
        本层平均每平米荷载值(kN/m2):           10.0
        本层楼面面积 ( m2)             :      483.7
        本层恒载总值 (kN)              :     4581.9
        本层活载总值 (kN)              :      241.4
        本层楼面恒载总值 (kN)          :     2902.3
        本层楼面活载总值 (kN)          :      241.9
        本层屋面活                总值(kN):        0.0
        本层楼面屋面活                 总值(kN):        0.0
        本层屋面雪                总值(kN):        0.0
        本层楼面屋面雪                 总值(kN):        0.0
        本层屋面灰                总值(kN):        0.0
        本层楼面屋面灰                 总值(kN):        0.0
        本层消防车                总值(kN):        0.0
        本层楼面消防车                 总值(kN):        0.0
第   4 层
        本层及以上各层荷载总值 (kN):        11812.5
        本层及以上各层荷载总值(活荷折减)     6989.2
        本层荷载组合总值 (kN)          :     6989.2
        本层导荷楼面面积 ( m2)         :      483.6
        本层平均每平米荷载值(kN/m2):           14.5
        本层楼面面积 ( m2)             :      483.6
        本层恒载总值 (kN)              :     5940.3
        本层活载总值 (kN)              :     1048.9
```

图 3-13 荷载总值表达方式

(5) 导荷面积

导荷面积菜单用来显示参与导荷的房间号及房间面积，如图 3-14 所示。每个房间有一个带斜杠的字符串，其中斜杠前面的数字表示房间号，后面的数字表示房间导荷面积。

(6) 选择显示

该菜单用来查看前面已经归档的荷载图，如图 3-15 所示，用户可选择归档的图名和荷载类型。

(7) 竖向关闭、横向关闭、面荷载关闭、全部打开

这几个菜单是荷载显示切换开关。竖向的、横向的恒载或活载当前是可见的，点击菜单后变成不可见，楼面荷载当前是不可见的，点击菜单后变为可见。各个菜单相互独立控制，点击后菜单名称在“打开”和“关闭”之间切换。

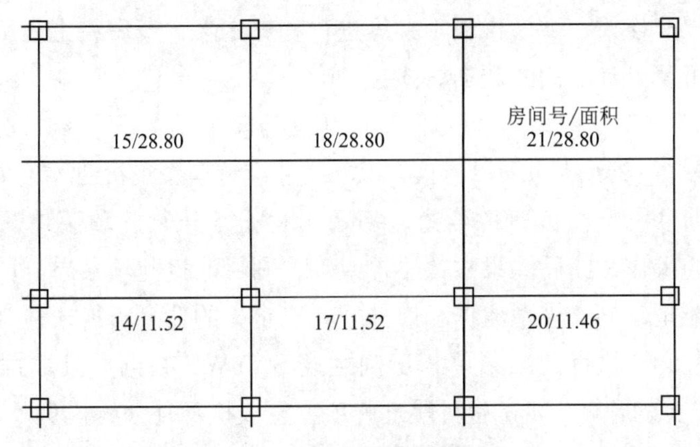

图 3-14 房间号与导荷面积

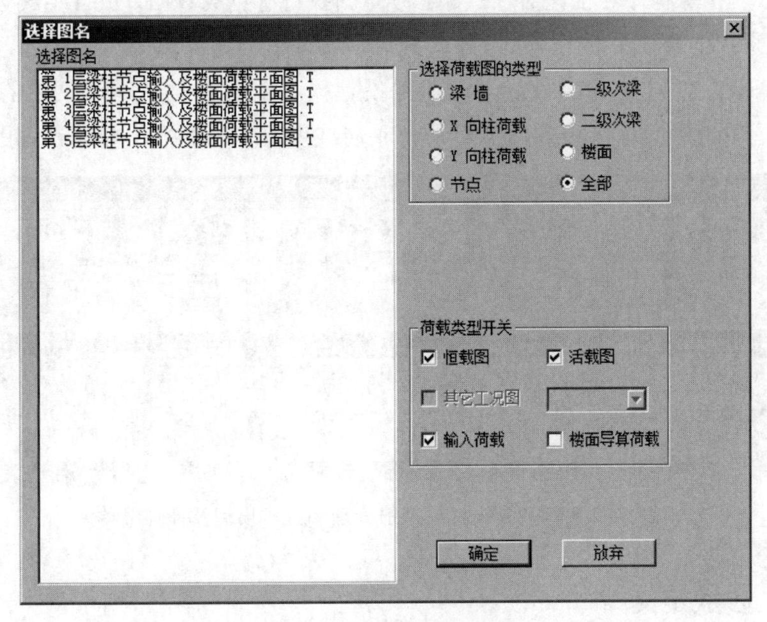

图 3-15 选择图名对话框

(8) 重绘

此菜单是重新绘制本层平面荷载图。

3.3 设计模型前处理

SATWE 的前处理工作主要由 PMCAD 完成，对于一个工程，用户完成 PMCAD 的第一项主菜单后，程序将生成如下数据文件：工程名.* 和 *.PM。

SATWE 的菜单【设计模型前处理】的主要功能就是在 PMCAD 生成的上述数据文件的基础上，补充结构分析所需的部分参数，并对一些特殊结构（如多塔、错层结构）、特殊构件（如角柱、非连梁、弹性楼板等）等进行补充定义，最后将上述所有信息自动转换成结构有限元分析及设计所需的数据格式。

分别点击 SATWE 分析设计模块的菜单【设计模型前处理】和【分析模型及计算】时，程序显示如图 3-16 所示的菜单界面。其中，【设计模型前处理/参数定义】中的参数信息是 SATWE 计算分析所必需的信息，新建工程必须执行此项菜单，确认参数正确后方可进行下一步的操作，此后如果参数不再改动，则可略过此项菜单。【分析模型及计算/生成数据】的功能是将 PM 模型数据和前处理补充定义的信息转换成适合有限元分析的数据格式。新建工程必须执行此项菜单，正确生成 SATWE 数据并且数据检查无错误提示后，方可进行下一步的计算分析。也可跳过此项，直接执行【分析模型及计算/生成数据+全部计算】。此外，只要在 PMCAD 中修改了模型数据或在 SATWE 的【设计模型前处理】中修改了参数、特殊构件等相关信息，都必须重新执行【生成数据】或【生成数据+全部计算】，才能使修改生效。除上述两项之外，其余各项菜单不是每项工程必需的，可根据工程实际情况，有针对性地选择执行。下面对【设计模型前处理】中部分菜单的功能进行讲解，其余菜单功能请读者参阅 SATWE 用户手册或者点击界面左上角的帮助图标。

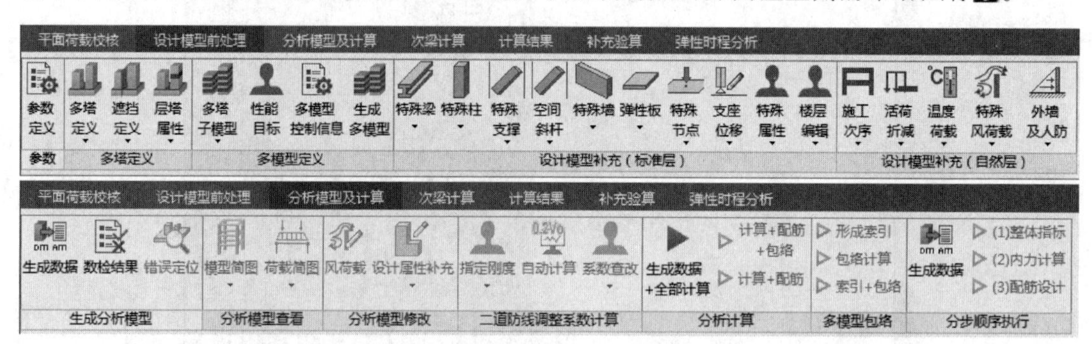

图 3-16　SATWE 设计模型前处理和分析模型及计算菜单

3.3.1　参数定义

软件参数设置正确与否，直接关系到软件分析结果是否准确。本节将详细讲解 SATWE 分析设计模块中的菜单【参数定义】。

为了使读者更好地理解规范精神，正确地设定软件参数，本节除了对 SATWE 软件设计参数的含义和取值进行说明外，还引用规范中的相应条文，说明规范是如何规定的，并提出了参数设置中应注意的问题。

执行【设计模型前处理/参数定义】，程序弹出如图 3-17 所示的分析和设计参数补充定义对话框，该对话框包括十六页参数页，分别为：总信息、多模型及包络、计算控制信息、高级参数、风荷载信息、地震信息、活荷信息、调整信息、设计信息、配筋信息、荷载组合、地下室信息、砌体结构、广东规程、性能设计和鉴定加固。

在第一次启动 SATWE 主菜单时，程序自动将所有参数赋初值。其中，对于 PMCAD 设计参数中已有的参数，程序读取 PMCAD 信息作为初值，其他的参数则取多数工程中常用值作为初值，并将其写到工程目录下名为SAT _ DEF _ NEW. PM的文件中。此后每次执行【参数定义】时，SATWE将自动读取SAT _ DEF _ NEW. PM的信息，并在退出菜单时保存用户修改的内容。对于PMCAD和SATWE共有的参数，程序是自动联动的，任一处修改，则两处同时改变。下面将对这些参数进行详细的说明。

实例操作：

本书工程实例的SATWE参数设置可参照以下各信息参数设置对话框中的取值。

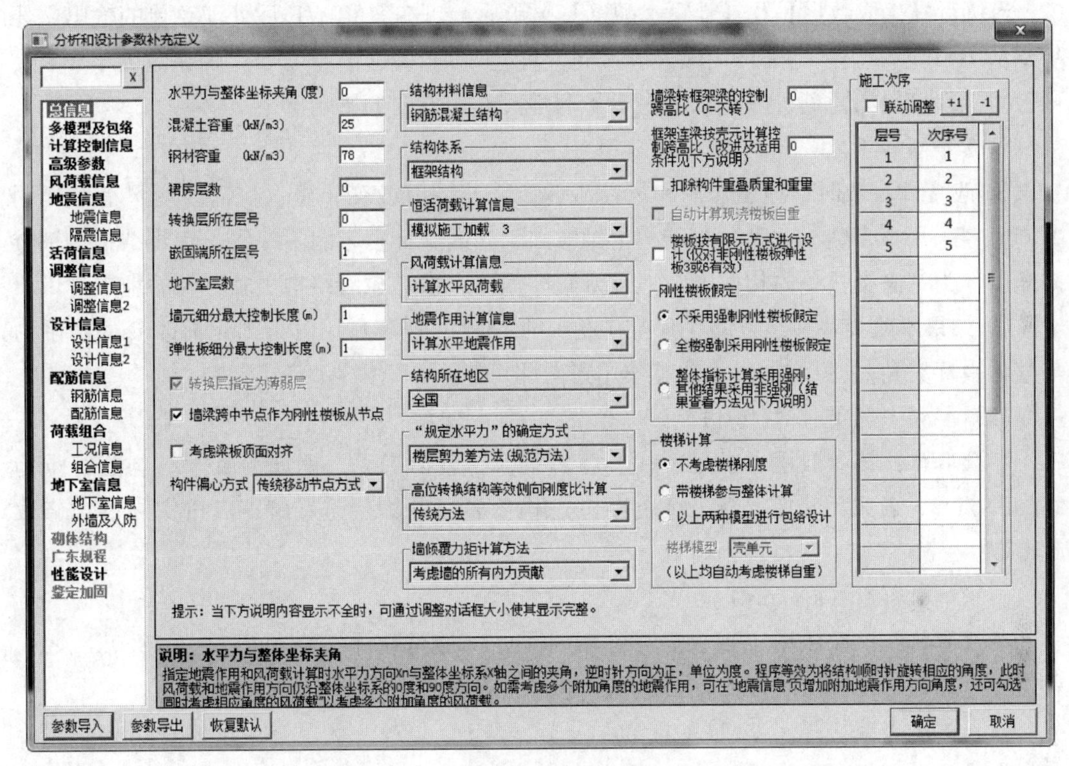

图3-17 分析和设计参数补充定义对话框

3.3.1.1 总信息

第一页为结构总信息，包含了结构分析所必需的最基本的参数，如图3-17所示。页面左下角的〈参数导入〉、〈参数导出〉功能，可以将除了自定义参数保存在一个文件里，方便用户统一设计参数时使用。各参数含义及取值原则如下。

(1) 水平力与整体坐标夹角（度）

规范规定：《建筑抗震设计规范》(GB 50011—2010)(2016年版)(以下简称《抗震规范》) 5.1.1-1条和《高层建筑混凝土结构技术规程》(JGJ 3—2010)(以下简称《高层规程》) 4.3.2-1条规定，**"一般情况下，应至少在建筑结构的两个主轴方向分别计算水平地震作用，各方向的水平地震作用应由该方向抗侧力构件承担。"**

参数含义：该参数为最不利地震作用方向或风荷载作用方向与结构整体坐标的夹角，逆时针方向为正。当地震沿着不同方向作用时，结构地震反应的大小一般也不相同，则必然存在某个角度使得结构地震反应最为剧烈，这个方向就称为最不利地震作用方向。从严格意义上讲，规范中所讲的主轴是指地震沿该轴方向作用时，结构只发生沿该轴方向的侧移而不发生扭转位移的轴线。当结构不规则时，地震作用的主轴方向就不一定是 0°和 90°。若最大地震作用方向与主轴夹角较大时，可以输入该角度以考虑最不利作用方向的影响。

参数取值：由于用户事先很难估算结构的最不利地震作用方向，因此可以先取初始值 0°。当执行【生成数据】及【计算+配筋】菜单后，可在 SATWE 后处理菜单的输出文件 WZQ. OUT 中输出“地震作用最大的方向（度）”，如果这个角度与主轴夹角大于±15°，则应将该角度输入重新计算，以考虑最不利地震作用方向的影响。

注意事项如下。

① 改变此参数时，地震作用和风荷载的方向将同时改变，建议仅需改变风荷载作用方向时才采用该参数。此时如果结构主轴方向与新的坐标系方向不一致，宜将结构主轴方向角度作为“斜交抗侧力构件附加地震方向”输入，以考虑沿结构主轴方向的地震作用。

② 如果不改变风荷载方向，只需考虑其他角度的地震作用时，则无需改变〈水平力与整体坐标夹角〉，只增加附加地震作用方向即可。

（2）混凝土容重（kN/m^3）

参数取值：该参数用于求梁、柱、墙自重，一般情况下，钢筋混凝土结构的容重为 25.0kN/m^3，若采用轻质混凝土或需要考虑构件表面装饰层重量时，应按实际情况修改此参数。

（3）钢材容重（kN/m^3）

参数取值：该参数用于求梁、柱、墙自重，一般情况下，钢材容重为 78.0kN/m^3，若需要考虑钢构件表面装饰和防火涂层重量时，应按实际情况修改此参数。

（4）裙房层数

规范规定：《抗震规范》6.1.3-2 条规定，“裙房与主楼相连，除应按裙房本身确定抗震等级外，相关范围不应低于主楼的抗震等级；主楼结构在裙房顶板对应的相邻上下各一层应适当加强抗震构造措施。”

参数含义：此参数可作为带裙房的塔楼结构剪力墙底部加强区高度的判断依据，按规范要求，加强区取到裙房屋面上一层。

参数取值：对于带裙房的高层结构应输入裙房（含地下室）层数。例如：地下室 3 层，地上裙房 2 层时，裙房层数应填入 5。初始值为 0。

注意事项：该参数的加强措施仅限于剪力墙加强区，程序没有对裙房顶部上下各一层及塔楼与裙房连接处的其他构件采取加强措施，此项工作需要用户完成。

（5）转换层所在层号

规范规定：《抗震规范》3.4.4-2 条规定，“竖向抗侧力构件不连续时，该构件传递给水平转换构件的地震内力应根据烈度高低和水平转换构件的类型、受力情况、几何尺寸等，乘以 1.25～2.0 的增大系数。”

《高层规程》10.2.4条规定，“特一、一、二级转换结构构件的水平地震作用计算内力应分别乘以增大系数1.9、1.6、1.3。”

参数含义：该参数用于定义转换层所在楼层位置。《高层规程》10.2节明确规定了两种带转换层结构：底部带托墙转换层的剪力墙结构（即部分框支剪力墙结构）和底部带托柱转换层的筒体结构。这两种带转换层结构的设计既有相同之处，也有各自的特殊性。高规10.2节对这两种带转换层结构的设计要求做出了规定，一部分是两种结构同时适用的，另一部分是仅针对部分框支剪力墙结构的设计规定。只要用户填写了〈转换层所在层号〉，程序即判断该结构为带转换层结构，自动执行高规10.2节针对两种结构的通用设计规定。如果用户在〈结构体系〉项同时选择了“部分框支剪力墙结构”，则程序在上述基础上还将自动执行高规10.2节专门针对部分框支剪力墙结构的设计规定。如果用户填写了〈转换层所在层号〉，但选择了其他结构类型，程序将不执行上述仅针对部分框支剪力墙结构的设计规定。

参数取值：按PMCAD楼层组装中的自然层号填写。若有地下室，则转换楼层号应从地下室起算。例如：地下室3层，转换层位于地上2层时，转换层所在层号应填入5。允许输入多个转换层号，数字之间以逗号或空格隔开。初始值为0。

注意事项如下。

① 对于水平转换构件和转换柱的设计要求，用户还需在【特殊构件补充定义】菜单中对构件属性进行指定，程序将依据规范规定自动执行相应的调整。

② 对于仅有个别结构构件进行转换的结构，如剪力墙结构或框架-剪力墙结构中存在的个别墙或柱在底部进行转换的结构，可参照水平转换构件和转换柱的设计要求进行构件设计，此时只需对这部分构件指定其特殊构件属性即可，不再需要填写〈转换层所在层号〉，程序将仅执行对于转换构件的设计规定。

(6) 嵌固端所在层号

规范规定：《抗震规范》6.1.3-3条规定，“当地下室顶板作为上部结构的嵌固部位时，地下一层的抗震等级应与上部结构相同，地下一层以下抗震构造措施的抗震等级可逐层降低一级，但不应低于四级。”

《抗震规范》6.1.10条规定，“抗震墙底部加强部位的范围，应符合下列规定：1 底部加强部位的高度，应从地下室顶板算起。……3 当结构计算嵌固端位于地下一层的底板或以下时，底部加强部位尚宜向下延伸到计算嵌固端。”

《抗震规范》6.1.14条规定了地下室顶板作为上部结构的嵌固部位时的要求。

参数含义：嵌固端是指上部结构的计算嵌固端，该参数用于确定嵌固端位置，以便程序依据规范规定实现如下功能：① 确定剪力墙底部加强部位时，将加强部位延伸到嵌固端下一层；② 自动将嵌固端下一层的柱纵向钢筋增大10%，梁端弯矩设计值放大1.3倍；③ 对嵌固层的刚度比限值取1.5。

参数取值：当地下室顶板作为嵌固部位时，嵌固端所在层为地上一层，即地下室层数+1；当基础顶面作为嵌固部位时，嵌固端所在层号为1。程序缺省的嵌固端所在层号为

“地下室层数+1”。

注意事项：如果修改了地下室层数，应注意确认嵌固端所在层号是否需相应修改。

(7) 地下室层数

参数含义：地下室层数指的是与上部结构同时进行内力分析的地下室部分的层数，由于地下室部分无风荷载作用，程序在上部结构风荷载计算中扣除地下室高度，并提供地下室外围回填土的约束作用数据。

参数取值：当上部结构与地下室共同进行内力整体分析时，应输入地下室层数；如果虽有地下室，但在进行上部结构分析时不考虑地下室，则该参数为0。初始值为0。

(8) 墙元细分最大控制长度（m）

参数含义：合理地选择和划分单元是有限元模拟的关键。用 SATWE 进行有限元分析时，对于较长的剪力墙，程序将其细分成一系列小壳元，为确保分析精度，要求小壳元的边长不得大于给定的限值。

参数取值：为保证网格划分质量，细分尺寸一般要求控制在1m以内，因此可取程序隐含值1.0。工程规模较小时，建议在0.5～1.0之间填写；剪力墙数量较多，不能正常计算时，可适当增大细分尺寸，在1.0～2.0之间取值，但前提是一定要保证网格质量。用户可在 SATWE 的【分析模型及计算/模型简图/空间简图】中查看网格划分的结果。

(9) 弹性板细分最大控制长度（m）

参数含义：当楼板采用弹性板或弹性膜时，为确保分析精度，要求弹性板或弹性膜单元的边长不得大于给定的限值。

参数取值：通常弹性板和墙元一样可取相同的控制长度。当模型规模较大时，可适当降低弹性板控制长度，在1.0～2.0之间取值，以提高计算效率。

(10) 转换层指定为薄弱层

参数含义：SATWE 中转换层缺省不作为薄弱层，需要人工指定。如需将转换层指定为薄弱层，可将此项打钩，则程序自动将转换层号添加到薄弱层号中，如不勾选，则需要用户手动添加。

注意事项：勾选此项与在“调整信息”页〈各薄弱层层号〉中直接填写转换层层号的效果是一样的。

(11) 刚性楼板假定

参数含义：“刚性楼板假定”是指楼板平面内无限刚、平面外刚度为零的假定。每块刚性楼板有三个公共的自由度（U，V，θ_z），从属于同一刚性板的每个节点只有三个独立的自由度（θ_x，θ_y，w）。这样能大大减少结构的自由度，提高分析效率。程序提供以下三个选项。

① 不采用强制刚性楼板假定：SATWE 自动搜索全楼楼板，对于符合条件的楼板，自动判断为刚性楼板，并采用刚性楼板假定，无需用户干预；而某些工程中采用刚性楼板假定可能误差较大，为提高分析精度，可在【设计模型前处理/弹性板】菜单中将这部分楼板定义为弹性板。这样同一楼层内可能既有刚性板，又有弹性板，还可能存在独立的弹

性节点。对于刚性楼板，程序将自动执行刚性楼板假定，弹性板或独立节点则采用相应的计算原则。

② 全楼强制采用刚性楼板假定：是指不区分刚性板、弹性板，或独立的弹性节点，只要位于该层楼面标高处的所有节点，在计算时都将强制从属同一刚性板。不在楼面标高处的楼板，则不进行强制，仍按刚性楼板假定的原则搜索其余刚性板块。对于多塔结构，各塔分别执行“强制采用刚性楼板假定”，塔与塔之间互不关联。“强制刚性楼板假定”可能改变结构的真实模型，因此其适用范围是有限的，一般仅在计算位移比、周期比、刚度比等指标时建议选择。在进行结构内力分析和配筋计算时，仍要遵循结构的真实模型，才能获得正确的分析和设计结果。

③ 整体指标计算采用强刚，其他结果采用非强刚：设计过程中，对于楼层位移比、周期比、刚度比等整体指标通常需要采用强制刚性楼板假定进行计算，而内力、配筋等结果则必须采用非强制刚性楼板假定的模型结果，因此，用户往往需要对这两种模型分别进行计算。为提高设计效率，减少用户操作，当勾选此项时，程序自动对强制刚性楼板假定和非强制刚性楼板假定两种模型分别进行计算，并对计算结果进行整合，用户可以在文本结果中同时查看到两种计算模型的位移比、周期比及刚度比这三项整体指标，其余设计结果则全部取自非强制刚性楼板假定模型。

参数取值：初始值为“不采用强制刚性楼板假定”。如果设定了弹性楼板或楼板开大洞，建议选择“整体指标计算采用强刚，其他结果采用非强刚”。

(12) 墙梁跨中节点作为刚性楼板从节点

参数含义：当采用刚性楼板假定时，由于墙梁与楼板是相互连接的，因此在计算模型中墙梁的跨中节点是作为刚性楼板的从节点的，这种情况下，一方面会由于刚性楼板的约束作用过强而导致连梁的剪力偏大，另一方面由于楼板的平面内作用，使得墙梁两侧的弯矩和剪力不满足平衡关系。勾选此项时，剪力墙洞口上方墙梁的上部跨中节点将作为刚性楼板的从节点；不勾选时，这部分节点将作为弹性节点参与计算，其水平面内位移不受刚性楼板约束，此时墙梁的剪力一般比勾选时偏小，但相应结构整体刚度变小、周期加长，侧移加大。

参数取值：初始值为勾选该项。是否勾选此项，其本质是确定连梁跨中节点与楼板之间的变形协调，将直接影响结构整体的分析和设计结果，尤其是墙梁的内力及设计结果。

(13) 考虑梁板顶面对齐

参数含义：用户在PMCAD建立的模型是梁和板的顶面与层顶对齐，这与真实的结构是一致的。考虑梁板顶面对齐时，程序将梁、弹性膜、弹性板6沿法向向下偏移，使其顶面置于原来的位置。有限元计算时用刚域变换的方式处理偏移，计算模型如图3-18所示。当勾选〈考虑梁板顶面对齐〉，同时将梁的刚度放大系数置为1.0，理论上此时的模型最为准确合理。

参数取值：初始值为不勾选该项。

注意事项：采用这种方式时应注意定义全楼弹性板，且楼板应采用有限元整体结果进

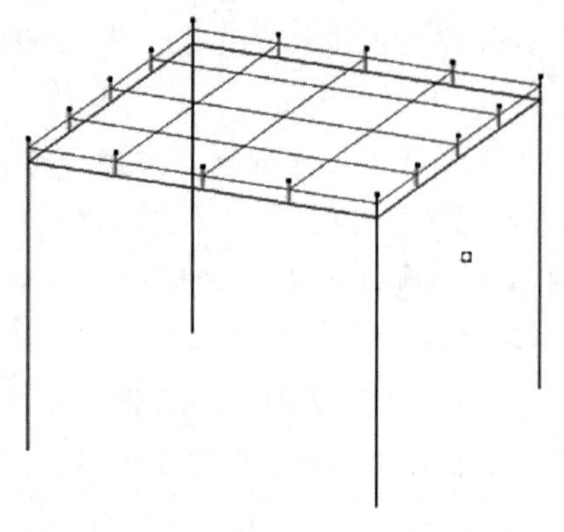

图 3-18 考虑梁板顶面对齐的计算模型

行配筋设计，但目前 SATWE 尚未提供楼板的设计功能，因此用户在使用该选项时应慎重。

(14) 构件偏心方式

参数含义：用户在 PMCAD 中建立的模型，很多情形下会使得构件的实际位置与构件的节点位置不一致，即构件存在偏心，如梁、柱、墙等。为此，程序提供两种选项。

① 传统移动节点方式：如果模型中的墙存在偏心，则程序会将节点移动到墙的实际位置，以此来消除墙的偏心，即墙总是与节点贴合在一起，而其他构件的位置可以与节点不一致，它们通过刚域变换的方式进行连接。这种处理墙偏心的方式存在一个问题，即为了使所有的墙的位置与节点的位置保持一致，致使墙的形状与真实情形有了较大出入，甚至产生了很多斜墙或不共面墙。

② 刚域变换方式：刚域变换方式是将所有节点的位置保持不动，通过刚域变换的方式考虑墙与节点位置的不一致。如图 3-19 所示，厚度不同的墙为了保持外立面对齐，需要对墙设置偏心，传统移动节点方式的模型中，节点偏移了原来的位置，墙体与节点贴合在一起，竖直墙变成斜墙；新的刚域变换方式，节点位置不动，墙体在其实际位置。

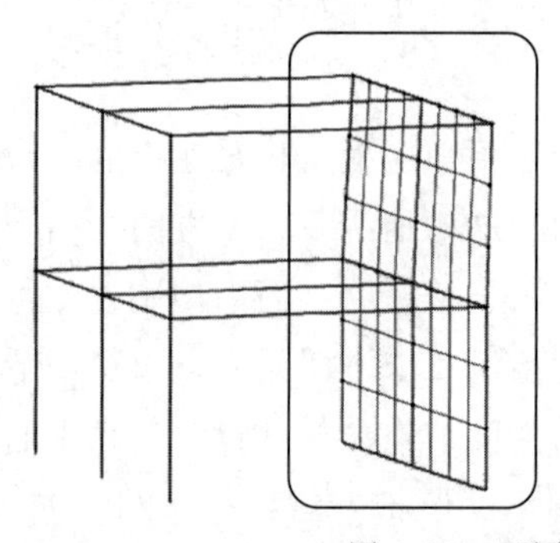

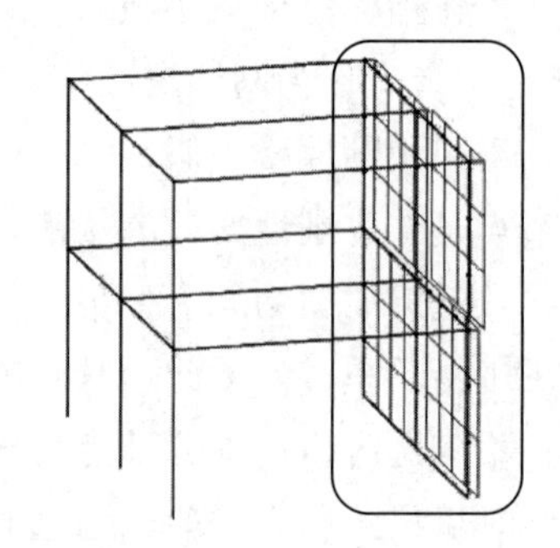

图 3-19 不同偏心方式对比

参数取值：初始值为“传统移动节点方式”。

注意事项：刚域变换方式对于部分模型在局部可能会产生较大的内力差异，因此建议慎重采用。

(15) 结构材料信息

参数含义：程序按用户指定的材料信息执行有关的规范，一共有以下四个选项。

① 钢筋混凝土结构：执行混凝土结构有关规范。

② 钢与混凝土混合结构：目前没有专门规范，参照有关规范执行。

③ 钢结构：执行钢结构有关规范。

④ 砌体结构：执行砌体结构有关规范，结构体系仅限于配筋砌块砌体结构。

参数取值：按工程实际情况设定结构材料信息。

注意事项：型钢混凝土和钢管混凝土结构属于钢筋混凝土结构，不是钢结构。

(16) 结构体系

参数含义：程序提供了框架结构、框剪结构、框筒结构、筒中筒结构、剪力墙结构、板柱剪力墙结构、异型柱框架结构、异型柱框剪结构、配筋砌块砌体结构、砌体结构、底框结构、部分框支剪力墙结构、单层钢结构厂房、多层钢结构厂房、钢框架结构、巨型框架-核心筒（仅限广东地区）、装配整体式框架结构、装配整体式剪力墙结构、装配整体式部分框支剪力墙结构、装配整体式预制框架-现浇剪力墙结构、钢框架-支撑结构和钢框架-延性墙板结构等结构体系。程序根据用户设定的结构体系，按规范要求对相应结构的计算进行调整。

例如对于板柱剪力墙结构的抗震计算，《抗震规范》第6.6.3条规定，“房屋高度大于12m时，抗震墙应承担结构的全部地震作用；房屋高度不大于12m时，抗震墙宜承担结构的全部地震作用。各层板柱和框架部分应能承担不少于本层地震剪力的20%”。选择“板柱剪力墙结构”时，程序自动按规范要求对该结构的地震内力进行调整。

参数取值：按工程实际情况选择结构体系。由于结构体系的选择影响到众多规范条文的执行，因此用户应正确选择。

注意事项：在SATWE多高层版本中，不允许选择“砌体结构”和“底框结构”，这两类结构需要单独购买砌体版本的SATWE软件和加密锁；“配筋砌块砌体结构”仅在SATWE多高层版本中支持，砌体版本的SATWE则不支持“配筋砌块砌体结构”的计算。

(17) 恒活荷载计算信息

规范规定：《高层规程》5.1.9条规定，“高层建筑结构在进行重力荷载作用效应分析时，柱、墙、斜撑等构件的轴向变形宜采用适当的计算模型考虑施工过程的影响；复杂高层建筑及房屋高度大于150m的其他高层建筑结构，应考虑施工过程的影响”。

参数含义：该参数为竖向荷载计算控制参数，程序提供以下六个选项。

① 不计算恒活荷载：程序不计算所有的竖向恒载和活载。

② 一次性加载：程序采用整体刚度模型，按一次加载的模式作用于结构（即假定结构已经完成），计算竖向荷载作用下的结构内力。其计算结果的主要特点是结构各点的变形完全协调，并且由此而产生的弯矩在各点都能保持内力平衡状态。但是，由于竖向荷载是一次性施加到结构上的，造成结构竖向位移往往偏大。这对于高层结构和竖向刚度有差异的结构而言，由于墙与柱的竖向刚度相差很大，使两者之间产生较大的竖向位移差，其结果是使柱的轴力减小，墙的轴力增大，层层调整累加的结果，有时会使高层结构的顶部出现拉柱或梁端没有负弯矩的不真实情况。

③ 模拟施工加载1：程序采用整体刚度分层加载模型，按模拟施工中逐层加载、逐层找平，下层的变形对上层基本上不产生影响的加载方式，计算竖向荷载作用下的结构内力，如图3-20所示。模拟施工加载1的计算方法实际上也是先假定结构已经存在，只不过荷载采用分层加载的方式，因此与实际情况相比还是有一定的差异，计算出来的各点弯

矩无法满足平衡条件。

④ 模拟施工加载 2：程序按模拟施工加载 1 的加载方式计算竖向荷载作用下的结构内力，同时为了防止竖向构件（柱、墙）按刚度分配荷载可能出现的不合理情况，先将竖向构件的轴向刚度放大 10 倍，再进行荷载分配，这样处理将使得柱和墙上分配到的轴力比较均匀，接近手算结果，传给基础的荷载也更为合理。模拟施工加载 2 方式并没有严格的理论基础，只是一种经验上的处理方式。

⑤ 模拟施工加载 3：程序采用分层刚度分层加载模型，即分层加载时，不采用整体刚度，只采用本层及以下层的刚度，使其更接近于施工过程，虽然计算工作量大，但计算结果更符合工程实际情况，如图 3-21 所示。

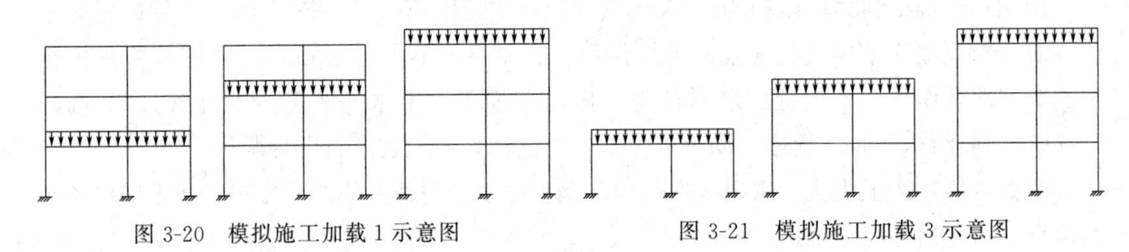

图 3-20 模拟施工加载 1 示意图　　图 3-21 模拟施工加载 3 示意图

⑥ 构件级施工次序：用户可单独指定某些构件的施工次序，以满足复杂结构的计算需求。

参数取值：

① 不计算恒活荷载　仅用于研究分析。

② 一次性加载　适用于多层结构、钢结构或有上传荷载（例如吊柱）的结构。

③ 模拟施工加载 1　适用于多高层结构，但不适用于有吊柱的结构。

④ 模拟施工加载 2　适用于当基础落在非坚硬土层上时的基础设计，对于上部结构，由于工程经验不多，一般工程较少采用。

⑤ 模拟施工加载 3　适用于多高层结构，计算结果更符合工程实际情况，建议首选该项。

⑥ 构件级施工次序　适用于复杂结构的计算。

(18) 施工次序

参数含义：在采用模拟施工加载时，为适应某些复杂结构施工次序调整的特殊情况，采用该参数可以对楼层组装的各自然层分别指定施工次序号。

〈联动调整〉：若用户勾选了该项，则当用户修改某一层的施工次序时，其以上的自然层的施工次序也会进行相应的调整。

〈+1〉、〈−1〉：这两个按钮可以方便用户同时修改几个楼层的施工次序。为了保证逻辑清晰，当用户勾选〈联动调整〉时，这两个按钮是被禁用的。

参数取值：

① 程序初始值为每一个自然层是一次施工，全楼按由低到高次序施工，未采用广义

楼层组装的工程可以采用初始参数。

② 对于采用广义楼层概念建立的模型，应考虑楼层的连接关系来指定施工次序。如图 3-22 所示的采用广义楼层方式建立的双塔大底盘模型，由于各塔楼层号打破了从低到高的排列次序，出现若干楼层同时施工的情况，必须人为指定施工次序。除大底盘外，塔楼的第 3、9 层同时施工，第 4、10 层同时施工，依次类推。

③ 对于某些传力复杂的结构，如转换层结构、上部悬挑结构、越层柱结构、越层支撑结构等，都可能出现若干楼层需要同时施工和同时拆模的情况，因此应设定这些楼层为同一施工次序号，以符合工程的实际情况，如图 3-23 所示。

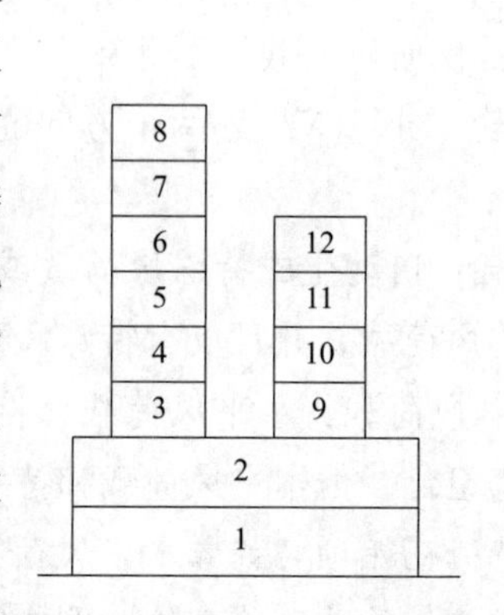

层号	施工次序号
1	1
2	2
3	3
4	4
5	5
6	6
7	7
8	8
9	3
10	4
11	5
12	6

图 3-22　广义楼层施工次序的指定

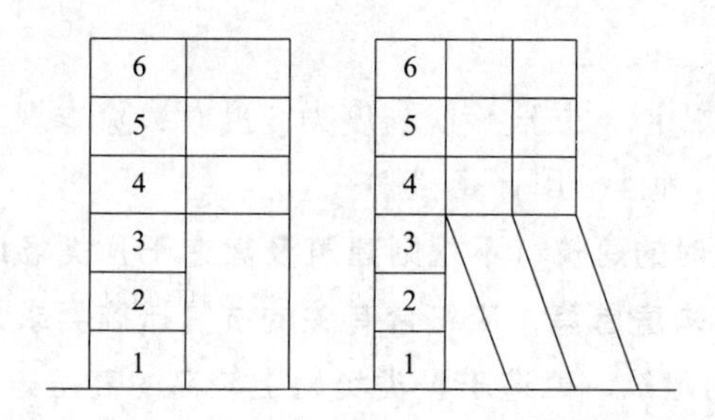

层号	施工次序号
1	1
2	1
3	1
4	2
5	3
6	4

图 3-23　越层构件施工次序的指定

注意事项：“如何正确定义楼层施工次序”的总原则如下。

① 结构分析时，如果已经明确知道实际的施工次序，则按实际的施工次序输入。

② 结构分析时，如果对实际的施工次序不太清楚，则定义的施工次序至少要满足如下条件：即被定义成在同一个施工次序内施工且同时拆模的一个或若干个楼层，当拆模后，这一部分的结构在力学上应为合理的承载体系，且其受力性质应尽可能与整体结构建成后该部分结构的受力性质接近。

(19) 风荷载计算信息

参数含义：该参数为风荷载计算控制参数，程序通过该参数判断参与内力组合和配筋时的风荷载种类。SATWE 提供两类风荷载：第一类是程序依据《建筑结构荷载规范》(GB 50009—2012)（以下简称《荷载规范》）风荷载的计算公式（8.1.1-1)，在【分析模型及计算/生成数据】时自动计算的水平风荷载，作用在整体坐标系的 X 和 Y 两个方向；

第二类是在【设计模型前处理/特殊风荷载】菜单中自动生成或用户自定义的特殊风荷载。程序提供以下四个选项。

① 不计算风荷载：任何风荷载均不计算。

② 计算水平风荷载：计算 *X*、*Y* 两个方向的水平风荷载，并且仅有水平风荷载参与内力分析和组合。

③ 计算特殊风荷载：自动生成特殊风荷载或由用户在自动生成的基础上补充定义作用在柱顶节点或梁上的风荷载，并且仅有特殊风荷载参与内力分析和组合。

④ 计算水平和特殊风荷载：水平风荷载和特殊风荷载同时计算，并且两者分别与恒载、活载、地震作用等组合，但水平风荷载和特殊风荷载不同时组合。

参数取值：通常选择初始项“计算水平风荷载”。而对于平、立面变化比较复杂，或者对风荷载有特殊要求的结构或某些部位，例如空旷结构、体育场馆、工业厂房、轻钢屋面等，则应考虑计算特殊风荷载。因为对于此类结构，不应按照 SATWE 计算一般风荷载那样，将风荷载均匀作用在所有节点上（不考虑屋面刚度），而是应将风荷载作用在受风面的柱顶节点上，然后通过屋面支撑系统和柱间支撑系统传递。这种结构还应考虑屋面风的吸力，由于有时屋面恒载较小，屋面风吸力可能控制构件设计和连接设计，不考虑这种屋面风吸力是不安全的。

（20）地震作用计算信息

规范规定：《抗震规范》3.1.2 条规定，“抗震设防烈度为 6 度时，除本规范有具体规定外，对乙、丙、丁类的建筑可不进行地震作用计算。”

《抗震规范》5.1.6 条规定，**“6 度时的建筑（不规则建筑及建造于Ⅳ类场地上较高的高层建筑除外），以及生土房屋和木结构房屋等，应符合有关的抗震措施要求，但应允许不进行截面抗震验算。”“6 度时不规则建筑、建造于Ⅳ类场地上较高的高层建筑，7 度和 7 度以上的建筑结构（生土房屋和木结构房屋等除外），应进行多遇地震作用下的截面抗震验算。”**

《抗震规范》5.1.1-4 条规定，**“8、9 度时的大跨度和长悬臂结构及 9 度时的高层建筑，应计算竖向地震作用。”**

《高层规程》10.2.4 条规定，“转换结构构件应按本规程第 4.3.2 条的规定考虑竖向地震作用。”

《高层规程》10.5.2 条规定，**“7 度（0.15g）和 8 度抗震设计时，连体结构的连接体应考虑竖向地震的影响。”**

参数含义：该参数为地震作用计算控制参数，程序提供以下四个选项。

① 不计算地震作用　对于不进行抗震设防的地区或者抗震设防烈度为 6 度时的部分结构，规范规定可以不进行地震作用计算，但应符合有关的抗震措施要求。因此这类结构在选择“不计算地震作用”的同时，仍然要在“地震信息”页中指定抗震等级，以满足抗震构造措施的要求。此时，“地震信息”页除抗震等级相关参数外其余项会变灰。

② 计算水平地震作用　计算 *X*、*Y* 两个方向的地震作用。

③ 计算水平和规范简化方法竖向地震 计算 X、Y 两个方向的地震作用，并按《抗震规范》5.3.1 条规定的简化方法计算竖向地震作用。

④ 计算水平和反应谱方法竖向地震 计算 X、Y 两个方向的地震作用，并按竖向振型分解反应谱方法计算竖向地震作用。

参数取值：按照规范规定，依据当地抗震等级及工程实际情况进行选择。

① 不计算地震作用 用于不进行抗震设防的地区或者抗震设防烈度为 6 度的建筑（6 度甲类建筑和 6 度Ⅳ类场地的高层建筑除外）。

② 计算水平地震作用 用于抗震设防烈度为 7、8 度地区的多高层建筑，及 6 度甲类建筑和 6 度Ⅳ类场地的高层建筑。

③ 计算水平和规范简化方法竖向地震 用于抗震设防烈度为 9 度地区的高层建筑；8、9 度地区大跨度和长悬臂结构。

④ 计算水平和反应谱方法竖向地震 用于跨度大于 24m 的楼盖结构、跨度大于 12m 的转换结构和连体结构，以及悬挑长度大于 5m 的悬挑结构。

注意事项：8（9）度地区大跨度结构一般指跨度不小于 24（18)m，长悬臂构件指悬臂板不小于 2（1.5)m，悬臂梁不小于 6（4.5)m。

(21) 结构所在地区

参数含义：该参数用于确定工程所在地区，以便程序执行相应的国家规范和地方规程。程序提供以下三个选项。

①“全国” 程序执行国家规范。

②“上海” 程序除执行国家规范外，还执行上海市有关的地方规程。

③“广东” 程序除执行国家规范外，还执行广东省有关的地方规程。

参数取值：初始值为“全国”。应按地区进行选择。

① 全国除上海、广东以外的地区都应选择“全国”。

② 上海地区的工程应选择“上海”。

③ 广东地区的工程应选择“广东”。

(22)“规定水平力”的确定方式

规范规定：《抗震规范》表 3.4.3-1 中对“扭转不规则”的定义：“在具有偶然偏心的规定水平力作用下，楼层两端抗侧力构件弹性水平位移（或层间位移）的最大值与平均值的比值大于 1.2。”

《抗震规范》3.4.3 条和《高层规程》3.4.5 条对位移比计算要求采用规定水平力；《抗震规范》6.1.3 条和《高层规程》8.1.3 条对倾覆力矩的计算要求采用规定水平力。

参数含义：程序提供以下两种选项。

① 楼层剪力差方法（规范方法）：规范在进行楼层扭转位移比计算时，楼层的位移不采用各振型位移的 CQC 组合计算，而是按“给定水平力”计算，这样可避免有时 CQC 计算的最大位移出现在楼盖边缘的中部而不在角部，而且对无限刚楼盖、分块无限刚楼盖和弹性楼盖均可采用相同的计算方法处理；该水平力一般可采用振型组合后的楼层地震剪力

换算的水平地震作用力，并考虑偶然偏心；结构楼层位移和层间位移控制值验算时，仍采用 CQC 的效应组合。

② 节点地震作用 CQC 组合方法：CQC（complete quadratic combination），即完全二次项组合方法，对于考虑平-扭耦连的比较复杂的结构，使用 CQC 法计算结构的地震作用及其效应比较精确。

参数取值：对于大多数结构建议采用规范方法，CQC 方法通常用于不规则结构，即楼层概念不清晰，剪力差方法无法计算时。

(23) 高位转换结构等效侧向刚度比计算

规范规定：《高层规程》附录 E.0.3 规定，“当转换层设置在第 2 层以上时，尚宜采用图 E 所示的计算模型按公式（E.0.3）计算转换层下部结构与上部结构的等效侧向刚度比 γ_{e2}。γ_{e2}宜接近 1，非抗震设计时 γ_{e2}不应小于 0.5，抗震设计时 γ_{e2}不应小于 0.8。”

参数含义：程序提供以下两种选项。

① 传统方法：采用串联层刚度模型计算。

② 采用高规附录 E.0.3 方法：程序自动按照高规附录 E.0.3 的要求，分别建立转换层上、下部结构的有限元分析模型，并在层顶施加单位力，计算上下部结构的顶点位移，进而获得上、下部结构的刚度和刚度比。

参数取值：程序默认选择“传统方法”，用户可根据实际情况自行选择。

注意事项如下。

① 当采用高规附录 E.0.3 方法计算时，需选择“全楼强制采用刚性楼板假定”或“整体指标计算采用强刚，其他结果采用非强刚”；

② 无论采用何种方法，用户均应保证当前计算模型只有一个塔楼。当塔数大于 1 时，计算结果是无意义的。

(24) 墙倾覆力矩计算方法

参数含义：由于建筑户型创新，近年来出现了一种单向少墙结构。这类结构通常在一个方向剪力墙密集，而在正交方向剪力墙稀少，甚至没有剪力墙。在一般的框剪结构设计中，剪力墙的面外刚度及其抗侧力能力是被忽略的，因为在正常的结构中，剪力墙的面外抗侧力贡献相对于其面内微乎其微。但对于单向少墙结构，剪力墙的面外成为一种不能忽略的抗侧力成分，它在性质上类似于框架柱，宜看作一种独立的抗侧力构件。

对单向少墙结构，首先存在一个体系界定问题。确切地讲，就是要正确统计每个地震作用方向框架和剪力墙的倾覆力矩比例和剪力比例。SATWE 统计剪力墙和框架柱倾覆力矩及剪力比例的基本方法，是按照构件来分类，也即所有墙上的力计入剪力墙，所有框架上的力计入框架柱，但这种方法不适用于单向少墙结构。假定一个结构只有 Y 向剪力墙，X 向无墙，X 向地震作用下剪力墙承担的倾覆力矩百分比应为 0，但如果按照上述方法，在统计 X 向地震作用下剪力墙承担的倾覆力矩百分比时，却会得到很大的数值。正确的做法是把墙面外的倾覆力矩计入框架，这时 X 向地震作用下剪力墙承担的倾覆力矩百分比为 0，从而可以判别此结构在 X 向为框架体系，与一般的工程认识一致。

参数取值：程序提供以下三个选项。

① 考虑墙的所有内力贡献：程序默认为该选项。

② 只考虑腹板和有效翼缘，其余计入框架：当用户无需进行是否是单向少墙结构的判断时，可以选择此项。

③ 只考虑面内贡献，面外贡献计入框架：当需要界定结构是否为单向少墙结构体系时，建议选择此项。

(25) 墙梁转框架梁的控制跨高比 (0=不转)

参数含义：当墙梁的跨高比过大时，如果仍用壳元来计算墙梁的内力，则计算结果的精度较差。程序设置了墙梁自动转成框架梁的功能，用户可以指定“墙梁转框架梁的控制跨高比”，程序会自动将跨高比大于该值的墙梁转换成框架梁，按照框架梁计算刚度、内力并进行设计，使结果更加准确合理。当指定“墙梁转框架梁的控制跨高比”为 0 时，程序对所有的墙梁不做转换处理。

如图 3-24、图 3-25 所示，当对墙梁不做转换时，程序按壳元进行计算；若将墙梁转换成框架梁，则程序将本层墙的上墙梁和上层墙的下墙梁删除，并用等截面尺寸的框架梁代替。对于墙上的荷载，程序会将墙梁上的荷载转移到框架梁上。此外，当框架梁与墙的外侧相连接时，SATWE 会自动增加罚约束；同样对于墙梁转换成的框架梁与墙的内侧洞口相连接，程序也自动考虑了罚约束。

参数取值：通常情况下，当跨高比大于 5 时，连梁应按框架梁输入；跨高比小于 2.5 时，连梁按洞口输入；其他情况可酌情处理，如按洞口输入，应细化单元划分。

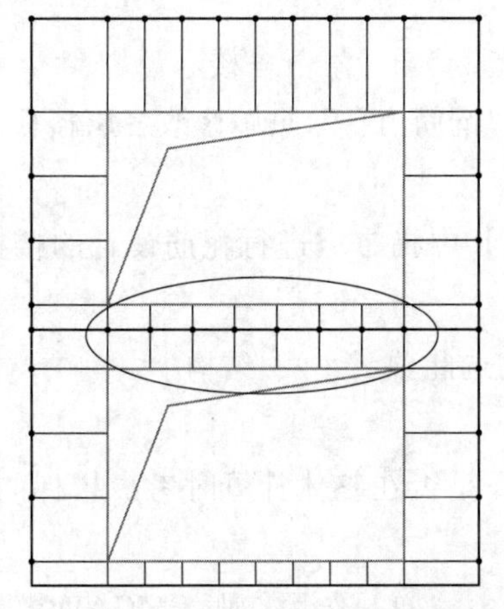

图 3-24 墙梁转换成框架梁之前的模型

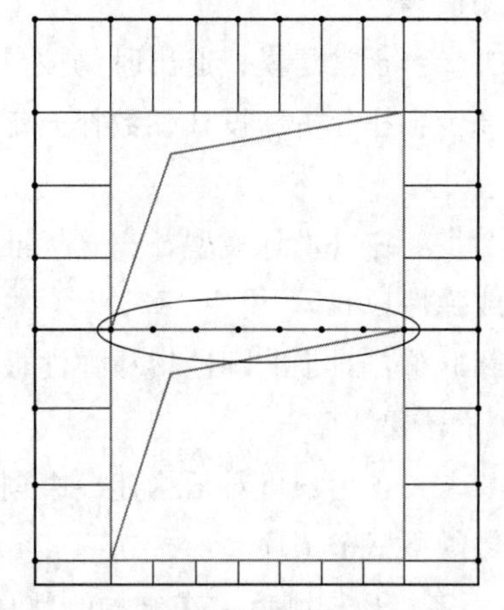

图 3-25 墙梁转换成框架梁之后的模型

(26) 框架连梁按壳元计算控制跨高比

参数含义：有些情形下模型中用户按框架梁输入的连梁的跨高比较小，形成所谓的“短粗梁”，此时若仍按照平截面假定用梁单元计算连梁的刚度，结果会与真实情形有出入。程序解决这个问题的途径是根据跨高比将框架梁转换成墙梁（壳），同时增加了转换壳元的特殊构件定义，将框架方式定义的转换梁转为壳的形式。

参数取值：用户可通过指定该参数将跨高比小于该限值的矩形截面框架连梁用壳元计算其刚度，若该限值取值为 0，则对所有框架连梁都不做转换。

注意事项：该转换仅适用于门洞间连梁，对上下层窗洞间的连梁不能进行正确转换；对弧梁、设缝梁、非矩形混凝土梁、两端不在一层或高度不同、梁下有墙等情况均不做转换。

(27) 扣除构件重叠质量和重量

参数含义：当不勾选此项时，梁、柱、墙的自重均独立计算，不考虑重叠区域自重的扣除，多算的质量和重量作为安全储备。当为了满足设计的经济性需求勾选此项时，梁、墙扣除与柱重叠部分的质量和重量。由于质量和重量同时扣除，恒荷载总值会有所减小，传到基础的恒荷载总值也随之减小，结构周期略有延长，地震剪力和位移相应减少。

参数取值：从设计安全性角度而言，适当的安全储备是有益的，建议用户仅在确有经济性需要、并对设计结果的安全裕度确有把握时才谨慎勾选该项。

(28) 楼板按有限元方式进行设计（仅对非刚性楼板弹性板 3 或 6 有效）

参数含义：梁板共同工作的计算模型，可使梁上荷载由板和梁共同承担，从而减少梁的受力和配筋，特别是针对楼板较厚的板，应将其设置为弹性板 3 或者弹性板 6 计算。既节约了材料，又实现强柱弱梁改善了结构抗震性能。傅学怡大师指出，不考虑实际现浇钢筋混凝土结构中梁、板互相作用的计算模式，单独计算板，由于忽略支座梁刚度的影响，无法正确反映板块内力的走向，容易留下安全隐患。从实际工程的测试结果来看，与采用手册算法相比，楼板采用有限元方法计算得到的配筋量有较大程度的降低。

在 SATWE 的前处理中，用户只需执行以下三个步骤，程序就能自动进行楼板有限元分析和设计。

第 1 步：正常建模，退出时仍按原方式导荷；

第 2 步：在分析和设计参数补充定义对话框的“钢筋信息”页中修改各层楼板的主筋强度；

第 3 步：在【设计模型补充（标准层）/弹性板】中指定需进行配筋设计的楼板为弹性板 3 或弹性板 6。

参数取值：对于非刚性楼板弹性板 3 或 6，可勾选此项。

(29) 楼梯计算

参数含义：用户可对结构建模中创建的楼梯选择是否在整体计算时考虑楼梯的作用，程序提供以下三个选项。

① 不考虑楼梯刚度　在结构的整体计算中不考虑楼梯的作用，即 PMCAD 模型中的楼梯构件将不参与 SATWE 后续的分析和设计，但程序会自动考虑楼梯自重。

② 带楼梯参与整体计算　在结构的整体计算中考虑楼梯的作用，程序会自动将梯梁、梯柱、梯板加入模型中。

SATWE 提供了两种楼梯计算的模型：壳单元和梁单元，如图 3-26 所示，默认采用壳单元。两者的区别在于对梯段的处理，壳单元模型是用膜单元计算梯段的刚度，而梁单元模型则是用梁单元计算梯段的刚度，两者对于平台板都用膜单元来模拟。程序可自动对楼梯单元进行网格细分。

③ 以上两种模型进行包络设计　如果用户选择同时计算不带楼梯模型和带楼梯模型，则程序自动生成两个模型，并进行多模型包络设计。

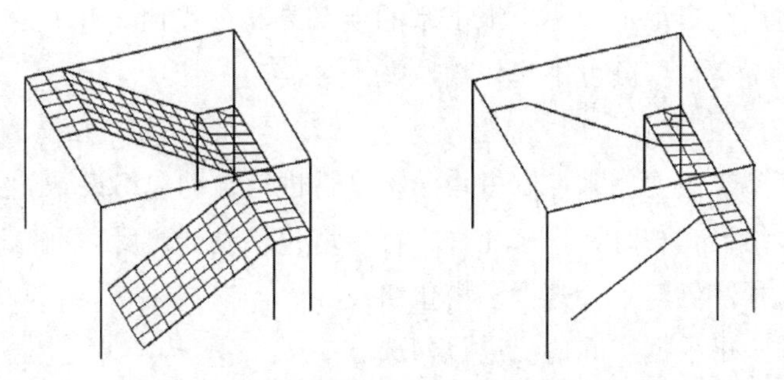

图 3-26　楼梯采用壳单元模型和梁单元模型

参数取值：程序默认选择“不带楼梯进行计算”，用户可根据实际情况自行选择。

3.3.1.2　多模型及包络

本页为“多模型及包络”属性页，如图 3-27 所示。各参数的含义及取值原则如下。

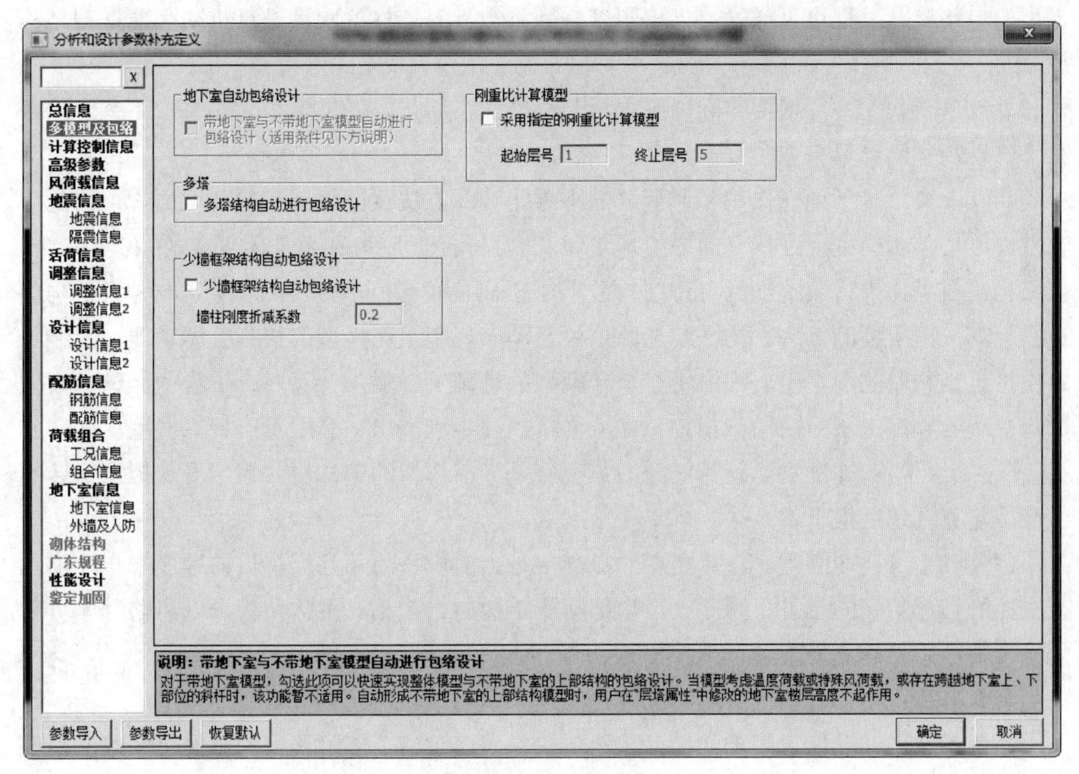

图 3-27　多模型及包络界面

(1) 地下室自动包络设计

参数含义：对于带地下室模型，勾选〈带地下室与不带地下室模型自动进行包络设计〉时，可以快速实现整体模型与不带地下室的上部结构模型的包络设计。

参数取值：用户可根据实际情况进行勾选。

注意事项：当模型考虑温度荷载或特殊风荷载，或存在跨越地下室上、下部位的斜杆时，该功能暂不适用。自动形成不带地下室的上部结构模型时，用户在【多塔定义/层塔属性】中修改的地下室楼层高度不起作用。

(2) 多塔

参数含义：该参数主要用来控制多塔结构是否进行自动包络设计。当用户勾选了〈多塔结构自动进行包络设计〉时，程序允许进行多塔包络设计，反之不勾选该参数，即使定义了多塔子模型，程序仍然不会进行多塔包络设计。

参数取值：用户可根据实际情况进行勾选。

(3) 少墙框架结构自动包络设计

规范规定：《抗震规范》6.2.13 条规定，“钢筋混凝土结构抗震计算时，尚应符合下列要求：4 设置少量抗震墙的框架结构，其框架部分的地震剪力值，宜采用框架结构模型和框架-抗震墙结构模型二者计算结果的较大值。”

参数含义：对于少墙框架结构，勾选此项可以快速实现框架结构模型和框架-剪力墙模型的包络设计。程序可通过〈墙柱刚度折减系数〉对墙柱的刚度进行折减生成框架结构模型。

参数取值：用户可根据实际情况进行勾选。

(4) 刚重比计算模型

参数含义：基于地震作用和风荷载的刚重比计算方法仅适用于悬臂柱型结构，因此应在上部单塔结构模型上进行（即去掉地下室），且去掉大底盘和顶部附属结构（只保留附属结构的自重作为荷载附加到主体结构最顶层楼面位置），仅保留中间较为均匀的结构段进行计算，即所谓的掐头去尾。勾选此项可自动实现刚重比模型的掐头去尾功能，直接计算出指定结构段的刚重比。程序将在全楼模型的基础上，增加计算一个子模型，该子模型的起始层号和终止层号由用户指定，即从全楼模型中剥离出一个刚重比计算模型。

〈起始层号〉：即刚重比计算模型的最底层是当前模型的第几层。该层号从楼层组装的最底层起算（包括地下室）。

〈终止层号〉：即刚重比计算模型的最高层是当前模型的第几层。目前程序未自动附加被去掉的顶部结构的自重，因此仅当顶部附属结构的自重相对主体结构可以忽略时才可采用，否则应手工建立模型进行单独计算。

参数取值：用户可根据实际情况进行勾选。

注意事项：该功能适用于结构存在地下室、大底盘，顶部附属结构重量可忽略的刚重比指标计算，且仅适用于弯曲型和弯剪型的单塔结构。

3.3.1.3 计算控制信息

本页为“计算控制信息”属性页，如图 3-28 所示。各参数的含义及取值原则如下。

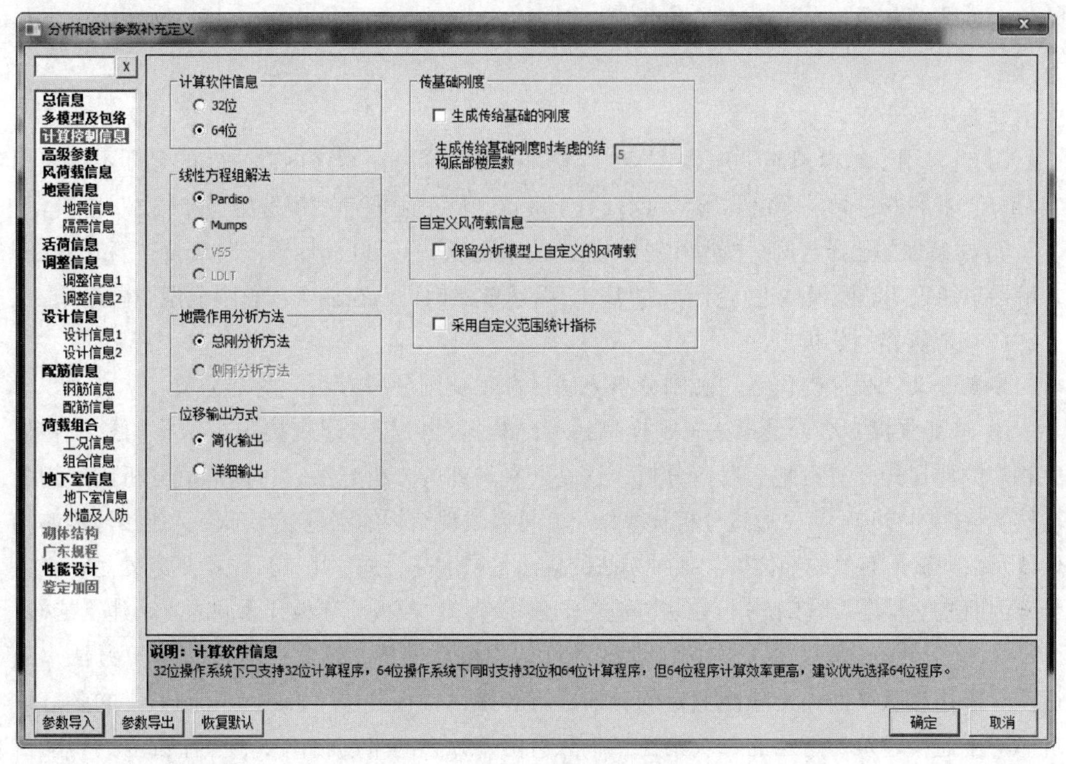

图 3-28 计算控制信息界面

(1) 计算软件信息

参数含义：软件将 32 位和 64 位计算程序进行了整理，并提供该参数进行控制。32 位操作系统下只支持 32 位计算程序，64 位操作系统下同时支持 32 位和 64 位计算程序，但 64 位程序计算效率更高，建议优先选择 64 位程序。

参数取值：程序会自动判断用户计算机的操作系统，其操作系统如果为 32 位，则程序默认采用 32 位计算程序进行计算，并不允许用户选择 64 位计算程序；如果为 64 位，则程序默认采用 64 位计算程序进行计算，并允许用户选择 32 位计算程序。

(2) 线性方程组解法

参数含义：程序提供了“Pardiso”“Mumps”“VSS”和“LDLT”四种线性方程组求解器。从线性方程组的求解方法上，“Pardiso”“Mumps”和“VSS”采用的都是大型稀疏对称矩阵快速求解方法，计算速度快，但适应能力和稳定性稍差；而“LDLT”采用的则是通常所用的三角求解方法，比稀疏矩阵求解器计算速度慢，但适应能力强，稳定性好。从程序是否支持并行上，“Pardiso”和“Mumps”为并行求解器，当内存充足时，CPU 核心数越多，求解效率越高；而“VSS”和“LDLT”为串行求解器，求解器效率低于“Pardiso”和“Mumps”。另外，“Pardiso”内存需求较“Mumps”稍大，在 32 位下，由于内存容量存在限制，“Pardiso”虽相较于“Mumps”求解更快，但求解规模略小。

参数取值：程序缺省值为“Pardiso”求解器，用户可根据实际情况进行选择。一般情况下，“Pardiso”求解器均能正确计算，若提示错误，建议更换为“Mumps”求解器。

若由于结构规模太大仍然无法求解，则建议使用 64 位程序并增加机器内存以获取更高计算效率。

注意事项如下。

① 当采用了“模拟施工加载 3”时，求解器的选择是由程序内部决定的，即不能使用“LDLT”求解器；如果一定要用“LDLT”求解器，则必须取消“模拟施工加载 3”选项。

② 求解器的选择与侧刚模型和总刚模型是相互关联的，“Pardiso”、“Mumps”和“VSS”求解器只能采用总刚模型进行计算，“ LDLT”求解器则可以在侧刚和总刚模型中做选择。

(3) 地震作用分析方法

参数含义：程序提供了“总刚分析方法”和“侧刚分析方法”两个选项。

① 总刚分析方法：是指按总刚模型进行结构振动分析，即直接采用结构的总刚和与之相应的质量矩阵进行地震反应分析，这是一种详细的分析方法，可以准确分析出结构各楼层各构件的空间反应，通过分析计算结果，可以发现结构的刚度突变部位、连接薄弱的构件以及数据输入有误的部位等。该种方法的优点是精度高，适用范围广，不足之处是计算量大，因而速度稍慢。“总刚分析方法”适用于分析有弹性楼板或楼板开大洞的复杂建筑结构。

② 侧刚分析方法：是指按侧刚模型进行结构振动分析，这是一种简化计算方法，只适用于采用楼板平面内无限刚假定的普通建筑和采用楼板分块平面内无限刚假定的多塔建筑。对于这类建筑，每层的每块刚性楼板只有两个独立的平动自由度和一个独立的转动自由度，“侧刚”就是依据这些独立的平动和转动自由度而形成的浓缩刚度矩阵。“侧刚分析方法”的优点是分析效率高，由于浓缩以后的侧刚自由度很少，所以计算速度快。但其应用范围是有限的，当定义有弹性楼板或有不与楼板相连的构件时（如错层结构、空旷的工业厂房、体育馆等），其计算是近似的，会有一定的误差。若弹性楼板范围不大或不与楼板相连的构件不多，其误差不会很大，精度能够满足工程要求；若定义有较大范围的弹性楼板或有较多不与楼板相连的构件，侧刚分析方法不适用，而应该采用总刚分析方法。

对于没有定义弹性楼板或没有不与楼板相连构件的工程，“侧刚分析方法”和“总刚分析方法”的计算结果是一致的。

参数取值：当结构中各楼层均采用刚性楼板假定时可采用“侧刚分析方法”；其他情况，如定义了弹性楼板或有较多的错层构件时，建议采用“总刚分析方法”。

(4) 位移输出方式

参数含义：程序提供了两种位移计算结果输出方式。

① 简化输出　在 WDISP. OUT 文件中仅输出各种工况下结构的楼层最大位移值，不输出各节点的位移信息；按总刚模型进行结构的振动分析时，在 WZQ. OUT 文件中仅输出周期和地震作用，不输出各振型信息。

② 详细输出　在“简化输出”输出信息的基础上，在 WDISP. OUT 文件中还输出各种工况下每个节点的位移信息，在 WZQ. OUT 文件中输出各振型下每个节点的位移信息。

(5) 传基础刚度

参数含义：通常基础与上部结构总是共同工作的，从受力角度看它们是一个不可分割的整体，SATWE 软件不仅可以向 JCCAD 基础软件传递上部结构的荷载，还能将上部结构的刚度凝聚到基础上，使地基变形计算更符合实际情况。如果想进行上部结构与基础共同分析，应勾选“生成传给基础的刚度”选项。这样在基础分析时，选择上部结构刚度，即可实现上部结构与基础共同分析。

参数取值：当基础设计需要考虑上部结构刚度影响时，选择此项。程序初始值为不选。

(6) 自定义风荷载信息

参数含义：该参数主要用来控制是否保留【分析模型及计算/风荷载】菜单中定义的水平风荷载信息。用户在执行【生成数据】后可在【分析模型及计算/风荷载】菜单中对程序自动计算的水平风荷载进行修改。若勾选“保留分析模型上自定义的风荷载”参数，则再次执行【生成数据】时程序将保留上次的风荷载数据（全楼所有风荷载数据均保留，不区分是否用户自定义）；若不勾选，则程序会重新生成风荷载，自定义数据不被保留。

注意事项：当模型发生变化时，应注意确认上次数据是否应被保留。

(7) 采用自定义范围统计指标

参数含义：设置该参数的目的，是为了提供一种更真实的指标统计结果。若勾选该项，则分析计算完成后，后处理会开放自定义范围指标统计的功能。用户可以自定义设计层，自行指定设计层包含的竖向构件，重新计算位移指标，从而解决坡屋面、越层、竖向构件不连续等复杂情况引起的指标统计超限问题。

参数取值：用户可根据实际情况进行勾选。

3.3.1.4 高级参数

本页为“高级参数”属性页，如图 3-29 所示。各参数的含义及取值原则如下。

(1) 位移指标统计时考虑斜柱

参数含义：程序统计位移比和位移角时默认不考虑斜撑，对于按斜撑建模的与 Z 轴夹角较小的斜柱，其影响不应忽略，此时可勾选本项，在统计最大位移比时程序将小于“支撑临界角”的层内斜柱考虑在内，但层间位移比和层间位移角暂不考虑。

值得指出的是，位移指标是按节点进行统计的，一个节点统计一次位移，当支撑的上节点与柱或墙相连时，支撑的位移已在柱或墙的节点位移中得到了统计，只有支撑的上节点不与柱、墙相连时，支撑的位移才得到统计，换句话说，只有支撑像柱一样独立承担竖向支撑作用时位移才得到统计。

参数取值：用户可根据实际情况进行勾选。

(2) 采用自定义位移指标统计节点范围

参数含义：规范给出的层位移指标统计方法仅适用于竖向构件顶部底部标高都相同的规则结构。当存在层内竖向构件高低不平等复杂情况时，位移指标的统计结果存在问题。程序提供了一个自定义位移指标统计范围的功能，目的是使得程序自动计算的位移指标更加合理。

勾选此项时，程序按照用户指定的范围进行层间位移角、位移比等位移指标的统计。

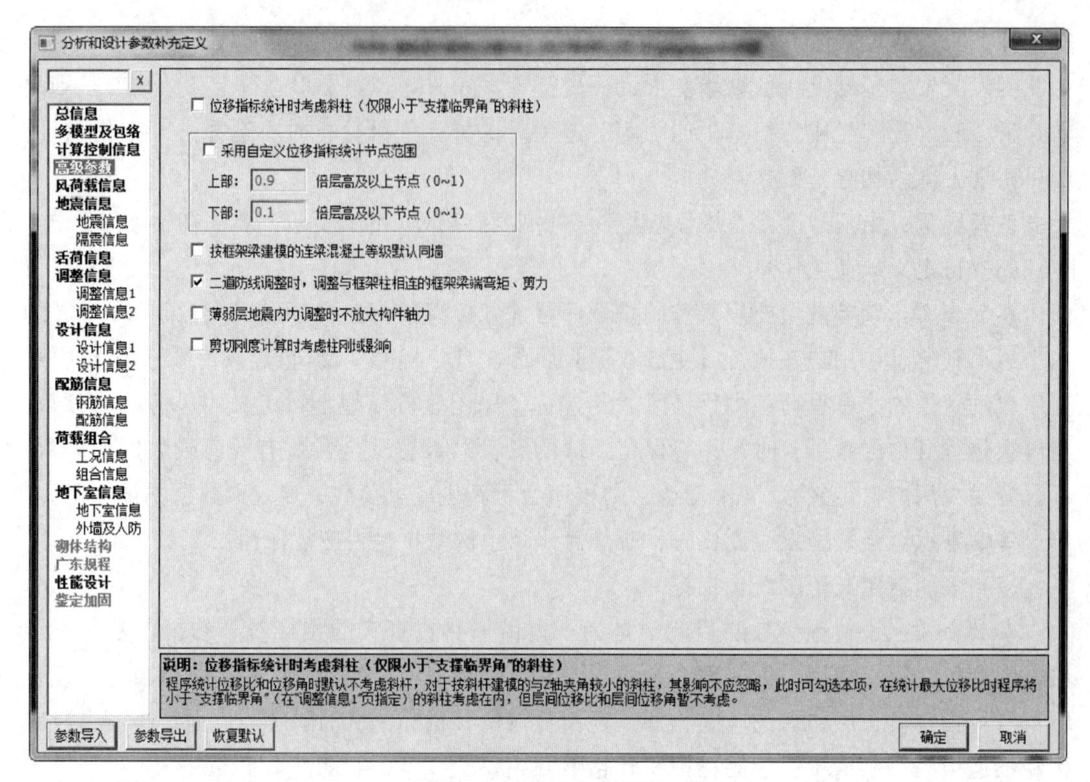

图 3-29 高级参数界面

自定义范围的方法如下：指定一个上部标高，当某个竖向构件的上部节点不在此标高以上时，此竖向构件不参与位移指标统计；指定一个下部标高，当某个竖向构件的下部节点不在此标高以下时，此竖向不构件不参与统计。

参数取值：用户可根据实际情况进行勾选。

注意事项：当上部标高填写 1，下部标高填写 0 时，所有构件都参与统计。

(3) 按框架梁建模的连梁混凝土等级默认同墙

参数含义：连梁建模有两种方式：①按剪力墙开洞建模；②按框架梁建模并指定为连梁属性。对于后一种方式建模的连梁的混凝土强度等级，程序默认其与框架梁相同，而实际上可能与剪力墙相同。因此若勾选此项，程序将连梁的混凝土强度等级修改为取对应楼层墙的混凝土强度等级。

参数取值：用户可根据工程实际情况进行勾选。

注意事项：该参数仅对框架连梁混凝土强度等级的默认值起作用，即若用户修改过单构件的混凝土强度等级，则该参数对该构件不起作用。

(4) 二道防线调整时，调整与框架柱相连的框架梁端弯矩、剪力

参数含义：该参数用来控制 $0.2V_0$ 调整时是否调整与框架柱相连的框架梁端弯矩和剪力。

参数取值：程序默认为勾选，用户可根据工程实际情况选择。

注意事项：该参数同"广东规程"信息下的参数"$0.2V_0$ 调整时，调整与框架柱相连的框架梁端弯矩"功能相同，区别在于该参数仅对全国和上海地区的工程有效。

(5) 薄弱层地震内力调整时不放大构件轴力

参数含义：高规和抗规均规定薄弱层的地震剪力应乘以不小于 1.15 倍的放大系数。旧版在执行此条规定时将薄弱层墙、柱的所有内力分量都进行了放大。高烈度地区的墙、柱设计往往由“拉弯”组合控制，此时对于薄弱层的墙、柱，轴力放大 1.15 倍将使墙、柱配筋大幅度增加。因此新版程序增加了薄弱层内力放大时是否放大轴力的选项。对于斜柱、支撑和梁，程序总是放大轴力，即不受此选项影响。

参数取值：程序默认为放大轴力，用户可根据工程实际情况进行修改。

(6) 剪切刚度计算时考虑柱刚域影响

参数含义：某些情况下，比如 1-2 层的转换结构、上海地区用剪切刚度控制竖向规则性的结构等，剪切刚度的计算对结构方案有比较显著影响，如果考虑柱子刚域可以使柱子截面不至于过大。若勾选此项，即剪切刚度计算考虑柱端的刚域，则相当于考虑柱子的净高度计算剪切刚度，更加准确。

参数取值：程序默认为不勾选，用户可根据工程实际情况进行修改。

注意事项：勾选此项时，同时需要在“设计信息 1”属性页中勾选“柱端简化为刚域”。

3.3.1.5 风荷载信息

本页是与风荷载计算有关的信息，如图 3-30 所示。若在“总信息”页的〈风荷载计算信息〉项选择了“不计算风荷载”，可以不设置本页参数。各参数的含义及取值原则如下。

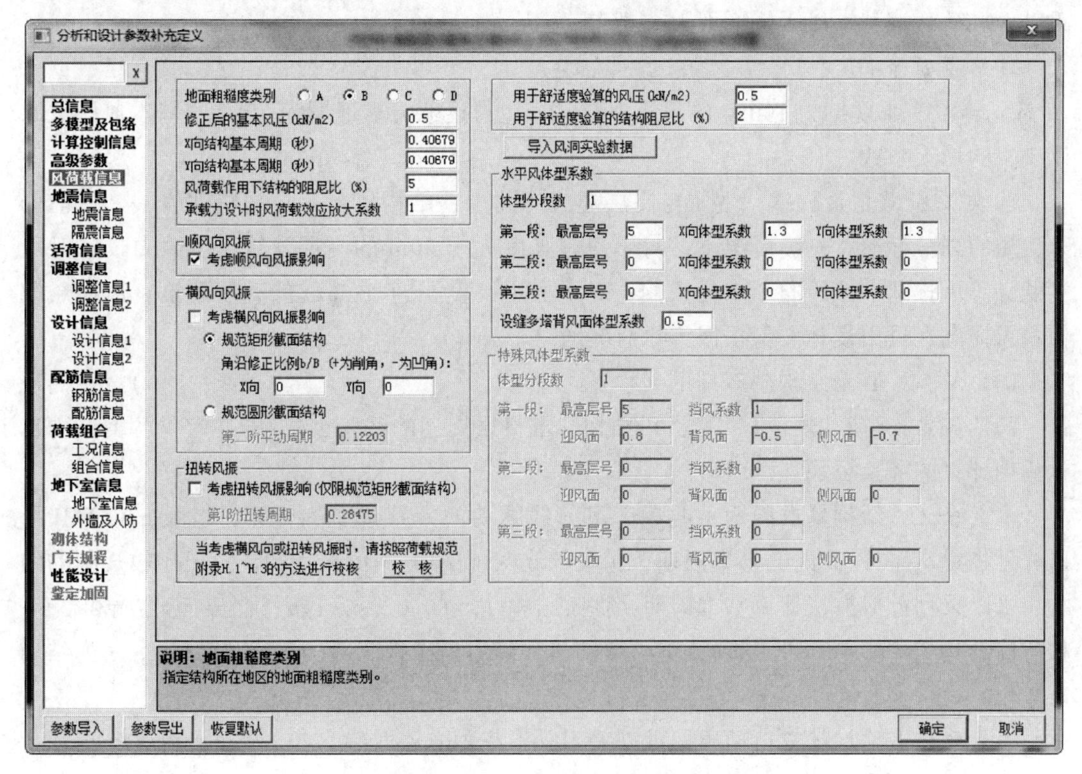

图 3-30 风荷载信息界面

(1) 地面粗糙度类别

规范规定：《荷载规范》8.2.1 条规定，"地面粗糙度可分为 A、B、C、D 四类：

—A 类指近海海面和海岛、海岸、湖岸及沙漠地区；

—B 类指田野、乡村、丛林、丘陵以及房屋比较稀疏的乡镇；

—C 类指有密集建筑群的城市市区；

—D 类指有密集建筑群且房屋较高的城市市区。"

参数含义：程序根据该参数确定风压高度变化系数。

参数取值：按规范规定和工程所在地情况输入地面粗糙度类别。初始值为 B 类。

(2) 修正后的基本风压 (kN/m^2)

规范规定：《荷载规范》8.1.2 条规定，**"基本风压应采用按本规范规定的方法确定的 50 年重现期的风压，但不得小于 0.3kN/m^2。对于高层建筑、高耸结构以及对风荷载比较敏感的其他结构，基本风压的取值应适当提高，并应符合有关结构设计规范的规定。"**

《高层规程》4.2.2 条规定，**"对风荷载比较敏感的高层建筑，承载力设计时应按基本风压的 1.1 倍采用。"**

参数含义：该参数是指用于《荷载规范》公式 (8.1.1-1) 的风压值 w_0。

参数取值：① 一般按照《荷载规范》附表 E.5 给出重现期为 50 年的风压采用。

② 对风荷载比较敏感的高层建筑和高耸结构，对于正常使用极限状态设计（如位移计算），一般仍可采用基本风压值或由设计人员根据实际情况确定；对于承载力极限状态设计，风荷载按基本风压值增大 10%采用。

注意事项如下。

① 当没有重现期为 100 年的风压资料时，也可近似将重现期为 50 年的基本风压值乘以 1.1 的增大系数。

② 对风荷载是否敏感，主要与高层建筑的体型、结构体系和自振特性有关，目前尚未实用的划分标准。一般情况下，对于房屋高度大于 60m 的高层建筑，承载力设计时风荷载计算可按基本风压的 1.1 倍采用；对于房屋高度不超过 60m 的高层建筑，风荷载取值是否提高，可由设计人员根据实际情况确定。

(3) X 向、Y 向结构基本周期（秒）

规范规定：《荷载规范》"附录 F 结构基本自振周期的经验公式"，规定了各类结构自振周期计算的经验公式。

参数含义：结构基本周期主要用于风荷载脉动增大系数 ζ 的计算，新版 SATWE 可以分别指定 X 向和 Y 向的基本周期，用于计算 X 向和 Y 向的风荷载。对于比较规则的结构，可以采用近似方法计算基本周期：框架结构 $T=(0.08\sim0.1)n$，框架-剪力墙和框架-核心筒结构 $T=(0.06\sim0.08)n$，剪力墙结构和筒中筒结构 $T=(0.05\sim0.06)n$，n 为结构层数。

参数取值：结构基本自振周期可以采用以下三种方法取值。

① 根据《荷载规范》附录 F 的近似公式手工计算输入。

② 采用程序简化计算的初始值。

③ 在完成一次计算后，将计算书 WZQ. OUT 中的结构第一平动周期值输入重算。

(4) 风荷载作用下结构的阻尼比 (%)

规范规定：《荷载规范》8.4.4 条规定，“ζ——结构阻尼比，对钢结构可取 0.01，对有填充墙的钢结构房屋可取 0.02，对钢筋混凝土及砌体结构可取 0.05，对其他结构可根据工程经验确定。”

参数含义：该参数主要用于风振系数的计算。

参数取值：新建工程第一次进入 SATWE 时，程序会根据“总信息”页中〈结构材料信息〉自动对〈风荷载作用下结构的阻尼比〉赋初始值：混凝土结构及砌体结构 0.05，有填充墙钢结构 0.02，无填充墙钢结构 0.01。

(5) 承载力设计时风荷载效应放大系数

规范规定：《高层规程》4.2.2 条规定，**“对风荷载比较敏感的高层建筑，承载力设计时应按基本风压的 1.1 倍采用”。**

参数含义：根据规范规定，部分高层建筑在风荷载承载力设计和正常使用极限状态设计时，需要采用两个不同的基本风压值，前述“修正后的基本风压”对应的是正常使用极限状态下的基本风压值。用户输入〈承载力设计时风荷载效应放大系数〉后，只需按照正常使用极限状态确定风压值，程序在进行风荷载承载力设计时，将直接对风荷载作用下的构件内力进行放大（不改变结构位移），相当于对承载力设计时的风压值进行了提高。

参数取值：用户可根据规范规定和工程的实际情况确定，初始值为 1.0。

(6) 顺风向风振

规范规定：《荷载规范》8.4.1 条规定，“对于高度大于 30m 且高宽比大于 1.5 的房屋，以及基本自振周期 T_1 大于 0.25s 的各种高耸结构，应考虑风压脉动对结构产生顺风向风振的影响。”

《荷载规范》8.4.2 条规定，“对于风敏感的或跨度大于 36m 的柔性屋盖结构，应考虑风压脉动对结构产生风振的影响。”

《荷载规范》8.4.3 条规定，“对于一般竖向悬臂型结构，例如高层建筑和构架、塔架、烟囱等高耸结构，均可仅考虑结构第一振型的影响，结构的顺风向风荷载可按公式 (8.1.1-1) 计算。”

参数含义：该参数为选择项目，风振系数主要用于计算风荷载。打钩时，程序自动按照《荷载规范》公式 (8.4.3) 计算风振系数；否则不考虑风振系数。

参数取值：初始值为选择该项。用户可根据规范规定和工程的实际情况选择此项。

(7) 横风向风振与扭转风振

规范规定：《荷载规范》8.5.1 条规定，“对于横风向风振作用效应明显的高层建筑以及细长圆形截面构筑物，宜考虑横风向风振的影响”。

《荷载规范》8.5.4 条规定，“对于扭转风振作用效应明显的高层建筑及高耸结构，宜考虑扭转风振的影响”。

参数含义：一般而言，建筑高度超过 150m 或高宽比大于 5 的高层建筑可出现较为明显的横风向风振效应，并且效应随着建筑高度或建筑高宽比增加而增加。细长圆形截面构筑物一般指高度超过 30m 且高宽比大于 4 的构筑物。扭转风荷载是由于建筑各个立面风压的非对称作用产生的，受截面形状和湍流度等因素的影响较大。考虑风振的方式可以通过风洞试验或者按照《荷载规范》附录 H.1，H.2 和 H.3 确定。当采用风洞试验数据时，软件提供文件接口 WINDHOLE.PM，用户可根据格式进行填写。当采用软件所提供的规范附录方法时，除了需要正确填写周期等相关参数外，必须根据规范条文确保其使用范围，否则计算结果可能无效。

参数取值：初始值为不勾选。用户可根据规范规定和工程的实际情况选择此项。

(8) 用于舒适度验算的风压（kN/m^2）和结构阻尼比（%）

规范规定：《高层规程》3.7.6 条规定，“房屋高度不小于 150m 的高层混凝土建筑结构应满足风振舒适度要求。”

参数含义：程序根据《高层民用建筑钢结构技术规程》（JGJ 99—2015）3.5.5 条对风振舒适度进行验算，即结构在风荷载作用下的顺风向和横风向顶点最大加速度不应超过规范限值，验算结果在 WMASS.OUT 文件中输出。顺风向和横风向顶点最大加速度的计算公式中，需要用到“基本风压”和“阻尼比”，其取值与风荷载计算时采用的“基本风压”和“阻尼比”可能不同，因此单独列出，仅用于舒适度验算。

参数取值：根据规范要求，验算风振舒适度时结构阻尼比宜取 0.01～0.02，程序初始值为 0.02，验算风振舒适度时“基本风压”的初始值与风荷载计算的“基本风压”取值相同，用户可根据实际情况进行修改。

(9) 导入风洞实验数据

参数含义：如果想对各层各塔的风荷载做更精细的指定，可使用此功能。

参数取值：用户可根据工程实际情况选择此项。

(10) 水平风体型分段数、各段体型系数

规范规定：参看《荷载规范》8.3.1 条和《高层规程》4.2.3 条规定。

参数含义：由于在实际工程设计中，建筑物的立面变化可能较大，不同区段的体型系数可能不同，因此程序采用不同立面输入不同体型系数的方法，但限定一个建筑物最多可分三段设定体型系数。需要输入的参数包括：①体型分段数，用于确定建筑物的体型变化段数；②各段最高层号，用于确定各段的楼层位置；③各段体型系数。

参数取值：根据规范规定和结构的实际情况，输入结构的体型分段数、各段的最高层号和体型系数。初始值分段数为 1，第一段最高层号为结构总层数，第一段体型系数为 1.3。

注意事项如下。

① 计算水平风荷载时，程序不区分迎风面和背风面，直接按照最大外轮廓计算风荷载的总值，因此应填入迎风面体型系数与背风面体型系数绝对值之和。

② 由于程序计算风荷载时自动扣除地下室高度，因此分段时只需考虑上部结构，不

用将地下室单独分段。

③ 若结构体型系数只分一段或两段，则可以仅填写一段或两段的信息，其后的信息可以不填。

(11) 设缝多塔背风面体型系数

参数含义：在计算带变形缝的结构时，如果用户将该结构以变形缝为界定义成多塔后，程序在计算各塔的风荷载时，对设缝处仍将作为迎风面，计算的风荷载将偏大。为扣除设缝处遮挡面的风荷载，用户可以在【设计模型前处理/遮挡定义】菜单中指定各塔的遮挡面，程序在计算风荷载时，将采用此处输入的“背风面体型系数”对遮挡面的风荷载进行扣减。如果用户将此参数填为0，则相当于不考虑挡风面的影响。

参数取值：按实际情况输入背风面的体型系数，初始值为0.5。该值如果取0，表示背风面不考虑风荷载影响。

(12) 特殊风体型系数

参数含义：如果在“总信息”页的〈风荷载计算信息〉项选择了“计算特殊风荷载”或者“计算水平和特殊风荷载”，则此处需要输入特殊风荷载的参数，包括：①体型分段数；②各段最高层号；③各段挡风系数；④各段迎风面、背风面和侧风面的体型系数。

“挡风系数”是为了考虑楼层外侧轮廓并非全部为受风面积，存在部分镂空的情况。当该系数为1.0时，表示外侧轮廓全部为受风面积，小于1.0时表示有效受风面积占全部外轮廓的比例，程序计算风荷载时按有效受风面积生成风荷载，可用于无填充墙的敞开式结构。

参数取值：根据规范规定和结构的实际情况输入参数值。初始值分段数为1，第一段最高层号为结构总层数，第一段挡风系数为1，第一段迎风面、背风面和侧风面的体型系数分别为0.8、－0.5和－0.7。

注意事项：“特殊风荷载”的计算公式与“水平风荷载”相同，区别在于程序自动区分迎风面、背风面和侧风面，分别计算其风荷载，是更为精细的计算方式。

3.3.1.6 地震信息

本页是有关地震作用的信息，如图3-31所示。对于抗震设防烈度为6度和6度以下，不需要进行抗震计算，但仍需采用抗震构造措施的地区，可以在第一页“总信息”的〈地震作用计算信息〉项选择“不计算地震作用”，本页中的各项抗震等级仍应按实际情况输入，其他参数全部变灰。各参数的含义和取值原则如下。

(1) 结构规则性信息

规范规定：《抗震规范》5.2.3-1条规定，“规则结构不进行扭转耦联计算时，平行于地震作用方向的两个边榀各构件，其地震作用效应应乘以增大系数。”

《高层规程》4.3.4-1条规定，“对质量和刚度不对称、不均匀的结构以及高度超过100m的高层建筑结构应采用考虑扭转耦联振动影响的振型分解反应谱法。”

参数含义：2005版软件中原有〈扭转耦联信息〉选项，结构是否规则决定了是否要

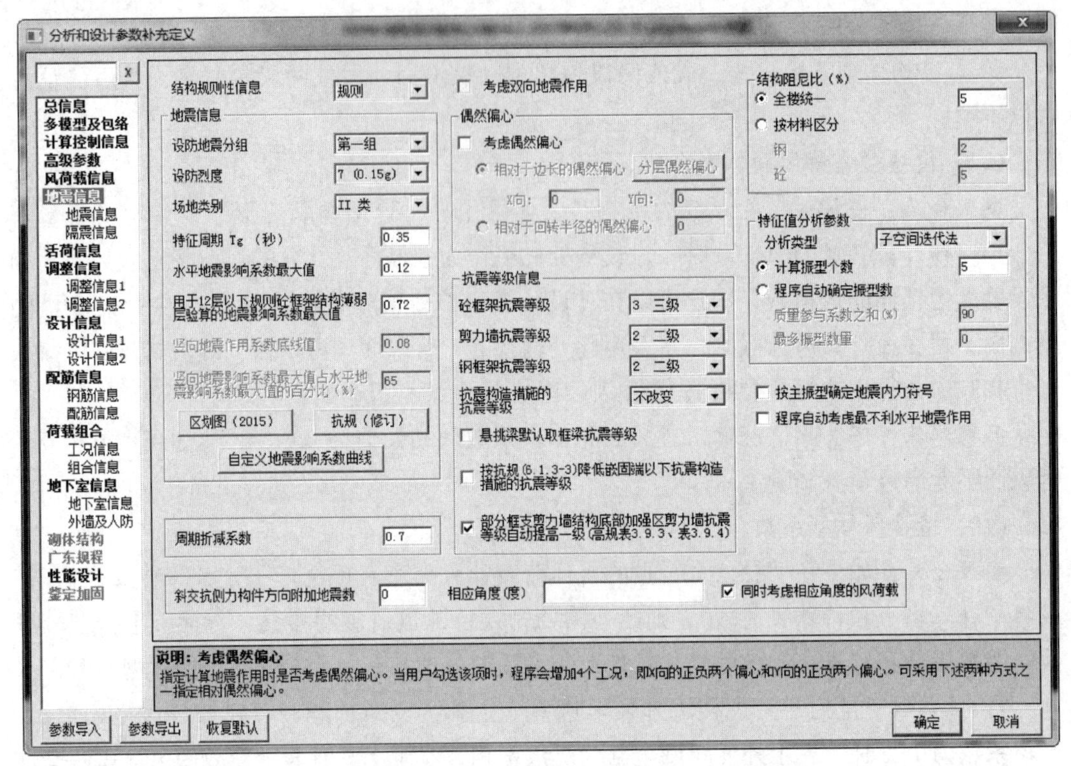

图 3-31 地震信息界面

进行扭转耦联计算。新版软件考虑到扭转耦联计算适用于任何空间结构的分析，因此去掉了〈扭转耦联信息〉选项，不论结构是否规则总进行扭转耦联计算，不必考虑结构边榀构件地震作用效应的增大，因此该参数在程序内部不起作用。

参数取值：初始值为不规则。

(2) 设防地震分组

参数含义：用户修改本参数时，界面上的〈特征周期 T_g〉会根据《抗震规范》5.1.4 条表 5.1.4-2 联动改变。因此，用户在修改设防地震分组时，应特别注意确认特征周期 T_g 值的正确性。特别是根据区划图确定了 T_g 值并正确填写后，一旦再次修改设防地震分组，程序会根据《抗震规范》联动修改 T_g 值，此时应重新填入根据区划图确定的 T_g 值。

当采用地震动区划图确定特征周期时，设防地震分组可根据 T_g 查《抗震规范》5.1.4 条表 5.1.4-2 确定当前相对应的设防地震分组，也可以采用〈区划图 (2015)〉按钮提供的计算工具来辅助计算并直接返回到界面。由于程序直接采用界面显示的 T_g 值进行后续地震作用计算，设防地震分组参数并不直接参与计算，因此对计算结果没有影响。

参数取值：根据《抗震规范》附录 A 设定建筑物所在地区的设计地震分组。初始值为第一组。

(3) 设防烈度

参数含义：用户修改本参数时，界面上的〈水平地震影响系数最大值〉会根据《抗震规范》5.1.4条表5.1.4-1联动改变。因此，用户在修改设防烈度时，应特别注意确认水平地震影响系数最大值α_{max}的正确性。特别是根据区划图确定了α_{max}值并正确填写后，一旦再次修改设防烈度，程序会根据《抗震规范》联动修改α_{max}值，此时应重新填入根据区划图确定的α_{max}值。

当采用区划图确定地震动参数时，可根据设计基本地震加速度值查《抗震规范》3.2.2条表3.2.2确定当前相对应的设防烈度，也可以采用〈区划图（2015）〉按钮提供的计算工具来辅助计算并直接返回到界面。程序直接采用界面显示的水平地震影响系数最大值α_{max}进行后续地震作用计算，即设防烈度不影响计算程序中的α_{max}取值，但是进行剪重比等调整时仍然与设防烈度有关，因此应正确填写。

参数取值：程序提供了六个选项：6（0.05g）、7（0.10g）、7（0.15g）、8（0.20g）、8（0.30g）和9（0.40g）。用户可根据《抗震规范》附录A设定建筑物所在地区的抗震设防烈度。

（4）场地类别

规范规定：《抗震规范》4.1.6条规定，**“建筑的场地类别，应根据土层等效剪切波速和场地覆盖层厚度按表4.1.6划分为四类，其中Ⅰ类分为$Ⅰ_0$、$Ⅰ_1$两个亚类。”**

参数含义：用户修改场地类别时，界面上的〈特征周期T_g〉值会根据《抗震规范》5.1.4条表5.1.4-2联动改变。因此，用户在修改场地类别时，应特别注意确认特征周期T_g值的正确性。特别是根据区划图确定了T_g值后，一旦再次修改场地类别，程序会根据《抗震规范》联动修改T_g值，此时应重新填入根据区划图确定的T_g值。

参数取值：程序提供了五个选项：$Ⅰ_0$、$Ⅰ_1$、Ⅱ、Ⅲ和Ⅳ。用户可根据规范规定和地质资料设定场地类别。

（5）特征周期T_g（s）

规范规定：《抗震规范》5.1.4条规定，**“特征周期应根据场地类别和设计地震分组按表5.1.4-2采用，计算罕遇地震作用时，特征周期应增加0.05s。”**

参数含义：特征周期用于地震影响系数的计算。

参数取值：程序依据《抗震规范》取值，由“总信息”页的〈结构所在地区〉、“地震信息”页的〈场地类别〉和〈设防地震分组〉三个参数确定〈特征周期〉的缺省值。当用户改变上述三个参数时，程序自动按规范重新判断特征周期。

当采用地震动区划图确定T_g时，可直接在此处填写，也可采用〈区划图（2015）〉按钮提供的工具辅助计算并自动填入。但要注意当上述相关参数改变时，用户修改的特征周期将不保留，自动恢复为规范值，应注意确认。

（6）水平地震影响系数最大值、用于12层以下规则砼框架结构薄弱层验算的地震影响系数最大值

规范规定：《抗震规范》5.1.4条规定，**“建筑结构的地震影响系数应根据烈度、场地类别、设计地震分组和结构自振周期以及阻尼比确定。其水平地震影响系数最大值应按表5.1.4-1采用。”**

参数含义：〈地震影响系数最大值〉即旧版中的〈多遇地震影响系数最大值〉，用于地震作用的计算，无论多遇地震或中、大震弹性或不屈服计算时均应在此处输入〈地震影响系数最大值〉。〈用于 12 层以下规则砼框架结构薄弱层验算的地震影响系数最大值〉即旧版中的〈罕遇地震影响系数最大值〉，仅用于 12 层以下规则混凝土框架结构的薄弱层验算。

参数取值：程序依据《抗震规范》取值，由“总信息”页的〈结构所在地区〉和“地震信息”页的〈设防烈度〉两个参数确定其缺省值。当用户改变上述两个参数时，程序自动按规范重新判断地震影响系数最大值。

当采用地震动区划图确定 α_{max}时，可直接在此处填写，也可采用〈区划图（2015)〉按钮提供的工具辅助计算并自动填入。但要注意当上述相关参数改变时，用户修改的地震影响系数最大值将不保留，自动恢复为规范值，应注意确认。

(7) 竖向地震作用系数底线值

规范规定：《高层规程》4.3.15 条规定，“高层建筑中，大跨度结构、悬挑结构、转换结构、连体结构的连接体的竖向地震作用标准值，不宜小于结构或构件承受的重力荷载代表值与表 4.3.15 所规定的竖向地震作用系数的乘积。”

参数含义：程序设置该参数的目的是为了确定竖向地震作用的最小值，当按振型分解反应谱方法计算的竖向地震作用小于该值时，程序将自动取该参数确定的竖向地震作用底线值。

参数取值：程序按不同的设防烈度确定缺省的竖向地震作用系数底线值，设防烈度修改时，该参数也联动改变，用户也可自行修改。

注意事项：当用该底线值调控时，相应的有效质量系数应达到 90%以上。

(8) 竖向地震影响系数最大值占水平地震影响系数最大值的百分比（%）

规范规定：《抗震规范》5.3.1 条规定，“9 度时的高层建筑，其竖向地震作用标准值应按下列公式确定（公式略)；楼层的竖向地震作用效应可按各构件承受的重力荷载代表值的比例分配，并宜乘以增大系数 1.5。”公式中的 α_{vmax}为竖向地震影响系数的最大值，可取水平地震影响系数最大值的 65%。

参数含义：用户可通过该参数指定竖向地震影响系数最大值，从而调整竖向地震的大小。

参数取值：程序默认取 65%。

(9) 区划图（2015)

参数含义：中国地震动参数区划图（GB 18306—2015）于 2016 年 6 月 1 日实施，用户在使用 SATWE 程序进行地震计算时，反应谱方法本身和反应谱曲线的形式并没有改变，只是特征周期 T_g 和水平地震影响系数最大值 α_{max}的取值不同，采用新区划图计算的这两项参数将与以往或《抗震规范》不同，但由于这两项参数均由用户输入，因此对程序本身功能并没有影响。

用户在使用新区划图时，应根据所查得的二类场地峰值加速度和特征周期，采用区划图规定的动力放大系数等参数及相应方法计算当前场地类别下的 T_g 和 α_{max}，并换算相应的设防烈度，填入程序即可。只要这几项参数正确计算并填入程序，采用旧版程序同样可以实现新的区划图规定。

为了减少设计人员查表和计算的工作量，新版新增了根据新的区划图进行检索和地震参数计算的工具，可将地震计算所需的 T_g 和 α_{max} 等参数自动计算并填入程序界面。

注意事项：返回到地震参数界面后，如果重新修改设防烈度、场地类别等参数，程序会根据《抗震规范》联动修改 T_g 和 α_{max}，此时应重新利用〈区划图（2015）〉工具进行计算并将新的结果返回。在进行 SATWE 计算前，务必确认界面上相关参数都已正确填写。

(10) 抗规（修订）

参数含义：《抗震规范》进行了局部修订，其中对我国主要城镇设防烈度、设计基本地震加速度和设计地震分组进行了局部修改，与区划图类似，同样不影响程序的计算功能，只是需要用户按照修订后的规定指定正确的参数。新版新增了针对《抗震规范》修订后的地震参数的检索和计算工具。如果用户采用新区划图和《抗震规范》修订版之外的规定，直接在程序中填入正确的 T_g 和 α_{max} 等参数即可。

(11) 自定义地震影响系数曲线

规范规定：《高层规程》4.3.4 条规定，“7～9 度抗震设防的高层建筑，下列情况应采用弹性时程分析法进行多遇地震下的补充计算。

① 甲类高层建筑结构；

② 表 4.3.4 所列的乙、丙类高层建筑结构；

③ 不满足本规程第 3.5.2～3.5.6 条规定的高层建筑结构；

④ 本规程第 10 章规定的复杂高层建筑结构。”

参数含义：如图 3-32 所示，程序提供了查看和调整地震影响系数曲线的功能，允许用户根据需要，按照时间、步长、步数自定义地震影响系数曲线，或者在规范公式设置的地震影响系数曲线基础上，修改结构阻尼比、特征周期、多遇地震影响系数最大值、曲线形状等，给用户设计复杂结构提供了更大的灵活性。此外，按照规范要求，对于一些高层建筑应采用弹性时程分析法进行补充验算。为了方便用户直接将地震波反应谱应用于反应谱分析，程序在〈自定义地震影响系数曲线〉对话框中添加了地震波谱和规范谱的包络设计功能。用户如果想应用地震波反应谱，需要先进行地震波选波。选波后，除了可以采用规范谱进行分析外，还可以选择地震波平均谱、地震波包络谱、地震波平均谱与规范谱的包络、地震波包络谱与规范谱的包络其中之一作为地震反应谱进行分析。最终应用的反应谱曲线以绿色标识，可以清楚地比较与规范反应谱的区别。

参数取值：用户可根据工程实际情况输入地震影响系数曲线参数。

(12) 周期折减系数

规范规定：《高层规程》4.3.16 条规定，**“计算各振型地震影响系数所采用的结构自振周期应考虑非承重墙体的刚度影响予以折减。”**

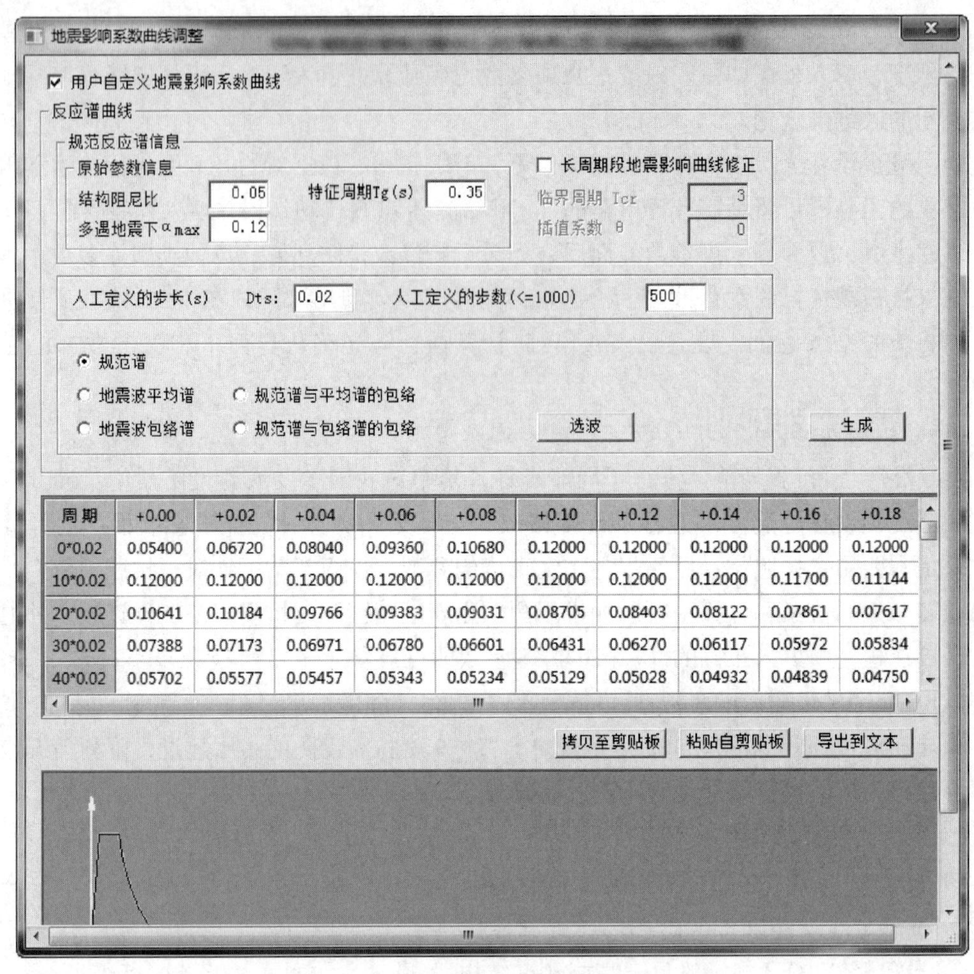

图 3-32　查看和调整地震影响系数曲线对话框

《高层规程》4.3.17 条规定，“当非承重墙体为砌体墙时，高层建筑结构的计算自振周期折减系数可按下列规定取值：

1　框架结构可取 0.6～0.7；

2　框架-剪力墙结构可取 0.7～0.8；

3　框架-核心筒结构可取 0.8～0.9；

4　剪力墙结构可取 0.8～1.0。

对于其他结构体系或采用其他非承重墙体时，可根据工程情况确定周期折减系数。”

参数含义：周期折减的目的是为了充分考虑框架结构和框架-剪力墙结构的填充墙刚度对计算周期的影响。由于框架中的填充墙使得结构在早期弹性阶段的刚度较大，因而会吸收较多的地震能量，而建模时没有考虑填充墙的刚度，仅考虑了梁、柱和承重墙的刚度，并由此刚度求得结构自振周期，因此结构的实际刚度远大于计算刚度，实际周期比计算周期小，若以计算周期按规范方法计算的地震作用会偏小，使得结构分析偏于不安全，因而将地震作用进行放大是必要的。

参数取值：根据工程实际情况确定周期折减系数，取值范围为 0.7～1.0。

注意事项：以上周期折减系数是按实心黏土砖的填充墙确定的，因为砖填充墙的刚度比较大，若通过与主体结构的可靠连接可以与主体结构共同作用，因此对结构的影响也比较大。如果采用石膏板等轻质材料做填充墙，由于这些墙的刚度非常弱，无法与承重结构共同作用，因此周期折减系数可取得大一些，或者不折减。

(13) 考虑双向地震作用

规范规定：《抗震规范》5.1.1-3 条规定，**“质量和刚度分布明显不对称的结构，应计入双向水平地震作用下的扭转影响。”**

参数含义：考虑双向地震扭转效应时，程序自动对 X 和 Y 方向的地震作用效应 S_x 和 S_y 进行如下修改，即对 X 和 Y 方向的地震作用予以放大，并且构件配筋也会相应增大。

$$S'_x=\sqrt{S_x^2+(0.85S_y)^2} \qquad S'_y=\sqrt{S_y^2+(0.85S_x)^2}$$

参数取值：对于质量和刚度分布明显不对称、不均匀的建筑结构，应考虑双向地震作用。初始值为不考虑。

注意事项：

① 质量和刚度分布不对称、不均匀的结构是不规则结构的一种，指同一平面内质量、刚度布置不对称，或虽在本层内对称，但沿高度分布不对称的结构。

② 程序允许同时考虑偶然偏心和双向地震作用，但仅对无偏心地震作用（EX、EY）进行双向地震作用计算，而左偏心地震作用（EXM、EYM）和右偏心地震作用（EXP、EYP）并不考虑双向地震作用。

③ 考虑双向地震作用时，不改变内力组合数。

(14) 考虑偶然偏心

规范规定：《高层规程》4.3.3 条规定，“计算单向地震作用时应考虑偶然偏心的影响。每层质心沿垂直于地震作用方向的偏移值可按下式采用：

$$e_i=\pm 0.05L_i$$

式中 e_i——第 i 层质心偏移值，m，各楼层质心偏移方向相同；

L_i——第 i 层垂直于地震作用方向的建筑物总长度，m。”

《高层民用建筑钢结构技术规程》（JGJ 99—2015）（以下简称《高钢规》）5.3.7 条规定，“多遇地震下计算双向水平地震作用效应时可不考虑偶然偏心的影响，但应验算单向水平地震作用下考虑偶然偏心影响的楼层竖向构件最大弹性水平位移与最大和最小弹性水平位移平均值之比；计算单向水平地震作用效应时应考虑偶然偏心的影响。每层质心沿垂直于地震作用方向的偏移值可按下列公式计算：

方形及矩形平面 $e_i=\pm 0.05L_i$

其他形式平面 $e_i=\pm 0.172r_i$

式中 r_i——第 i 层相应质点所在楼层平面的转动半径，m。”

参数含义：偶然偏心是指由偶然因素引起的结构质量分布变化，会导致结构固有振动特性变化，因而结构在相同地震作用下的反应也将发生变化。考虑偶然偏心，就是考虑由偶然偏心引起的可能的最不利地震作用。

理论上，各个楼层的质心都可以在各自不同的方向出现偶然偏心，从最不利的角度出发，假设相对偶然偏心值为 5%，则程序只考虑了下列四种偏心方式：

① *X* 向地震，所有楼层的质心沿 *Y* 轴正向偏移 5%，该工况记作 EXP；

② *X* 向地震，所有楼层的质心沿 *Y* 轴负向偏移 5%，该工况记作 EXM；

③ *Y* 向地震，所有楼层的质心沿 *X* 轴正向偏移 5%，该工况记作 EYP；

④ *Y* 向地震，所有楼层的质心沿 *X* 轴负向偏移 5%，该工况记作 EYM。

考虑了偶然偏心地震后，共有三组地震作用效应：无偏心地震作用效应（EX、EY），左偏心地震作用效应（EXM、EYM）和右偏心地震作用效应（EXP、EYP）。在内力组合时，对于任一个有 EX 参与的组合，将 EX 分别代以 EXM 和 EXP，将增加成三个组合；任一个有 EY 参与的组合，将 EY 分别代以 EYM 和 EYP，也将增加成三个组合。简言之，地震组合数将增加到原来的三倍。

当勾选了〈考虑偶然偏心〉后，允许用户修改 *X* 和 *Y* 向的相对于边长的偶然偏心值或者相对于回转半径的偶然偏心值，也可点取〈分层偶然偏心〉按钮，分层分塔填写相对偶然偏心值，如图 3-33 所示，用户可通过表格定义，也可通过文本定义。

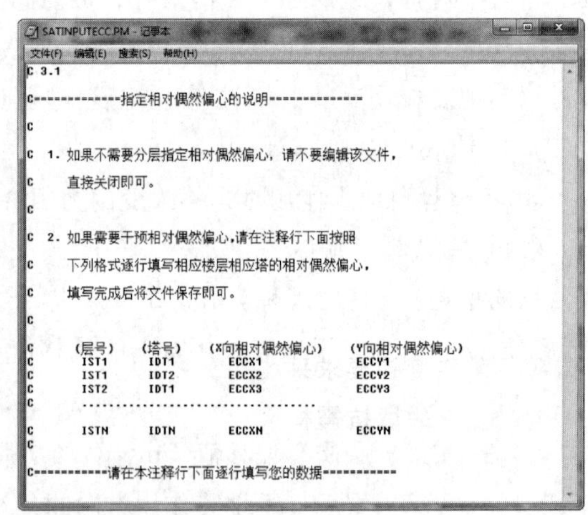

图 3-33 用户自定义偶然偏心界面

参数取值：对于高层建筑结构，通常选择考虑偶然偏心。*X* 和 *Y* 向的相对偶然偏心的初始值为 0.05；相对于回转半径的偶然偏心的初始值为 0.1732。

注意事项：由于结构平、立面布置的多样性、复杂性，大量计算分析表明，计算双向水平地震作用并考虑扭转影响与计算单向水平地震作用并考虑偶然偏心的影响相比，前者并不总是最不利的。因此抗震设计时，根据《抗震规范》第 5.2.3 条规定及其条文说明，对于多层建筑，除平面规则的可通过考虑扭转耦联计算来估计水平地震作用的扭转影响外，凡属该规范第 3.4.3 条所指的平面不规则多层建筑，亦应考虑偶然偏心的影响。

(15) 混凝土框架、剪力墙和钢框架抗震等级

规范规定：《抗震规范》6.1.2条规定，**“钢筋混凝土房屋应根据设防类别、烈度、结构类型和房屋高度采用不同的抗震等级，并应符合相应的计算和构造措施要求。丙类建筑的抗震等级应按表6.1.2确定。”**

《抗震规范》8.1.3条规定，**“钢结构房屋应根据设防分类、烈度和房屋高度采用不同的抗震等级，并应符合相应的计算和构造措施要求。丙类建筑的抗震等级应按表8.1.3确定。”**

参考《高层规程》第3.9节有关高层建筑抗震等级的规定。

参数含义：此处指定的抗震等级是全楼适用的。通过此处指定的抗震等级，SATWE自动对全楼所有构件的抗震等级赋予初值。依据抗规、高规等相关条文，某些部位或构件的抗震等级可能还需要在此基础上进行单独调整，SATWE将自动对这部分构件的抗震等级进行调整。对于少数未能涵盖的特殊情况，用户可通过【设计模型前处理】菜单进行单构件的补充指定，以满足工程需求。

参数取值：程序提供了六个选项，0、1、2、3、4、5分别代表抗震等级为特一级、一级、二级、三级、四级和不考虑抗震构造要求。用户可根据规范规定和工程实际情况设定抗震等级。

(16) 抗震构造措施的抗震等级

规范规定：《建筑工程抗震设防分类标准》(GB 50223—2008) 3.0.3条规定，“各抗震设防类别建筑的抗震设防标准，应符合下列要求：①丙类建筑应按本地区抗震设防烈度确定其抗震措施和地震作用；②甲、乙类建筑应按高于本地区抗震设防烈度一度的要求加强其抗震措施；但抗震设防烈度为9度时应按比9度更高的要求采取抗震措施；③丁类建筑允许比本地区抗震设防烈度的要求适当降低其抗震措施，但抗震设防烈度为6度时不应降低。”

《抗震规范》3.3.2条规定，**“建筑场地为Ⅰ类时，对甲、乙类的建筑应允许仍按本地区抗震设防烈度的要求采取抗震构造措施；对丙类的建筑应允许按本地区抗震设防烈度降低一度的要求采取抗震构造措施，但抗震设防烈度为6度时仍应按本地区抗震设防烈度的要求采取抗震构造措施。”**

《抗震规范》3.3.3条规定，“建筑场地为Ⅲ、Ⅳ类时，对设计基本地震加速度为0.15g和0.30g的地区，除本规范另有规定外，宜分别按抗震设防烈度8度(0.20g)和9度(0.40g)时各抗震设防类别建筑的要求采取抗震构造措施。”

参数含义：上述混凝土框架、剪力墙、钢框架抗震等级为抗震措施的抗震等级，根据规范规定，在某些情况下，抗震构造措施的抗震等级可能与抗震措施的抗震等级不同，可能提高或降低，因此程序提供了这个选项。例如：位于抗震设防烈度为7度(0.10g)地区、Ⅰ类场地上的甲类建筑，其抗震措施和抗震构造措施所对应的设防烈度分别为8度和7度。另外，在【设计模型前处理】菜单的各类特殊构件中可以分别指定单根构件的抗震等级和抗震构造措施等级。

参数取值：程序提供了五个选项：提高两级、提高一级、不改变、降低一级和降低两级。用户可根据规范规定和工程实际情况设定抗震构造措施的抗震等级。

注意事项："抗震措施"不同于"抗震构造措施"，应注意两者的区别。

①"抗震措施"是指除了地震作用计算和构件抗力计算以外的抗震设计内容，包括建筑总体布置、结构选型、地基抗液化措施、考虑概念设计对地震作用效应（内力和变形等）的调整，以及各种抗震构造措施。这里，地震作用计算是指地震作用标准值的计算，不包括地震作用效应设计值的计算，不等同于抗震计算。"一般规定"中，除"适用范围"外的内容属于抗震措施；"计算要点"中的地震作用效应调整的规定（如强剪弱弯、强柱弱梁等）也属于抗震措施。

②"抗震构造措施"是指根据抗震概念设计的原则，一般不需计算而对结构和非结构各部分必须采取的各种细部要求，如构件尺寸、高厚比、轴压比、长细比、板件宽厚比，构造柱和圈梁的布置和配筋，纵筋配筋率、箍筋配箍率、钢筋直径、间距等构造和连接要求等等。"抗震构造措施"只是"抗震措施"的一部分。

不同抗震设防类别的建筑，其"抗震措施"的提高和降低，应包括规范各章中除地震作用计算和抗力计算外的所有规定，与场地条件无关，而"抗震构造措施"的提高和降低则与场地条件有关。

(17) 悬挑梁默认取框梁抗震等级

参数含义：用于控制悬挑梁的默认抗震等级。勾选时，悬挑梁的抗震等级默认同框架梁；否则，默认按次梁确定抗震等级为 5，即不考虑。该选项只影响默认值，用户仍可在【设计模型前处理/特殊梁】菜单中自行修改单构件抗震等级。

参数取值：程序默认不勾选该参数。

(18) 按抗规（6.1.3-3）降低嵌固端以下抗震构造措施的抗震等级

规范规定：《抗震规范》第 6.1.3-3 条规定，"当地下室顶板作为上部结构的嵌固部位时，地下一层的抗震等级应与上部结构相同，地下一层以下抗震构造措施的抗震等级可逐层降低一级，但不应低于四级。"

参数含义：勾选时，程序将自动按照规范规定执行，用户无需在【设计模型前处理/设计模型补充（标准层）】中单独指定相应楼层构件的抗震构造措施的抗震等级。

参数取值：程序默认不勾选该参数。

(19) 部分框支剪力墙结构底部加强区剪力墙抗震等级自动提高一级

规范规定：参考《高层规程》表 3.9.3 和表 3.9.4 中关于部分框支剪力墙结构抗震等级的规定，其中底部加强部位和非底部加强部位剪力墙的抗震等级可能不同。

参数含义：对于部分框支剪力墙结构，如果用户在"地震信息"页〈剪力墙抗震等级〉中填入部分框支剪力墙结构中一般部位剪力墙的抗震等级，并在此勾选了〈部分框支剪力墙结构底部加强区剪力墙抗震等级自动提高一级〉，则程序将自动对底部加强部位剪力墙的抗震等级提高一级。

参数取值：程序默认勾选该参数。

(20) 结构的阻尼比 (%)

规范规定：《抗震规范》5.1.5-1条规定，“除有专门规定外，建筑结构的阻尼比应取0.05。”

《抗震规范》8.2.2条规定，“钢结构抗震计算的阻尼比宜符合下列规定（略）。”

《抗震规范》10.2.8条规定，“屋盖钢结构和下部支承结构协同分析时，阻尼比应符合下列规定：

1　当下部支承结构为钢结构或屋盖直接支承在地面时，阻尼比可取0.02。

2　当下部支承结构为混凝土结构时，阻尼比可取0.025～0.035。”

参数含义：结构的阻尼比是反映结构内部在动力作用下相对阻力情况的参数，该参数用于地震影响系数的计算。程序提供以下两个选项。

① 全楼统一：程序按照传统方式指定全楼统一的阻尼比，地震效应计算具有一定近似性。

② 按材料区分：程序对不同材料指定阻尼比，按《抗震规范》10.2.8条条文说明提供的“振型阻尼比法”计算结构各振型阻尼比，并相应计算地震作用。新的阻尼比计算方法可进一步提高混合结构的地震效应计算精度。程序在WZQ.OUT文件以及计算书中均输出了各振型的阻尼比。

参数取值：程序默认选择“全楼统一”，阻尼比取0.05；选择“按材料区分”时，初始值钢材为0.02，混凝土为0.05。用户可根据规范规定和工程实际情况输入结构的阻尼比。

(21) 特征值分析类型

参数含义：对于特征值求解方法，程序提供以下两个选项。

① 子空间迭代法：可满足大多数常规结构的计算需求。

② 多重里兹向量法：对于大体量结构，如大规模的多塔结构、大跨结构，以及竖向地震作用计算等，往往需要计算大量振型才能满足要求，但大阶数的振型带来了地震作用计算的内存消耗和计算量大幅增加，使得计算机难堪重负，用户也无法忍受如此低效的计算。多重里兹向量法可以采用相对精确特征值算法，以较少的振型数即可满足有效质量系数要求，使得大型结构的动态响应问题的计算效率得以大幅提高。

采用多重里兹向量法求解较小规模结构的动态响应时，当选取的振型数接近动力自由度数时，高阶振型可能失真，针对这种情况，在特征值求解器里进行了保护，截取有效质量系数100.2%以内的低阶振型，舍弃高阶振型，此时，得到的振型数将少于用户输入的振型数。

参数取值：程序默认选择“子空间迭代法”。

(22) 计算振型个数

规范规定：《抗震规范》5.2.2条文说明规定，“振型个数一般可以取振型参与质量达到总质量90%所需的振型数。”

《高层规程》5.1.13条规定，“抗震设计时，B级高度的高层建筑结构、混合结构和本规程第10章规定的复杂高层建筑结构，尚应符合下列规定：

1 宜考虑平扭耦联计算结构的扭转效应，振型数不应小于15，对多塔楼结构的振型数不应小于塔楼数的9倍，且计算振型数应使各振型参与质量之和不小于总质量的90%。”

参数含义：采用振型分解反应谱法计算地震作用和作用效应时，需设定结构的振型数。程序采用既适用于刚性楼板又适用于弹性楼板的通用方法计算各地震方向的有效质量系数，用于判断振型数是否取够。

参数取值：通常振型数取值应不小于3，并且为了使得每阶振型都尽可能地得到两个平动振型和一个扭转振型，振型数最好为3的倍数。当考虑扭转耦联计算时，振型数应不少于9。振型数取值是否合理，可以查看SATWE计算书WZQ.OUT中的X和Y两个方向的有效质量系数是否大于0.9，如果都大于0.9，则表示振型数取够了，否则应增加振型个数重新计算，直到X和Y两个方向的有效质量系数都大于0.9为止。例如本书例题的有效质量系数参看图3-98所示的计算结果文件WZQ.OUT。

注意事项如下。

① 振型数不能取得太少，必须保证有效质量系数大于0.9，否则计算振型数量不够，说明后续振型产生的地震效应被忽略了，地震作用偏小，结构设计不安全。

② 振型数也不能取得过多，不能超过结构有质量贡献的自由度总数（每块刚性楼板取3个自由度，每个弹性节点取2个自由度）。例如对采用刚性楼板假定的结构，振型数不能超过结构层数的3倍，否则可能造成地震作用计算异常。

③ 当结构层数较多或结构层刚度突变较大时，如高层、错层、越层、多塔、楼板开大洞、顶部有小塔楼、有转换层、有弹性板等复杂结构，振型数应取得多些。

(23) 程序自动确定振型数

参数含义：程序根据指定条件自动确定振型数，仅当选择“子空间迭代法”进行特征值分析时才可使用此功能。“最多振型数量”与“质量参与系数之和”一同作为特征值计算是否结束的限制条件，即特征值计算中只要达到其中一个限制条件则结束计算。

① 质量参与系数之和：程序根据“质量参与系数之和”的条件，自动确定计算的振型个数。

② 最多振型数量：指定程序计算特征值时计算振型个数的上限值。指定该参数后，如果质量参与系数不能达到“质量参与系数之和”的要求，程序也不再继续增加振型个数。如果填0，则程序会根据结构规模以及特征值计算时的可用内存自动确定一个振型数的上限值，该上限值通常较大，如1000。需要指出的是，程序还隐含了一个限制条件，即最多振型数不超过动力自由度数。

参数取值：程序默认“质量参与系数之和”取90%，“最多振型数量”取0，用户可根据工程实际情况选择。

(24) 按主振型确定地震内力符号

参数含义：按照《抗震规范》公式（5.2.3-5）确定地震作用效应时，公式本身并不含符号，因此地震作用效应的符号需要单独指定。不勾选时，在确定某一内力分量时，程序取各振型下该分量绝对值最大的符号作为 CQC 计算以后的内力符号；而当选用该参数时，程序根据主振型下地震效应的符号确定考虑扭转耦联后的效应符号，其优点是确保地震效应符号的一致性，但由于牵扯到主振型的选取，因此在多塔结构中的应用有待进一步研究。

(25) 程序自动考虑最不利水平地震作用

参数含义：在老版本的 SATWE 软件中，当用户需要考虑最不利水平地震作用时，必须先进行一次计算并在 WZQ. OUT 文件中查看最不利地震角度，然后回填到附加地震相应角度进行第二次计算。而当用户勾选该参数后，程序将自动完成最不利水平地震作用方向的地震效应计算，一次完成计算，无需手动回填。

注意事项：勾选该参数时，程序尚不能自动考虑相应角度的风荷载，因此参数〈同时考虑相应角度的风荷载〉此时会变灰不可选。

(26) 斜交抗侧力构件方向附加地震数，相应角度（度），同时考虑相应角度的风荷载

规范规定：《抗震规范》5.1.1-2 条规定，**“有斜交抗侧力构件的结构，当相交角度大于 15°时，应分别计算各抗侧力构件方向的水平地震作用。”**

参数含义：考虑到地震可能来自任意方向，因此规范要求有斜交抗侧力构件的结构，应考虑对各构件的最不利方向的水平地震作用，一般即与该构件平行的方向。程序提供了计算多方向水平地震作用的功能，可以根据用户指定的多对斜交地震作用方向，将原有的一对水平地震工况和新增的多对水平地震工况一起进行地震反应谱分析，计算相应构件内力及其组合，以保证结构设计安全。

〈同时考虑相应角度的风荷载〉参数主要有两种用途，一种是改进过去对于多角度地震与风的组合方式，可使地震与风总是保持同向组合，另一种更常用的用途是满足对于复杂工程的风荷载计算需要，可根据结构体型进行多角度计算，或根据风洞实验结果一次输入多角度风荷载。勾选此项时，程序对于所填的附加地震角度方向，自动计算相应角度的风荷载，并对同角度的风荷载和地震作用进行组合；不勾选此项时按旧版方式，即不计算相应角度的风荷载，附加地震总是与 0°或 90°风荷载进行组合。

参数取值：当建筑结构中有斜交抗侧力构件，且其与主轴方向相交角度大于 15°时，应输入斜交构件方向附加地震数和角度。程序允许最多考虑五个附加方向的地震作用，因此斜交抗侧力构件方向附加地震数取值范围是 0～5，初始值为 0（即不考虑附加地震）。根据附加地震数，在〈相应角度〉项输入各地震作用的方向角度值（用空格或逗号隔开），该角度是与整体坐标系 X 轴正方向的夹角，逆时针方向为正。

当“总信息”页中修改了〈水平力与整体坐标夹角〉时，应按新的坐标系确定附加地震的方向。例如：假定结构主轴方向与原始坐标系 X、Y 方向一致时，当〈水平力与整体坐标夹角〉填入 30°时，结构整体坐标系将逆时针旋转 30°，此时主轴 X 方向在新的坐标系下为－30°，则〈斜交抗侧力构件方向附加地震相应角度〉应填入－30°。

如需采用风洞实验数据时，可首先在附加地震角度中指定相应角度，然后在“风荷载信息”页点击〈导入风洞实验数据〉进行填写。

注意事项：对于附加方向的风荷载，目前不能查看及修改，且不能自动计算横风向风振和扭转风振。

3.3.1.7 隔震信息

SATWE 提供了基于等效线性模型的振型分解反应谱法计算隔震结构，隔震结构是典型的非比例阻尼体系。本页是有关隔震的信息，如图 3-34 所示，各参数的含义与取值原则如下。

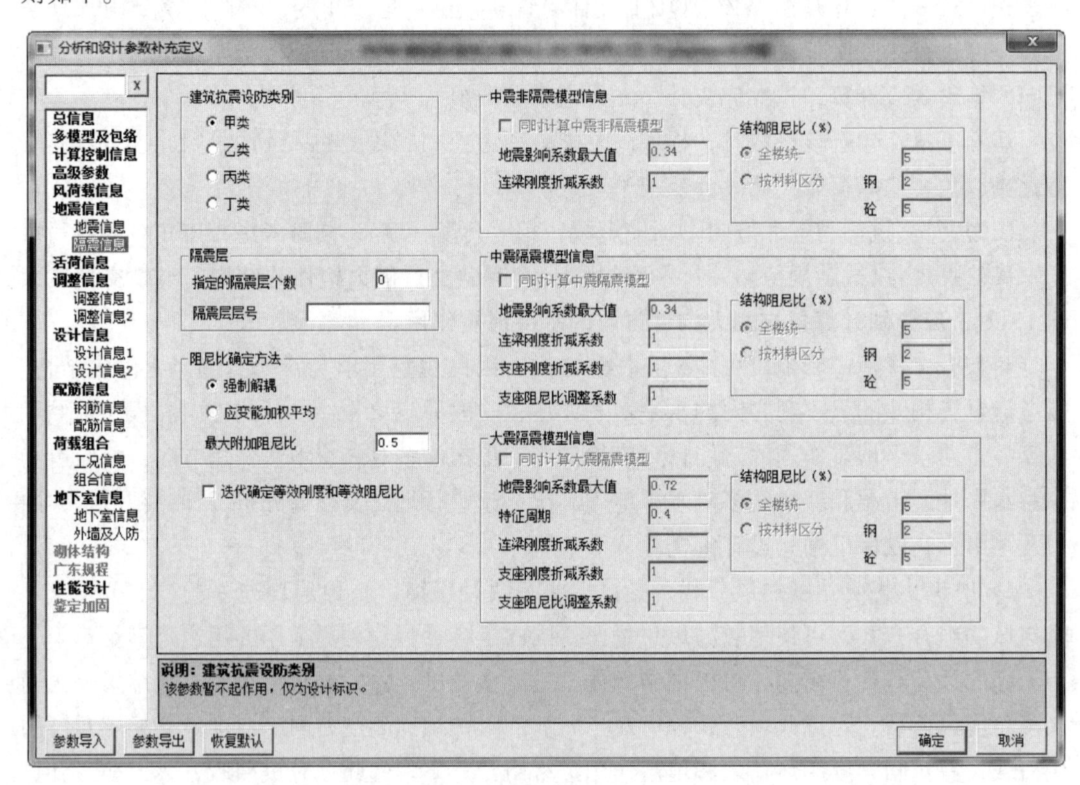

图 3-34 隔震信息界面

(1) 建筑抗震设防类别

参数含义：该参数暂不起作用，仅为设计标识。

参数取值：程序提供了四个选项：甲类、乙类、丙类、丁类，初始值为甲类。

(2) 指定隔震层个数及相应的隔震层层号

参数含义：对于隔震结构，如不指定隔震层号，【设计模型前处理/特殊柱】菜单中定义的隔震支座仍然参与计算，并不影响隔震计算结果，因此该参数主要起到标识作用。指定隔震层层数后，右侧菜单可选择同时参与计算的模型信息，程序可一次实现多模型的计算。

(3) 阻尼比确定方法

参数含义：当采用反应谱法时，程序提供了以下两种方法确定振型阻尼比。

① 强制解耦法：忽略阻尼矩阵的非对角元素，高阶振型的阻尼比可能偏大，因此程

序提供了〈最大附加阻尼比〉参数，用户可以控制附加的最大阻尼比。

② 应变能加权平均法：结构由不同阻尼特性材料组成时，结构阻尼比等于各种材料阻尼比的应变能加权平均。

参数取值：程序默认选择“强制解耦”，最大附加阻尼比初始值为0.5，用户可根据实际情况进行取值。

注意事项：当采用强制解耦法计算附加阻尼时，对于基底隔震等结构，上部结构近似刚体运动，因此在“地震信息”中填入的结构阻尼比可适当降低。

(4) 迭代确定等效刚度和等效阻尼比

参数含义：不勾选该参数时，按照用户输入的等效刚度和等效阻尼进行整体结构分析。勾选后，则根据用户输入的滞回参数（即必须输入初始刚度、屈服后刚度等），程序自动迭代确定当前地震水准作用时的隔震支座的等效刚度和等效阻尼。

参数取值：程序默认不勾选该参数，用户可根据工程实际情况进行选择。

(5) 隔震结构的多模型计算

参数含义：按照隔震结构设计相关规范规程的规定，隔震结构的不同部位，在设计中往往需要取用不同的地震作用水准进行设计、验算。如图3-35所示，上部结构在“小震”作用下设计，隔震层需进行“大震”下的验算，下部结构需进行“中震”和“大震”的相关验算。程序提供了“多模型”计算模式，增加了隔震结构的多模型计算功能，可以由程序自动生成隔震层上下部结构、隔震层验算所需的模型，除基本模型外，用户可以根据需要在设计隔震结构的不同部位时选择不同模型，包括“中震非隔震模型”、“中震隔震模型”和“大震隔震模型”。

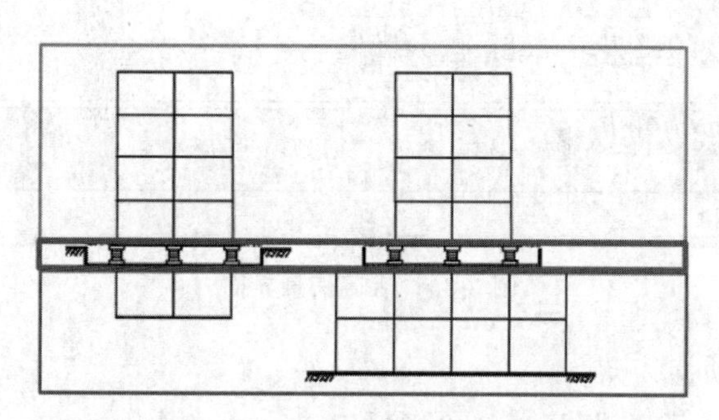

图3-35 隔震结构的分部设计示意

当需要计算水平向减震系数时，用户可以勾选“中震非隔震模型”与“中震隔震模型”。此时除基本模型外，程序自动生成上述两个模型，其中“中震非隔震模型”中程序自动去掉了隔震支座，并将支座位置设为铰接。计算完成后用户可通过对比两个模型的层间剪力和倾覆力矩确定水平向减震系数，程序不进行自动计算。

当进行隔震层验算或下部结构的验算时，需要进行大震下的计算，此时可以勾选“大震隔震模型”。如果基本模型中隔震支座的刚度或阻尼参数对应于50%或100%剪切变形的等效刚度和阻尼，则大震计算时应调整等效刚度和等效阻尼，可以通过〈支座刚度折减系数〉和〈支座阻尼比调整系数〉两个参数进行调整。

如果选用的隔震支座型号较多，可以不使用统一的刚度和阻尼调整系数，用户可以勾选“大震隔震模型”，在特殊构件补充定义菜单中逐个支座修改支座参数。

隔震层以下的结构尚应进行中震下的承载力验算，此时可以勾选“中震隔震模型”。

参数取值：用户可以按照上述规定选择不同模型进行计算。

3.3.1.8 活荷信息

本页是有关活荷载的信息，如图 3-36 所示。各参数的含义与取值原则如下。

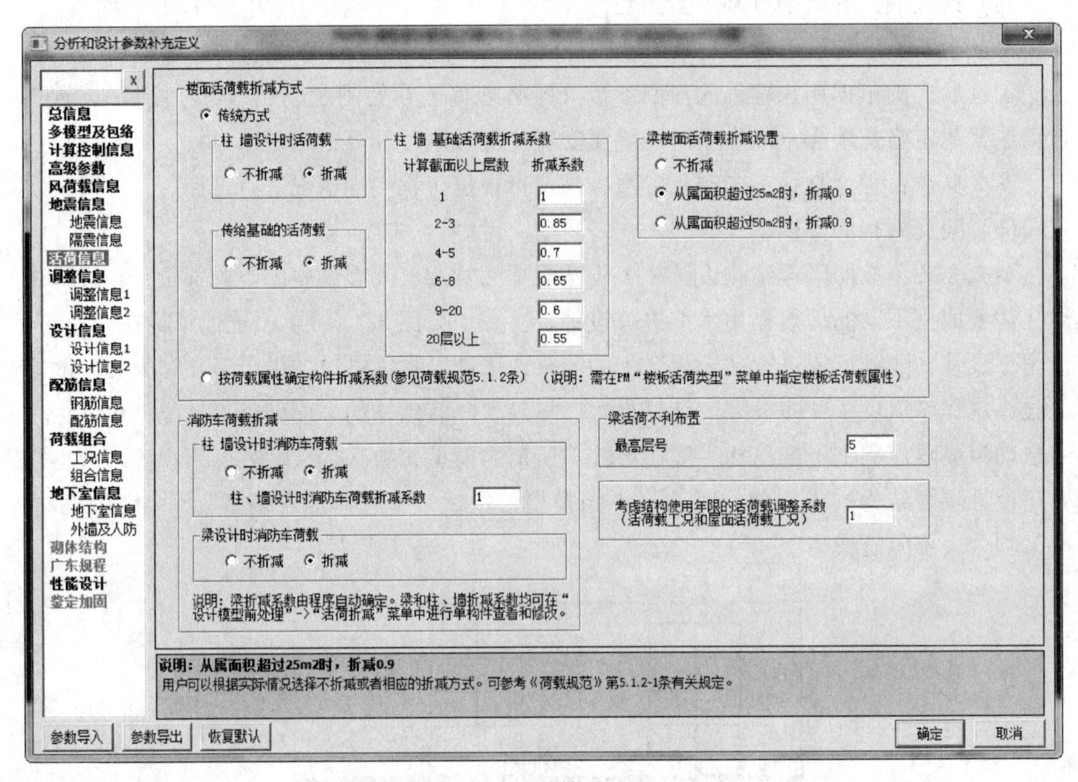

图 3-36 活荷信息界面

(1) 楼面活荷载折减方式

规范规定：参看《荷载规范》5.1.2 条规定。

参数含义：作用在楼面上的活荷载，不可能以标准值的大小同时布满在所有的楼面上，因此在设计柱、墙和基础时，还要考虑实际荷载沿楼面分布的变异情况，亦即在确定柱、墙和基础的荷载标准值时，还应对楼面活荷载进行折减。程序提供了以下两种折减方式。

① 传统方式：指定在设计时是否折减柱、墙及传给基础的活荷载。其中传给基础的活荷载折减仅用于 SATWE 设计结果的文本及图形输出，在接力 JCCAD 进行计算时，SATWE 传递的内力为没有折减的标准内力，由用户在 JCCAD 中另行指定折减信息。

② 按荷载属性确定构件折减系数：这是一种更为精细的楼面活荷载折减方式，主要

针对结构不同部位有不同用途，因而折减方式不同的情况，常见的如底层商场＋上部住宅或主楼住宅＋裙房商场等，无需用户进行过多干预，即可实现更为精确的折减。使用该方式时，需根据实际情况，在结构建模的【荷载布置/楼板活荷类型】中定义房间属性，对于未定义属性的房间，程序默认按住宅处理。对于底层商场＋上部住宅等情况，程序可根据《荷载规范》5.1.2 条规定，自动判断从属面积、单/双向板等属性，结合各房间不同的活荷属性（如住宅或商场等），综合计算确定出梁和柱、墙的活荷效应折减系数默认值。用户可在【设计模型前处理/活荷折减】菜单中查看并进行交互修改。

参数取值：对于常见的使用用途单一的建筑，可采用传统折减方式；对于底层商场＋上部住宅或主楼住宅＋裙房商场等建筑，可采用第二种折减方式。

注意事项：为了避免活荷载在 PMCAD 和 SATWE 中出现重复折减的情况，建议用户当使用 SATWE 进行结构计算时，不要在 PMCAD 中进行活荷载折减，而是统一在 SATWE 中进行梁、柱、墙和基础设计时的活荷载折减。

(2) 柱、墙、基础活荷载折减系数，梁楼面活荷载折减设置

规范规定：参看《荷载规范》5.1.2 条规定。

参数含义：对于柱、墙、基础活荷载折减系数，程序分 6 档给出了“计算截面以上层数”和相应的折减系数；对于梁楼面活荷载折减设置，则根据梁从属面积给出了相应的折减系数，这些参数是根据《荷载规范》给出的隐含值。

参数取值：用户可根据规范规定和工程实际情况确定梁、柱、墙或基础的活荷载是否要折减，折减系数采用程序初始值或进行适当修改。

(3) 梁、柱和墙设计时消防车荷载折减

规范规定：《荷载规范》5.1.3 条规定，“设计墙、柱时，本规范表 5.1.1 中第 8 项的消防车活荷载可按实际情况考虑；设计基础时可不考虑消防车荷载。常用板跨的消防车活荷载按覆土厚度的折减系数可按附录 B 规定采用。”

参数含义：根据《荷载规范》5.1.3 条规定，柱、墙设计时可对消防车荷载进行折减，程序不对折减系数进行自动判断，需要用户自行指定。楼面梁的消防车荷载折减系数由程序自动确定默认值：根据荷载规范 5.1.2-1 第 3）条，进行单、双向板和主、次梁的判断并确定折减系数。梁、柱和墙的消防车荷载折减系数均可在【设计模型前处理/活荷折减】菜单中进行单构件查看和修改，与活荷载折减系数流程类似。

参数取值：用户可根据规范规定和工程实际情况确定梁、柱、墙设计时消防车荷载是否要折减，折减系数采用程序初始值或进行适当修改。

(4) 梁活荷不利布置最高层号

规范规定：《高层规程》5.1.8 条规定，“高层建筑结构内力计算中，当楼面活荷载大于 4kN/m^2 时，应考虑楼面活荷载不利布置引起的结构内力的增大；当整体计算中未考虑楼面活荷载不利布置时，应适当增大楼面梁的计算弯矩。”

参数含义：当楼面活荷载较大时，应考虑楼面活荷载不利布置引起的梁弯矩的增大。程序提供了考虑梁的活荷载不利布置的功能，但需要用户输入梁活荷载不利布置的楼

层数。

参数取值：若输入 0，表示全楼各层都不考虑梁活荷载不利布置。若输入一个大于零的楼层数 N，表示从 $1\sim N$ 各层考虑梁活荷载的不利布置，而 $N+1$ 层以上则不考虑活荷载不利布置。初始值为总楼层数，即全楼各层都考虑活荷载不利布置。

注意事项：程序仅对梁作活荷载不利布置计算，对柱、墙等竖向构件不考虑活荷载不利布置影响。

(5) 考虑结构使用年限的活荷载调整系数

规范规定：《高层规程》5.6.1 条规定，**“持久设计状况和短暂设计状况下，当荷载与荷载效应按线性关系考虑时，荷载基本组合的效应设计值应按下式确定**

$$S_d=\gamma_G S_{Gk}+\gamma_L\psi_Q\gamma_Q S_{Qk}+\psi_w\gamma_w S_{wk}$$

式中 γ_L——考虑结构设计使用年限的荷载调整系数，设计使用年限为 50 年时取 1.0，设计使用年限为 100 年时取 1.1。”

参数含义：依据规范，在荷载效应组合时，活荷载组合系数将乘以考虑使用年限的活荷载调整系数。

参数取值：初始值为 1.0，用户可根据规范规定和工程实际情况输入该参数。

3.3.1.9 调整信息 1

本页为“调整信息 1”属性页，如图 3-37 所示。各参数的含义与取值原则如下。

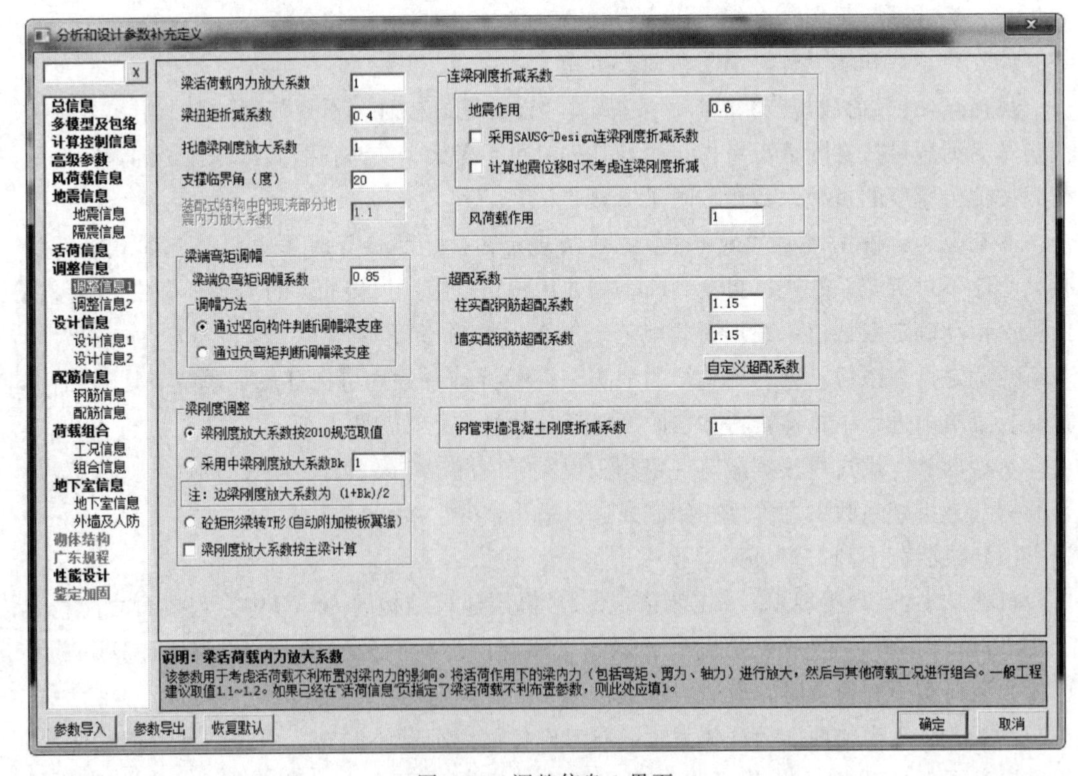

图 3-37 调整信息 1 界面

(1) 梁活荷载内力放大系数

参数含义：当作用在梁上的活荷载较大时宜考虑活荷载的不利布置，若计算工作量过大则可采用内力放大系数近似计算。该参数只对梁在满布活荷载下的内力（包括弯矩、剪力、轴力）进行放大，以增加设计安全储备，然后与其他荷载工况进行组合。

参数取值：初始值为1.0，一般工程建议取值1.1～1.2。如果已经在“活荷信息”页考虑了梁的活荷载不利布置，则该参数为1。

(2) 梁扭矩折减系数

规范规定：《高层规程》5.2.4条规定，“高层建筑结构楼面梁受扭计算时应考虑现浇楼盖对梁的约束作用。当计算中未考虑现浇楼盖对梁扭转的约束作用时，可对梁的计算扭矩予以折减。梁扭矩折减系数应根据梁周围楼盖的约束情况确定。”

参数含义：钢筋混凝土楼面梁受楼板（有时还有次梁）的约束作用，其受力性能与无楼板的独立梁有较大不同。当结构计算中未考虑楼盖对梁扭转的约束作用时，梁的扭转变形和扭矩计算值往往过大，因此应对梁的计算扭矩予以适当折减。

参数取值：初始值为0.4，通常取值范围为0.4～1.0。对于现浇楼板结构，当采用刚性楼板假定时，可以考虑对梁的扭矩进行折减。若不是现浇楼板，或楼板开洞，或考虑楼板的弹性变形，或有弧梁等情况，梁的扭矩应不折减或少折减。

注意事项如下。

① 该参数用于指定全楼统一的扭矩折减系数，用户还可以在【设计模型前处理/特殊梁】菜单中修改单根梁的扭矩折减系数。程序默认对弧梁及不与楼板相连的独立梁不进行扭矩折减。

② 程序没有自动搜索判断梁周围楼盖情况的功能，因此梁扭矩是否折减及折减系数的大小需要用户自行确定。

(3) 托墙梁刚度放大系数

参数含义：在框支剪力墙转换结构中常常会出现“转换大梁上面托剪力墙”的情况，当软件采用梁单元模拟转换大梁，用壳元模式的墙单元模拟剪力墙时，墙与梁之间的实际的协调工作关系在计算模型中就不能得到充分体现，存在近似性。实际情况是，剪力墙的下边缘与转换大梁的上表面变形协调；而计算模型的情况是，剪力墙的下边缘与转换大梁的中性轴变形协调，于是计算模型中的转换大梁的上表面在荷载作用下将会与剪力墙脱离，失去本应存在的变形协调性，与实际情况相比，计算模型的刚度偏柔，这就是软件提供托墙梁刚度放大系数的原因。

当考虑托墙梁刚度放大时，转换层附近构件的超筋情况通常可以缓解。当然，为了使设计保持一定的宽裕度，也可以不考虑或少考虑托墙梁刚度放大。

参数取值：初始值为1，用户可以根据工程实际情况输入托墙梁刚度放大系数。

注意事项：这里所说的“托墙梁”是指转换梁与剪力墙“墙柱”部分直接相接、共同工作的部分。如果转换梁上托开洞剪力墙，对洞口下的梁段，程序不看作托墙梁，不作刚度放大。

(4) 支撑临界角

参数含义：在建模时常会有倾斜构件的出现，该参数用来判断构件是按照柱还是按照支撑来进行设计。当构件轴线与 Z 轴夹角小于该临界角度时，程序对构件按照柱进行设计，否则按照支撑进行设计。

参数取值：初始值为20°，用户可以根据工程实际情况输入临界角。

(5) 装配式结构中的现浇部分地震内力放大系数

参数含义：该参数只对装配式结构起作用，如果结构楼层中既有预制又有现浇抗侧力构件时，程序对现浇部分的地震剪力和弯矩乘以此处指定的地震内力放大系数。

参数取值：初始值为1.1，用户可以根据工程实际情况输入放大系数。

(6) 梁端负弯矩调幅系数

规范规定：《高层规程》5.2.3条规定，“在竖向荷载作用下，可考虑框架梁端塑性变形内力重分布对梁端负弯矩乘以调幅系数进行调幅，并应符合下列规定：

1 装配整体式框架梁端负弯矩调幅系数可取为0.7～0.8，现浇框架梁端负弯矩调幅系数可取为0.8～0.9；

2 框架梁端负弯矩调幅后，梁跨中弯矩应按平衡条件相应增大；

3 应先对竖向荷载作用下框架梁的弯矩进行调幅，再与水平作用产生的框架梁弯矩进行组合；

4 截面设计时，框架梁跨中截面正弯矩设计值不应小于竖向荷载作用下按简支梁计算的跨中弯矩设计值的50%。”

参数含义：工程设计中，在竖向荷载作用下，框架梁端负弯矩往往很大，有时配筋困难，不便于施工；同时，超静定钢筋混凝土结构在达到承载能力极限状态之前，总会产生不同程度的塑性内力重分布，其最终内力分布取决于构件的截面设计情况和节点构造情况。因此钢筋混凝土框架梁设计允许考虑塑性变形内力重分布，对按弹性理论计算出的梁端负弯矩适当减小，达到调整配筋分布、节约材料、方便施工的目的，并根据静力平衡条件相应地增大梁的跨中正弯矩。

参数取值：根据工程实际情况输入调幅系数。初始值为0.85，调幅系数取值范围为0.8～1.0，通常装配整体式框架梁端可取调幅系数0.7～0.8，现浇框架可取0.8～0.9。

注意事项如下。

① 梁端弯矩调幅仅对竖向荷载产生的弯矩进行，其余荷载或作用产生的弯矩不调幅，以保证梁正截面抗弯设计的安全度。

② 为保证正常使用状态下的性能和结构安全，梁端弯矩调幅的幅度应加以限制。

③ 梁截面设计时，为保证框架梁跨中截面底部配筋不至于过少，其正弯矩设计值不应小于竖向荷载作用下按简支梁计算的跨中弯矩的一半。

④ 程序内定钢梁为不调幅梁，如需要对钢梁调幅，可以在【设计模型前处理/特殊梁】菜单中定义。

⑤ 通常实际工程中悬挑梁的梁端负弯矩不调幅。

(7) 梁端弯矩调幅方法

参数含义：程序提供以下两种方法。

① 通过竖向构件判断调幅梁支座：程序在调幅时仅以竖向支座作为判断主梁跨度的标准，以竖向支座处的负弯矩调幅量插值出跨中各截面的调幅量。但在实际工程中，刚度较大的梁有时也可作为刚度较小的梁的支座存在。

② 通过负弯矩判断调幅梁支座：程序自动搜索恒载下主梁的跨中负弯矩处，并将其作为支座进行分段调幅。

参数取值：根据工程实际情况进行选择。

(8) 中梁刚度放大系数

规范规定：《高层规程》5.2.2条规定，“在结构内力与位移计算中，现浇楼盖和装配整体式楼盖中，梁的刚度可考虑翼缘的作用予以增大。近似考虑时，楼面梁刚度增大系数可根据翼缘情况取1.3～2.0。

对于无现浇面层的装配式楼盖，不宜考虑楼面梁刚度的增大。”

参数含义：程序中框架梁是按矩形截面输入尺寸并计算刚度的，对于现浇楼板和装配整体式楼板，楼板作为梁的有效翼缘形成T形或I形截面梁，提高了楼面梁的刚度，从而也提高了结构整体的侧向刚度，因此可用该参数近似考虑楼板对梁刚度的贡献。

参数取值：对于中梁（两侧均与刚性楼板相连）和边梁（仅一侧与刚性楼板相连），楼板的刚度贡献不同。程序取中梁的刚度放大系数为 B_k，边梁的刚度放大系数为 $(1+B_k)/2$，其他情况的梁刚度不放大。通常现浇楼面的边框架梁可取1.5，中框架梁可取2.0；有现浇面层的装配式楼面梁的刚度增大系数可适当减小。初始值为1.0。梁刚度放大系数可在【设计模型前处理/特殊梁】中进行单构件的修改。

(9) 梁刚度放大系数按2010规范取值

规范规定：《混凝土结构设计规范》(GB 50010—2010)（以下简称《混凝土规范》）5.2.4条规定，“对现浇楼盖和装配整体式楼盖，宜考虑楼板作为翼缘对梁刚度和承载力的影响。梁受压区有效翼缘计算宽度 b'_f 可按表5.2.4所列情况中的最小值取用；也可采用梁刚度增大系数法近似考虑，刚度增大系数应根据梁有效翼缘尺寸与梁截面尺寸的相对比例确定。”(表略)

参数含义：考虑楼板作为翼缘对梁刚度的贡献时，对于每根梁，由于截面尺寸和楼板厚度的差异，其刚度放大系数可能各不相同，SATWE提供了按2010规范取值的选项，选择此项后，程序将根据规范规定，自动计算每根梁的楼板有效翼缘宽度，按照T形截面与梁截面的刚度比例，确定每根梁的刚度系数。如果不选择，则仍按上一条所述，对全楼指定唯一的刚度系数。

参数取值：程序根据规范规定自动确定梁刚度放大系数，计算结果可在【设计模型前处理/特殊梁】菜单中查看，用户可以在此基础上修改。

(10) 混凝土矩形梁转T形（自动附加楼板翼缘）

规范规定：参看《混凝土规范》5.2.4条规定。

参数含义：当选择此项参数时，程序采用《混凝土规范》表 5.2.4 的方法，对于混凝土矩形截面梁（连梁除外），计算每根梁的楼板有效翼缘宽度并自动转换成 T 形截面，在刚度计算和承载力设计时均采用新的 T 形截面，此时梁刚度放大系数程序将自动设置为 1。

参数取值：根据工程实际情况进行选择。

(11) 梁刚度放大系数按主梁计算

参数含义：当选择“梁刚度放大系数按 2010 规范取值”或“混凝土矩形梁转 T 形梁”时，对于被次梁打断成多段的主梁，可以选择按照打断后的多段梁分别计算每段的刚度系数，也可以按照整根主梁进行计算。当勾选此项时，程序将自动进行主梁搜索并据此进行刚度系数的计算。

参数取值：根据工程实际情况进行选择。

(12) 地震作用连梁刚度折减系数

规范规定：《抗震规范》6.2.13-2 条规定，“抗震墙地震内力计算时，连梁的刚度可折减，折减系数不宜小于 0.50。”

参数含义：框架-剪力墙或剪力墙结构中的连梁刚度相对墙体刚度较小，而承受的弯矩和剪力往往较大，截面配筋设计困难。因此，抗震设计时，可考虑在保证连梁竖向荷载承载能力和正常使用极限状态性能的前提下，允许其适当开裂（降低刚度）而把内力转移到墙体等其他构件上，连梁的损坏可以保护剪力墙，有利于提高结构的延性和实现多道抗震设防。

参数取值：根据工程实际情况输入连梁刚度折减系数，初始值为 0.6，通常取值范围为 0.55～1.0。为避免连梁开裂过大，折减系数不宜取值过小。

注意事项如下。

① 程序对连梁进行缺省判断，原则是：两端均与剪力墙相连，且至少在一端与剪力墙轴线的夹角不大于 30°、跨高比小于 5 的梁隐含定义为连梁，以亮黄色显示。

② 无论是按照框架梁输入的连梁，还是按照剪力墙输入的洞口上方的墙梁，程序都进行刚度折减。按照框架梁方式输入的连梁，可在【设计模型前处理/特殊梁】菜单中指定单构件的折减系数；按照剪力墙输入的洞口上方的墙梁，则可在【设计模型前处理/特殊墙】菜单中修改单构件的折减系数。

③ 指定折减系数后，程序在计算时只在集成地震作用计算刚度矩阵时进行折减，竖向荷载和风荷载计算时连梁刚度不予折减。

④ 通常设防烈度低时连梁刚度可少折减一些（6、7 度时可取 0.7），设防烈度高时可多折减一些（8、9 度时可取 0.5）。非抗震设防地区和风荷载控制为主的地区不折减或少折减。

⑤ 对框架-剪力墙结构中一端与柱连接、一端与墙连接的梁以及剪力墙结构中的某些连梁，如果跨高比较大（比如大于 5）、重力作用效应比水平风荷载或水平地震作用效应更为明显，此时应慎重考虑梁刚度的折减问题，折减幅度不宜过大，以控制正常使用阶段

梁裂缝的发生和发展。

(13) 采用SAUSAGE-Design连梁刚度折减系数

参数含义：该选项用来控制是否采用SAUSAGE-Design计算的连梁刚度折减系数，仅对用SAUSAGE软件计算过的工程有效。如果勾选该项，程序会在【分析模型及计算/设计属性补充/刚度折减系数】菜单中采用SAUSAGE-Design计算结果作为默认值；如果不勾选则仍选用〈地震作用连梁刚度折减系数〉的输入值作为连梁刚度折减系数的默认值。

参数取值：根据工程实际情况进行选择。

(14) 计算地震位移时不考虑连梁刚度折减

规范规定：《抗震规范》6.2.13-2条的条文说明规定，"计算地震内力时，抗震墙连梁刚度可折减；计算位移时，连梁刚度可不折减。"

参数含义：不勾选时，地震位移与内力结果均考虑连梁刚度折减；勾选时，程序同时计算不考虑连梁刚度折减和考虑连梁刚度折减两个模型。新版【文本查看】和【计算书】菜单中输出不考虑折减的地震位移结果和考虑折减的其他结果，用户可直接查看。如果指定连梁刚度折减系数为1，则该选项无效。

参数取值：根据工程实际情况进行选择。

(15) 风荷载作用连梁刚度折减系数

参数含义：当风荷载作用水准提高到100年一遇或更高，在承载力设计时，应允许一定程度地考虑连梁刚度的弹塑性退化，即允许连梁刚度折减，以便整个结构的设计内力分布更贴近实际，连梁本身也更容易设计。

用户可以通过该参数指定风荷载作用下全楼统一的连梁刚度折减系数，该参数对开洞剪力墙上方的墙梁及具有连梁属性的框架梁有效，不与梁刚度放大系数连乘。风荷载作用下内力计算采用折减后的连梁刚度，位移计算不考虑连梁刚度折减。

参数取值：根据工程实际情况进行输入。

(16) 柱、墙实配钢筋超配系数

参数含义：对于9度设防烈度的各类框架和一级抗震等级的框架结构，框架梁和连梁端部剪力、框架柱端部弯矩和剪力调整，应按实配钢筋和材料强度标准值来计算实际承载力。但在出施工图前，程序尚不知实配钢筋情况，需要用户根据经验输入超配筋系数。该参数同时也用于楼层受剪承载力的计算。

参数取值：根据工程实际情况输入柱、墙钢筋超配筋系数。初始值为1.15。用户也可点取〈自定义超配系数〉，分层分塔指定实配钢筋超配系数。

(17) 钢管束墙混凝土刚度折减系数

参数含义：当结构中存在钢管束剪力墙时，可通过该参数对钢管束内部填充的混凝土刚度进行折减。该参数仅对钢管束剪力墙有效。

参数取值：初始值为1，用户可根据工程实际情况输入折减系数。

3.3.1.10 调整信息 2

本页为“调整信息 2”属性页，如图 3-38 所示。各参数的含义与取值原则如下。

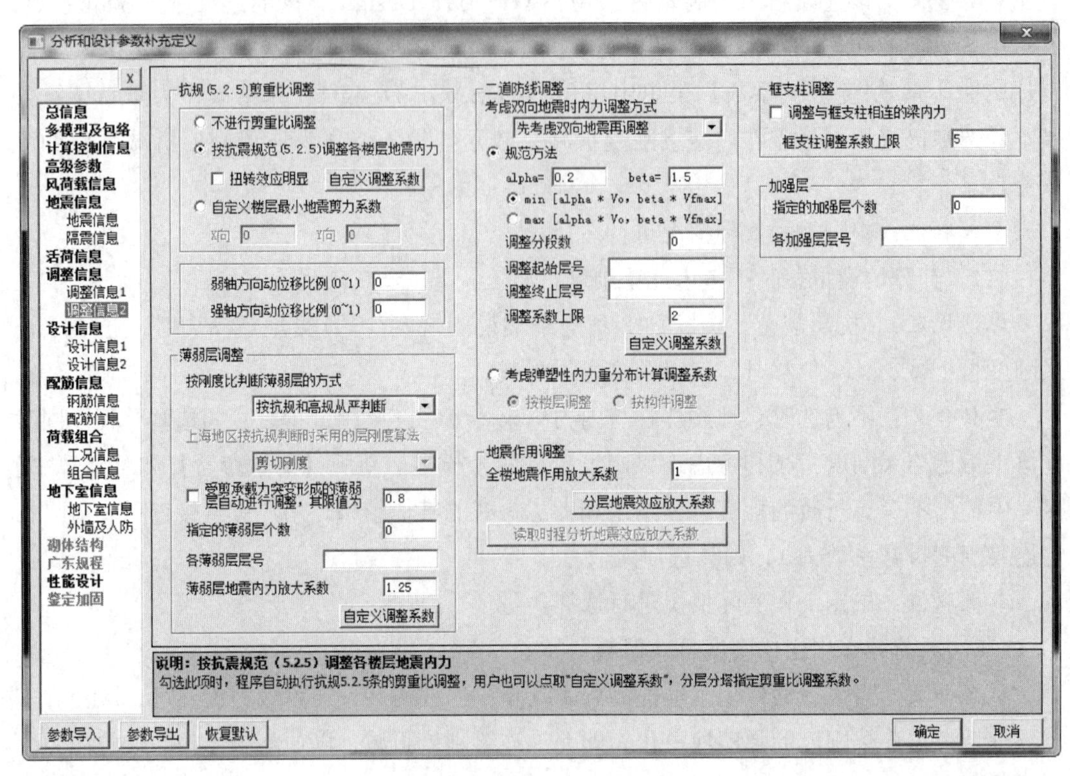

图 3-38 调整信息 2 界面

(1) 按抗震规范 (5.2.5) 调整各楼层地震内力、弱、强轴方向动位移比例，自定义调整系数

规范规定：《抗震规范》5.2.5 条规定，**“抗震验算时，结构任一楼层的水平地震剪力应符合下式要求**

$$V_{Eki} > \lambda \sum_{j=i}^{n} G_j$$

式中 V_{Eki}——第 i 层对应于水平地震作用标准值的楼层剪力；

λ——剪力系数，不应小于表 5.2.5 规定的楼层最小地震剪力系数值，对竖向不规则结构的薄弱层，尚应乘以 1.15 的增大系数；

G_j——第 j 层的重力荷载代表值。”(表略)

参数含义：由于地震影响系数在长周期段下降较快，对于基本周期大于 3.5s 的结构，由此计算所得的水平地震作用下的结构效应可能太小。而对于长周期结构，地震动态作用中的地面运动速度和位移可能对结构的破坏具有更大影响，但是规范所采用的振型分解反应谱法无法对此做出估计。出于结构安全的考虑，提出了对结构总水平地震剪力及各楼层水平地震剪力最小值的要求，规定了不同烈度下的剪力系数，当不满足时，需改变结构布置或调整结构总剪力和各楼层的水平地震剪力使之满足要求。

《抗震规范》5.2.5条条文说明指出，在进行剪重比（即地震剪力系数λ）调整时，应根据结构的基本周期采用相应的调整，即加速度段调整、速度段调整和位移段调整。

参数中的弱轴方向即为结构的第一平动周期方向，强轴方向即为结构的第二平动周期方向。当平动方向与x、y轴有夹角时，程序自动换算x、y方向的周期，并根据用户所填系数计算调整系数。由于两个方向的周期可能会出现相差较大的情况，因此程序提供两个方向的参数对x、y两个方向进行不同的调整。对于经验丰富的用户也可自行定义动位移比例，甚至采用〈自定义调整系数〉方式对全楼直接指定剪重比的调整系数。

参数取值：用户可以根据工程实际情况决定是否由程序自动进行调整。若选择由程序自动进行调整，则程序对结构的每一层分别判断，若某一层的剪重比小于规范要求，则相应放大该层的地震作用效应。

根据规范条文说明，在相应方向上，当动位移比例因子为0时，为加速度段调整；当动位移比例因子为1.0时，为位移段调整；当动位移比例因子为0.5时，为速度段调整。

注意事项如下。

① 在WNL.OUT文件中可以查看未经调整的结构原始内力值，在WWNL*.OUT文件中可以查看调整后的内力。

② 合理的结构设计应该自然满足楼层最小地震剪力系数的要求，如果不满足规范要求，建议先不选择该项调整地震内力，如果剪重比离规范要求相差较大，应首先优化设计方案，调整结构布置、增加结构刚度，绝不能仅靠调整剪重比完成设计。当设计方案合理，剪重比基本满足规范要求或相差不大时，再选择该项由程序自动调整地震内力，以便完全满足规范对剪重比的要求。

（2）扭转效应明显

参数含义：该参数用来标记结构的扭转效应是否明显。当勾选时，楼层最小地震剪力系数取《抗震规范》表5.2.5第一行的数值，无论结构基本周期是否小于3.5s。

参数取值：程序默认不勾选，用户可以根据工程的实际情况进行修改。

（3）自定义楼层最小地震剪力系数

参数含义：当选择此项并填入恰当的X、Y向最小地震剪力系数时，程序不再按《抗震规范》表5.2.5确定楼层最小地震剪力系数，而是执行用户自定义值。

参数取值：用户可以根据工程的实际情况进行定义。

（4）按刚度比判断薄弱层的方式

规范规定：《抗震规范》表3.4.3-2中对侧向刚度不规则的定义和参考指标如下："该层的侧向刚度小于相邻上一层的70%，或小于其上相邻三个楼层侧向刚度平均值的80%；除顶层或出屋面小建筑外，局部收进的水平向尺寸大于相邻下一层的25%"。

《高层规程》3.5.2条规定，"抗震设计时，高层建筑相邻楼层的侧向刚度变化应符合下列规定：

1 对框架结构，楼层与其相邻上层的侧向刚度比γ_1可按式（3.5.2-1）计算，且本层与相邻上层的比值不宜小于 0.7，与相邻上部三层刚度平均值的比值不宜小于 0.8。

2 对框架-剪力墙、板柱-剪力墙结构、剪力墙结构、框架-核心筒结构、筒中筒结构，楼层与其相邻上层的侧向刚度比 γ_2 可按式（3.5.2-2）计算，且本层与相邻上层的比值不宜小于 0.9；当本层层高大于相邻上层层高的 1.5 倍时，该比值不宜小于 1.1；对结构底部嵌固层，该比值不宜小于 1.5。”

参数含义：程序提供了四种按照刚度比判断薄弱层的方式，分别为“按抗规和高规从严判断”，“仅按抗规判断”，“仅按高规判断”和“不自动判断”。

参数取值：程序默认值为“按抗规和高规从严判断”，用户可以根据工程实际情况进行设置。

(5) 上海地区按抗规判断时采用的层刚度算法

参数含义：按照上海市《建筑抗震设计规程》(DGJ 08-9—2013) 建议，一般情况下采用等效剪切刚度计算侧向刚度，对于带支撑的结构可采用剪弯刚度，因此程序提供了这一选项。在选择上海地区且薄弱层判断方式考虑抗规以后，该选项生效。

(6) 受剪承载力突变形成的薄弱层自动进行调整

规范规定：《高层规程》3.5.3 条规定，“A 级高度高层建筑的楼层抗侧力结构的层间受剪承载力不宜小于其相邻上一层受剪承载力的 80%，不应小于其相邻上一层受剪承载力的 65%；B 级高度高层建筑的楼层抗侧力结构的层间受剪承载力不应小于其相邻上一层受剪承载力的 75%。”

参数含义：当勾选此项时，对于受剪承载力不满足《高层规程》3.5.3 条要求的楼层，程序会自动将该层指定为薄弱层，执行薄弱层相关的内力调整，并重新进行配筋设计。若该层已被用户指定为薄弱层，程序不会对该层重复进行内力调整。

参数取值：程序默认调整系数的限值为 0.8。

注意事项：采用此项功能时应注意确认程序自动判断的薄弱层信息是否与实际相符。

(7) 指定的薄弱层个数、各薄弱层层号、薄弱层地震内力放大系数、自定义调整系数

规范规定：《抗震规范》3.4.4-2 条规定，“平面规则而竖向不规则的建筑，应采用空间结构计算模型，刚度小的楼层的地震剪力应乘以不小于 1.15 的增大系数。”

参数含义：根据规范规定，竖向不规则结构的薄弱层有三种情况：①楼层侧向刚度突变；②层间受剪承载力突变；③竖向构件不连续。如果结构存在薄弱层，该层的地震剪力应按规范要求乘以相应的增大系数，使薄弱层适当加强。程序对薄弱层地震剪力调整的做法是直接放大薄弱层构件的地震作用内力。

SATWE 自动按刚度比判断薄弱层并对薄弱层进行地震内力放大，但对于竖向构件不规则、或承载力不满足要求的楼层，不能自动判断为薄弱层，需要用户在此指定。输入薄弱层楼层号后，程序对薄弱层构件的地震作用内力按〈薄弱层地震内力放大系数〉进行放大。这种调整方式可能无法满足一些特殊工程的要求，因此程序提供了自定义薄弱层调整系数方式，用户可以根据自己的需要确定薄弱层的调整系数，此时允许对 x、y 两个方向采用不同的调整系数。

参数取值：根据规范要求和工程实际情况输入薄弱层个数、楼层号和放大系数，当有多个薄弱层时，层号间用逗号或空格隔开。薄弱层个数初始值为0。放大系数初始值为1.25。

注意事项：多塔结构可在【设计模型前处理/层塔属性】菜单中分塔指定薄弱层。

(8) 考虑双向地震时内力调整方式

参数含义：用于指定双向地震组合和二道防线调整的先后次序，程序提供了两种选项：先考虑双向地震再调整和先调整再考虑双向地震。

参数取值：程序默认为“先考虑双向地震再调整”，用户可以根据工程实际情况进行选择。

(9) $0.2/0.25V_0$ 调整分段数、调整起始层号、调整终止层号、调整系数上限、自定义调整系数

规范规定：《抗震规范》6.2.13条规定，“侧向刚度沿竖向分布基本均匀的框架-抗震墙结构和框架-核心筒结构，任一层框架部分承担的剪力值，不应小于结构底部总地震剪力的20%和按框架-抗震墙结构、框架-核心筒结构计算的框架部分各楼层地震剪力中最大值1.5倍二者的较小值。”

参看《高层规程》8.1.4条的有关规定。

参数含义：框架-剪力墙结构在水平地震作用下，由于剪力墙刚度远大于框架部分，因此剪力墙承担大部分的地震作用，而框架按其刚度分担的地震作用一般都较小。当强烈的地震作用造成剪力墙开裂、刚度退化时，会引起框架和剪力墙之间产生塑性内力重分布，为保证作为第二道防线的框架具有一定的抗侧力能力，需要对框架部分承担的地震剪力予以适当调整，即规定框架部分至少应承担一定的地震剪力，以增加结构的安全储备。

程序根据用户指定的调整范围，自动对框架部分的梁、柱剪力进行调整，以满足规范 $0.2/0.25V_0$ 的要求。

规范对于 $0.2V_0$ 的调整方式是 $0.2V_0$ 和 $1.5V_{f,max}$ 取小，软件增加了两者取大作为一种更安全的调整方式。alpha、beta分别为地震作用调整前楼层剪力框架分配系数和框架各层剪力最大值放大系数。

参数取值：① 对于钢筋混凝土结构或钢混凝土混合结构，alpha、beta的默认值为0.2和1.5；对于钢结构，alpha、beta的默认值为0.25和1.8。

② 用户指定需要进行 $0.2/0.25V_0$ 调整（钢结构为 $0.25V_0$ 调整）的分段数、每段的起始层号和终止层号。如果不分段，则分段数为1。如果不进行 $0.2/0.25V_0$ 调整，则应将分段数填为0。$0.2V_0$ 调整系数的上限值由参数〈调整系数上限〉控制，如果将起始层号填为负值，则该段调整系数不受上限控制，取程序实际计算的调整系数。$0.2V_0$ 调整系数上限的初始值为2.0。

③ 由于 $0.2V_0$ 调整可能导致过大的不合理的调整系数，所以程序允许用户〈自定义调整系数〉，分层分塔指定 $0.2V_0$ 调整系数。

注意事项如下。

① $0.2V_0$ 调整的放大系数只针对框架梁柱的弯矩和剪力，不调整轴力。

② 非抗震设计时，不需要进行 $0.2V_0$ 调整。

③ $0.2V_0$ 调整结果在计算书 WVO2Q. OUT 中输出。

(10) 考虑弹塑性内力重分布计算调整系数

规范规定：《高层规程》8.1.4 条的条文说明指出，“框架-剪力墙结构在水平地震作用下，框架部分计算所得的剪力一般都较小。按多道防线的概念设计要求，墙体是第一道防线，在设防地震、罕遇地震下先于框架破坏，由于塑性内力重分布，框架部分按侧向刚度分配的剪力会比多遇地震下加大，为保证作为第二道防线的框架具有一定的抗侧力能力，需要对框架承担的剪力予以适当的调整。随着建筑形式的多样化，框架柱的数量沿竖向有时会有较大的变化，框架柱的数量沿竖向有规律分段变化时可分段调整的规定，对框架柱数量沿竖向变化更复杂的情况，设计时应专门研究框架柱剪力的调整方法。”

参数含义：工程设计中存在很多复杂的情况，例如立面开大洞结构、布置大量斜柱的外立面收进结构、斜网筒结构、连体结构等，针对这些复杂结构的第二道防线结构内力调整问题，规范规定有必要专门研究计算，因此程序提供了一种基于性能设计理念的新调整系数计算方法，即基于弹塑性内力重分配的二道防线调整系数计算方法，其基本思路是：基于指定性能水准下的结构预期的弹塑性发展状态，进行结构在侧向荷载下的内力重分布计算，从而获得构件内力的调整系数。程序提供了以下两种调整系数。

① 按楼层调整：即每层的柱等构件采用相同的调整系数；

② 按构件调整：即每个构件采用不同的调整系数，是最灵活的方式。

参数取值：用户可以根据工程实际情况进行选择。

注意事项：在进行 SATWE 分析计算之前，用户可在【分析模型及计算/二道防线调整系数计算】菜单中指定构件的刚度退化系数，计算调整系数，并对调整系数计算结果进行人工干预。

(11) 地震作用调整

参数含义：当结构进行弹性时程分析，需要对时程结果和振型分解反应谱法取包络时，可以对地震作用进行调整，程序提供了以下三种调整方式。

① 全楼地震作用放大系数：可通过此参数放大全楼地震作用，提高结构的抗震安全度。

② 分层地震效应放大系数：可通过此参数分层分塔指定地震效应放大系数，此时对地震作用效应进行放大，包括内力和位移。

③ 读取时程分析地震效应放大系数：弹性时程分析计算完成后，点击该按钮，程序自动读取弹性时程分析得到的地震效应放大系数，并导入到分层地震效应放大系数列表中。

参数取值：根据工程实际情况确定是否需要放大地震作用，全楼地震作用放大系数的取值范围是 1.0～1.5，初始值为 1.0。

(12) 调整与框支柱相连的梁内力、框支柱调整系数上限

规范规定：《高层规程》10.2.17 条规定，“框支柱剪力调整后，应相应调整框支柱的

弯矩及柱端框架梁的剪力和弯矩，但框支梁的剪力、弯矩、框支柱的轴力可不调整。”

关于框支柱的地震内力调整，参看《高层规程》3.10.4、10.2.11、10.2.17 条的有关规定。

参数含义：程序根据规范规定自动对框支柱的弯矩、剪力进行调整，由于调整系数往往很大，为了避免异常情况，程序提供控制开关，由用户决定是否对与框支柱相连的框架梁的弯矩、剪力进行相应调整，并可设置调整系数的上限值，这样程序进行相应调整时，采用的调整系数将不会超过这个上限值。

参数取值：框支转换结构通常应选择调整与框支柱相连的梁的内力。框支柱调整上限的初始值为 5.0，用户可自行修改。

(13) 指定的加强层个数、各加强层层号

规范规定：《高层规程》10.3.3 条规定，**“抗震设计时，带加强层高层建筑结构应符合下列要求：**

1 加强层及其相邻层的框架柱、核心筒剪力墙的抗震等级应提高一级采用，一级应提高至特一级，但抗震等级已经为特一级时应允许不再提高；

2 加强层及其相邻层的框架柱，箍筋应全柱段加密配置，轴压比限值应按其他楼层框架柱的数值减小 0.05 采用；

3 加强层及其相邻层核心筒剪力墙应设置约束边缘构件。”

参数含义：带加强层的高层建筑结构，为避免结构在加强层附近形成薄弱层，使结构在罕遇地震作用下能呈现强柱弱梁、强剪弱弯的延性机制，要求设置加强层后，加强层及其相邻层的框架柱和核心筒剪力墙的抗震等级应提高一级采用；并注意加强层上、下外围框架柱的强度及延性设计，轴压比从严控制。

用户指定加强层后，程序自动实现如下功能：

① 加强层及相邻层柱、墙抗震等级自动提高一级；

② 加强层及相邻层轴压比限值减小 0.05；

③ 加强层及相邻层设置约束边缘构件。

参数取值：根据规范要求和工程实际情况输入加强层个数和楼层号，当有多个加强层时，层号间用逗号或空格隔开。加强层个数初始值为 0。

注意事项：多塔结构可在【设计模型前处理/层塔属性】菜单中分塔指定加强层。

3.3.1.11 设计信息 1

本页为“设计信息 1”属性页，如图 3-39 所示。各参数的含义与取值原则如下。

(1) 结构重要性系数

规范规定：《混凝土规范》3.3.2 条规定，**“γ_0——结构重要性系数：在持久设计状况和短暂设计状况下，对安全等级为一级的结构构件不应小于 1.1，对安全等级为二级的结构构件不应小于 1.0，对安全等级为三级的结构构件不应小于 0.9；对地震设计状况下应取 1.0。”**

参数取值：根据规范规定和工程实际情况输入该参数。初始值为1。

(2) 钢构件截面净毛面积比

参数含义：程序按钢构件截面净面积与毛面积的比值，计算构件实际受力截面积。

参数取值：根据钢构件上螺栓孔的布置情况，输入钢构件净毛面积比值，如果是全焊连接，该参数为1，螺栓连接则小于1。该参数取值范围为0.5～1。

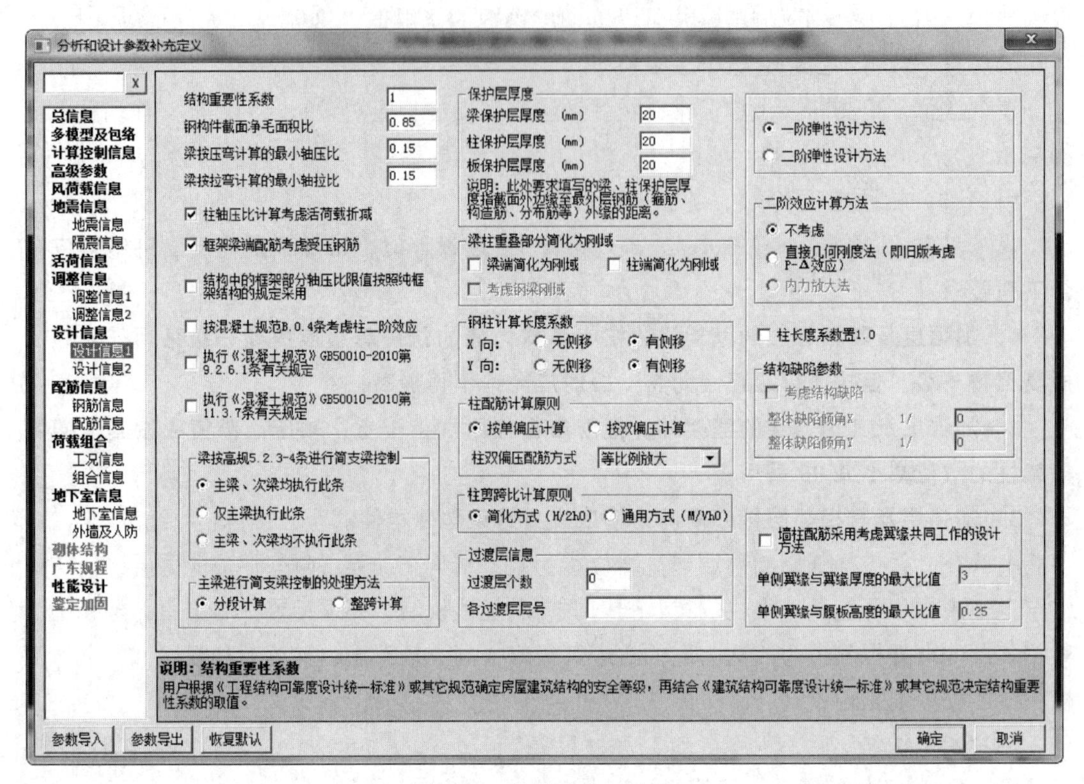

图3-39 设计信息1界面

(3) 梁按压弯计算的最小轴压比

参数含义：梁承受的轴力一般较小，默认按照受弯构件计算。实际工程中某些梁可能承受较大的轴力，此时应按照压弯构件进行计算。该值用来控制梁按照压弯构件计算的临界轴压比。此处计算轴压比指的是所有抗震组合和非抗震组合轴压比的最大值。当计算轴压比大于该临界值时按照压弯构件计算，如果用户填入0表示梁全部按照受弯构件计算。

参数取值：程序默认值为0.15。

(4) 梁按拉弯计算的最小轴拉比

参数含义：指定用来控制梁按拉弯计算的临界轴拉比。当计算轴拉比大于该临界值时按照拉弯构件计算。

参数取值：程序默认值为0.15。

(5) 柱轴压比计算考虑活荷载折减

参数含义：当勾选此项时，程序在计算地震作用组合下的柱轴压比时考虑活荷载折减。

参数取值：程序默认考虑。

注意事项：该参数仅对柱有效，但不包括复杂截面构件。

(6) 框架梁端配筋考虑受压钢筋

规范规定：《混凝土规范》11.3.1条规定，**“梁正截面受弯承载力计算中，计入纵向受压钢筋的梁端混凝土受压区高度应符合下列要求：**

一级抗震等级　$x \leqslant 0.25h_0$

二、三级抗震等级　$x \leqslant 0.35h_0$”

《混凝土规范》11.3.6-2条规定，**“框架梁梁端截面的底部和顶部纵向受力钢筋截面面积的比值，除按计算确定外，一级抗震等级不应小于0.5；二、三级抗震等级不应小于0.3。”**

《混凝土规范》5.4.3条规定，“钢筋混凝土梁支座或节点边缘截面的负弯矩调幅幅度不宜大于25%；弯矩调整后的梁端截面相对受压区高度不应超过0.35，且不宜小于0.10。”

参数含义：当选择此项时，程序自动实现如下功能。

① 抗震设计时，程序验算计入受压钢筋的梁端混凝土受压区高度，如果不满足规范要求，程序给出超筋提示，此时应加大截面尺寸或提高混凝土的强度等级；

② 由于程序对框架梁端截面按正、负弯矩包络图分别配筋，在计算梁上部配筋时并不知道作为受压钢筋的梁下部的配筋，在按《混凝土规范》11.3.1条验算受压区高度时，考虑到应满足《混凝土规范》11.3.6-2条的要求，程序自动取梁上部计算配筋的50%或30%作为受压钢筋计算，计算梁的下部钢筋时也是如此；

③ 非抗震设计时，程序验算调幅框架梁的梁端受压区高度，如果不满足要求，程序自动增加受压钢筋以满足受压区高度要求。

参数取值：根据工程实际情况决定是否选择此项。

(7) 结构中的框架部分轴压比限值按照纯框架结构的规定采用

规范规定：《高层规程》8.1.3条规定，“抗震设计的框架-剪力墙结构，应根据在规定的水平力作用下结构底层框架部分承受的地震倾覆力矩与结构总地震倾覆力矩的比值，确定相应的设计方法，并应符合下列规定：

3　当框架部分承受的地震倾覆力矩大于结构总地震倾覆力矩的50%但不大于80%时，按框架-剪力墙结构进行设计，其最大适用高度可比框架结构适当增加，框架部分的抗震等级和轴压比限值宜按框架结构的规定采用；

4　当框架部分承受的地震倾覆力矩大于结构总地震倾覆力矩的80%时，按框架-剪力墙结构进行设计，但其最大适用高度宜按框架结构采用，框架部分的抗震等级和轴压比限值应按框架结构的规定采用。”

参数含义：抗震设计时，如果按框架-剪力墙结构进行设计，剪力墙的数量须满足一定的要求。当框架部分承受的地震倾覆力矩大于结构总地震倾覆力矩的50%但不大于

80%时，意味着结构中剪力墙的数量偏少，框架承担较大的地震作用，此时框架部分的抗震等级和轴压比宜按框架结构的规定执行。当框架部分承受的地震倾覆力矩大于结构总地震倾覆力矩的 80%时，意味着结构中剪力墙的数量极少，此时框架部分的抗震等级和轴压比应按框架结构的规定执行。当选择此项时，程序一律按纯框架结构的规定控制结构中框架的轴压比，除轴压比外，其余设计仍遵循框剪结构的规定。

参数取值：根据规范规定和工程的实际情况决定是否选择此项。

(8) 按混凝土规范 B. 0. 4 条考虑柱二阶效应

规范规定：《混凝土规范》B. 0. 4 条规定，“排架结构柱考虑二阶效应的弯矩设计值可按下列公式计算：(略)。”

《混凝土规范》6. 2. 4 条规定，“除排架结构柱外，其他偏心受压构件考虑轴向压力在挠曲杆件中产生的二阶效应后控制截面的弯矩设计值，应按下列公式计算：(略)。”

参数含义：《混凝土规范》6. 2. 4 条条文说明指出，对排架结构柱，应按 B. 0. 4 条考虑其二阶效应。勾选此项参数时，程序一律按 B. 0. 4 条的方法考虑二阶效应，此时长度系数仍按底层 1. 0、上层 1. 25 采用，如有需要可自行修改长度系数。如不勾选，则一律按 6. 2. 4 条的方法考虑柱轴压力二阶效应。

参数取值：对于排架结构柱，应勾选此项参数；对于非排架结构，如果认为按 6. 2. 4 条计算的配筋结果过小，也可参考勾选此项后按 B. 0. 4 条方法计算的结果。

(9) 执行《混凝土规范》GB 50010—2010 第 9. 2. 6. 1 条有关规定

规范规定：《混凝土规范》9. 2. 6-1 条规定，“梁的上部纵向构造钢筋应符合下列要求：

1 当梁端按简支计算但实际受到部分约束时，应在支座区上部设置纵向构造钢筋。其截面面积不应小于梁跨中下部纵向受力钢筋计算所需截面面积的 1/4，且不应少于 2 根。该纵向构造钢筋自支座边缘向跨内伸出的长度不应小于 $l_0/5$，l_0 为梁的计算跨度。”

参数含义：若勾选此项，程序将对主梁的铰接端 $l_0/5$ 区域内的上部钢筋，执行不小于跨中下部钢筋 1/4 的要求。

参数取值：程序默认不勾选，用户可根据规范规定和工程的实际情况决定是否选择此项。

(10) 执行《混凝土规范》GB 50010—2010 第 11. 3. 7 条有关规定

规范规定：《混凝土规范》11. 3. 7 条规定，“梁端纵向受拉钢筋的配筋率不宜大于 2. 5%。沿梁全长顶面和底面至少应各配置两根通长的纵向钢筋，对一、二级抗震等级，钢筋直径不应小于 14mm，且分别不应少于梁两端顶面和底面纵向受力钢筋中较大截面面积的 1/4；对三、四级抗震等级，钢筋直径不应小于 12mm。”

参数含义：若勾选此项，程序将对主梁的上部和下部钢筋，分别执行不少于对应部位较大钢筋面积的 1/4 的要求，以及一、二级不小于 2 根 14mm，三、四级不小于 2 根 12mm 钢筋的要求。

参数取值：程序默认不勾选，用户可根据规范规定和工程的实际情况决定是否选择此项。

(11) 梁按高规 5.2.3-4 条进行简支梁控制

规范规定：《高层规程》5.2.3-4 条规定，“在竖向荷载作用下，可考虑框架梁端塑性变形内力重分布对梁端负弯矩乘以调幅系数进行调幅，并应符合下列规定：

4 截面设计时，框架梁跨中截面正弯矩设计值不应小于竖向荷载作用下按简支梁计算的跨中弯矩设计值的 50%。”

参数含义：程序提供了三种选项：“主梁、次梁均执行此条”、“仅主梁执行此条”和“主梁、次梁均不执行此条”，允许用户对主梁、次梁是否执行高规规定进行控制。

参数取值：程序默认选择第一项，用户可根据规范规定和工程的实际情况进行选择。

(12) 主梁进行简支梁控制的处理方法

参数含义：执行《高层规程》5.2.3-4 条时，对于被次梁打断为多段的主梁，可选择分段进行跨中弯矩的控制，也可选择对整跨主梁进行控制。

参数取值：程序默认选择“分段计算”，用户可自行修改。

(13) 梁、柱、板保护层厚度

规范规定：《混凝土规范》8.2.1 条规定，“构件中普通钢筋及预应力筋的混凝土保护层厚度应满足下列要求。

1 构件中受力钢筋的保护层厚度不应小于钢筋的公称直径 d；

2 设计使用年限为 50 年的混凝土结构，最外层钢筋的保护层厚度应符合表 8.2.1 的规定；设计使用年限为 100 年的混凝土结构，最外层钢筋的保护层厚度不应小于表 8.2.1 中数值的 1.4 倍。”(表略)

参数含义：根据《混凝土规范》规定，保护层厚度是指截面外边缘至最外层钢筋（箍筋、构造筋、分布筋等）外缘的距离。

参数取值：梁、柱、板保护层厚度的初始值均为 20mm，用户应根据规范规定和工程实际情况对该参数进行修改。

(14) 梁柱重叠部分简化为刚域

规范规定：《混凝土规范》5.2.2-4 条规定，“梁、柱等杆件间连接部分的刚度远大于杆件中间截面的刚度时，在计算模型中可作为刚域处理。”

《高层规程》5.3.4 条规定，“在结构整体计算中，宜考虑框架或壁式框架梁、柱节点区的刚域影响。”

参数含义：一般情况下，梁的长度为柱间形心的距离，程序将梁柱重叠部分作为梁的一部分计算，梁刚度小，自重大，梁端负弯矩大。对于混凝土异形柱或截面较大的矩形混凝土柱，程序将梁柱重叠部分作为刚域计算，梁刚度大，自重小，梁端负弯矩小。此时程序对梁进行如下的力学模型简化：

① 梁的自重按扣除刚域后的梁长计算；

② 梁上的外荷载按梁两端节点间长度计算；

③ 截面设计按扣除刚域后的梁长计算。

由此可见，选择此项对结构的刚度、周期、位移、梁的内力计算等均会产生一定的影响。

程序提供三种选项，分别是“梁端简化为刚域”、“柱端简化为刚域”和“考虑钢梁刚域”。若勾选“考虑钢梁刚域”，当钢梁端部与钢管混凝土柱或型钢混凝土柱相连接，程序可以考虑钢梁端部刚域的影响，刚域长度默认取为 0.4 倍梁高，并可以在分析模型设计属性补充修改中交互修改每个钢梁的刚域长度。

参数取值：根据工程实际情况设定梁柱重叠部分是否作为刚域，对于混凝土异形柱和大截面柱宜考虑选择此项。

(15) 钢柱计算长度系数

参数含义：程序允许用户在 X、Y 方向分别指定钢柱计算长度系数。当勾选有侧移时，程序按《钢结构设计规范》附录 D-2 的公式计算钢柱的长度系数；当勾选无侧移时按《钢结构设计规范》附录 D-1 的公式计算钢柱的长度系数。

参数取值：根据工程实际情况（是否有强支撑）进行选择，通常钢结构宜选择“有侧移”，如果不考虑风荷载和地震作用时，可以选择“无侧移”。初始值为有侧移。

注意事项：钢结构设计是否考虑侧移可参考以下三种情况设定。

① 如楼层杆件间最大位移小于 1/1000，宜设置为无侧移；

② 如楼层杆件间最大位移在 1/1000～1/300 之间，钢柱的计算长度系数取值为 1；

③ 如楼层杆件间最大位移大于 1/300，宜设置为有侧移。

(16) 柱配筋计算原则

规范规定：《高层规程》第 6.2.4 条规定，“抗震设计时，框架角柱应按双向偏心受力构件进行正截面承载力设计。”

参看《混凝土规范》、《抗震规范》有关双偏压计算的规定。

参数含义：① 选择“按单偏压计算”，程序按单向偏心受力构件计算配筋，即计算某一方向的配筋面积时只考虑该方向的内力值，不考虑另一方向的内力对其影响，计算结果具有唯一性。

② 选择“按双偏压计算”，程序按双向偏心受力构件计算配筋，即计算某一方向的配筋面积时要考虑双向内力的共同作用。由于框架柱作为竖向构件配筋计算时会多达几十种组合，而每一种组合都会产生不同的 X 向和 Y 向配筋，计算结构不具有唯一性，即双偏压计算是多解的，而且由于按照双偏压计算构件配筋时，钢筋按照某种定式布置，没有考虑钢筋的优化布置，导致在某些情况下计算出来的配筋量较大。

参数取值：初始值为单偏压计算。推荐采用以下方式。

① 单偏压计算，双偏压验算（推荐）；

② 双偏压计算，调整个别配筋偏大的柱；

③ 考虑双向地震时，采用单偏压计算。

注意事项如下。

① 对于角柱和异型柱，程序强制采用双偏压计算；

② 对单偏压和双偏压计算结果应进行认真复核，因为两种计算方式都有可能出现不合理的计算结果，如发现错误应予以调整。

(17) 柱双偏压配筋方式

参数含义：程序提供以下三种选项。

① 普通方式：按双偏压计算得到配筋面积。

② 迭代优化：选择此项后，对于按双偏压计算的柱，在得到配筋面积后，会继续进行迭代优化。通过二分法逐步减少钢筋面积，并在每一次迭代中对所有组合校核承载力是否满足，直到找到最小全截面配筋面积配筋方案。

③ 等比例放大：由于双偏压配筋设计是多解的，在有些情况下可能会出现弯矩大的方向配筋数量少，而弯矩小的方向配筋数量反而多的情况。对于双偏压算法本身来说，这样的设计结果是合理的。但考虑到工程设计习惯，程序新增了等比例放大的双偏压配筋方式。该方式中程序会先进行单偏压配筋设计，然后对单偏压的结果进行等比例放大去验算双偏压设计，以此来保证配筋方式和工程设计习惯的一致性。需要注意的是，最终显示给用户的配筋结果不一定和单偏压结果完全成比例，这是由于程序在生成最终配筋结果时，还要考虑一系列构造要求。

参数取值：程序默认选择“等比例放大”，用户可自行修改。

(18) 柱剪跨比计算原则

规范规定：《混凝土规范》6.3.12条规定，“矩形、T形和I形截面的钢筋混凝土偏心受压构件，其斜截面受剪承载力应符合下列规定：(公式略)

式中 λ——偏心受压构件计算截面的剪跨比，取为$M/(Vh_0)$；

计算截面的剪跨比λ应按下列规定取用：

1 对框架结构中的框架柱，当其反弯点在层高范围内时，可取为$H_n/(2h_0)$。当λ小于1时，取1；当λ大于3时，取3。此处，M为计算截面上与剪力设计值V相应的弯矩设计值，H_n为柱净高。

2 其他偏心受压构件，当承受均布荷载时，取1.5；当承受符合本规范第6.3.4条所述的集中荷载时，取为a/h_0，且当λ小于1.5时取1.5，当λ大于3时取3。”

参数含义：程序按照规范规定提供了以下两种剪跨比的计算方法。

① 简化方式：简化算法的公式为$\lambda=H_n/(2h_0)$

② 通用方式：通用算法的公式为$\lambda=M/(Vh_0)$

式中，H_n为柱净高；h_0为柱截面有效高度；M为组合弯矩计算值；V为组合剪力计算值。

参数取值：程序默认选择“简化方式”，用户可自行修改。

(19) 过渡层个数、各过渡层层号

规范规定：《高层规程》7.2.14-3条规定，“B级高度高层建筑的剪力墙，宜在约束边缘构件层与构造边缘构件层之间设置1～2层过渡层。”

参数含义：程序不能自动判断过渡层，需要用户指定过渡层的个数和层号。程序对过渡层执行如下原则。

① 过渡层边缘构件的范围仍按构造边缘构件；

② 过渡层剪力墙边缘构件的箍筋配置按约束边缘构件确定一个体积配箍率（配箍特征值 λ_c），又按构造边缘构件为 0.1，取其平均值。

参数取值：根据规范规定和工程实际情况输入。

(20) 一阶、二阶弹性设计方法

规范规定：《高钢规》7.3.2 条规定，“框架柱的稳定计算应符合下列规定：

1　结构内力分析可采用一阶线弹性分析或二阶线弹性分析。当二阶效应系数大于 0.1 时，宜采用二阶线弹性分析。二阶效应系数不应大于 0.2。框架结构的二阶效应系数应按下式确定：(公式略)

2　当采用二阶线弹性分析时，应在各楼层的楼盖处加上假想水平力，此时框架柱的计算长度系数取 1.0。”

参数含义：根据规范规定，程序增加框架结构二阶效应系数的输出，用以判断是否需要采用二阶弹性方法（需用户自行判断）。

采用一阶弹性设计方法时，可以选择不考虑二阶效应或采用直接几何刚度法考虑二阶效应，此时应考虑柱长度系数；采用二阶弹性设计方法时，应考虑结构缺陷及二阶效应，此时须同时勾选“考虑结构缺陷”和“柱长度系数置 1.0”选项，且二阶效应计算方法应该选择“直接几何刚度法”或“内力放大法”。

参数取值：程序默认选择“一阶弹性设计方法”，用户可以根据规范规定和工程实际情况进行选择。

(21) 二阶效应计算方法

规范规定：《抗震规范》3.6.3 条规定，“当结构在地震作用下的重力附加弯矩大于初始弯矩的 10%时，应计入重力二阶效应的影响。”

《高层规程》5.4.2 条规定，“当高层建筑结构不满足本规程第 5.4.1 条的规定时，结构弹性计算时应考虑重力二阶效应对水平力作用下结构内力和位移的不利影响。”

参看《高层规程》5.4.1 条、5.4.3 条和《混凝土规范》5.3.4 条有关考虑重力二阶效应规定。

参看《高钢规》7.3.2-2 条和《高层规程》5.4.3 条有关内力放大系数的规定。

参数含义：建筑结构的二阶效应由两部分组成：P-δ 效应和 P-Δ 效应。P-δ 效应是指由于构件在轴向压力作用下，自身发生挠曲引起的附加效应，可称之为构件挠曲二阶效应，通常指轴向压力在产生了挠曲变形的构件中引起的附加弯矩，附加弯矩与构件的挠曲形态有关，一般中间大，两端部小。P-Δ 效应是指由于结构的水平变形而引起的重力附加效应，可称之为重力二阶效应，结构在水平风荷载或水平地震作用下发生水平位移后，重力荷载由于该侧移而引起附加效应，结构发生的水平位移绝对值越大，P-Δ 效应越显著。若结构的水平位移过大，可能因重力二阶效应而导致结构失稳。

关于二阶效应计算方法，程序提供了三个选项："不考虑"、"直接几何刚度法"和"内力放大法"。其中"直接几何刚度法"即旧版考虑 P-Δ 效应，"内力放大法"是一种简单近似的考虑重力 P-Δ 的方法，允许采用叠加原理进行内力组合，可参考《高钢规》7.3.2 条第 2 款及《高规》5.4.3 条，程序对框架和非框架结构分别采用相应公式计算内力放大系数。

当选中"一阶弹性设计方法"时，允许选择"不考虑"和"直接几何刚度法"；当选中"二阶弹性设计方法"时，允许选择"直接几何刚度法"和"内力放大法"。

参数取值：用户根据工程实际情况选择。

注意事项：是否要考虑重力二阶效应可以参考 SATWE 输出文件 WMASS. OUT 中提示，若显示"可以不考虑重力二阶效应"，则可以不选择此项，否则应该选择此项。

(22) 柱长度系数置 1.0

规范规定：参看《高钢规》7.3.2-2 条规定。

参数含义：采用一阶弹性设计方法时，应考虑柱长度系数，用户在进行研究或对比时也可勾选此项将长度系数置 1，但不能随意将此结果作为设计依据。当采用二阶弹性设计方法时，程序强制勾选此项，将柱长度系数置 1。

(23) 考虑结构缺陷

参数含义：采用二阶弹性设计方法时，应考虑结构缺陷，程序开放整体缺陷倾角参数，默认为 1/250，用户可进行修改。局部缺陷暂不考虑。

(24) 墙柱配筋采用考虑翼缘共同工作的设计方法

参数含义：勾选时，墙柱考虑端柱及翼缘共同作用进行配筋设计，程序通过"单侧翼缘与翼缘厚度的最大比值"与"单侧翼缘与腹板高度的最大比值"两项参数自动确定翼缘范围。应特别注意，考虑翼缘时，虽然截面增大，但由于同时考虑端柱和翼缘部的内力，即内力也相应增大，因此配筋结果不一定减小，有时可能反而增大。

参数取值：程序默认不勾选，用户可根据工程实际情况选择。

3.3.1.12 设计信息 2

本页为"设计信息 2"属性页，如图 3-40 所示。各参数的含义与取值原则如下。

(1) 保留用户自定义的边缘构件信息

参数含义：该参数用于保留用户在后处理中自定义的边缘构件信息。

参数取值：默认不允许用户勾选，只有当用户修改了边缘构件信息才允许用户勾选。

注意事项：边缘构件是在第一次计算完成后程序自动生成的，用户可在 SATWE 后处理中自行修改边缘构件数据，并在下一次计算前选择是否保留先前修改的数据。

(2) 剪力墙边缘构件的类型

规范规定：《抗震规范》6.4.5 条规定，"抗震墙两端和洞口两侧应设置边缘构件，边缘构件包括暗柱、端柱和翼墙，并应符合下列要求：(略)。"

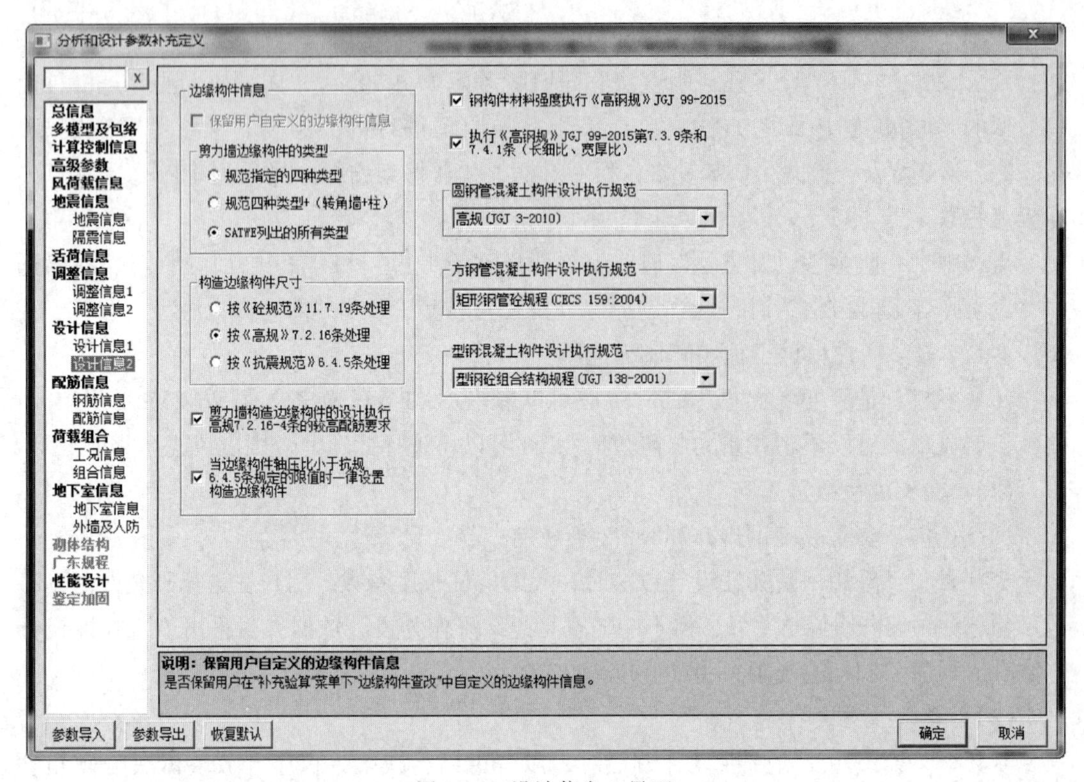

图 3-40 设计信息 2 界面

参数含义：选择由程序自动生成边缘构件数据时，用户可以指定边缘构件的类型。

① 规范指定的四种类型（如图 3-41 所示）。

② 规范指定的四种类型＋（转角墙＋柱）。

③ SATWE 列出的所有类型（如图 3-42 所示）。

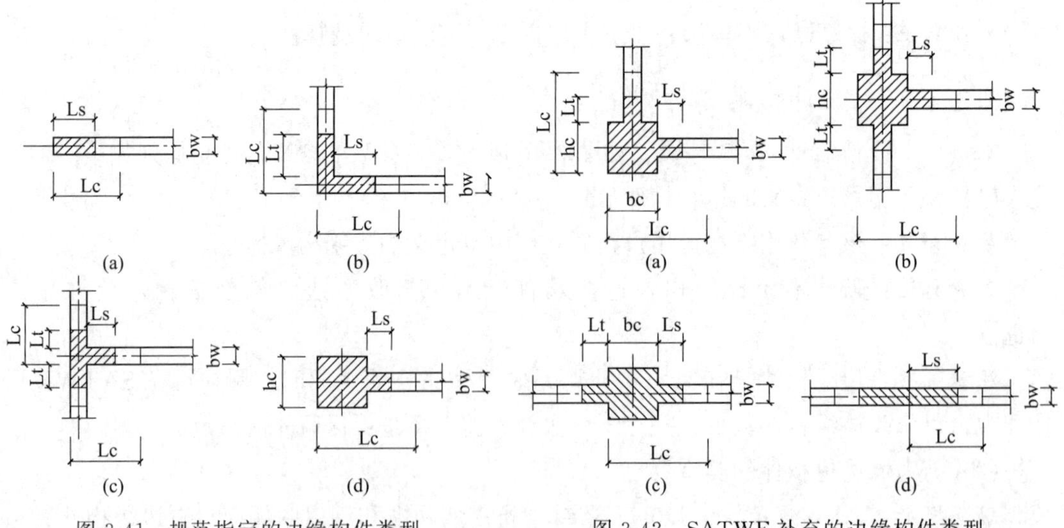

图 3-41 规范指定的边缘构件类型

图 3-42 SATWE 补充的边缘构件类型

参数取值：程序默认选择“SATWE 列出的所有类型”，用户可根据工程实际情况进行选择。

(3) 构造边缘构件尺寸

规范规定：参看《混凝土规范》11.7.19 条、《抗震规范》6.4.5 条和《高层规程》7.2.16 条关于构造边缘构件范围的规定。

参数含义：规范对于每种形式的构造边缘构件，都规定了配筋阴影部分尺寸的确定方法以及主筋、箍筋的最小配筋率。程序提供了三种选项，分别为“按《砼规范》11.7.19 条处理”、“按《高规》7.2.16 条处理”和“按《抗震规范》6.4.5 条处理”。

参数取值：程序默认按《高规》7.2.16 条处理，用户可根据工程实际情况进行选择。

(4) 剪力墙构造边缘构件的设计执行高规 7.2.16-4 条的较高配筋要求

规范规定：《高层规程》7.2.16-4 条规定，“抗震设计时，对于连体结构、错层结构以及 B 级高度高层建筑结构中的剪力墙 (筒体)，其构造边缘构件的最小配筋应符合下列要求：(略) ”。

参数含义：勾选此项时，程序一律按照《高层规程》7.2.16-4 条的要求控制构造边缘构件的最小配筋，即使对于不符合上述条件的结构类型，也进行从严控制；如不勾选，则程序一律不执行此条规定。

参数取值：程序默认勾选，用户可根据规范规定和工程实际情况决定是否选择此项。

(5) 当边缘构件轴压比小于抗规 6.4.5 条规定的限值时一律设置构造边缘构件

规范规定：《抗震规范》6.4.5-1 条规定，“对于抗震墙结构，底层墙肢底截面的轴压比不大于表 6.4.5-1 规定的一、二、三级抗震墙及四级抗震墙，墙肢两端可设置构造边缘构件，构造边缘构件的范围可按图 6.4.5-1 采用，构造边缘构件的配筋除应满足受弯承载力要求外，并宜符合表 6.4.5-2 的要求。”

参数含义：勾选此项时，对于约束边缘构件楼层的墙肢，程序自动判断其底层墙肢底截面的轴压比，以确定采用约束边缘构件或构造边缘构件；如不勾选，则对于约束边缘构件楼层的墙肢，程序一律设置约束边缘构件。

参数取值：程序默认勾选，用户可根据规范规定和工程实际情况决定是否选择此项。

(6) 钢构件材料强度执行《高钢规》JGJ 99—2015

规范规定：参看《高钢规》4.2.1 条关于各牌号钢材强度的规定。

参数含义：勾选此项时，钢构件材料强度执行新版《高钢规》JGJ 99—2015 规定；不勾选时，仍按旧版方式执行现行钢结构规范等相关规定。

参数取值：对于新建工程，程序默认勾选。

(7) 执行《高钢规》JGJ 99—2015 第 7.3.9 条和 7.4.1 条 (长细比、宽厚比)

规范规定：《高钢规》7.3.9 条规定，“框架柱的长细比，一级不应大于 $60\sqrt{235/f_y}$，二级不应大于 $70\sqrt{235/f_y}$，三级不应大于 $80\sqrt{235/f_y}$，四级及非抗震设计不应大于 $100\sqrt{235/f_y}$。”

《高钢规》7.4.1条规定，“钢框架梁、柱板件宽厚比限值，应符合表7.4.1的规定。(表略)”

参数含义：勾选此项时，程序按照《高钢规》第7.3.9条判断框架柱的长细比限值，按照第7.4.1条判断钢框架梁、柱板件宽厚比限值；不勾选时，仍按旧版方式执行现行钢结构规范和抗震规范相关规定。

参数取值：程序默认勾选，用户可根据规范规定和工程实际情况决定是否选择此项。

(8) 圆钢管混凝土构件设计执行规范

规范规定：参看《高层规程》、《钢管混凝土结构技术规范》(GB 50936—2014) 和《组合结构设计规范》(JGJ 138—2016) 相关规定。

参数含义：对于圆钢管混凝土构件设计所执行的规范，程序提供如下四种选项：“高规 (JGJ 3—2010)”、“钢管混凝土规范 (GB 50936—2014) 第5章”、“钢管混凝土规范 (GB 50936—2014) 第6章”和“组合结构设计规范”。选择“高规”方法时，以《高层规程》第11章及附录F相关规定进行圆钢管混凝土构件设计；选择“钢管混凝土规范”时，第5章和第6章两种方法可任选其一，程序根据第5章和第6章的方法分别进行轴心受压承载力、拉弯、压弯、抗剪验算等，并对长细比、套箍指标等进行验算和超限判断；选择“组合结构设计规范”时，则按照该规范相关规定执行。

参数取值：程序默认选择“高规”，用户可根据规范规定和工程实际情况自行修改。

(9) 方钢管混凝土构件设计执行规范

规范规定：参看《矩形钢管混凝土结构技术规程》(CECS159：2004)、《钢管混凝土结构技术规范》(GB 50936—2014) 和《组合结构设计规范》(JGJ 138—2016) 相关规定。

参数含义：对于方钢管混凝土构件设计所执行的规范，程序提供如下三种选项：“矩形钢管砼规程 (CECS159：2004)”、“钢管混凝土规范 (GB 50936—2014)”和“组合结构设计规范 (JGJ 138—2016)”。用户可任选一项进行设计。

参数取值：程序默认选择“矩形钢管砼规程”，用户可根据规范规定和工程实际情况自行修改。

(10) 型钢混凝土构件设计执行规范

规范规定：参看《型钢混凝土组合结构技术规程》(JGJ 138—2001) 和《组合结构设计规范》(JGJ 138—2016) 相关规定。

参数含义：对于型钢混凝土构件设计所执行的规范，程序提供如下两种选项：“型钢砼组合结构规程 (JGJ 138—2001)”和“组合结构设计规范 (JGJ 138—2016)”。用户可任选一项进行设计。

参数取值：程序默认选择“型钢砼组合结构规程”，用户可根据规范规定和工程实际情况自行修改。

3.3.1.13 配筋信息

本页是有关配筋的信息，分为“钢筋信息”和“配筋信息”属性页，如图3-43和

图 3-44所示。

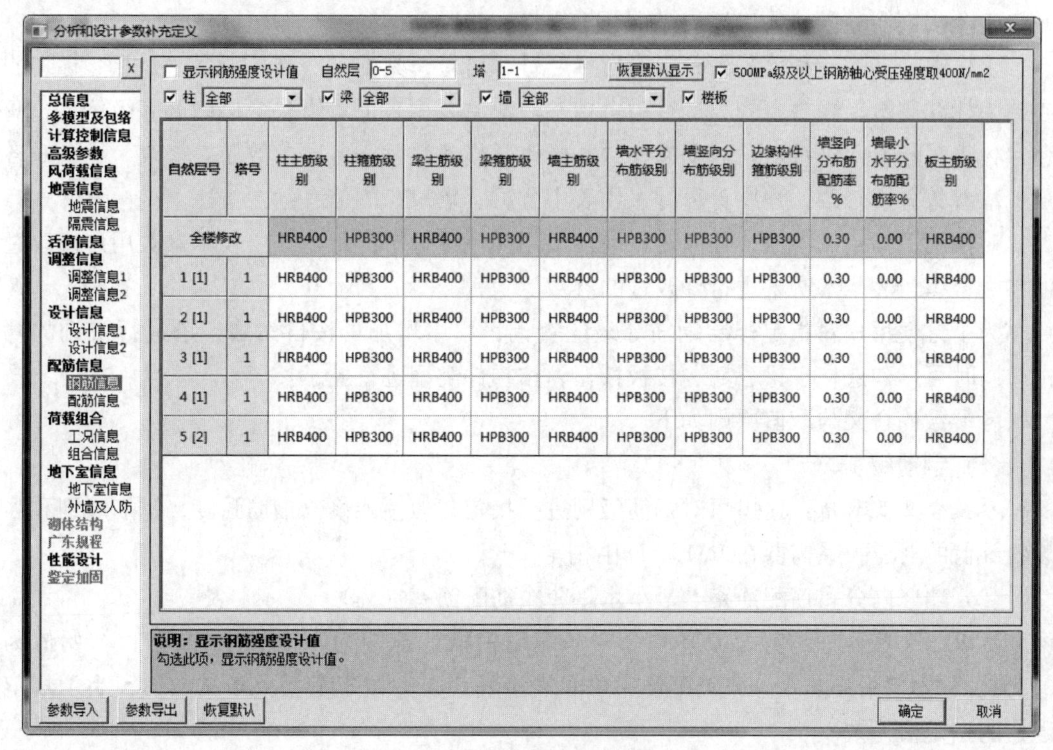

图 3-43　钢筋信息界面

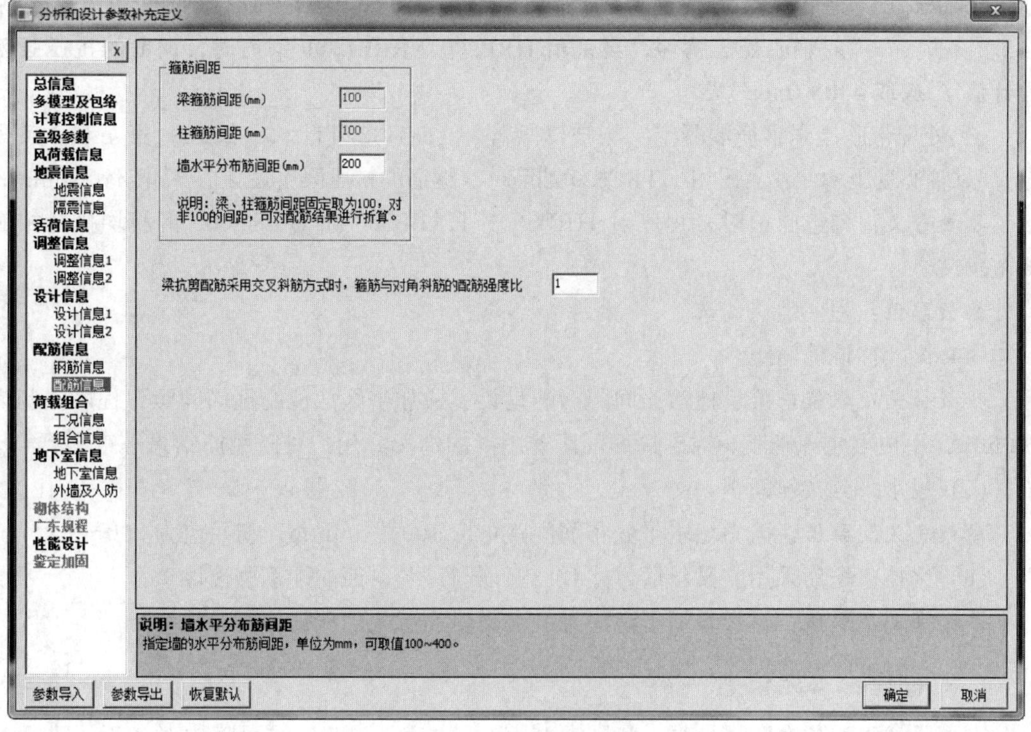

图 3-44　配筋信息界面

"钢筋信息"界面中，程序将全楼参数与按层、塔指定的钢筋等级放在同一张表格中，并完善全楼钢筋等级参数与按层塔钢筋等级参数的联动。

表格中的第一列和第二列分别为自然层号和塔号，其中自然层号中用"[ ]"标记的参数为标准层号。表格中的第二行为全楼参数，主要用来批量修改全楼钢筋等级信息，蓝色字体表示与 PM 进行双向联动的参数。修改全楼参数时，各层参数随之修改，也可对各层、塔参数分别修改，程序计算时采用表中各层、塔对应的信息。

对按层塔指定的参数，程序对不同参数用颜色进行了标记，红色表示本次用户修改过的参数，黑色表示本次未进行修改过的参数。

为了方便用户对指定楼层钢筋等级的查询，程序增加了按自然层、塔进行查询的功能，同时可以勾选柱、梁、墙、楼板按钮，按构件类型进行显示。

各参数的含义与取值原则如下。

(1) 钢筋级别

参数含义及取值：这里可对钢筋级别进行指定，但不能修改钢筋强度，钢筋级别和强度设计值的对应关系需要在 PMCAD 中指定。

(2) 墙竖向分布筋配筋率、最小水平分布筋配筋率（%）

参数含义及取值：剪力墙竖向分布筋配筋率取值范围为 0.15%～1.2%，初始值为 0.3%。剪力墙最小水平分布筋配筋率填 0 表示程序自动按规范相关条文取值，小于规范限值的指定值无效。

(3) 500MPa 级及以上钢筋轴心受压强度取 400N/mm²

规范规定：《混凝土结构设计规范》（GB 50010—2010）局部修订（2015 年）第 4.2.3 条规定，**"对轴心受压构件，当采用 HRB500、HRBF500 钢筋时，钢筋的抗压强度设计值 f_y' 应取 400N/mm²。"**

《热处理带肋高强钢筋混凝土结构技术规程》（DGJ32/TJ 202—2016）第 4.0.3 条规定，"对轴心受压构件，当采用 HTRB600 钢筋时，钢筋的抗压强度设计值 f_y' 取 400N/mm²"

参数含义：勾选此项时，程序对 HRB500、HRBF500 和 HTRB600 钢筋均执行相应规范条文。

参数取值：程序默认勾选。

(4) 梁、柱箍筋间距

参数含义及取值：梁、柱箍筋间距指的是梁、柱加密区部位的箍筋间距，程序强制为 100mm，用户不允许修改。对于箍筋间距非 100 的情况，用户可对配筋结果进行折算。

(5) 墙水平分布筋间距

参数含义及取值：剪力墙水平分布筋间距可取 100～400mm，初始值为 200mm。

(6) 梁抗剪配筋采用交叉斜筋方式时，箍筋与对角斜筋的配筋强度比

参数含义及取值：该参数用于考虑梁的交叉斜筋方式的配筋，初始值为 1。

3.3.1.14 工况信息

本页是"工况信息"属性页，如图 3-45 所示。"工况信息"页可集中对各工况进行分

项系数、组合值系数等参数修改，按照永久荷载、可变荷载及地震作用分为三类进行交互，其中消防车、屋面活荷载、屋面积灰荷载以及雪荷载四种新增工况依据《荷载规范》第五章相关条文采用相应的默认值。各分项系数、组合值系数等影响程序默认的组合。

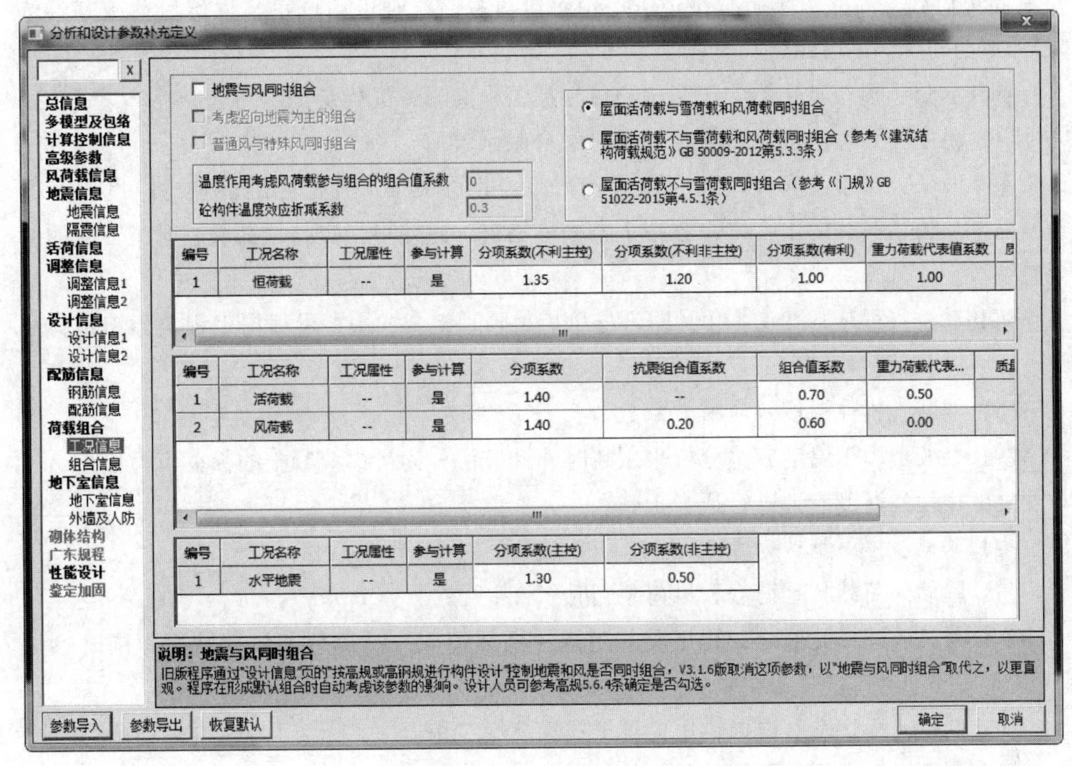

图 3-45　工况信息界面

计算地震作用时，程序默认按照《抗震规范》5.1.3 条对每个工况设置相应的重力荷载代表值系数，用户可在此页查看及修改，此项参数影响结构的质量计算及地震作用。各参数的含义与取值原则如下。

(1) 地震与风同时组合

规范规定：《高层规程》5.6.4 条规定，“地震设计状况下，荷载和地震作用基本组合的分项系数应按表 5.6.4 采用。当重力荷载效应对结构的承载力有利时，表 5.6.4 中 γ_G 不应大于 1.0。(表略)”

参数含义：该参数用于按《高层规程》或《高钢规》进行构件设计时控制地震和风是否同时组合。

参数取值：程序默认不勾选，用户可根据规范规定和工程实际情况确定是否勾选。

(2) 考虑竖向地震为主的组合

规范规定：参看《高层规程》5.6.4 条规定。

参数含义：该参数用于确定是否考虑竖向地震为主的组合。

参数取值：程序默认不勾选，用户可根据规范规定和工程实际情况确定是否勾选。

(3) 普通风与特殊风同时组合

参数含义：不勾选此项，即认为特殊风为附加的风荷载工况；勾选此项，则认为特殊风是相应方向水平风荷载工况的局部补充，应用场景如：程序自动计算主体结构的 X 向或 Y 向风荷载，局部构件上需补充指定相应风荷载，此时可通过定义特殊风荷载并勾选"普通风与特殊风同时组合"来实现。

参数取值：程序默认不勾选，用户可根据工程实际情况确定是否勾选。

(4) 温度作用考虑风荷载参与组合的组合值系数

参数含义：由于温度作用效应通常较大，因此可根据工程实际酌情考虑温度组合方式。温度与恒活荷载的组合值系数在下方表格指定，此处可指定与风荷载同时组合时的组合值系数。

参数取值：程序默认值为 0，即不与风荷载同时组合，用户可根据工程实际情况自行修改。

(5) 混凝土构件温度效应折减系数

参数含义：由于温度应力分析采用瞬时弹性方法，为考虑混凝土的徐变应力松弛，可对混凝土构件的温度应力进行适当折减。

参数取值：程序默认为 0.3，用户可根据工程实际情况自行修改。

(6) 屋面活荷载与雪荷载和风荷载同时组合

参数含义：选择此项时，程序默认考虑屋面活荷载、雪荷载和风荷载三者同时参与组合。

参数取值：程序默认选择，用户可根据规范规定和工程实际情况确定是否选择。

(7) 屋面活荷载不与雪荷载和风荷载同时组合

规范规定：《荷载规范》5.3.3 条规定，"不上人的屋面均布活荷载，可不与雪荷载和风荷载同时组合。"

参数含义：选择此项时，程序默认不考虑屋面活荷载、雪荷载和风荷载三者同时组合，仅考虑屋面活荷载+雪荷载、屋面活荷载+风荷载、雪荷载+风荷载这三类组合。

参数取值：程序默认不选择，用户可根据规范规定和工程实际情况确定是否选择。

(8) 屋面活荷载不与雪荷载同时组合

规范规定：《门式刚架轻型房屋钢结构技术规范》(GB 51022—2015) 4.5.1-1 条规定，"屋面均布活荷载不与雪荷载同时考虑，应取两者中的较大值。"

参数含义：选择此项时，程序默认仅考虑屋面活荷载+风荷载、雪荷载+风荷载这两类组合。

参数取值：程序默认不选择，用户可根据规范规定和工程实际情况确定是否选择。

3.3.1.15 组合信息

本页是"组合信息"属性页，如图 3-46 所示。"组合信息"页可查看程序采用的默认组合，也可采用用户自定义组合。程序直接输出详细组合，每个组合号对应一个确定的组合，更便于校核，并可方便地导入或导出文本格式的组合信息。其中新增工况的组合方式已默认采用《荷载规范》的相关规定，通常无需用户干预。“工况信息”页修改的相关系数会即时体现在默认组合中，用户可随时查看。

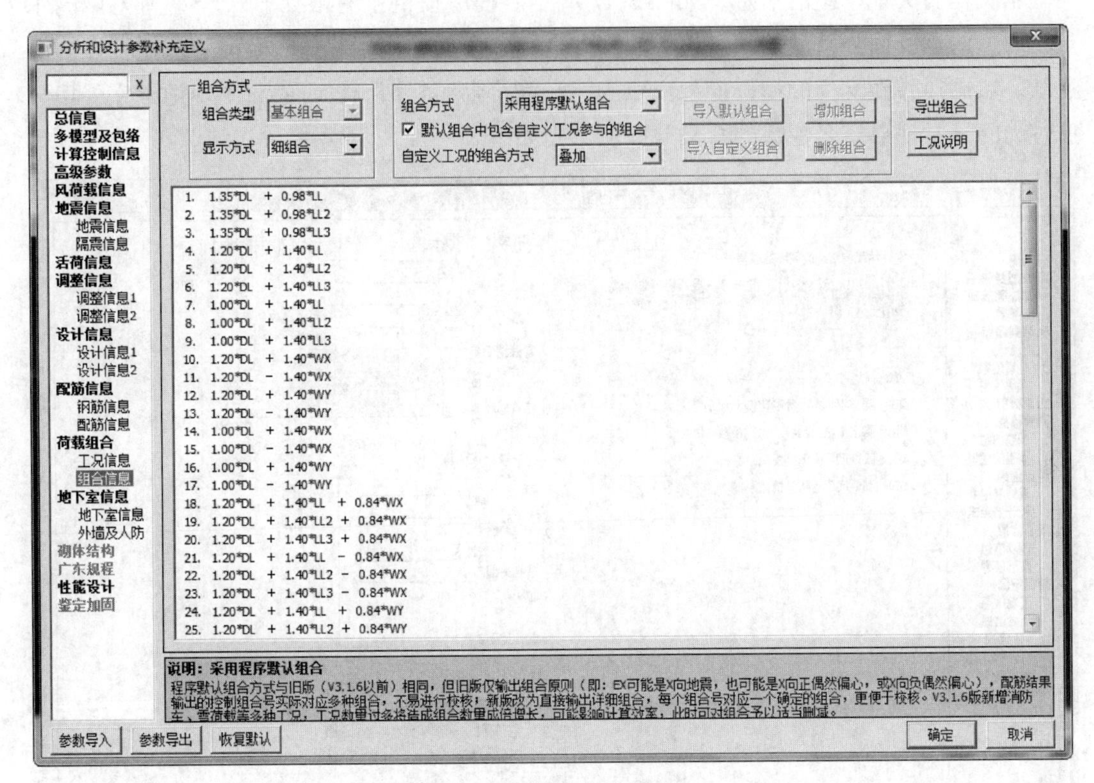

图 3-46　组合信息界面

(1) 显示方式

参数含义：为方便用户查看组合信息，程序提供三种组合显示方式：“细组合”、“概念组合”和“同时显示”。“细组合”指的是详细到具体工况的组合方式，“概念组合”指的是宏观概念上的组合方式。比如对于细组合，水平地震（EH）区分 *X* 方向地震（EX）、*Y* 方向地震（EY）、*X* 方向正、负偏心地震、*Y* 方向正、负偏心地震等，而概念组合只有一个水平地震（EH）。“同时显示”指的是两种方式同时显示。

参数取值：程序默认采用细组合，概念组合仅用来查看。

(2) 添加自定义工况组合

参数含义：该参数主要用来控制是否自动生成自定义工况的组合。程序提供自定义工况功能并给出了默认组合方式，若默认组合方式不能满足用户需求，可不勾选〈默认组合中包含自定义工况参与的组合〉选项，由用户自行添加自定义工况的组合。

程序对具有相同属性的自定义工况提供了两种组合方式：“叠加”方式和“轮换”方式。“叠加”方式指的是具有相同属性的工况在组合中同时出现，“轮换”方式指的是具有相同属性的工况在组合中独立出现。

参数取值：程序默认勾选，对自定义工况的组合方式默认采用叠加方式。

3.3.1.16 地下室信息

本页是有关地下室的信息，如图 3-47 所示。程序提供了有限元方式计算剪力墙的水土压力，对承受面外荷载的墙给出墙的面外弯矩和配筋。由于整体有限元计算是按照各层连续、墙周边弹性支撑的精确模型完成的，配筋符合实际情况，可避免出现地下室外墙配筋过大的异常现象。各参数的含义与取值原则如下。

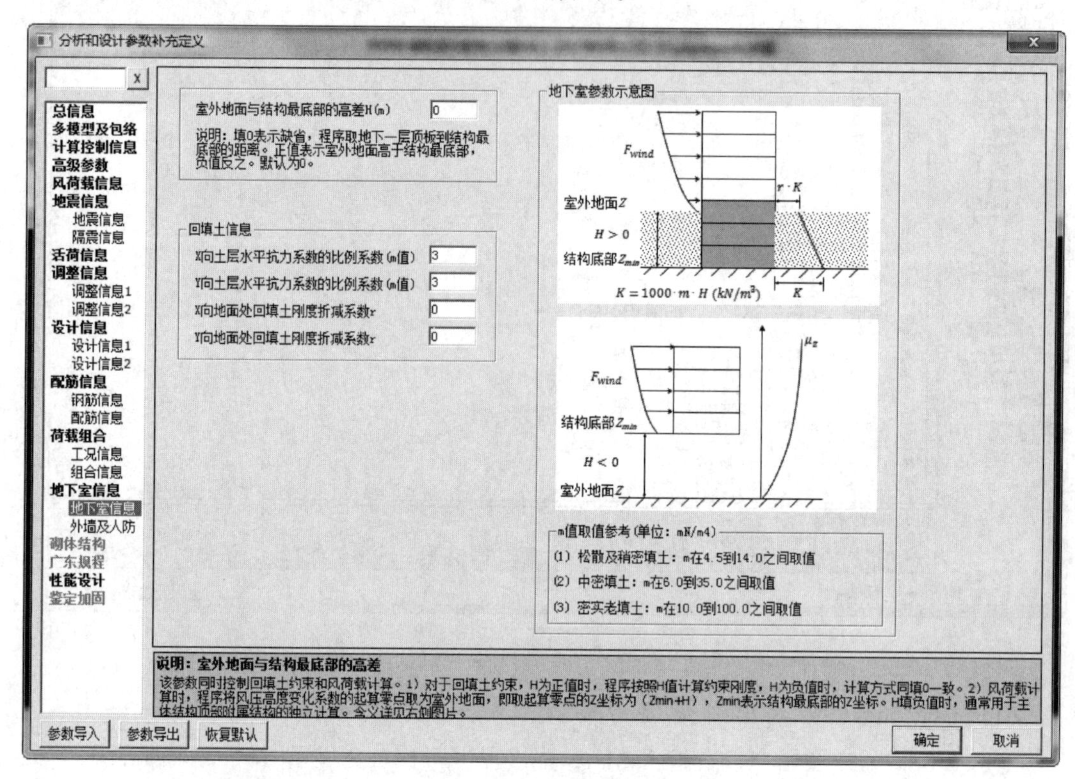

图 3-47 地下室信息界面

(1) 室外地面与结构最底部的高差 H(m)

参数含义：该参数同时控制回填土约束和风荷载计算，填 0 表示缺省，程序取地下一层顶板到结构最底部的距离。

① 对于回填土约束：H 为正值时，程序按照 H 值计算约束刚度；H 为负值时，计算方式同填 0 一致。

② 风荷载计算时：程序将风压高度变化系数的起算零点取为室外地面，即取起算零点的 Z 坐标为 $(Z_{\min}+H)$，$Z_{\min}$ 表示结构最底部的 Z 坐标；H 填负值时，通常用于主体结构顶部附属结构的独立计算。

参数取值：初始值为 0，用户可根据工程实际情况设定。

(2) X、Y 向土层水平抗力系数的比例系数（m 值）

规范规定：《建筑桩基技术规范》(JGJ 94—2008) 5.7.5-2 条规定，“地基土水平抗力

系数的比例系数 m，宜通过单桩水平静载试验确定，当无静载试验资料时，可按表 5.7.5 取值。(表略)”

参数含义：由于 m 值考虑了土的性质，通过 m 值、地下室的深度和侧向迎土面积，可以得到地下室侧向约束的附加刚度，该附加刚度与地下室层刚度无关，而与土的性质有关，所以侧向约束更合理，也便于用户填写掌握。

参数取值：该参数可以参照《建筑桩基技术规范》表 5.7.5 的灌注桩项取值。m 的取值范围一般在 2.5～100 之间，在少数情况的中密、密实的砾砂、碎石类土取值可达 100～300。若填一负数 m（m 的绝对值小于或等于地下室层数 M），则表示地下室有嵌固部位，地下室下部的 m 层无水平位移。

(3) X、Y 向地面处回填土刚度折减系数 r

参数含义：该参数主要用来调整室外地面回填土刚度。程序默认计算结构底部的回填土刚度 K（$K=1000mH$），并通过折减系数 r 来调整地面处回填土刚度为 rK。也就是说，回填土刚度的分布允许为矩形（$r=1$）、梯形（$0<r<1$）或三角形（$r=0$）。

参数取值：根据工程实际情况设定。

3.3.1.17 外墙及人防信息

本页是有关地下室外墙及人防信息，如图 3-48 所示。

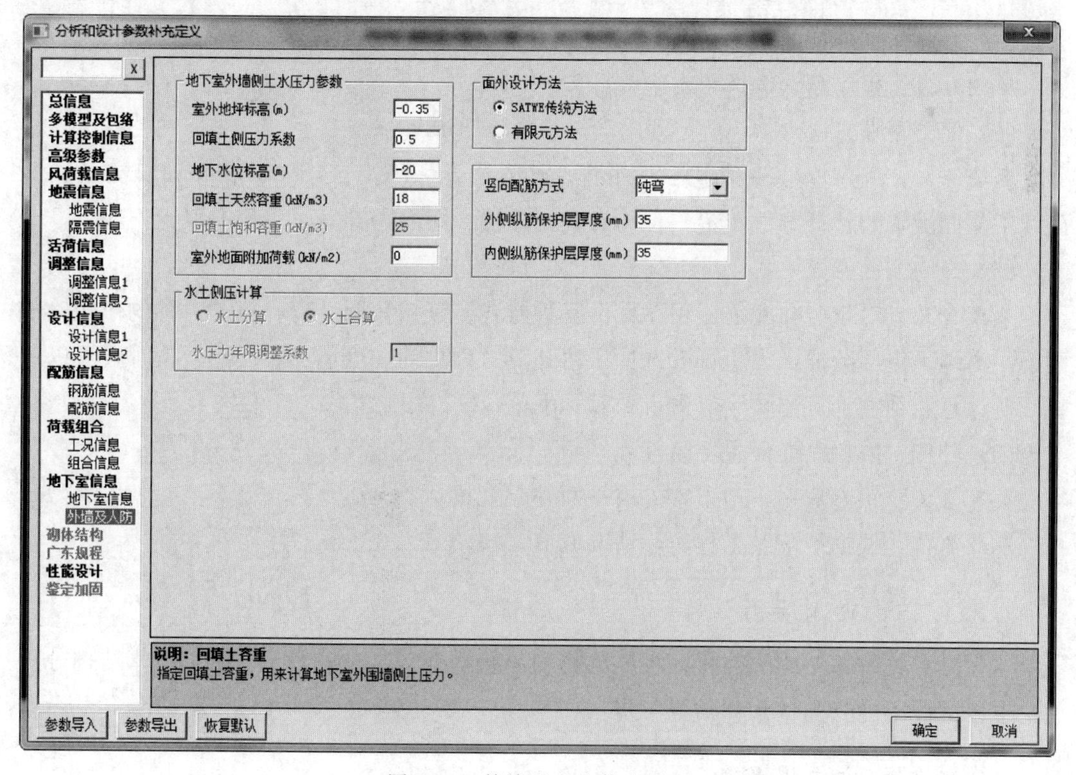

图 3-48 外墙及人防信息界面

(1) 室外地坪标高 (m)，地下水位标高 (m)

参数含义：分别表示建筑物室外地面标高和地下水位的标高。

参数取值：以结构±0.0标高为准，高则填正值，低则填负值。

(2) 回填土侧压力系数

参数含义：该参数表示地下室外围回填土的侧压力系数。

参数取值：根据工程实际情况输入参数，可由工程地质勘察报告确定，程序默认取0.5。

(3) 回填土容重

参数含义：该参数表示地下室外围回填土容重。

参数取值：根据工程实际情况输入参数，一般工程取值18～20kN/m^3，程序默认取18。

(4) 室外地面附加荷载 (kN/m^2)

参数含义：该参数用于输入室外地面其他附加荷载值，包括恒载和活载，其中活载应包括地面上可能的临时荷载。对于室外地面附加荷载分布不均的情况，取最大的附加荷载计算，程序按侧压力系数转化为侧土压力。

参数取值：按工程实际情况输入参数。

(5) 水土侧压计算

参数含义：程序提供两种选择，即水土分算和水土合算。选择“水土分算”时，增加土压力＋水压力＋地面活载（即室外地面附加荷载）；选择“水土合算”时，增加土压力＋地面活载（即室外地面附加荷载）

参数取值：程序默认选择“水土合算”。

(6) 面外设计方法

参数含义：程序提供两种地下室外墙设计方法，一种为SATWE传统设计方法，即延续了前面版本的计算方法；另一种为有限元方法，即内力计算时采用有限元方法。

(7) 竖向配筋方式

参数含义：对于竖向配筋，程序提供三种方式，默认按照纯弯计算非对称的形式输出配筋。当地下室层数很少，也可以选择压弯计算对称配筋。当墙的轴压比较大时，可以选择压弯计算和纯弯计算的较大值进行非对称配筋。

(8) 外侧、内侧纵筋保护层厚度

参数含义：该参数用于地下室外墙平面外配筋设计。

参数取值：根据规范及工程实际情况取值，初始值为35mm。

3.3.1.18 砌体结构

本页是有关砌体结构的信息，程序已将砌体结构计算功能转移到QITI砌体结构分析模块中，因此不能打开“砌体结构”页。

3.3.1.19 广东规程

本页是有广东规程的信息，如图3-49所示。各参数的含义与取值原则如下。

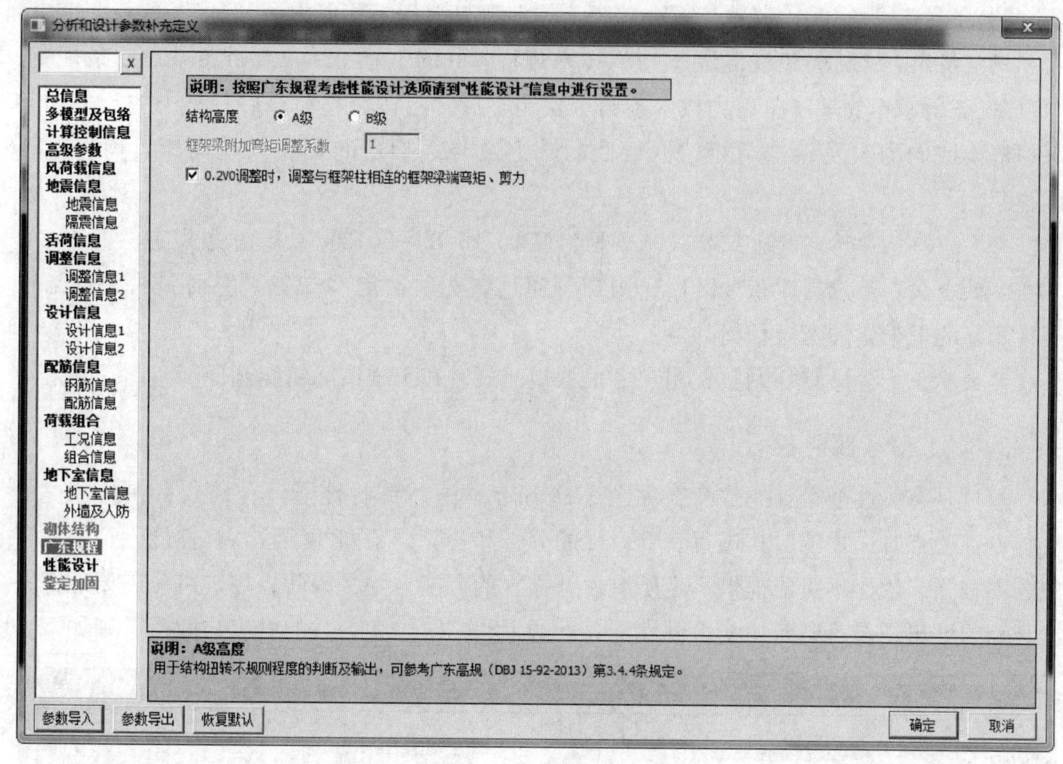

图 3-49　广东规程界面

(1) 结构高度

规范规定：广东省标准《高层建筑混凝土结构技术规程》(DBJ 15-92—2013) 3.3.1 条规定，“钢筋混凝土高层建筑结构的最大适用高度分为 A 级和 B 级。

A 级高度钢筋混凝土高层建筑的最大适用高度应符合表 3.3.1-1 的规定，B 级高度钢筋混凝土高层建筑的最大适用高度应符合表 3.3.1-2 的规定。(表略) ”

参数含义：该参数用于结构扭转不规则程度的判断及输出，程序提供“A 级”和“B 级”两个选项。

参数取值：用户可根据工程实际情况选择对应的结构高度级别。

(2) 框架梁附加弯矩调整系数

规范规定：《高层建筑混凝土结构技术规程》(DBJ 15-92—2013) 5.2.4 条规定，“在竖向荷载作用下，由于竖向构件变形导致框架梁端产生的附加弯矩可适当调幅，弯矩增大或减小的幅度不宜超过 30%，相应地按静力平衡条件调整梁跨中弯矩、梁端剪力及竖向构件的轴力。”

参数含义：当框架梁两侧的竖向构件竖向刚度相差较大时，会引起框架梁两侧竖向位移差，产生较大的梁端附加弯矩，规范允许对这种情况进行附加弯矩调幅。

参数取值：程序默认值为 1.0，即不调幅。当用户需要修改或单独指定某些构件的调幅系数时，可在【设计模型前处理/特殊梁】菜单下进行操作。

(3) $0.2V_0$ 调整时，调整与框架柱相连的框架梁端弯矩、剪力

规范规定：《高层建筑混凝土结构技术规程》(DBJ 15-92—2013) 8.1.4-2 条规定，"各层框架所承担的地震总剪力按本条第 1 款调整后，应按调整前、后总剪力的比值调整每根框架柱的剪力及端部弯矩，框架柱的轴力及与之相连的框架梁端弯矩、剪力可不调整。"

参看《高层建筑混凝土结构技术规程》(DBJ 15-92—2013) 9.1.10 条规定。

参数含义：当选择广东地区后，用户可通过该选项指定 $0.2V_0$ 调整时是否调整与框架柱相连的框架梁端弯矩和剪力。

参数取值：程序默认调整，用户可根据规范规定和工程实际情况选择。

3.3.1.20 性能设计

本页是有关性能设计的信息，如图 3-50 所示。进行结构性能设计，只有在具体提出性能设计要点时，才能对其进行有针对性的分析和验算，不同的工程，其性能设计要点可能各不相同，软件不可能提供满足所有设计需求的万能方法，因此，用户可能需要综合多次计算的结果，自行判断才能得到性能设计的最终结果。各参数的含义与取值原则如下。

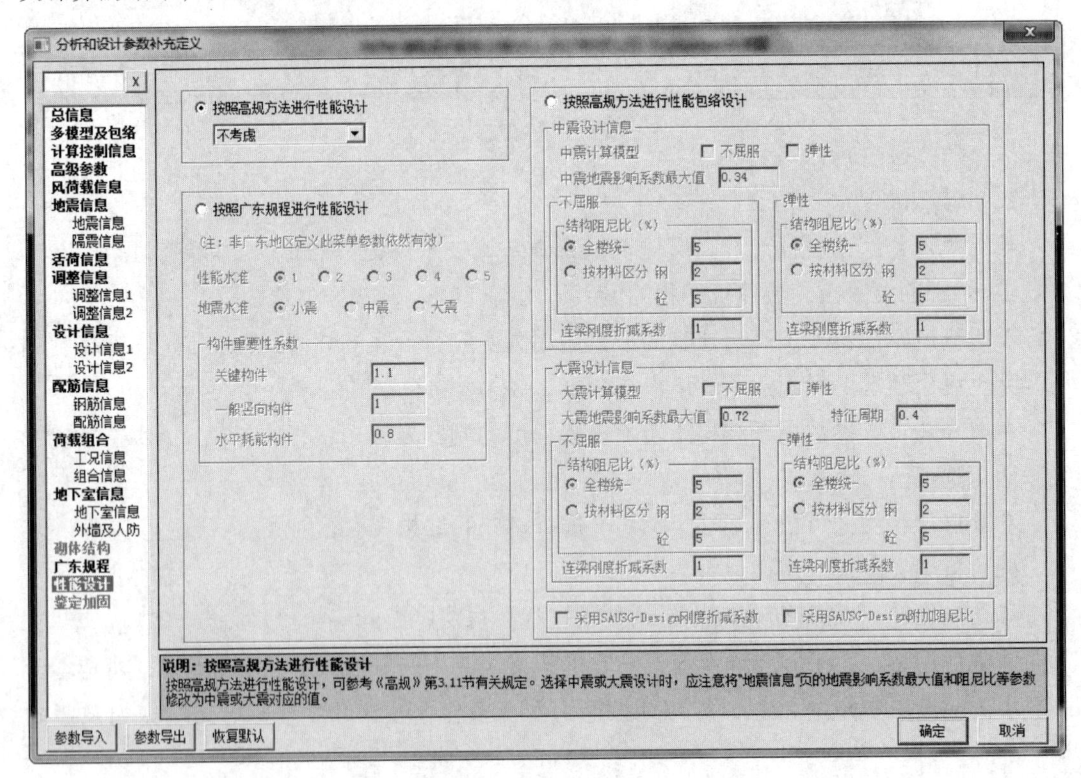

图 3-50 性能设计界面

(1) 按照高规方法进行性能设计

规范规定：参看《高层规程》3.11 节的规定。

参数含义：该参数是针对结构抗震性能设计提供的选项。SATWE 提供了中震弹性设

计、中震不屈服设计、大震弹性设计和大震不屈服设计四种方法。选择中震或大震设计时，“地震信息”页的〈水平地震影响系数最大值〉参数会自动变更为规范规定的中震或大震的地震影响系数最大值，并自动执行如下调整。

① 中震（或大震）的弹性设计

与抗震等级有关的增大系数（如强柱弱梁、强剪弱弯的调整系数等）均取为1。

② 中震（或大震）的不屈服设计

a. 荷载分项系数均取为1（组合值系数不变）；b. 与抗震等级有关的增大系数（如强柱弱梁、强剪弱弯的调整系数等）均取为1；c. 抗震调整系数取为1；d. 钢筋和混凝土材料强度采用标准值。

参数取值：初始值为不考虑。用户可根据工程实际情况进行选择。

(2) 按照广东规程进行性能设计

规范规定：《高层建筑混凝土结构技术规程》(DBJ 15-92—2013) 1.0.6条规定，“抗震设计的高层建筑混凝土结构，当超过本规程的适用范围或平、立面特别不规则，对其抗震性能有特殊要求时，可采用结构抗震性能设计方法进行补充分析和论证。”

参数含义及取值如下。

① 性能水准、地震水准：《高层建筑混凝土结构技术规程》(DBJ 15-92—2013) 第3.11.1条、第3.11.2条和第3.11.3条规定了结构抗震性能设计的具体要求及设计方法，用户应根据实际情况选择相应的性能水准和地震水准。

② 构件重要性系数：《高层建筑混凝土结构技术规程》(DBJ 15-92—2013) 公式(3.11.3-1) 规定了构件重要性系数 η 的取值范围，程序默认值为：关键构件取1.1，一般竖向构件取1.0，水平耗能构件取0.8。当用户需要修改或单独指定某些构件的重要性系数时，可在【设计模型前处理/特殊属性】菜单下进行操作。

(3) 按照高规方法进行性能包络设计

规范规定：《高层规程》3.3.1条规定，“钢筋混凝土高层建筑结构的最大适用高度应区分为A级和B级。”《高层规程》5.1.4条规定，“对多塔结构，宜按整体模型和各塔楼分开的模型分别计算，并采用较不利的结果进行结构设计。”

《抗震规范》6.2.13-4规定，“设置少量抗震墙的框架结构，其框架部分的地震剪力值，宜采用框架结构模型和框架-抗震墙结构模型二者计算结果的较大值。”

参数含义：该参数主要用来控制是否进行性能包络设计。包络设计一般是指对两个或多个模型设计结果取大的设计过程。当选择该项时，用户可在下侧参数中根据需要选择多个性能设计子模型，并指定各子模型相关参数，然后在【设计模型前处理/性能目标】菜单中指定构件性能目标，即可自动实现针对性能设计的多模型包络。

① 计算模型

程序提供了中震不屈服、中震弹性、大震不屈服和大震弹性四种性能设计子模型，用户可以根据需要进行选取。例如，当用户勾选“中震不屈服”子模型，同时在【设计模型前处理/性能目标】菜单中指定构件性能目标为中震不屈服时，程序会自动从此模型中读取该构件的结果进行包络设计。

② 地震影响系数最大值

其含义同“地震信息”页〈水平地震影响系数最大值〉参数，程序根据〈结构所在地区〉、〈设防烈度〉以及地震水准三个参数共同确定。用户可以根据需要进行修改，但需注意上述相关参数修改时，用户修改的地震影响系数最大值将不保留，自动修复为规范值，用户应注意确认。

③ 结构阻尼比

程序允许单独指定不同性能设计子模型的结构阻尼比，其参数含义同“地震信息”页的〈结构阻尼比〉含义。

④ 连梁刚度折减系数

程序允许单独指定不同性能设计子模型的连梁刚度折减系数，其参数含义同“调整信息 1”页中地震作用下的〈连梁刚度折减系数〉。

参数取值：根据工程实际情况进行选择。

注意事项：凡是未在此处勾选的模型选项，在指定构件性能目标时将不能选择相应的选项，例如未勾选“中震计算模型”的“不屈服”，则指定构件性能目标时将不允许选择“中震不屈服”选项。

(4) 采用 SAUSAGE-Design 刚度折减系数

参数含义：该参数仅对用 SAUSAGE 软件计算过的工程有效。采用 SATWE 的性能包络设计功能时，勾选此项，各子模型会自动读取相应地震水准下 SAUSAGE-Design 计算得到的刚度折减系数。读取得到的结果可在菜单【分析模型及计算/设计属性补充/刚度折减系数】中进行查看。

(5) 采用 SAUSAGE-Design 附加阻尼比

参数含义：该参数仅对用 SAUSAGE 软件计算过的工程有效。采用 SATWE 的性能包络设计功能时，勾选此项，各子模型会自动读取相应地震水准下 SAUSAGE-Design 计算得到的附加阻尼比信息。

3.3.1.21 鉴定加固（仅在鉴定加固模块相关菜单中出现）

本页是有关鉴定加固的信息，如图 3-51 所示。只有当用户选择鉴定结构或者砌体鉴定结构时，“鉴定加固”页才会变亮，允许选择。有关的参数说明请读者参考相关的鉴定加固用户手册。

3.3.2 多塔定义

在 SATWE 前处理菜单中，【参数定义】和【生成数据】这两项是必须执行的菜单，除此以外的其他各项菜单，用于定义特殊构件、特殊荷载、多塔结构等，其中多数菜单都不是必须执行的。限于篇幅，编者只对这些菜单进行简单的介绍，具体的操作步骤请读者参阅 SATWE 用户手册。本节首先介绍多塔定义。

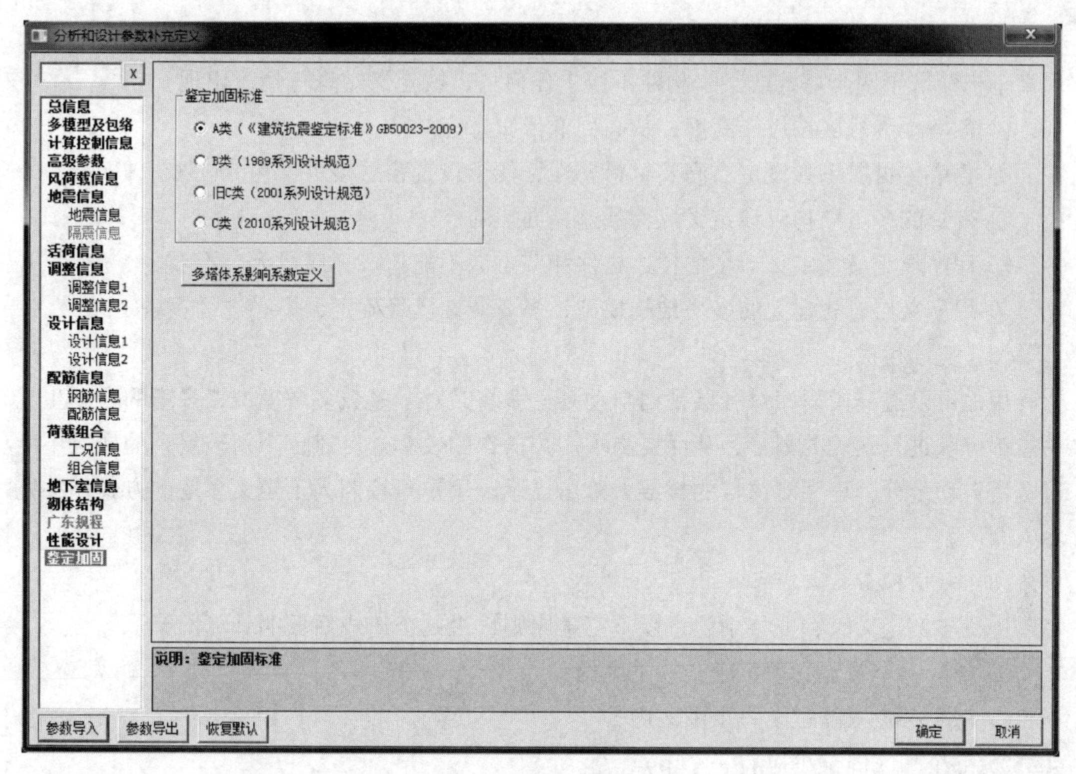

图 3-51　鉴定加固界面

本菜单用于补充定义结构的多塔信息，如图 3-52 所示。对于一个非多塔结构，可跳过本菜单的操作，直接执行【分析模型及计算/生成数据】，程序隐含规定该工程为非多塔结构。本菜单可以进行多塔定义、显示各塔的立面信息与有关参数（包括各层层高、构件的混凝土强度等级及钢材钢号等）、多塔检查以及指定设缝多塔结构的背风面等操作。本菜单定义的多塔信息保存在 SAT _ TOW. PM 和 SAT _ TOW _ PARA. PM 两个文件中，以后再启动 SATWE 的前处理文件时，程序会自动读入以前定义的多塔信息。若想取消已经定义的多塔信息，只要简单地将上述两个文件删除即可。若在 PMCAD 建模中进行过结构标准层的修改，则需要相应修改（或复核）补充定义的多塔信息。若结构的标准层数发生变化，则多塔定义信息不被保留。

图 3-52　多塔定义菜单

3. 3. 2. 1　多塔定义

(1) 交互定义

本菜单可定义多塔信息，点击【交互定义】后弹出“多塔定义”对话框，用户在其中输入定义多塔的塔数，并依次输入各塔的塔号、起始层号、终止层号，点击指定围区，以闭合折线围区的方法指定当前塔的范围。

在进行多塔定义时，应特别注意以下几点。

① 除广义楼层组装模型外，多塔结构必须进行多塔定义，否则程序按单塔分析，计算结果有误。

② 多塔定义时，围区线应当准确从各塔缝隙间通过（特别是带缝多塔结构），防止出现某个构件属于两个塔，或某个构件不属于任何塔，或定义空塔等情况出现。

③ 各塔楼编号应按塔楼高度，从高到低依次排序。

④ 各塔楼可以单独设定层高及材料属性，便于设置错层多塔结构。

⑤ 带缝的多塔结构应该定义风荷载遮挡面。

⑥ 程序限定最多定义十个塔楼，构件和节点数不能超限，底盘大小不限。

⑦ 用广义层方式建立的多塔结构模型，多塔属性已经确定，不必进行多塔定义。

(2) 自动生成

用户可以选择由程序对各层平面自动划分多塔，对于多数多塔模型，多塔的自动生成功能都可以进行正确的划分，从而提高了用户操作的效率。但对于个别较复杂的楼层不能对多塔自动划分，程序对这样的楼层将给出提示，用户可按照人工定义多塔的方式作补充输入即可。

(3) 多塔检查

进行多塔定义时，要特别注意以下三条原则，否则会造成后面的计算出错。

① 任意一个节点必须位于某一围区内；

② 每个节点只能位于一个围区内；

③ 每个围区内至少应有一个节点。

也就是说任意一个节点必须且只能属于一个塔，且不能存在空塔。点取【多塔检查】菜单，程序会对上述三种情况进行检查并给出提示。

(4) 多塔删除、全部删除

【多塔删除】会删除多塔平面定义数据及立面参数信息（不包括遮挡信息），【全部删除】会删除多塔平面、遮挡平面及立面参数信息。

3.3.2.2 遮挡定义

(1) 遮挡定义

本菜单可以指定设缝多塔结构的背风面，从而在风荷载计算中自动考虑背风面的影响。遮挡定义方式与多塔定义方式基本相同，需要首先指定起始和终止层号以及遮挡面总数，然后用闭合折线围区的方法依次指定各遮挡面的范围，每个塔可以同时有几个遮挡面，但是一个节点只能属于一个遮挡面。

定义遮挡面时不需要分方向指定，只需要将该塔所有的遮挡边界以围区方式指定即可，也可以两个塔同时指定遮挡边界，但要注意围区要完整包括两个塔在这个部位的遮挡边界。

(2) 遮挡删除

本菜单可以删除用户指定的遮挡信息。

3.3.2.3 层塔属性

(1) 属性定义

本菜单可显示多塔结构各塔的关联简图，还可显示或修改各塔的有关参数，包括各层各塔的层高、梁、柱、墙和楼板的混凝土强度等级、钢构件的钢号、底部加强区、约束边缘构件层、过渡层、加强层、薄弱层以及梁柱保护层厚度等。此外，新版程序还增加了指定若干层不输出位移比和自动计算镂空结构挡风面积的功能。

(2) 属性删除

本菜单可以删除用户自定义的数据，恢复缺省值。

3.3.3 设计模型补充（标准层）

PM模型数据经“分析与设计参数补充定义”后，如需对部分构件进一步指定其特殊属性信息，可执行【设计模型补充（标准层）】菜单，如图3-53所示，用户可以补充定义特殊梁、特殊柱、特殊支撑、特殊墙、弹性板、特殊节点、支座位移、材料强度和抗震等级等信息，本菜单补充定义的信息将用于SATWE计算分析和配筋设计。程序已自动对所有属性赋予初值，如无需改动，则可直接略过本菜单，进行下一步操作。用户也可利用本菜单查看程序初值。设定特殊构件后，程序可以根据规范的有关规定，选择计算方法，进行内力调整和采取相应的抗震构造措施。

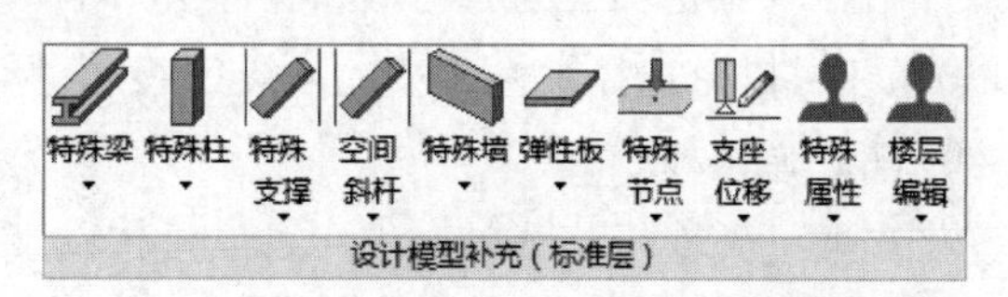

图3-53 设计模型补充（标准层）菜单

(1) 特殊梁

点取【特殊梁】菜单，程序可以设定以下几类特殊梁，包括：不调幅梁（指在配筋计算时不作弯矩调幅的梁）、连梁（指与剪力墙相连，允许开裂，可作刚度折减的梁）、转换梁（包括“部分框支剪力墙结构”的托墙转换梁和筒体结构的托柱转换梁等）、转换壳元（后续按转换墙属性设计）、（一端或两端）铰接梁、滑动支座梁（指一端有滑动支座约束的梁）、门式钢梁、托柱钢梁、耗能梁、组合梁、单缝连梁（仅设置单道缝的双连梁）、多缝连梁（可在梁内设置1～2道缝）、交叉斜筋（指定按“交叉斜筋”方式进行抗剪配筋的框架梁）以及对角暗撑（指定按“对角暗撑”方式进行抗剪配筋的框架梁）。程序还可以有选择地修改梁的抗震等级、材料强度、刚度系数、扭矩折减系数和调幅系数等，使结构设计更加灵活方便。

(2) 特殊柱

点取【特殊柱】菜单，程序可以设定以下几类特殊柱，包括：（上端、下端和两端）铰接柱、角柱、转换柱（包括“部分框支剪力墙结构”的框支柱和托柱转换结构的转换柱等）、门式钢柱、水平转换柱以及隔震支座柱。程序还可以有选择地修改柱的抗震等级、材料强度和剪力系数（即柱地震剪力调整系数）。

(3) 特殊支撑

点取【特殊支撑】菜单，程序可以设定以下几类特殊支撑，包括：两端刚接支撑、（上端、下端和两端）铰接支撑、人字/V支撑、十字/斜支撑、水平转换支撑、单拉杆

(如钢结构中的柱间支撑、屋面支撑、桁架杆件、系杆等)以及隔震支座支撑。程序还可以有选择地修改支撑的抗震等级和材料强度。

(4) 空间斜杆

以空间视图的方式显示结构模型，用于PM建模中以斜杆形式输入的构件的补充定义。

(5) 特殊墙

点取【特殊墙】菜单，程序可以设定以下几类特殊墙，包括：地下室人防设计中的临空墙、地下室外墙、转换墙(指工程中常出现的超大梁转换构件、箱式转换构件、加强层的实体伸臂和环带、悬挑层的实体伸臂等，程序允许用户按照墙输入，并称这些用来“模拟水平转换构件的剪力墙”为“转换墙”)、外包/内置钢板墙、设缝墙梁(对于高跨比很大的高连梁，可以使用设缝墙梁功能将该片连梁分割成两片高度较小的连梁)、交叉斜筋(指定相应的剪力墙，程序会对洞口上方的墙梁按“交叉斜筋”方式进行抗剪配筋)以及对角暗撑(指定相应的剪力墙，程序会对洞口上方的墙梁按“对角暗撑”方式进行抗剪配筋)，还可以有选择地修改墙的抗震等级、材料强度和配筋率。

(6) 弹性板

点取【弹性板】菜单，程序可以设定以下三类弹性楼板。

① 弹性楼板6：程序真实地计算楼板平面内和平面外的刚度，主要用于板柱结构和板柱-剪力墙结构。

② 弹性楼板3：假定楼板平面内无限刚，程序仅真实地计算楼板平面外刚度，主要用于厚板转换层结构中的转换厚板。

③ 弹性膜：程序真实地计算楼板平面内刚度，楼板平面外刚度不考虑(取为0)，主要用于空旷的工业厂房和体育场结构、楼板局部大开洞结构、楼板平面布置时产生的狭长板带、框支转换结构中的转换层楼板以及多塔联体结构中的弱连接板等结构。

(7) 特殊节点

点取【特殊节点】菜单，程序可以指定节点的附加质量。附加质量是指不包含在恒载、活载中，但规范中规定的地震作用计算应考虑的质量，比如吊车桥架重量、自承重墙等。这里输入的附加节点质量只影响结构地震作用计算时的质量统计。

(8) 支座位移

点取【支座位移】菜单，用户可以在指定工况下编辑支座节点的六个位移分量。程序还提供了“读基础沉降结果”功能，可以读取基础沉降计算结果作为当前工况的支座位移。

(9) 特殊属性

点取【特殊属性】菜单，用户可以查看/修改所有构件的抗震等级/材料强度值、指定人防构件、指定某些构件的重要性系数、指定竖向地震构件以及指定构件是否参与楼层受剪承载力统计等。

(10) 楼层编辑

点取【楼层编辑】菜单，用户可以将在前一标准层中定义的特殊梁、柱、墙、弹性板及节点信息按坐标对应关系复制到当前标准层，以达到减少重复操作的目的。还可清除当前标准层或全楼的特殊构件定义信息，使所有构件都恢复其隐含假定。

3.3.4 设计模型补充（自然层）

【设计模型补充（自然层）】菜单如图3-54所示，用户可以补充定义施工次序、活荷载折减系数、温度荷载、特殊风荷载、外墙及人防等信息，本菜单补充定义的信息将用于SATWE计算分析和配筋设计。程序已自动对所有属性赋予初值，如无需改动，则可直接略过本菜单，进行下一步操作。用户也可利用本菜单查看程序初值。

3.3.4.1 施工次序

《高层规程》第5.1.9条规定，“复杂高层建筑及房屋高度大于150m的其他高层建筑结构，应考虑施工过程的影响”。软件支持构件级施工次序的定义，从而满足部分复杂工程的需要。当【参数定义】“总信息”页中的参数〈恒活荷载计算信息〉选择“构件级施工次序”之后，可使用该菜单进行构件施工次序补充定义，如图3-55所示。

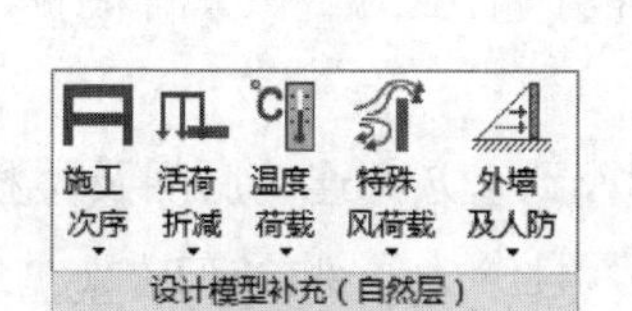

图3-54 设计模型补充（自然层）菜单

图3-55 施工次序菜单

(1) 交互定义

点击【交互定义】后出现“施工次序定义”对话框，可以同时对梁、柱、支撑、墙、板中的一种或几种构件同时定义安装次序和拆卸次序。也可以在“施工次序定义”对话框中点选构件类型并填入安装和拆卸次序号，然后在模型中选择相应的构件即可完成定义。当用户需要指定该层所有某种构件类型的施工次序，例如全部的梁时，只需点选梁并填入施工次序号，框选全部模型即可，没有点选的构件类型施工次序不会被改变。

(2) 楼层次序

【楼层次序】会显示“总信息”页默认的结构楼层施工次序，即逐层施工。当用户需要进行楼层施工次序修改时，在相应“层号”的“次序号”上双击，填入正确的施工次序号即可。这两处是相互关联的，在一处进行了修改另外一处也对应变化，从而更加方便用户进行施工次序定义。

(3) 动画显示

当用户完成对构件施工次序的定义之后，能够以动画的方式进行查看。该功能主要目的是以直观的方式检查某些构件施工次序是否遗漏定义或定义不当。

(4) 本层删除、空间斜杆全删、全楼删除

【本层删除】、【空间斜杆全删】、【全楼删除】分别用于删除当前层用户自定义的构件施工次序、用户自定义的全部空间斜杆施工次序和全部楼层中用户自定义的构件施工次序，删除之后构件变成初始默认的施工次序，即按层施工。

3.3.4.2 活荷折减

SATWE 除了可以在【参数定义】的“活荷信息”页中设置活荷载折减和消防车荷载折减外，还可以在该菜单中定义构件级的活荷载和消防车荷载折减，从而使定义更加方便灵活。

点击【设计模型补充（自然层）/活荷折减】，程序弹出如图 3-56 所示的活荷折减菜单。

(1) 自动生成

程序默认的活荷载折减系数是根据【参数定义】的“活荷信息”页中楼面活荷载折减方式确定的。活荷载折减方式分为传统方式和按荷载属性确定构件折减系数的方式（具体规定参见《建筑结构荷载规范》5.1.2 条）。其中，按荷载属性确定构件折减系数的具体方法如下：

① 对于梁、墙梁，程序会对其周围的房间进行遍历，每个房间根据《荷载规范》5.1.2-1 得到一个折减系数，最后取大。

② 对于柱、墙柱（支撑不自动折减），首先要找到上方相连的房间及楼板活荷载（如图 3-57 所示），该柱子承担的楼板活荷载根据房间属性分为几部分：L_1（对应房间属性 1(1)），L_2（对应房间属性 1(2)～7），L_3（对应房间属性 8）。对于住宅房间（1(1)），根据柱上方相连住宅的层数，通过表 5.1.2 确定相应折减系数 C_1，对于其他房间类型根据 5.1.2-2 得到相应折减系数 C_i，最后把折减后的效应累加起来，除以折减前的总荷载即可得到该柱的折减系数：$C=\dfrac{\sum C_i L_i}{\sum L_i}$

如果定义了消防车工况，程序会自动生成消防车荷载折减系数。梁、墙梁默认折减系数根据《荷载规范》5.1.2-1 条取值，柱、墙柱默认按照【参数定义】的“活荷信息”页中的〈柱、墙设计时消防车荷载折减系数〉取值，支撑默认不折减。

(2) 交互定义

点击该菜单后出现“活载折减系数定义”对话框，点选构件类型并填入折减系数，然后在模型中选择相应的构件即可完成定义。当用户需要指定该层所有某种构件类型的折减

系数，例如全部的梁时，只需点选梁并填入折减系数，框选全部模型即可，没有点选的构件类型折减系数不会被改变。

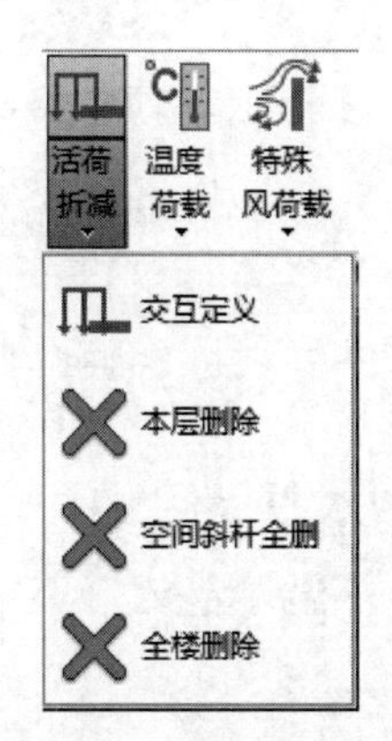

图 3-56　活荷折减菜单

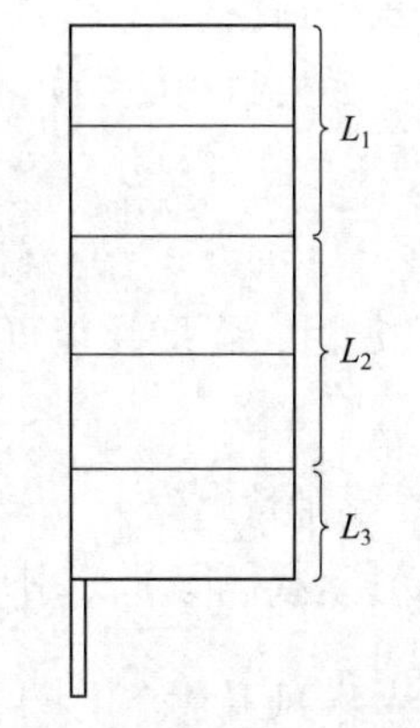

图 3-57　柱及上连房间示意图

(3) 本层删除、空间斜杆全删、全楼删除

【本层删除】、【空间斜杆全删】、【全楼删除】分别用于删除当前层用户自定义的活荷折减系数、用户自定义的全部空间斜杆活荷折减系数和全部楼层中用户自定义的活荷折减系数，删除之后构件变成初始默认的折减系数。

3.3.4.3　温度荷载

考虑到构件内外温度差的平均值比构件原始温度高（或低）造成的伸长（或缩短）效应，SATWE 可以通过设置节点温度差或构件温度差反映结构的温度变化，实现温度应力分析。

点击【设计模型补充（自然层）/温度荷载】，程序弹出如图 3-58 所示的温度荷载菜单。本菜单通过指定结构节点的温度差来定义结构温度荷载，温度荷载的定义保存在 SATWE _ TEM. PM 文件中，若想取消温度荷载的定义，只要简单地将该文件删除即可。

除了第 0 层对应的是首层地面外，其余各层平面均为楼面。

如果用户在 PMCAD 建模中对某一标准层的平面布置进行过修改，则需要相应地修改该标准层对应各层的温度荷载。所有平面布置未被改动的构件，程序会自动保留其温度荷载。但是当结构层数发生变化时，用户应对各层的温度荷载重新进行定义，否则可能导致计算出错。

图 3-58　温度荷载菜单

(1) 节点温差

点击该菜单会弹出“温度荷载定义”对话框。温差是指结构某部位的当前温度值与该部位处于自然状态（无温度应力）时的温度值的差值。升温为正，降温为负。单位是摄氏度。

① 指定　用鼠标捕捉相应节点，被捕捉到的节点将被赋予当前温差。未被捕捉到的节点温差为零。如果某个节点被重复捕捉，则以最后一次捕捉时的温差值为准。

② 删除　用鼠标捕捉相应节点，被捕捉到的节点温差为零。

③ 全楼同温　如果结构统一升高或降低一个温度值，可以点取此项，将结构所有节点赋予当前温差。

(2) 拷贝前层

当前层为第I层时，点取该项可将I—1层的温度荷载拷贝过来，然后在此基础上进行修改。

(3) 本层删除、全楼删除

【本层删除】、【全楼删除】分别用于删除本层或全楼的全部温差定义。

3.3.4.4 特殊风荷载

对于平、立面变化比较复杂，或者对风荷载有特殊要求的结构或某些部位，例如空旷结构、体育场馆、工业厂房、轻钢屋面、有大悬挑结构的广告牌、候车站、收费站等，普通风荷载的计算方式可能不能满足要求，此时，用户可以采用【设计模型补充（自然层）/特殊风荷载/自动生成】菜单以更精细的方式自动生成风荷载，还可以在此基础上进行修改，补充定义作用于梁和节点上的特殊风荷载，并将特殊风荷载与恒载、活载、地震作用等进行组合。

执行【设计模型补充（自然层）/特殊风荷载】，程序将弹出如图3-59所示的特殊风荷载菜单。本菜单定义的特殊风荷载信息保存在文件SPWIND.PM中，如果想取消特殊风荷载的定义，只要简单地将该文件删除即可。特殊风荷载定义的方式有两种：程序自动生成和用户补充定义。

(1) 屋面体型系数

点击该菜单会弹出“屋面体型系数”对话框，用户可指定屋面层各斜面房间的迎风面、背风面的体型系数。对于不需要考虑屋面风荷载的结构，可直接执行【自动生成】命令，生成各楼层的特殊风荷载。

(2) 自动生成

自动生成特殊风荷载时，应首先在【参数定义】菜单“风荷载信息”页的〈特殊风体型系数〉中指定迎风面体型系数、背风面体型系数、侧风面体型系数和挡风系数，然后在【特殊风荷载】中点击【自动生成】菜单，弹出“自动生成”对话框（如图3-60所示），可进行结构横向方向和特殊风荷载生成方式的设置。

① 结构横向方向　选择“X向”或“Y向”，以确定屋顶层梁上的风荷载作用形式。当横向为X方向时，屋面层与X方向平行的梁所在房间的屋面风荷载体型系数非零时，就生成梁上均布风荷载。反之，当横向为Y方向时，屋面层与Y方向平行的梁所在房间的屋面风荷载体型系数非零时，就生成梁上均布风荷载（向上或向下）。有了以上两个补充参数后，程序在生成特殊风时，就会自动形成相应方向的梁上均布风荷载。

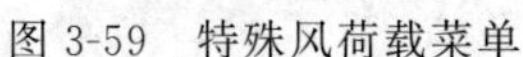
图 3-59　特殊风荷载菜单

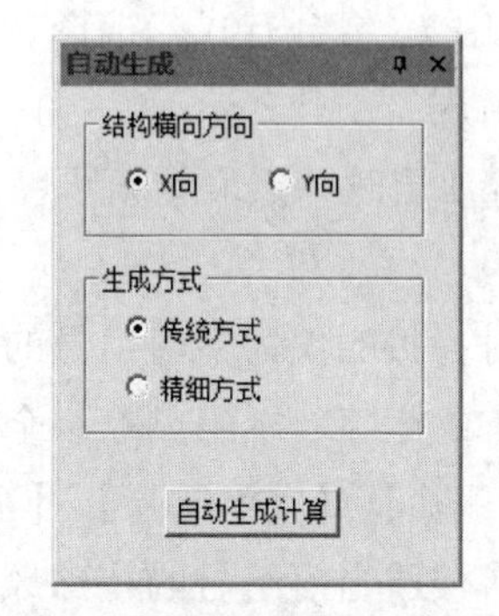

图 3-60　特殊风荷载自动生成对话框

② 生成方式　选择“传统方式”或“精细方式”，其中传统方式将风荷载分配到边界节点上，精细方式会将节点上的风荷载分配到该节点相连的柱上，形成柱间均布风荷载。

程序将按如下方式自动生成风荷载。

a. 首先自动搜索各塔楼平面，找出每个楼层的封闭多边形。

b. 计算不同方向的风荷载时，将此多边形向对应方向做投影，找出最大迎风面宽度以及属于迎风面边界和背风面边界上的节点。

c. 根据迎风面体型系数、迎风面宽度和楼层高度计算出迎风面所受的风荷载。

d. 将迎风面荷载仅分配给属于迎风面边界上的节点。这里的节点指的是布置有构件的节点。如果自动生成时选择了“精细方式”，则会将节点上的荷载平均分配到柱上，形成柱间均布风荷载。

背风面、侧风面与迎风面的处理相似。

自动生成的特殊风荷载是针对全楼的，执行一次【自动生成】命令，程序生成整个结构的特殊风荷载。对于不需要考虑屋面风荷载的结构，可直接执行【自动生成】命令，程序生成各楼层的特殊风荷载。

注意事项：如果用户在 PMCAD 建模中对某一标准层的平面布置进行过修改，则需要相应地修改该标准层对应各层的特殊风荷载。所有平面布置未被改动的构件，程序会自动保留其风荷载。但是当结构层数发生变化时，用户应对各层的风荷载重新进行定义，否则可能导致计算出错。

(3) 查看/修改

自动生成特殊风荷载后，用户可以对特殊风荷载进行查看、修改或删除。如果有必要，还可以在自动生成的基础上补充定义作用在柱顶节点或梁上的风荷载，并定义特殊风荷载与其他荷载的组合系数。特殊风荷载只能作用于梁上、柱上或节点上，并用正负荷载表示压力或吸力。梁上的特殊风荷载只允许指定竖向均布荷载，柱上可以指定 X、Y 向均布风荷载，节点荷载可以指定六个分量。

定义了特殊风荷载后，程序就会按默认方式将特殊风荷载与恒载、活载、地震作用等进行组合。如果用户想要查看或修改程序默认的组合方式，可以在【参数定义】菜单的“组合信息”页中，〈组合方式〉选择“采用用户自定义组合”。

(4) 拷贝前层

当前层为第I层时，点取该项可将I—1层的特殊风荷载拷贝过来，然后在此基础上进行修改。

注意：此时拷贝的仅为当前组号的荷载，其余组的荷载不会被拷贝。

(5) 本层本组删除、本组删除、全楼删除

【本层本组删除】、【本组删除】、【全楼删除】分别用于删除当前层当前组号的特殊风荷载定义、所有楼层当前组号的特殊风荷载定义、所有楼层所有组号的特殊风荷载定义。

3.3.4.5 外墙及人防

图 3-61 外墙及人防菜单

该菜单便于用户查看地下室外墙属性和荷载信息，点击【设计模型补充（自然层）/外墙及人防】，程序弹出如图3-61所示的外墙及人防菜单。

(1) 交互定义

点击该菜单后出现“外墙及人防”对话框，程序在自然层上提供地下室外墙和人防墙的属性定义、荷载查看及修改功能。

(2) 本层删除、全楼删除

【本层删除】、【全楼删除】分别用于删除本层或全楼的自定义外墙及人防信息。

3.4 分析模型及计算

点击SATWE分析设计模块的菜单【分析模型及计算】时，程序显示如图3-62所示的菜单界面。下面对【分析模型及计算】中部分菜单的功能进行讲解。

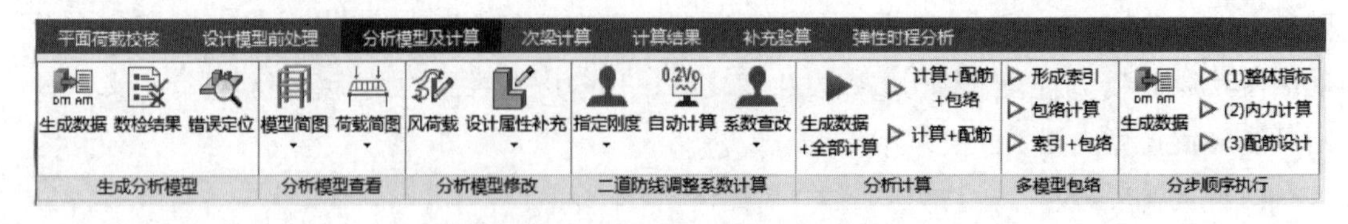

图 3-62 SATWE分析模型及计算菜单

3.4.1 生成分析模型

【生成分析模型】菜单中包括【生成数据】、【数检结果】和【错误定位】三项子菜单，

其中【生成数据】菜单的功能是综合 PMCAD 生成的建模数据和前述几项菜单输入的补充信息，将其转换成空间结构有限元分析所需的数据格式，并执行数据检查。在数检过程中，如果发现几何数据文件或荷载数据文件有错，程序会在数检报告中输出有关错误信息，用户可点取【数检结果】菜单查阅数检报告中的有关信息。此外，用户还可点击【错误定位】菜单，程序弹出“模型检查 SAT”对话框，里面列出了所有出错信息，双击要查找的一行，图形窗口显示的三维模型中会自动定位并加亮显示与此错误相关的图素。

新建工程必须在执行【生成数据】或【生成数据＋全部计算】后，才能生成分析模型数据，继而才允许对分析模型进行查看和修改。用户可单步执行【生成分析模型/生成数据】和【分析计算/计算＋配筋】，也可点击【分析计算/生成数据＋全部计算】菜单，连续执行全部的操作。此外，只要在 PMCAD 中修改了模型数据或在 SATWE 的【设计模型前处理】中修改了参数、特殊构件等相关信息，都必须重新执行【生成数据】和【计算＋配筋】或【生成数据＋全部计算】，才能使修改生效，从而得到针对新的分析模型的分析和设计结果。

生成数据的过程是将结构模型转化为计算模型的过程，是对 PMCAD 建立的结构进行空间整体分析的一个承上启下的关键环节，模型转化主要完成以下几项工作。

① 根据 PMCAD 结构模型和 SATWE 计算参数，生成每个构件上与计算相关的属性、参数以及楼板类型等信息。

② 生成实质上的三维计算模型数据。根据 PMCAD 模型中已有数据确定所有构件的空间位置，生成一套新的三维模型数据。该过程中会将按层输入的模型进行上下关联，构件之间通过空间节点相连，从而得以建立完备的三维计算模型信息。

③ 将各类荷载加载到三维计算模型上。

④ 根据力学计算的要求，对模型进行合理简化和容错处理。使模型既能适应有限元计算的需求，又确保简化后的计算模型能够反映实际结构的力学特性。

⑤ 在空间模型上对剪力墙和弹性板进行单元划分，为有限元计算准备数据。

实例操作：

点击菜单【生成数据】，弹出如图 3-63 所示的执行“生成数据”操作提示对话框，点击〈是（Y）〉按钮，然后弹出信息输出对话框，显示程序正在生成分析模型数据，完成后如图 3-64 所示，点击〈确定〉按钮退出。

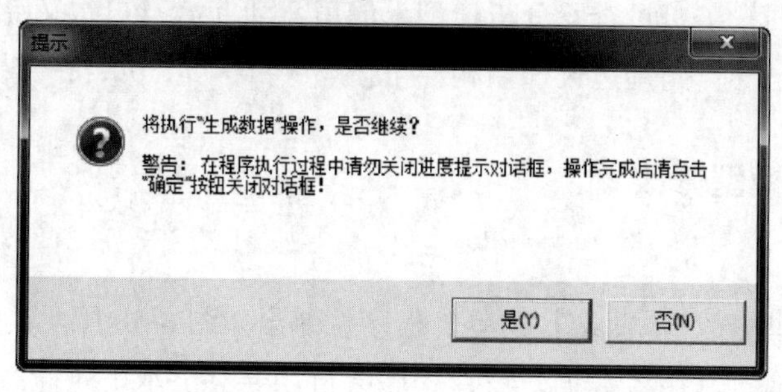

图 3-63　执行“生成数据”操作提示对话框

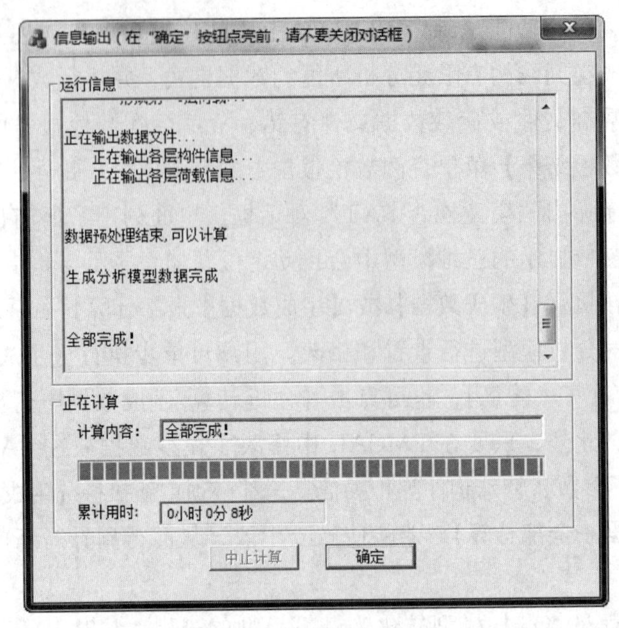

图 3-64　信息输出对话框

3.4.2　分析模型查看

这项菜单的功能是以图形方式检查几何数据文件和荷载数据文件的正确性，用户可通过这项菜单输出的图形复核结构构件的布置、截面尺寸、荷载分布及墙元细分等有关信息，如图 3-65 所示，一共包括 4 项内容，分别是平面简图、空间简图、恒载简图和活载简图。

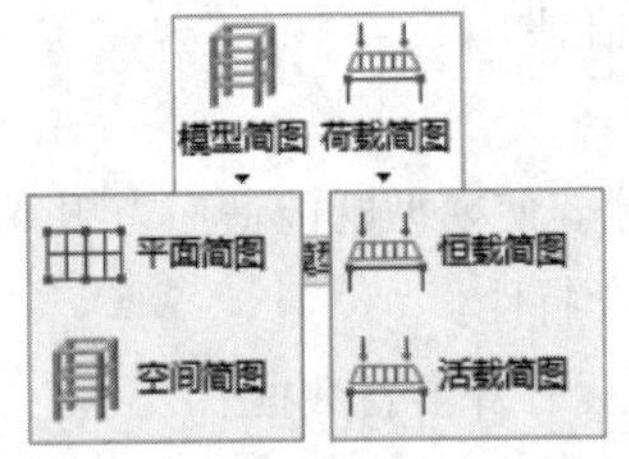

图 3-65　分析模型查看菜单

实例操作：

分别点击菜单【模型简图/平面简图】、【荷载简图/恒载简图】，程序显示如图 3-66、图 3-67 所示的工作界面。

通过【平面简图】菜单可了解如下信息。

① 结构的各层平面布置、节点编号、构件截面尺寸等信息。

② 复核结构的几何布置是否正确。

③ 检查墙元数据的正误，了解墙元细分情况。

通过【荷载简图】菜单可查看分析模型上的恒、活荷载及自定义荷载，PMCAD 中布置的楼面荷载此时已导算到周边梁、墙构件上。

3.4.3　分析模型修改

(1) 风荷载

执行【分析模型修改/风荷载】菜单，程序将弹出如图 3-68 所示的水平风荷载查询修改工作界面。用户执行【生成数据】后，程序会自动导算出水平风荷载用于后续计算。如

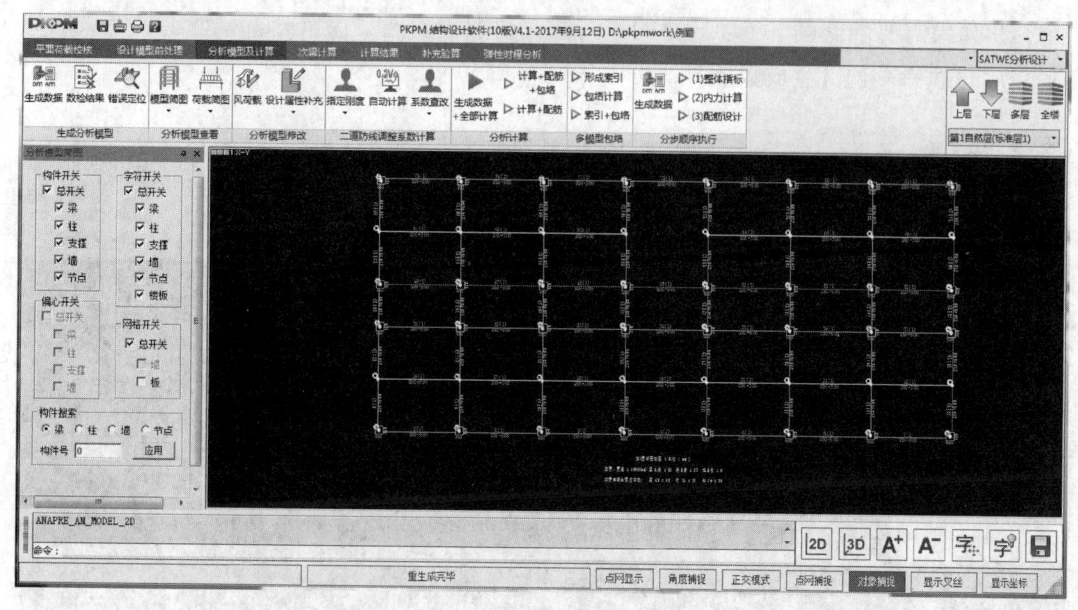

图 3-66　平面简图工作界面

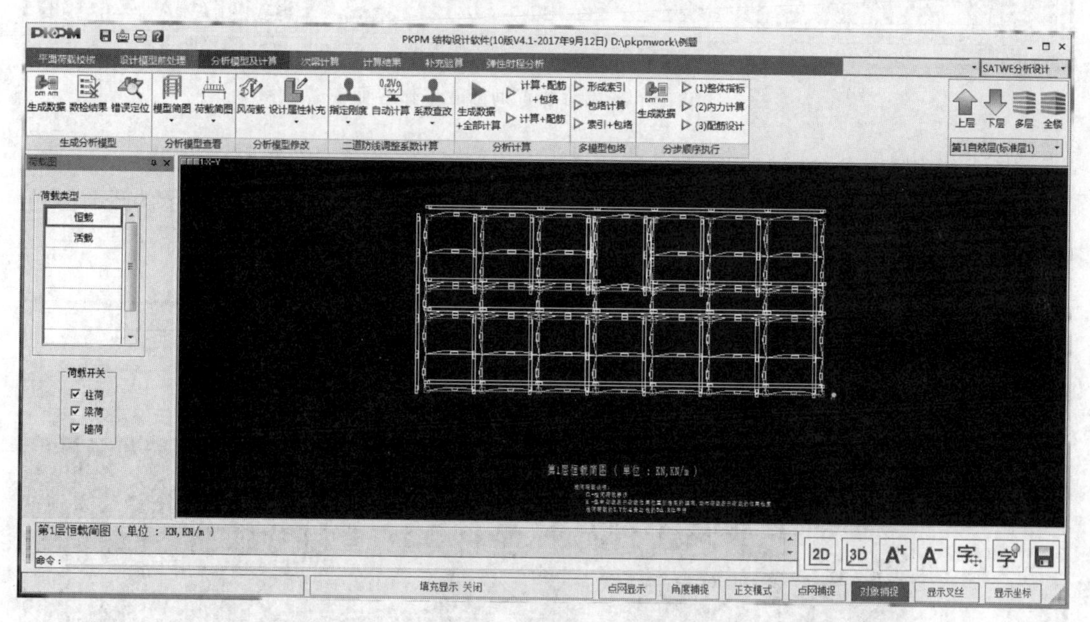

图 3-67　荷载简图工作界面

果用户需要对程序自动导算的风荷载进行修改，可在本菜单中查看并修改。修改后，即可执行内力分析和配筋计算，无需再执行【生成数据】。

注意事项：① 如果用户需要保留在本菜单中修改的风荷载数据，则应在【参数定义】菜单的“计算控制信息”页面中勾选“保留分析模型上自定义的风荷载”，使修改生效，否则自定义的数据将被删除，恢复程序自动导算的风荷载。

② 如果在 PMCAD 中对结构的几何布置或层数进行了修改，则不可保留自定义的水平风荷载，需要重新生成数据后再进行修改。

③ 如果需要恢复程序自动导算的风荷载，则取消勾选“保留分析模型上自定义的风荷载”，再执行一遍【生成数据】即可。

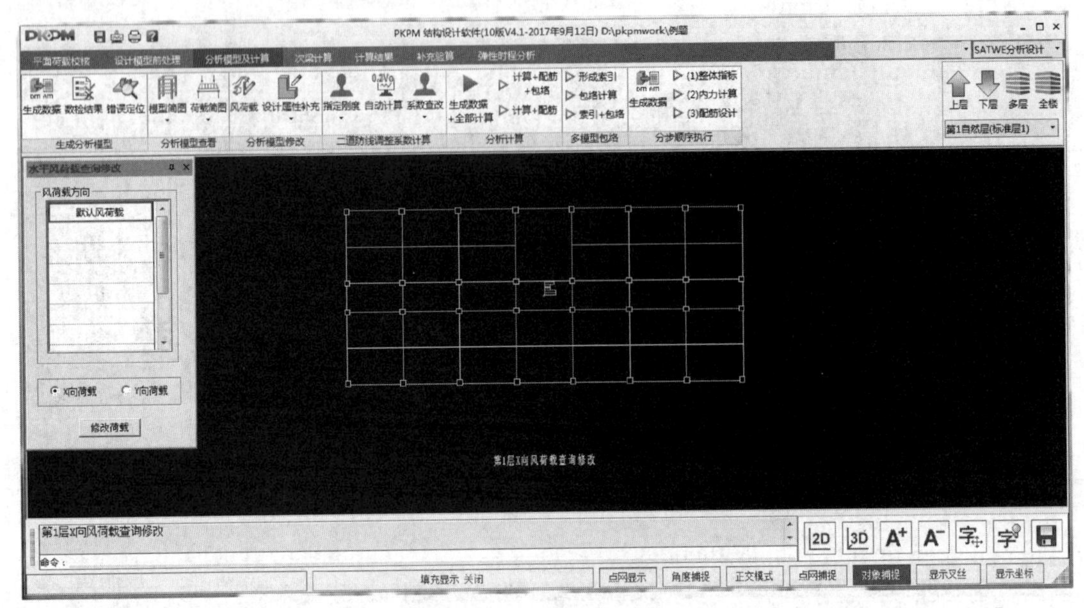

图 3-68 水平风荷载查询修改工作界面

(2) 设计属性补充

执行【分析模型修改/设计属性补充/交互定义】，程序显示如图 3-69 所示的设计属性补充定义工作界面。

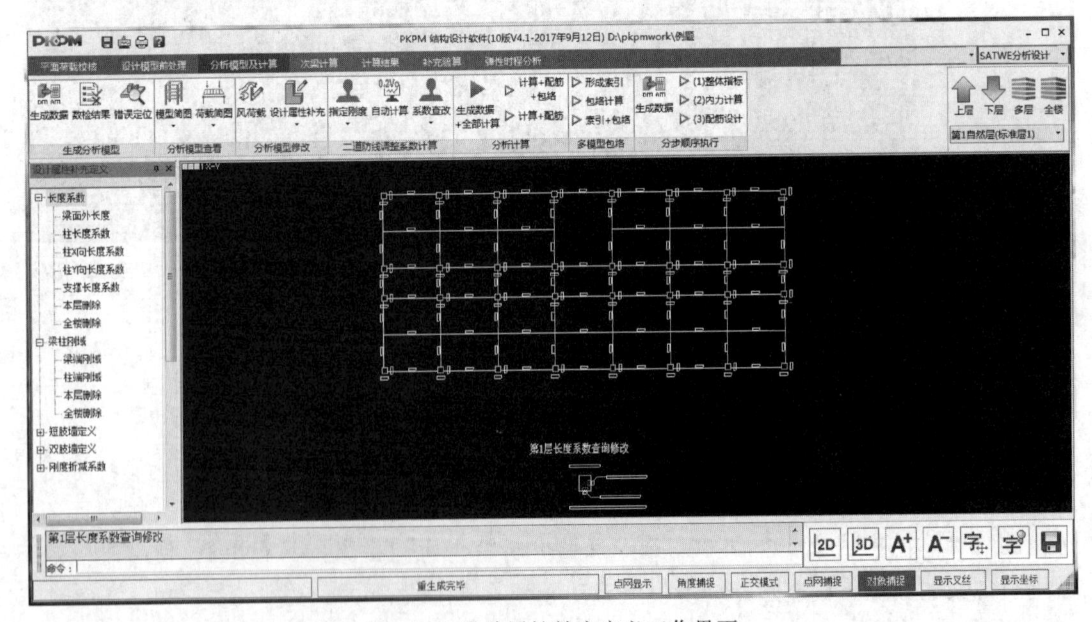

图 3-69 设计属性补充定义工作界面

本菜单用来进行计算长度系数、梁柱刚域、短肢墙、非短肢墙、双肢墙和刚度折减系数的指定，用户可根据工程的实际情况对上述参数进行修改。修改后，自定义的信息在下次执行【生成数据】时仍将保留，除非模型发生改变。如需恢复程序缺省值，只需在左侧或下拉菜单中执行相应删除操作即可。

注意事项：① 程序在生成数据过程中自动计算柱长度系数及梁面外计算长度（支撑长度系数默认为 1.0）以及梁、柱刚域长度，用户可查看或修改。

② 短肢墙和非短肢墙没有默认值，在后续分析和设计过程中才会进行自动判断。用户在这里指定的短肢墙和非短肢墙是优先级最高的，高于程序自动判断的结果。若用户不认同程序自动判断的某些短肢墙，可以在这里取消其短肢墙的属性，程序不会对其进行短肢墙的相关设计。

③《高层规程》第 7.2.4 条规定，抗震设计的双肢剪力墙，其墙肢不宜出现小偏心受拉；当任一墙肢为偏心受拉时，另一墙肢的弯矩设计值及剪力设计值应乘以增大系数 1.25 倍。程序的做法是当任一墙肢为偏心受拉时，对双肢剪力墙的两肢的弯矩设计值及剪力设计值均放大 1.25 倍。另外，程序不会对用户指定的双肢墙做合理性判断，用户需要保证指定的双肢墙的合理性。

④ 连梁刚度折减系数以前处理设计模型中定义的值为默认值；如果在【参数定义】的“多模型及包络”信息页中勾选了“少墙框架结构自动包络设计”，则相应少墙框架子模型墙柱刚度折减系数默认值按参数定义中的“墙柱刚度折减系数”取值；其他情况下构件刚度折减系数默认值为 1.0。

⑤ 退出本菜单后，即可执行内力分析与配筋计算，无需再执行【生成数据】。

3.4.4 分析计算

生成数据后，点取【计算＋配筋】菜单，也可直接点取【生成数据＋全部计算】菜单，程序将按照设定的参数开始进行结构整体内力分析与配筋计算。

实例操作：

点击菜单【分析计算/计算＋配筋】，弹出提示对话框，点击〈是（Y）〉按钮，然后弹出信息输出对话框，显示程序正在计算分析模型数据，如图 3-70 所示。计算完成后，程序自动将界面切换至【计算结果】菜单界面。

3.4.5 分步顺序执行

随着荷载类型与工况的增加，执行设计部分的耗时逐渐增长，可能达到与整体分析部分相近的程度。在方案设计或初步设计阶段，用户常不需要执行构件设计部分。在构件设计阶段，也可能不需要利用上次整体分析的结果，调整某些参数后重新进行构件设计。因此分析、设计可分步执行，可以为用户节约时间、提高效率。

为此，程序设置了分步执行方案，分为“整体指标（无构件内力）”、“内力计算（整

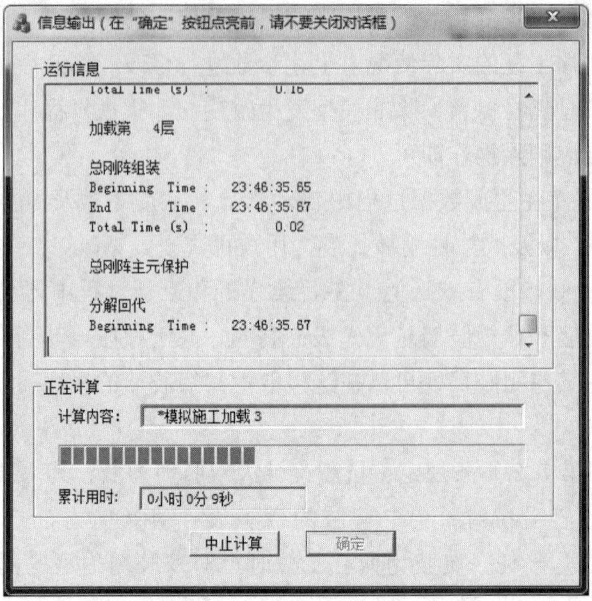

图 3-70　SATWE 计算分析过程

体指标＋构件内力）”和“配筋设计（只配筋）”三步，如图 3-71 所示。

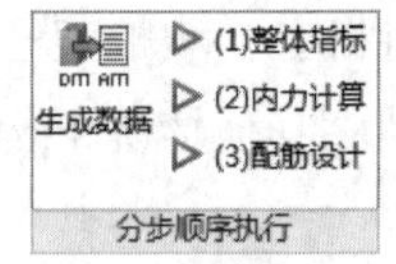

图 3-71　分步顺序执行菜单

执行【整体指标】的前提为已生成数据，执行【内力计算】的前提为已生成数据，执行【配筋设计】的前提为已生成数据并执行过【内力计算】。

【分步顺序执行】计算完成后，用户可以到后处理模块即【计算结果】菜单中查看计算结果。不同的分步，可以查看的结果也不完全相同。例如，只进行“整体指标”计算时，程序只计算质量、周期、刚度、位移指标、结构体系指标等，不计算构件内力、不配筋，后处理模块中可以查看结构振型图、位移图、楼层指标及对应文本结果。

注意事项：当未执行【生成数据】时，【分步顺序执行】菜单置灰，不可用。

3.5　次梁计算

此项菜单的功能是将在 PMCAD 中输入的次梁按“连续梁”简化力学模型进行内力分析，并进行截面配筋设计。只有在 PMCAD 建模中定义并布置过次梁，应用 SATWE 进行结构分析时才执行该菜单，如果在 PMCAD 建立结构模型时将所有楼层的梁均按主梁布置，则该菜单可以跳过不执行。

点击 SATWE 分析设计模块的【次梁计算】时，程序显示如图 3-72 所示的菜单界面。点击【计算参数】，程序首先弹出如图 3-73 所示的次梁计算参数对话框，要求用户输入次梁支座处的负弯矩调幅系数、文字高宽以及包络线图比例，其中负弯矩调幅系数的程序默

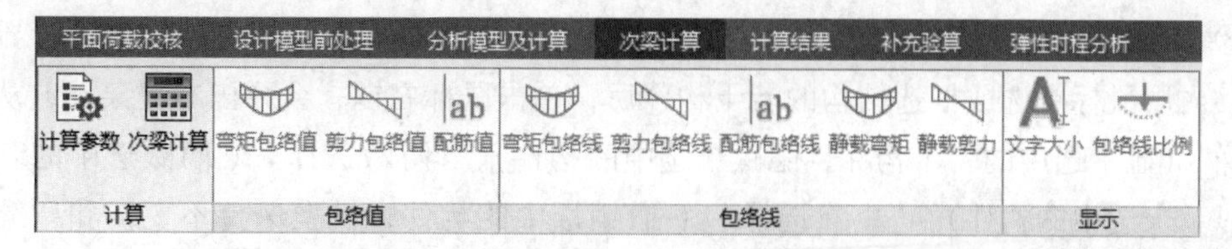

图 3-72 SATWE 次梁计算菜单

认值为 1.0，即不进行负弯矩调整。程序允许考虑混凝土的塑性变形内力重分布，可以适当减小梁支座处的负弯矩，并相应增大梁跨中正弯矩，因此可以将次梁支座处的负弯矩调幅系数取小于 1 的数，一般取值为 0.8～1.0。本书例题的次梁支座负弯矩的调幅系数可取 0.85。

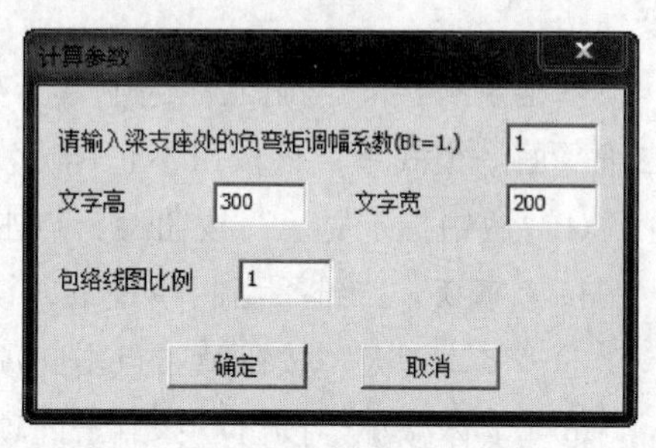

图 3-73 次梁计算参数对话框

当输入计算参数后，点击【次梁计算】子菜单，程序对次梁进行内力分析和配筋计算，用户可以选择计算后的各种内力图（包括弯矩包络值图、剪力包络值图、静荷载弯矩图、弯矩包络线图、静荷载剪力图、剪力包络线图）和配筋结果信息（包括配筋值图和配筋包络线图）进行查询和修改编辑。

3.6 计算结果

执行【配筋＋计算】过程完成后，程序会自动转换到结果查看界面，用户也可点取工具栏中的【计算结果】菜单，程序进入 SATWE 后处理菜单界面。

3.6.1 通用功能

(1) 右下角工具栏

为方便用户查看计算结果，后处理主界面的右下角工具栏中提供了多种通用功能，如图 3-74 所示。

图 3-74 右下角工具栏

各按钮的具体功能介绍如下。

①“切换至二维平面图”按钮2D：点击此项，能够以二维平面图的方式查看计算结果。

②“切换至三维单线图”按钮3D：点击此项，能够以三维单线图的方式查看计算结果。

③“指定显示”按钮：通过此项，用户可以交互选择局部范围内的构件进行显示或隐藏。当用鼠标点选或框选结构的若干构件后，单击鼠标右键，会弹出右键菜单，从“显示选择”(显示选中的若干构件，隐藏未选中的构件)、“隐藏选择”(隐藏选中的若干构件，显示未选中的构件)、“重新选择”(撤销选中的构件，模型保持不变）和“继续选择”(选中若干构件后，点击此项，可继续选择构件）四个选项中选择其一即可完成操作。

注意事项：a. 当用鼠标选中若干构件后，若不单击鼠标右键，可继续选择构件；b. 二维平面图模式下，该按钮不起作用。

④“撤销指定显示”按钮：点击此项，显示“指定显示”操作之前的结构模型。

注意事项：二维平面图模式下，该按钮不起作用。

⑤“字体增大”按钮：点击此项，可以增大简图上的文字。

⑥“字体减小”按钮：点击此项，可以减小简图上的文字。

⑦“字高置零”按钮：此按钮主要用于内力菜单。画内力图时，点击此项，构件内力图用阴影线图表示。

注意事项：点击“字高置零”按钮后，需点击“字体增大”按钮才能恢复字高。

⑧“幅值增大”按钮：画内力、包络等简图时，若绘图比例太小，可点击此项将绘图比例放大。

⑨“幅值减小”按钮：画内力、包络等简图时，若绘图比例太大，可点击此项将绘图比例缩小。

⑩“*XY* 平面投影”按钮：点击此项，显示 *XY* 平面的投影图。

⑪“*YZ* 平面投影”按钮：点击此项，显示 *YZ* 平面的投影图。

⑫“*ZX* 平面投影”按钮：点击此项，显示 *ZX* 平面的投影图。

⑬“三维显示”按钮：点击此项，可以显示三维实体线框图。

注意事项：二维平面图模式下，该按钮不起作用。

⑭“实时漫游”按钮：点击此项，可以显示三维实体渲染图。

注意事项：a. 该按钮仅在单击“三维显示”按钮之后才会生效；b. 二维平面图模式下，该按钮不起作用。

⑮“切片”按钮：点击此项，会弹出切片方式选择对话框（如图 3-75 所示)，选择某一方式进行切片操作后，可以显示切片后的结构模型及其结果。

所谓“切片”，可以理解为：一三维空间中任意放置的、无限延展的平面 *P*，*P* 与三维结构 *S* 相交，凡落在 *P* 平面上的 *S* 的构件被保留，余者舍弃。被保留的构件所形成的平面结构就是切片的结果。要进行切片操作，即是要将切片平面 *P* 定义清楚。下面列出各切片方式的使用方法（下面所说的交点，指的都是节点)。

a. 平行于 *X-Y*、*Y-Z*、*Z-X* 平面切片：捕捉切片面与结构的一个交点；

b. 平行于 *X*、*Y*、*Z* 轴切片：捕捉切片面与结构的两个交点；

c. 指定三点的平面切片：捕捉切片面与结构的三个交点。

⑯“移动字符”按钮字：点击此项，可以移动图面上的字符，将其放到指定位置。

⑰“文字避让”按钮A：点击此项，可以自动移动图面上的重叠字符，将其放到空白位置。

(2) Tip提示

为了便于用户了解构件的几何信息、设计信息等，二维和三维简图中都提供了Tip提示功能来查看构件的基本信息，当鼠标在构件显示位置处略作停留，即可显示该构件相关信息，如图3-76所示。

(3) 右上角楼层切换命令

为了方便用户在查看计算结果时切换楼层，后处理主界面的右上角菜单栏中提供了较为全面的楼层切换命令，如图3-77所示。

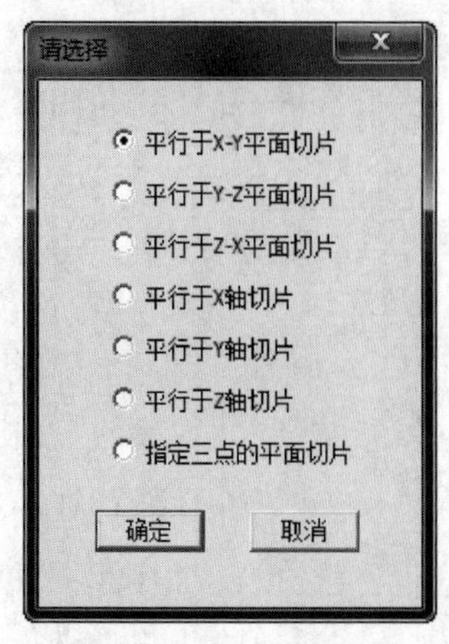

图3-75　切片方式选择对话框

注意事项：后处理中的楼层指自然层，而非标准层。

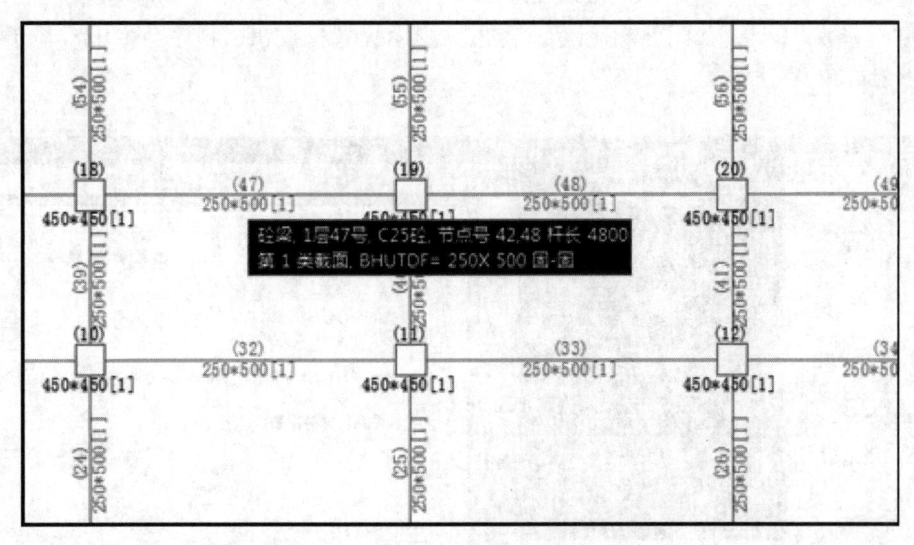

图3-76　提示功能示意图

各命令介绍如下。

①第1自然层(标准层1)：点击此项，可以从下拉菜单中选择任一自然层进行切换。

②上层：点击此项，将切换至当前层的上一个自然层。若当前层为顶层，则保持为当前层不变。

图3-77　楼层切换命令示意图

③下层：点击此项，将切换至当前层的下一个自然层。若当前层为底层，则保持为当前层不变。

④多层：点击此项，会弹出多层选择对话框，如图3-78所示。通过该对话框可以同时

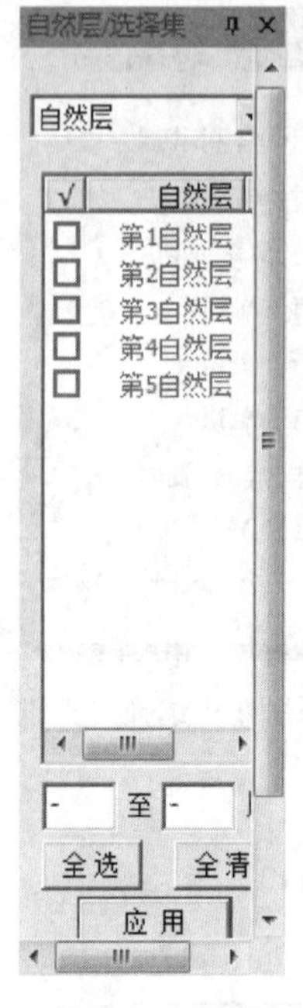

图 3-78 多层选择对话框

选择一个或多个自然层进行切换。注意：如果在二维平面图模式下，无论同时选择多少个自然层，只切换至层号最小的自然层。

⑤ 全楼：点击此项，可以显示全楼模型。注意：二维平面图模式下，若点击该项，只切换至第一自然层。

（4）构件信息

为了方便用户查看结果，程序提供了“构件信息”功能，包括梁、柱、支撑、墙柱和墙梁等构件类型。如图 3-79 所示，单击“构件信息”下的任一构件按钮，会出现捕捉靶，通过捕捉靶点取对应构件，即可以文本方式查询该构件的几何信息、材料信息、标准内力、设计内力、配筋以及有关的验算结果。

（5）构件搜索

后处理中提供了构件搜索功能，便于用户快速定位构件在二维或三维图中的位置，如图 3-80 所示。选中的构件用红色加粗高亮显示。

（6）显示设置

如图 3-81 所示，点取〈显示设置〉按钮，程序会弹出“显示设置”对话框。

图 3-79 构件信息功能示意图

① 编号显示开关 通过“编号显示开关”可以设定是否显示节点或构件的编号。

② 构件显示开关 通过“构件显示开关”可以设定各类构件显示与否。

③ 截面显示开关 通过“截面显示开关”可以设定是否用数字标注构件尺寸。

④ 材料显示开关 通过“材料显示开关”可以设定是否标注构件材料。对于混凝土构件，显示混凝土强度等级，如 C20；对于钢构件，显示钢号，如 Q235；对于型钢混凝土构件，显示混凝土强度等级/钢号，如 C20/Q235。

⑤ 构件属性开关 通过“构件属性开关”可以设定构件属性显示与否。新版增加了单拉杆、加腋梁、竖向地震构件（仅针对 SATWE）、墙梁转框架梁、托柱钢梁、角柱以

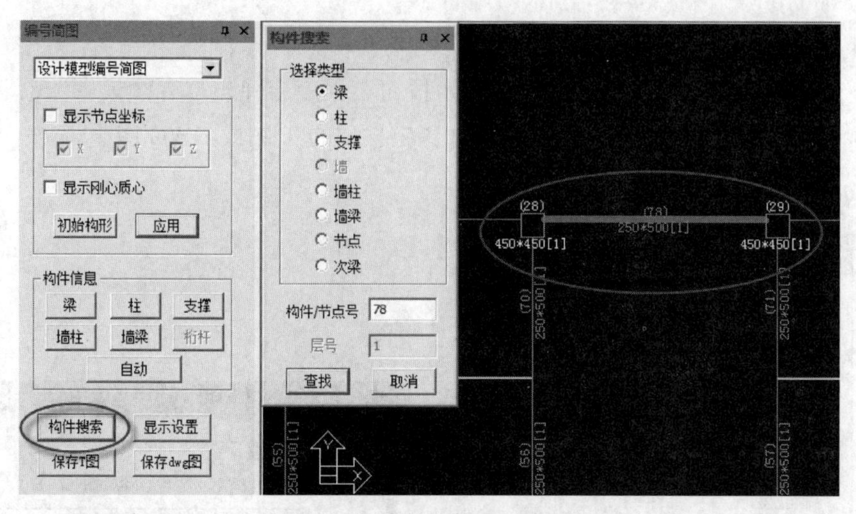

图 3-80 构件搜索功能示意图

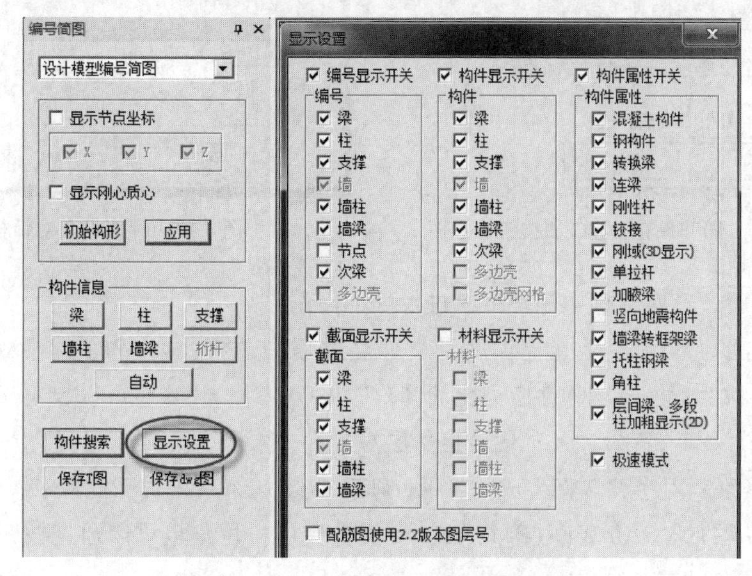

图 3-81 显示设置对话框示意图

及层间梁、多段柱加粗显示（2D）显示选项。其中，层间梁、多段柱加粗显示（2D）选项仅适用于二维平面图，当需要保存 DWG 图时，为了避免在 DWG 图中出现过粗的图素，影响效果，需要将该选项关掉。

(7) 保存 T 图和 DWG 图

① 保存 DWG 图　如图 3-82 所示，点击界面左上角“保存 DWG 图”图标，在弹出的对话框中选择需要转换的 T 图 (支持多选)，程序将其保存为后缀为 . DWG 的图形文件。

图 3-82 保存 DWG 图功能示意图

② 保存全楼 T 图和 DWG 图　为了方便用户查看 T 图和 DWG 图，后处理显示在部分主菜单（如【编号简图】、【轴压比】、【配筋】、【边缘构件】、【内力包络】和【梁配筋包络】）中添加了“保存 T 图”和“保存 DWG 图”功能，用以生成全楼的 T 图和 DWG

图，如图 3-83 所示。

点击〈保存 T 图〉或〈保存 DWG 图〉按钮，程序会弹出“存图设置”对话框，如图 3-84所示，用户可以根据需要生成全楼或指定楼层的 T 图或 DWG 图。

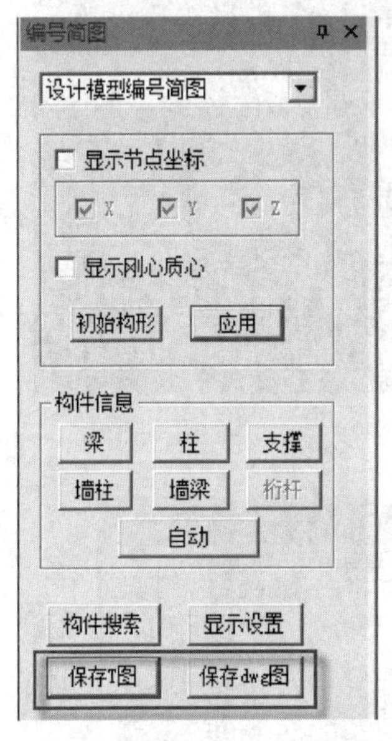

图 3-83 保存 T 图和保存 DWG 图按钮示意图

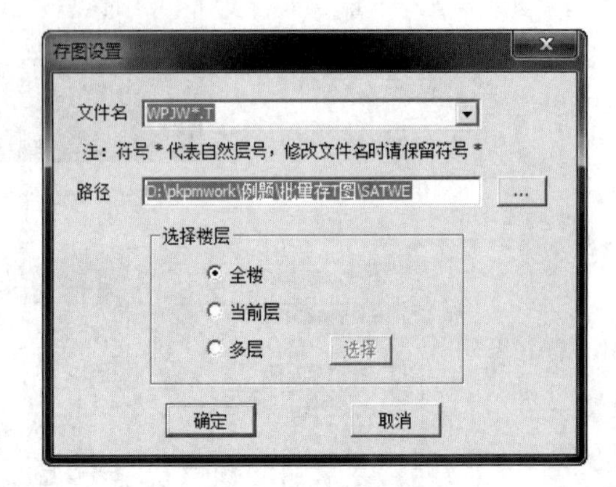

图 3-84 存图设置对话框

在“存图设置”对话框中用户可以进行以下操作。

a. 文件名修改。程序默认提供两种文件名供用户选择：如 WPJ＊.T（.DWG）和第＊层混凝土构件配筋及钢构件应力比简图.T（.DWG），用户也可以自定义文件名，但需要保留符号“＊”（符号“＊”代表自然层号）。

b. 路径修改。程序默认将生成的 T 图（DWG 图）保存在“工程目录\批量存 T 图（批量存 DWG 图）\SATWE（PMSAP）”文件夹中，用户也可以通过按钮自定义存图路径。

c. 选择楼层。当选择“全楼”选项时，程序将生成所有楼层的 T 图（dwg 图）；当选择“当前层”选项时，程序仅生成当前楼层的 T 图（dwg 图）；当选择“多层”选项时，用户可以选择指定楼层进行操作，点击“选择”按钮，会弹出“选择楼层”对话框，选择指定楼层即可生成对应的 T 图（dwg 图）。

3.6.2 图形文件输出

(1) 编号简图

点击【编号简图】菜单，程序弹出如图 3-85 所示的工作界面。通过此项菜单可以查看设计模型和分析模型的构件编号简图、节点坐标以及刚心质心等。

在该工作界面中，程序标注了梁、柱、支撑和墙柱（SATWE 程序中剪力墙采用直线

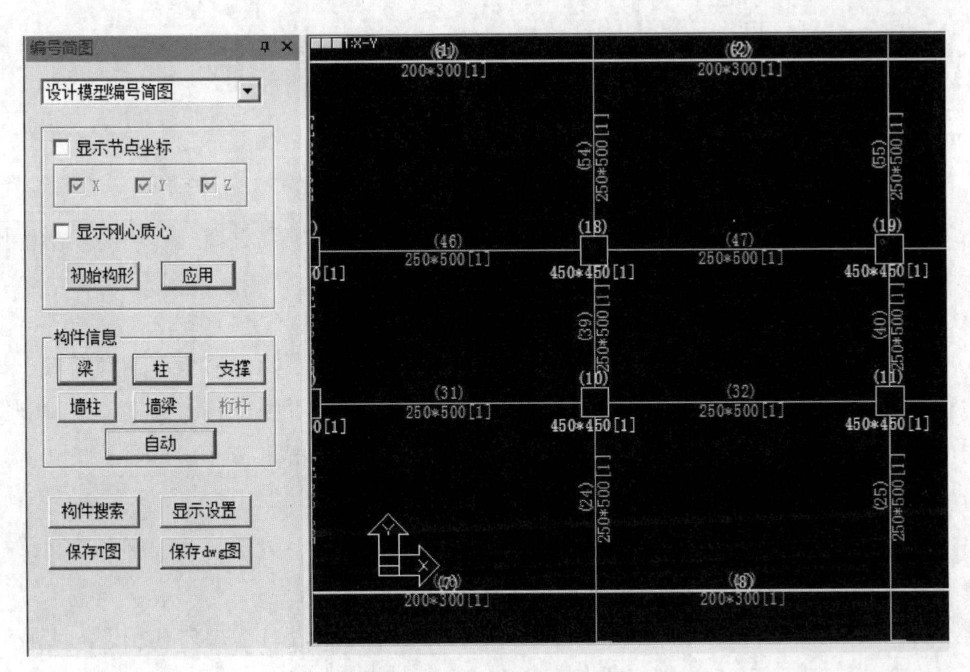

图 3-85　构件编号简图

段配筋，剪力墙的一个配筋墙段称为一个“墙柱”）、墙梁（上、下层剪力墙洞口之间的部分称为“墙梁”）的序号，其中青色数字为梁序号，黄色数字为柱序号，紫色数字为支撑序号，绿色数字为墙柱序号，蓝色数字为墙梁序号，白色数字为节点号。对于每根墙梁，还在该墙梁的下部标出了其截面的宽度和高度。

注意事项：①“显示节点坐标”和“显示刚心质心”选项默认不勾选；②通过〈显示设置〉按钮可以设定是否显示构件编号、构件截面等。

(2) 振型

本菜单可以查看结构的三维振型图及其动画，用户可以观察各振型下结构的变形形态，判断结构的薄弱方向，确定结构计算模型是否存在明显的错误。

(3) 位移

本菜单可以查看不同荷载工况作用下结构的空间变形情况。通过“位移动画”和“位移云图”选项可以清楚地显示不同荷载工况作用下结构的变形过程，在“位移标注”选项中还可以看到不同荷载工况作用下节点的位移数值。

(4) 内力

本菜单可以查看不同荷载工况下各类构件的内力图。该菜单包括四部分内容：设计模型内力、分析模型内力、设计模型内力云图和分析模型内力云图。需要注意的是，“SATWE 核心的集成设计”中的内力指设计模型内力，内力云图指设计模型内力云图，不存在分析模型内力和分析模型内力云图对话框。

① 设计模型内力　该对话框可以查看各层梁、柱、支撑、墙柱和墙梁的内力图，还可以查看单个构件的内力图。

② 设计模型内力云图　该对话框可以显示不同荷载工况下梁、柱、支撑、墙柱和墙梁各内力分量的彩色云斑图。

(5) 弹性挠度

本菜单可以查看梁在各个工况下的垂直位移。该菜单分为“绝对挠度”、“相对挠度”和“跨度与挠度之比”三种形式显示梁的变形情况。所谓“绝对挠度”即梁的真实竖向变形，“相对挠度”即梁相对于其支座节点的挠度。

(6) 楼层指标

本菜单可以查看地震作用和风荷载作用下的楼层位移、层间位移角、侧向荷载、楼层剪力和楼层弯矩的简图以及地震、风荷载和规定水平力作用下的位移比简图。通过观察楼层的位移比沿立面的变化规律，用户可从宏观上了解结构的抗扭特性。

(7) 轴压比

本菜单可以查看轴压比、组合轴压比、长细比、剪跨比、剪压比、长度系数、梁柱节点验算、柱节点域剪压比、墙施工缝、钢管束剪力墙等信息。

对剪力墙轴压比的计算如果仅判别单个墙肢的轴压比，没有考虑与其相连的墙肢、边框柱等构件的协同作用，在某些情况下该轴压比值是不合理的，如 L 形带端柱剪力墙的短墙肢。为此 SATWE 软件增加了一个“组合轴压比”验算功能，可用于用户交互指定的 L 形、T 形和十字形等剪力墙的组合轴压比验算，程序参照组合墙的概念，由用户选择若干互相连接的墙肢及边框柱，然后给出所选墙肢的合并轴压比验算值。

(8) 配筋

点击【配筋】菜单，程序弹出如图 3-86 所示的构件配筋简图，通过该菜单可以查看构件的配筋验算结果，配筋简图保存在文件 WPJ *.T 中，其中 * 代表楼层号。该菜单主要包括混凝土构件配筋及钢构件验算、剪力墙面外及转换墙配筋等选项。下面对常用构件(如混凝土梁、柱、墙)的配筋结果的数字含义加以说明，其他构件如异形混凝土柱、钢管混凝土柱、支撑等构件的配筋含义请读者参阅 SATWE 用户手册。

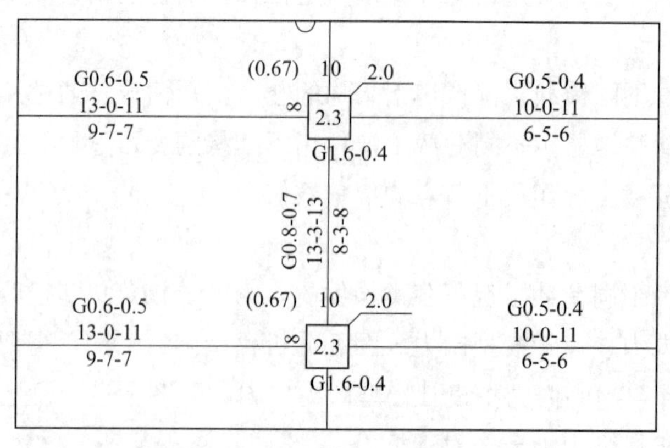

图 3-86　混凝土构件配筋简图

① 混凝土梁　混凝土梁的配筋结果表示为图 3-87。

GA_{sv}-A_{sv0}

A_{su1}-A_{su2}-A_{su3}

A_{sd1}-A_{sd2}-A_{sd3}

VTA_{st}-A_{st1}

图 3-87 混凝土梁配筋示意图

A_{su1}、A_{su2}、A_{su3}——梁上部左端、跨中、右端的配筋面积，cm^2；

A_{sd1}、A_{sd2}、A_{sd3}——梁下部左端、跨中、右端的配筋面积，cm^2；

A_{sv}——梁加密区抗剪箍筋面积和剪扭箍筋面积的较大值，cm^2；

A_{sv0}——梁非加密区抗剪箍筋面积和剪扭箍筋面积的较大值，cm^2；

A_{st}——梁受扭所需的纵筋面积，cm^2；

A_{st1}——梁受扭所需的箍筋沿周边布置的单肢箍的面积，cm^2，若 A_{st} 和 A_{st1} 都为零，则不输出这一行；

G、VT——箍筋和剪扭配筋标志

梁配筋计算说明如下。

a. 若计算的 ζ 值小于 ζ_b，程序按单筋方式计算受拉钢筋面积；若计算的 ζ 值大于 ζ_b，程序自动按双筋方式计算配筋，即考虑压筋的作用。

b. 单排筋计算时，截面有效高度 $h_0=h-$保护层厚度-22.5mm（假定梁钢筋直径为25mm)；对于配筋率大于 1%的截面，程序自动按双排筋计算，此时，截面有效高度$h_0=h-$保护层厚度-47.5mm。

c. 加密区和非加密区箍筋都是按程序强制规定的 100mm 的箍筋间距计算的，并按沿梁全长箍筋的面积配箍率要求控制。对于箍筋间距非 100mm 的情况，用户可以对配筋结果进行换算。

② 矩形混凝土柱　矩形混凝土柱的配筋结果表示为（图 3-88)。

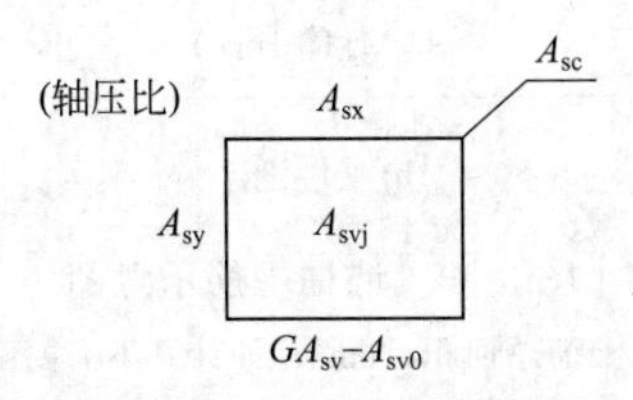

图 3-88 矩形混凝土柱配筋示意图

A_{sc}——柱一根角筋的面积，采用双偏压计算时，角筋面积不应小于此值，采用单偏压计算时，角筋面积可不受此值控制，cm^2；

A_{sx}、A_{sy}——分别为该柱 B 边和 H 边的单边配筋面积，包括两根角筋，cm^2；

A_{svj}、A_{sv}、A_{sv0}——分别为柱节点域抗剪箍筋面积、加密区斜截面抗剪箍筋面积和非加密区斜截面抗剪箍筋面积，箍筋间距均为程序强制规定的 100mm。其中：A_{svj} 取计算的 A_{svjx} 和 A_{svjy} 的大值，A_{sv} 取计算的 A_{svx} 和 A_{svy} 的大值，A_{sv0} 取计算的 A_{svx0} 和 A_{svy0} 的大值，cm^2。若该柱与剪力墙相连（边框柱），而且是构造配筋控制，则程序取 A_{sc}、A_{sx}、A_{sy}、A_{svx}、A_{svy} 均为零。此时该柱的配筋应该在剪力墙边缘构件配筋图中查看；

G——箍筋标志

柱配筋说明如下。

a. 柱全截面的配筋面积为：$A_s=2(A_{sx}+A_{sy})-4A_{sc}$。

b. 柱的箍筋是按程序强制规定的 100mm 的箍筋间距计算的，并按加密区内最小体积配箍率的要求控制。

c. 柱的体积配箍率是按普通箍和复合箍的要求取值的。

③ 圆形混凝土柱　圆形混凝土柱的配筋结果表示为图 3-89 所示。

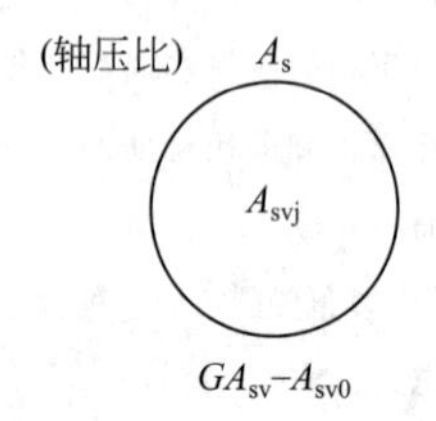

图 3-89　圆形混凝土柱配筋示意图

A_s——圆柱全截面配筋面积，cm^2；

A_{svj}、A_{sv}、A_{sv0}——按等面积的矩形截面计算箍筋。分别为柱节点域抗剪箍筋面积、加密区斜截面抗剪箍筋面积和非加密区斜截面抗剪箍筋面积，箍筋间距均为程序强制规定的 100mm。其中：A_{svj}取计算的A_{svjx}和A_{svjy}的大值，A_{sv}取计算的A_{svx}和A_{svy}的大值，A_{sv0}取计算的A_{svx0}和A_{svy0}的大值，cm^2。若该柱与剪力墙相连（边框柱），而且是构造配筋控制，则程序取A_s、A_{sv}均为零；

G——箍筋标志

④ 墙柱　墙柱的设计结果表示为图 3-90。

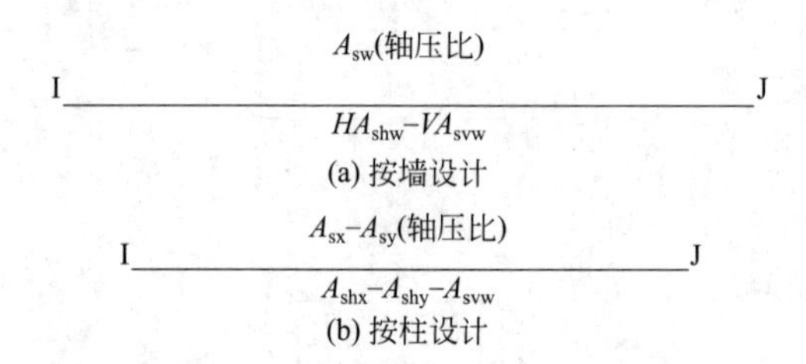

图 3-90　墙柱配筋示意图

A_{sw}——墙柱一端的暗柱实际配筋总面积，cm^2；如计算不需要配筋时取 0 且不考虑构造配筋；

A_{shw}——在水平分布筋间距 S_{wh}范围内的水平分布筋面积，cm^2；

A_{svw}——对地下室外墙或人防临空墙，每延米的双排竖向分布筋面积，cm^2；

对于墙柱长度小于 4 倍墙厚的一字形墙，程序将按柱配筋。

A_{sx}——按柱设计时，墙面内单侧计算配筋面积，cm^2；

A_{sy}——按柱设计时，墙面外单侧计算配筋面积，cm^2；

A_{shx}——按柱设计时，墙面内设计箍筋间距 S_{wh}范围内的箍筋面积，cm^2；

A_{shy}——按柱设计时，墙面外设计箍筋间距 S_{wh}范围内的箍筋面积，cm^2；

H、V——分别为水平分布筋、竖向分布筋标志

⑤ 墙梁　墙梁的配筋及输出格式与普通框架梁一致，见“①混凝土梁”。

需特别说明的是：墙梁除混凝土强度与剪力墙一致外，其他参数（如主筋强度、箍筋强度、墙梁的箍筋间距、抗震等级等）均与框架梁一致。

(9) 边缘构件

用于显示剪力墙边缘构件的配筋结果及边缘构件的尺寸。

(10) 内力包络

本菜单可以查看梁和转换墙各截面设计内力包络图。每根梁(转换墙)给出 9 个设计截面,梁(转换墙)设计内力曲线是将各设计截面上的控制内力连线而成的。

(11) 梁配筋包络

本菜单可以查看梁各截面的设计配筋包络图,图中负弯矩对应的配筋以负数表示,正弯矩对应的配筋以正数表示。

(12) 柱、墙控制内力

本菜单可以查看柱、墙的截面设计控制内力简图。若轴力为拉力,用红色表示。

(13) 构件信息

通过本菜单可以在 2D 或 3D 模式下查看任一或若干楼层各构件的某项列表信息。例如需要查看抗震等级,可以在左侧树状列表中选择"抗震等级",即可切换到构件的抗震等级简图进行查看。可以通过构件开关控制是否显示某类构件的相应信息。如果该构件不存在当前信息项则不进行显示。

注意事项:仅"SATWE 核心的集成设计"存在此项菜单,"PMSAP 核心的集成设计"和"Spas+PMSAP 的集成设计"不存在此项菜单。

(14) 竖向构件指标统计

本菜单可提供指定楼层范围内竖向构件在立面的指标统计,比较竖向构件指标在立面的变化规律。目前的版本只统计轴压比和剪压比。

(15) 隔震支座

本菜单可以查看支座节点的相对位移、单工况反力、各荷载组合下的反力、反力各分量的最大、最小值和相应组合号等。

(16) 地下室外墙

本菜单可以查看有限元方式计算地下室外墙的位移、内力、应力及配筋结果。

(17) 楼板

本菜单可以查看楼板内力和配筋的详细设计结果。

(18) 楼板施工图

本菜单可以实现楼板施工图的绘制。对于施工图中楼板配筋,楼板边界按垂直于板边的负筋(板顶受拉)计算配筋值,楼板内部按与整体 X 轴最小角度的长边方向及其垂直方向的正筋(板底受拉)计算配筋值。

(19) 底层柱墙

通过本菜单可以把专用于基础设计的上部荷载以图形方式显示出来。

注意事项:①该菜单显示的传基础设计内力仅供参考,更准确的基础荷载,应由基础设计软件 JCCAD 读取上部分析的标准内力,在基础设计时组合配筋得到;②该菜单仅提供二维平面图模式,不支持三维单线图显示。

(20) 吊车预组合

本菜单可以显示梁、柱在吊车荷载作用下的预组合内力。其中，每根柱输出 7 个数字，从上到下分别为该柱 X、Y 方向的剪力 Shear-X、Shear-Y，柱底轴力 Axial 和该柱 X、Y 方向的柱顶弯矩 M_{xu}、M_{yu}，柱底弯矩 M_{xd}、M_{yd}。

注意事项：该菜单仅提供二维平面图模式，不支持三维单线图显示。

(21) 交互包络

默认包络是对全楼所有构件的正截面和斜截面同时进行包络。交互包络的主要功能如下。

① 允许用户按照指定构件类型进行包络设计。

② 允许用户单独指定正截面或斜截面进行包络设计。同时勾选二者，程序将同时对正截面和斜截面进行包络设计。

③ 允许用户指定部分子模型进行包络设计。

④ 允许用户指定部分楼层进行包络设计。

⑤ 允许用户按照指定构件进行包络设计。

注意事项：仅“SATWE 核心的集成设计”存在此项菜单，“PMSAP 核心的集成设计”和“Spas＋PMSAP 的集成设计”不存在此项菜单。

(22) 性能目标

指定性能目标对于性能包络设计是至关重要的。尽管程序在前处理提供了基于用户模型指定性能目标的功能，但包络设计采用的性能目标是基于设计模型的，由于用户模型与设计模型的不同可能会导致最终采用的性能目标与最初指定的性能目标不符的情况发生。比如两片在平面内相连的墙分别指定不同的性能目标，在设计模型里会将两片墙合并为一个墙柱，此时程序会选取某一片墙的性能目标作为最终墙柱的性能目标，可能与最初的设计不符。同样，在前处理无法实现对边缘构件性能目标的指定。

除此之外，基于程序现有的逻辑，如果用户重新指定性能目标，并进行包络设计，此时需在前处理指定性能目标并重新进行一遍计算，这样会花费用户大量的时间和精力。

综合以上考虑，程序在【计算结果/多模型数据】菜单中添加了“修改性能目标”的功能，解决了上述不足。值得指出的是，在后处理通过该功能可实现构件的性能目标修改，但子模型列表应有相应的性能设计子模型并进行了计算。例如：将某根梁的性能目标由中震不屈服修改为中震弹性，则子模型列表应有中震弹性子模型并进行了计算。

“修改性能目标”的主要功能如下。

① 允许用户按照构件类型进行性能目标的修改，其中包含对墙柱、墙梁以及边缘构件性能目标的修改，解决了在前处理指定性能目标存在的不足。

② 用户可以通过对地震水准和性能水准的选择来修改构件的性能目标。

③ 修改性能目标和包络计算按钮。

注意事项：仅“SATWE 核心的集成设计”存在此项菜单，“PMSAP 核心的集成设计”和“Spas＋PMSAP 的集成设计”不存在此项菜单。

(23) 自然层配筋包络

自然层配筋包络是指将整体结构划分为若干钢筋层，每个钢筋层包含若干个平面布置相同或相近的自然层，对同一钢筋层内各自然层相同位置构件的配筋结果进行包络取大。

3.6.3 文本文件输出

(1) 计算书

新版本软件在计算书中将计算结果分类组织，依次是设计依据、计算软件信息、主模型设计索引（需进行包络设计）、结构模型概况、工况和组合、质量信息、荷载信息、立面规则性、抗震分析及调整、变形验算、舒适度验算、抗倾覆和稳定验算、时程分析计算结果（需进行时程分析计算）、超筋超限信息、结构分析及设计结果简图等十六类数据。

为了清晰地描述结果，计算书中使用表格、折线图、饼图、柱状图或者它们的组合进行表达，用户可以灵活勾选。此外，用户可以选择计算书的输出格式，程序提供了 Word、PDF 及 txt 三种输出格式。

由于各个设计院的计算书格式不尽一致，所以软件提供了模板定制功能。每个院都可以定制自己的模板，然后导出到各台电脑上，以后需要用到该模板时，可以直接导入，不需要重复进行设置。

(2) 工程量统计

新版本在 SATWE 后处理中增加了工程量快速统计，方便用户在 SATWE 计算完成后，进行简单工程量统计。用户可以根据需求选择不同的统计方式，包括全楼混凝土、钢材和钢筋总用量统计、按材料强度统计、超筋构件统计、工程量按构件类型全楼统计以及工程量按构件类型分层统计，如图 3-91 所示。

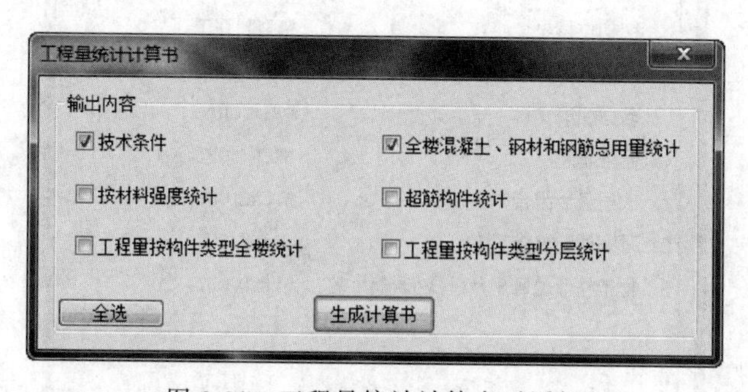

图 3-91 工程量统计计算书对话框

(3) 文本查看

【文本查看】中的内容与【计算书】类似，目的在于快速查看各单项结果的内容，程序提供“旧版文本查看”和“新版文本查看”两种方式。

① 新版文本查看　点取【新版文本查看】，界面左侧弹出“文本目录”显示框。下面以“抗规方式竖向构件倾覆力矩”为例简要介绍文本查看中的各项功能。点取“文本目录”显示框中的“抗规方式竖向构件倾覆力矩”，界面右侧弹出“显示控制”对话框，如

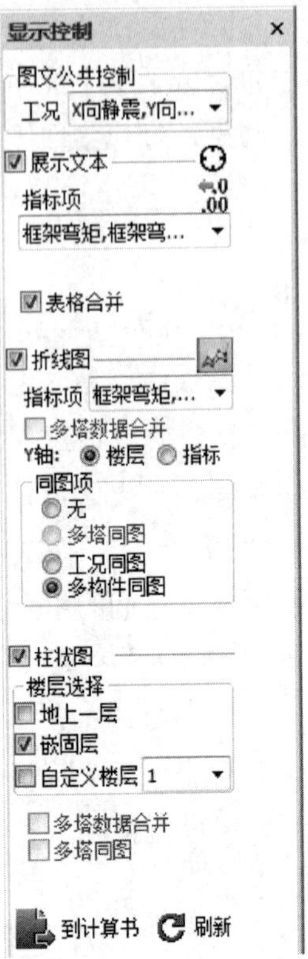

显示控制
图文公共控制
工况 X向静震,Y向...
展示文本
指标项
框架弯矩,框架弯...
表格合并
折线图
指标项 框架弯矩,...
多塔数据合并
Y轴: 楼层 指标
同图项
无
多塔同图
工况同图
多构件同图
柱状图
楼层选择
地上一层
嵌固层
自定义楼层 1
多塔数据合并
多塔同图
到计算书 刷新

图 3-92 显示控制对话框

图3-92所示。

“图文公共控制”中的任何设置在表格、折线图、柱状图都会生效，一般情况工况在这里进行交互输入，表格、折线图、柱状图每项都可以独立控制是否输出。

在表格的设置中除了可设置指标项外，还有按钮用于进行表格的定位，对于表格较多或者较长的情况能够快速切换到自己关注的内容。.00按钮用于设置表格中各项内容的小数点保留位数，并提供恢复默认值的功能。

折线图设置中同样也有指标项的设置，之所以要与表格中的指标项设置独立，是因为表格中列出的内容并不一定都需要通过折线图来展示。对于“多塔数据合并”、同图设置、楼层对应*Y*轴还是*X*轴，与计算书中相同，可参考计算书中相关内容，按钮用于设置折线图中坐标轴的量纲，同时单击图集名也可进行折线图的定位。柱状图的设置与折线图类似，不再赘述。

所有的设置必须点击 刷新方可生效，到计算书可将当前设置同步到计算书中，生成计算书时就无需重复设置了。

② 旧版文本查看 点取【旧版文本查看】，程序弹出如图3-93所示的“文本文件输出（旧方式）”对话框。

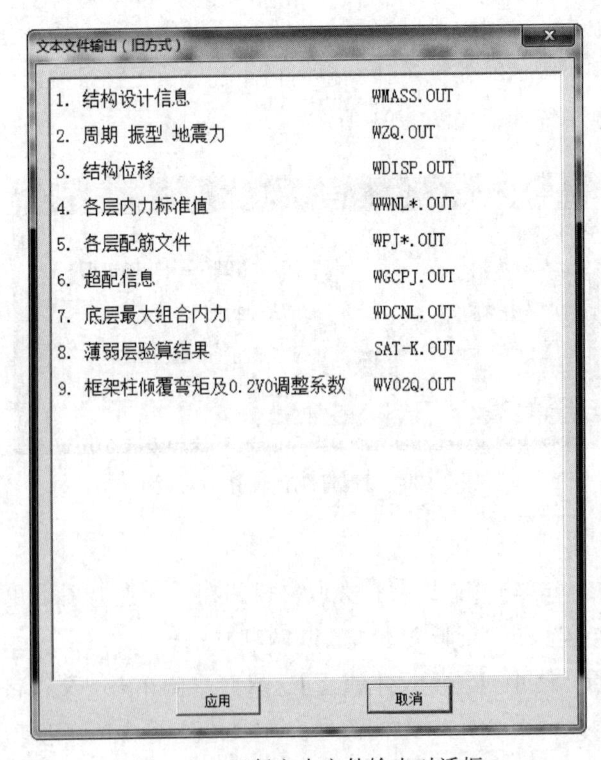

图 3-93 旧版文本文件输出对话框

程序一共列出了9项文本文件用于存放各类设计分析计算结果信息，限于篇幅，这里仅对其中三项进行介绍。

a. 结构设计信息（WMASS. OUT） WMASS. OUT文件中存放了结构分析控制参数（包括总信息、多模型及包络、计算控制信息、高级参数、风荷载信息、地震信息、活荷信息、调整信息、配筋信息、设计信息、荷载组合信息、地下室信息和性能设计信息等）、各层的楼层质量和质心坐标信息、各层的构件数量、构件材料和层高信息、风荷载信息、各楼层等效尺寸信息、各楼层的单位面积质量分布信息、计算信息、结构各层刚心、偏心率、相邻层抗侧移刚度比等计算信息、高位转换时转换层上部与下部结构的等效侧向刚度比、抗倾覆验算结果、结构整体稳定验算结果、结构舒适性验算结果、楼层抗剪承载力及承载力比值等信息。

b. 周期、振型、地震力（WZQ. OUT） WZQ. OUT文件中存放了各振型特征参数(包括周期、转角、平动系数和扭转系数)、各振型的地震力输出、主振型判断信息、等效各楼层的地震作用、剪力、剪重比和弯矩、有效质量系数、楼层的振型位移值、各楼层地震剪力系数调整情况以及竖向地震作用等信息。

c. 结构位移（WDISP. OUT） WDISP. OUT文件中存放了结构在各种荷载工况下的位移信息。如果在SATWE【参数定义】的“计算控制信息”页中选择“简化输出”位移信息，则WDISP. OUT文件中仅输出各工况下结构各楼层的位移（包括层平均位移、最大层间位移、平均层间位移、层间位移角等)、位移比信息（包括最大位移与层平均位移的比值、最大层间位移与平均层间位移的比值等)；如果选择“详细输出”，则WDISP. OUT文件中除输出楼层最大位移、位移比外，还输出各工况下各层各节点的三个线位移和三个转角位移信息。

3.6.4 计算控制参数的分析与调整

对于SATWE的计算分析结果，用户应认真进行核查，对不满足规范要求的控制参数应进行分析和必要的调整。本节将对部分计算控制参数的分析与调整加以说明，这些参数包括位移比、层间位移角、周期比、层间刚度比、层间受剪承载力比、剪重比、刚重比、轴压比等。

(1) 位移比

规范规定：《高层规程》3.4.5条规定，“在考虑偶然偏心影响的规定水平地震力作用下，楼层竖向构件最大的水平位移和层间位移，A级高度高层建筑不宜大于该楼层平均值的1.2倍，不应大于该楼层平均值的1.5倍；B级高度高层建筑、超过A级高度的混合结构及本规程第10章所指的复杂高层建筑不宜大于该楼层平均值的1.2倍，不应大于该楼层平均值的1.4倍。”

参数含义：位移比是控制结构整体扭转和平面布置不规则性的重要指标，位移比包含两部分内容：

① 楼层竖向构件的最大水平位移与平均水平位移的比值，在 WDISP. OUT（结构位移）文件中以 Ratio-(*X*) 和 Ratio-(*Y*) 表示；

② 楼层竖向构件的最大层间位移与平均层间位移的比值，在 WDISP. OUT（结构位移）文件中以 Ratio-Dx 和 Ratio-Dy 表示。本书例题 *X* 方向位移比如图 3-94 所示。

位移比不满足规范要求的原因，往往是结构平面布置不规则、刚度分布不均匀、结构上下层刚度偏心较大等，解决的措施主要是改进设计，使得结构尽量规整、水平和竖向的刚度尽量分布均匀。

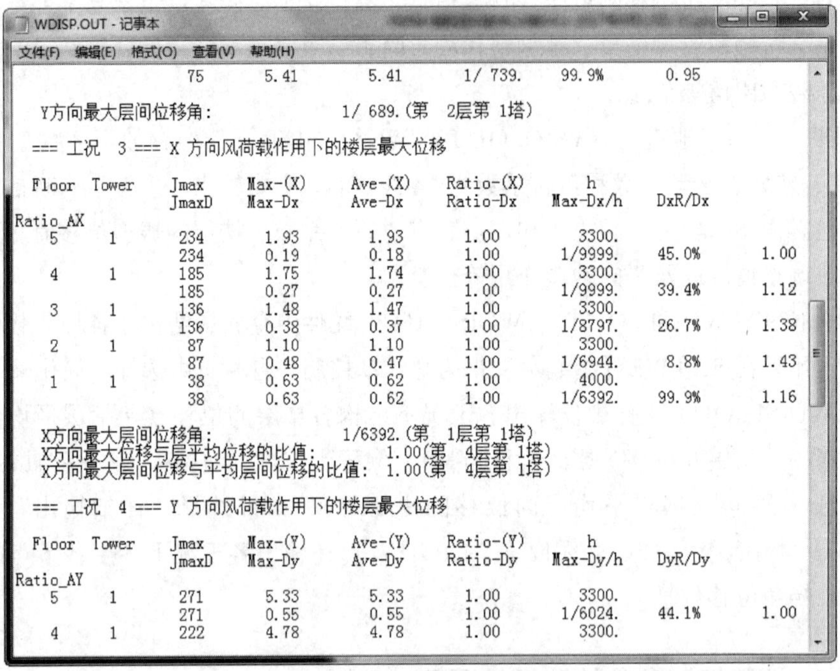

```
WDISP.OUT - 记事本
文件(F)  编辑(E)  格式(O)  查看(V)  帮助(H)
             75        5.41        5.41       1/ 739.     99.9%        0.95

   Y方向最大层间位移角:                  1/ 689.(第  2层第 1塔)

  === 工况  3 === X 方向风荷载作用下的楼层最大位移

  Floor  Tower      Jmax       Max-(X)      Ave-(X)      Ratio-(X)        h
                    JmaxD      Max-Dx       Ave-Dx       Ratio-Dx     Max-Dx/h       DxR/Dx
Ratio_AX
    5      1         234        1.93         1.93         1.00          3300.
                     234        0.19         0.18         1.00        1/9999.       45.0%       1.00
    4      1         185        1.75         1.74         1.00          3300.
                     185        0.27         0.27         1.00        1/9999.       39.4%       1.12
    3      1         136        1.48         1.47         1.00          3300.
                     136        0.38         0.37         1.00        1/8797.       26.7%       1.38
    2      1          87        1.10         1.10         1.00          3300.
                      87        0.48         0.47         1.00        1/6944.        8.8%       1.43
    1      1          38        0.63         0.62         1.00          4000.
                      38        0.63         0.62         1.00        1/6392.       99.9%       1.16

   X方向最大层间位移角:                  1/6392.(第  1层第 1塔)
   X方向最大位移与层平均位移的比值:         1.00(第  4层第 1塔)
   X方向最大层间位移与平均层间位移的比值:   1.00(第  4层第 1塔)

  === 工况  4 === Y 方向风荷载作用下的楼层最大位移

  Floor  Tower      Jmax       Max-(Y)      Ave-(Y)      Ratio-(Y)        h
                    JmaxD      Max-Dy       Ave-Dy       Ratio-Dy     Max-Dy/h       DyR/Dy
Ratio_AY
    5      1         271        5.33         5.33         1.00          3300.
                     271        0.55         0.55         1.00        1/6024.       44.1%       1.00
    4      1         222        4.78         4.78         1.00          3300.
```

图 3-94　位移比和位移角计算结果

注意事项如下。

① 程序仅输出位移比数值，不进行是否超限判断，用户需根据规范规定自行判定。

② 若位移比（层间位移比）超过 1.2，则需要在【参数定义】菜单的“地震信息”页中考虑双向地震作用。

③ 对于楼层位移比和层间位移比，规范规定是按刚性楼板假定计算的，如果在结构模型中设定了弹性楼板或楼板开大洞，建议在【参数定义】菜单的“总信息”页中选择“整体指标计算采用强刚，其他结果采用非强刚”。参看 3.2.1.1 总信息中第 11 条。

(2) 层间最大位移与层高之比（层间位移角）

规范规定：《高层规程》3.7.3 条规定，“按弹性方法计算的风荷载或多遇地震标准值作用下的楼层层间最大水平位移与层高之比 $\Delta u/h$ 宜符合下列规定（略）。”

参数含义：层间最大位移与层高之比（简称层间位移角）是衡量结构变形能力、控制结构整体刚度和不规则性的主要指标，在 WDISP. OUT（结构位移）文件中以 Max-Dx/h

和 Max-Dy/h 表示。本书例题 X 方向层间位移角如图 3-94 所示。限制层间位移角的主要目的有两点：一是保证主体结构基本处于弹性受力状态，避免混凝土受力构件出现裂缝或裂缝超过规范允许值；二是保证填充墙、隔墙和幕墙等非结构构件的完好，避免产生明显的损坏。

注意事项如下。

① 程序仅输出层间位移角数值，不进行是否超限判断，用户需根据规范规定自行判定。

② 层间位移角和位移比一样，也应按刚性楼板假定计算。

(3) 周期比

规范规定：《高层规程》3.4.5 条规定，"结构扭转为主的第一自振周期 T_t 与平动为主的第一自振周期 T_1 之比，A 级高度高层建筑不应大于 0.9，B 级高度高层建筑、超过 A 级高度的混合结构及本规程第 10 章所指的复杂高层建筑不应大于 0.85。"

参数含义：结构扭转为主的第一自振周期（也称第一扭振周期）T_t 与平动为主的第一自振周期（也称第一侧振周期）T_1 的比值称为周期比，周期比是控制结构扭转效应的重要指标。国内外历次地震灾害表明，平面不规则、质量与刚度偏心以及抗扭刚度太弱的结构，在地震中因产生较大的扭转效应而遭受严重的破坏。因此控制周期比的目的就是限制结构平面布置不规则和抗扭刚度太弱，即控制结构的扭转变形小于结构的平动变形，因为当 T_t 与 T_1 接近时，由于振动耦联的影响，结构的扭转效应明显增大。

WZQ.OUT（周期 振型 地震力）文件中虽然没有直接给出周期比，但提供了计算周期比的原始数据，即各振型的周期、转角、平动系数和扭转系数等，用户可以自行计算。本书例题的各振型周期计算结果如图 3-95 所示。

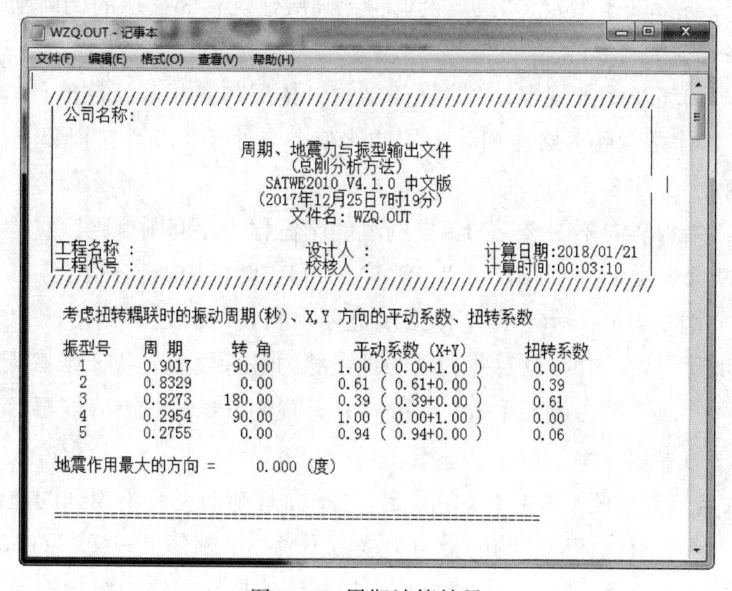
WZQ.OUT - 记事本
文件(F) 编辑(E) 格式(O) 查看(V) 帮助(H)

公司名称:

周期、地震力与振型输出文件
(总刚分析方法)
SATWE2010_V4.1.0 中文版
(2017年12月25日7时19分)
文件名: WZQ.OUT

工程名称 : 设计人 : 计算日期:2018/01/21
工程代号 : 校核人 : 计算时间:00:03:10

考虑扭转耦联时的振动周期(秒)、X,Y 方向的平动系数、扭转系数

振型号	周 期	转 角	平动系数 (X+Y)	扭转系数
1	0.9017	90.00	1.00 (0.00+1.00)	0.00
2	0.8329	0.00	0.61 (0.61+0.00)	0.39
3	0.8273	180.00	0.39 (0.39+0.00)	0.61
4	0.2954	90.00	1.00 (0.00+1.00)	0.00
5	0.2755	0.00	0.94 (0.94+0.00)	0.06

地震作用最大的方向 = 0.000 (度)

图 3-95 周期计算结果

周期比的计算方法如下。

① 划分平动振型和扭转振型。根据各振型的平动系数大于 0.5，还是扭转系数大于 0.5，区分出各振型是平动振型还是扭转振型。从本书例题的周期计算结果可以看出，在所取的 5 个振型中，除了第 3 振型为扭转振型外，其余均为平动振型。

② 找出第一平动振型和第一扭转振型，在平动振型和扭转振型中找出周期最长的(一阶振型）为第一平动周期 T_1 和第一扭转周期 T_t。必要时还应查看该振型的基底剪力是否较大，对照【分析结果/振型】菜单中显示的振型图，考查第一平动/扭转周期是否能引起结构整体振动，如果仅是局部振动，该周期不能作为第一周期，再考查下一个次长周期。本例题第 1 和第 3 周期分别为第一平动周期和第一扭转周期。

③ 周期比计算。将第一扭转周期 T_t 除以第一平动周期 T_1 即为周期比，考查其值是否小于 0.9（或 0.85）。本例题周期比为：0.827/0.902＝0.917，因例题中的工程为多层建筑，无需满足高规要求。

注意事项如下。

① 目前软件的这项功能仅适用于单塔结构，对于多塔结构，应将多塔结构切分成多个单塔，按多个单塔结构分别计算周期比。

② 如果周期比不满足规范要求，则说明该结构扭转效应明显，对抗震不利，此时应对结构布置进行调整，如尽量使结构抗侧力构件的布置均匀对称、增加结构周边的刚度或降低结构中部的刚度等。

(4) 层间刚度比

规范规定：《抗震规范》附录 E. 2. 1 条规定，筒体结构“转换层上下层的侧向刚度比不宜大于 2。”

《高层规程》3. 5. 2 条规定，“抗震设计时，高层建筑相邻楼层的侧向刚度变化应符合下列规定。(略) ”

《高层规程》3. 5. 2-1 条规定，“对框架结构，楼层与其相邻上层的侧向刚度比 γ_1 可按式（3. 5. 2-1）计算，且本层与相邻上层的比值不宜小于 0.7，与相邻上部三层刚度平均值的比值不宜小于 0.8。”

参数含义：结构竖向不同楼层的侧向刚度的比值称为层间刚度比，它是控制结构竖向不规则性和判断薄弱层的重要指标，在 WMASS. OUT（结构设计信息）文件中以 Ratxl 和 Ratyl 表示，如图 3-96 所示。程序根据规范要求自动计算层间刚度比，自动判定是否因刚度突变出现薄弱层，并自动对薄弱层的地震剪力进行放大。从计算书可知，本书例题各楼层的“薄弱层地震剪力放大系数”都是“1”，说明该结构没有薄弱层。

(5) 层间受剪承载力比

规范规定：《抗震规范》3. 4. 4-2 条规定，“平面规则而竖向不规则的建筑，……楼层承载力突变时，薄弱层抗侧力结构的受剪承载力不应小于相邻上一楼层的 65%。”

《高层规程》3. 5. 3 条规定，“A 级高度高层建筑的楼层抗侧力结构的层间受剪承载力不宜小于其相邻上一层受剪承载力的 80%，不应小于其相邻上一层受剪承载力的 65%；

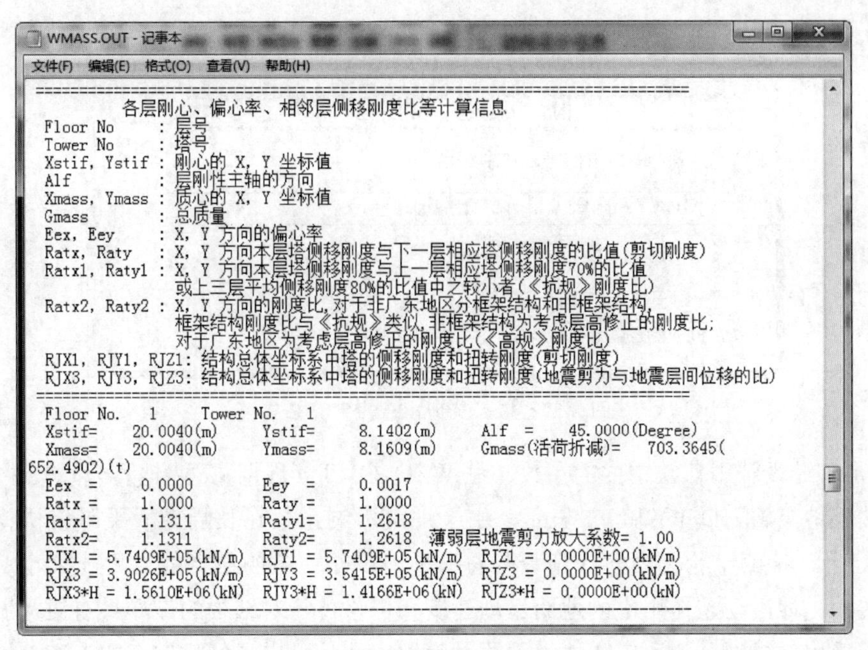
```
WMASS.OUT - 记事本
文件(F) 编辑(E) 格式(O) 查看(V) 帮助(H)
==========================================================================
          各层刚心、偏心率、相邻层侧移刚度比等计算信息
  Floor No        : 层号
  Tower No        : 塔号
  Xstif, Ystif : 刚心的 X, Y 坐标值
  Alf             : 层刚性主轴的方向
  Xmass, Ymass : 质心的 X, Y 坐标值
  Gmass           : 总质量
  Eex, Eey        : X, Y 方向的偏心率
  Ratx, Raty      : X, Y 方向本层塔侧移刚度与下一层相应塔侧移刚度的比值(剪切刚度)
  Ratx1, Raty1 : X, Y 方向本层塔侧移刚度与上一层相应塔侧移刚度70%的比值
                  或上三层平均侧移刚度80%的比值中之较小者(《抗规》刚度比)
  Ratx2, Raty2 : X, Y 方向的刚度比,对于非广东地区分框架结构和非框架结构,
                  框架结构刚度比与《抗规》类似,非框架结构为考虑层高修正的刚度比;
                  对于广东地区为考虑层高修正的刚度比(《高规》刚度比)
  RJX1, RJY1, RJZ1: 结构总体坐标系中塔的侧移刚度和扭转刚度(剪切刚度)
  RJX3, RJY3, RJZ3: 结构总体坐标系中塔的侧移刚度和扭转刚度(地震剪力与地震层间位移的比)
==========================================================================
  Floor No.    1      Tower No.    1
  Xstif=     20.0040(m)      Ystif=       8.1402(m)      Alf  =      45.0000(Degree)
  Xmass=     20.0040(m)      Ymass=       8.1609(m)      Gmass(活荷折减)=    703.3645(
652.4902)(t)
  Eex  =      0.0000         Eey  =       0.0017
  Ratx =      1.0000         Raty =       1.0000
  Ratx1=      1.1311         Raty1=       1.2618
  Ratx2=      1.1311         Raty2=       1.2618   薄弱层地震剪力放大系数= 1.00
  RJX1 = 5.7409E+05(kN/m)  RJY1 = 5.7409E+05(kN/m)  RJZ1 = 0.0000E+00(kN/m)
  RJX3 = 3.9026E+05(kN/m)  RJY3 = 3.5415E+05(kN/m)  RJZ3 = 0.0000E+00(kN/m)
  RJX3*H = 1.5610E+06(kN)  RJY3*H = 1.4166E+06(kN)  RJZ3*H = 0.0000E+00(kN)
--------------------------------------------------------------------------
```

图 3-96 层间刚度比计算结果

B 级高度高层建筑的楼层抗侧力结构的层间受剪承载力不应小于其相邻上一层受剪承载力的 75％。”

《高层规程》3.5.8 条规定，“侧向刚度变化、承载力变化、竖向抗侧力构件连续性不符合本规程第 3.5.2、第 3.5.3、第 3.5.4 条要求的楼层，其对应于地震作用标准值的剪力应乘以 1.25 的增大系数。”

参数含义：层间受剪承载力是指在所考虑的水平地震作用方向上，该层全部柱及剪力墙的受剪承载力之和。层间受剪承载力比也是控制结构竖向不规则性和判断薄弱层的重要指标，在 WMASS.OUT（结构设计信息）文件中以 Ratio_BuX 和 Ratio_BuY 表示。本书例题层间受剪承载力比如图 3-97 所示。程序根据规范要求自动计算层间受剪承载力比，但不会自动判定该比值是否超出限值而出现薄弱层，需要用户自行判定。如果有薄弱层，用户应在如图 3-38 所示的“调整信息 2”设置对话框中设定薄弱层，然后重新进行计算，程序自动放大薄弱层的地震剪力。

(6) 剪重比

规范规定：《抗震规范》5.2.5 条规定，**“抗震验算时，结构任一楼层的水平地震剪力应符合下式要求：**

$$V_{eki} > \lambda \sum_{j=1}^{n} G_j$$

式中 λ——剪力系数，不应小于表 5.2.5 规定的楼层最小地震剪力系数值，对竖向不规则结构的薄弱层，尚应乘以 1.15 的增大系数”。

参数含义：楼层的水平地震剪力与重力荷载代表值的比值称为剪重比（即地震剪力系

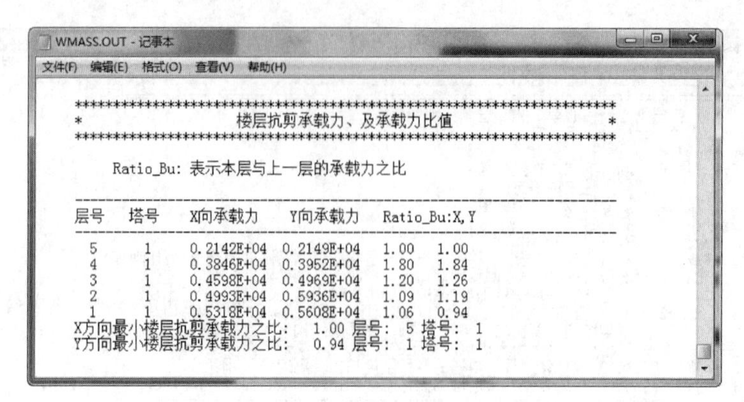

WMASS.OUT - 记事本

文件(F) 编辑(E) 格式(O) 查看(V) 帮助(H)

楼层抗剪承载力、及承载力比值

Ratio_Bu: 表示本层与上一层的承载力之比

层号	塔号	X向承载力	Y向承载力	Ratio_Bu:X	Ratio_Bu:Y
5	1	0.2142E+04	0.2149E+04	1.00	1.00
4	1	0.3846E+04	0.3952E+04	1.80	1.84
3	1	0.4598E+04	0.4969E+04	1.20	1.26
2	1	0.4993E+04	0.5936E+04	1.09	1.19
1	1	0.5318E+04	0.5608E+04	1.06	0.94

X方向最小楼层抗剪承载力之比: 1.00 层号: 5 塔号: 1

Y方向最小楼层抗剪承载力之比: 0.94 层号: 1 塔号: 1

图 3-97 楼层抗剪承载力计算结果

数)，它是抗震设计中非常重要的参数，在 WZQ. OUT（周期 振型 地震力）文件中输出，结构的楼层地震剪力以 V_x 和 V_y 表示。由于地震影响系数在长周期段下降较快，对于基本周期大于 3.5s 的结构，由此计算所得的水平地震作用下的结构效应可能太小。而对于长周期结构，地震动态作用中的地面运动速度和位移可能对结构的破坏具有更大影响，但是规范所采用的振型分解反应谱法尚无法对此做出估计。出于结构安全的考虑，提出了对结构总水平地震剪力及各楼层水平地震剪力最小值的要求，规定了不同烈度下的剪力系数(即剪重比)。

本书例题 X 方向各楼层剪重比和规范要求的最小剪重比，如图 3-98 所示。

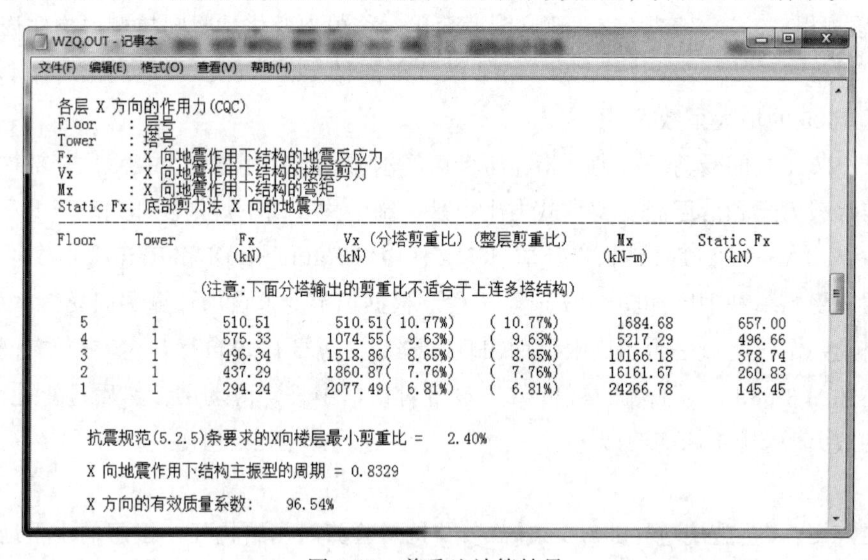

WZQ.OUT - 记事本

文件(F) 编辑(E) 格式(O) 查看(V) 帮助(H)

各层 X 方向的作用力(CQC)
Floor : 层号
Tower : 塔号
Fx : X 向地震作用下结构的地震反应力
Vx : X 向地震作用下结构的楼层剪力
Mx : X 向地震作用下结构的弯矩
Static Fx: 底部剪力法 X 向的地震力

(注意:下面分塔输出的剪重比不适合于上连多塔结构)

Floor	Tower	Fx (kN)	Vx (kN) (分塔剪重比)	(整层剪重比)	Mx (kN-m)	Static Fx (kN)
5	1	510.51	510.51(10.77%)	(10.77%)	1684.68	657.00
4	1	575.33	1074.55(9.63%)	(9.63%)	5217.29	496.66
3	1	496.34	1518.86(8.65%)	(8.65%)	10166.18	378.74
2	1	437.29	1860.87(7.76%)	(7.76%)	16161.67	260.83
1	1	294.24	2077.49(6.81%)	(6.81%)	24266.78	145.45

抗震规范(5.2.5)条要求的X向楼层最小剪重比 = 2.40%

X 向地震作用下结构主振型的周期 = 0.8329

X 方向的有效质量系数: 96.54%

图 3-98 剪重比计算结果

注意事项如下。

① 若剪重比不满足规范要求，则说明结构有可能出现比较明显的薄弱部位，必须进行调整。建议先不选择程序自动调整，首先查看剪重比的原始值，如果该值与规范要求相差较大，则应优化设计方案，改进结构布置、调整结构刚度；当剪重比与规范要求相差不大时，再选择程序自动调整地震剪力，以完全满足规范要求。

② 正确计算剪重比，必须选取足够的振型个数使有效质量系数大于 0.9。

(7) 刚重比

规范规定：《高层规程》5.4.4 条规定，**“高层建筑结构的整体稳定性应符合下列规定：**

1　剪力墙结构、框架-剪力墙结构、筒体结构应符合下式要求：

$$EJ_d \geqslant 1.4H^2 \sum_{i=1}^{n} G_i$$

2　框架结构应符合下式要求：

$$D_i \geqslant 10 \sum_{j=i}^{n} G_j / h_i \quad (i=1, 2, \cdots, n)$$ ”

参数含义：结构的侧向刚度与重力荷载设计值之比称为刚重比，它是控制结构整体稳定的重要指标。高层建筑结构的稳定设计主要是控制在风荷载或水平地震作用下，重力荷载产生的二阶效应（重力 P-Δ 效应）不致过大，以致引起结构的失稳倒塌。结构的刚重比是影响重力二阶效应的主要参数。

刚重比在 WMASS. OUT（结构设计信息）文件中输出，若该文件显示“能够通过高规（5.4.4）的整体稳定验算”，则表示刚重比满足规范要求；否则应调整并增大结构的侧向刚度。本书例题刚重比计算结果，如图 3-99 所示。

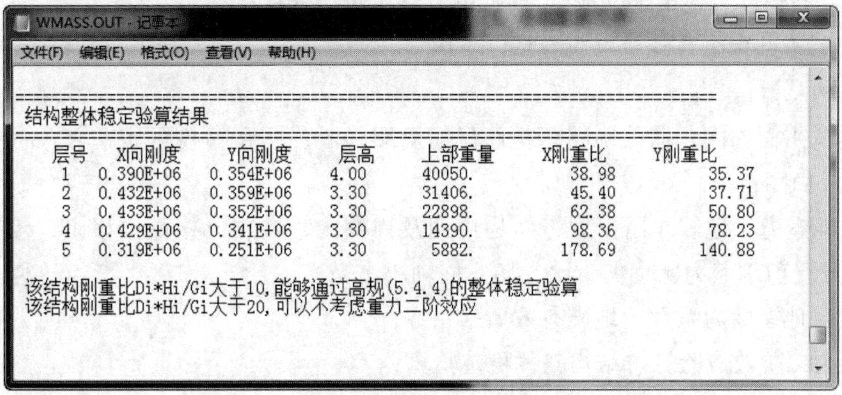

WMASS.OUT - 记事本

文件(F)　编辑(E)　格式(O)　查看(V)　帮助(H)

结构整体稳定验算结果

层号	X向刚度	Y向刚度	层高	上部重量	X刚重比	Y刚重比
1	0.390E+06	0.354E+06	4.00	40050.	38.98	35.37
2	0.432E+06	0.359E+06	3.30	31406.	45.40	37.71
3	0.433E+06	0.352E+06	3.30	22898.	62.38	50.80
4	0.429E+06	0.341E+06	3.30	14390.	98.36	78.23
5	0.319E+06	0.251E+06	3.30	5882.	178.69	140.88

该结构刚重比Di*Hi/Gi大于10，能够通过高规(5.4.4)的整体稳定验算
该结构刚重比Di*Hi/Gi大于20，可以不考虑重力二阶效应

图 3-99　刚重比计算结果

(8) 轴压比

规范规定：《抗震规范》6.3.6 条规定，“柱轴压比不宜超过表 6.3.6 的规定；建造于Ⅳ类场地且较高的高层建筑，柱轴压比限值应适当减小。”

参数含义：柱（墙）轴压比指柱（墙）轴压力设计值与柱（墙）的全截面面积和混凝土轴心抗压强度设计值乘积之比，它是影响墙、柱抗震性能的主要因素之一，为了使柱、墙具有很好的延性和耗能能力，轴压比必须满足规范限值。查看柱（墙）轴压比最直观的方法是通过【计算结果/轴压比】菜单查看。当轴压比的计算结果超出规范限值时，程序自动以红色字符显示轴压比。

(9) 框架的倾覆力矩比

规范规定：《抗震规范》6.1.3-1 条规定，“设置少量抗震墙的框架结构，在规定的水平力作用下，底层框架部分所承担的地震倾覆力矩大于结构总地震倾覆力矩的 50%时，其框架的抗震等级应按框架结构确定，抗震墙的抗震等级可与其框架的抗震等级相同。”

参数含义：框架-抗震墙结构在进行抗震设计时，在规定的水平力作用下，框架部分承受的地震倾覆力矩和结构总倾覆力矩的比值决定了框架的抗震等级。当该比值小于 0.5 时，框架部分的抗震等级及柱轴压比按框架-抗震墙结构中的框架结构确定。当该比值大于 0.5 时，框架部分的抗震等级及柱轴压比按纯框架结构确定。框架的倾覆力矩比在 WV02Q. OUT（框架柱倾覆弯矩及 0.2V0 调整系数）文件中输出。

3.7 结构设计计算书的内容

一般情况下，较完整的结构设计计算书包括手算和电算两部分，设计人员可根据工程规模、结构类型及工程复杂程序酌情增减。下面以钢筋混凝土结构为例，简要介绍结构设计计算书的主要内容。

① 用电算程序计算时，应注明所采用的计算程序的名称、代号、版本及编制单位，计算程序必须经过有效审定（或鉴定），电算结果应经分析认可。

② 混凝土结构电算计算书应包括以下内容

a. 结构总体信息；

b. 结构平面简图、荷载简图、构件配筋简图、墙、柱底部截面计算内力简图及 $D+L$ 计算结果简图；

c. 总地震力、地震作用振型、结构周期及周期比、楼层位移及位移比、楼层侧向刚度比、楼层受剪承载力比、剪重比、墙、柱轴压比等；

d. 楼层地震剪力系数、地震有效质量系数；

e. 重力二阶效应验算、结构整体稳定验算；

f. 框架柱的计算长度系数；

g. 所有构件的超筋、超限信息及处理措施等；

h. 框架-剪力墙结构及框架-筒体结构中框架部分承受的地震倾覆力矩比；

i. 短肢剪力墙结构中短肢墙承受的底部地震倾覆力矩比；

j. 异形柱结构梁、柱节点核心区受剪承载力计算结果。

③ 带转换层结构、带加强层结构、错层结构、多塔结构、连体结构等复杂结构，在进行多遇地震作用下的内力和变形分析时，应提供不少于两个不同的力学模型的程序计算书，并对其计算结果进行分析比较。

④ 特别不规则的建筑、甲类建筑、《抗震规范》表 5.1.2-1 中所列高度范围的高层建筑，应采用时程分析法进行多遇地震下的补充计算；符合《抗震规范》第 5.5.2 条要求的

结构应进行罕遇地震作用下薄弱层的弹塑性变形验算。

⑤ 高层建筑中的转换层、加强层、连体结构的连接体等，应补充结构局部有限元分析计算书。

⑥ 大跨度梁、板挠度及裂缝最大宽度计算书。

⑦ 地基承载力计算、地基变形计算（规范有要求时）、基础计算（包括抗弯、抗剪及抗冲切计算、人防结构计算、规范要求的抗震验算及必要时的抗浮验算）。

⑧ 电算程序无法完成的某些内容，如建筑装修荷载的计算、单桩承载力估算、抗浮验算、较大悬挑构件及装饰构件计算、构件连接节点受力预埋件计算等，应补充手算部分计算书。

⑨ 编写完的结构设计计算书应有封面、工程名称、计算日期，计算人、专业负责人、校对、审核人应在计算书封面上签字，并加盖单位出图专用章，装订成册后送审。

第 4 章

混凝土结构施工图

4.1 概　　述

本章介绍混凝土结构施工图模块的功能特点与使用方法。用户可从 PKPM 主界面右上角的专业模块列表中选择“砼结构施工图”，或者完成 SATWE 分析后，直接从 SATWE 界面右上角的下拉菜单中选择“砼结构施工图”，均可进入到混凝土结构施工图主界面，主菜单如图 4-1 所示。

图 4-1　“砼结构施工图”主菜单

混凝土结构施工图模块是 PKPM 设计系统的主要组成部分之一，其主要功能是辅助用户完成上部结构各种混凝土构件的配筋设计，并绘制施工图。该模块包括梁、柱、墙、板、组合楼板及层间板等多个子模块，用于处理上部结构中最常用到的各大类构件。

施工图模块是 PKPM 软件的后处理模块，需要接力其他 PKPM 软件的计算结果进行计算。其中板施工图模块需要接力“结构建模”软件生成的模型和荷载导算结果来完成计算；梁、柱、墙施工图模块除了需要“结构建模”软件生成的模型与荷载外，还需要接力结构整体分析软件生成的内力与配筋信息才能正确运行。结构整体分析软件包括空间有限元分析软件 SATWE 和特殊多高层计算软件 PMSAP。注意必须运行完 SATWE 等分析软件后才能运行此模块，否则会出现出错信息。

板、梁、柱、墙模块的设计思路相似，基本都是按照划分钢筋标准层、构件分组归并、自动选筋、钢筋修改、施工图绘制、施工图修改的步骤进行操作。其中必须执行的步骤包括划分钢筋标准层、构件分组归并、自动选筋、施工图绘制，这些步骤软件会自动执行，用户可以通过修改参数控制执行过程。如果需要进行钢筋修改和施工图修改，用户可以在自动生成的数据基础上进行交互修改。

出施工图之前，需要划分钢筋标准层。构件布置相同、受力特点类似的数个自然层可以划分为一个钢筋标准层，每个钢筋标准层只出一张施工图。钢筋标准层是08版软件中引入的新概念，它与结构标准层有所区别。PMCAD建模时使用的标准层称为结构标准层，它与钢筋标准层的区别主要有两点：一是在同一结构标准层内的自然层的构件布置与荷载完全相同，而钢筋标准层不要求荷载相同，只要求构件布置完全相同。二是结构标准层只看本层构件，而钢筋标准层的划分与上层构件也有关系，例如屋面层与中间层不能划分为同一钢筋标准层。板、梁、柱、墙各模块的钢筋标准层是各自独立设置的，用户可以分别修改。

对于几何形状相同、受力特点类似的构件，通常做法是归为一组，采用同样的配筋进行施工。这样做可以减少施工图数量，降低施工难度。各施工图模块在配筋之前都会自动执行分组归并过程，分在同一组的构件会使用相同的名称和配筋。归并完成后，软件进行自动配筋。板模块根据荷载自动计算配筋面积并给出配筋，其他模块则是根据整体分析软件提供的配筋面积进行配筋。用户可以修改和调整钢筋，各模块统一将相关命令放入屏幕上侧菜单中。

施工图绘制是本模块的重要功能。软件提供了多种施工图表示方法，如平面整体表示法、柱、墙的列表画法、传统的立剖面图画法等。其中最主要的表示方法为平面整体表示法，软件缺省输出平法图，钢筋修改等操作均在平法图上进行。软件绘制的平法图符合图集《混凝土结构施工图平面整体表示方法制图规则和构造详图》(16G101-1)［以下简称《平法图集》(16G101-1)］的要求。

软件使用PKPM自主知识产权的图形平台的TCAD绘制施工图。绘制成的施工图后缀为.T，统一放置在工程路径的“/施工图”目录中。已经绘制好的施工图可以在各施工图模块中再次打开，重复编辑。也可使用独立的T图编辑软件TCAD来编辑施工图，TCAD提供了T图转AutoCAD图的接口，熟悉AutoCAD的用户可以将软件生成的T图转换成AutoCAD支持的DWG图进行编辑。

4.2 板施工图

本菜单可完成现浇楼板的配筋计算、楼板的人防设计（如地下室顶板等），还可完成框架结构、框剪结构和剪力墙结构的平面图绘制。

每自然层的操作步骤如下。

① 输入计算和画图参数；

② 计算钢筋混凝土板配筋；

③ 画结构平面图。

点击界面上方的“板”选项卡，板施工图菜单如图 4-2 所示，包括参数设置、楼板计算、画板施工图、预制板等功能。进入板施工图绘图环境时，程序自动打开第 1 标准层平面图，如图 4-3 所示。

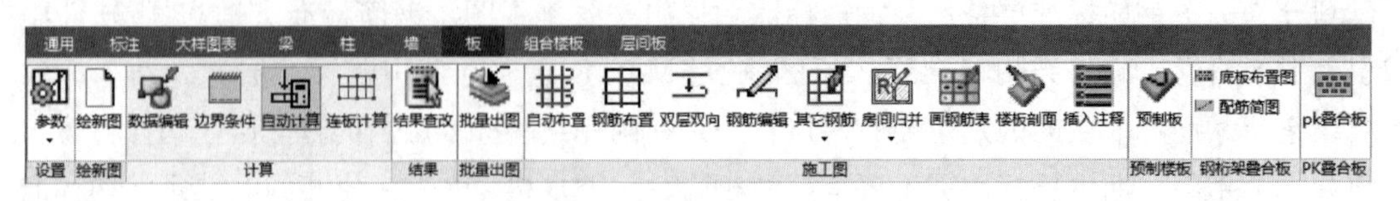

图 4-2　板施工图菜单

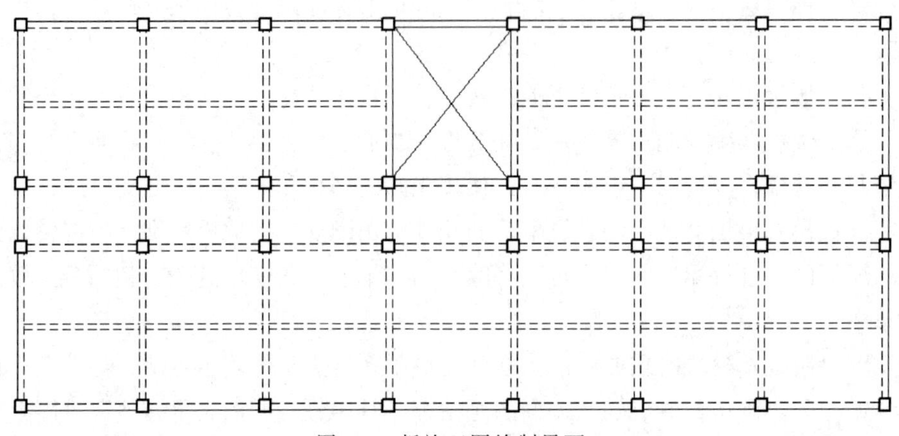

图 4-3　板施工图绘制界面

可选取任一楼层绘制它的结构平面图，每一层绘制在一张图纸上，图纸名称为 PM＊.T，＊为层号。

结构平面图上梁墙既可用虚线画，也可用实线画出，一般程序用实线画平面图上梁、墙，用户需用虚线画时，可修改绘图参数对话框中的参数，类似这样的控制参数，均记录在 CFG 目录下的“用户绘图参数.MDB”文件中。

4.2.1 计算参数

点击【板/参数/计算参数】菜单，程序弹出如图 4-4 所示的参数对话框。

4.2.1.1 计算参数

“计算参数”页对应的对话框如图 4-4 所示，主要参数含义如下。

① 双向板计算方法（弹性算法/塑性算法）　一般均采用弹性算法，即按《建筑结构静力计算手册》中的弹性理论计算板弯矩，不考虑板的塑性影响。某些设计单位习惯采用塑性算法，若选择塑性算法，则需要输入支座与跨中的弯矩比值。

② 边缘梁、剪力墙算法　支座按固端或简支计算。

③ 有错层楼板算法　支座按固端或简支计算。

④ 同一边不同支座边界条件相同　若勾选此项，则同一边上不同构件强制设置为同

一个边界条件。

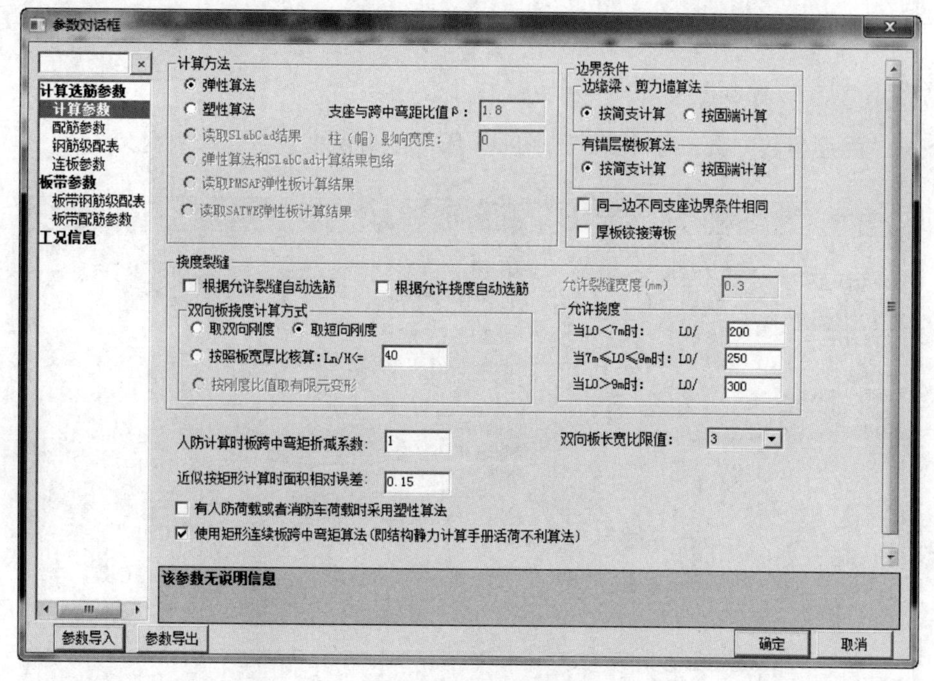

图 4-4 参数对话框

⑤ 厚板铰接薄板 若勾选此项，则当两边板厚相差较大时，厚板方向的支座设为铰接。

⑥ 挠度裂缝计算

a. 根据允许裂缝自动选筋 若勾选此项，则程序选出的钢筋不仅满足强度计算要求，还将满足允许裂缝宽度要求。程序默认允许裂缝宽度值为 0.3mm，用户可根据规范规定修改。

b. 根据允许挠度自动选筋 若勾选此项，则程序选出的钢筋不仅满足强度计算要求，还将满足允许挠度限值要求。程序同时给出双向板挠度计算方式和允许挠度限值。

⑦ 人防计算时板跨中弯矩折减系数 《人民防空地下室设计规范》第 4.10.4 条规定，“当板的周边支座横向伸长受到约束时，其跨中截面的计算弯矩值对梁板结构可乘以折减系数 0.7，对无梁楼盖可乘以折减系数 0.9；若在板的计算中已计入轴力的作用，则不应乘以折减系数。”根据此条规定，用户可设定跨中弯矩折减系数。

⑧ 近似按矩形计算时面积相对误差 由于平面布置的需要，有时候在平面中存在这样的房间，与规则矩形房间很接近，如规则房间局部切去一个小角、某一条边是圆弧线，但此圆弧线接近于直线等。对于此种情况，其板的内力计算结果与规则板的计算结果很接近，可以按规则板直接计算。

⑨ 有人防荷载或者消防车荷载时采用塑性算法 若勾选此项，则当房间内有人防荷载或者消防车荷载时，程序默认采用塑性算法（无论是否总体选择了塑性算法）。

⑩ 使用矩形连续板跨中弯矩算法　若勾选此项，则程序采用《建筑结构静力计算手册》中介绍的考虑活荷载不利布置的算法。

4.2.1.2　配筋参数

点击“配筋参数”页，程序弹出如图 4-5 所示的对话框，主要参数含义如下。

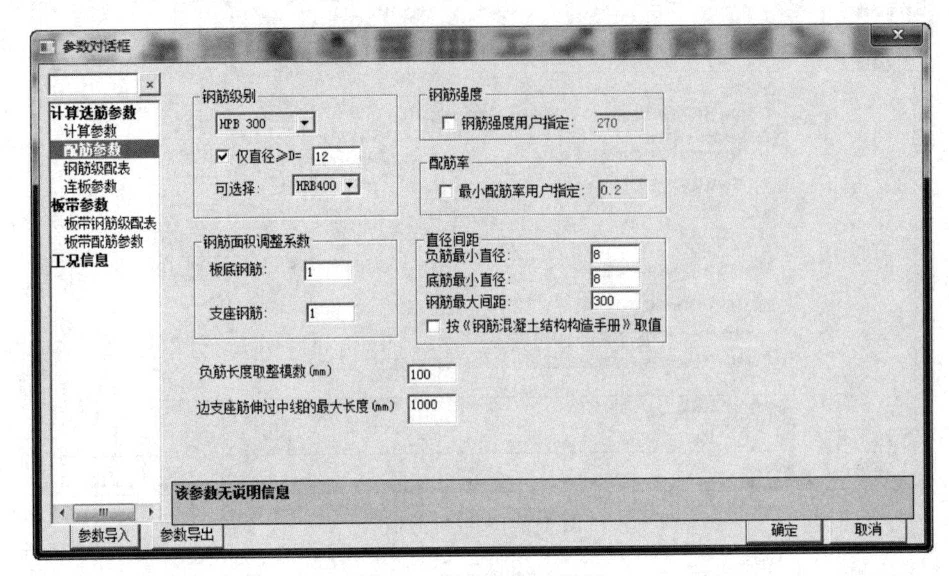

图 4-5　配筋参数对话框

① 钢筋级别　《混凝土规范》第 4.2.1-1 条规定，“纵向受力普通钢筋宜采用 HRB400、HRB500、HRBF400、HRBF500 钢筋，也可采用 HPB300、HRB335、HRBF335、RRB400 钢筋。”

鉴于此，程序以字母 A～G 代表不同型号钢筋，依次对应 HPB300、HRB335、HRB400、HRB500、CRB550、HPB235、CRB600H，在图形区显示为相应的钢筋符号。

② 钢筋强度　对于钢筋强度设计值为非规范指定值时，用户可指定钢筋强度，程序计算时则取此值计算钢筋面积。

③ 配筋率　对于受力钢筋最小配筋率为非规范指定值时，用户可指定最小配筋率，程序计算时则取此值做最小配筋计算。

④ 钢筋面积调整系数　板底钢筋放大调整系数/支座钢筋放大调整系数，程序隐含值为 1。

⑤ 负筋最小直径/底筋最小直径/钢筋最大间距（mm）　程序在选实配钢筋时首先要满足规范及构造的要求，其次再与用户此处所设置的数值做比较，如果自动选出的直径小于用户所设置的数值，则取用户所设的值，否则取自动选择的结果。

⑥ 负筋长度取整模数　对于支座负筋长度按此处所设置的模数取整。

⑦ 边支座筋伸过中线的最大长度　对于普通的边支座，一般的做法是板负筋伸至支座外侧减去保护层厚度，根据需要再做弯锚。但对于边支座过宽的情况下，如支座宽

1000mm，可能造成钢筋的浪费，因此，程序规定支座负筋至少伸至中心线，在满足锚固长度的前提下，伸过中心线的最大长度不超过用户所设定的数值。

4.2.1.3 钢筋级配表

点击“钢筋级配表”页，程序弹出为配筋可供挑选的板钢筋级配表（图4-6），程序有隐含值，用户可按本单位的选筋习惯对该表修改。

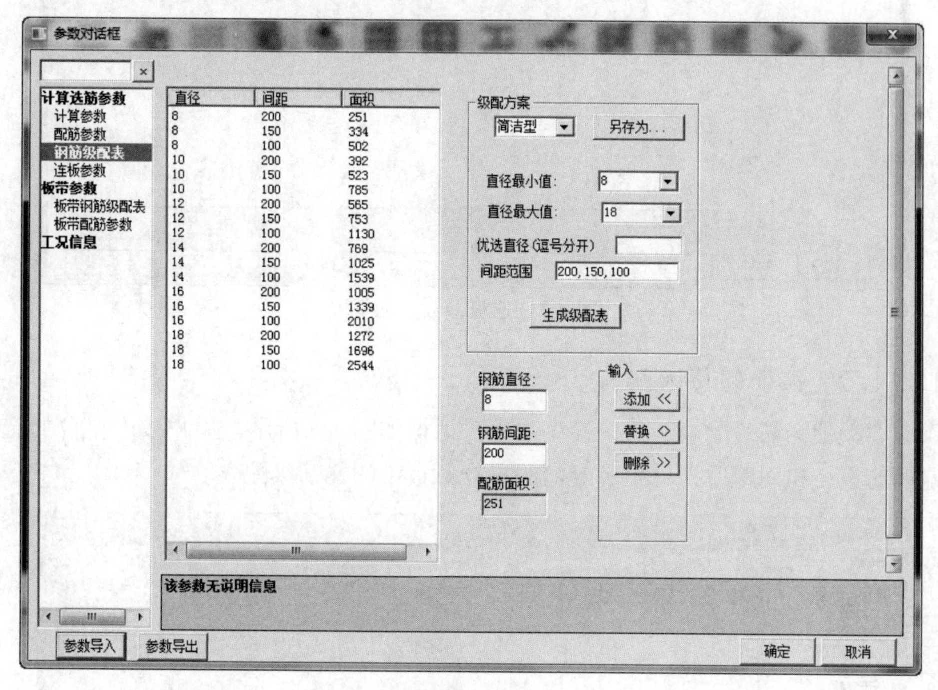

图4-6 钢筋级配表对话框

4.2.1.4 连板参数

点击“连板参数”页，程序弹出对话框如图4-7所示。该页参数为设置连续板串计算时所需的参数，此参数设置后，所选择的连续板才有效。主要参数含义如下。

① 负弯矩调幅系数 对于现浇楼板，一般取1.0。

② 左（下）端支座 指连续板串的最左（下）端边界。

③ 右（上）端支座 指连续板串的最右（上）端边界。

④ 板跨中正弯矩按不小于简支板跨中正弯矩的一半调整 若勾选该项，则板正筋可能会略大。

⑤ 次梁形成连续板支座 在连续板串方向如果有次梁，勾选此项，则次梁按支座考虑。

⑥ 荷载考虑双向板作用 形成连续板串的板块，有可能是双向板，此块板上作用的荷载是否考虑双向板的作用。如果考虑，则程序自动分配板上两个方向的荷载；否则板上的均布荷载全部作用在该板串方向。

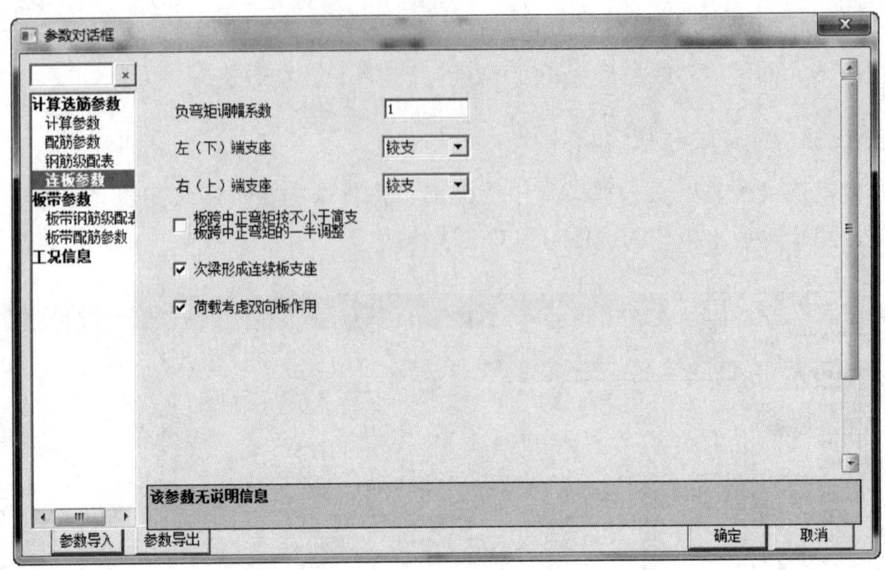

图 4-7　连板参数对话框

4.2.1.5　板带钢筋级配表

点击“板带钢筋级配表”页，程序弹出对话框如图 4-8 所示。用户按本单位的选筋习惯设定钢筋直径和间距后，可生成专门的只针对板带的钢筋级配表。

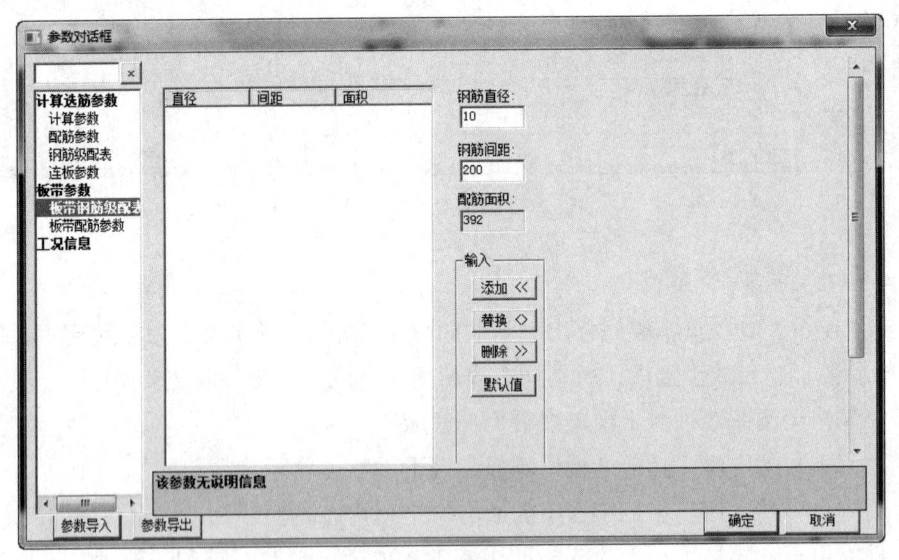

图 4-8　板带钢筋级配表对话框

4.2.1.6　板带配筋参数

点击“板带配筋参数”页，程序弹出对话框如图 4-9 所示。各参数含义如下。

(1) 板带贯通钢筋

① 指定贯通筋最小配筋率　用户可指定板带贯通筋最小配筋率。

② 贯通筋比例　板带上部钢筋贯通筋比例，0 为不贯通，1 为全部贯通。

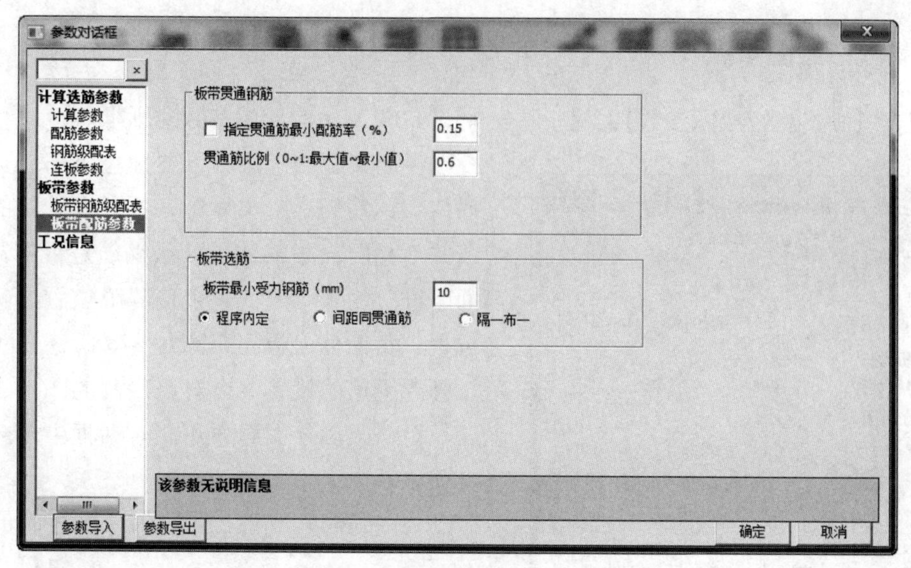

图 4-9　板带配筋参数对话框

(2) 板带选筋

① 板带最小受力钢筋　用户可指定板带最小受力钢筋直径。

② 程序内定　根据最小配筋率和贯通筋比例确定贯通筋。

③ 间距同贯通筋　确定贯通钢筋后，再计算非贯通筋。

④ 隔一布一　原则上贯通钢筋和非贯通钢筋等比例分配，根据最小配筋率调整实际结果。

4.2.1.7　工况信息

点击“工况信息”页，对话框如图 4-10 所示，程序给出恒载、活载和人防荷载的分项系数、组合系数、准永久系数以及荷载组合。

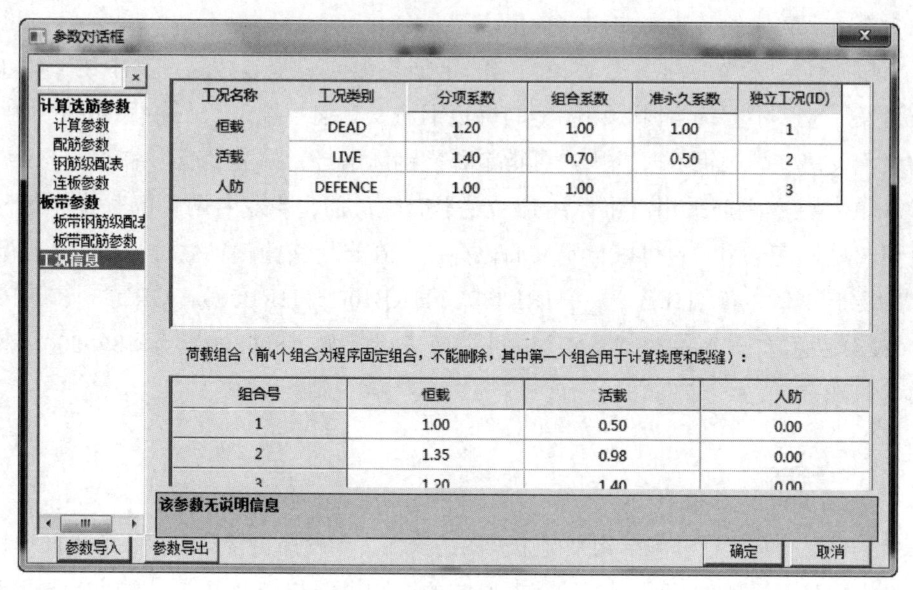

图 4-10　工况信息对话框

4.2.2 绘图参数

点击【板/参数/绘图参数】，程序弹出如图 4-11 所示的绘图参数对话框。

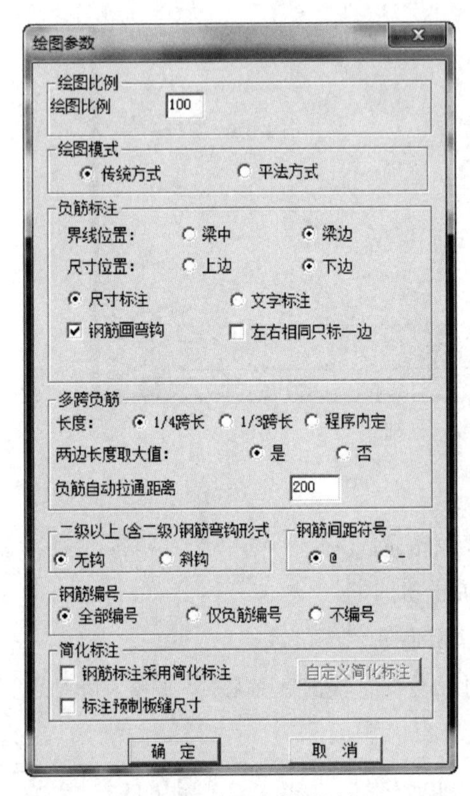

图 4-11 绘图参数对话框

在绘制楼板施工图时，要标注正筋、负筋的配筋值、钢筋编号、尺寸等，不同设计院的绘图习惯并不相同，如 HRB335 级钢筋是否带钩、钢筋间距符号的表示方式、负筋界限位置、负筋尺寸位置、负筋伸入板的距离是 1/3 跨还是 1/4 跨等。修改钢筋的设置不会对已绘制的图形进行改变，只对修改后绘图起作用。对话框中部分参数含义如下。

① 负筋界限位置　是指负筋标注时的起点位置。

② 负筋标注　可按尺寸标注，也可按文字标注。两者的主要区别在于是否画尺寸线及尺寸界线。

③ 负筋长度　选取“1/4 跨长”或“1/3 跨长”时，负筋长度仅与跨度有关，当选取“程序内定”时，与恒载和活载的比值有关，当 $q \leqslant 3g$ 时，负筋长度取跨度的 1/4；当 $q > 3g$ 时，负筋长度取跨度的 1/3。其中，q 为可变荷载设计值；g 为永久荷载设计值。对于中间支座负筋，两侧长度是否统一取较大值，也可由用户指定。

④ 钢筋编号　板钢筋要编号时，相同的钢筋均编同一个号，只在其中的一根上标注钢筋信息及尺寸。不要编号时，则图上的每根钢筋没有编号号码，在每根钢筋上均要标注钢筋的级配及尺寸。画钢筋时，用户可指定哪类钢筋编号，哪类钢筋不编号。

⑤ 简化标注　钢筋采用简化标注时，对于支座负筋，当左右两侧的长度相等时，仅标注负筋的总长度。用户也可以自定义简化标注。在自定义简化标注时，当输入原始标注钢筋等级时应注意 HPB300、HRB335、HRB400、HRB500、CRB550、HPB235、CRB600H 分别用字母 A、B、C、D、E、F、G 表示，如 A8@200 表示ϕ8@200（牌号为 HPB300）等。

4.2.3 绘新图

如果某一层没有执行过画结构平面施工图的操作，则程序直接画出该层的平面模板图。如果模型已经更改或经过重新计算，原有的旧图可能与模型不符，这时就需要重新绘制一张新图。执行【板/绘新图】命令后，程序弹出如图 4-12 所示的对话框，用户可以选择绘新图时所进行的操作。各选项含义如下。

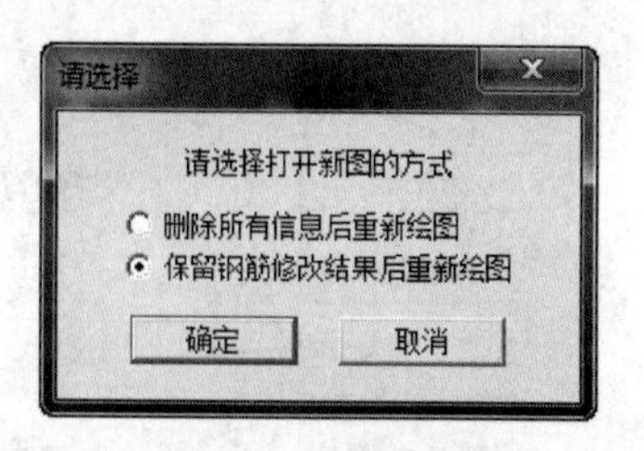

图 4-12 绘新图对话框

① 删除所有信息后重新绘图　是指将内力计算结果、已经布置过的钢筋以及修改过的边界条件等全部删除，当前层需要重新生成边界条件，内力需要重新计算。

② 保留钢筋修改结果后重新绘图　是指保留内力计算结果及所生成的边界条件，仅将已经布置的钢筋施工图删除，重新布置钢筋。

4.2.4 楼板计算

进入楼板计算后，程序自动由施工图状态（双线图）切换为计算简图（单线图）状态。同时，当本层曾经做过计算，有计算结果时自动显示计算面积结果，以方便用户直观了解本层的状态，如图 4-13 所示。

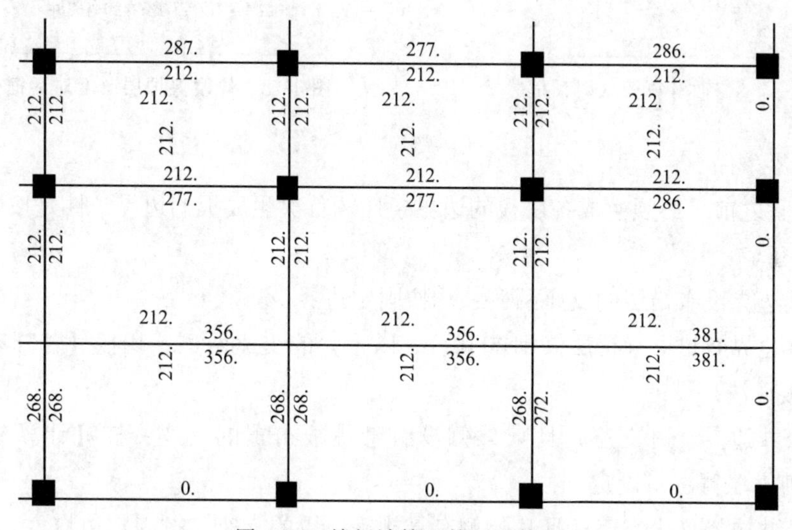

图 4-13 楼板计算配筋面积简图

首次对某层进行计算时，应首先设置好计算参数，其中主要包括计算方法（弹性或塑性），边缘梁墙、错层板的边界条件，钢筋级别等参数。设置好计算参数后，程序会自动根据相关参数生成初始边界条件，用户可对初始的边界条件根据需要再做修改。边界条件设定好后，程序可对每个房间进行板底和支座的内力计算及配筋计算。

(1) 数据编辑

点击【板/数据编辑】，程序弹出数据修改对话框（图 4-14）。在施工图阶段，用户可以对“结构建模”输入的现浇板厚度、楼面恒活载、保护层厚度等参数进行即时调整(图 4-15～图 4-18)，此调整会直接同步修改“结构建模”中数据，修改后需回到“结构建模”重新过一遍，以正确完成荷载传导，接力计算程序。

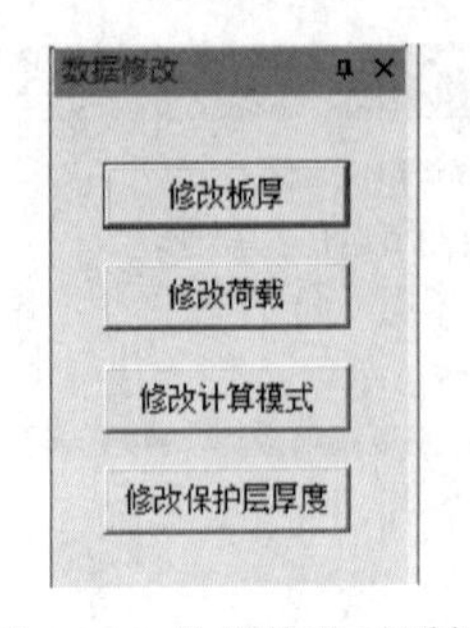

图 4-14 数据修改对话框

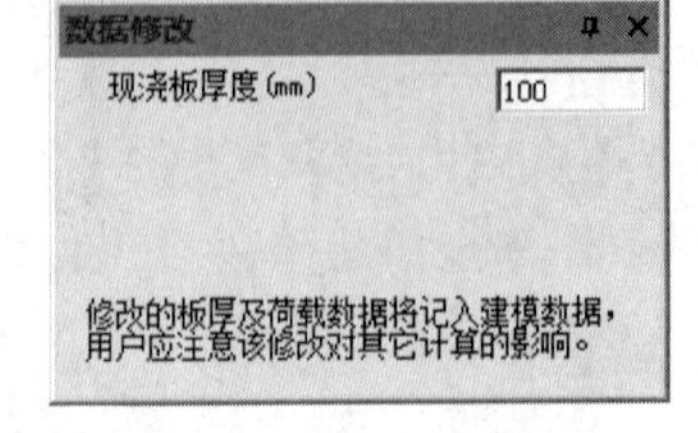

图 4-15 修改板厚对话框

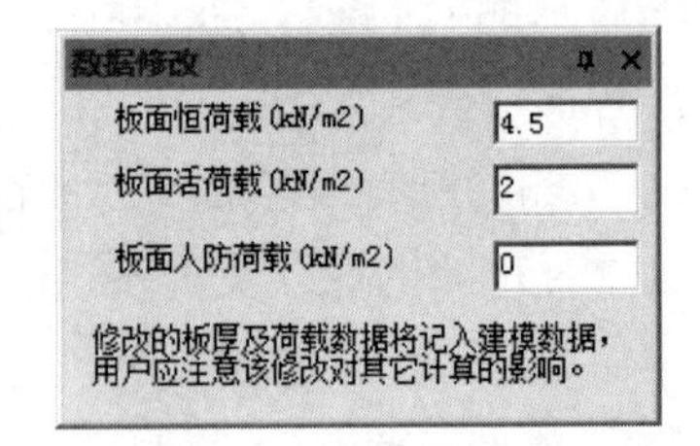

图 4-16 修改荷载对话框

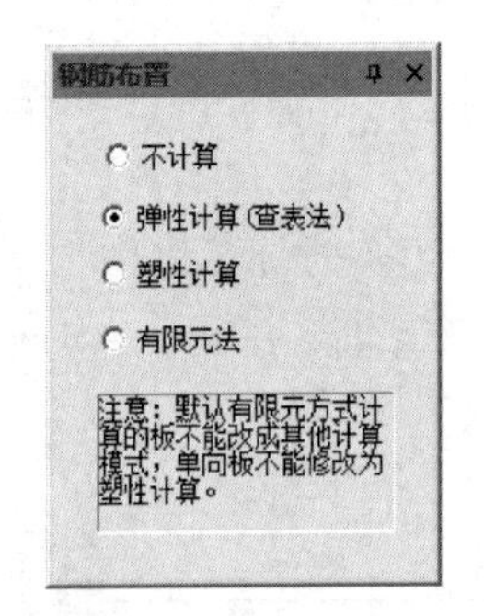

图 4-17 修改计算模式对话框

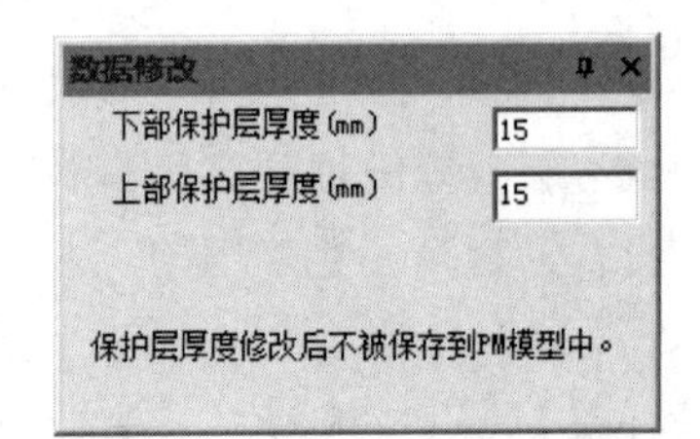

图 4-18 修改保护层厚度对话框

(2) 边界条件

板在计算之前，必须生成各块板的边界条件。首次生成板的边界条件是按以下条件形成的。

① 公共边界没有错层的支座两侧：均按固定边界。

② 公共边界有错层（错层值相差 10mm 以上）的支座两侧：均按【计算参数】中的〈有错层楼板算法〉设定。

③ 非公共边界（边支座）且其外侧没有悬挑板布置的支座：按【计算参数】中的〈边缘梁、剪力墙算法〉设定。

④ 非公共边界（边支座）且其外侧有悬挑板布置的支座：按固定边界。

点击【板/边界条件】，用户可对程序默认的边界条件（简支边界、固定边界）加以修改。不同的边界条件用不同的线型和颜色表示，红色代表固支，蓝色代表简支（图 4-19）。板的边界条件在计算完成后可以保存，下次重新进入修改边界条件时，自动调用用户修改过的边界条件。

(3) 自动计算

点击【板/自动计算】，程序会对每个房间完成板底和支座的内力计算及配筋计算（房间是指由主梁和墙围成的闭合多边形）。

程序对各块板逐块进行内力计算，对非矩形的凸形不规则板块，程序用边界元法计算该块板；对非矩形的凹形不规则板块，则用有限元法计算该块板，程序自动识别板的形状类型并选相应的计算方法。对于矩形规则板块，程序采用用户指定好的计算方法（如弹性

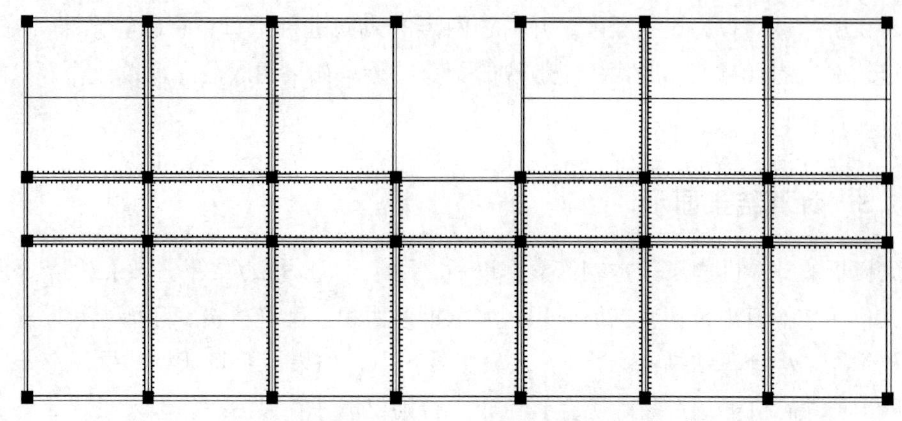

图 4-19 边界条件显示图

或塑性）计算。当房间内有次梁时，程序对房间按被次梁分割的多个板块计算。

程序在对每块板进行计算时不考虑相邻板块的影响，但会考虑该板块是否是独立的板块，以考虑是否能按“使用矩形连续板跨中弯矩算法（即结构静力计算手册活荷载不利算法”）计算。如果是连续板块，则可考虑活荷载不利算法，否则仅按独立板块计算。

对于中间支座两侧板块大小不一、板厚不同的情况，程序分别按两块板计算内力及计算面积，实配钢筋则是取两侧实配钢筋的较大值。

自动计算时，各板块分别计算其内力，不考虑相邻板块的影响，因此对于中间支座两侧，其弯矩值就有可能存在不平衡的问题。对于跨度相差较大的情况，这种不平衡弯矩会更为明显。为了在一定程度上考虑相邻板块的影响，特别是对于连续单向板的情况，当各块板的跨度不一致时，其内力计算就可在跨度方向上按连续梁的方式计算，以满足中间支座弯矩平衡的条件，同时也可以考虑相邻板块的影响。对应这种情况下的计算方法，用户可执行【板/连板计算】命令。

完成板的内力（弯矩）计算后，程序根据相应的计算参数，如钢筋级别、用户指定的最小配筋率等计算出相应的钢筋计算面积。根据计算出来的钢筋计算面积，再依据用户调整好的钢筋级配库，选取实配钢筋。对于实配钢筋，如果用户在【计算参数】中勾选“根据允许裂缝自动选筋”，则程序进行裂缝宽度验算，如果验算后裂缝宽度满足要求，则实配钢筋不再重选；如果裂缝宽度不满足要求，则放大配筋面积（5%），重新选择实配钢筋再进行裂缝宽度验算，直至满足要求为止。

由程序选出的实配钢筋只能作为楼板设计的基本钢筋数据，其与施工图中的最终钢筋数据有所不同。基本钢筋数据主要是指通过内力计算确定的结果，而最终钢筋数据则是以基本钢筋数据为依据，但可能由用户做过修改或者拉通（归并）等操作。如果最终的钢筋数据是经过基本钢筋数据修改调整而来，当再次执行【自动计算】时，钢筋数据又会恢复为基本钢筋数据。

（4）连板计算

点击【板/连板计算】，程序会对用户确定的连续板串进行计算。用鼠标左键选择两点，这两点所跨过的板为连续板串，并沿这两点的方向进行计算，将计算结果写在板上，然后用连续板串的计算结果取代单个板块的计算结果。如果想取消连续板计算，只能重新点取【自动计算】。

4.2.5 计算结果显示

生成楼板的计算内力及基本钢筋数据以后，可以通过【板/结果查改】命令显示其计算结果，包括楼板弯矩、计算钢筋面积、实配钢筋面积、裂缝、挠度和剪力等。这些计算结果均显示在“板计算结果？.T”（？代表层号）中，如果需要将计算结果保存于图形文件中，则需要执行【通用/保存/另存】命令，否则仅能保存最后一次显示结果。

对于矩形板块，当按弹性计算方法计算时，可以输出详细的计算过程（即计算书），方便用户校核或存档。

（1）房间编号

点选此项，可全层显示各房间编号。当自动计算提示某房间计算有错误时，方便用户检查。

（2）弯矩

点选此项，可显示板弯矩图，在平面简图上标出每根梁、次梁、墙的支座弯矩值（蓝色），标出每个房间板跨中 X 向和 Y 向弯矩值（黄色）。

（3）计算面积

点选此项，可显示板的计算配筋图，梁、墙、次梁上的值用蓝色显示，各房间板跨中的值用黄色显示。当使用 HPB300 钢筋和 HRB335 钢筋混合配筋时，图上钢筋面积数值均是按 HPB300 钢筋计算的结果。如果实配钢筋取为 HRB335 钢筋，则实配面积可能比图上的小。

（4）实配钢筋

点选此项，可显示板的实配钢筋图，梁、墙、次梁上的值用蓝色显示，各房间板跨中的值用黄色显示。

（5）裂缝

点选此项，可显示板的裂缝宽度计算结果图。

（6）挠度

点选此项，可显示现浇板的挠度计算结果图。

（7）剪力

点选此项，可显示板的剪力计算结果图。

（8）实配/计算

点选此项，可将实配钢筋面积与计算钢筋面积做比较，以校核实配钢筋是否满足计算要求。实配钢筋与计算钢筋的比值小于 1 时，以红色显示。

（9）配筋率

点选此项，可显示板的配筋率，梁、墙、次梁上的值用蓝色显示，各房间板跨中的值用黄色显示。

(10) 计算书

点选此项，可详细列出指定板的详细计算过程。计算书仅对于弹性计算时的规则现浇板起作用。计算书包括内力、配筋、裂缝和挠度。

计算以房间为单元进行并给出每房间的计算结果。需要计算书时，首先由用户点取需给出计算书的房间，然后程序自动生成该房间的计算书。

4.2.6 板施工图

画板钢筋之前，必须先执行【计算】菜单，否则画出钢筋标注的直径和间距可能都是0或不能正常画出钢筋。楼板设计计算后，程序绘出各房间的板底钢筋和每一根杆件的支座钢筋。

(1) 自动布置

点击【板/自动布置】，程序弹出如图 4-20 所示的钢筋自动布置对话框，主要功能含义如下。

①〈全部钢筋〉 程序自动绘出所有房间的板底钢筋和四周支座的钢筋。

②〈全部正筋〉 以主梁或墙围成的房间为布置的基本单元，程序自动绘出所有房间 X、Y 两个方向的板底钢筋。

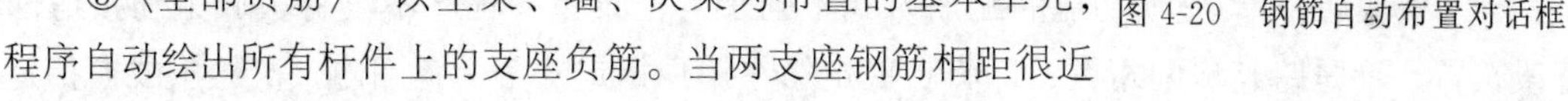

图 4-20 钢筋自动布置对话框

③〈全部负筋〉 以主梁、墙、次梁为布置的基本单元，程序自动绘出所有杆件上的支座负筋。当两支座钢筋相距很近（小于绘图参数对话框中负筋自动拉通距离）时，程序自动将两负筋合并，按拉通钢筋处理。

(2) 钢筋布置

点击【板/钢筋布置】，程序弹出如图 4-21 所示的钢筋布置对话框，主要功能含义如下。

①〈逐间布筋〉 由用户挑选有代表性的房间画出板钢筋，其余相同构造的房间可不再绘出。用户只需用光标点取房间或按［Tab］键转换为窗选方式，成批选取房间，则程序自动绘出所选取房间的板底钢筋和四周支座的钢筋（如图 4-22 所示）。

②〈正筋 X 方向〉、〈正筋 Y 方向〉 用来布置板底正筋。板底筋是以房间为布置的基本单元，用户可以选择布置板底筋的方向（X 方向或 Y 方向），然后选择需布置的房间即可。

③〈负筋〉 用来布置板的支座负筋。支座负筋是以主梁、墙、次梁为布置的基本单元，用户选择需布置的杆件即可。

④〈正筋补强筋〉 用来布置板底补强正筋。板底补强正筋是以房间为布置的基本单元，其布置过程与板底正筋相同。注意，在已布置板底拉通钢筋的范围内才可以布置。

说明：在已有拉通钢筋的范围内，可能存在局部需要加强的（支座或房间）范围，此范围的钢筋与拉通钢筋的关系是补充拉通钢筋在局部的不足，此类钢筋可称为“补强钢筋”。补强钢筋必须在已布置有拉通钢筋的情况下才能布置。

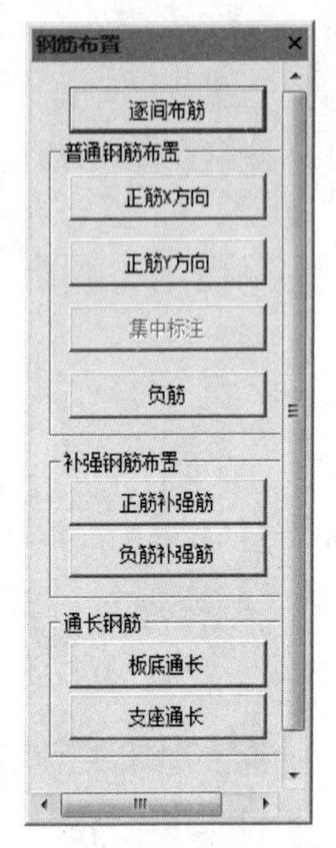

图 4-21 钢筋布置对话框

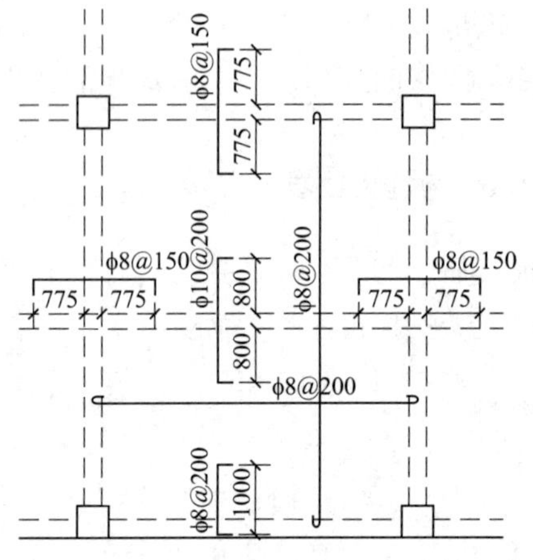

图 4-22 逐间布筋示意图

⑤〈负筋补强筋〉 用来布置板的支座补强负筋。支座补强负筋是以主梁、墙、次梁为布置的基本单元，其布置过程与支座负筋相同。注意，在已布置支座拉通钢筋的范围内才可以布置。

⑥〈板底通长〉 这项功能的配筋方式不同于其他菜单，程序不再将板底钢筋按房间逐段布置，而是跨越房间布置，即将板底钢筋在用户指定的某一范围内一次绘出或在指定的区间连通，这种方法的重要作用是可把几个已画好房间的钢筋归并整理重新画出，还可把某些程序画出效果不太理想的钢筋布置，按用户指定的走向重新布置，比如非矩形房间处的楼板。

点击〈板底通长〉，画 X 向板底筋时，用户先用光标点取左边钢筋起始点所在的梁或墙，再点取该板底钢筋在右边终止点处的梁或墙，这时程序挑选出起点与终点跨越的各房间，并取各房间 X 向板底筋最大值统一布置，然后屏幕提示点取该钢筋画在图面上的位置，即它的 Y 坐标值，最后程序把钢筋画出。

通长配筋通过的房间是矩形房间时，程序可自动找出板底钢筋的平面布置走向；如果通过的房间为非矩形房间，则要求用户点取一根梁或墙来指示钢筋的方向，也可输入一个角度确定方向，此后，各房间钢筋的计算结果将向这个方向投影，从而确定钢筋的直径与间距。

板底钢筋通常布置在若干房间后，房间内原有已布置的同方向的板底钢筋会自动消去，如果它还在图面上显示，按［F5］重显图形后即消失了。

⑦〈支座通长〉 由用户点取起始和终止（起始一定在左或下方，终止在右或上方）的两个平行的墙梁支座，程序将这一范围内原有的支座负筋删除，换成一根面积选大的连通的支座钢筋。

说明如下。

① 程序自动拉通钢筋时，拉通钢筋取在拉通范围内所有钢筋面积的最大值。但这样做不一定很经济，用户可将拉通钢筋做适当调整，以使其满足大部分拉通范围的要求，在局部不足的地方再做补强。

② 无论是“板底通长”还是“支座通长”仅仅只能表示钢筋在一个方向上的拉通，在与其拉通钢筋的垂直方向，只能是一个房间或一个杆件（网格）范围。对于双向范围内的拉通，就必须使用【其它钢筋/区域钢筋】命令。区域是以房间为基本单位，可以是一个房间，也可以是多个彼此相连的房间，但需能形成一个封闭的多边形。由于区域钢筋一般是表示双向拉通，因此与普通的拉通（单向拉通）稍有不同，在画此类钢筋时需要同时标注其区域范围。对于已经布置好的区域钢筋可多次在不同位置标注其区域范围。

(3) 钢筋编辑

点击【板/钢筋编辑】，程序弹出如图 4-23 所示的钢筋编辑对话框，程序提供了多种楼板钢筋和标注的修改、移动、删除、归并、编号等功能，主要功能含义如下。

①〈钢筋修改〉 在图中点取钢筋，例如点取支座钢筋，弹出修改支座钢筋对话框，如图 4-24 所示。其中〈简化输入〉是指当支座负筋两侧长度相等时，仅标注负筋的总长度；〈同编号修改〉是指钢筋修改其配筋参数后，所有与其同编号的钢筋同时修改。

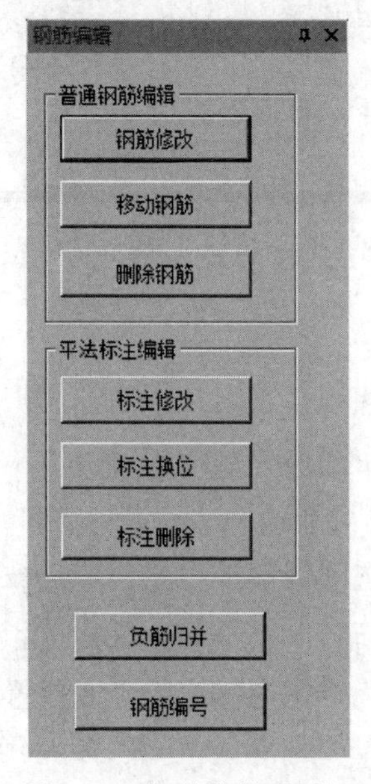

图 4-23 钢筋编辑对话框

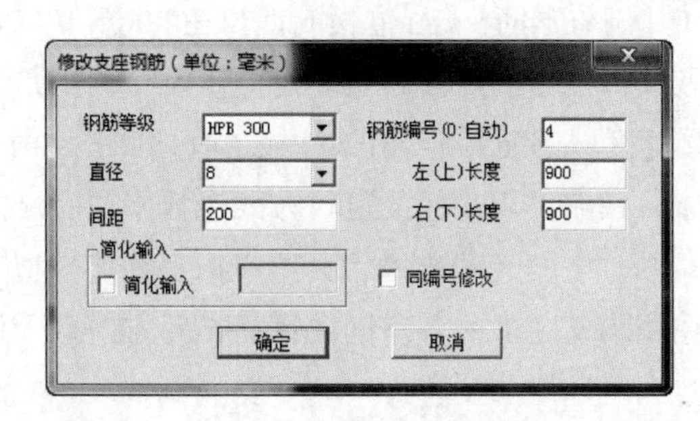

图 4-24 钢筋修改对话框

②〈移动钢筋〉 可对支座钢筋和板底钢筋用光标在屏幕上拖动，并在新的位置画出。

画楼板钢筋时，程序在设计上尽量躲避板上的洞口，但有时难以躲开，用户可点击〈移动钢筋〉按钮将这些钢筋从洞口处拉开，或者重新设定钢筋的长度。

③〈删除钢筋〉 可用光标删除已画出的钢筋。

④〈标注修改〉、〈标注换位〉、〈标注删除〉 可对平法标注的内容进行修改、移动位置或者删除。

⑤〈负筋归并〉 程序可对长短不等的支座负筋长度进行归并。归并长度由用户在对话框（图 4-25）中给出。对支座左右两端挑出的长度分别归并，但程序只对挑出长度大于 300mm 的负筋才做归并处理，因为小于 300mm 的挑出长度常常是支座宽度限制生成的长度。注意：支座负筋归并长度是指支座左右两边长度之和。

归并方法主要是区分是否按同直径归并，如选择“相同直径归并”，则按直径分组分别做归并，否则，不考虑钢筋直径的影响，按一组做归并。

⑥〈钢筋编号〉 对于已经绘制好的钢筋平面图，由于绘图过程中的随意性，造成钢筋编号从整体上来说没有一定的规律性，想查找某编号的钢筋需要反复寻找。此功能主要是对各钢筋按照指定的规律重新编号（图 4-26），编号时可指定起始编号、选定范围（点选、窗选、围区选）、相应角度后，程序先对房间按此规律排序，对于排好序的房间按先板底再支座的顺序重新对钢筋编号。

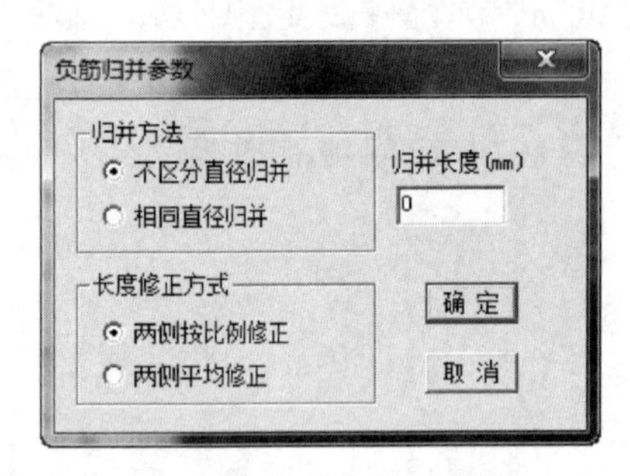

图 4-25 负筋归并对话框

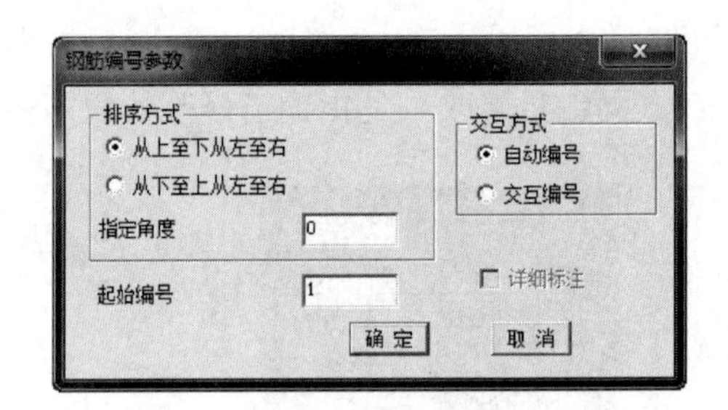

图 4-26 钢筋编号参数对话框

（4）其他钢筋

①【洞口钢筋】 对边长或直径在 300～1000mm 的洞口四周布置附加钢筋，用户用光标点取某有洞口的房间即可。应注意洞口周围是否有足够的空间以免画线重叠。

②【区域钢筋】 点击该按钮，程序弹出如图 4-27 所示对话框，首先点击〈拾取钢筋定区域〉按钮，用光标或窗口方式选择围成区域的房间，所选区域最外边界会自动被加粗加亮显示。完成区域选择后，用户指定钢筋类型（正筋或负筋）以及钢筋布置角度，程序自动在属于该区域的各房间同钢筋布置方向取大值，最后由用户指定钢筋所画的位置以及区域范围所标注的位置。

③【柱帽钢筋】 用光标选择柱帽，程序自动对柱帽进行配筋。

（5）房间归并

程序可对相同钢筋布置的房间进行归并。相同归并号的房间只在其中的样板间上画出详细配筋值，其余只标上归并号。主要子菜单功能如下（图 4-28）。

①【自动归并】 程序对相同钢筋布置的房间进行归并，而后要点取【重画钢筋】，用户可根据实际情况选择程序提示。

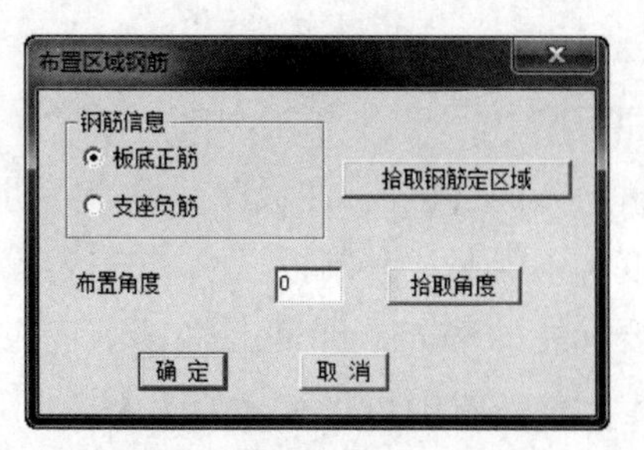

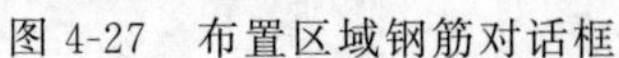

图 4-27 布置区域钢筋对话框

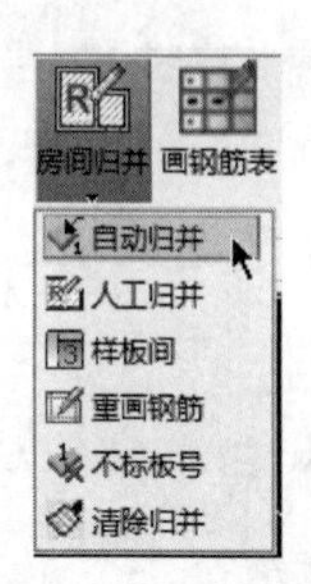

图 4-28 房间归并菜单

②【人工归并】 对归并不同的房间，人为地指定某些房间与另一房间归并相同，而后要点取【重画钢筋】。

③【样板间】 程序按归并结果选择某一房间为样板间来画钢筋详图。为了避开钢筋布置密集的情况，可人为指定样板间的位置。注意此菜单操作后要点取【重画钢筋】，程序才能将详图布置到新指定的样板间内。

(6) 画钢筋表

执行本菜单，程序会自动生成钢筋表，表中显示出所有已编号钢筋的直径、间距、级别、单根钢筋的最短长度和最长长度、根数、总长度和总重量等结果（图 4-29）。用户需移动光标指定钢筋表在平面图上画出的位置。

编号	钢筋简图	规格	最短长度	最长长度	根数	总长度	重量
①	4775	ϕ8@200	4875	4875	150	716250	282.6
②	5975	ϕ8@200	6074	6075	350	2091211	825.2
③	155 1000 85	ϕ8@200	1240	1240	414	513360	202.6
④	85 1800 85	ϕ8@200	1970	1970	96	189120	74.6
⑤	85 1800 85	ϕ8@150	1970	1970	588	1158360	457.1
⑥	85 1800 85	ϕ8@100	1969	1970	192	378228	149.2
⑦	2400	ϕ8@200	2499	2500	175	419958	165.7
⑧	155 900 85	ϕ8@200	1140	1140	26	29640	11.7
⑨	85 1600 85	ϕ8@200	1770	1770	78	138060	54.5
⑩	4800	ϕ8@200	4900	4900	375	1800000	710.3
⑪	85 1800 85	ϕ10@200	1969	1970	250	492478	303.6
总重							3237.0

图 4-29 钢筋表

(7) 楼板剖面

执行本菜单，程序在指定位置绘制楼板剖面图，如图 4-30 所示。

(8) 标注轴线

点击屏幕上方的【标注/自动标注】命令，可标注出轴线，再加上图名，如图 4-31

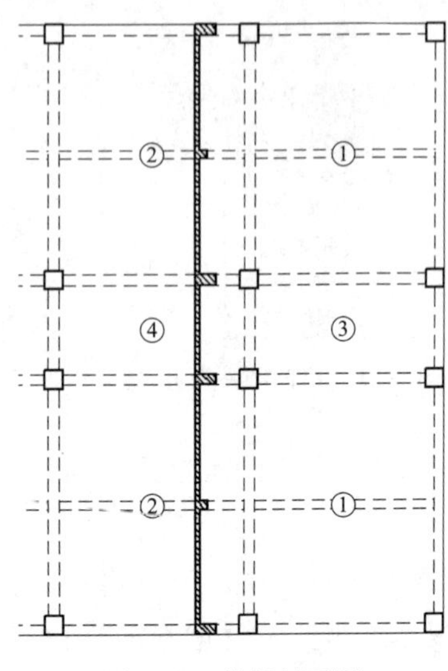

图 4-30　楼板剖面图

所示。

(9) 标注板厚

点击屏幕上方的【标注/注板厚】命令，可标注房间的现浇板厚度，不能标注预制板。

选择需要标注的房间，屏幕上将显示该房间的楼板厚度，再指定标注位置即可，结果如图 4-32 所示。

(10) 插入图框

点击【大样图表/图框】命令，移动光标确定图框位置（[TAB] 改图纸号，[Esc] 不标)，如果默认的图框图号不合适可以按 [TAB] 键重新设置图框的尺寸大小以及形式（图纸的放置方式，是否绘制图签、会签）等（图 4-33）。插入图框后，结果如图 4-34所示。

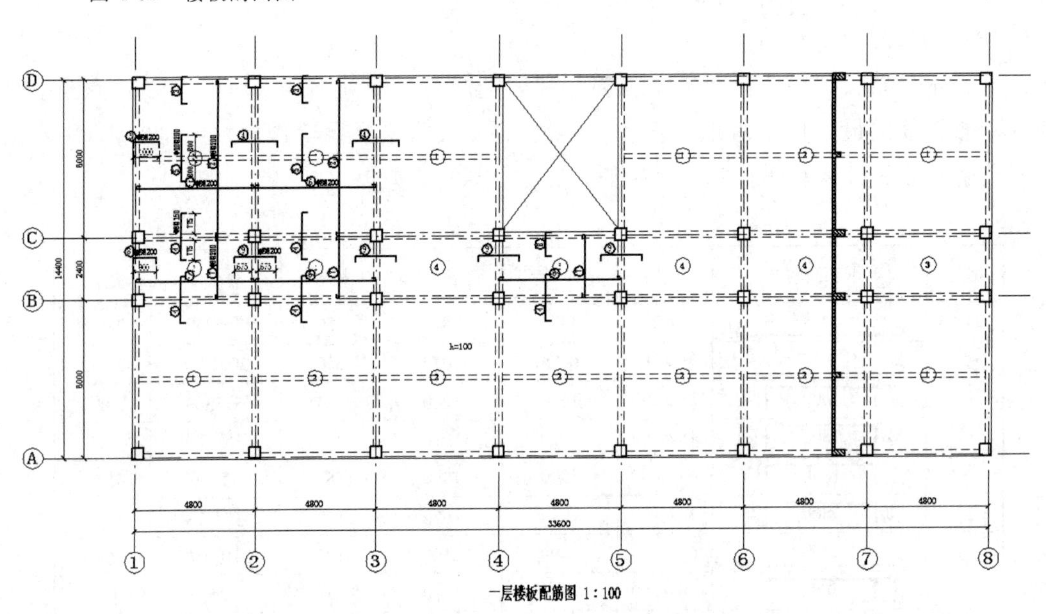

图 4-31　楼板配筋平面图（标注轴线后）

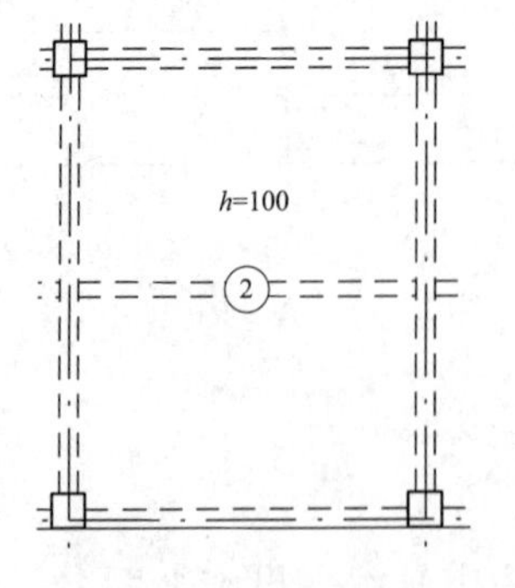

图 4-32　板厚标注示意

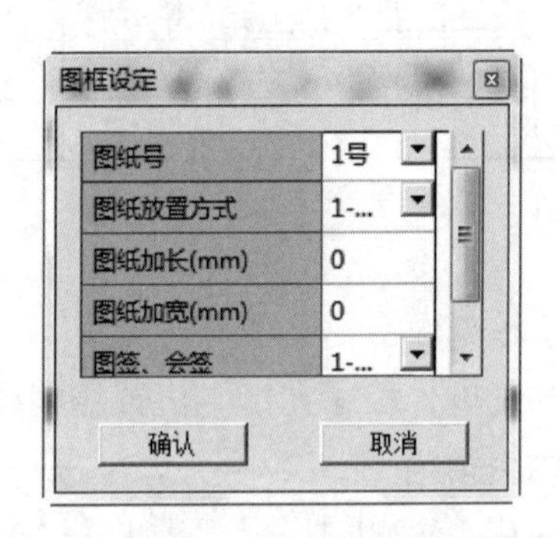

图 4-33　图框设定对话框

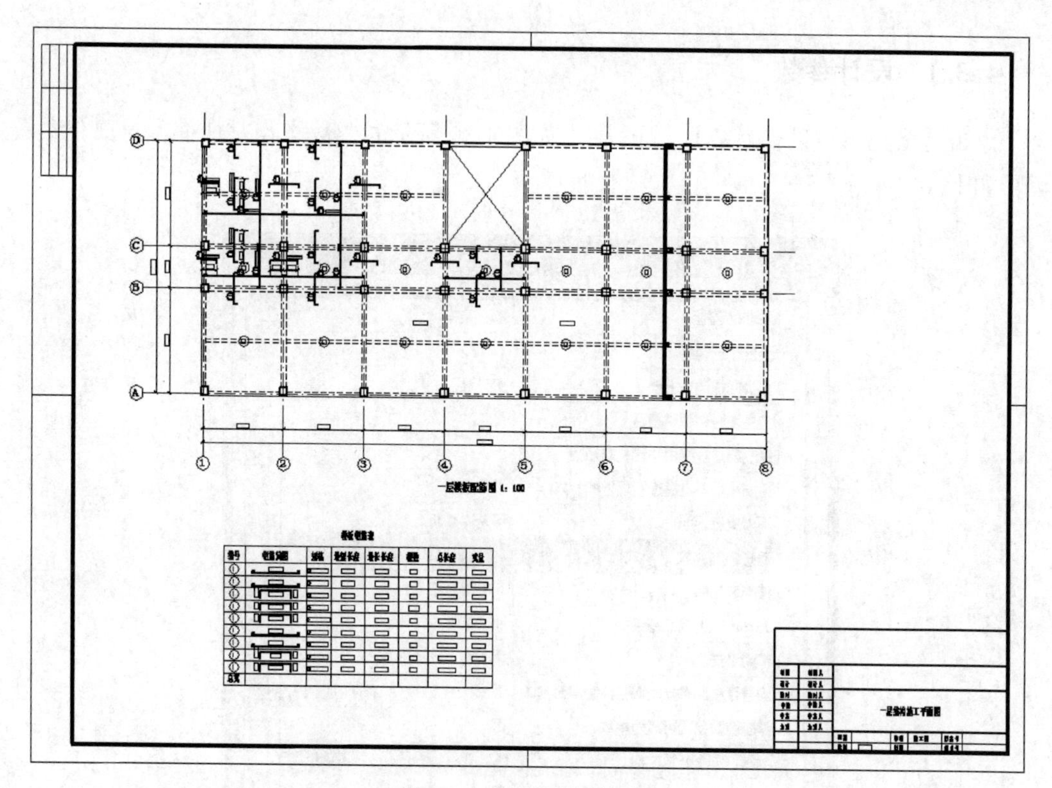

图 4-34　楼板配筋平面图

4.3　梁施工图

梁施工图模块的主要功能为读取计算软件 SATWE（或 PMSAP）的计算结果，完成钢筋混凝土连续梁的配筋设计与施工图绘制。具体功能包括：连续梁的生成、钢筋标准层归并、自动配筋、梁钢筋的修改与查询、梁正常使用极限状态的验算、施工图的绘制与修改等。

如果模型中包含次梁，还必须经过整体分析程序中的【次梁计算】，生成次梁内力配筋文件 CILIANG. PK。如果不进行次梁计算就使用梁施工图软件，所有次梁将按构造配筋进行选配。

点击界面上方的“梁”选项卡，梁施工图菜单如图 4-35 所示，包括设钢筋层、连梁的归并与修改、钢筋标注修改、挠度裂缝计算等内容。

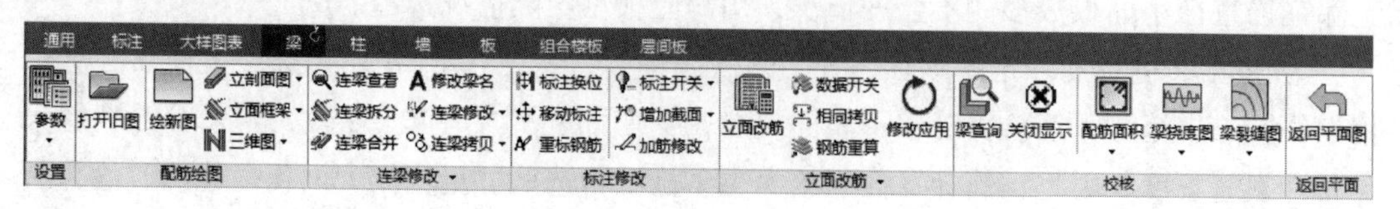

图 4-35　梁施工图菜单

4.3.1 设计参数

点击【梁/参数/设计参数】，程序弹出如图 4-36 所示的参数修改对话框，对部分参数解释如下。

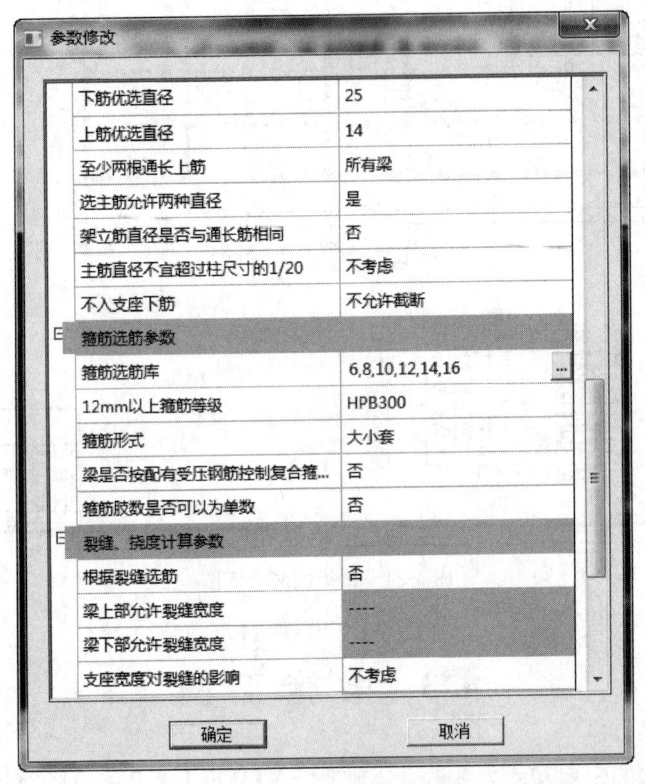

图 4-36 参数修改对话框

① 上、下筋优选直径 选择纵筋的基本原则是尽量使用用户设定的优选直径钢筋，尽量不配多于两排的钢筋，这样可以减少钢筋种类数，降低施工难度。

② 主筋直径不宜超过柱尺寸的 1/20 《抗震规范》6.3.4-2 条规定，“一、二、三级框架梁内贯通中柱的每根纵向钢筋直径，对框架结构不应大于矩形截面柱在该方向截面尺寸的 1/20，或纵向钢筋所在位置圆形截面柱弦长的 1/20；对其他结构类型的框架不宜大于矩形截面柱在该方向截面尺寸的 1/20，或纵向钢筋所在位置圆形截面柱弦长的 1/20。”选择该项，程序将根据连续梁各跨支座中最小的柱截面控制梁上部钢筋，但有时会造成梁上部钢筋直径小而根数多的不合理情况，用户应根据实际情况选择。

③ 根据裂缝选筋 选择该项，并输入〈允许裂缝宽度〉，则程序在选完主筋后会计算相应位置的裂缝（下筋验算跨中下表面裂缝，支座筋验算支座处裂缝）。如果所得裂缝大于允许裂缝宽度，则将钢筋计算面积放大 1.1 倍重新选筋。重复放大面积、选筋、验算裂缝的过程，直到裂缝满足要求或选筋面积放大 10 倍为止。

需要注意的是，单纯通过增大配筋面积减小梁裂缝宽度不是经济有效的做法，往往钢筋面积增大很多，而裂缝减小很少。对于钢筋用量需要严格控制的工程，更不应该完全依赖程序自动增加钢筋用量的方法减小裂缝。建议配合其他方法，如调整钢筋强度，增大梁高或增大保护层厚度等，可以比较迅速地减小裂缝宽度。

④ 支座宽度对裂缝的影响　选择该项，程序在计算支座处裂缝时会对支座弯矩进行折减，从而减少实配钢筋。

由于程序计算支座弯矩时取的是柱轴线处截面，而计算支座裂缝需要的是柱边缘的弯矩，因此要对支座弯矩进行折减。如果程序考虑了节点刚域的影响，则计算时不宜再考虑此项折减。

4.3.2 设钢筋层

SATWE、PMSAP等空间结构计算完成后，进行梁柱施工图设计之前，要对计算配筋的结果作归并，从而简化出图。归并可以自动在全楼进行，称为全楼归并。全楼归并包括竖向归并和水平归并。

对于多、高层建筑来说，如果每一层都出一张施工图，施工图纸将非常繁琐，这种繁琐也将给施工过程带来麻烦。在设计实践中一般都选择几个有代表性的楼层出图，每个代表性的楼层都将代表若干个自然层。在程序中我们把这种包含若干个自然层代表出图的楼层称为钢筋标准层，简称钢筋层。钢筋层就是适应竖向归并的需要而建立的概念。对于同一钢筋层包含的若干自然层，程序会为各层同样位置的连续梁给出相同的名称，配置相同的钢筋。读取配筋面积时，软件会在各层同样位置的配筋面积数据中取大值作为配筋依据。

在同一个钢筋层内还要进行进一步的归并，对于梁（包括主梁及次梁）的归并是把配筋相近、截面尺寸相同、跨度相同、总跨数相同的若干组连梁的配筋选大归并为一组，从而简化画图输出，这个过程称为水平归并。

连续梁生成和归并的基本过程大致如下。

① 划分钢筋标准层，确定哪几个楼层可以用一张施工图表示。

② 根据建模时布置的梁段位置生成连续梁，判断连续梁的性质属于框架梁还是非框架梁。

③ 在同一个标准层内对几何条件（包括性质、跨数、跨度、截面形状与大小等）相同的连续梁归类，相同的程序称作“几何标准连续梁类别”相同，找出几何标准连续梁类别总数。

④ 对属于同一几何标准连续梁类别的连续梁，预配钢筋，根据预配的钢筋和用户给出的钢筋归并系数进行归并分组。

⑤ 为分组后的连续梁命名，在组内所有连续梁的计算配筋面积中取最大，配出实配钢筋。

点击【梁/参数/设钢筋层】，程序弹出如图4-37所示的定义钢筋标准层对话框，要求用户调整和确认钢筋标准层的定义。程序会按结构标准层的划分状况生成默认的梁钢筋标准层。用户应根据工程实际状况，进一步将不同的结构标准层也归并到同一个钢筋标准层中，只要这些结构标准层的梁截面布置相同。

对话框中，左侧的定义树表示当前的钢筋层定义情况。点击任意钢筋层左侧的“+”号，可以查看该钢筋层包含的所有自然层。右侧的分配表表示各自然层所属的结构标准层和钢筋标准层。

软件根据以下两条标准进行梁钢筋标准层的自动划分。

① 两个自然层所属结构标准层相同。

② 两个自然层上层对应的结构标准层也相同。

符合上述条件的自然层将被划分为同一钢筋标准层。

本层相同，保证了各层中同样位置上的梁有相同的几何形状；上层相同，保证了各层中同样位置上的梁有相同的性质。下面以图 4-37 中的工程实例说明钢筋标准层的划分规则。

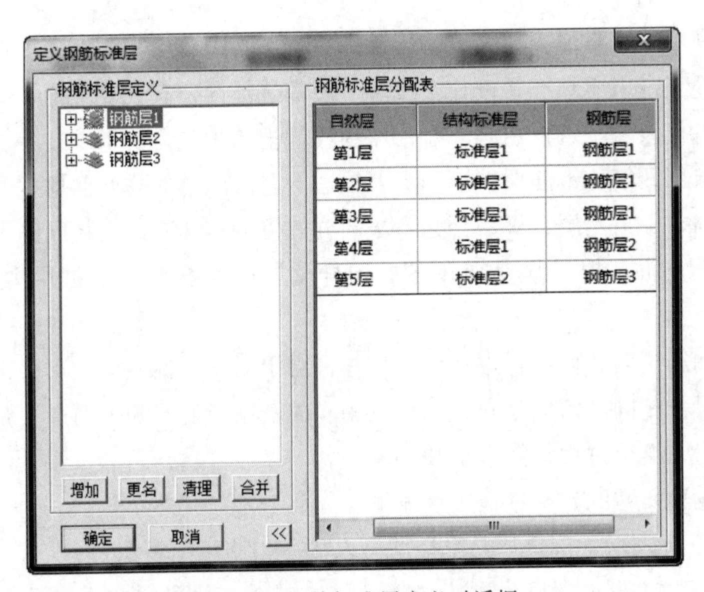

图 4-37 钢筋标准层定义对话框

第 1 层至第 3 层都被划分到钢筋层 1，是因为它们的结构标准层相同（都属于标准层 1），而且上层（第 2 层至第 4 层）的结构标准层也相同（也都属于标准层 1）。而第 4 层的结构标准层虽然也是标准层 1，但由于其上层（第 5 层）的标准层号为 2，因此不能与第 1、第 2、第 3 划分在同一钢筋标准层。

注意事项：此处的“上层”是指楼层组装时直接落在本层上的自然层，是根据楼层底标高判断的，而不是根据组装顺序判断的。

点击〈确定〉，进入梁施工图绘图环境，程序自动打开当前目录下第 1 标准层梁平法施工图，如图 4-38 所示。

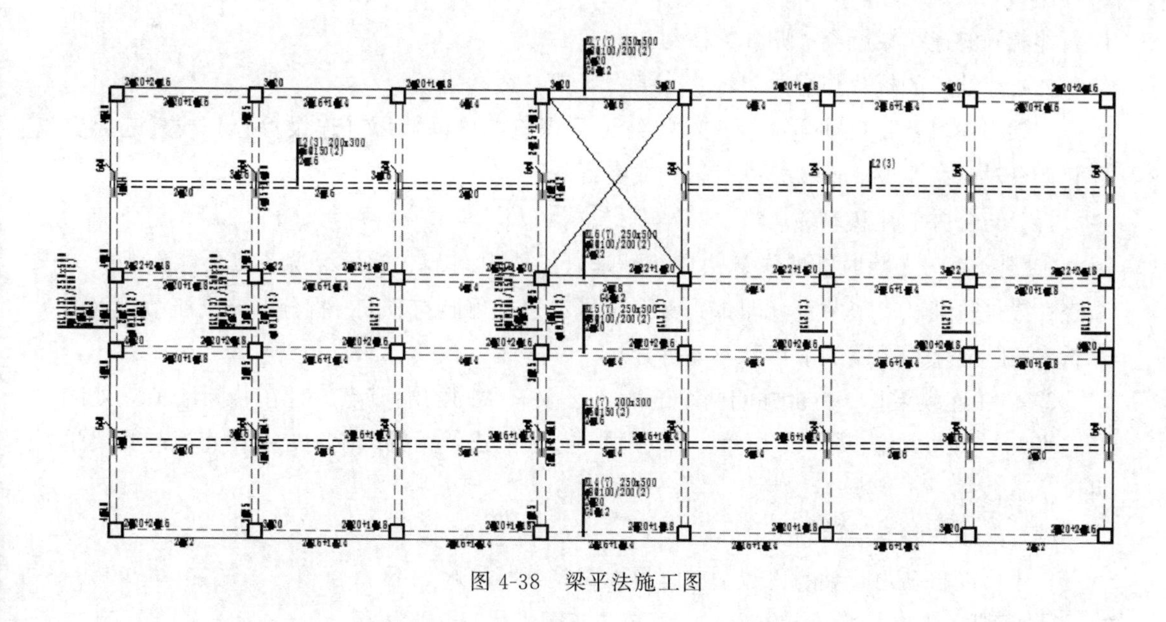

图 4-38　梁平法施工图

4.3.3　连梁修改

点击【连梁修改】，显示出连梁修改的各项子菜单，如图 4-39 所示，通过这些菜单可以完成连续梁的重新归并与命名，连续梁的拆分与合并，支座的显示与修改等工作。

(1) 连续梁的归并规则

归并仅在同一钢筋标准层平面内进行。程序对不同钢筋标准层分别归并。

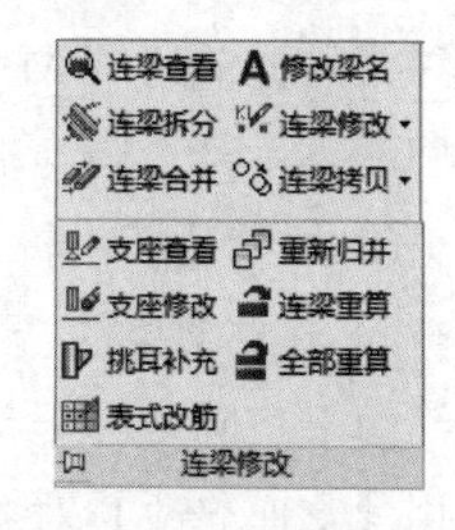

图 4-39　连梁修改菜单

首先根据连续梁的几何条件进行归类。几何条件包括连续梁的跨数、各跨的截面形状、各支座的类型与尺寸、各跨网格长度与净跨长度等。只有几何条件完全相同的连续梁才被归为一类。

接着按实配钢筋进行归并。首先在几何条件相同的连续梁中选择任意一根梁进行自动配筋，将此实配钢筋作为比较基准。接着选择下一个几何条件相同的连续梁进行自动配筋，如果此实配钢筋与基准实配钢筋基本相同(何谓基本相同见下段阐述)，则将两根梁归并为一组，将不一样的钢筋取大作为新的基准配筋 ，继续比较其他的梁。

每跨梁比较 4 种钢筋：左右支座、上部通长筋、底筋，因此每根梁需要比较的钢筋总种类数为跨数×4，程序会记录实配钢筋不同的位置数量。最后得到两根梁的差异系数：差异系数＝实配钢筋不同的位置数/(连续梁跨数×4)。如果该系数小于归并系数，则两根梁可以看作配筋基本相同，可以归并为一组。

从上面的归并过程可以看出，归并系数是控制归并过程的重要参数。归并系数越大，则归并出的连续梁种类数越少。归并系数的取值范围是 0～1，缺省值为 0.2，如果归并系数取 0，则只有实配钢筋完全相同的连续梁才被分为一组；如果归并系数取 1，则只要几何条件相同的连续梁就会被归并为一组。

(2) 连续梁的拆分与合并

如果用户对系统自动生成的连续梁结果不满意，可以使用【连梁拆分】或【连梁合并】命令对已经生成的连续梁进行拆分或者合并。

拆分与合并的注意事项。

① 选择拆分节点时需要注意两点：一是只能从中间节点拆分，端节点不能作为拆分节点；二是只能从支座节点（即查看支座时显示为三角形的节点）拆分，非支座节点（即查看支座时显示为圆圈的节点）不能拆分。

② 合并连续梁时，待合并的两个连续梁必须有共同的端节点，且在共同端节点处的高差不大于梁高，偏心不大于梁宽。不在同一直线的连续梁可以手工合并，直梁与弧梁也可以手工合并。

(3) 支座调整与梁跨划分

程序可以自动判断梁的跨数和支座属性，其判断原则如下。

① 框架柱或剪力墙一定作为支座，在支座图上用三角形表示。

② 当连续梁在节点有相交梁，且在此处恒载弯矩 M<0（即梁下部不受拉）且为峰值点时，程序认定该处为一梁支座，在支座图上用三角形表示。连续梁在此处分成两跨。否则认为连续梁在此处连通，相交梁成为该跨梁的次梁，在支座图上用圆圈表示。

③ 对于端跨上挑梁的判断，当端跨内支承在柱或墙上，外墙支承在梁支座上时，如该跨梁的恒载弯矩 M<0（即梁下部不受拉）时，程序认定该跨梁为挑梁，支座图上该点用圆圈表示，否则为端支承梁，在支座图上用三角形表示。

④ 结构建模中输入的次梁与主梁相交时，主梁一定作为次梁的支座。

⑤ 非框架梁的端跨只要有梁就一定作为支座，不会判断为悬挑。

由于实际工程千差万别，按上述原则自动生成的梁支座可能不满足用户的要求，可以使用【支座修改】对梁支座进行修改。软件用三角形表示梁支座，圆圈表示连梁的内部节点。对于端跨，把三角支座改为圆圈后，则端跨梁会变成挑梁；把圆圈改为三角支座后，则挑梁会变成端支撑梁。对于中间跨，如为三角支座，该处是两个连续梁跨的分界支座，梁下部钢筋将在支座处截断并锚固在支座内，并增配支座负筋；把三角支座改为圆圈后，则两个连续梁跨会合并成一跨梁，梁纵筋将在圆圈支座处连通，计算配筋面积取两跨配筋面积的较大值。

支座的调整只影响配筋构造，并不影响构件的内力计算和配筋面积计算。一般来说，把支座改为连通后的梁构造是偏于安全的。支座调整后，软件会重配该梁钢筋并自动更新梁的施工图。

(4) 查改钢筋

钢筋的查询与修改是施工图软件的重要功能，程序提供了多种梁钢筋的查询与修改方式。

① 平面查改钢筋　可以使用下列命令修改、拷贝、重算平法图中的连续梁钢筋。

a. 连梁修改：主要是修改连续梁的集中标注信息，包括箍筋、顶筋、底筋、腰筋等。

b. 单跨修改：对连续梁的某一跨的配筋标注信息进行修改。

c. 成批修改：对连续梁的若干跨的配筋标注信息同时进行修改。

d. 连梁拷贝：将连续梁的配筋标注信息拷贝到其他梁上。

e. 表式改筋：以表格的形式对连续梁的配筋信息进行修改，除可修改钢筋外，还可修改加密区长度、支座负筋截断长度等。

f. 连梁重算与全部重算：在保持钢筋标注位置不变的基础上，使用自动选筋程序重新选筋并标注。连梁重算针对的是单独的连续梁，全部重算针对的是本层所有梁。

② 双击钢筋标注　在图中双击钢筋标注字符（集中标注或原位标注均可），在光标处弹出钢筋修改对话框，直接修改即可。

③ 动态查询配筋信息　将光标停放在梁轴线上，即弹出浮动框显示梁的截面和配筋数据，如图 4-40 所示。

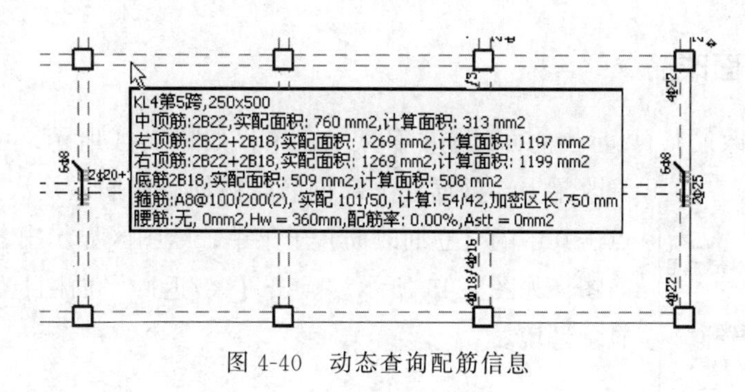

图 4-40　动态查询配筋信息

4.3.4 标注修改

本菜单允许用户用多种方式标注钢筋及修改梁截面。

(1) 标注开关

点击【梁/标注开关】，弹出如图 4-41 所示的对话框，可以控制梁配筋信息的隐现。

① 按平面位置：控制水平梁、竖直梁和弧梁标注的开关。

② 按立面位置：控制层间梁和非层间梁标注的开关。

③ 按连续梁性质：可以按梁类型控制梁标注的隐藏/显示。

④ 次梁箍筋、次梁吊筋：勾选可显示主次梁相交处的附加箍筋或吊筋。

(2) 增加截面

点击【梁/增加截面】，在图中点取需要截面注写的梁，输入梁剖面编号后，显示梁截面配筋图，如图 4-42 所示。

(3) 加筋修改

点击【梁/加筋修改】，弹出修改附加钢筋对话框（图 4-43），用户选择需要修改的附加钢筋。本菜单除了可以修改附加吊筋外，附加箍筋的个数也可由用户手动修改，不局限于 6 个附加箍筋的默认值。除此之外，对话框中还显示了集中力的大小及与此集中力等效的钢筋面积。通过附加钢筋面积和集中力等效面积的对比，用户可以很容易地知道此处的附加钢筋是否满足要求。

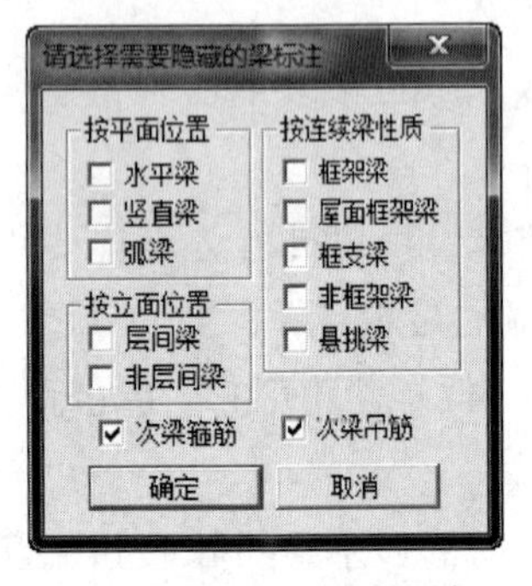

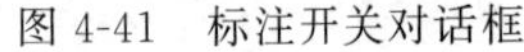

图 4-41 标注开关对话框

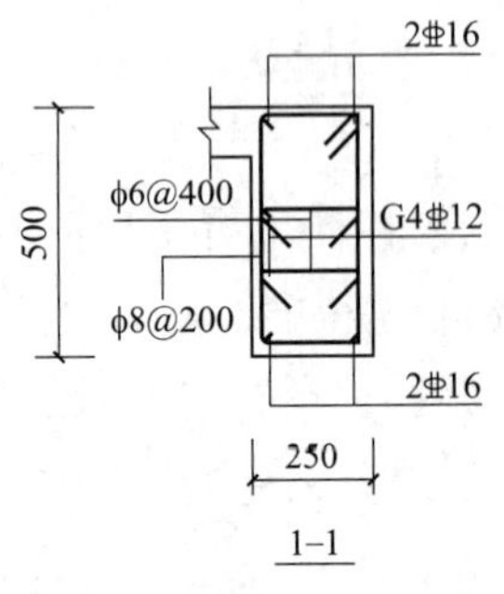

图 4-42 梁截面配筋图

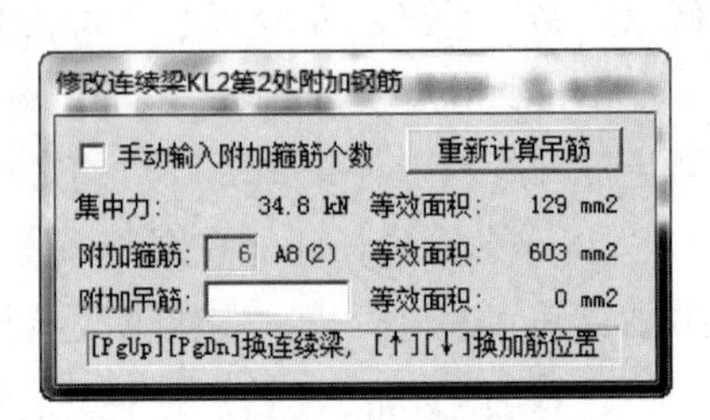

图 4-43 修改附加钢筋对话框

4.3.5 立面改筋

点击【立面改筋】，显示出立面改筋的各项子菜单，如图 4-44 所示，可根据这些菜单修改梁上部钢筋、下部钢筋、箍筋、腰筋以及次梁吊筋等信息。点击其中的【立面改筋】子菜单，绘图区显示出各根梁的立面配筋图，如图 4-45 所示。点击【梁/返回平面图】，可返回平面图显示环境。

图 4-44 立面改筋菜单

4.3.6 立剖面图

立剖面图表示法是传统的施工图表示法，现在因其绘制烦琐而使用人数渐渐减少，但其钢筋构造表达直接详细的优点是平法图无法取代的。

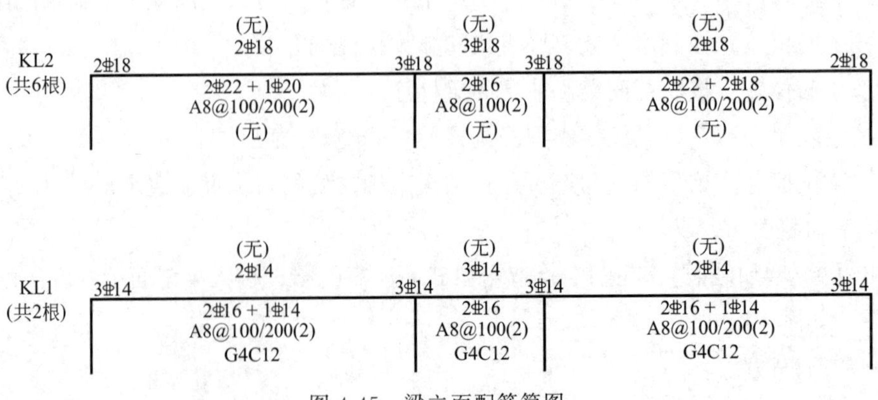

图 4-45 梁立面配筋简图

绘制立剖面图的具体方法是点击【梁/立剖面图】，选择需要出图的连续梁。软件会标示将要出图的梁，同时用虚线标出所有归并结果相同并要出图的梁。一次可以选择多根连续梁出图，所选的连续梁均会在同一张图上输出。由于出图时图幅的限制，一次选梁不宜过多，否则，布置图面时程序将会把立面图或剖面图布置到图面外。选好梁后，按下鼠标右键或［Esc］键结束选择，程序弹出保存文件对话框。立剖面图的默认保存路径是施工图目录，如果一次选择多根连续梁，则默认的文件名是 LLM. T；如果一次选择一根连续梁，则用连续梁的名字作为默认的图名。路径和图名都可以修改。用户按程序提示输入图名后，程序弹出立剖面图绘图参数对话框（图 4-46 所示），用户在这里输入图纸号、立面图比例、剖面图比例等参数，程序依据这些参数进行布置图面和画图。

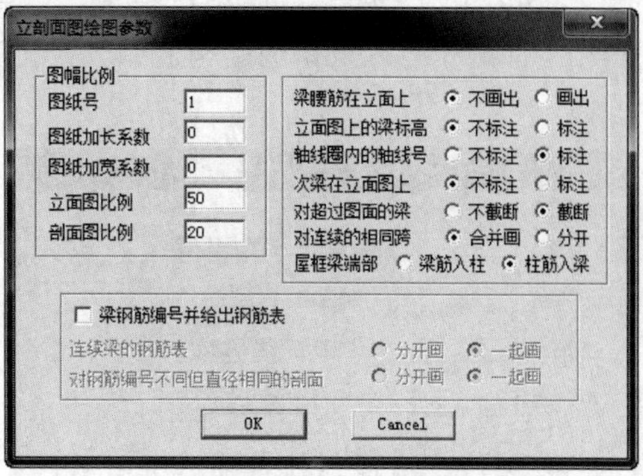

图 4-46　立剖面图绘图参数对话框

立剖面画法可以对每根连续梁的钢筋进行汇总，要看汇总结果，在对话框中勾选〈梁钢筋编号并给出钢筋表〉选项，这时程序会为本张图上的每根梁提供一个钢筋表。

参数定义完毕后就可以正式出图了，程序自动绘制的立剖面图如图 4-47 所示。立剖面图中所有钢筋均使用多义线 PLINE 绘制完成，钢筋弯折处也按照实际的弯折半径绘制圆弧，这样可使绘制的图面更加美观规范，同时也方便用户对施工图进行修改。

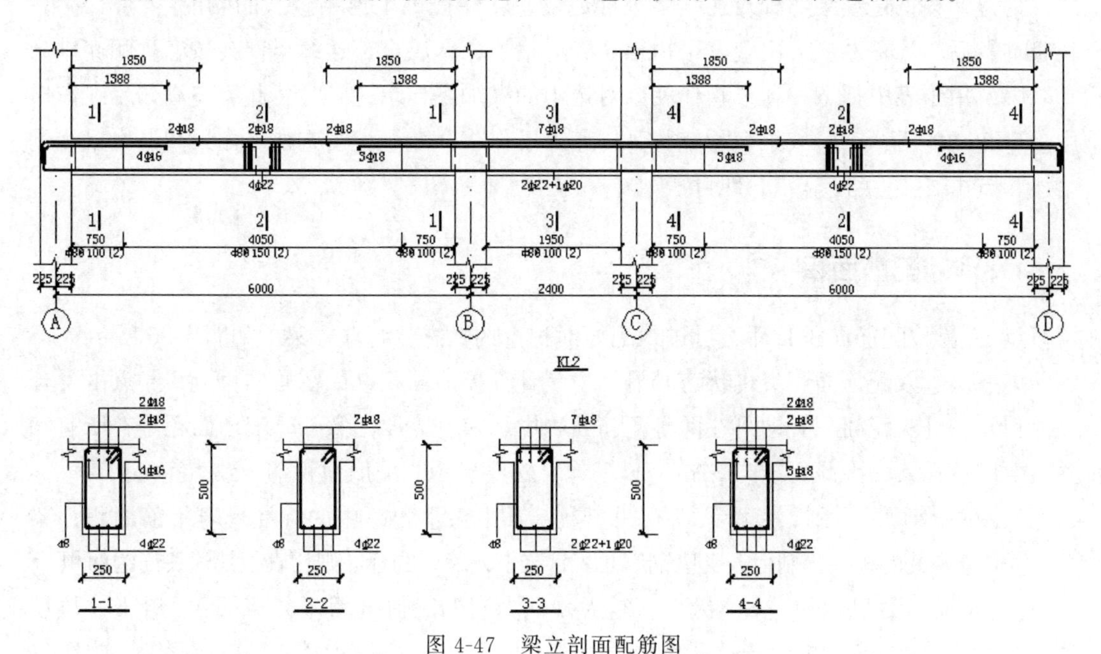

图 4-47　梁立剖面配筋图

4.3.7 三维图

点击【梁/三维图/绘三维图】，选择需要三维显示的梁，程序弹出保存文件对话框。三维图的默认保存路径是施工图目录，默认图名为“连续梁名_3D.T”，路径和图名都可以修改。用户保存好文件后，程序弹出参数设置对话框如图 4-48 所示，可以根据需要选择柱、梁和钢筋的颜色，确定后程序显示梁的三维图如图 4-49 所示。三维图形能直观体现各个构件的位置以及钢筋的构造和放置情况，便于用户判断钢筋构造是否合理。

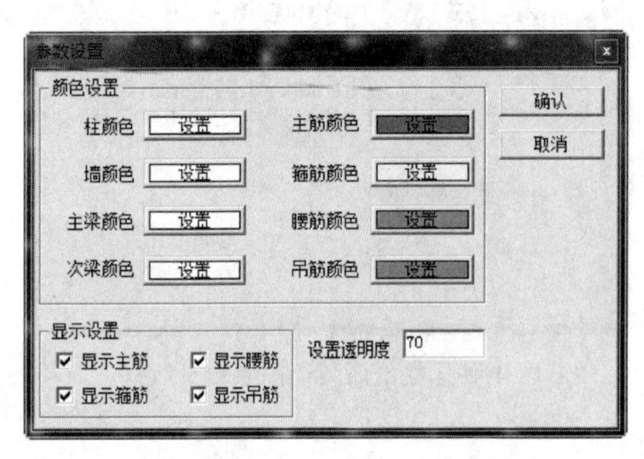

图 4-48 三维参数对话框

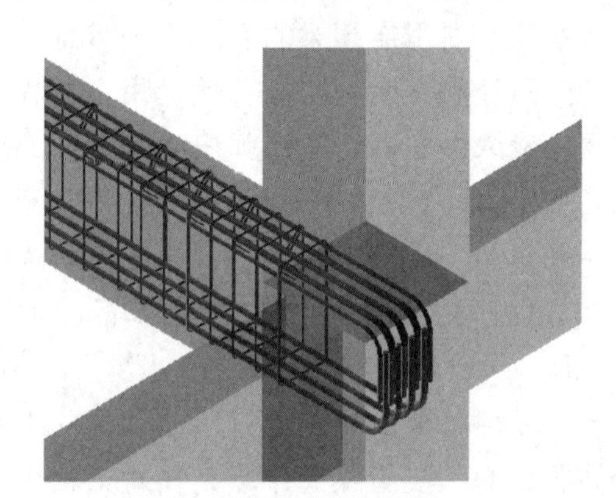

图 4-49 梁三维图

4.3.8 梁查询

为方便根据连续梁名称对连续梁进行定位，软件提供了连梁查找的功能。点击【梁/梁查询】后，屏幕左侧会出现一个树形列表对话框，本层全部连续梁都会按名称顺序排列在表中，单击表中任意一项，软件就会对选中的梁加亮显示，同时将此梁充满显示在窗口中。有此功能后，一些按梁名称查找、排序等工作将会变得相当方便。如果想退出梁查询功能，点击【梁/关闭显示】即可。

4.3.9 配筋面积

点击【梁/配筋面积】后，可进入配筋面积查询状态，各项子菜单如图 4-50 所示。

第一次进入配筋面积查询状态时显示的是计算配筋面积（如图 4-51 所示）。点击【计算面积】和【实配面积】即可在两种配筋面积中切换。需要注意计算配筋面积是在所有归并梁中取较大值，因此可能与 SATWE 等计算软件显示的配筋面积不一致。

从图 4-51 可以看到，每跨梁上有四个数，其中梁下方跨中的标注代表下筋面积，梁上方左右支座处的标注分别代表支座钢筋面积，梁上方跨中的标注则代表上部通长筋的面积。

【S/R 验算】显示的是 S（效应）与 R（抗力）的比值（图 4-52 所示）。对于非抗震结构要求该比值小于 1；对于抗震结构，由于考虑了 γ_{RE}（承载力抗震调整系数），该比值应小于 1.33（γ_{RE}取 0.75 时）。也可点击【SR 验算书】查看详细计算结果，方便校核。

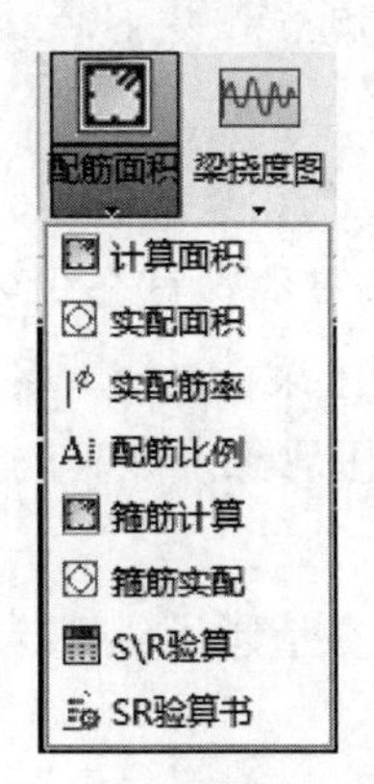

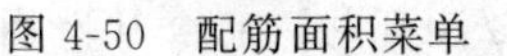
图 4-50 配筋面积菜单

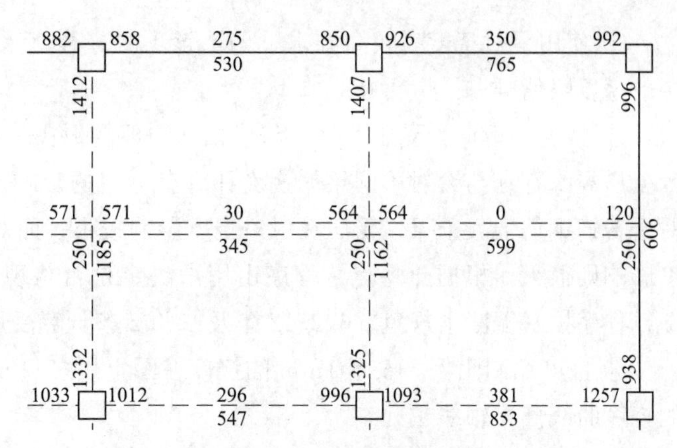

图 4-51 计算配筋面积图

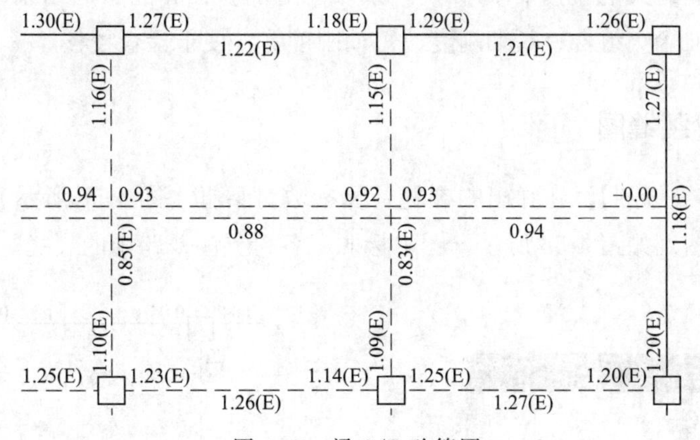

图 4-52 梁 S/R 验算图

4.3.10 梁挠度图

点击【梁/梁挠度图】，在弹出的挠度计算参数对话框（图 4-53）中设定相关参数，生成梁挠度图，如图 4-54 所示，挠度计算参数含义如下。

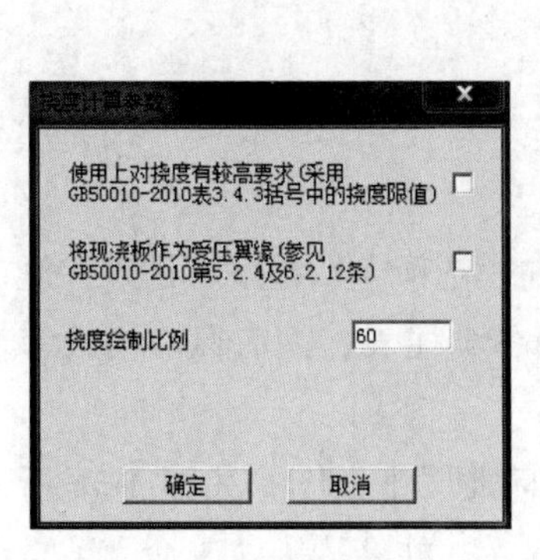

图 4-53 挠度计算参数对话框

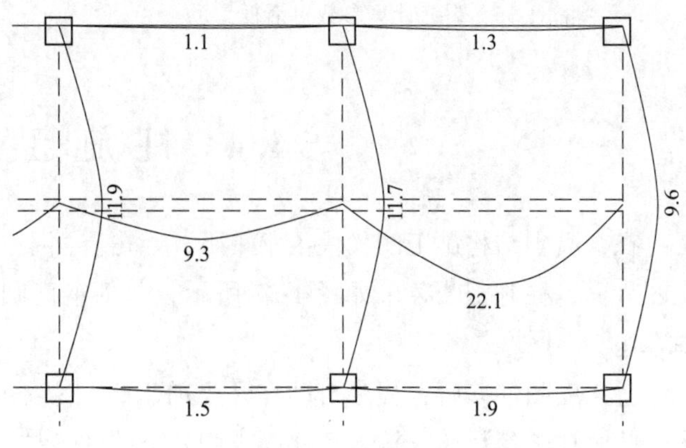

图 4-54 梁挠度图

① 使用上对挠度有较高要求　勾选该项时，程序采用《混凝土规范》表 3.4.3 括号中的挠度限值。

② 将现浇板作为受压翼缘　与梁相邻的现浇板在一定条件下可以作为梁的受压翼缘，而受压翼缘存在与否对不同梁的挠度计算有不同的影响。由梁短期刚度的计算公式可知，对于普通钢筋混凝土梁，受压翼缘对挠度影响较小；而对于型钢混凝土梁，受压翼缘对挠度影响则很大。根据此特点，程序由用户决定是否将现浇板作为受压翼缘。如果勾选该项，程序按《混凝土规范》6.2.12 条及 5.4.2 条计算受压翼缘宽度。

③ 挠度绘制比例　表示 1mm 的挠度在图上用多少 mm 表示。该数值越大，则绘制出的挠度曲线离梁轴线越远。

超限时挠度值改为红色显示，更加醒目。点击【梁/梁挠度图/计算书】命令并选择一跨梁，程序显示该跨梁的挠度计算书。计算书输出挠度计算的中间结果，包括各工况内力、标准组合、准永久组合、长期刚度、短期刚度等，便于检查校核。

4.3.11　梁裂缝图

点击【梁/梁裂缝图】，在弹出的裂缝计算参数对话框（图 4-55 所示）中设定相关参数，生成梁裂缝图，如图 4-56 所示，图中标明了各跨支座及跨中的裂缝。

图 4-55　裂缝计算参数对话框

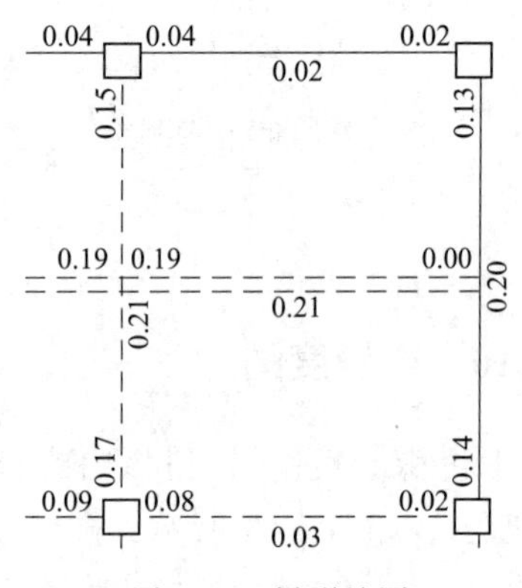

图 4-56　梁裂缝图

4.4　柱施工图

在混凝土结构施工图模块主菜单下，点击界面上方的“柱”选项卡，程序将进入柱施工图界面，柱施工图菜单如图 4-57 所示，包括钢筋归并、画各类柱表、钢筋标注修改等内容。

进入绘图环境后，程序自动打开当前工作目录下的第一标准层平面图，如图 4-58 所示，此时柱子参数还未输入，柱尚未归并，因此各柱配筋不显示，柱名均为“未命名”。

柱施工图的绘制主要包括以下几个步骤。

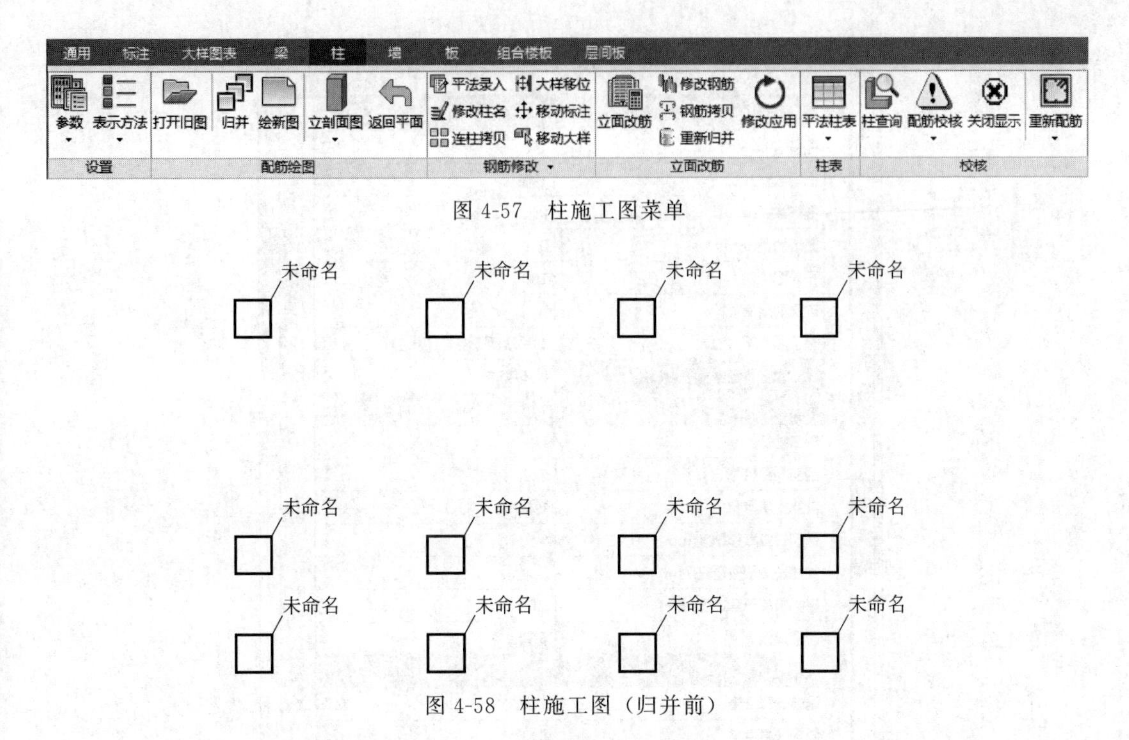

图 4-57 柱施工图菜单

图 4-58 柱施工图（归并前）

① 参数设置　设置绘图参数、归并选筋参数等。

② 归并　根据设定的归并选筋参数对全楼柱列进行归并选筋。

③ 绘新图　选择要绘制的自然层号，根据归并结果和绘图参数的设置绘制相应的柱施工图。

④ 钢筋修改　通过【平法录入】、【立面改筋】、【连柱拷贝】、【层间拷贝】、【大样移位】、【移动标注】等钢筋修改命令修改柱的配筋。

⑤ 柱表绘制　绘制新图只绘制了柱施工图的平面图部分，【平法柱表】、【PKPM 柱表】、【广东柱表】等表式画法，需要用户交互选择要绘制的柱、设置柱表绘制的参数，然后出柱表施工图。

4.4.1 设计参数

点击【柱/参数/设计参数】，弹出对话框如图 4-59 所示。在出施工图之前要设置图面布置、绘图、归并、配筋等参数，这里简要介绍如下。

① 计算结果　如果当前工程采用不同的计算程序（SATWE、PMSAP）进行过计算分析，用户可以选择不同的结果进行归并选筋，程序默认的计算结果采用当前子目录中最新的一次计算分析结果。

② 归并系数　归并系数是对不同连续柱列进行归并的一个系数。主要指两根连续柱列之间所有层柱的实配钢筋（主要指纵筋，每层有上、下两个截面）占全部纵筋的比例。该值的范围为 0～1。如果该系数为 0，则要求编号相同的一组柱所有的实配钢筋数据完全

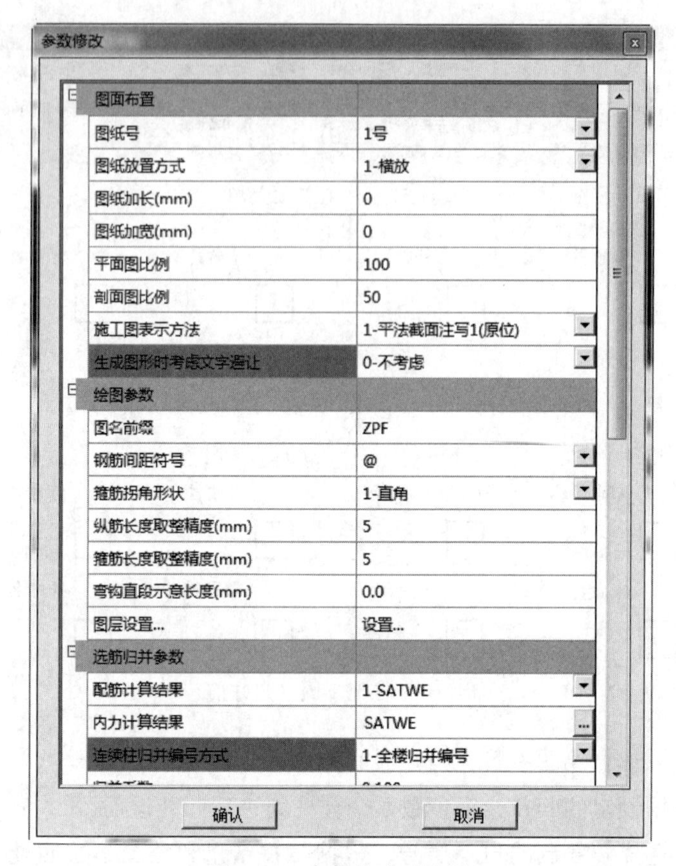

图 4-59 参数修改对话框

相同；如果归并系数取1，则只要几何条件相同的柱就会被归并为相同编号。

③ 主筋/箍筋放大系数　只能输入≥1.0的数，如果输入的系数＜1.0，程序自动取为1.0。程序在选择纵筋/箍筋时，会把读到的计算配筋面积×放大系数后再进行实配钢筋的选取。

④ 柱名称前缀　程序默认的名称前缀为KZ—，用户可以根据施工图的具体情况修改。

⑤ 箍筋形式　对于矩形截面柱共有4种箍筋形式供用户选择，程序默认的是矩形井字箍。对其他非矩形、圆形的异形截面柱，这里的选择不起作用，程序将自动判断应该采取的箍筋形式，一般多为矩形箍和拉筋井字箍。

⑥ 连接形式　提供12种连接形式，主要用于立面画法，用于表现相邻层纵向钢筋之间的连接关系。

⑦ 是否考虑上层柱下端配筋面积　通常每根柱确定配筋面积时，除考虑本层柱上、下端截面配筋面积取大值外，还要将上层柱下端截面配筋面积一并考虑。设置该参数可以由用户决定是否需要考虑上层柱下端的配筋。

⑧ 是否包括边框柱配筋　可以控制在柱施工图中是否包括剪力墙边框柱的配筋，如果不包括，则剪力墙边框柱就不参加归并以及施工图的绘制，这种情况下的边框柱应该在

剪力墙施工图程序中进行设计；如果包括边框柱配筋，则程序读取的计算配筋包括与柱相连的边缘构件的配筋，应用时应注意。

⑨ 归并是否考虑柱偏心　如果用户选择考虑，则在归并时，考虑的几何条件中包括了柱偏心数据。

⑩ 每个截面是否只选一种直径的纵筋　选择“是”，则每个柱截面选出的钢筋种类只有一种；否则，矩形柱每个方向允许选出两种直径的钢筋，异形桩截面可以采用两种直径的纵筋。

⑪ 设归并钢筋标准层　用户可以设定归并钢筋标准层。程序默认的钢筋标准层数与结构标准层数一致。用户也可以修改钢筋标准层数多于结构标准层数或少于结构标准层数，如设定多个结构标准层为同一个钢筋标准层。

⑫ 是否考虑优选钢筋直径　如果选择“否”，则选筋时按照钢筋间距和大直径优先的原则选筋；选择“是”并且优选影响系数大于0，则按照用户设定的优选直径顺序并考虑优选影响系数选筋。

⑬ 优选影响系数　该系数是加权影响系数，选筋时首先计算实配钢筋面积与计算配筋面积的比值，然后乘以所采用的钢筋直径对应的优选加权影响系数，最后选择比值最小的那组。优选影响系数如果为0，则选择实配钢筋面积最小的那组；如果大于0，则考虑纵筋库的优先顺序。

⑭ 纵筋库　用户可以根据工程的实际情况，设定允许选用的钢筋直径，如果采用考虑优选钢筋直径，则程序可以根据用户输入的数据顺序优先选用排在前面的钢筋直径，如纵筋库中输入的数值为20，18，25，16，…，则20mm的直径就是程序最优先考虑的钢筋直径。

注意事项如下。

① 归并参数修改后，用户应重新执行【柱/归并】。由于重新归并后配筋将有变化，程序将刷新当前层图形，钢筋标注内容将按照程序默认的位置重新标注。

② 如果只修改了绘图参数（如比例、画法等），用户应执行【柱/绘新图】命令，刷新当前层图形，以便修改生效。

4.4.2 柱归并

柱钢筋的归并和选筋，是柱施工图最重要的功能。SATWE、PMSAP等空间结构计算完成后，进行柱施工图设计之前，首先要将水平位置重合、柱顶和柱底彼此相连的柱段串起来，形成连续柱，然后根据计算配筋的结果进行归并，从而简化出图。柱子的归并包括两个步骤：竖向归并和水平归并。

(1) 竖向归并

竖向归并又称层间归并，在连续柱内的不同柱段间进行，软件通过划分钢筋标准层的办法进行竖向归并。程序在自动选筋时会将连续柱上相同钢筋标准层的各层柱段的计算配

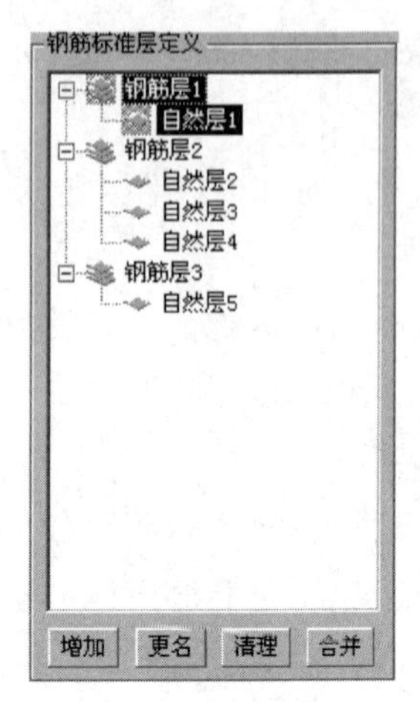

图 4-60 钢筋标准层定义对话框

筋面积统一取较大值，然后为这些柱段配置完全相同的实配钢筋。划分钢筋标准层后，若干自然层可以使用同一张平法施工图，这样可以减少图纸数量。如图 4-60 所示，自然层 2、3、4 都划分为钢筋层 2，配筋相同，只需出一张平法施工图。

由此可见，划分钢筋标准层对用户是一项非常重要的工作，因为在钢筋标准层概念下，对每一个钢筋标准层都应该画一张柱的平法施工图，设置的钢筋标准层越多，画的图纸就越多。而设置的钢筋标准层少时，虽然画的施工图可以减少，但实配钢筋是在各层自然层的柱段中归并取大，会造成用钢量偏大。

将多个结构标准层归为一个钢筋标准层时，用户需注意，截面布置不相同的柱段，程序不会按照钢筋层的设置进行竖向归并，而是各层柱段分别进行配筋。

(2) 水平归并

水平归并在不同连续柱之间进行。布置在不同节点上的多根连续柱，如果其几何参数(截面形式、截面尺寸、柱段高、与柱相连的梁的几何参数) 相同，配筋面积相近，可以归并为一组进行出图，这就是柱的水平归并。软件通过“归并系数”等参数控制水平归并的过程。

对几何参数完全相同的连续柱进行归并时，首先计算两个柱之间实配纵筋数据（主要指纵筋）的不同率，如果不同率≤归并系数，就可以归并为同一个编号的柱。

不同率是指两根连续柱之间实配纵筋数据不相同的数量占全部对比的钢筋数量的比值。归并时，不同率不考虑箍筋，最后相同编号的柱实配箍筋自动取同一自然层的最大值。

归并系数取值越大，归并后的柱的数量越少。当归并系数取最大值 1 时，归并的结果是：只要几何条件相同的连续柱，就可以归并为相同编号的柱，这种情况下归并时不考虑实配钢筋，程序自动取同层柱段的实配钢筋最大值；当归并系数取最小值 0 时，只有几何条件和实配钢筋都完全相同的连续柱才会归并为相同编号的柱。

4.4.3 平法柱表

点击【柱/平法柱表】，子菜单如图 4-61 所示，可以选择不同的画法，可满足不同地区、不同施工图表示方法的需求。

(1) 截面柱表

截面柱表参照《平法图集》(16G101-1)，分别在同一个编号的柱中选择其中一个截面，并以表格的形式列出柱名、标高和截面大样，其中截面大样是用比平面图放大的比例在该截面上直接注写截面尺寸、具体配筋数值的方式来表达柱配筋。点击【截面柱表】，弹出选择柱子对话框（图 4-62)，确定好各项参数后，生成截面柱表施工图（图 4-63)。

图 4-61 平法柱表子菜单

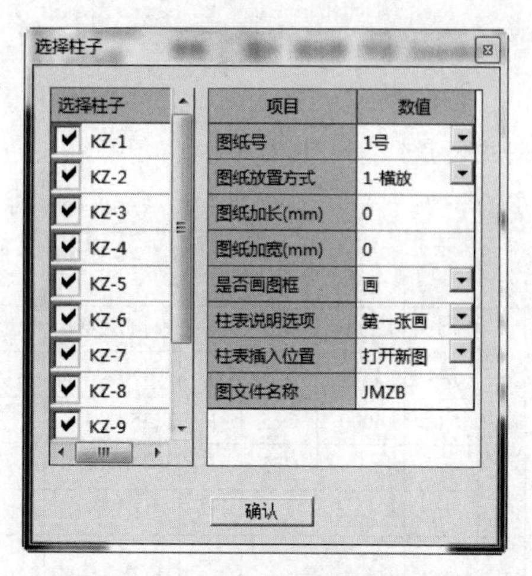

图 4-62 选择柱子对话框

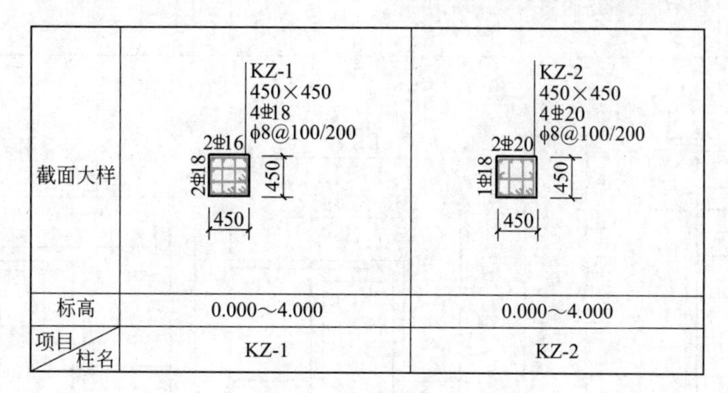

截面大样	KZ-1 450×450 4⌀18 ϕ8@100/200 2⌀16 2⌀18 450 450	KZ-2 450×450 4⌀20 ϕ8@100/200 2⌀20 1⌀18 450 450
标高	0.000～4.000	0.000～4.000
项目/柱名	KZ-1	KZ-2

图 4-63 截面柱表

(2) PKPM 柱表

PKPM 柱表表示法，是将柱剖面大样画在表格中排列出图的一种方法。表格中每个竖向列是一根纵向连续柱在各钢筋标准层的剖面大样图，横向为各钢筋标准层中各柱的内容，包括箍筋加密区范围和截面大样，见图 4-64 所示。这种方法平面标注图和大样图可

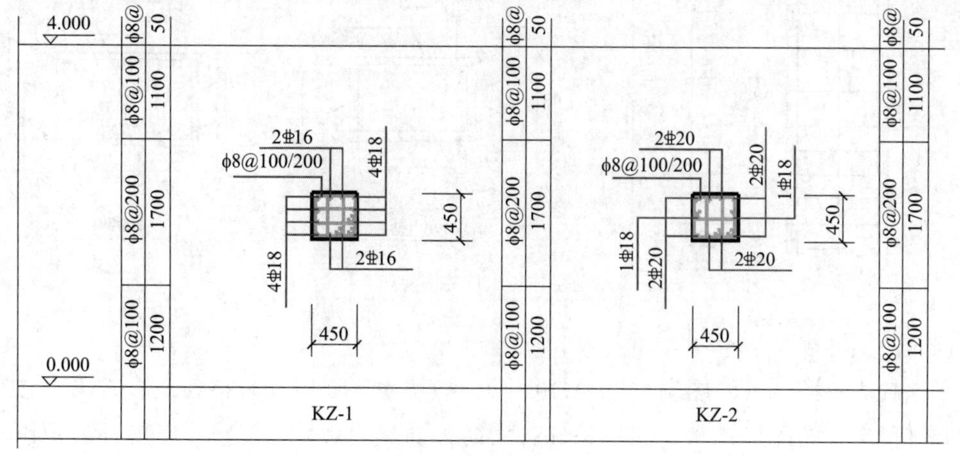

图 4-64 PKPM 柱表

以分别管理，图纸标注清晰。

(3) 广东柱表

广东柱表是广东省设计单位广泛采用的一种柱施工图表示方法。表中每一行数据包括了柱所在的自然层号、几何信息、纵筋信息、箍筋信息等内容，并且配以柱施工图说明，见图 4-65 所示，表达方式简洁明了，也便于施工人员看图。

柱编号	层号	高度或 H_j/H_o	混凝土强度等级	截面形式	截面尺寸 BXH或直径	截面尺寸 $b_1 \times h_1$	截面尺寸 t_1	截面尺寸 t_2	竖筋 ①	竖筋 ②	竖筋 ③	竖筋 ④
KZ-1	5	3300	C25	I	400×400				2Φ16	1Φ16	1Φ16	
	2-4	3300	C25	I	450×450				2Φ16	1Φ16	1Φ16	
	1	4000	C25	F	450×450				2Φ18	2Φ18	2Φ16	
	H_o		C25	F	450×450				2Φ18	2Φ18	2Φ16	
	H_j								2Φ18	2Φ18	2Φ16	

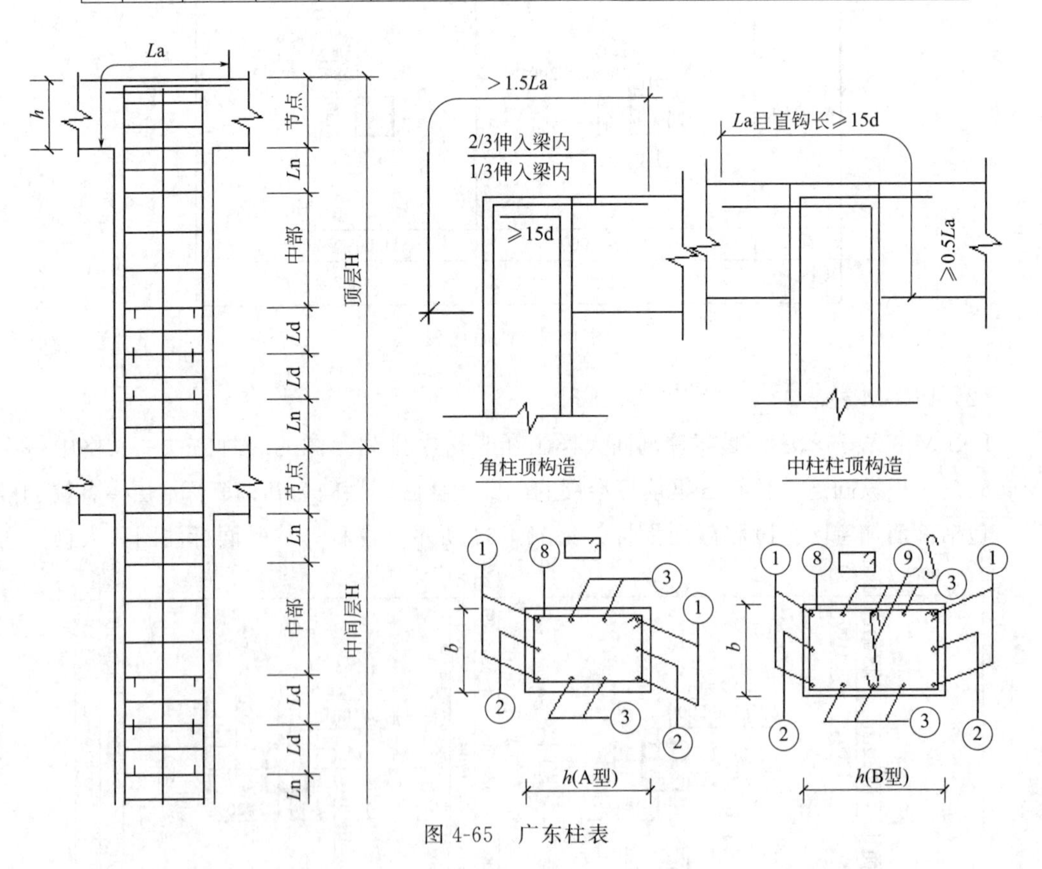

图 4-65 广东柱表

(4) 平法柱表

平法柱表参照《平法图集》(16G101-1)，该法由平面图和表格组成，表格中注写每一种归并截面柱的配筋结果，包括该柱各钢筋标准层的结果，注写了它的标高范围、尺寸、偏心、角筋、纵筋、箍筋等，见图 4-66 所示。

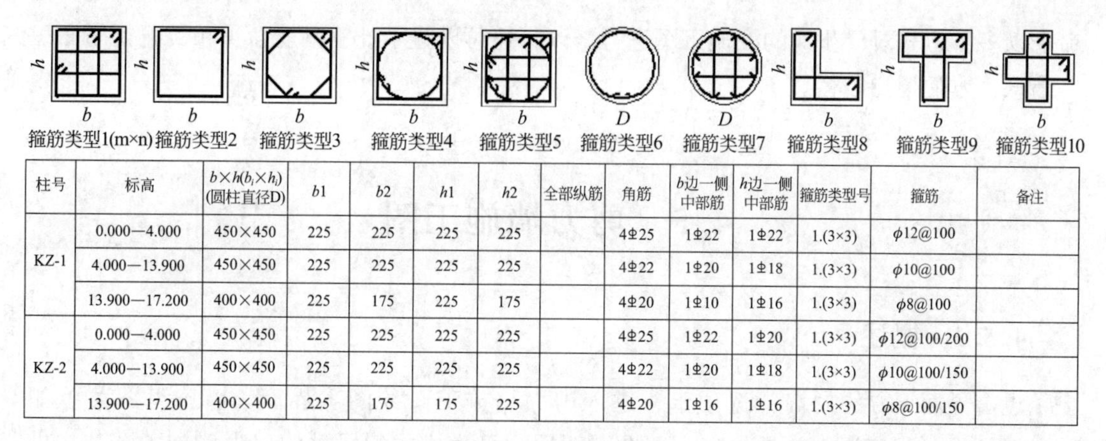

柱号	标高	$b\times h(b_i\times h_i)$(圆柱直径D)	$b1$	$b2$	$h1$	$h2$	全部纵筋	角筋	b边一侧中部筋	h边一侧中部筋	箍筋类型号	箍筋	备注
KZ-1	0.000—4.000	450×450	225	225	225	225		4Φ25	1Φ22	1Φ22	1.(3×3)	ϕ12@100	
	4.000—13.900	450×450	225	225	225	225		4Φ22	1Φ20	1Φ18	1.(3×3)	ϕ10@100	
	13.900—17.200	400×400	225	175	225	175		4Φ20	1Φ10	1Φ16	1.(3×3)	ϕ8@100	
KZ-2	0.000—4.000	450×450	225	225	225	225		4Φ25	1Φ22	1Φ20	1.(3×3)	ϕ12@100/200	
	4.000—13.900	450×450	225	225	225	225		4Φ22	1Φ20	1Φ18	1.(3×3)	ϕ10@100/150	
	13.900—17.200	400×400	225	175	175	225		4Φ20	1Φ16	1Φ16	1.(3×3)	ϕ8@100/150	

图 4-66 平法柱表

4.4.4 立剖面图

尽管平法表示法在设计院的应用越来越广，但是仍有不少设计人员使用传统的柱立剖面图画法，因为这种表示方法直观，便于施工人员看图。这种方式需要人机交互地画出每一根柱的立面和大样。点击【柱/立剖面图】，屏幕下方提示：“请用光标选择要修改的柱”，点取需要出图的柱子，弹出选择柱子对话框，确定后生成立剖面图，如图 4-67 所示。程序还可显示三维线框图和渲染图，能够很真实地表示出钢筋的绑扎和搭接等情况，见图 4-68 所示。

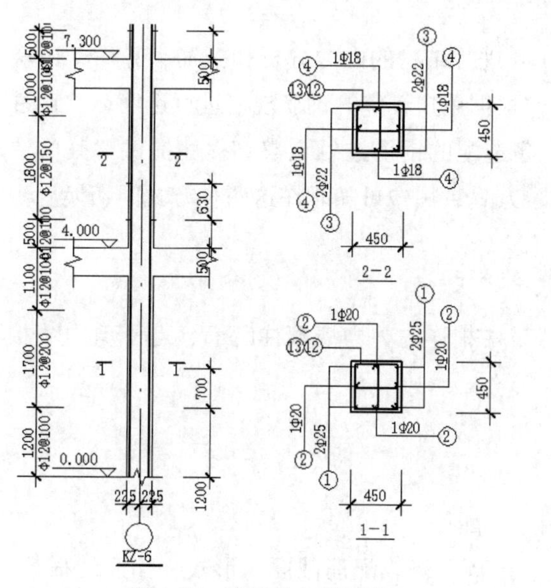

图 4-67 传统的立剖面图

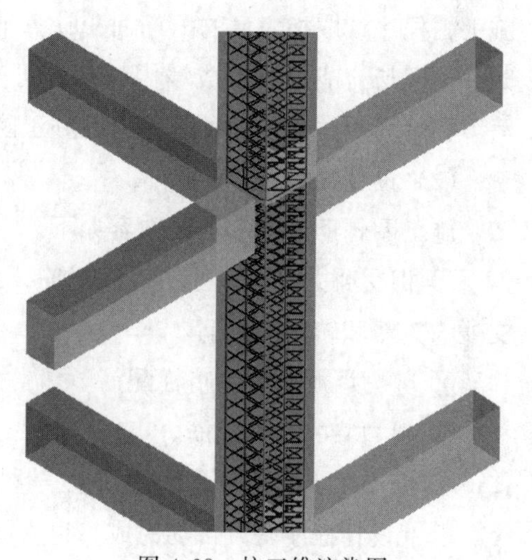

图 4-68 柱三维渲染图

4.4.5 柱施工图编辑

和梁施工图类似，程序提供【打开旧图】、【修改柱名】、【平法录入】、【立面改筋】等命令以多种方式对已生成的柱施工图进行修改，还可以显示计算钢筋面积和实配钢筋面积等信息，方便用户校核。

4.5 剪力墙施工图

4.5.1 概述

点击界面上方的“墙”选项卡，进入剪力墙施工图绘图主界面，墙施工图菜单如图4-69所示。程序通常总是先打开旧图，即用户已生成或编辑过的剪力墙施工图，如果没有旧图，程序则打开第1标准层平面图。

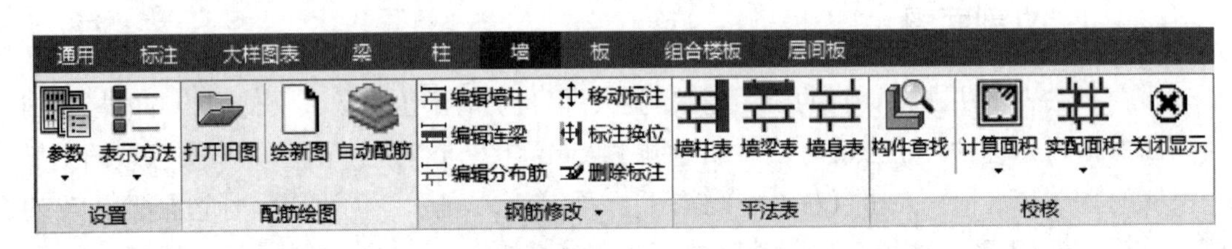

图4-69 剪力墙施工图菜单

(1) 使用流程

剪力墙施工图程序通常的使用流程如下。

运用整体分析软件（SATWE或PMSAP）进行结构的内力分析和配筋计算后，由墙施工图程序读取指定层的配筋面积计算结果，根据用户设定的钢筋规格进行选筋，并通过归并整理与智能分析生成墙内配筋。可对程序选配的钢筋进行调整。程序提供“截面注写”和“列表注写”两种剪力墙的施工图表示方式，用户可随时在这两种方式间切换。

(2) 设计内容

施工图辅助设计的主要内容如下。

① 相交剪力墙交点处的墙柱配筋，包括与柱相连的剪力墙端柱配筋、若干剪力墙相交处的翼墙和转角墙配筋。

② 剪力墙洞口处的暗柱配筋。

③ 剪力墙的墙体配筋。

④ 剪力墙上下洞口之间的连梁（也叫墙梁）配筋。

以上设计程序均可自动完成，也可以人工干预、修改配筋截面的形式、钢筋的根数、直径及间距。

(3) 施工图形式

程序提供两种表达方法的剪力墙结构施工图。

① 剪力墙结构平面图、节点大样图与墙梁（连梁）钢筋表

在剪力墙结构平面图上画出墙体模板尺寸，标注详图索引，标注墙竖剖面索引，标注剪力墙分布筋和墙梁编号。

在节点大样图中画出剪力墙端柱、暗柱、翼墙和转角墙的形式、受力钢筋与构造钢筋。

墙体分布筋和墙梁钢筋用图表方式表达。

也可将大样图和墙梁表附设在平面图中。

② 剪力墙截面注写施工图

参照《平法图集》，在各个墙钢筋标准层的平面布置图上，于同名的墙柱、墙身或墙梁中选择一个直接注写截面尺寸和配筋具体数值（对墙柱还要在原位图旁绘制配箍详图），其他位置上只标注构件名称。

4.5.2 设计参数

点击【墙/参数/设计参数】，弹出工程选项对话框，如图 4-70 所示，共有 5 页，用户可根据工程具体情况设置相应参数。

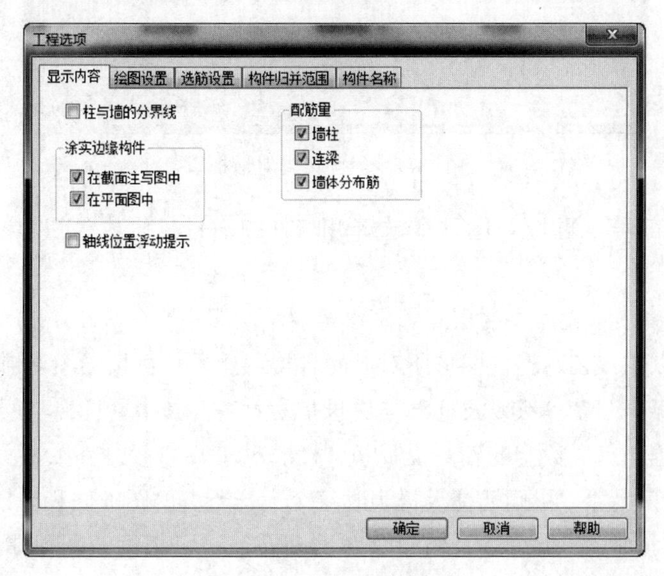

图 4-70 工程选项对话框

(1) 显示内容

显示内容设置对话框如图 4-70 所示，用户可按需要选择施工图中显示的内容。部分参数含义如下。

① 柱与墙的分界线　指按绘图习惯确定是否要画柱和墙之间的界限。

② 涂实边缘构件　如果勾选该项，在截面注写图中，将涂实未做详细注写的各边缘构件；在平面图中则是对所有边缘构件涂实。

③ 配筋量　表示在平面图中（包括截面注写方式的平面图）是否显示指定类别的构件名称和尺寸及配筋的详细数据。

④ 轴线位置浮动提示　如果勾选该项，则对已命名的轴线在可见区域内示意轴号。此类轴号示意内容仅用于临时显示，不保存在图形文件中。

(2) 绘图设置

绘图设置对话框如图 4-71 所示，本页设置均对以后画的图有效，已画的图不受影响。部分参数含义如下。

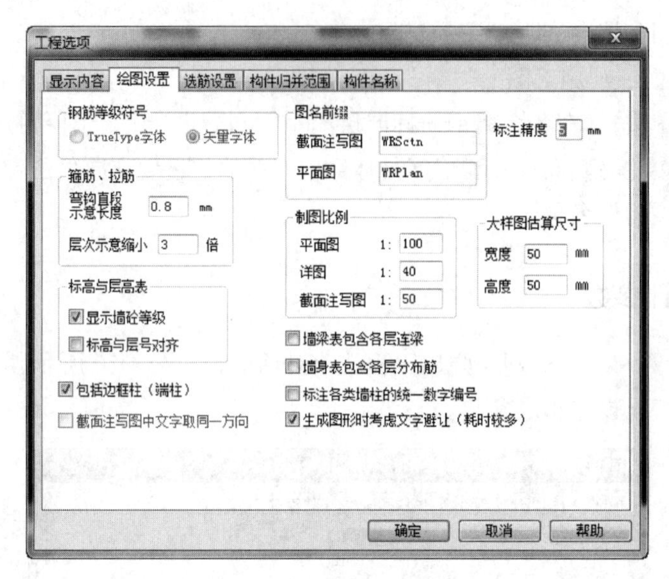

图 4-71　绘图设置对话框

① 钢筋等级符号　可按绘图习惯选择用 TrueType 字体或矢量字体表式钢筋等级符号。

② 标高与层高表　程序中的层高表是参照《平法图集》(16G101-1) 提供的形式绘制的，在层高表中以粗线表示当前图形所对应的各楼层。用户可按绘图习惯选择是否在层高表中显示墙的混凝土强度等级以及标高与层号是否对齐。其中〈标高与层号对齐〉开关会影响表中楼层数据与标高数字的相对位置和各栏的次序。

③ 大样图估算尺寸　指画墙柱大样表时每个大样所占的图纸面积。

④ 墙梁表包含各层连梁、墙身表包含各层分布筋　可根据绘图习惯选择是否在同一张图上显示多层内容。

⑤ 标注各类墙柱的统一数字编号　如果勾选该项，则程序用连续编排的数字编号替代各墙柱的名称。

⑥ 生成图形时考虑文字避让　在画平面图（包括截面注写方式的平面图）之前，可以设定要求在生成图形时考虑文字避让，这样程序会尽量考虑由构件引出的文字互不重叠，但选中该项后生成图形时较慢。

(3) 选筋设置

选筋设置对话框如图 4-72 所示。选筋的常用规格和间距按墙柱纵筋、墙柱箍筋、水平分布筋、竖向分布筋、墙梁纵筋、墙梁箍筋等六类分别设置。程序根据计算结果选配钢筋时，将按这里的设置确定所选钢筋的规格。还可以在读入部分楼层墙配筋后重新设置本页参数，修改的结果将影响此后读计算结果的楼层，这样可实现在建筑物中分段设置墙钢筋规格。部分参数含义如下。

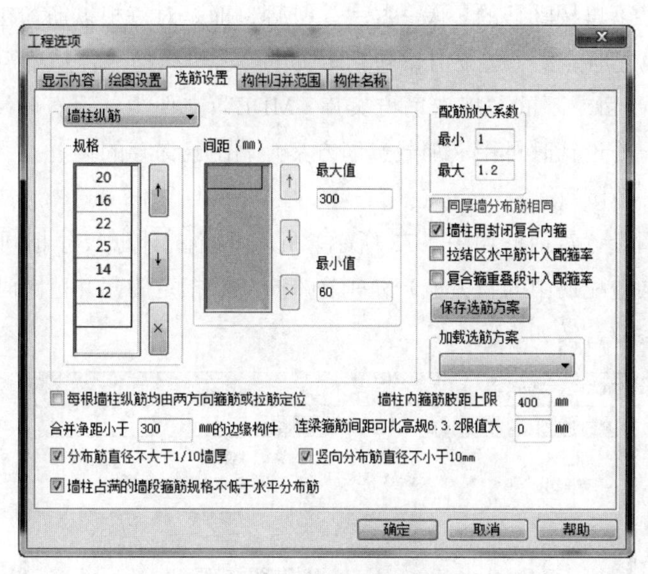

图 4-72 选筋设置对话框

① 规格和间距 表中列出的是选配时优先选用的数值。

〈规格〉表中反映的是钢筋的等级和直径，用 A～F 依次代表不同型号钢筋，依次对应 HPB300、HRB335、HRB400、HRB500、CRB550、HPB235，在图形区显示为相应的钢筋符号。

纵筋的间距由“最大值”和“最小值”限定，不用〈间距〉表中的数值。箍筋或分布筋间距则只用表中数值，不考虑“最大值”和“最小值”。

可在表中选定某一格，用表侧的“↑”和“↓”调整次序，用“×”删除所选行。如需增加备选项可点在表格尾部的空行处。选筋时程序按表中排列的先后次序，优先考虑用表中靠前者。例如：在选配墙柱纵筋时，取整体分析结果中的计算配筋和构造配筋之中的较大值，根据设定的间距范围和墙柱形状确定纵筋根数范围，按规格表中的钢筋直径依次试算钢筋根数和实配面积；当实配面积除以应配面积的比值在〈配筋放大系数〉的范围内时即认为选配成功。

如果指定的规格中钢筋等级与计算时所用的等级不同，选配时会按等强度换算配筋面积。

② 同厚墙分布筋相同 如果勾选该项，则程序在设计配筋时，在本层的同厚墙中找计算结果最大的一段，据此配置分布筋。

③ 墙柱用封闭复合内箍 如果勾选该项，则墙柱内的箍筋优先考虑使用封闭形状。

④ 拉结区水平筋计入配箍率、复合箍重叠段计入配箍率 现行规范对计算复合箍

的体积配箍率时是否扣除重叠部分暂未做明确规定，程序提供相应选项，由用户自行确定。

⑤ 每根墙柱纵筋均由两方向箍筋或拉筋定位　通常用于抗震等级较高的情况。如果勾选该项，则程序不再按默认的“隔一拉一”处理，而是对每根纵筋均在两方向定位。

⑥ 保存/加载选筋方案　选筋方案包括本页上除〈边缘构件合并净距〉之外的全部内容，均保存在 CFG 目录下的“墙选筋方案库 . MDB”文件中。保存时可指定方案名称，在做其他工程墙配筋设计时可用〈加载选筋方案〉调出已保存的设置。

(4) 构件归并范围

构件归并范围设置对话框如图 4-73 所示。同类构件的外形尺寸相同，需配的钢筋面积（计算配筋和构造配筋中的较大值）差别在本页参数指定的归并范围时，按同一编号设相同配筋。部分参数含义如下。

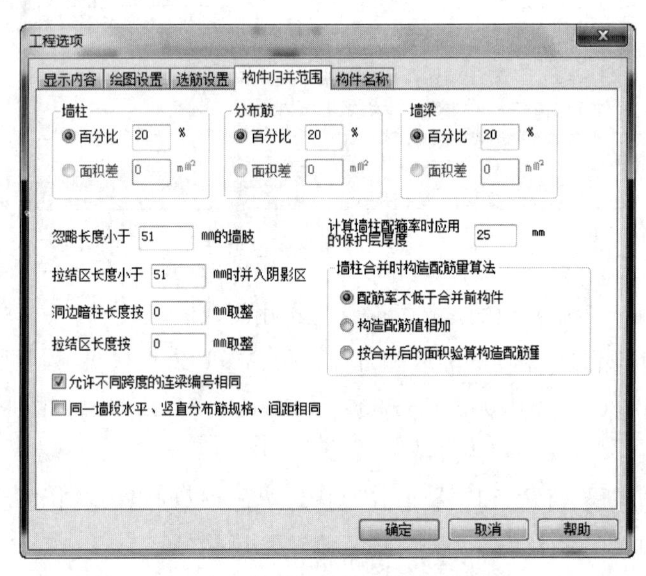

图 4-73　构件归并范围设置对话框

① 洞边暗柱、拉结区的取整长度　考虑该项时，程序通常将相应长度加大，以达到指定取整值的整倍数。常用数值为 50mm；如果取默认的数值 0，则表示不考虑取整。

② 同一墙段水平、竖直分布筋规格、间距相同　如果勾选该项，则程序将取两方向的配筋中的较大值设为分布筋规格。

(5) 构件名称

构件名称设置对话框如图 4-74 所示。部分参数含义如下。

① 表示构件类别的代号：默认值参照平面整体表示法图集设定。

② 在名称中加注 G 或 Y 以区分构造边缘构件和约束边缘构件：如果勾选该项，则这一标志字母将写在类别代号前面。

③ 构件名模式：可选择将楼层号嵌入构件名称，即以类似于 AZ1-2 或 1AZ-2 的形式为构件命名。用户可根据自己的绘图习惯选择并设置间隔符。默认在楼层号与表示类别的

代号间不加间隔符，而在编号前加“-”隔开。加注的楼层号是自然层号。

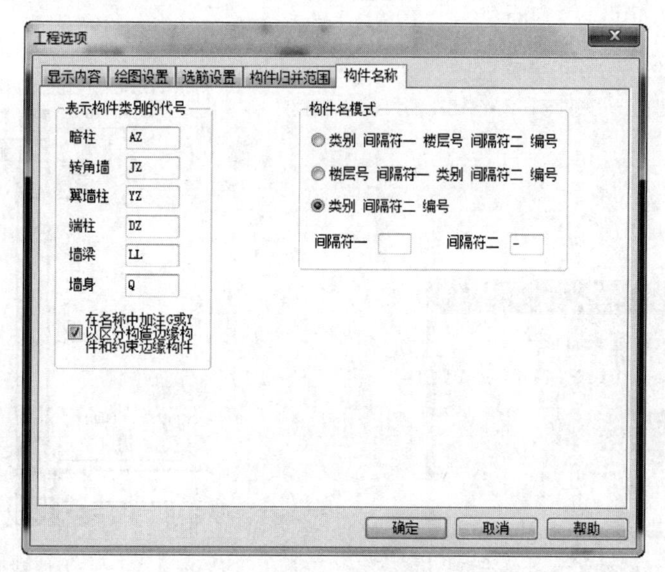

图 4-74　构件名称设置对话框

4.5.3　绘新图

如果用户需要画新图或重新绘制当前楼层的剪力墙图，可以点击【墙/绘新图】，并在对话框中确定是否有选择地保留绘图信息，如图 4-75 所示。各参数含义如下。

① 保留本层墙配筋结果，重画本层平面　表示不改变已有的墙内构件配筋。

② 为本层墙重新设计配筋　表示重新读取计算结果，并重新画墙柱大样等配筋构造。

③ 生成仅画构件布置的底图　相当于切换到新层时提供的新图。

4.5.4　读取剪力墙钢筋

读取剪力墙钢筋的步骤如下。

① 点击【墙/表示方法】，确定绘制剪力墙“截面注写”还是“列表注写”。

② 点击【墙/参数/设钢筋层】，确定剪力墙归并的钢筋层。

③ 点击【墙/参数/计算依据】，确定剪力墙钢筋的数据来源，即计算分析软件的名称。

④ 确定读入当前一个楼层还是多个楼层的剪力墙钢筋数据，生成剪力墙截面注写图，如图 4-76 所示。

4.5.5　编辑剪力墙钢筋

在生成剪力墙施工图前，首先应该查对校核剪力墙各构件的计算配筋量和配筋方式是否正确合理，并根据工程实际情况进行修改，以便迅速生成满意的剪力墙施工图。

点击【编辑墙柱】、【编辑连梁】、【编辑分布筋】，点取剪力墙相应构件，以对话框方式对计算配筋进行修改。

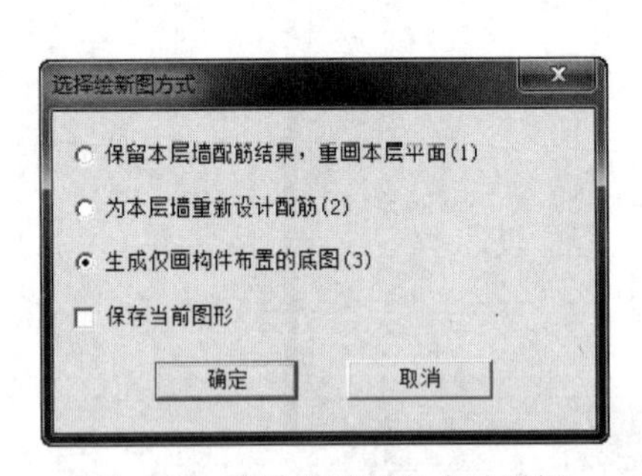

图 4-75 选择绘新图方式对话框

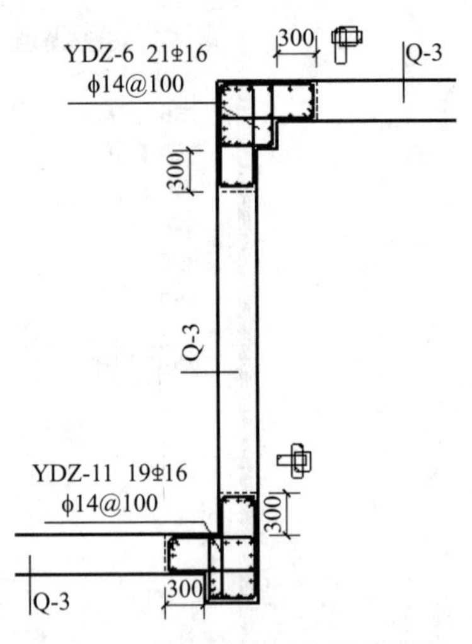

图 4-76 剪力墙截面注写示意图

4.5.6 剪力墙平面图

在生成的剪力墙平面图中，只显示剪力墙构件名称和尺寸标注，再点击【墙梁表】、【墙身表】、【墙柱表】等命令，可将这些表格和详图拖放到图中相应的位置，即形成完整的剪力墙平面图。图 4-77 为剪力墙平面图，图 4-78 为剪力墙暗柱详图（局部）。

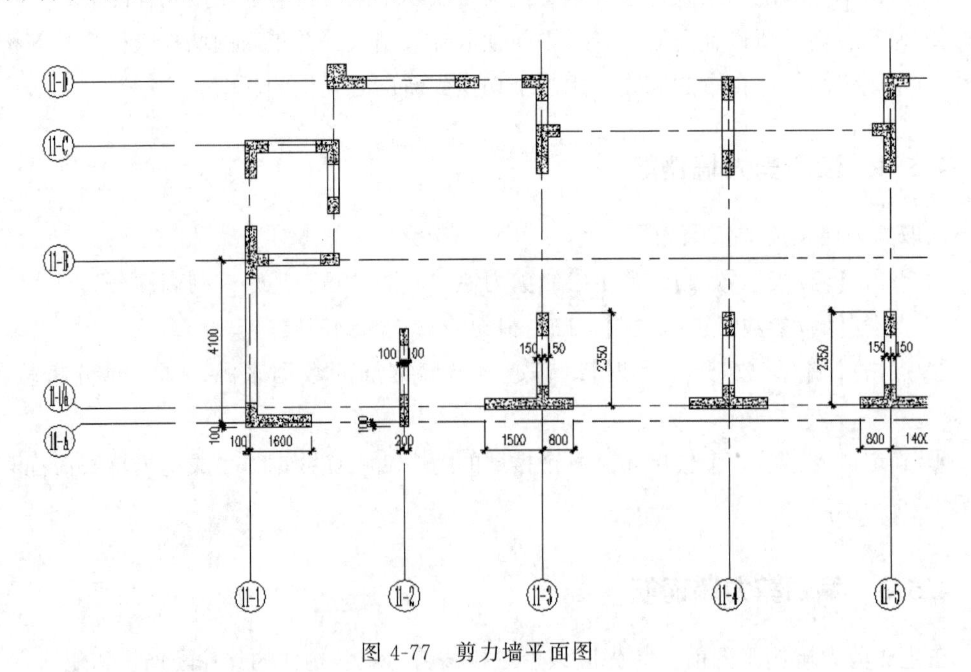

图 4-77 剪力墙平面图

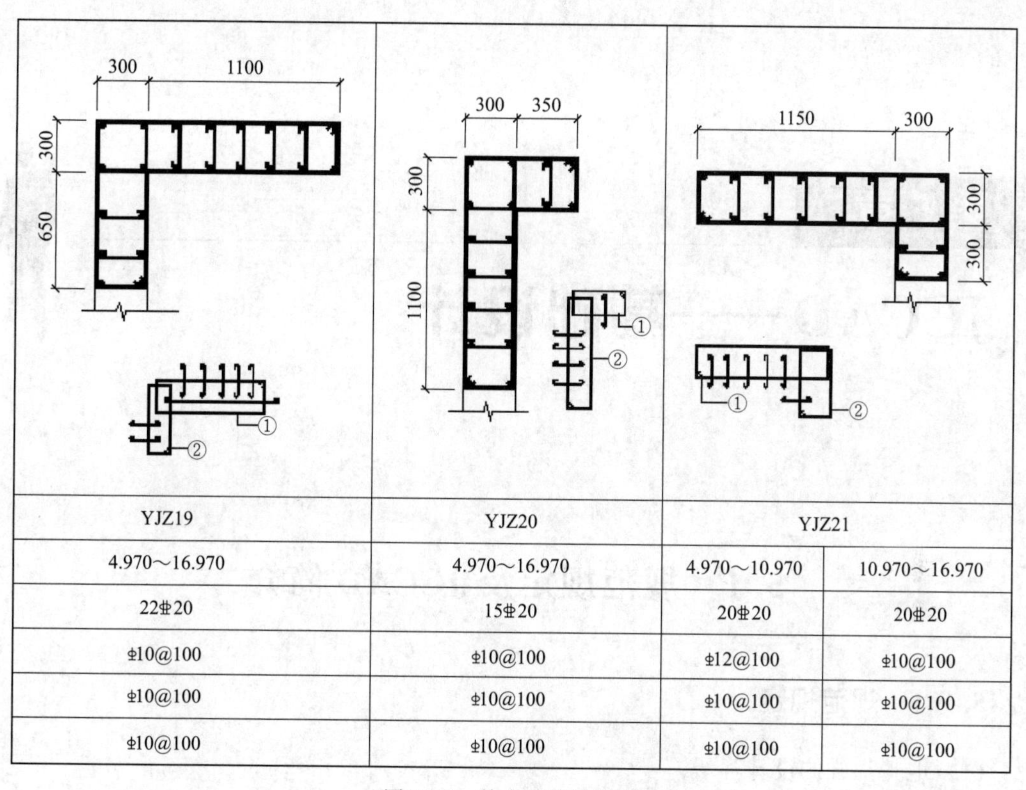

YJZ19	YJZ20	YJZ21	
4.970～16.970	4.970～16.970	4.970～10.970	10.970～16.970
22⌀20	15⌀20	20⌀20	20⌀20
⌀10@100	⌀10@100	⌀12@100	⌀10@100
⌀10@100	⌀10@100	⌀10@100	⌀10@100
⌀10@100	⌀10@100	⌀10@100	⌀10@100

图 4-78　剪力墙暗柱详图

第5章

JCCAD——基础设计

5.1 规范规定及JCCAD简介

5.1.1 规范规定

(1) 地基基础的设计等级

《建筑地基基础设计规范》(GB 50007—2011)(以下简称《地基基础规范》)3.0.1条规定：根据地基复杂程度、建筑物规模和功能特征以及由于地基问题可能造成建筑物破坏或影响正常使用的程度，将地基基础设计分为甲级、乙级和丙级三个设计等级，设计时应根据具体情况，按《地基基础规范》表3.0.1选用。

(2) 地基基础设计计算、验算规定

《地基基础规范》3.0.2条强制性条文规定：根据建筑物地基基础设计等级及长期荷载作用下地基变形对上部结构的影响程度，地基基础设计要进行承载力计算、变形验算、稳定性验算及抗浮验算。表5-1是对3.0.2条、3.0.3条规定的概括。

表5-1 地基设计原则

承载力计算	甲级、乙级、丙级均需计算承载力	
变形验算	甲级、乙级	必须验算变形
	丙级	符合《地基基础规范》3.0.2条第3款规定的五种情况之一时应作变形验算
		《地基基础规范》表3.0.3所列范围内的建筑物可不作变形验算
稳定性验算	经常受水平荷载作用的高层建筑、高耸结构和挡土墙等，以及建造在斜坡上或边坡附近的建筑物和构筑物；基坑工程	
抗浮验算	建筑地下室或地下构筑物存在上浮问题时	

(3) 荷载规定

《地基基础规范》3.0.5条规定：地基基础设计时，所采用的作用效应与相应的抗力限值应符合下列规定：

① 按地基承载力确定基础底面积及埋深或按单桩承载力确定桩数时，传至基础或承台底面上的作用效应应按正常使用极限状态下作用的标准组合；相应的抗力应采用地基承载力特征值或单桩承载力特征值。

② 计算地基变形时，传至基础底面上的作用效应应按正常使用极限状态下作用的准永久组合，不应计入风荷载和地震作用；相应的限值应为地基变形允许值。

③ 计算挡土墙、地基或滑坡稳定以及基础抗浮稳定时，作用效应应按承载能力极限状态下作用的基本组合，但其分项系数均为1.0。

④ 在确定基础或桩基承台高度、支挡结构截面、计算基础或支挡结构内力、确定配筋和验算材料强度时，上部结构传来的作用效应组合和相应的基底反力、挡土墙土压力以及滑坡推力，应按承载能力极限状态下作用的基本组合，采用相应的分项系数；当需要验算基础裂缝宽度时，应按正常使用极限状态下作用的标准组合。

⑤ 基础设计安全等级、结构设计使用年限、结构重要性系数应按有关规范的规定采用，但结构重要性系数 γ_0 不应小于1.0。

《地基基础规范》3.0.6条规定：地基基础设计时，作用组合的效应设计值应符合下列规定：

① 正常使用极限状态下，标准组合的效应设计值 S_k 应按下式确定：

$$S_k = S_{Gk} + S_{Q1k} + \psi_{c2} S_{Q2k} + \cdots + \psi_{cn} S_{Qnk} \tag{3.0.6-1}$$

式中 S_{Gk}——永久作用标准值 G_k 的效应；

S_{Qik}——第 i 个可变作用标准值 Q_{ik} 的效应；

ψ_{ci}——第 i 个可变作用 Q_i 的组合值系数，按现行国家标准《建筑结构荷载规范》GB50009的规定取值。

② 准永久组合的效应设计值 S_k 应按下式确定：

$$S_k = S_{Gk} + \psi_{q1} S_{Q1k} + \psi_{q2} S_{Q2k} + \cdots + \psi_{qn} S_{Qnk} \tag{3.0.6-2}$$

式中 ψ_{qi}——第 i 个可变作用的准永久值系数，按现行国家标准《建筑结构荷载规范》GB50009的规定取值。

③ 承载能力极限状态下，由可变作用控制的基本组合的效应设计值 S_d，应按下式确定：

$$S_d = \gamma_G S_{Gk} + \gamma_{Q1} S_{Q1k} + \gamma_{Q2} \psi_{c2} S_{Q2k} + \cdots + \gamma_{Qn} \psi_{cn} S_{Qnk} \tag{3.0.6-3}$$

式中 γ_G——永久作用的分项系数，按现行国家标准《建筑结构荷载规范》GB50009的规定取值；

γ_{Qi}——第 i 个可变作用的分项系数，按现行国家标准《建筑结构荷载规范》GB50009的规定取值。

④ 对由永久作用控制的基本组合，也可采用简化规则，基本组合的效应设计值 S_d 可按下式确定：

$$S_d = 1.35 S_k \tag{3.0.6-4}$$

式中 S_k——标准组合的作用效应设计值。

JCCAD 程序按照《建筑结构荷载规范》GB 50009（以下简称《荷载规范》）和《地基基础规范》的规定，根据计算的内容自动选用相应的作用组合。表 5-2 是对《地基基础规范》3.0.5 条规定的概括。如表 5-2 所示。

表 5-2 作用规定

计算项目	计算内容	作用组合	抗力限值
地基承载力或单桩承载力计算	确定基础底面积及埋深或桩数	正常使用极限状态下作用的标准组合	地基承载力特征值或单桩承载力特征值
地基变形验算	建筑物沉降	正常使用极限状态下作用的准永久组合	地基变形允许值
稳定性验算 抗浮验算	挡土墙、地基或滑坡稳定以及基础抗浮稳定	承载能力极限状态下作用的基本组合，分项系数取 1.0	
基础结构承载力计算	基础或承台高度、结构截面、结构内力、配筋及材料强度验算	承载能力极限状态下作用的基本组合，采用相应的分项系数	材料强度的设计值
基础抗裂验算	基础裂缝宽度	正常使用极限状态下作用的标准组合	

5.1.2 JCCAD 简介

基础设计软件 JCCAD 是 PKPM 结构系列软件中功能最为纷繁复杂的模块，它可以完成柱下独立基础、墙下条形基础、弹性地基梁基础、带肋筏板基础、柱下平板基础、墙下筏板基础、柱下独立桩基承台基础、桩筏基础、桩格梁基础及单桩基础设计，以及由上述多种类型基础组合的大型混合基础设计，还可以完成各种类型基础的施工图绘制，包括平面图、详图及剖面图等。

在 PKPM 主界面右上角的专业模块列表中选择“基础设计”模块，鼠标双击“例题”工作目录，进入 JCCAD 主界面，JCCAD 的主菜单如图 5-1 所示。

图 5-1 JCCAD 主菜单

屏幕左上角的【PKPM】图标菜单提供基础模型数据相关命令，包括保存工程文件、导出基础数据、导出 PBIM 基础数据、恢复模型、导入 DWG 图等。

屏幕上方的 Ribbon 菜单包括基础模型、地质模型、桩承台、独基计算、梁元法计算、板元法计算、拉梁计算、沉降计算、结果查看以及施工图等操作命令。

屏幕右下角各图标提供的快捷命令包括平面显示、三维线框显示、三维渲染显示、保存基础模型、导出T图、显示控制、删除构件以及改字大小等，如图5-2所示。

图5-2 JCCAD的快捷命令

利用JCCAD软件完成基础设计的操作流程如下：

首先，进入JCCAD界面之前，必须完成结构建模，如果要接力上部结构分析程序（如SATWE、PMSAP、PK等）的计算结果，还应该运行完成相应程序的内力计算。

接着，在JCCAD的【地质模型】菜单中，输入地质资料、岩土参数、地层层序及孔点等。

然后，在JCCAD的【基础模型】菜单中，可以根据荷载和相应参数自动生成柱下独立基础、墙下条形基础及桩承台基础，也可以交互输入筏板、基础梁、桩基础的信息。柱下独基、桩承台、砖混墙下条基等基础在本菜单中即可完成全部的建模、计算、设计工作；弹性地基梁、桩基础、筏板基础在此菜单中完成模型布置，再用后续计算模块进行基础设计。

在【桩承台、独基计算】菜单中，可以完成桩承台的设计及桩承台和独基的沉降计算。

在【梁元法计算】菜单中，可以完成弹性地基梁、肋梁平板等基础的设计及独基、弹性地基梁板等基础的内力配筋计算。

在【板元法计算】菜单中，可以完成各类有桩基础、平板基础、梁板基础、地基梁基础的有限元分析及设计。

最后在【施工图】菜单中，可以完成以上各类基础的施工图。

5.2 地质模型

点击【地质模型】，进入地质资料输入界面，可进行地质资料的输入工作，菜单如图5-3所示，包括地质资料、岩土参数、地层层序、输入孔点、土剖面图、画等高线等功能。

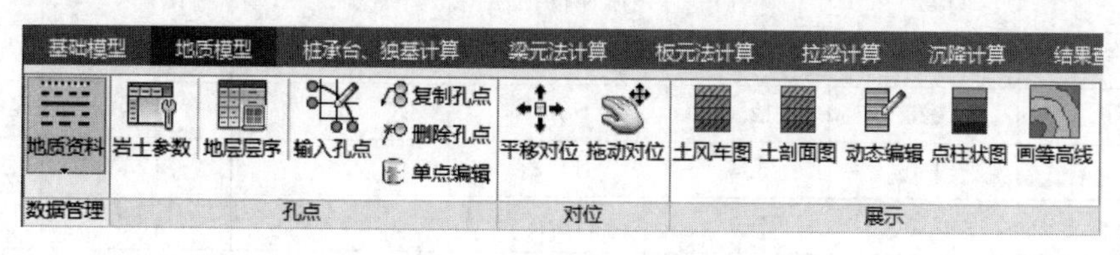

图5-3 地质模型菜单

5.2.1 地质资料

地质资料是对建筑物周围场地地基状况的描述，是基础设计的重要信息。软件允许用人机交互方式或填写数据文件方式输入，并将地质资料数据存放在地质资料文件（内定后缀为*.dz）中。

地质资料有两类，一种是供有桩基础使用，另一种是供无桩基础（弹性地基筏板）使用。两者格式相同，不同仅在于有桩基础对每层土要求压缩模量、重度、土层厚度、状态参数、内摩擦角和黏聚力六个参数，而无桩基础只要求压缩模量、重度、土层厚度三个参数。一个完整的地质资料包括各个勘测孔的平面坐标、竖向土层标高及各个土层的物理力学指标等信息。程序以勘测孔的平面位置形成平面控制网格，将勘测孔的竖向土层标高和物理力学指标进行插值，可以得到勘测孔控制网格内部及附近的竖向各土层的标高和物理力学指标，通过人机交互可以形象地观测任意一点和任意竖向剖面的土层分布和土层的物理力学参数。

地质资料输入的步骤一般应如下。

① 归纳出能够包容大多数孔点的土层的分布情况的“标准孔点土层”，并点击【地层层序】菜单，再根据实际的勘测报告修改各土层物理力学指标承载力等参数进行输入。

② 点击【输入孔点】菜单，将“标准孔点土层”布置到各个孔点。

③ 进入【动态编辑】菜单，对各个孔点已经布置土层的物理力学指标、承载力、土层厚度、顶层土标高、孔点坐标、水头标高等参数进行细部调节。也可以通过添加、删除土层补充修改各个孔点的土层布置信息。

因程序数据结构的需要，程序要求各个孔点的土层从上到下的土层分布必须一致，在实际情况中，当某孔点没有某种土层时，需将这种土层的厚度设为0来处理，因此，孔点的土层布置信息中，会有0厚度土层存在，程序允许对0厚度土层进行编辑。

④ 对地质资料输入结果的正确性，可以通过【点柱状图】、【土剖面图】、【画等高线】等菜单进行校核。

⑤ 重复③、步骤④，完成地质资料输入的全部工作。

本章基础设计承接第2、第3章工程实例的结构建模及计算结果，根据工程地质资料（表5-3所示），采用独立基础。

表5-3 工程地质资料

地层＼指标	承载力特征值 f_{ak}/kPa	压缩模量 E_s/MPa	固结快剪		天然重度 γ/(kN/m^3)	土层厚度/m
			内摩擦角 ϕ_k/(°)	黏聚力 C_k/kPa		
细砂①	110	10.0	25	/	17.5	0.5
中砂②	220	12.0	30	/	18.0	3.1
黏土③	160	5.4	11.3	26	19.0	2.2
残积砂质黏性土④	210	7.0	18.0	30	18.9	1.1
强风化花岗岩⑤	350	/	/	/	/	5

如果建立新的地质资料文件，可以点击【地质资料/保存 DZ 文件】，在弹出的对话框的〈文件名〉项内输入地质资料的文件名，本例输入“独基地质资料”（如图 5-4 所示），并点击〈保存〉按钮即可。

如果编辑已有的地质资料文件，可以点击【地质资料/导入 DZ 文件】，在弹出的对话框的文件列表框内选择要编辑的文件，点击〈打开〉按钮，屏幕显示地质勘探孔点的相对位置和由这些孔点组成的三角单元控制网格。用户即可利用地质资料输入的相关菜单观察地质情况，进行补充和修改已有的地质资料。

图 5-4　保存地质资料文件对话框

5.2.2　岩土参数

本菜单用于设定各类土的物理力学指标。点击【岩土参数】后，屏幕弹出默认岩土参数表对话框（如图 5-5 所示）。表中列出了 19 种常见岩土的类号、名称、压缩模量、重度、内摩擦角、黏聚力和状态参数。

用户应根据工程勘察报告上的土质情况对默认参数进行修改，特别是需要用到的土层的参数。程序给出“默认岩土参数表”，是为了方便用户在此基础上修改。用户修改后，点击〈确定〉按钮使修改数据有效。

无桩基础有沉降计算要求时，只需输入压缩模量参数，不需要修改其他参数。桩基础，特别是摩擦型桩基础，需要输入每层土的压缩模量、重度、土层厚度、状态参数、内摩擦角和黏聚力六个参数。所有土层的压缩模量不得为零。基础设计不采用桩基础又不需要计算沉降时，可以不进行【岩土参数】操作。

默认岩土参数表

土层类型	压缩模量	重度	内摩擦角	黏聚力	状态参数
(单位)	(MPa)	(kN/m3)	(°)	(kPa)	
1填土	10.00	20.00	15.00	0.00	1.00
2淤泥	2.00	16.00	0.00	5.00	1.00
3淤泥质土	3.00	16.00	2.00	5.00	1.00
4黏性土	10.00	18.00	5.00	10.00	0.50
5红黏土	10.00	18.00	5.00	0.00	0.20
6粉土	10.00	20.00	15.00	2.00	0.20
71粉砂	12.00	20.00	15.00	0.00	25.00
72细砂	31.50	20.00	15.00	0.00	25.00
73中砂	35.00	20.00	15.00	0.00	25.00
74粗砂	39.50	20.00	15.00	0.00	25.00

确定

取消

图 5-5 默认岩土参数表对话框

5.2.3 地层层序

本菜单用于生成土层参数表——描述建筑物场地地基土的总体分层信息，作为生成各个勘察孔柱状图的地基土分层数据的模板。

每层土的参数包括：层号、土层类型、土层厚度、极限侧摩擦力、极限桩端阻力、压缩模量、重度、内摩擦角、黏聚力和状态参数等 12 个信息。

首先用户应根据所有勘测点的地质资料，将建筑物场地地基土统一分层。分层时，可暂不考虑土层厚度，把土层其他参数相同的土层视为同层。再按实际场地地基土情况，从地表起向下逐一编土层号，形成地基土分层表，这个孔点可以作为输入其他孔点的“标准孔点土层”。

点击【地层层序】后，屏幕弹出标准地层层序对话框，表中列出了已有的或初始化的土层的参数表，如图 5-6 所示。

下面依据本书例题的工程地质资料（表 5-3）生成土层参数表。

实例操作：

点取〈土层类型〉一栏中的“▼”，在弹出的土名称列表中选择“细砂”，在〈土层厚度〉、〈极限侧摩擦力〉、〈极限桩端阻力〉、〈压缩模量〉、〈重度〉、〈内摩擦角〉、〈黏聚力〉和〈状态参数〉中依次输入“0.5”、“0”、“0”、“10”、“17.5”、“25”、“0”和“25”，表 5-3 中未给出的参数值可采用程序默认值。至此，第 1 层细砂的参数输入完毕。

点击〈添加〉按钮，按照上述步骤依次输入其他土层的参数，见图 5-6，也可点击〈插入〉、〈删除〉按钮进行土层的调整。

所有的土层参数输入完毕后，点击〈确定〉退出对话框。

说明如下。

① 如果勘探报告中土名称是复合名称，例如“沙性粉土”，可以去掉形容词“沙性”，

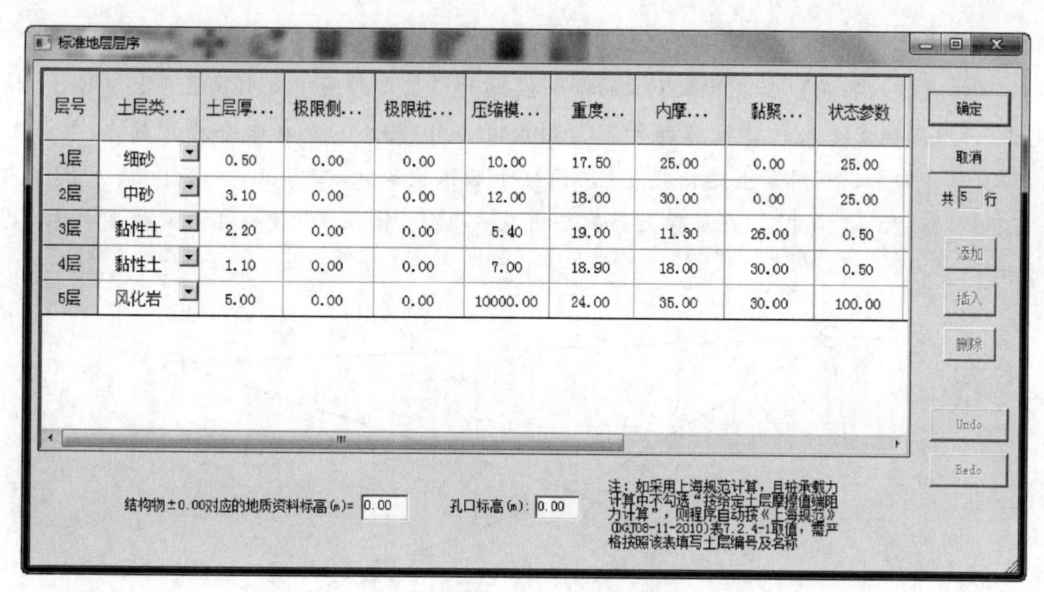

图 5-6 标准地层层序对话框

仅选择“粉土”，同时按勘探报告中沙性粉土的性质修改土参数。

②〈结构物±0.00 对应的地质资料标高＝〉有两种取值方式：取“0”，表示采用相对高程，以建筑物±0.00 为坐标系基准；取非“0”的数值，表示采用绝对高程（海拔高程）为坐标系基准。

③〈孔口标高〉指勘测孔口的相对标高，用于计算各层土的层底标高。第一层土的底标高为孔口标高减去第一层土的厚度；其他层土的底标高为相邻上层土的底标高减去该层土的厚度。

④ 允许同一土层名称在土层参数列表中多次出现。

⑤ 同一建筑场地的各勘测孔应有相同的土层数，如有局部夹层，使某孔点没有某层土时，该土层厚度应输入为 0，以保持各勘测孔的土层总数相同。

⑥ 土层参数表中参数都可修改，其中由“默认岩土参数表”确定的参数值也可修改，且其值修改后不会改变“默认岩土参数表”中相应值，只对当前土层参数表起作用。

⑦ 当某层土的厚度在不同勘探点下不相同而其他参数均相同时，可设为同一层土。不同的土层厚度可用【单点编辑】菜单的修改土层底标高来实现，也可以在后面介绍的【动态编辑】中修改。

5.2.4 输入孔点

点击【输入孔点】，以相对坐标和毫米为单位，逐一输入所有勘测孔点的相对位置。在建筑轴网下可根据孔点资料逐个输入孔点。孔点的精确定位同 PMCAD。孔点输入结束后，程序自动用互不重叠的三角形网格将各个孔点连接起来（图 5-7），并用插值算法将孔点之间和孔点外部的场地土情况算出来。

实例操作：

点击【输入孔点】后，屏幕下方的命令栏提示“在平面图中点取位置，按［Esc］键退出”，用鼠标左键点取建筑轴网左下角形成孔点 1（0，0），在命令栏中输入“2400，14400”，并回车，则屏幕上绘出孔点 2，同样步骤依次输入“12000，－7200”、“19200，－7200”和“0，13000”，则屏幕上分别绘出孔点 3、4 和 5，生成的孔点网格图如图 5-7 所示。

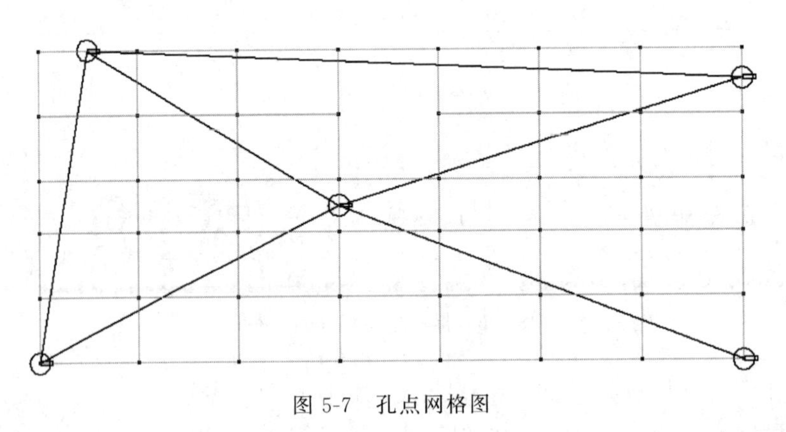

图 5-7 孔点网格图

注意事项如下。

① 孔点数最少输入一个，表示整个场地都采用此孔点的地质信息，但孔点数越多，土层计算越精细。

② 一般地质勘测报告中都包含 AutoCAD 格式的钻孔平面图，用户可导入该图直接将孔点位置导入，这样做可大大方便孔点输入。

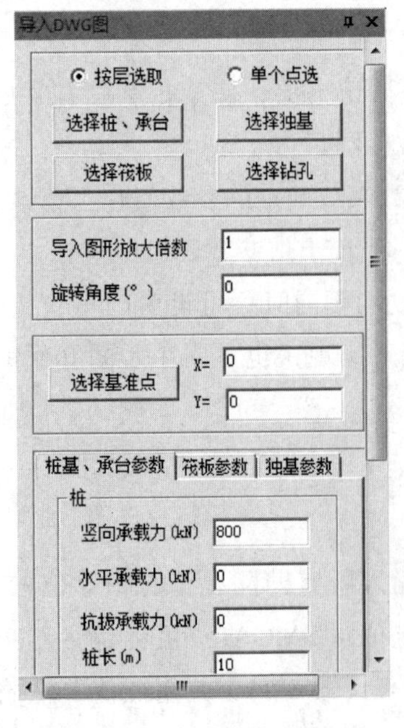

图 5-8 导入 DWG 图对话框

首先应在【图形编辑修改】菜单下把 AutoCAD 格式的钻孔平面图中的孔点用圆标志出来。进入 JCCAD 主界面后，点击【基础模型/工具/导入 DWG 图】，将画好的钻孔平面图插入到当前显示图中，屏幕上会弹出如图 5-8 所示的对话框。

孔点选取可以“按层选取”，也可以“单个点选”，然后点击〈选择钻孔〉按钮，在平面图里选择孔点。程序会在列表中显示选中的孔点所在的图层名称及每个图层被选中的孔点数目。孔点选择完毕后点击鼠标右键，然后在对话框中输入〈导入图形放大倍数〉，通过输入的比例控制导入图形放大或者缩小的倍数，〈旋转角度（°）〉可以设置导入图形的插入角度，设置完毕后点〈选择基准点〉选择插入的基准点，并且点击〈导入钻孔〉，完成孔位的导入。

③【复制孔点】用于土层参数相同勘察点的土层设

置，也可以将对应的土层厚度相近的孔点用该菜单进行输入，然后再编辑孔点参数；【删除孔点】用于删除多余或输入错误的孔点。

5.2.5 单点编辑

点击【单点编辑】，点取要修改的孔点，屏幕弹出孔点土层参数表对话框。对话框显示的是标准孔点的土参数，应按各勘察孔的情况修改表中的数据。

实例操作：

本例修改孔点3，点取孔点3，屏幕弹出孔点3的土层参数表对话框，将第1层细砂修改为0.40m厚，即底标高为−0.40m，第2层中砂修改为3.5m厚，即底标高为−3.90m，其余土层不变（见图5-9）。

3号孔点土层参数表

孔口标高(m): 0.00 （☐用于所有点） 探孔水头标高(m): 0.00 用于所有点☐） 孔口坐标(m):X= 17.60 孔口坐标(m):Y= 8.14

确定 取消

层号	土层...	土层底...	压缩...	重...	内摩擦...	黏聚...	状态参数	状态参数
		☐用于...	☐用于...	☐用于...	☐用于所...	☐用于所...	☐用于所...	
1层	细砂	-0.40	10.00	17.50	25.00	0.00	25.00	(标贯击
2层	中砂	-3.90	12.00	18.00	30.00	0.00	25.00	(标贯击
3层	黏性土	-5.80	5.40	19.00	11.30	26.00	0.50	(液性指
4层	黏性土	-6.90	7.00	18.90	18.00	30.00	0.50	(液性指
5层	风化岩	-11.90	10000.00	24.00	35.00	30.00	100.00	(单轴抗压

删除 Undo Redo

图5-9 孔点3土层参数表

5.2.6 动态编辑

程序允许用户选择要编辑的孔点，程序可以按照孔点柱状图和孔点剖面图两种方式，显示选中的孔点土层信息，用户可以在图面上修改孔点土层的所有信息，修改的结果将直观地反映在图面上，方便用户理解和使用。

实例操作：

点击【动态编辑】，命令栏提示“在平面图中点取位置，按［ESC］键退出 起始孔点位置”，用光标在屏幕上依次点取要编辑的孔点2、孔点3和孔点4，单击鼠标右键完成孔点拾取后，弹出【动态编辑】菜单如图5-10所示，同时屏幕上以孔点剖面图

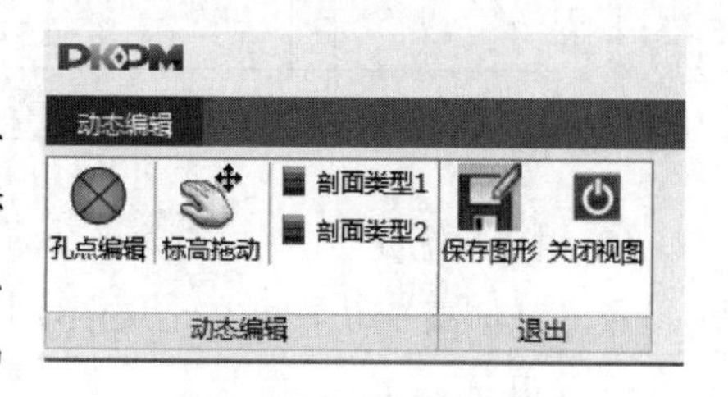

图5-10 动态编辑菜单

方式显示所选择的孔点剖面（图 5-11）。点击【剖面类型 2】可切换到孔点柱状图方式（图 5-12）。

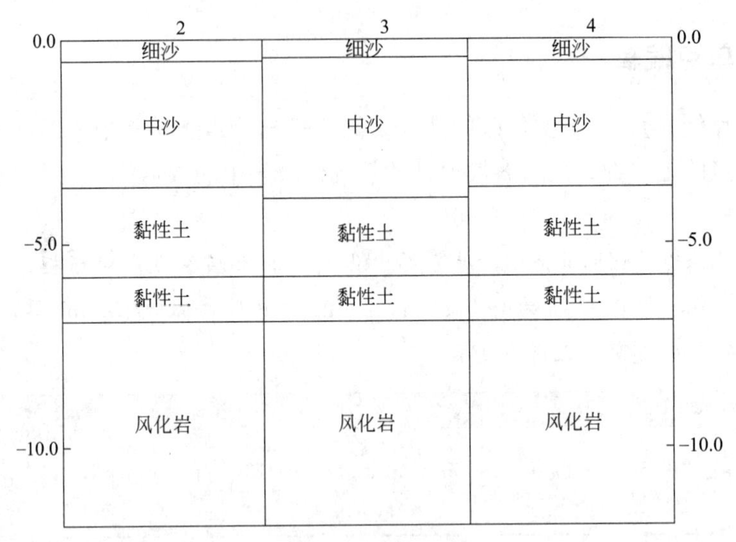

图 5-11 孔点剖面图

(1) 孔点编辑

点击【孔点编辑】进入孔点编辑状态。将鼠标移动到要编辑的图层上，土层会动态加亮显示，表示可对当前土层进行操作，点击鼠标右键，弹出菜单（图 5-13）选择相应的修改功能。当将鼠标移动到土层中间位置时，土层间会动态加亮，可对土层间操作，单击鼠标右键，弹出菜单（图 5-14）选择相应的修改功能。

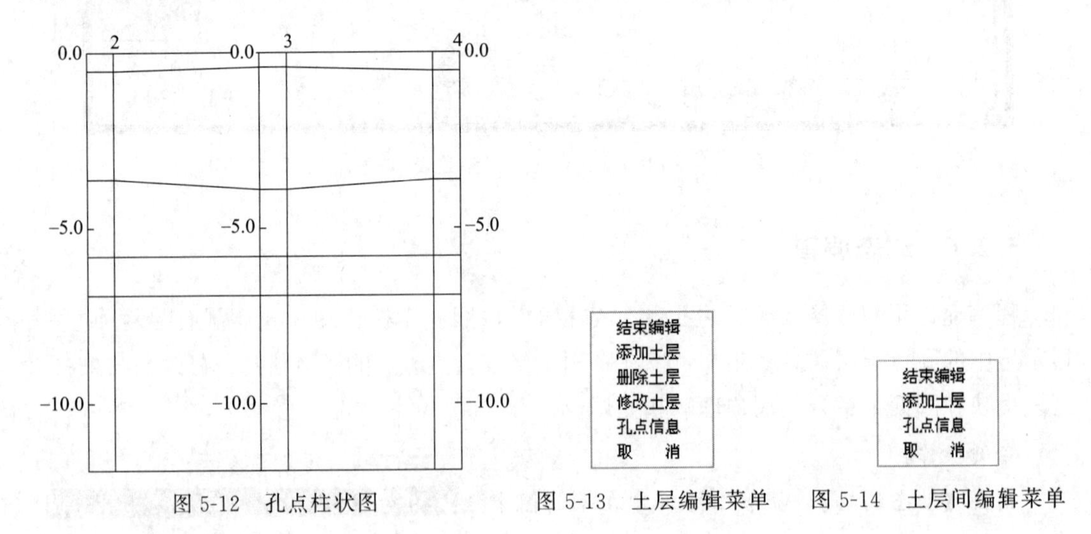

图 5-12 孔点柱状图　　图 5-13 土层编辑菜单　　图 5-14 土层间编辑菜单

(2) 标高拖动

点击【标高拖动】可在土层图中用动态拖动方式修改土底标高线的高度，比修改参数方式更直观便捷。

5.2.7 其他菜单介绍

(1) 平移对位和拖动对位

【平移对位】可将地质资料网格单元图平移，通过此操作，处理好地质资料网格单元与基础平面网格的坐标关联关系。

【拖动对位】可将地质资料网格单元图拖动，通过此操作，处理好地质资料网格单元与基础平面网格的坐标关联关系。

(2) 土剖面图

【土剖面图】用于观看场地上任意剖面的地基土剖面图。进入菜单后，用光标点取一个剖面后，屏幕上显示此剖面的地基土剖面图。

(3) 点柱状图

【点柱状图】用于观看场地上任意点的土层柱状图。进入菜单后，光标连续点取平面位置的点，单击鼠标右键退出，屏幕上显示这些点的土层柱状图。

(4) 画等高线

【画等高线】用于查看场地上任一土层、地表或水头标高的等高线图。

进入菜单后，屏幕上显示已有的孔点和网格，弹出的对话框中〈选择土层〉项有“地表、土层1底、土层2底、……、水头”等，选择要绘制等高线的土层，则屏幕上显示出对应土层的等高线图。

说明：“地表”指孔口的标高，“水头”指探孔水头标高，“土层1底、土层2底、……”指第1层土层底部的标高、第2层土层底部的标高……。每条等高线上标注的数值为相应的标高值。

若地表或水头或某层土底的标高全场相同，则对应等高线图空白。

5.3 基础模型

【基础模型】是进行基础设计必需的步骤，通过读入上部结构布置与荷载，自动设计生成或人机交互定义、布置基础模型数据，是后续基础设计、计算、施工图辅助设计的基础。基础模型菜单如图5-15所示。

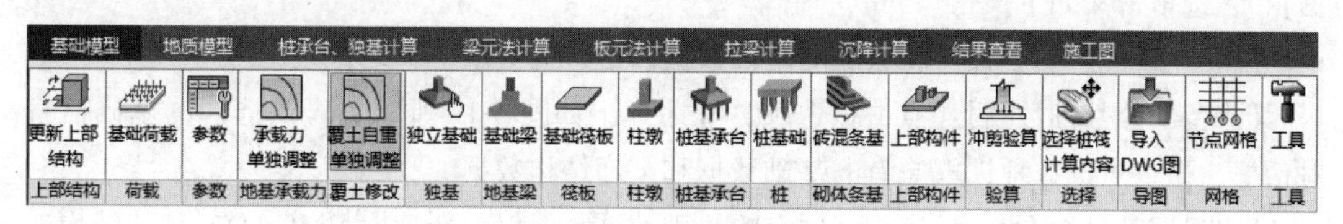

图5-15 基础模型菜单

5.3.1 概述

(1) 主要功能

【基础模型】根据用户提供的上部结构、荷载以及相关地质资料数据，完成以下计算与设计。

① 人机交互布置各类基础。包括柱下独立基础、墙下条形基础、桩承台基础、钢筋混凝土弹性地基梁基础、筏板基础、梁板基础以及桩筏基础等。

② 柱下独立基础、墙下条形基础和桩承台的设计是根据用户给定的设计参数和上部结构计算传下来的荷载，自动计算，给出截面尺寸、配筋等。在人工干预修改后程序可进行基础验算、碰撞检查，并根据需要自动生成双柱和多柱基础。

③ 桩长计算。

④ 钢筋混凝土地基梁、筏板基础、桩筏基础是由用户指定截面尺寸并布置在基础平面上。这类基础的配筋计算和其他验算尚需由 JCCAD 的其他菜单完成。

⑤ 对平板式基础进行柱对筏板的冲切计算，上部结构内筒对筏板的冲切、剪切计算。

⑥ 柱对独基、桩承台、基础梁和桩对承台的局部承压计算。

⑦ 可由人工定义和布置拉梁和圈梁，基础的柱插筋、填充墙、平板基础上的柱墩等，以便最后汇总生成画基础施工图所需的全部数据。

(2) 运行条件

【基础模型】菜单运行的必要条件如下。

① 已完成上部结构的模型和荷载数据的输入。程序可以接以下建模程序生成的模型数据和荷载数据：PMCAD、砌体结构、钢结构 STS 和复杂空间结构建模及分析。

② 如果要读取上部结构分析传来的荷载，还应该运行相应的内力计算程序，包括 SATWE、PMSAP、PK、STS、砌体结构等程序。

③ 如果要自动生成基础插筋数据，还应运行画柱施工图程序。

5.3.2 更新上部结构

点击【更新上部结构】菜单，弹出如图 5-16 所示的对话框。如果更新 PMCAD 的模型数据则选择【更新 PM 数据】，如果更新 SPASCAD 的模型数据则选择【更新 SPAS 数据】。各选项含义如下。

【保留基础数据】：程序将原有的基础数据保留并且更新上部结构数据。

【保留部分基础数据】：点击该选项，程序弹出如图 5-17 所示的可供选择的基础信息对话框。用户可选择地读取原有的基础数据和上部结构数据。

【不保留基础数据】：程序不读原有的基础数据，而仅重新读取 PMCAD、砌体结构或 STS 生成的轴网和柱、墙、支撑布置。

如果上部结构建模信息作了变动，这时如果想保留原基础数据中不受修改影响的内容，则可选择“保留部分基础数据”。

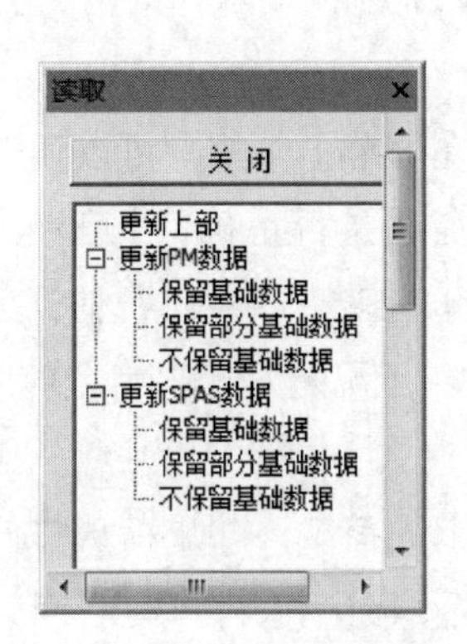

图 5-16 更新上部对话框

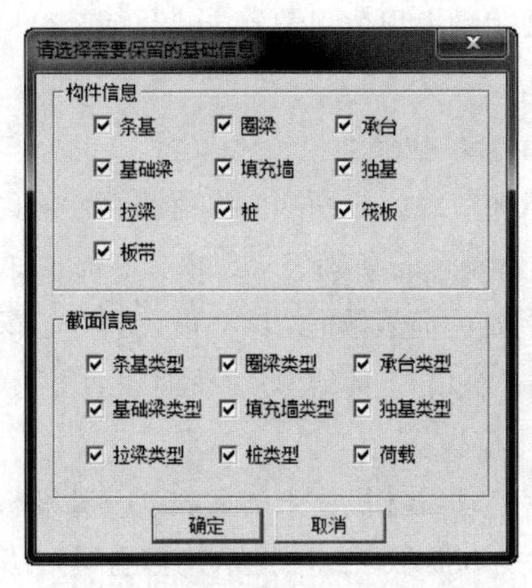

图 5-17 选择保留基础信息对话框

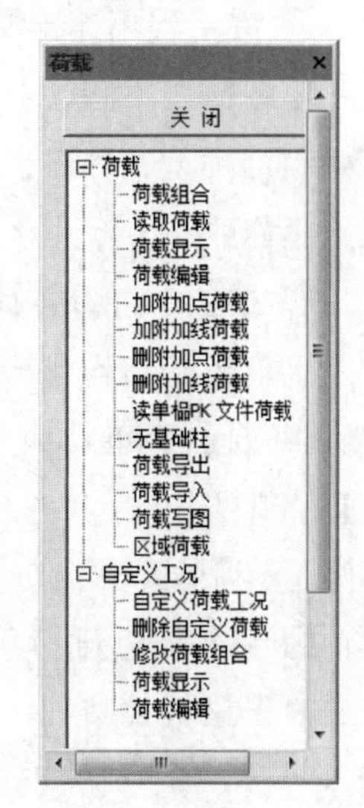

图 5-18 荷载对话框

5.3.3 基础荷载

点击【基础荷载】菜单，程序弹出荷载对话框如图 5-18 所示，可以实现如下功能。

① 自动读取多种 PKPM 上部结构分析程序传下来的各单工况荷载标准值，包括平面荷载（PMCAD 建模中导算的荷载或砌体结构建模中导算的荷载）、SATWE 荷载、PMSAP 荷载、PK 荷载等。

② 对于每一个上部结构分析程序传来的荷载，程序自动读取各种荷载工况下的内力标准值。

基础中用到的荷载组合与上部结构计算所用的荷载组合是不完全相同的。读取内力标准值后根据设计需要，程序将其代入不同荷载组合公式，形成各种不同工况下的荷载组合。

③ 程序自动按照《荷载规范》和《地基基础规范》的有关规定，在计算基础的不同内容时采用不同的荷载组合类型。

在计算地基承载力或桩基承载力时采用荷载的标准组合；在进行基础抗冲切、抗剪、抗弯、局部承压计算时采用荷载的基本组合；在进行沉降计算时采用准永久组合；在进行正常使用阶段的挠度、裂缝计算时采用标准组合和准永久组合。程序在计算过程中会识别各组合的类型，自动判断是否适合当前的计算内容。

④ 可输入用户自定义的附加荷载标准值。

附加荷载标准值分为恒荷载与活荷载两种。附加荷载可以单独进行荷载组合，并进行相应的计算。如果读取了上部结构分析程序传来的荷载，程序同时将用户输入的附加荷载标准值与读取的荷载标准值进行同工况叠加，然后再进行荷载组合。

⑤ 编辑已有的基础荷载组合值。

⑥ 按工程用途定义相关荷载参数，满足基础设计的需要。

工程情况不同，荷载组合公式中的分项系数或组合值等系数也会有差异。对于每一种荷载组合类型，程序自动取用相关规范规定的荷载分项系数、组合值系数等，这些系数可以人工修改。

⑦ 校验、查看各荷载组合的数值。

读取上部结构或输入附加荷载后，程序会将荷载组合值显示在屏幕上。用户可以通过【当前组合】菜单切换屏幕上显示的荷载组合，以便校核读取的荷载是否正确；【目标组合】菜单可以显示具备一定特征的荷载数值，比如最大轴力、最大偏心距等；【单工况值】菜单则显示荷载的标准值，这样可以与上部结构分析程序计算结果中的单工况内力值进行比较。

⑧ 梁板式基础荷载对比校核

对于梁板式基础，程序自动统计筏板上的荷载以及梁及板带上的荷载，如果荷载总值相差超过 5%，则程序给出文本提示。此项提示只影响梁元法计算，程序认为可能会因为部分竖向构件下没有布置梁或板带造成该处荷载丢失，计算结果存在不安全因素。如果用有限元计算则可不在意该提示。

下面介绍各项子菜单的功能和使用。

(1) 荷载组合

本菜单用于输入荷载分项系数、组合系数等参数。

点击【荷载组合】，屏幕弹出输入荷载组合参数对话框（图 5-19）。参数的隐含值按《荷载规范》、《地基基础规范》、《抗震规范》、《高层规程》等规定的相应内容确定。白色输入框的值是用户必需根据工程的用途进行修改的参数。灰色的数值是规范指定值，一般不修改。若用户要修改灰色的数值可双击该值，将其变为白色的输入框再修改。对话框中部分参数含义及取值如下。

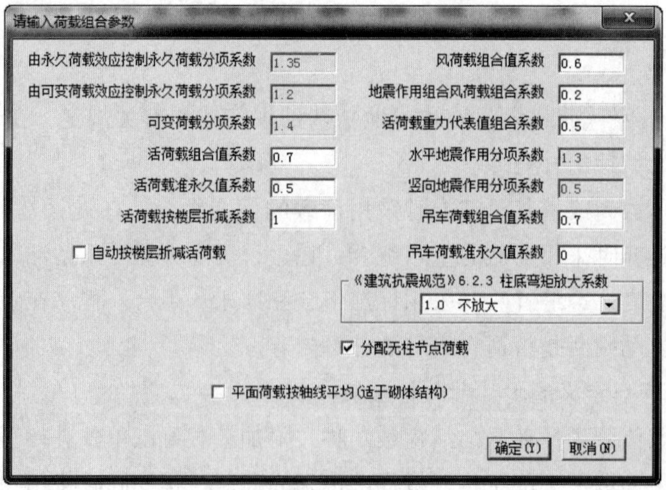

图 5-19 荷载组合参数对话框

各荷载分项系数和组合系数：取值参看《荷载规范》3.2.4条、5.1.1条、8.1.4条和《抗震规范》5.1.3条、5.4.1条的有关规定。

〈分配无柱节点荷载〉：设计砌体结构墙下条形基础时，应勾选该项，程序可将墙间无柱节点或无基础柱（构造柱）上的荷载分配到节点周围的墙上，从而使墙下基础不会产生丢荷载情况。分配荷载的原则为按周围墙的长度加权分配，长墙分配的荷载多，短墙分配的荷载少。该项应与【无基础柱】命令配合使用，使指定区域内不生成独立基础。

〈自动按楼层折减活荷载〉：勾选该项后，程序会根据与基础相连接的每个柱、墙上面的楼层数进行活荷载折减。这时查询活荷载的标准值时会发现活荷载的数值已经发生变化。因为JCCAD读入的是上部未折减的荷载标准值，所以上部结构分析程序中输入的活荷载按楼层折减对传给基础的荷载标准值没有影响。如果需要考虑活荷载按楼层折减，则应该在JCCAD程序中勾选该项予以考虑。

(2) 读取荷载

本菜单用于选择上部结构传递给基础的荷载来源形式，程序可读取PMCAD导荷和砖混荷载（统称平面荷载）、SATWE、PMSAP、PK等多种上部结构分析程序传来的与基础相连的柱、墙、支撑内力，作为基础设计的外荷载。

点击【读取荷载】，屏幕弹出选择荷载类型对话框（图5-20）。若要选用某上部结构设计程序生成的荷载工况，则点击左侧相应项。选取之后，在右侧的列表框中相应荷载项前显示“√”，表示荷载选中。JCCAD读取相应程序生成的荷载工况的标准内力当做基础设计的荷载标准值，并自动按照相关规范的要求进行荷载组合。对于每种荷载来源，程序可选择它包含的多种荷载工况的荷载标准值。

实例操作：

本书例题选用SATWE荷载，如图5-20所示。

注意事项如下。

① 对话框右侧的荷载列表中只显示运行过的上部结构设计程序的标准荷载。

② 用户要读取PK荷载，必须先运行〈选择PK文件〉，见下文“(6) 读单榀PK文件荷载”。

③ 如果计算基础时无需计算地震荷载组合，则可以不选择右侧列表框中的地震作用标准值。

(3) 荷载显示

本菜单用于当用户选择某种荷载组合或者荷载工况后，程序在图形区显示出该组合的荷载图，同时在左下角命令行显示该组合或者是工况下的荷载总值、弯矩总值、荷载作用点坐标，便于用户查询或打印。荷载显示图形中显示的点荷载通常包括五项内容，单箭头对应的值为轴力，两个方向双箭头对应的值为弯矩，括号内为剪力值。

实例操作：

点击【荷载显示】，屏幕出现荷载显示对话框（图5-21），光标选择某组荷载组合，该组荷载组合即为当前组合，屏幕显示该组荷载组合图，并在命令栏显示该组荷载组合的总值，以方便荷载校核。

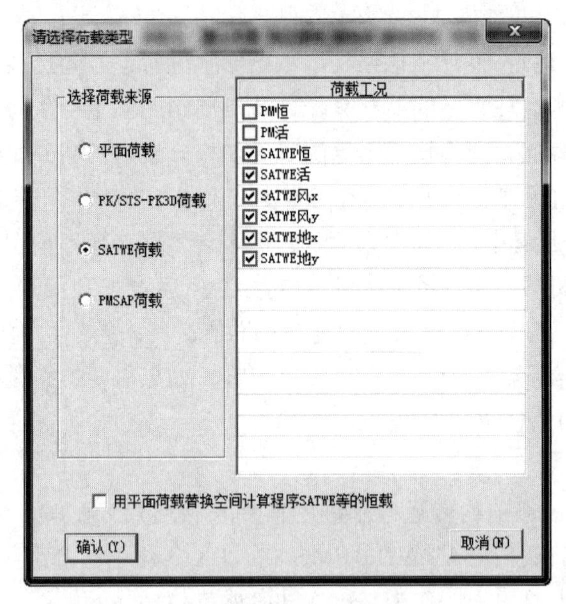

图 5-20　选择荷载类型对话框

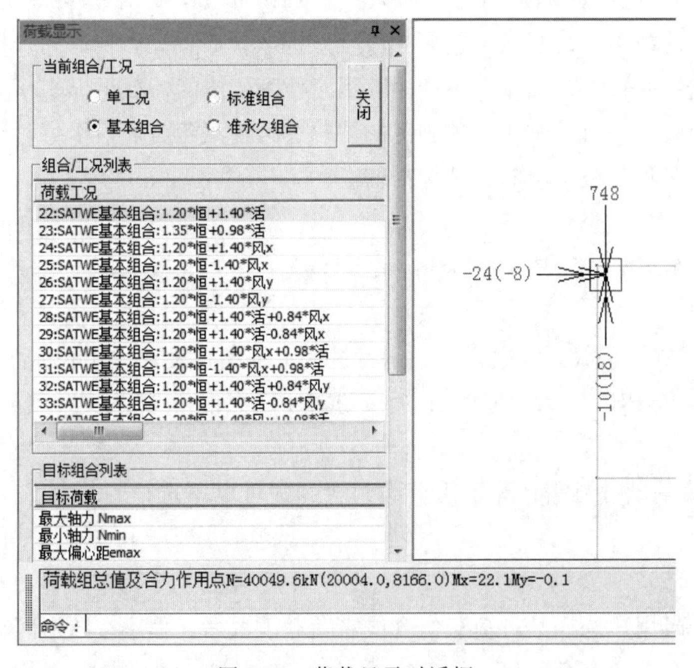

图 5-21　荷载显示对话框

(4) 荷载编辑

本菜单用于查询或修改附加荷载和上部结构传下来的各工况荷载标准值。

(5) 附加荷载

本菜单用于用户输入基础上部（地上一层）的填充墙或设备等附加荷载的恒载和活载

标准值，允许输入点荷载和均布线荷载。附加荷载可以单独进行荷载组合，参与基础的计算或验算。若读取了上部结构荷载，如 PK 荷载、SATWE 荷载、平面荷载等，则附加荷载会与上部结构传下来的荷载工况进行同工况叠加，然后再进行荷载组合。

一般来说，框架结构首层的填充墙或设备重荷，在上部结构建模时没有输入。当这些荷载是作用在基础上时，就应按附加荷载输入。

对独立基础来说，如果在独立基础上设置了拉梁，且拉梁上有填充墙，则应将填充墙和拉梁的荷载折算为节点荷载直接输入到独基上。因为拉梁不能导荷和计算，填充墙如作为均布荷载输入，荷载将丢失。

点荷载中弯矩的方向遵循右手螺旋法则，即轴力方向向下为正，剪力沿坐标轴方向为正。

【加附加点荷载】用于在网格点上加点荷载。

【加附加线荷载】用于在网格线上加线荷载。

【删附加点荷载】用于删除网格点上的附加点荷载。

【删附加线荷载】用于删除网格线上的附加线荷载。

实例操作：

点击【加附加点荷载】，屏幕出现附加点荷载对话框（图 5-22），按拉梁与柱铰接，在〈恒载标准值〉一栏中的“N（kN）”下方输入填充墙和拉梁荷载的折算值 29.5kN，输完后在平面布置图上按轴线或窗口方式将荷载布置到所有的柱节点上。

(6) 读单榀 PK 文件荷载

若要读取 PK 荷载，需要先选择 PK 文件。用户可点击对话框（图 5-23）中左边的〈选择 PK 文件〉按钮，在选取 PK 程序生成的柱底内力文件 *.jcn 后，接着在平面布置图中点取该榀框架所对应的轴线。

完成 PK 的柱底内力文件 *.jcn 与平面布置图中的轴线匹配之后，在对话框中，选定 PK 的柱底内力文件 *.jcn，就会在右侧列表框中显示出其对应的轴线号。只有经过本菜单设定后，用户才能在【读取荷载】菜单的选择荷载类型对话框（图 5-20）中点取“PK 荷载”。

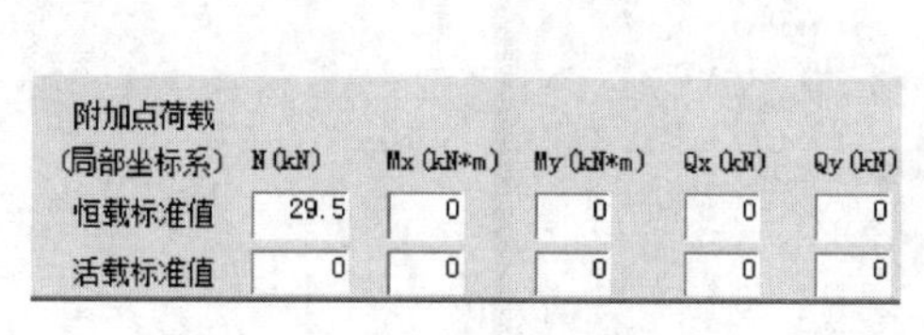

图 5-22 附加点荷载对话框

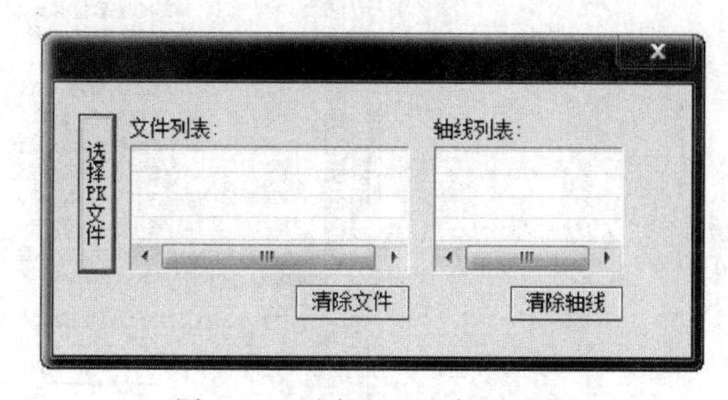

图 5-23 选择 PK 文件对话框

(7) 无基础柱

通常情况下，构造柱不需要设置独立基础，但个别情况下构造柱可能有较大的荷载，

图 5-24　荷载导入导出选项

因此需要用户指定哪些构造柱下不设独立基础。本菜单用于设定无独立基础的柱，以便程序自动把柱荷载传递到周围的墙上。

(8) 荷载导入与导出

用户通过【荷载导出】和【荷载导入】功能将已经读取或者手工输入的荷载导出为固定格式的 EXCEL 文本，同时可以将已经保存过的 EXCEL 荷载文件导入到基础模型中。

导出的 EXCEL 文件默认分两页，一页为"点荷载"，一页为"墙梁荷载"。

荷载文件的输出内容包括：节点编号及节点荷载的作用点坐标（如果是墙梁荷载则输出网格编号及网格对应的起点和终点的节点坐标）、荷载类型（两个方向的水平剪力、轴力、两个方向的弯矩）、SATWE（或者 PMSAP 等空间分析程序）的恒载标准值、活载标准值，X 向风荷载标准值、Y 向风荷载标准值、X 向地震荷载、Y 向地震荷载、竖向地震荷载，PM（或者砌体 QITI 程序）的平面恒载、平面活载，用户输入的附加恒载、附加活载，吊车荷载（共 8 组）。为便于只对一部分荷载数据进行编辑，导入导出的荷载形式可以进行预先选择，在图 5-24 所示的对话框中对于需要导入导出的荷载项进行勾选即可。

(9) 荷载写图

基础软件增加荷载批量导出为 T 图的功能，所有的荷载组合及目标组合都可以一次性保存为 T 图，如图 5-25 所示。同时基础软件还提供单独保存 T 图的功能，即用户可以通过屏幕右下角工具栏中的"导出 T 图"图标，随时保存交互过程中看到的任何一张 T 图。

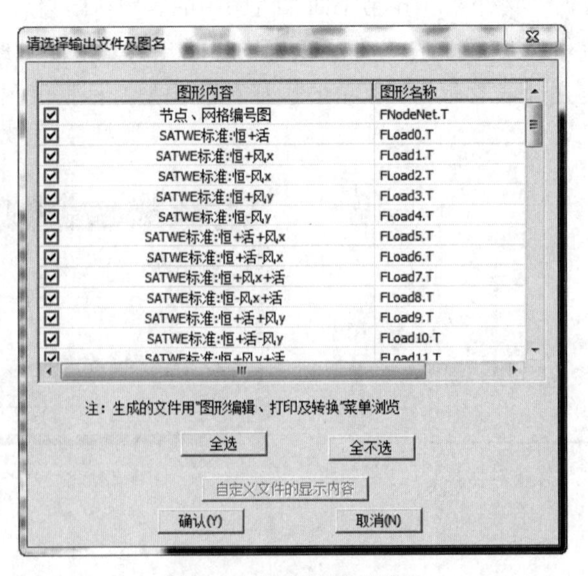

图 5-25　荷载写图对话框

(10) 自定义荷载工况

自定义荷载工况的具体功能如下。

① 用户可以自定义单工况荷载，并且自行布置、删除、编辑单工况荷载；

② 用户可以任意删除节点及网格上已布置的任意类型的荷载；

③ 用户可以根据需求添加、编辑、删除荷载组合工况。

5.3.4 参数

本菜单用于设置各类基础的设计参数，以适合当前工程的基础设计。点击【参数】，屏幕弹出如图5-26所示的基本参数设置对话框，包括“地基承载力”、“柱下独基参数”、“墙下条形基础参数”、“桩承台参数”、“基础设计参数”、“标高系统”和“其他参数”。用户可根据当前工程基础类型，修改相应的参数。一般来说，新输入的工程都要先执行【参数】菜单，并按工程的实际情况调整参数的取值。如不运行该菜单，程序自动取其默认值。

实例操作：

本书工程实例的各页参数设置可参照以下各参数设置对话框中的取值。

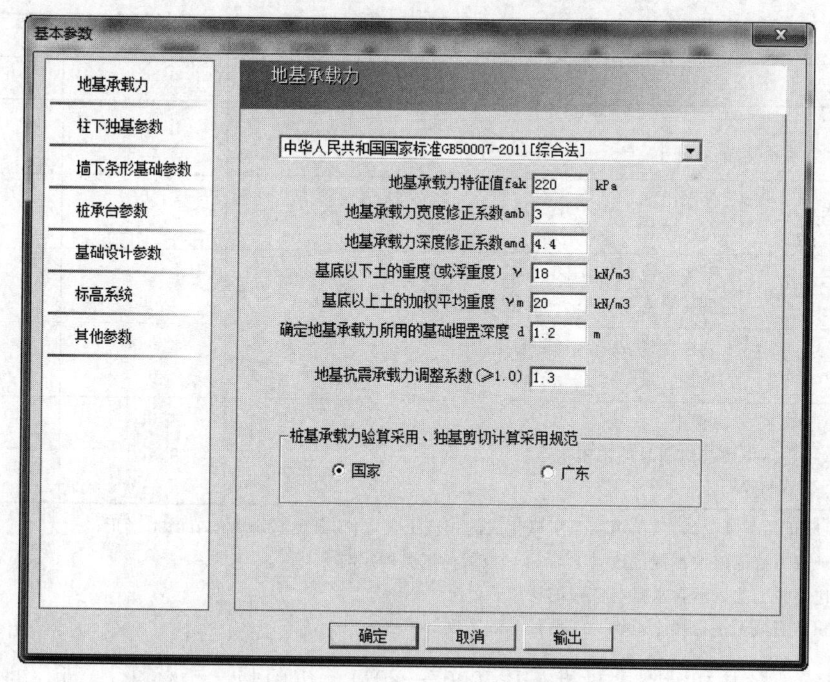

图5-26 地基承载力设置对话框

5.3.4.1 地基承载力

本页对话框的参数用于确定地基承载力，见图5-26。

(1) 地基承载力的计算方法

程序提供了5种规范选择，分别如下。

① 中华人民共和国国家标准 GB 50007—2011 [综合法]

《地基基础规范》5.2.4 条规定：当基础宽度大于 3m 或埋置深度大于 0.5m 时，从载荷试验或其他原位测试、经验值等方法确定的地基承载力特征值，尚应按下式修正：

$$f_a = f_{ak} + \eta_b \gamma (b-3) + \eta_d \gamma_m (d-0.5)$$

式中 f_a——修正后的地基承载力特征值；

f_{ak}——地基承载力特征值，按本规范第 5.2.3 条的原则确定；

η_b、η_d——基础宽度和埋深的地基承载力修正系数，按基底下土的类别查表 5-4 取值；

γ——基础底面以下土的重度，地下水位以下取浮重度；

b——基础底面宽度（m），当基宽小于 3m 按 3m 取值，大于 6m 按 6m 取值；

γ_m——基础底面以上土的加权平均重度，地下水位以下取浮重度；

d——基础埋置深度（m），一般自室外地面标高算起。在填方整平地区，可自填土地面标高算起，但填土在上部结构施工后完成时，应从天然地面标高算起。对于地下室，如采用箱形基础或筏基时，基础埋置深度自室外地面标高算起；当采用独立基础或条形基础时，应从室内地面标高算起。

表 5-4 《地基基础规范》表 5.2.4 承载力修正系数

土的类别		η_b	η_d
淤泥和淤泥质土		0	1.0
人工填土 e 或 I_L 大于等于 0.85 的黏性土		0	1.0
红黏土	含水比 $\alpha_w > 0.8$	0	1.2
	含水比 $\alpha_w \leqslant 0.8$	0.15	1.4
大面积压实填土	压实系数大于 0.95、黏粒含量 $\rho_c \geqslant 10\%$ 的粉土	0	1.5
	最大干密度大于 $2.1t/m^3$ 的级配砂石	0	2.0
粉土	黏粒含量 $\rho_c \geqslant 10\%$ 的粉土	0.3	1.5
	黏粒含量 $\rho_c < 10\%$ 的粉土	0.5	2.0
e 及 I_L 均小于 0.85 的黏性土		0.3	1.6
粉砂、细砂(不包括很湿与饱和时的稍密状态)		2.0	3.0
中砂、粗砂、砾砂和碎石土		3.0	4.4

注：1. 强风化和全风化的岩石，可参照所风化成的相应土类取值，其他状态下的岩石不修正；
2. 地基承载力特征值按本规范附录 D 深层平板载荷试验确定时 η_d 取 0；
3. 含水比是指土的天然含水量与液限的比值；
4. 大面积压实填土是指填土范围大于两倍基础宽度的填土。

② 中华人民共和国国家标准 GB 50007—2011 [抗剪强度指标法]，即《地基基础规范》5.2.5 条规定。

③ 上海市工程建设规范 DGJ 08-11—2010 [静桩试验法]。

④ 上海市工程建设规范 DGJ 08-11—2010 [抗剪强度指标法]（同《地基基础规范》抗剪强度指标法）。

⑤ 北京地区建筑地基基础勘察设计规范 DBJ 11-501—2009（同《地基基础规范》综

合法）。

一旦选定了某种方法，屏幕会显示相应参数的对话框，用户按实际场地地基情况输入即可。例如，当选择“中华人民共和国国家标准 GB 50007—2011［综合法］”后，屏幕显示如图 5-26 所示的参数对话框。

(2) 地基承载力特征值 f_{ak}

应根据地质报告填入。

(3) 地基承载力宽度修正系数 a_{mb}

初始值为 0，应根据《地基基础规范》第 5.2.4 条确定。

(4) 地基承载力深度修正系数 a_{md}

初始值为 1，应根据《地基基础规范》第 5.2.4 条确定。

(5) 基底以下土的重度（或浮重度）γ

初始值为 20，单位 kN/m^3。应根据地质报告填入。

(6) 基底以上土的加权平均重度 γ_m

初始值为 20，单位 kN/m^3。应根据地质报告，取加权平均重度填入。

(7) 确定地基承载力所用的基础埋置深度 d

应根据《地基基础规范》第 5.2.4 条确定。此参数不能为负值，初始值为 1.2m。

(8) 地基抗震承载力调整系数（≥1.0）

初始值为 1，应根据地质报告和《建筑抗震设计规范》GB 50011—2010 第 4.2.3 条确定。

5.3.4.2 柱下独基参数

本页对话框的参数用于柱下独立基础设计，见图 5-27。

① 独基类型　设置要生成的独基的类型，目前程序能够生成的独基类型包括：锥形现浇、锥形杯口、阶形现浇、阶形杯口、锥形短柱、锥形高杯、阶形短柱、阶形高杯。

② 独基最小高度（mm）　指程序确定独立基础尺寸的起算高度。若冲切计算不能满足要求时，程序自动增加基础各阶的高度。其初始值为 600。

③ 独基底面长宽比　用来调整基础底板长和宽的比值。其初始值为 1。该值仅对单柱基础起作用。

④ 独立基础底板最小配筋率（%）　用来控制独立基础底板的最小配筋百分率。如果不控制则填 0，程序按最小直径不小于 10mm，间距不大于 200mm 配筋。

⑤ 承载力计算时基础底面受拉面积/基础底面积（0－0.3）　程序在计算基础底面积时，允许基础底面局部不受压。填 0 时全底面受压（相当于规范中偏心距 $e<b/6$）情况。

⑥ 受剪承载力系数　该值默认为 0.7，双击可以修改。

⑦ 计算独基时考虑独基底面范围内的线荷载作用　若“√”，则计算独立基础时取节点荷载和独立基础底面范围内的线荷载的矢量和作为计算依据。程序根据计算出的基础底面积迭代两次。

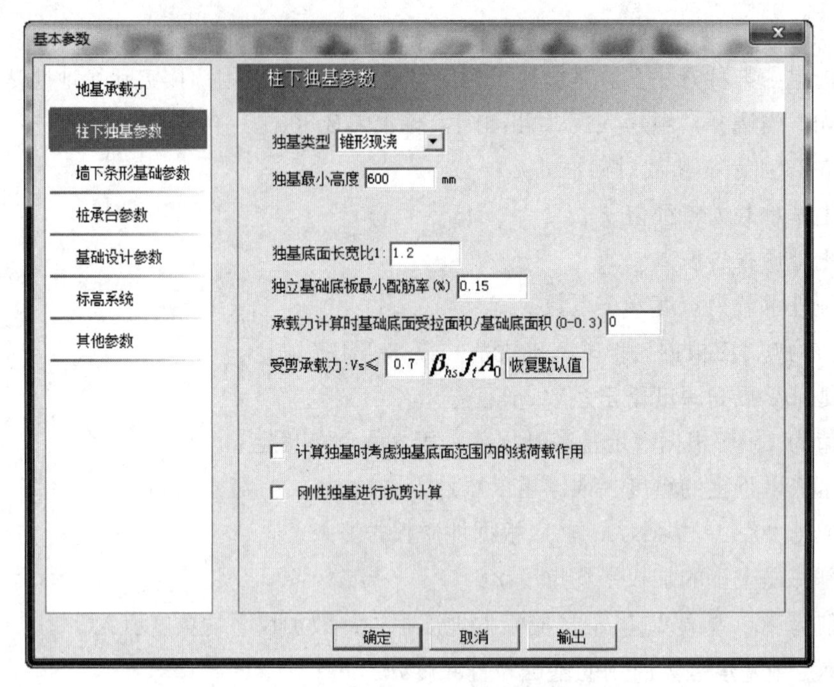

图 5-27 柱下独立基础参数设置对话框

5.3.4.3 墙下条形基础参数

本页对话框的参数用于墙下条形基础设计，见图 5-28。

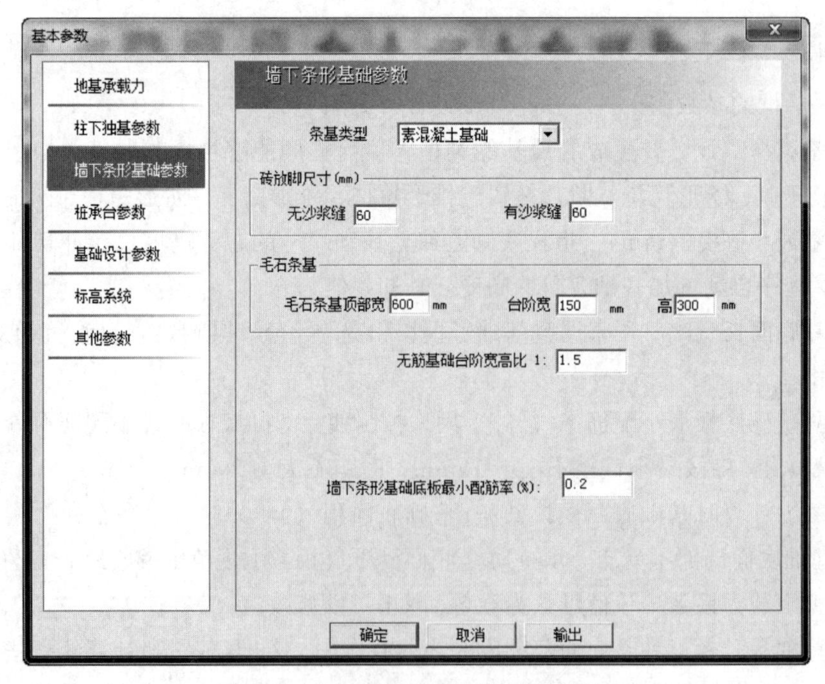

图 5-28 墙下条形基础参数设置对话框

① 条基类型　灰土基础、素混凝土基础、钢筋混凝土基础、带卧梁钢筋混凝土基础、毛石片石基础、砖基础、钢混毛石基础。

② 砖放脚尺寸-无砂浆缝（mm）　其初始值为60。

③ 砖放脚尺寸-有砂浆缝（mm）　其初始值为60。

④ 毛石条基顶部宽（mm）　其初始值为600。

⑤ 毛石条基台阶宽（mm）　用来调整毛石基础放角的尺寸，用户应按毛石的尺寸来填写。其初始值为150。

⑥ 毛石条基台阶高（mm）　用来调整毛石基础放角的尺寸，用户应按毛石的尺寸来填写。其初始值为300。

⑦ 无筋基础台阶宽高比　用来设置无筋基础台阶宽高比，初始值为1∶1.5。

⑧ 墙下条形基础基础底板最小配筋率（%）　用来控制墙下条形基础底板的最小配筋百分率。如果不控制则填0。

5.3.4.4　桩承台参数

本页对话框的参数用于桩承台设计，见图5-29。

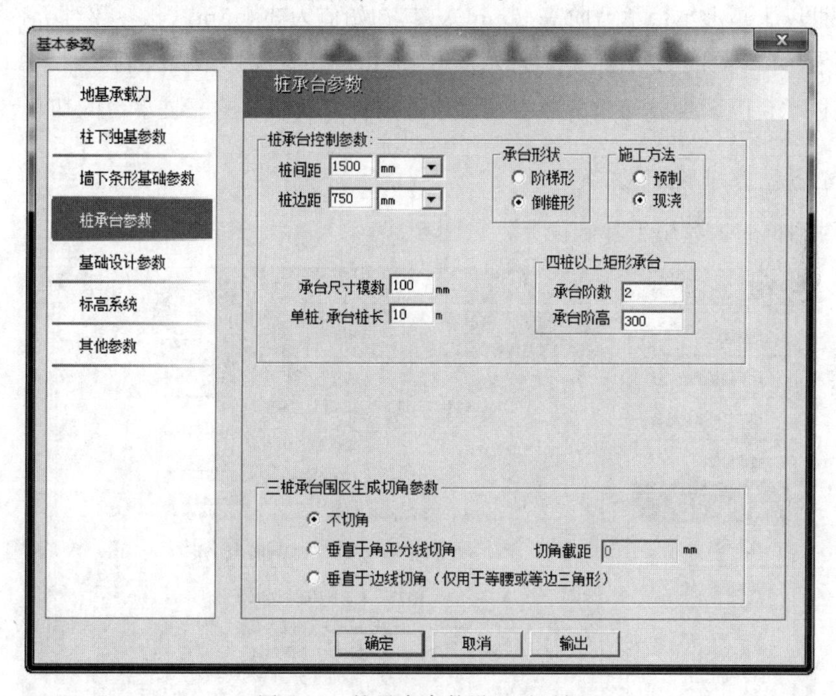

图5-29　桩承台参数设置对话框

① 桩间距　指承台内桩形心到桩形心的最小距离。单位为mm或桩径倍数，其初始值分别为1500mm或3倍桩径。单位的转换可点击右侧三角标志实现。此参数用来控制桩布置情况，程序在计算承台受弯时要根据此参数调整布桩情况，程序以用户填写的“桩间距”为最小距离计算抵抗弯矩所需的桩间距和桩布置。填写这个参数需满足规范要求，可参见《建筑桩基技术规范》(JGJ 94—2008)（以下简称《桩基规范》）表3.3.3-1及第

4.2.1 条填写。

② 桩边距　指承台内桩形心到承台边的最小距离。单位为 mm 或桩径倍数，其初始值分别为 750mm 或 1 倍桩径。单位的转换可点击右侧三角标志实现。

③ 承台尺寸模数（mm）　其初始值为 100。承台尺寸模数在计算承台底面积时起作用，即根据用户填入的数值计算得到承台的最终的长、宽为此值的倍数。

④ 单桩、承台桩长（m）　该值用于为每根桩赋初始桩长值，初始值为 10m，单桩桩长参数仅用来为桩长赋予初始值，最终选用的桩长还需要在桩长计算、修改中进行计算及修改。

⑤ 承台形状（阶梯形/倒锥形）　该项为组合框选择项。其初始值为倒锥形，此参数仅对四桩及以上的承台起作用，三桩以下承台顶面均为平面。

⑥ 施工方法（预制/现浇）　该项为组合框选择项。其初始值为现浇。施工方法是指承台上接的独立柱的施工方法，如果选择预制柱，那么在后面的桩承台施工图中程序将自动生成与柱相连的杯口图。

⑦ 四桩以上矩形承台承台阶数　其初始值为 2。

⑧ 四桩以上矩形承台承台阶高（mm）　其初始值为 300mm。此参数对所有承台均起作用，此值为承台阶高的初值，承台最终的高度由冲切及剪切结果控制。

⑨ 三桩承台围区生成切角参数　设置通过围桩方式生成的三桩承台的切角参数。

5.3.4.5　基础设计参数

本页对话框的参数用于基础设计，见图 5-30。

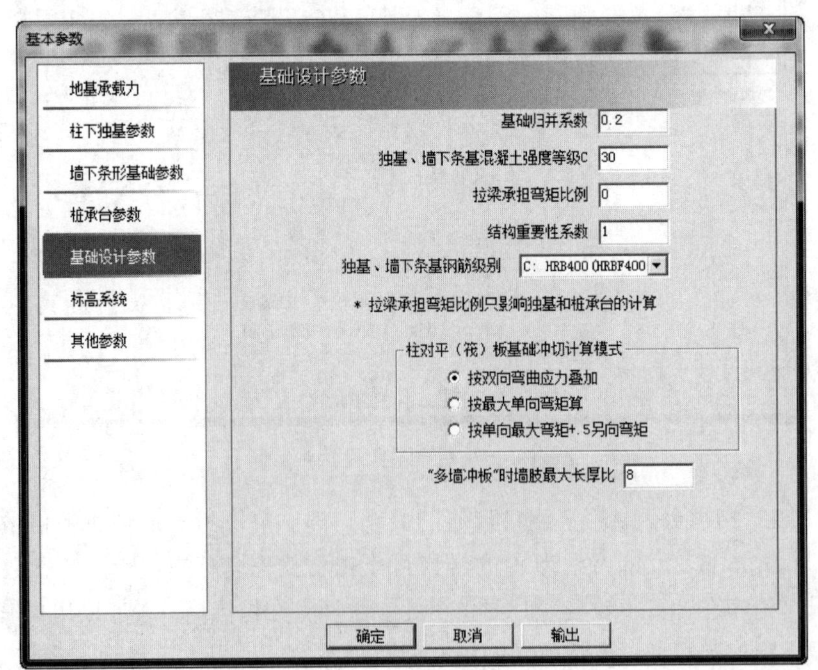

图 5-30　基础设计参数设置对话框

① 基础归并系数　指独基和条基截面尺寸归并时的控制参数，程序将基础宽度相对差异在归并系数之内的基础自动归并为同一种基础。其初始值为0.2。

② 独基、墙下条基混凝土强度等级　指浅基础的混凝土强度等级（不包括柱、墙、筏板和基础梁），其初始值为20。

③ 拉梁承担弯矩比例　指由拉梁来承受独立基础或桩承台沿梁方向上的弯矩，以减小独基底面积。承受的大小比例由所填写的数值决定，如填0.5就是承受50%，填1就是承受100%。其初始值为0，即拉梁不承担弯矩。

④ 结构重要性系数　对所有部位的混凝土构件有效，应按《混凝土规范》第3.3.2条采用，但不应小于1.0。其初始值为1.0。

⑤ 独基、墙下条基钢筋级别　用来选择基础底板的钢筋级别：HPB300、HRB335（HRBF335）、HRB400（HRBF400、RRB400）、HRB500（HRBF500）、冷轧带肋550及HPB235（原一级钢）。

⑥ 柱对平（筏）板基础冲切计算模式　该参数决定柱对筏板的冲切验算时弯矩的考虑方式。选择“按双向弯曲应力叠加”，则程序计算柱对筏板冲切验算时考虑双方向弯矩的应力叠加，选择“按最大单向弯矩算”，则取两个方向弯矩中的较大者进行冲切验算，选择“按单向最大弯矩+0.5另向弯矩”，则是将两个方向弯矩较大者加上另一方向弯矩的0.5倍进行柱冲切验算。

⑦“多墙冲板时”时墙肢最大长厚比　该参数决定“多墙冲板”时，每个墙肢的长厚比例，默认值为8，即短肢剪力墙的尺寸要求。如果多墙的任何一个墙肢的长厚尺寸不满足该比例要求，则程序不执行多墙冲切验算命令。

5.3.4.6　标高系统

本页对话框的参数用于设置标高系统，见图5-31所示。

① 室外地面标高（m）　用于基础覆土重（室外部分）的计算以及筏板基础地基承载力修正。

② 室内地面标高（m）　用于基础覆土重（室内部分）的计算。

③ 抗浮设防水位（m）　用于基础抗浮计算。

④ 正常水位（m）　地基常年稳定水。

5.3.4.7　其他参数

本页对话框的参数包括人防参数、覆土压强计算和碰撞检查设置，见图5-32所示。

① 人防等级　可选不计算或者选择人防等级为4～6B级核武器或常规武器中的某一级别。

② 底板等效静荷载、顶板等效静荷载（kPa）　选择了人防等级后，对话框会自动显示在该人防等级下，无桩无地下水时的等效静荷载。用户可以根据工程需要调整等效静荷载的数值。

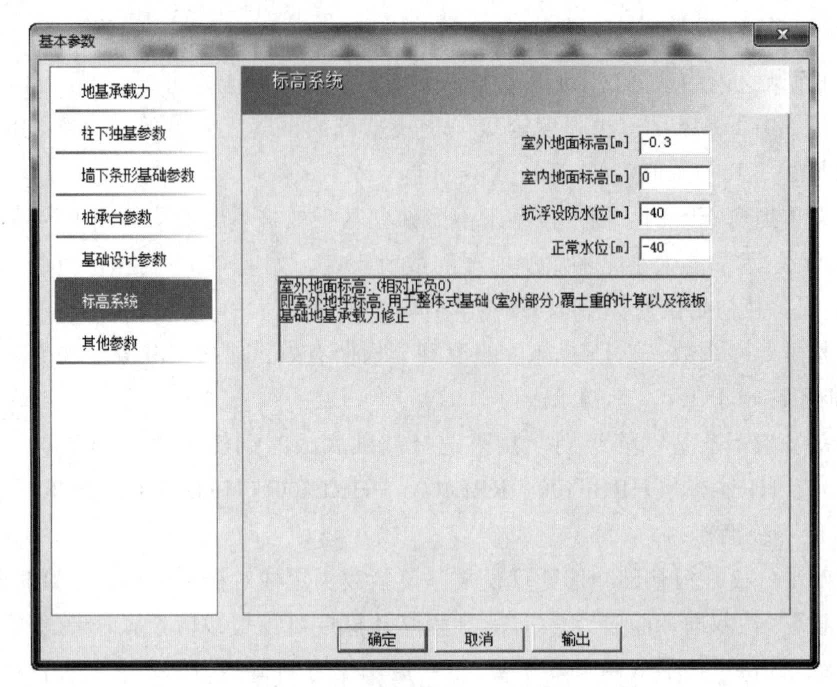

图 5-31　标高系统设置对话框

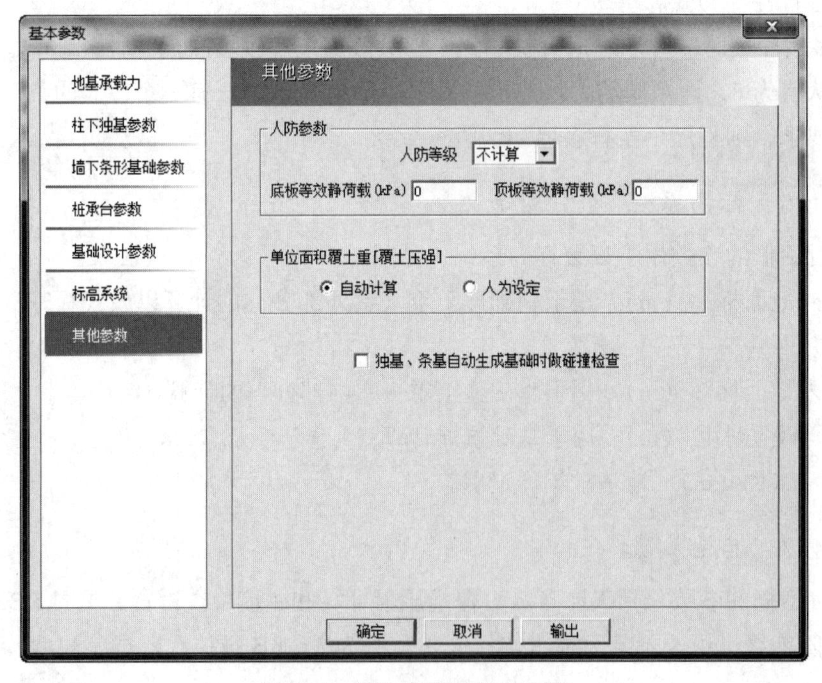

图 5-32　其他参数设置对话框

③ 单位面积覆土重［覆土压强］　该参数用于基础覆土计算，如果选择“自动计算”，则程序自动取“标高系统”页的标高参数与基础底标高差值作为土层厚度计算覆土重；如果选择“人为设定”，则程序取人为输入的覆土压强计算基础覆土重。

④ 独基、条基自动生成基础时做碰撞检查　勾选该参数后，生成独基或者墙下条基的时候，如果生成的基础底面有碰撞的情况，则程序自动将碰撞的两个或者多个基础合并成一个基础。

5.3.4.8　参数输出

点击基本参数对话框下方的〈输出〉按钮，屏幕显示“基础基本参数.txt”文件(图5-33)，用户可用来校对参数的输入是否正确。

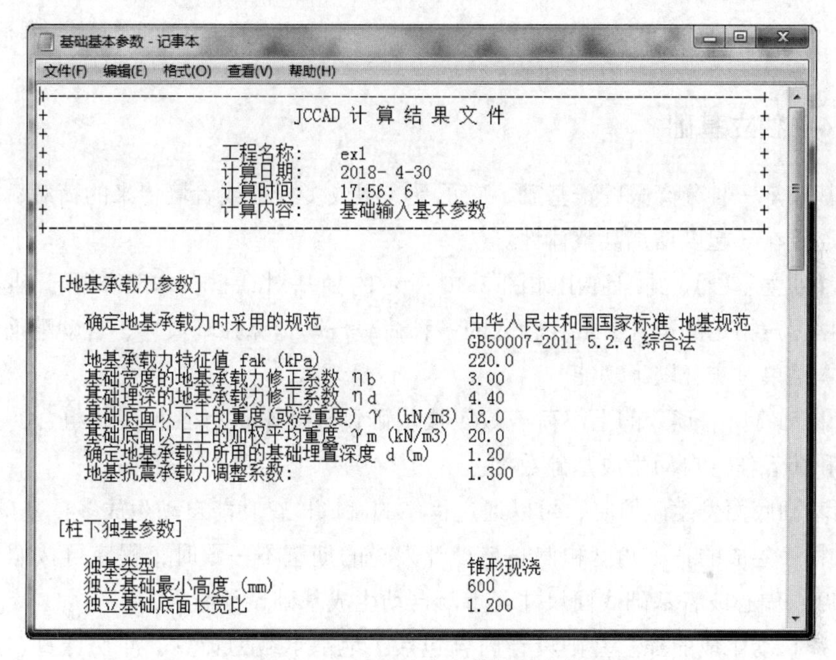

图5-33　基础基本参数结果文件

5.3.5　地基承载力和覆土修改

(1) 承载力单独调整

本菜单用于单独调整柱下独基、基础梁、砖混条基、筏板下天然地基和复合地基的承载力，对话框如图5-34所示。

例如点击【柱下独基承载力修改】，程序弹出修改参数对话框，输入需要修改的地基承载力特征值和基础埋置深度，然后选取需要修改的独基，程序会根据修改的承载力等参数重新计算独基。

(2) 覆土自重单独调整

本菜单用于单独调整柱下独基、砖混条基和承台的覆土自重，对话框如图5-35所示。

例如点击【柱下独基覆土修改】，程序弹出修改参数对话框，输入需要修改的单位面积覆土重，然后选取需要修改的独基，程序会根据修改的覆土自重等参数重新计算独基。

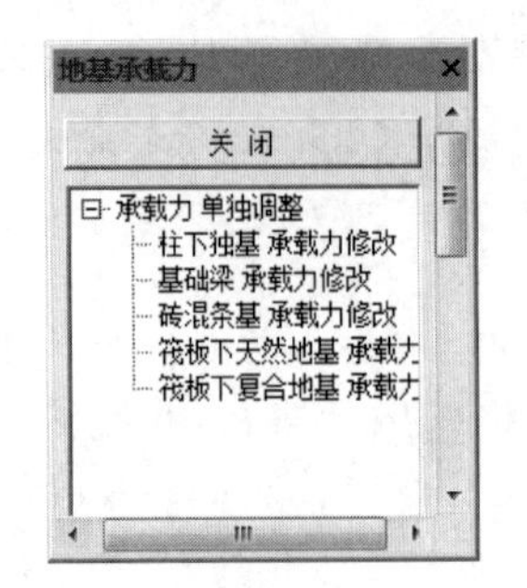

图 5-34　承载力单独调整对话框

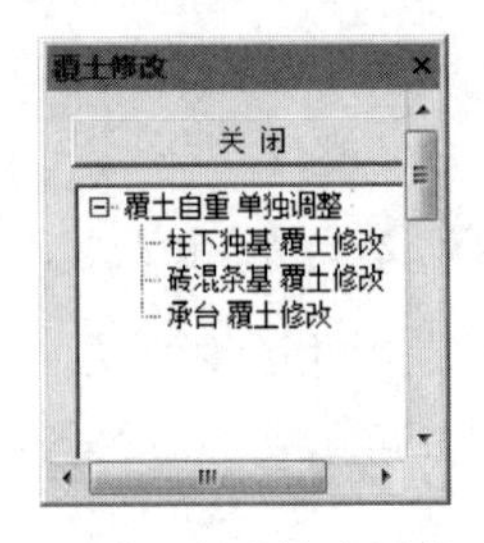

图 5-35　覆土自重单独调整对话框

5.3.6　独立基础

独立基础是一种分离式的浅基础，它承受一根或多根柱或者墙传来的荷载，基础之间可用拉梁连接在一起以增加其整体性。

点击【独立基础】，屏幕弹出如图 5-36 所示的独基对话框。本菜单用于独立基础设计，可根据用户指定的设计参数和输入的多种荷载自动计算独基尺寸、自动配筋，并可人工干预。本菜单可实现以下功能。

① 可自动将所有读入的上部荷载效应按基础设计要求进行各种荷载组合，并根据输入的参数和荷载信息自动生成基础数据。

② 当基础底面发生碰撞时，可以通过程序的碰撞检查功能自动生成多柱基础。

③ 当程序生成的基础角度和偏心与设计人员的期望不一致时，程序可按照用户修改的基础角度、偏心或者基础底面尺寸，重新自动生成基础设计结果。

④ 程序自动生成的独立基础设计内容包括：地基承载力计算、冲切计算、底板配筋计算。还可以针对程序生成的基础模型进行沉降计算。

⑤ 剪力墙下自动生成独基时，程序会将剪力墙简化为柱子，再按柱下自动生成独基的方式生成独基，柱子的截面形状取剪力墙的外接矩形。

注意事项如下。

① 当选中的柱上没有荷载作用（即柱所在节点上无任何节点荷载）时，程序将无法自动生成柱下独基，如需要则可用【人工布置】菜单交互生成。

② 若设计的基础为混合基础时，如在柱下独基自动生成前布置了地基梁，则程序将不再自动生成位于地基梁端柱下的独基。

5.3.6.1　自动布置

用于独基自动设计。

(1) 单柱基础

点击【自动布置/单柱基础】，屏幕弹出如图 5-37 所示的对话框，输入柱下独立基础的计算参数后，在平面图上用围区布置、窗口布置、轴线布置和直接布置等方式选取需要程序自动生成基础的柱、墙，选定后，程序将自动进行这类独基的设计，并在屏幕上显示柱下独基形状。若用户在对话框中勾选了“单独修改承载力、覆土参数值”，则屏幕弹出地基承载力计算参数修改对话框（图5-38），这些参数和前面提到的【参数】中“地基承载力”页和“其他参数”页里的参数功能一致，只是这里的设置优先级高于【参数】里的设置。用户实际生成独基的时候，可以先在【参数】菜单里将工程中的共同的参数设置好，对于局部参数设置不一样的，可以在自动生成的时候单独指定。

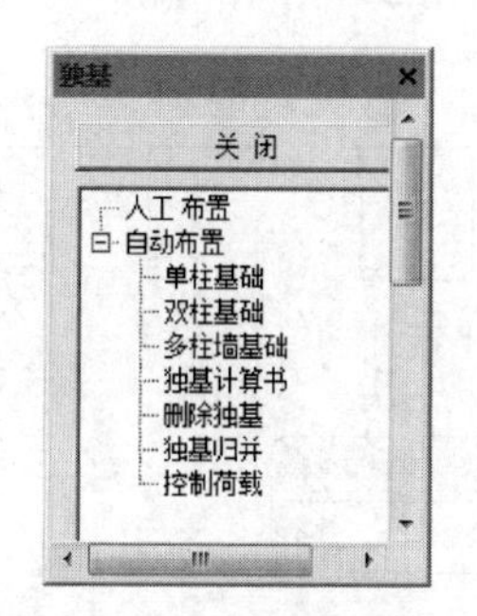

图5-36　独基对话框

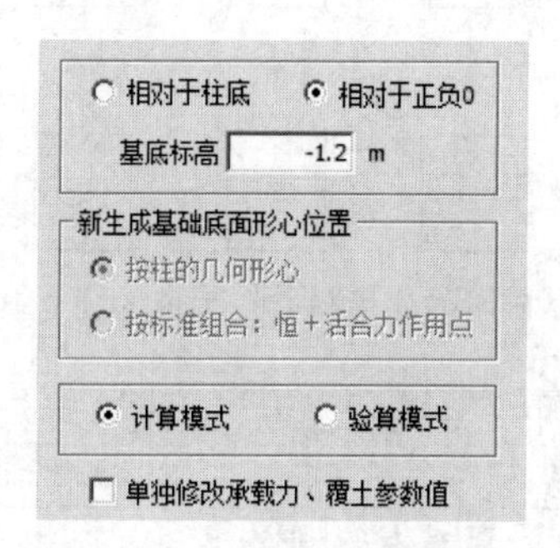

图5-37　单柱基础对话框

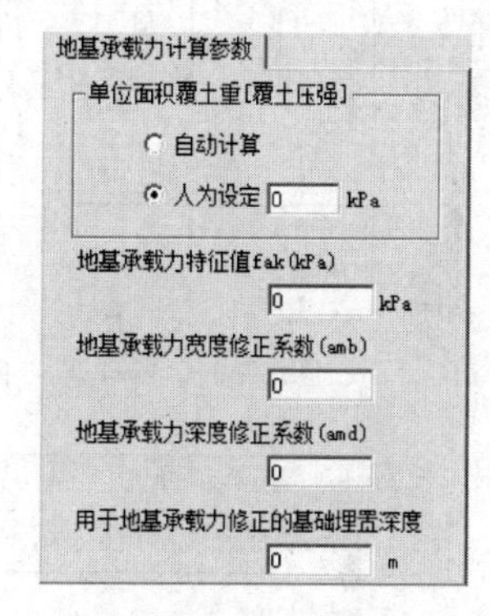

图5-38　地基承载力参数修改对话框

图5-37所示的对话框中部分参数含义如下。

〈基底标高〉：是相对标高，其相对标准有两个，一个是相对于柱底，即假如在PMCAD里，柱底标高输入－6m，生成基础时基底标高选择“相对于柱底”，且基底标高输入－1.5m，则此时真实的基础底标高为－7.5m；另一个标准是相对于正负0，即如果在PMCAD里输入的柱底标高为－6m，生成基础时基底标高选择“相对于正负0”，且基底标高输入－6.5m，那么此时生成的基础真实底标高就是－6.5m。

〈计算模式〉和〈验算模式〉：计算模式是指如果生成独基的柱或者墙下已经布置了独基，程序会将原有独基删除重新生成新的独基；验算模式是程序会将自动新生成的独基与原来已经布置的独基进行比较，如果新生成的独基大于原有独基，则程序删除原有独基，保留新生成独基；否则，保留原有独基。

提示如下。

① 基础平面图上柱下独基以黄线显示，并在独基右下角上标有DJ-＊的柱下独基类型号；

② 柱下独基平面图中，将光标移动到某个独基上可显示其类型、尺寸和地基承载力参数；

③ 在已布置承台桩的柱下，不自动生成独基。

实例操作：

点击【自动布置/单柱基础】，屏幕弹出如图5-37所示的单柱基础对话框，同时命令栏提示“请选择要生成柱下独立基础的节点。直接布置，（[Tab] 换方式，[Esc) 退出”。将基底标高设置为－1.2m，按 [Tab] 键切换到“按窗口布置”方式，窗选所有柱节点后，屏幕显示出独立基础平面简图（图5-39），同时弹出独基计算结果文件jc0.out（图5-40）。

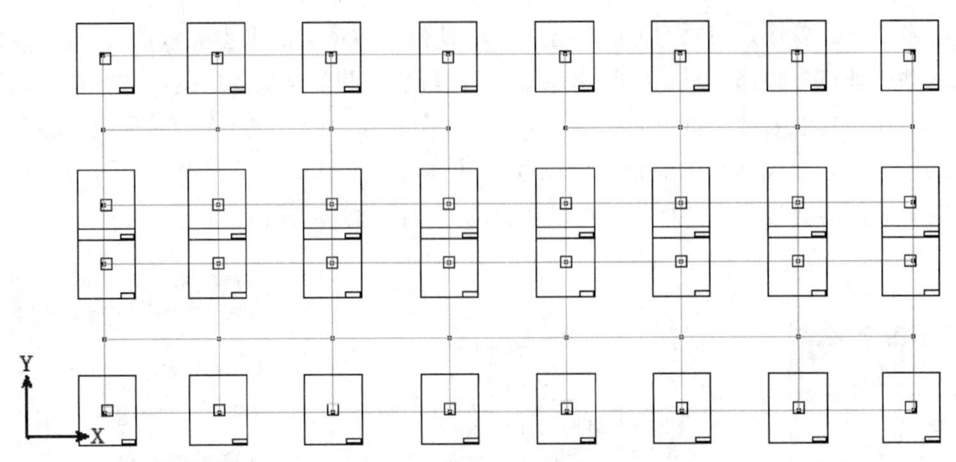

图 5-39 不勾选“自动生成基础时做碰撞检查”生成的独立基础平面简图

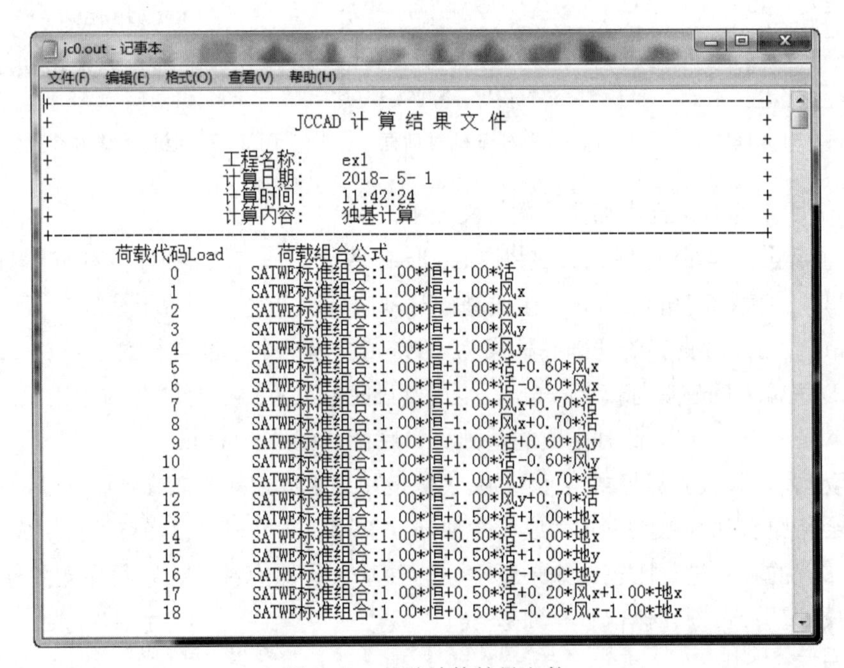

jc0.out - 记事本

文件(F) 编辑(E) 格式(O) 查看(V) 帮助(H)

JCCAD 计 算 结 果 文 件

工程名称: ex1
计算日期: 2018- 5- 1
计算时间: 11:42:24
计算内容: 独基计算

荷载代码Load	荷载组合公式
0	SATWE标准组合:1.00*恒+1.00*活
1	SATWE标准组合:1.00*恒+1.00*风x
2	SATWE标准组合:1.00*恒-1.00*风x
3	SATWE标准组合:1.00*恒+1.00*风y
4	SATWE标准组合:1.00*恒-1.00*风y
5	SATWE标准组合:1.00*恒+1.00*活+0.60*风x
6	SATWE标准组合:1.00*恒+1.00*活-0.60*风x
7	SATWE标准组合:1.00*恒+1.00*风x+0.70*活
8	SATWE标准组合:1.00*恒-1.00*风x+0.70*活
9	SATWE标准组合:1.00*恒+1.00*活+0.60*风y
10	SATWE标准组合:1.00*恒+1.00*活-0.60*风y
11	SATWE标准组合:1.00*恒+1.00*风y+0.70*活
12	SATWE标准组合:1.00*恒-1.00*风y+0.70*活
13	SATWE标准组合:1.00*恒+0.50*活+1.00*地x
14	SATWE标准组合:1.00*恒+0.50*活-1.00*地x
15	SATWE标准组合:1.00*恒+0.50*活+1.00*地y
16	SATWE标准组合:1.00*恒+0.50*活-1.00*地y
17	SATWE标准组合:1.00*恒+0.50*活+0.20*风x+1.00*地x
18	SATWE标准组合:1.00*恒+0.50*活-0.20*风x-1.00*地x

图 5-40 基础计算结果文件

(2) 双柱基础、多柱墙基础

当在【参数】的“其他参数”页中，不勾选“独基、条基自动生成基础时做碰撞检查”，并且两个柱间的距离比较近，各自生成的独立基础发生相互碰撞时（如图 5-39 所示），在这种情况下，可以用【双柱基础】菜单在两个柱下生成一个独立基础，即双柱基础。

实例操作：

点击【双柱基础】，屏幕弹出生成双柱基础参数输入对话框（图 5-41），同时命令栏提示“请用光标点取基础所属的第一根柱”。双柱基础的底面形心可以与两个柱的外接矩形中心重合，也可以与“恒＋活”荷载组合的合力作用点重合。选择“按柱的几何形心”

后，依次点取需要生成双柱基础的两根中柱，则程序会根据这两个柱所在节点上的荷载情况以及输入的独基计算参数等内容生成双柱基础，生成的独立基础平面简图如图5-42所示。

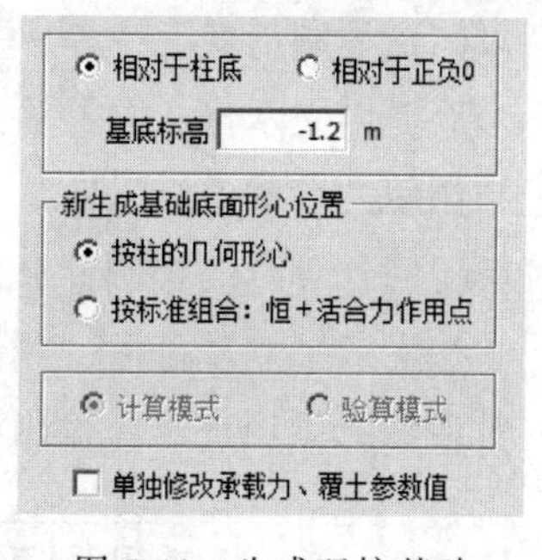

图5-41 生成双柱基础参数输入对话框

(3) 独基计算书

用于查看独基的计算结果文件。点击【独基计算书】，屏幕弹出独基计算结果文件jc0.out（图5-40），可作为计算书存档。文件内容包括各荷载工况组合、每个柱下在各组荷载下求出的底面积、冲切计算结果、程序实际选用的底面积、底板配筋计算值与实配钢筋。

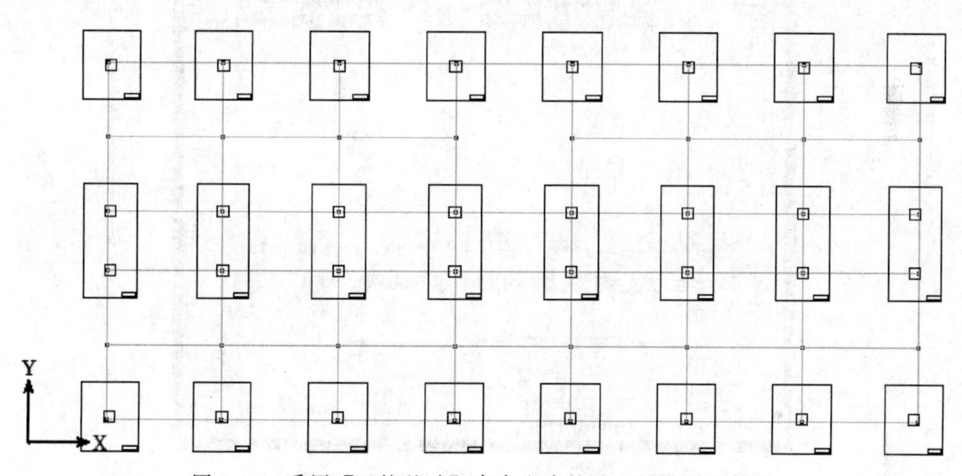

图5-42 采用【双柱基础】命令生成的独立基础平面简图

注意事项如下。

① 因为独基计算结果文件jc0.out的文件名是固定的，再次计算时该文件将被覆盖，所以如果要保留该文件，可将其另存为其他文件名；

② 该文件必须在执行【自动布置】菜单后再打开才有效，否则有可能是其他工程或本工程的其他条件下的结果。

(4) 删除独基

用于删除基础平面图上某些柱下独基。点击【删除独基】后，在基础平面图上用围区布置、窗口布置、轴线布置和直接布置等方式选取柱下独基即可删除。

(5) 独基归并

执行【独基归并】之前，需要在【参数】菜单的“基础设计参数”页（图5-30）输入相应的归并系数，如0.2，表示两个独基计算结果里所有的结果数据相差都在20%以内，则这样的独基将归并成一个独基，同时为了安全考虑，归并的时候都是将小的结果数据归并到大的结果数据。设置好独基归并系数后，再点击【独基归并】菜单，则程序对已有的独基进行归并。

(6) 控制荷载

除提供文本格式的计算结果文件外，程序还可将柱下独立基础计算过程中一些起主要控制作用的荷载组合以图形输出，分别是承载力计算、冲切计算、X 向底板配筋和 Y 向底板配筋计算时的控制荷载图。

在生成独立基础后，用户可以随时点取【控制荷载】菜单，屏幕出现如图 5-43 所示的对话框，供用户选择输出内容和命名简图文件名称。

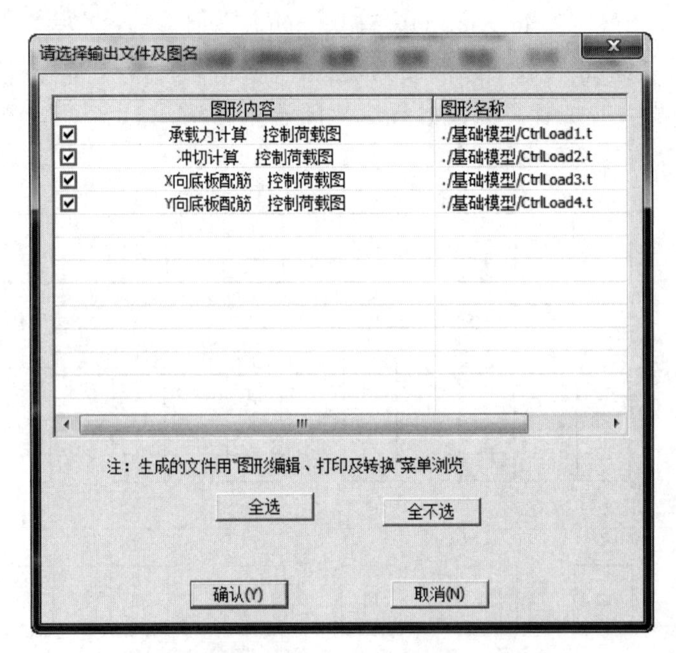

图 5-43 选择输出文件及图名对话框

5.3.6.2 人工布置

本菜单用于人工布置独基，人工布置独基之前，要布置的独基类型应该已经在类型列表中，独基类型可以是用户手工定义，也可以是用户通过“自动布置”方式生成的基础类型。

点击【人工布置】，程序同时弹出基础构件定义管理对话框和基础布置参数对话框(图 5-44)，执行过【自动布置】菜单后，程序会生成多个基础类型数据。可以通过两种方式修改基础定义，一种方式是在基础构件定义管理对话框列表中选择想要修改的基础类型，点击〈修改〉按钮，这种方式是按基础类型修改基础定义；另一种方式是在基础平面图中双击需要修改的基础，程序弹出构件信息对话框（图 5-45），点击右上角的〈修改定义〉按钮，这两种方式程序都会弹出柱下独立基础定义对话框（图 5-46），在对话框中可输入或修改独基类型、尺寸、移心及底板钢筋等信息。

注意事项如下。

① 在独基类别列表中，某类独基以其长宽尺寸显示，其排列次序与基础平面图中柱下独基类号 DJ-＊是一致的。

② 在已有的独基上也可进行独基布置，这样已有的独基将被新的独基代替。

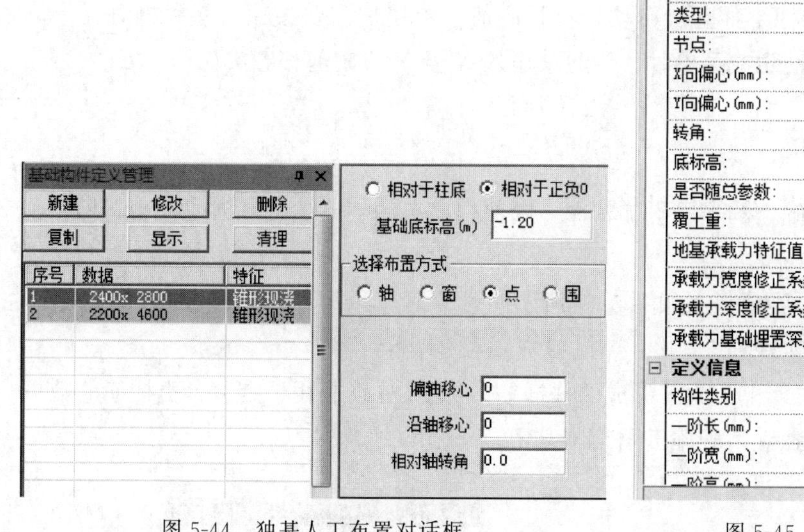

图 5-44 独基人工布置对话框

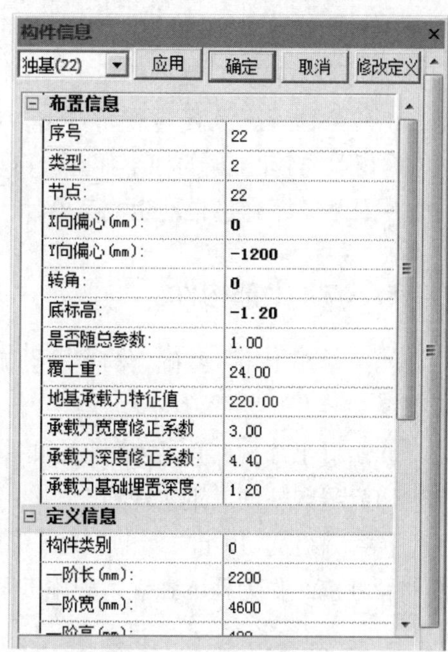

图 5-45 构件信息对话框

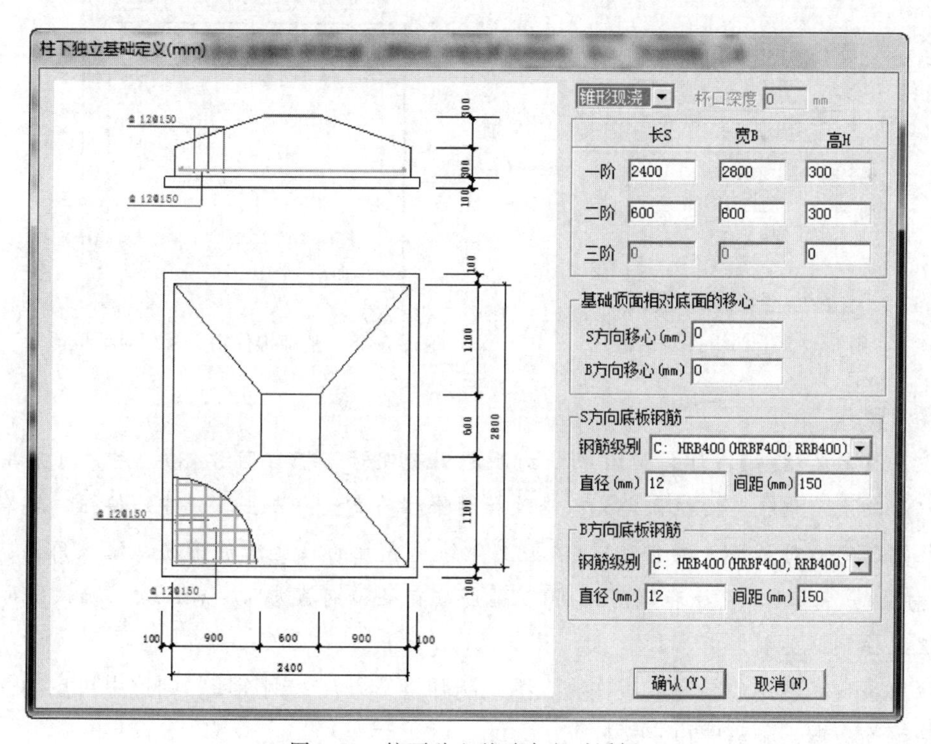

图 5-46 柱下独立基础定义对话框

③ 在基础构件定义管理对话框列表中，若某类独基被删除，则程序也删除其相应的柱下独基（即基础平面图上相应的柱下独基也消失）。如果删除所有独基类别，则等同于

删除所有柱下独基。

④ 短柱或高杯口基础的短柱内的钢筋，程序没有计算，需用户另外补充。

⑤ 若独基间设置了拉梁，则此拉梁也需用户补充计算。

⑥ 程序自动生成的柱下独基会自动计算移心值，当用户需要将独基移到相对柱形心的某一位置又不通过自动生成菜单时，可通过输入 X 及 Y 方向的移心实现。

5.3.7 上部构件

本菜单用于输入基础上的一些附加构件，以便程序自动生成相关基础或者绘制相应施工图。

点击【上部构件】，屏幕弹出如图 5-47 所示的对话框。

(1) 导入柱筋、定义柱筋

【导入柱筋】用于导入上部施工形成的柱插筋，【定义柱筋】用于定义各类柱筋的数据和布置柱筋，作为柱下独立基础施工图绘制之用。

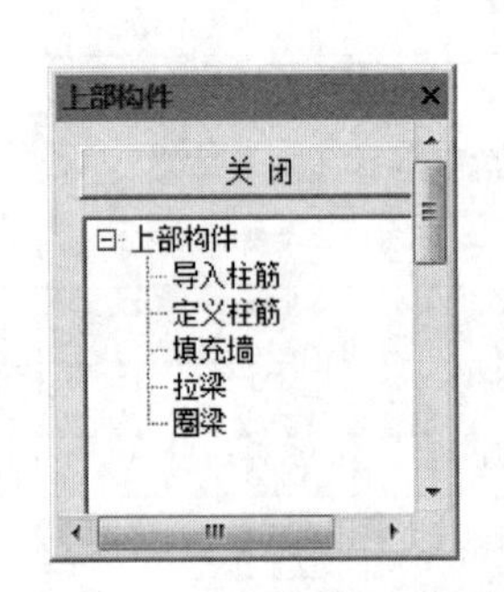

图 5-47 上部构件对话框

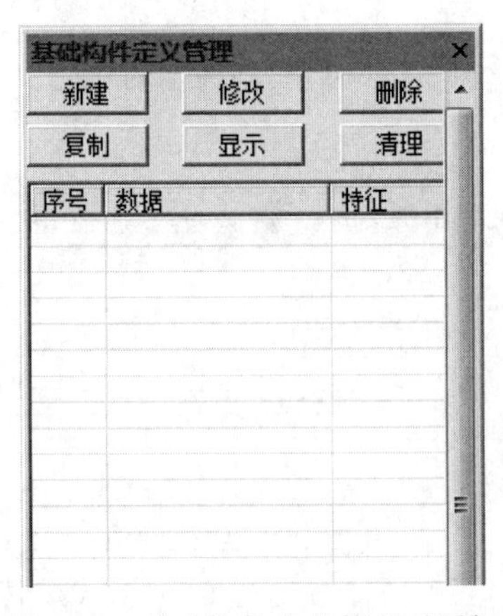

图 5-48 基础构件定义管理对话框

实例操作：

点击【定义柱筋】，屏幕弹出基础构件定义管理对话框（图 5-48），用户可采用〈新建〉、〈修改〉、〈删除〉按钮来定义、修改和删除柱筋类型。点击〈新建〉按钮，屏幕出现框架柱钢筋定义对话框（图 5-49）。依据上部结构底柱的柱底配筋情况，输入角筋、B 向和 H 向主筋（根数、直径和钢筋级别）、箍筋（直径和钢筋级别）后，点〈确认〉即生成一种框架柱钢筋类型。

注意事项：若用户已完成了柱施工图绘制并将结果存入钢筋库，则这里可自动读取已存的柱钢筋数据，不需要再定义柱筋。

(2) 填充墙

本菜单用于输入基础上面的底层填充墙。点击【填充墙】后，屏幕弹出基础构件定义管理对话框（同图 5-48）。用户可用采用〈新建〉、〈修改〉、〈删除〉按钮来定义、修改和

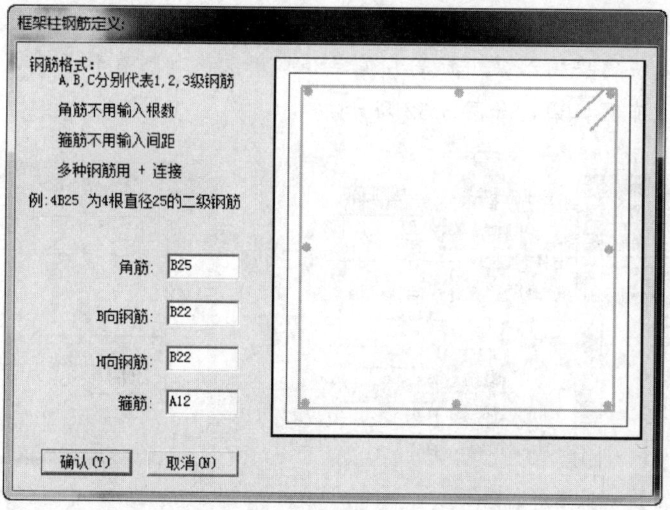

图 5-49　框架柱钢筋定义对话框

删除填充墙类型。当要布置填充墙时，可选取一种填充墙类型，在弹出的输入移心值对话框中，视需要输入偏轴移心值，再在平面图上选取相关网格线布置填充墙。布置完毕后，可在其网格线位置双击填充墙，从而快速编辑已有填充墙信息。

注意事项：对于框架结构，如果底层填充墙下需要设置条基，应先输入填充墙，再用【基础荷载/附加荷载】菜单将填充墙荷载布置在相应位置上，这样程序会画出该部分完整的施工图。

（3）拉梁

本菜单用于在两个独立基础或独立桩基承台之间设置拉结连系梁，可定义各类拉梁尺寸和布置拉梁。柱下独立基础之间一般要设置拉梁，拉梁主要有以下几方面的作用。

① 增加基础的整体性：拉梁使独立基础之间联系在一起，防止个别基础水平移动产生的不利影响。起该作用的拉梁可以取其左右柱最大轴力的1/10按拉杆或压杆进行计算，负筋50%连通。

② 平衡柱底弯矩：对于受大偏心荷载作用的独立基础，基底尺寸通常是由偏心距控制的。设置拉梁后柱弯矩会降低，荷载偏心距随之减少，从而减小独立基础的底面尺寸。起该作用的拉梁可以在上部结构建模中输入，这样拉梁的配筋以及柱弯矩的降低都可以从上部结构分析中得到。也可以在基础模型中输入拉梁，在【参数】的“基础设计参数”页中输入“拉梁承担弯矩比例”，在基础程序中计算。

③ 托填充墙：填充墙荷载通过拉梁作用到独基上。起该作用的拉梁可以在上部结构建模中输入，也可在基础建模中输入。通过基础中的拉梁计算模块完成荷载倒算，平衡弯矩和拉梁配筋的工作。

实例操作：

点击【拉梁】，屏幕同时弹出基础构件定义管理对话框和拉梁布置参数对话框（图5-50），点击〈新建〉按钮，屏幕出现拉梁定义对话框（图5-51），拉梁宽和高分别输

入 200mm 和 300mm，点〈确认〉即生成一种拉梁类型。选取定义的拉梁类型，在拉梁布置参数对话框中，视需要输入梁顶标高、偏轴移心以及附加恒载和活载，再在基础平面图上选取相关网格线布置拉梁，如图 5-52 所示。

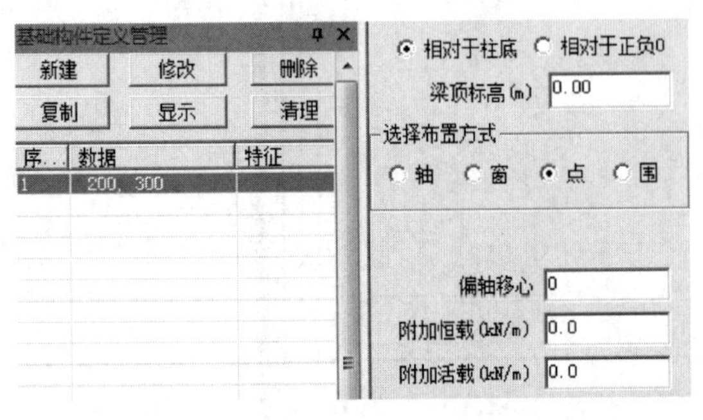

图 5-50 拉梁对话框

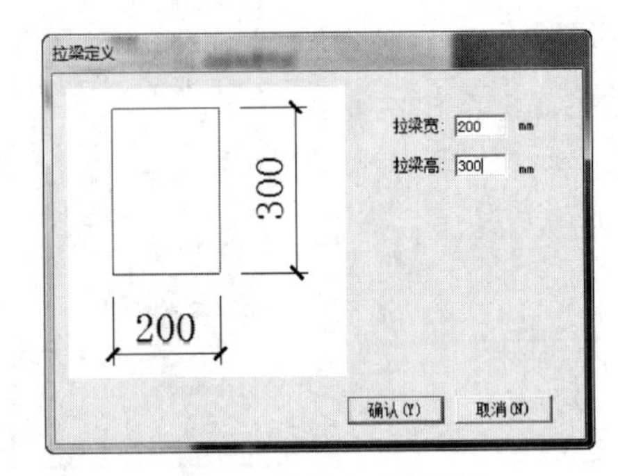

图 5-51 拉梁定义对话框

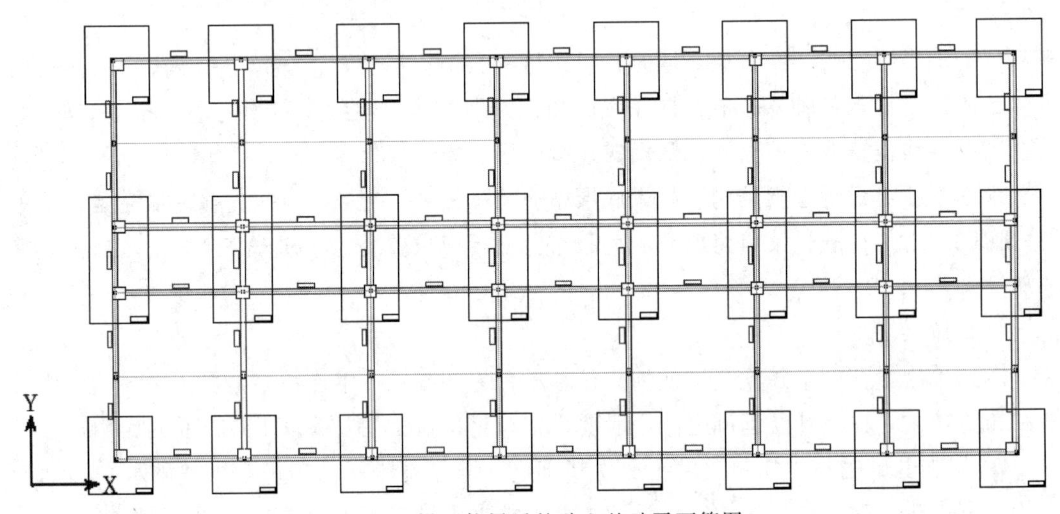

图 5-52 设置拉梁后的独立基础平面简图

(4) 圈梁

用于在砖混结构基础中设置地圈梁，布置在条形基础上。

5.3.8 冲剪验算

在钢筋混凝土结构工程中，基础的混凝土强度等级通常比其上的柱要低。桩承台的混凝土强度等级有时也比其下面的桩要低。因此，需要进行柱下基础和桩上承台的局部受压承载力计算。

本菜单用于验算已经布置筏板的冲切剪切结果，以校核布置筏板的厚度是否满足规范要求，如果布置有柱墩，同时还可验算柱墩加筏板的厚度是否满足要求及柱墩本身对筏板冲切剪切是否满足要求。同时该菜单还提供局压验算功能。

点击【冲剪验算】，屏幕弹出如图 5-53 所示的冲切计算对话框。

程序对于冲切计算的基底净反力可以通过三种方式确定：冲切反力取平均值，冲切反力取有限元计算结果，冲切反力自行确定。

① 冲切反力取平均值　平均反力计算时把整个基础看成是刚性的整体式基础，冲切验算的时候将上部总荷载除以整个基底面积的总和，得到基底净反力值。

② 冲切反力取有限元计算结果　执行该项功能之前先要进行桩筏有限元计算，计算完成后，程序在进行冲切验算时按就近原则选择有限元的网格反力。

③ 基底反力取手工输入值　以筏板为单位，手工输入每块筏板的基底反力，程序会在每块板的板边位置显示手工输入的板底净反力值。如果是验算桩对筏板冲切，则可以手工输入桩的冲切力值。

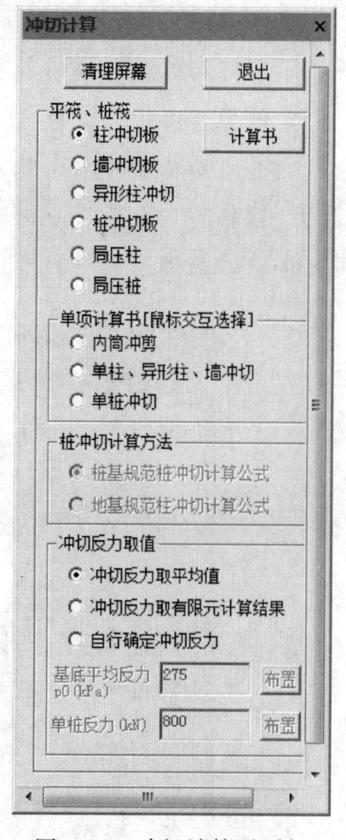

图 5-53　冲切计算对话框

(1) 柱冲切板

程序在考虑柱对筏板的冲切承载力计算时，遵循的是《地基基础规范》8.4.7 条的规定。在桩筏基础中，如果柱冲切范围内有桩存在，则程序按照《桩基规范》第 5.9.7 条相关规定计算柱对筏板冲切。

点选〈柱冲切板〉后，图面上显示柱处筏板冲切验算结果，并弹出相关计算书。图面上柱边数字为验算结果，其中：L 表示最不利荷载组合的代码，R/S 表示冲切安全系数（其中 R 表示筏板受冲切时最大抗力，S 表示各荷载组合作用下的最大效应），R/S≥1.0 为满足冲切要求，R/S<1.0 为不满足冲切要求且显示红色。

(2) 墙冲切板

本功能可进行单墙和多墙（两个以上）对平板的冲切计算。实际工程中常有单独的墙肢存在，这种情况可能存在墙冲切对平板的厚度起控制作用。因此，程序增加了单墙冲切板功能来完成该情况下墙对平板基础的冲切计算。

(3) 异形柱冲切

本功能用来解决异形柱对平板基础的冲切计算，其计算方法与〈墙冲切板〉所采用的方法相类似。

(4) 桩冲切板

验算桩冲板的时候，程序提供两种计算方式，一种按《地基基础规范》8.4.7 条的计算公式验算柱对平板的冲切，一种按《桩基规范》5.9.8 条的计算公式验算桩对平板的冲切。两种计算方式对于中间桩冲切结果差异不大，对于边桩及角桩验算结果可能不一样。

(5) 局压柱

用于柱对独基、承台、基础梁的局部承压计算。

实例操作：

点选〈局压柱〉后，基础平面图中与基础接触的柱上显示局部承压计算结果。其值（抗力/柱轴力）大于 1.0 时为绿色数字，表示局部承压满足要求；不满足则为红色数字。同时弹出“局部承压_柱.TXT”文件（图 5-54），记录了详细的验算结果。

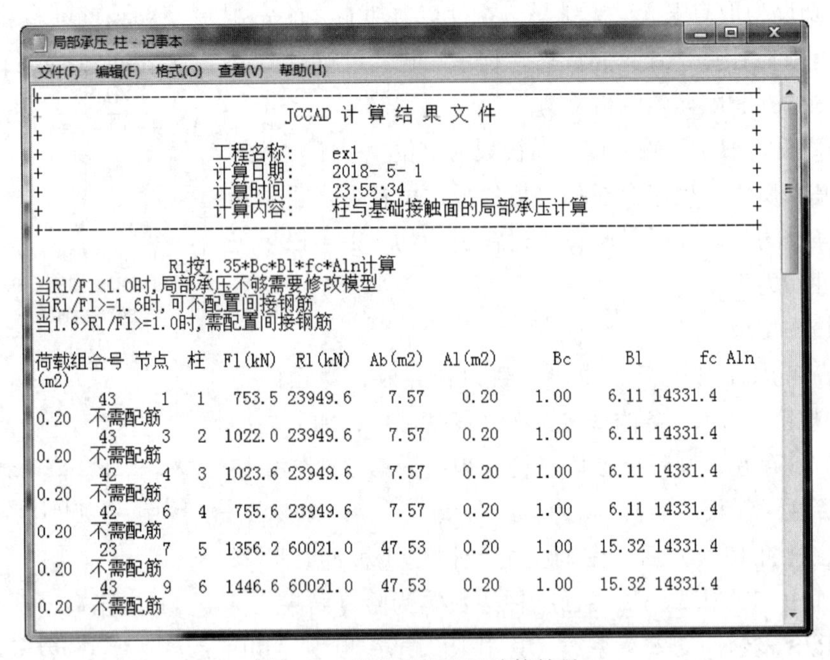

```
局部承压_柱 - 记事本
文件(F) 编辑(E) 格式(O) 查看(V) 帮助(H)
+-----------------------------------------------------------------+
+                  JCCAD 计 算 结 果 文 件                          +
+                                                                 +
+             工程名称:    ex1                                     +
+             计算日期:    2018- 5- 1                              +
+             计算时间:    23:55:34                                +
+             计算内容:    柱与基础接触面的局部承压计算             +
+-----------------------------------------------------------------+

          R1按1.35*Bc*Bl*fc*Aln计算
当R1/F1<1.0时,局部承压不够需要修改模型
当R1/F1>=1.6时,可不配置间接钢筋
当1.6>R1/F1>=1.0时,需配置间接钢筋

荷载组合号 节点  柱  Fl(kN)  Rl(kN)  Ab(m2)  Al(m2)   Bc     Bl     fc Aln
(m2)
     43     1   1   753.5 23949.6   7.57   0.20   1.00   6.11 14331.4
0.20 不需配筋
     43     3   2  1022.0 23949.6   7.57   0.20   1.00   6.11 14331.4
0.20 不需配筋
     42     4   3  1023.6 23949.6   7.57   0.20   1.00   6.11 14331.4
0.20 不需配筋
     42     6   4   755.6 23949.6   7.57   0.20   1.00   6.11 14331.4
0.20 不需配筋
     23     7   5  1356.2 60021.0  47.53   0.20   1.00  15.32 14331.4
0.20 不需配筋
     43     9   6  1446.6 60021.0  47.53   0.20   1.00  15.32 14331.4
0.20 不需配筋
```

图 5-54 柱的局部承压计算结果

局部受压面上作用的柱轴力 F_l 取承载力极限状态下荷载效应的基本组合中的轴力，包含地震作用的荷载组合轴力乘以 0.85 的承载力抗震调整系数。配置间接钢筋的钢筋混凝土局部承压计算依据《混凝土规范》6.6.1 条规定，抗力 $R_l=1.35\beta_c\beta_l f_c A_{ln}$。当图中标注的抗力与柱轴力的比值小于 1.0，则需要修改基础模型，如提高混凝土强度等级，增加基础承压面积；当图中标注的抗力与柱轴力的比值大于 1.5，则按素混凝土计算已经满足，不需要配间接钢筋；当介于前两者之间，则受压区截面尺寸及混凝土强度满足要求，但需要配间接钢筋。

(6) 局压桩

本功能用于桩对承台的局部承压计算，操作同上。桩筏基础，或筏板上有肋梁时，都不进行桩或柱对筏板的局部承压计算。

(7) 内筒冲剪

本功能用于验算内筒对筏板的冲切剪切是否满足要求，这里需要注意的是：在内筒冲剪计算中，并没有考虑内筒根部弯矩的影响。

“内筒冲剪”功能的扩充适用范围：程序提供的“墙冲切板”功能在计算时，对墙的布置形式、墙的长厚比等都是有要求的，而实际工程中还是存在着不能满足该功能所要条件的墙，此时用户可用“内筒冲剪”功能进行计算。

当用户使用“内筒冲剪”的功能来解决“墙冲切板”所不能解决的墙体对筏板的冲切、剪切计算问题时，应充分了解采用“内筒冲剪”功能计算墙体对筏板的冲切、剪切，是程序对规范的内筒冲剪计算公式应用的一个扩充，因此，对其计算结果应在认真分析后酌情采用。

点选〈内筒冲剪〉后，在平面图上用围区布置方式选定内筒，输入“内筒外边界挑出网格线的平均距离”(程序默认值为100mm，这个值用来确定计算冲切用的内筒外边界，如果内筒墙体布置没有偏心，应该输入半个墙厚)，屏幕显示该内筒的冲切和受剪承载力验算结果。如果抗冲切、抗剪不满足要求，则程序用红字提示。除了屏幕显示之外，还可以弹出“内筒冲剪.OUT”文件，其中详细记录验算结果。

(8) 单柱、异形柱、墙冲切和单桩冲切

这两项功能可用来解决用户指定的竖向构件的冲切抗剪计算问题。程序根据用户指定的构件，自动进行冲切抗剪计算，在完成计算后，屏幕上只会出现用户指定构件的计算结果，同时，在计算书中也只有用户指定的单一构件的计算结果。

5.3.9 节点网格

本菜单用于增加、编辑 PMCAD 传下的平面网格、轴线和节点，以满足基础布置的需要。例如，弹性地基梁挑出部位的网格、筏板加厚区域部位的网格、删除没有用的网格对筏板基础的有限元划分很重要。

点击【节点网格】后，程序弹出如图5-55所示的对话框，各子菜单功能说明如下。

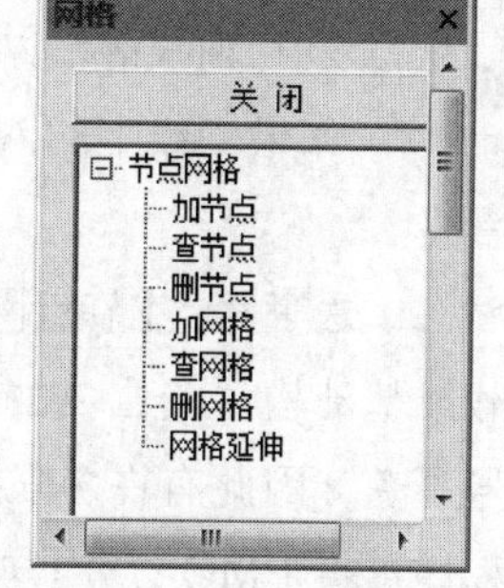

图5-55 节点网格对话框

(1) 加节点

点击【加节点】，用户在基础平面网格上增加节点，既可在屏幕下方命令行中输入节点坐标（即可精确增加所需节点），也可利用屏幕上已有的点进行定位。

点输入法说明：当需要将屏幕已有点作为精确定位的参照点时，只需将光标停留在屏幕已有点上，程序自动捕捉该点为参照基点，并在屏幕上显示引出线，用户可以以此点作为原点输入相对坐标，即可实现精确定位。

提示：这种利用屏幕已有点进行精确定位法适用于所有需要定位的命令，例如执行桩移动、桩布置等命令。

(2) 查节点

用于查询节点编号。该命令应该配合【基础模型/工具/绘图选项】使用，即在查询节点之前，在【绘图选项】里勾选〈节点号〉，然后点击【查节点】，在命令行输入需要查询的节点号，程序自动将需要查询的节点定位显示。

(3) 删节点

删除一些不需要的节点，在删除节点时会同时删除或合并一些网格。程序按以下原则来判断节点是否可以删除。

① 有柱的节点（包括有墙的网格）不能删除，该条优先其他判断条件。

② 当只有两根同轴线网格与要删除节点相连，则该节点删除，并且两个网格合并为一个网格。

③ 当只有两根不同轴线网格与要删除节点相连，则该节点删除，并且同时删除相连的网格线。

④ 当要删除节点是某轴线最外端节点时先删除该轴线外端网格，然后再用其他条件判断是否可以删除。删除网格的条件可以参见后面【删网格】菜单的内容。

(4) 加网格

点击【加网格】，在基础平面网格上增加网格，按照屏幕下方命令行提示操作即可增加所需网格。

(5) 查网格

用于查询网格编号。该命令应该配合【基础模型/工具/绘图选项】使用，即在查询网格之前，在【绘图选项】里勾选〈网格号〉，然后点【查网格】，在命令行输入需要查询的网格号，程序自动将需要查询的网格定位显示。

(6) 删网格

删除不需要的网格。程序按以下原则来判断网格是否可以删除。

① 有墙的不能删除，该条优先其他判断条件。

② 只有轴线的端网格才可以删除。

③ 如果轴线上的网格不连续（即个别段没有网格线），则以连续的网格为依据判断端网格。

注意事项：【节点网格】菜单调用应在荷载输入和基础布置之前，否则可能会导致荷载或基础构件错位。由于在基础中进行网格输入时必须保持从上部结构传来的网格节点编号不变，因此有许多限制条件，所以建议有些网格可以在上部建模程序中预先布置完善，程序可将PMCAD中与基础相联的各层网格全部传下来，并合并为统一的网点。

(7) 网格延伸

用于延伸网格长度。点击【网格延伸】，在命令行输入轴线延伸距离，然后选择需要延伸的网格即可。

5.3.10 工具

本菜单包含一些基础模型输入时的辅助工具菜单。点击【工具】，屏幕弹出如图5-56所示的对话框。

(1) 定时存盘

点击【定时存盘】，用户在命令行输入设定定时存盘的时间间隔（单位：分钟），并且执行任何一项操作命令，在规定的时间间隔内，程序将基础数据自动存盘备份，备份的文件名为 jcsr30pm.1jc，jcsr30pm.2jc，jcsr30pm.3jc……jcsr30pm.9jc，如果文件名都用完，则从 jcsr30pm.1jc 开始循环使用。用户可以通过点击屏幕左上角 PKPM 图标下的【恢复模型】功能恢复已经定时存盘的文件。当上部结构为 Spas 数据时，备份的文件名为 jcsr30spas.njc。

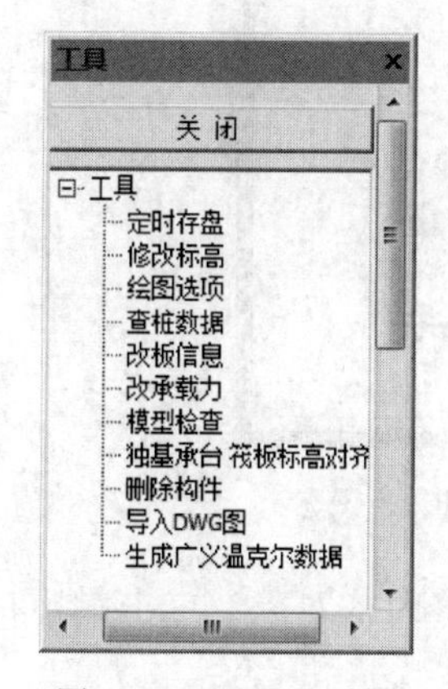

图 5-56 工具对话框

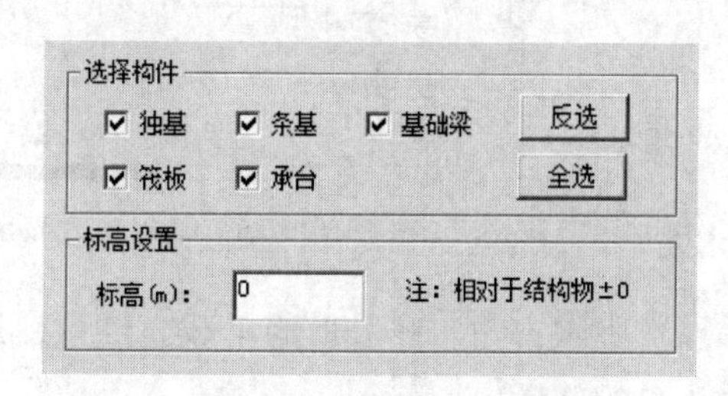

图 5-57 修改标高对话框

(2) 修改标高

修改已经布置好的独基、条基、基础梁、筏板、承台的基础底标高，具体操作步骤：点击【修改标高】，在弹出的对话框（图 5-57）里选择需要修改标高的基础类型，然后输入修改后的标高值。在基础平面图上选择需要修改标高的基础，可以单选或者框选。选择完毕后按鼠标右键，完成标高修改。

(3) 绘图选项

该菜单可以设置基础建模时显示的内容（图 5-58），包括三维显示时上部构件的标高、节点荷载的显示方式、线荷载的显示方式、字体的高度、钻孔半径以及是否将地质资料和基础模型同时显示等。

(4) 查桩数据

本菜单用于统计特定围区内桩的数量、最小桩间距以及最小桩间距与桩径比值等信息，供检查之用。

(5) 改板信息

本菜单用于修改已经布置的筏板的基本信息，包括筏板厚度、筏板底标高及筏板属性。

操作步骤：输入修改后的筏板信息，选择需要修改的对象筏板，点击鼠标右键，完成筏板信息的修改。

(6) 改承载力

本菜单用于修改已布置独基及砌体墙条基的承载力特征值及用于承载力深度修正的埋

图 5-58 基础输入显示开关对话框

置深度。操作步骤：输入修改后的承载力信息，选择需要修改的对象，点击鼠标右键，完成承载力信息的修改。

(7) 模型检查

当用户退出基础建模程序时，程序会自动运行模型检查功能，方便用户对输入的基础模型进行校核。

(8) 删除构件

本菜单用于删除已经布置的基础构件。

(9) 导入 DWG 图

本菜单可导入桩位、地质孔点、桩承台、独基、筏板等 DWG 图，导入的同时可以指定基础的属性，包括桩的承载力、桩长、承台高度及底标高、筏板厚度及底标高等。

注意事项如下。

① 导入的 DWG 图不能含有图块，否则图块里的所有图素都无法导入。

② DWG 图的路径里不能含有特殊字符（尤其是不能带有空格）。

(10) 生成广义温克尔数据

在梁元法计算的时候，计算模型可以选择广义温克尔模型，该模型需要提前生成广义温克尔数据，故该命令针对梁元法计算有效。

5.3.11 其他菜单介绍

5.3.11.1 基础梁

JCCAD 中的基础梁或地基梁（也称柱下条形基础）是指钢筋混凝土基础梁，包括普通交叉地基梁、有桩无桩筏板上的肋梁、墙下筏板上的墙折算肋梁、桩承台梁等，但不含砌体墙下的条形基础。设计过程是由用户定义基础尺寸，然后采用弹性地基梁或倒楼盖方法进行基础计算，从而判断基础截面是否合理。基础尺寸选择时，不但要满足承载力的要求，更重要的是要保证基础的内力和配筋合理。

点击【基础梁】，屏幕弹出如图5-59所示的对话框，各菜单功能说明如下。

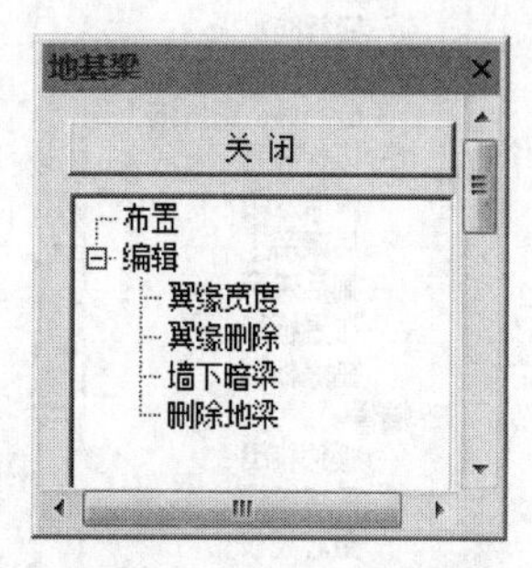

图5-59 地基梁对话框

(1) 布置

用于定义各类地基梁尺寸和布置地基梁。用户可用〈新建〉、〈修改〉按钮来定义和修改地基梁类型。点击〈新建〉后，屏幕弹出基础梁定义对话框，输入地基梁肋宽、梁高以及翼缘参数后，点〈确认〉生成或修改一种地基梁类型。可用〈删除〉按钮删除已有的某类地基梁。

当要布置地基梁时，可选取一种地基梁类型，再在平面图上用围区布置、窗口布置、轴线布置、直接布置等方式布置地基梁。若地基梁有偏心，可以勾选〈根据墙、柱自动确定基础梁偏心〉，如果不想根据墙自动确定偏心，则去掉勾选，手工输入地基梁的偏心值即可。

(2) 编辑

① 翼缘宽度　用于自动生成基础梁翼缘宽度。程序根据荷载的分布情况以及基础梁肋宽、高信息，对在同一轴线上基础梁肋宽、高相同的梁生成相同宽度的翼缘。点击该项后先输入翼缘放大系数，程序自动计算得到的翼缘宽度乘以放大系数后得到最终翼缘宽度。由于承载力计算并不是确定翼缘宽度的唯一因素，因此这里通常要输入一个大于1.0的系数，让生成的翼缘宽度有一定的安全储备。

另外，如果计算出来的翼缘宽度大于5m，则程序不自动生成翼缘宽度，并且提示翼缘宽度大于5m。这样做的目的是考虑实际工程一般地梁基础翼缘宽度都不会大于5m。

② 翼缘删除　用于删除【翼缘宽度】菜单生成的基础梁翼缘信息，只保留梁肋信息。这一菜单的设置主要是为了便于反复试算【翼缘宽度】而设定的。生成的翼缘宽度不满足要求时，可以用其删除翼缘数据，再调整基础梁肋尺寸（可以改变归并结果），然后再生成翼缘宽度。

③ 墙下暗梁　用于自动布置梁板式基础或墙下筏板基础中的墙下暗梁。必须先布置筏板后才能墙下布梁。点击该项后，在筏板的墙下未布置基础梁处程序可自动布置暗梁。暗梁的宽度同墙厚，高度同筏板厚。

④ 删除地梁　用于删除已经布置的地基梁。

5.3.11.2 基础筏板

筏板基础分为梁板式和平板式两种类型。本菜单用于布置筏板基础，并进行有关筏板计算，可以完成如下功能：定义并布置筏板、子筏板（筏板内的加厚区、下沉的积水坑和电梯井都称之为子筏板)、修改板边挑出尺寸、定义布置相应荷载。

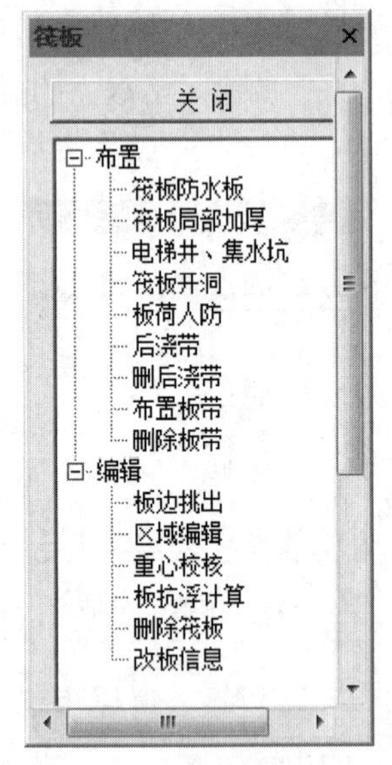

图5-60 筏板对话框

点击【基础筏板】,屏幕弹出如图5-60所示的对话框,各菜单功能说明如下。

(1) 布置

① 筏板防水板 用于布置各类筏板及防水板。输入筏板厚度(注意:如果筏板开洞,可以定义筏板厚度为0,在开洞位置处布置即可),筏板底标高按相对标高输入。筏板类型可以选择三种:普通筏板,即常规的天然地基筏板或者桩筏筏板(注意:筏板下布置桩的筏板应该定义为普通筏板,不用定义成防水板);筏板下地基视为复合地基,即筏板下做地基处理的筏板;筏板视为防水板,即一般的防水板,如独基加防水板、桩承台加防水板、地基梁加防水板等基础形式。以围区方式指定需要生成筏板的区域(必须由封闭多边形网格组成),即可自动生成筏板基础。

筏板布置好后,用户一般还会根据需要去修改地基属性和承载力参数,此时最简便的方法是双击待修改筏板区域,在弹出的构件信息对话框中进行修改,复合地基相关的“复合地基承载力”和“复合地基处理深度”都可在此修改。

此外,用户还可以在【编辑/改板信息】中修改筏板的地基属性相关参数,其特点是支持对多块筏板信息进行批量修改。

② 筏板局部加厚 用于修改局部筏板厚度。

③ 电梯井、集水坑 用于设置电梯井、集水坑的位置。

④ 筏板开洞 用于设置筏板开洞。

⑤ 板荷人防 用于输入筏板上及挑出部位的荷载,包括:筏板上单位面积覆土重、筏板挑出范围单位面积覆土重、覆土以上面恒、活载标准值、人防等级以及顶板等效静荷载。由于筏板挑出部分荷载常与筏板内的不同,所以程序特增加此参数。

因为板及梁肋自重由程序自动计算加入,所以覆土重指板上土重,不包括板及梁肋自重。覆土上恒荷载应包括地面做法或者地面架空板重量。

⑥ 后浇带 用于后浇带的定义与布置。

⑦ 删后浇带 用于删除已经布置的后浇带。

⑧ 布置板带 用于在筏板上布置板带。板带宽度由程序自动计算,程序按《钢筋混凝土升板结构技术规范》3.2.2条规定的垂直荷载下板带划分方法,每个房间以跨中划分,分别将各轴线到跨中的距离作为板带的一侧宽度,另一侧由那边相应房间确定,最后两侧宽度叠加作为梁宽。另外需要注意的是,对于同一轴线下,如果布置了梁就不必再布置板带,否则后续计算的时候会同时计算梁和板带,造成结果混乱。如果用板元法计算,则筏板上可以不用布置板带。

⑨ 删除板带 用于删除已经布置的板带。

(2) 编辑

① 板边挑出　用于修改筏板任意一边挑出网格线的距离，完成筏板的每一边可以有不同挑出宽度的工程数据输入。修改筏板的每个边挑出网格线距离的操作是按筏板一块一块进行的。

点击【板边挑出】后，程序要求用户选取要修改的筏板，经确认后，在对话框中通过修改参数项〈挑出宽度〉输入板边挑出距离，确认后，再点取修改的板边，如此反复输入板边挑出距离以及点取修改的板边操作，直至这块板板边修改完毕。

注意事项：该菜单只对通过“挑边布板”方式布置的筏板有效，对于“自由布板”方式布置的筏板不起作用。

② 区域编辑　对于已经布置的筏板，可以通过该菜单进行区域编辑，即对已经布置的筏板进行局部扩充或者局部删除。

点击【区域编辑】，在弹出的对话框里输入相应的参数，然后在平面图上选择需要编辑的筏板，此时命令行会提示是要删除还是增加筏板，按［Tab］键在删除和添加之间进行切换，接下来选择需要编辑的筏板区域，选定后点击鼠标右键完成区域编辑功能。

注意事项：该菜单只对通过“挑边布板”方式布置的筏板有效，对于“自由布板”方式布置的筏板不起作用。

③ 重心校核　通过该项菜单，用户可以查看任何荷载组合下上部荷载作用点与基础形心的偏移。同时还可以查看准永久组合下的偏心距比值是否符合规范要求。

点击【重心校核】，选择相应的荷载组合，程序会显示该荷载组合下的荷载总值、荷载作用点坐标、该荷载下基础的最大反力值、最小反力值及平均反力值（反力值都是假设基础为刚性基础而得到，所以通过该菜单得到的基础的反力分布是线性分布）。如果选择的组合是标准组合，程序还会显示修正后的基底承载力值，以便于承载力校核；如果选择的是准永久组合，程序会显示荷载作用点与基础线性的偏心距比值，用于校核基础是否满足《地基基础规范》8.4.2条的要求。

④ 板抗浮计算　《地基基础规范》5.4.3条要求，建筑物基础存在浮力作用时，应进行抗浮稳定性验算。点击该项后，选择相应的筏板，在对话框里输入相应的〈水头标高〉，程序会按《地基基础规范》5.4.3的规定计算基础是否满足稳定性要求。

该菜单也可用于局部抗浮稳定性验算，即在基础平面图上框选筏板的任意范围，输入相应〈水头标高〉，程序会给出该筏板局部范围内的抗浮验算的结果。

⑤ 删除筏板　用于删除已经布置的筏板。

⑥ 改板信息　用于板厚度、板底标高、筏板类型和删除选中的筏板的修改。

5.3.11.3　柱墩

本菜单用于布置柱墩，可以完成如下功能：定义并布置柱墩、自动生成柱墩、柱墩删除、刚性角检查、柱墩归并。点击【柱墩】，屏幕弹出如图5-61所示的对话框，各菜单功能说明如下。

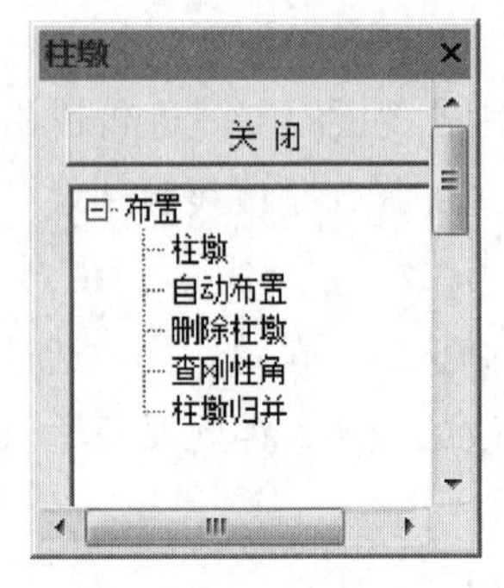

图5-61 柱墩对话框

(1) 柱墩

本菜单用于输入平板基础的板上柱墩，点击【柱墩】，屏幕弹出基础构件定义管理对话框，用户可用〈新建〉、〈修改〉按钮来定义和修改柱墩类型。点击〈新建〉后，屏幕弹出柱墩定义对话框，输入上柱墩（指布置于板面的柱墩）、下柱墩（指布置于板底的下反柱墩）尺寸后，点〈确认〉生成或修改一种柱墩类型。可用〈删除〉按钮删除已有的某类柱墩。

注意事项：柱墩布置后，程序会自动判断柱墩是刚性柱墩还是柔性柱墩（刚性柱墩：柱墩的长宽范围完全涵盖45°冲切线范围；柔性柱墩：柱墩的长宽范围不能完全涵盖45°冲切线范围）。对于刚性柱墩，程序会认为柱墩的厚度对冲切不起作用，所以柱墩布置后冲切计算结果没有变化。用户可以通过【查刚性角】功能检查布置的柱墩是刚性柱墩还是柔性柱墩。并且，对于刚性上柱墩，程序后续计算的时候会将其视为上部短柱，不计算其内力和配筋；对于其他形式的柱墩，程序计算时会将其视为加厚子筏板，计算柱墩范围内的内力和配筋。

(2) 自动布置

通过该项功能程序自动按冲切验算的要求确定柱墩的最小高度，以及满足柔性柱墩条件最小长宽尺寸。柱墩自动生成的时候，荷载组合可以选择轴力最大的基本组合，也可以选择全部基本组合。对于冲切验算的基底反力，可以选择按平均值的反力，也可以选择有限元计算的反力。

需要说明的是，自动生成柱墩的前提是需要在柱下布置筏板，如果没有布置筏板，则无法自动生成柱墩。如果筏板厚度本身已经满足冲切要求，则程序不自动生成柱墩，并且在命令行给出相应提示。

(3) 删除柱墩

用于删除已经布置的柱墩。

(4) 查刚性角

用于自动检查用户输入的柱墩是刚性柱墩还是柔性柱墩，程序会将检查结果显示在基础平面图上。

(5) 柱墩归并

用于对布置或者生成的柱墩进行归并。归并系数取【参数】菜单“基础设计参数”页中的基础归并系数，如果填0.2，则柱墩长宽尺寸相差在20%以内的柱墩会归并成一类，归并原则是小尺寸往大尺寸归并。

5.3.11.4 桩基承台

点击【桩基承台】，屏幕弹出如图5-62所示的对话框，各菜单功能说明如下。

(1) 选当前桩

本菜单用于选择生成桩承台的桩的类型。点击【选当前桩】，屏幕弹出基桩/锚杆定义对话框，如果列表中没有合适的桩类型用于桩承台生成，则可以点击右上角的〈新增桩定义〉按钮定义新的桩类型。需要说明的是每个桩承台下只能使用同一种桩类型。

(2) 人工布置

本菜单用于人工布置桩承台，人工布置桩承台之前，要布置的桩承台类型应该已经在类型列表中，承台类型可以是用户手工定义，也可以是用户通过【自动布置】方式生成的基础类型。点击【人工布置】，程序会同时弹出基础构件定义管理对话框和基础布置参数对话框。可以通过两种方式修改基础定义，一种方式是在基础构件定义管理对话框列表中选择相应的基础类型，点击〈修改〉按钮，这种方式是按基础类型修改基础定义；另一种方式是在基础平面图中双击需要修改的基础，程序弹出构件信息对话框，点击右上角的〈修改定义〉按钮，在弹出的对话框中输入或修改基础类型、尺寸、移心、底部钢筋等信息。

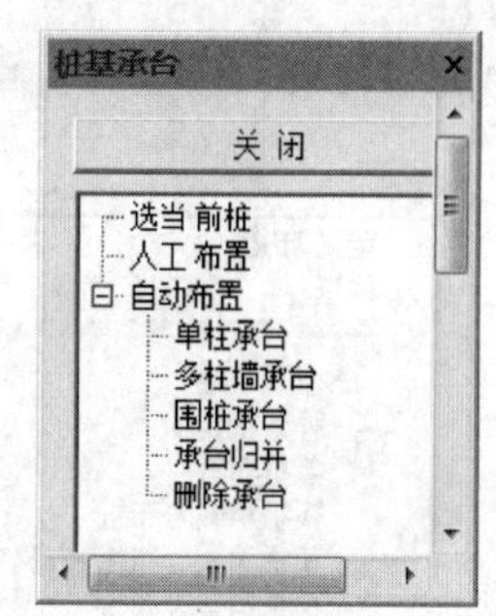

图 5-62　桩基承台对话框

(3) 自动布置

① 单柱承台、多柱墙承台　本菜单用于承台自动设计。点击相应菜单后，在平面图上用围区布置、窗口布置、轴线布置、直接布置等方式选取需要程序自动生成基础的柱、墙，选定后，在弹出的布置信息对话框里输入相应的布置信息。基底标高的含义可以参考独基的相关内容。对于多柱基础，还应该选择基础底面形心是按柱的几何形心还是按恒+活荷载的合力作用点生成。勾选〈单独修改桩参数〉可以修改承台桩的长度。如果自动生成的基础位置原来已经布置了基础，则原来的基础会自动被替换。

【多柱墙承台】功能可以自动生成剪力墙下桩承台。生成过程类似于联合承台的生成方式，剪力墙的荷载按矢量合成的原则叠加成为剪力墙下联合承台的荷载。

② 围桩承台　本菜单可以把已经布置的单桩或群桩，按围区方式选取将要生成承台的桩，可形成桩承台。

生成的桩承台的形状，可以是按桩的外轮廓线自动生成，程序按【参数】菜单“桩承台参数”页中设定的桩边距生成桩承台，也可以按用户手工围区的多边形生成桩承台。

③ 承台归并　本菜单可按【参数】里输入的归并系数，对已经布置的桩承台进行类型归并。

④ 删除承台　本菜单可删除已经布置的桩承台。执行该项菜单的时候，可以选择是否保留承台下桩。如果只想删除桩承台而保留布桩信息，则可以勾选〈保留桩位〉。

5.3.11.5　桩基础

点击【桩基础】，屏幕弹出如图 5-63 所示的对话框，各菜单功能说明如下。

(1) 定义布置

无论做承台桩基础还是非承台桩基础，均可在生成相应基础形式前对选用的桩进行定义。点击【定义布置】，屏幕同时弹出基础构件定义管理对话框和布置参数对话框。用户

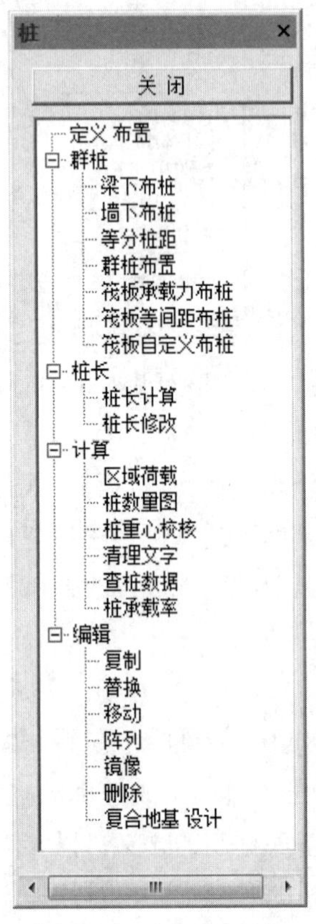

图 5-63 桩基础对话框

可用〈新建〉、〈修改〉按钮来定义和修改桩类型。

点击〈新建〉按钮，屏幕弹出基桩/锚杆定义对话框，用户可定义工程中所使用的桩类型、桩尺寸和单桩承载力。在进行承台定义前一定要先进行桩定义。

桩的分类选择有预制方桩、水下冲（钻）孔桩、沉管灌注桩、干作业钻（挖）孔桩、预制混凝土管桩、钢管桩、双圆桩、锚杆、CFG 桩、水泥混凝土搅拌桩和其他复合地基桩。其参数随分类不同而不同，有单桩承载力和桩直径或边长，对于干作业钻（挖）孔桩包括扩大头数据等。

选择分类和输入参数后，点〈确认〉生成或修改一种桩类型，可用〈删除〉按钮删除已有的某类桩。

(2) 群桩

① 梁下布桩、墙下布桩　本菜单用于自动布置基础梁（或墙）下的桩。点击菜单后，首先选择要选用的桩，然后选择梁（或墙）下桩的排数（单排、交错或双排），最后点取地基梁（或墙），程序根据地基梁（或墙）的荷载及梁（或墙）的布置情况自动选取桩数布置于梁（或墙）下。但因尚未进行桩筏筏板有限元的整体分析，所以此时布桩是否合理还必须经过桩筏有限元计算才能确定。

② 等分桩距　本菜单用于自选等分数，并在选定的两根桩的等分点上插入桩，可与群桩布置和单桩布置混合使用输入基础梁下桩。点击菜单后输入等分数，然后点取两个桩，则在该两个桩之间的等分点上插入当前截面类型的桩，并显示于屏幕上。

③ 群桩布置　本菜单可以按用户所选的桩类、设定的桩间距和布置方式进行一组群桩布置。布置时，可适时捕捉图面上的图素作为目标点进行布置，也可在命令行输入坐标值，同时还可利用屏幕已有点进行精确定位，方法同节点输入。

④ 筏板承载力布桩　点击菜单后，首先点取布桩的筏板，随后，屏幕弹出布置桩对话框。点击〈计算桩布置〉按钮，程序将根据所选用的桩型、桩间的最小间距和最大间距，结合该板块承受的荷载，计算出板块所需要的桩数，点击〈确认〉按钮后，自动生成桩位。

⑤ 筏板等间距布桩　点击菜单后，首先点取布桩的筏板，其次确定桩阵基点（桩阵中的某一桩位，程序取用光标位置的桩位点）在 X 向和 Y 向的偏心距，之后，程序将根据选定的桩型和设定的桩间距参数值，形成一个行列桩阵，该桩阵将随光标移动，最后点取鼠标左键确认桩位。

⑥ 筏板自定义布桩　点击菜单后，首先点取布桩的筏板，随后，屏幕弹出布桩对话框，从中通过设定参数布置桩位。

(3) 桩长

① 桩长计算　本菜单可根据地质资料和每根桩的单桩承载力计算出桩长。

程序提供三种桩长计算方式。

a. 按桩基规范 JGJ 94—2008 查表确定并计算：程序根据地质资料输入的土层名称查《桩基规范》表 5.3.5-1 和表 5.3.5-2，得到桩所在土层的桩的极限侧阻力标准值和桩的极限端阻力标准值，根据《桩基规范》的计算公式及输入的桩的承载力标准值反算桩长。

b. 按"地质资料输入"给定值确定并按桩基规范 JGJ 94—2008 计算：程序根据地质资料输入的土层的桩的极限侧阻力标准值和桩的极限端阻力标准值，根据《桩基规范》的计算公式及输入的桩的承载力标准值反算桩长。

c. 按"地质资料输入"给定值确定并按上海规范 DGJ 08-11—2010 计算：程序根据地质资料输入的土层的桩的极限侧阻力标准值和桩的极限端阻力标准值，根据上海《地基基础设计规范》的计算公式及输入的桩的承载力标准值反算桩长。

点击菜单后，输入〈桩长计算归并长度〉，屏幕即显示计算后桩长值。

注意事项如下。

a. 运行本菜单前必须先执行过【地质模型/地层层序】菜单；

b. 同一承台下桩的长度取相同的值；

c. 为了减少桩长的种类，程序将桩长差在〈桩长计算归并长度〉参数中设定的数值之内的桩处理为同一长度。

② 桩长修改　本菜单用于修改或输入桩长。既可修改已有桩长实现人工归并，也可对尚未计算桩长的桩直接输入桩长。可以"全部"修改也可以选择"单一"修改，其中"单一"修改是指单独修改某一类桩的桩长而不是修改某一根桩的桩长。

注意事项如下。

a. 无论是承台桩还是非承台桩，必须给定桩长值，否则会导致后续程序计算校核错误。

b. 给定桩长值可用【桩长计算】和【桩长修改】两个菜单来完成。

(4) 计算

① 区域荷载　用户可用围区方式选取要显示荷载的区域，荷载组合包括标准组合、基本组合和准永久组合。选定后，屏幕上会显示出所围区域内的荷载合力值以及合力作用点坐标。

② 桩数量图　用户可以通过该菜单查看任意荷载组合下的桩数量需求分布图或者某一区域需要的桩数量图。其中〈桩数量分布〉用于生成且显示各节点和筏板区域内所需桩的数量参考值，它是对整个基础的计算结果，同时它还显示出筏板抗力和抗力形心坐标、筏板荷载合力和合力作用点坐标。(提示：筏板区域内所需桩的数量参考值后面用括号表示的数值是单桩承载力)；〈区域桩数〉给出的是用户所选围区范围内桩的总数量，它省去了人工统计每个节点下桩数量的工作。例如对于包含多肢多个节点的剪力墙下布置桩承台时，可以点选〈区域桩数〉，人工用多边形围住包含该剪力墙的所有节点，程序随即计算

出该剪力墙下桩的数量，同时给出这部分荷载的重心位置，供设计参考。

③ 桩重心校核 用于在选定的某组荷载组合下桩群重心校核。点击菜单后，用光标围取若干桩，确定后屏幕显示所围区域内荷载合力作用点坐标与合力值、桩群形心坐标与总抗力以及桩群形心相对于荷载合力作用点的偏心距 Dx、Dy。

④ 清理文字 清理【桩数量图】、【桩重心校核】等菜单显示在基础平面图上的文字。

⑤ 查桩数据 检查所围区域内布置的桩的总数及检查桩间距是否满足规范要求。

⑥ 桩承载率 检查筏板下桩的承载率。程序按刚性筏板的假定，计算筏板下每根桩的单桩反力，并将计算出的单桩反力与单桩承载力特征值的比值输出到基础平面图，用户可以根据输出的承载率值调整筏板下的布桩方案，提高桩的利用率。

(5) 编辑

① 复制 复制图面上已有的单桩（锚杆）或者群桩（锚杆），布置到需要布置的位置上。操作时，首先应选取要复制的桩目标，程序可自动捕捉某根桩（锚杆）的中心为定位点，然后，被复制的桩（锚杆）体随光标移动并可适时捕捉图面上的某一点为目标点，也可在命令行中输入相对坐标值进行定位，同时也可利用屏幕已有点进行精确定位，方法同节点输入。

② 替换 用于将已经布置的桩替换为另外的桩类型。操作时，点击【替换】命令，程序自动弹出基础构件定义管理对话框，在对话框列表里选择需要替换成的目标类型，然后直接在基础平面图上选择需要被替换的桩即可。

③ 移动 用于移动已经布置好的一根或多根桩位置，可通过光标、窗口、围区等捕捉方式进行操作，选桩时，程序可自动捕捉某根桩的桩心为定位点，移动时可以适时捕捉图面上的某一点为目标点，也可在命令行中输入相对坐标值进行定位，同时也可利用屏幕已有点进行精确定位，方法同节点输入。

④ 阵列 按照用户输入的方向角、桩（锚杆）间距和桩（锚杆）数量进行布桩（锚杆）。

⑤ 删除 删除已布置在图面上的一根或多根桩（锚杆），可通过光标、窗口、围区等捕捉方式进行操作。

⑥ 复合地基设计 该菜单用于复合地基桩的布置，前提是需要在【定义布置】菜单里定义了相应的复合地基桩，并且布置了属性为复合地基的筏板。

5.3.11.6 砖混条基

墙下条形基础是按单位长度线荷载进行计算的浅基础，因此适用于砖混结构的基础设计。本菜单功能如下。

① 程序可以根据用户输入的参数和荷载信息自动生成墙下条基。条基的截面尺寸和布置可以进行人为调整。

② 人工交互调整完毕后，当存在平行、两端对齐且距离很近的两个墙体时，程序可以通过碰撞检查自动生成双墙基础。

③ 墙下条形基础自动设计内容包括：地基承载力计算、底面积重叠影响计算、素混凝土基础的抗剪计算、钢筋混凝土基础的底板配筋计算及沉降计算。

提示如下。

① 设计墙下条基的步骤一般为：用【自动布置】菜单生成墙下条基，再进行人工调整。

② 剪力墙下的条形基础采用基础梁（柱下条基）输入并按弹性地基梁方法计算比较好，如果当作墙下条基输入，那么卧梁的钢筋需要用户定义。

③ 当基础长度比宽度大很多时采用墙下条形基础是合适的，否则应采用其他基础形式，例如筏形基础。

点击【砖混条基】，屏幕弹出如图5-64所示的对话框，各菜单功能说明如下。

(1) 人工布置

用于修改自动生成的墙下条基或用户自动输入墙下条基尺寸及布置。点击【人工布置】后，屏幕同时弹出基础构件定义管理对话框和布置参数对话框，用户可用〈新建〉、〈修改〉按钮来定义和修改墙下条基类型。在类型列表框中，选择空白条或已有条基类型后，点击〈新建〉或〈修改〉按钮，则屏幕上弹出墙下条形基础定义对话框。在对话框中输入或修改条基材料类型、基础底面宽度、基础高度、基础相对墙体移心等参数，点〈确认〉生成或修改了一种墙下条基类型。可用〈删除〉按钮删除已有的某类墙下条基。当要布置墙下条基时，可选取一种墙下条基类型，在平面图上用围区布置、窗口布置、轴线布置、直接布置等方式布置墙下条基。若条基相对轴线有偏心时，可在布置参数对话框中输入偏轴移心值。

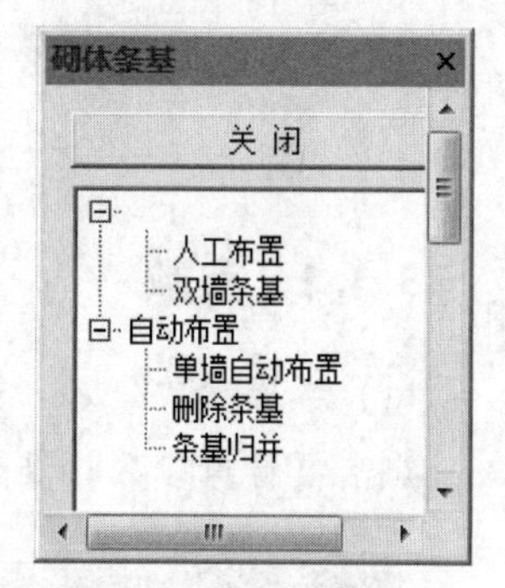

图5-64 砌体条基对话框

(2) 双墙条基

用于设置双墙基础。点击【双墙条基】后，屏幕同时弹出基础构件定义管理对话框和布置参数对话框，用户可用〈新建〉、〈修改〉按钮来定义和修改双墙条基类型。当要布置双墙条基时，可选取一种双墙条基类型，在平面图上点取要做成双墙基础的两片墙，则完成了一个双墙基础。

(3) 自动布置

① 单墙自动布置　用于墙下条基自动生成。点击【单墙自动布置】后，在平面图上用围区布置、窗口布置、轴线布置、直接布置等方式在墙下布置条基。

② 删除条基　用于删除基础平面图上某些墙下条基。

③ 条基归并　执行【条基归并】之前需要在【参数】菜单的“基础设计参数”页输入相应的归并系数，如0.2，表示两个条基计算结果里所有的结果数据相差都在20%以内，则这样的条基将归并成同一类型，同时为了安全考虑，归并的时候都是将小的结果数据归并到大的结果数据。设置好归并系数后，再点击【条基归并】，则程序对已有的条基进行归并。

5.4 桩承台、独基计算

点击【桩承台、独基计算】，菜单如图 5-65 所示。本菜单可从前面【基础模型】选取的荷载中，挑选多种荷载工况下对承台和桩进行受弯、受剪、受冲切计算与配筋，给出基础配筋、反力等计算结果，并输出计算结果的文本及图形文件。程序计算承台类型包括标准承台、异型承台、剪力墙下承台等各类承台。

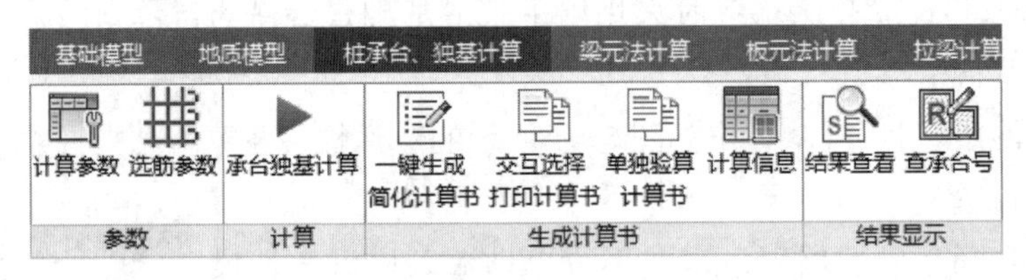

图 5-65 桩承台、独基计算菜单

5.4.1 参数

(1) 计算参数

点击【计算参数】，屏幕弹出计算参数对话框，如图 5-66 所示，各参数含义如下。

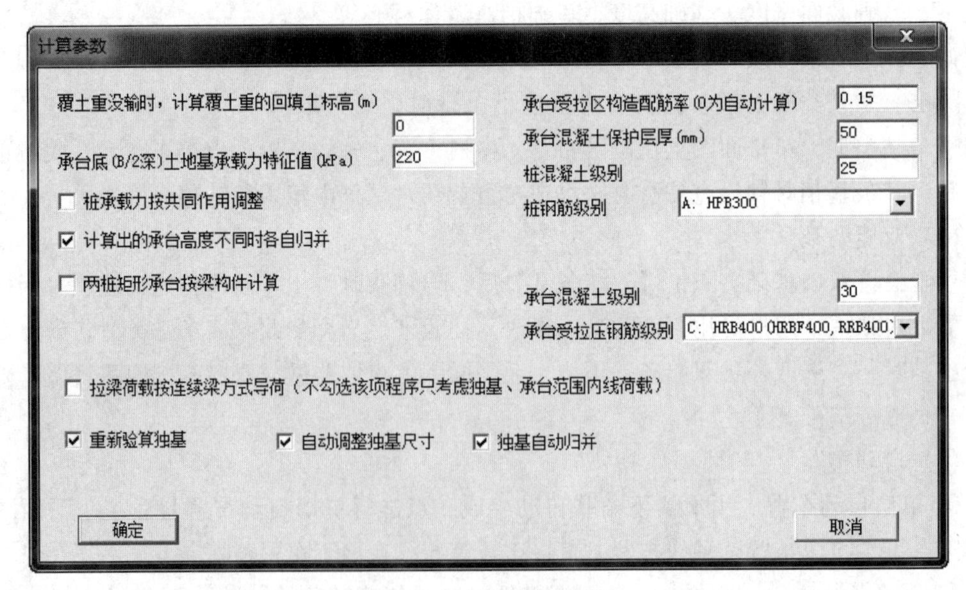

图 5-66 计算参数对话框

① 覆土重没输时，计算覆土重的回填土标高（m） 此参数的设置影响到桩反力计算。如果在基础人机交互中未计算覆土重，在此处可以填入相关参数来考虑覆土重。

② 承台底（B/2 深）土地基承载力特征值（kPa） 输入该参数的目的是当桩承载力按共同作用调整时考虑桩间土的分担。

③ 桩承载力按共同作用调整　即是否采用桩土共同作用方式进行计算。影响共同作用的因素有桩距、桩长、承台大小、桩排列等，有关技术依据参见《桩基规范》5.2.5条。

④ 计算出的承台高度不同时各自归并　即高度不一样的承台归并成不同的承台类型，影响到最终生成承台的种类数。如果不勾选，则高度不同的承台在其他计算结果满足归并系数的情况下归并成同一类型。

⑤ 两桩矩形承台按梁构件计算　勾选该项，则两桩承台按深受弯构件要求进行配筋计算。

⑥ 承台受拉区构造配筋率（0为自动计算）《桩基规范》规定承台配筋率为0.15%。

⑦ 承台混凝土保护层厚（mm）　当有混凝土垫层时，不应小于50mm，无垫层时不应小于70mm；此外尚不应小于桩头嵌入承台内的长度。

⑧ 桩混凝土级别及桩钢筋级别　这两个参数影响到桩承载力计算。

⑨ 承台混凝土级别　这个参数影响到承台的受弯计算。

⑩ 承台受拉压钢筋级别　这个参数影响到承台的受弯计算。

⑪ 拉梁荷载按连续梁方式导荷（不勾选该项程序只考虑独基、承台范围内线荷载）用户在【基础模型】菜单里需要将拉梁荷载按附加线荷载方式输入，然后勾选该项后，程序自动将拉梁荷载按连续梁方式倒算到两端独基或者承台上；如果不勾选该项，则独基或者桩承台计算只考虑独基范围内的线荷载，基础范围外的线荷载会取一半倒算到基础上。

⑫ 重新验算独基　如果独基要重新验算，则需勾选该项，否则独基不参与计算。

⑬ 自动调整独基尺寸　如果不勾选该项，则独基验算只给出验算结果，不改变独基尺寸；如果勾选该项，程序在验算独基的时候，如果发现承载力校验不符合规范要求，会自动加大独基尺寸，直到满足承载力要求为止，计算出的配筋如果大于原来配筋，也会将配筋增加。

⑭ 独基自动归并　该选项一般要和〈自动调整独基尺寸〉选项结合使用，只有在独基尺寸有所变化且希望重新归并的时候，才勾选该项。需要注意的是，后续绘制施工图的时候，要执行归并后，重新计算的结果才会在施工图中体现。

（2）选筋参数

点击【选筋参数】，屏幕弹出承台钢筋级配表对话框，如图5-67所示，承台配筋时将从该级配表中选择配筋，用户如果对该级配表不满意可进行修改。

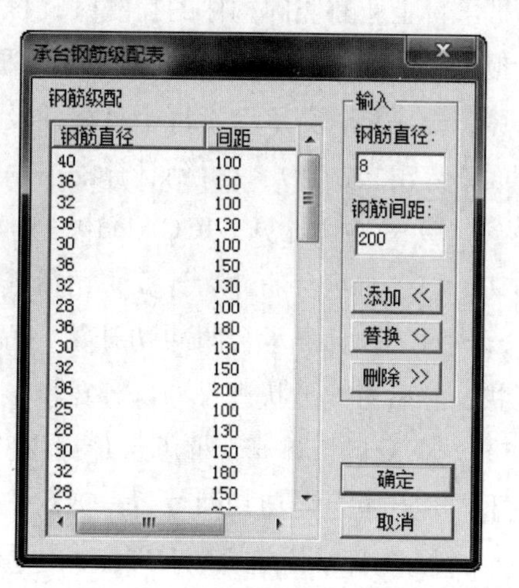

图5-67　承台钢筋级配表对话框

5.4.2　承台独基计算

（1）承台下桩的竖向承载力计算

在进行基桩竖向承载力计算时，先进行单桩竖向承载力标准值的计算，再根据承台形状、布桩形式和土层情况计算桩基中基桩的竖向承载力。

程序计算桩的竖向承载力时，采用作用在承台底面的荷载效应的标准组合。

程序计算桩反力时，将对每一组标准荷载工况组合分别计算。每次计算时，根据承台下桩的布置，求出在该标准荷载组合下各桩的反力值。根据所有荷载组合工况的计算结果找出每根桩反力的最大值、最小值和平均值，程序输出该承台下所有桩中的具有桩反力的最大值、最小值和平均值的桩计算结果和对应的荷载组合号，与桩承载力特征值比较，判断桩反力验算结果是否满足规范要求。

(2) 承台下桩的水平承载力校核

程序对每组荷载工况组合下各个桩承台承受的水平力以及分配到其下各桩的水平力进行计算，并在各荷载组合对应的文本文件中输出结果。

在每组荷载工况下，桩承台将承受其上柱或墙传来的水平荷载，该水平荷载分为 X 方向和 Y 方向的两个力，程序将两个力矢量求合得到该承台的总水平力。程序再根据该承台下桩的总数，求出平均到每根桩的单桩水平荷载。

(3) 承台计算

承台计算包括受弯计算、受冲切计算、受剪切计算以及局部承压验算。对于承台阶梯高度和配筋不满足要求的，将算出最小的承台阶梯高度与配筋。

① 受弯计算　对于标准承台，JCCAD 根据规范公式算出各标准承台的内力值，并对承台进行抗弯设计得到承台的配筋结果。程序首先根据读入的荷载组合，自动挑出用于受弯计算的所有基本组合，求出净反力，得到弯矩设计值，最后根据《混凝土规范》及用户提供的相应参数求出控制截面的配筋值。

对于非标准承台，即当承台上为剪力墙或者短肢剪力墙等构件，用户用围桩承台布置好桩承台，在桩承台计算程序中，程序首先统计承台上所有竖向构件传来的荷载，在处理桩承台上所有竖向构件的荷载时，程序将剪力墙的均布荷载简化成节点荷载作用在程序虚拟的截面为 100×100 的柱上。对于桩反力计算，计算原理同标准承台。对于承台受弯计算，程序将计算承台下每个桩截面及承台上每个上部构件截面两端的弯矩值，找出不利截面，求出控制弯矩，得到计算配筋面积。

② 受冲切计算　JCCAD 中分别按规范要求验算了柱对承台的冲切及角桩对承台的冲切。程序对承台的冲切计算采用荷载效应的基本组合。

对于非标准承台的冲切计算，程序将承台上所有的构件外轮廓围区得到一个总体形状，然后对此形状进行冲切计算校核。角桩的冲切计算原则与标准承台一致。

③ 受剪切计算　桩承台计算中验算了承台受剪承载力，输出的文本文件中包含了以下内容：承台受剪切面位置，剪跨比，斜截面抗剪承载力，剪切荷载。

④ 局部承压验算　JCCAD 在【基础模型】菜单中，验算了承台的局部受压，并输出了图形及文本文件。

5.4.3 生成计算书

(1) 一键生成简化计算书

点击【一键生成简化计算书】，程序自动以 word 格式输出所有基础的计算结果。

(2) 交互选择打印计算书

点击【交互选择打印计算书】，用户可采用光标方式、轴线方式、窗口方式和围区方式选择要验算的基础后，程序自动以 word 格式输出所选基础的计算结果。

(3) 单独验算计算书

点击【单独验算计算书】，用户选择要验算的基础后，屏幕弹出选择计算输出内容对话框（图 5-68），选择好输出内容后，程序以 word 格式输出计算结果。

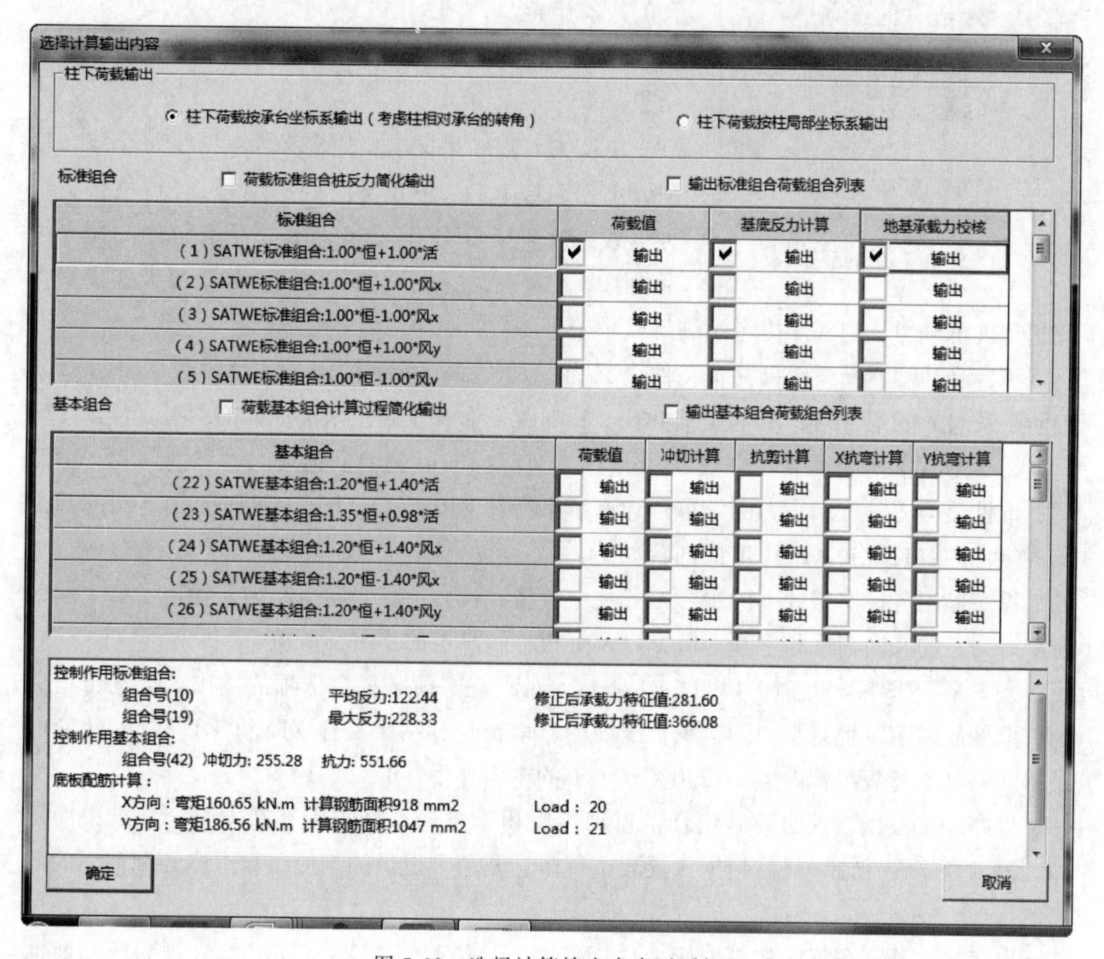

图 5-68 选择计算输出内容对话框

(4) 计算信息

显示标准恒+活组合下的上部荷载值。

5.4.4 结果显示

(1) 结果查看

点击【结果查看】后，屏幕显示如图5-69所示的对话框，其内容为计算结果图形和文件。对话框上方是总信息和荷载组合类型选项，根据上方的选项下方会出现不同内容的计算结果输出。

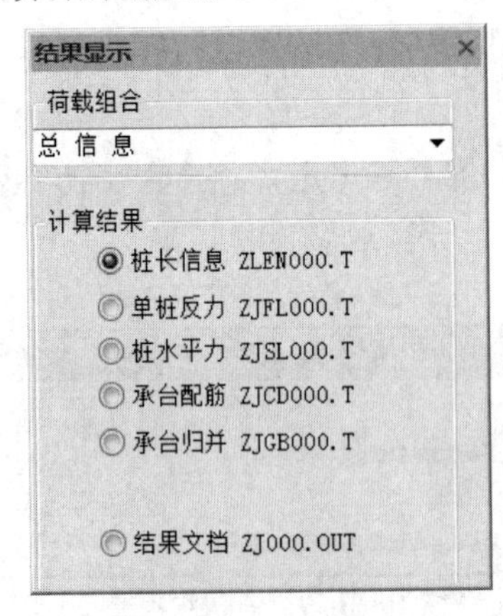

图5-69 结果显示对话框（总信息）

① 总信息　对应“总信息”的输出内容为：桩长图、单桩反力图、承台配筋图、承台归并、结果文档ZJ000.OUT，其中ZJ000.OUT中输出内容如下。

首先输出了桩基础设计时所用到的SATWE荷载组合的所有组合。

其次输出了桩反力计算结果及承台受冲切、受弯结果。

桩反力计算结果文本文件含义为：对于每个承台输出，承台编号ICD、桩定义时的桩编号NP、桩长PL、桩承载力特征值QUK以及该承台下所有桩中的最大桩反力、最小桩反力、桩反力平均值。如果最大值或平均值超过桩承载力，则程序提示不满足以示警告。

承台受冲切、受弯结果文本文件含义为：对于每个承台输出，承台阶数NSP，每阶的阶高及对应的组合号，*X*向配筋面积、*Y*向配筋面积及其控制计算配筋的组合号。

② SATWE标准组合　如图5-70所示，对应标准荷载组合选项的输出内容为：荷载图、单桩反力图、桩水平力图、承台计算结果文件ZJ0*.OUT（*对应的是不同的标准荷载组合内容），ZJ0*.OUT的内容如下。

程序输出各标准组合下的组合方式及组合值，校核了桩竖向承载力，输出了每个承台所承担的总的竖向荷载和水平荷载，以及每根桩所承担的水平荷载值。

③ SATWE基本组合　如图5-71所示，对应基本荷载组合选项的输出内容为：荷载图、单桩反力图、桩水平力图、承台配筋图、承台计算结果文件ZJ0*.OUT（*对应的是不同的基本荷载组合内容），ZJ0*.OUT的内容如下。

程序输出根据读入的荷载组合，自动挑出用于受弯计算的所有基本组合，求出净反力，得到弯矩设计值，最后根据《混凝土规范》及用户提供的相应参数求出控制截面的配筋值。

程序输出计算配筋的控制弯矩值，DMX1、DMY1、DMX2、DMY2分别为控制断面处（柱边或变阶处）左边、右边、上边、下边四个面的控制弯矩值。

柱对承台冲切结果文件输出的内容包括：冲切承台的截面净高H00，沿*Y*方向冲切截面积，沿*X*方向截面积，以及相应冲切面的位置坐标*X*1、*Y*1、*X*2、*Y*2。

程序同时提供了采用不同阶梯高度时的配筋结果，供用户优化设计使用。

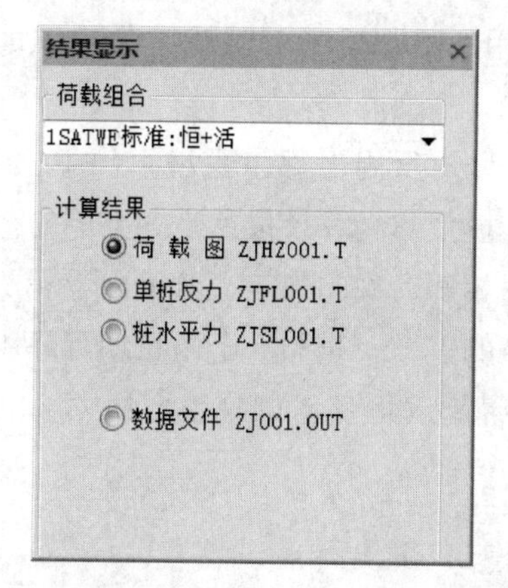

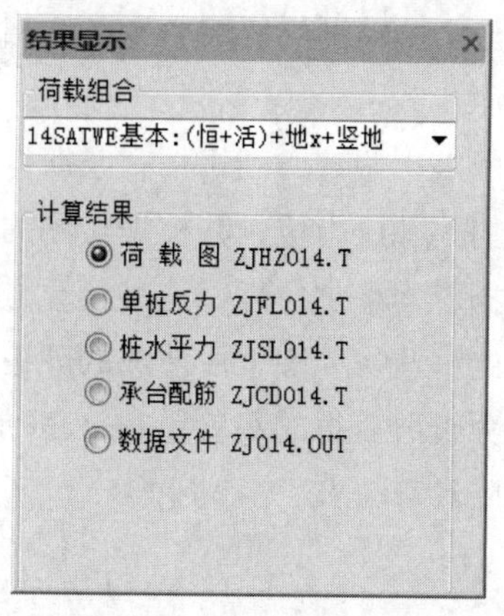

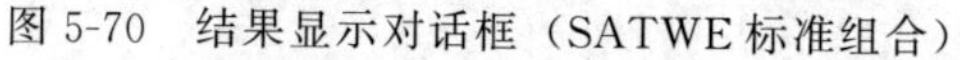

图 5-70 结果显示对话框（SATWE 标准组合）　　图 5-71 结果显示对话框（SATWE 基本组合）

(2) 查承台号

可直接搜索到需要查看的某一编号的承台位置。

5.5 沉降计算

JCCAD 的【沉降计算】菜单用于按规范算法计算所有基础的沉降，并且生成 TXT 文本计算书。菜单如图 5-72 所示。

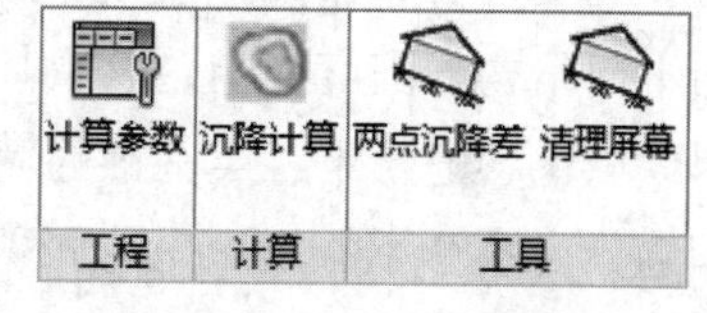

图 5-72 沉降计算菜单

5.5.1 沉降计算的一般方法

地基的变形问题是地基基础设计的关键问题，地基变形计算主要是基础的沉降计算。所谓基础的沉降就是指地基的竖向压缩变形。建筑物的地基变形计算值，不应大于地基变形允许值。《地基基础规范》第 5.3.4 条给出了各类建筑物的地基变形允许值。

针对各本规范对各类建筑物不同的变形要求，JCCAD 提供了不同的沉降计算方法。这些计算方法采用了某些不相同的假设，已知条件也不一样，得到的结果侧重点不同，每种计算方法都有各自适用的对象。本节将介绍规范沉降计算的一般方法以及 JCCAD 将这些方法延伸到不同对象上的特定计算方法。

(1) 分层总和法

计算土层沉降，目前最常用的就是分层总和法，这也是《地基基础规范》给出的沉降计算方法。该方法考虑因素比较全面，可以利用勘测资料中一般均有的室内压缩试验成果。分层总和法的基本假设：① 在应力计算中，假设土体为各向均质的弹性体，应力分布服从弹性半无限体理论的布辛奈斯克公式；② 在沉降计算中土体可以分为变形参数各不相同的土层，不同位置土层可以不同；③ 被计算的土体只有竖向压缩变形，没有侧向变形，与实验得到的压缩模量条件相同；④ 基底作用的附加反力 P 认为是作用于地表的局部柔性荷载。

基于以上假定，利用布辛奈斯克的积分表达式可以求得局部附加压力对不同位置下的各土层的附加压力值，并根据实测的各土层相应压缩模量值计算该位置下各土层的竖向变形。根据应力叠加原理，这种计算方法很容易计算出相邻荷载的影响。对于由于无法量化而忽略的一些次要因素所造成的理论计算值和实测值的差异，采用一个由长期沉降观测资料统计分析所获得的经验系数 ψ_s 来加以调整，于是得到《地基基础规范》第 5.3.5 条规定的沉降计算公式：

$$s=\psi_s s'=\psi_s\sum_{i=1}^{n}\frac{p_o}{E_{si}}(z_i\bar{\alpha}_i-z_{i-1}\bar{\alpha}_{i-1})$$

式中 s——地基最终变形量，mm；

s'——按分层总和法计算出的地基变形量；

ψ_s——沉降计算经验系数，根据地区沉降观测资料及经验确定，无地区经验时可采用表 5.3.5 的数值。

(2) JCCAD 沉降计算的完全柔性底板假定方法

前面介绍的分层总和法用于设计软件时还需扩展沉降计算的功能，以适应于不同类型的建筑物。JCCAD 提供的第一种沉降计算方法——“完全柔性底板假定方法”，就是最贴近分层总和法的软件应用。

完全柔性底板沉降计算方法的基本假设与规范方法完全相同，主要特点是不考虑基础与上部结构的刚度影响，以及基础底面柔性附加面荷载为已知。这样复杂的基础沉降问题得以简化，适合于各类基础的应用。与规范方法相比，软件可以将一个形状复杂的受荷面积划分为多个小的矩形受荷面积，同时每个小的受荷面积可以有不同的附加面荷载。计算时采用规范给出的角点法公式计算各受荷面积之间的应力相互作用。

从地基计算的角度来说，完全柔性底板沉降计算方法可用于任何形式的基础，但从软件实际具有的多种计算方法角度考虑，完全柔性底板沉降计算方法更适合于独基、条基、梁式基础以及刚度较小或刚度不均匀的筏板。

(3) JCCAD 沉降计算的刚性底板假定方法

完全柔性底板假定方法虽然简单，但没有考虑基础与上部结构的刚度，且假设基础底面的反力分布为已知，因此与实际情况有出入。在很多情况下，如高层建筑、剪力墙结构、箱形基础结构由于基础刚度较大，或基础连同上部结构总体刚度很大，基础底板的整体变形较小，或者相对总沉降量来说，底板的整体弯曲变形可以忽略，此时可以将底板假设为刚性，底板各部位的反力通过平衡方程联立求解，该方法即为 JCCAD 沉降计算的第二种方法——“刚性底板假定方法”。

该方法的基本假设沿用了分层总和法的前 3 条基本假设，将第 4 条假设改为：基础底面为刚性平面，并将基础底面划分为若干大小的相等的矩形区格，在同一区格内的反力相同，各区格的反力分布待求。

(4) 桩基的等代墩基法

前面介绍的沉降计算方法适用于一般基础，对于桩基础需采用《桩基规范》给出的沉降计算方法，包括等代墩基法和明德林（Mindlin）理论方法。

等代墩基法（又称实体深基础法）适用于桩距不大于6倍桩径的群桩基础，是现在工程界应用最广泛的一种计算群桩沉降的方法。该计算模式是将承台下的群桩及桩间土看作一个等代墩基，在此等代墩基范围内，桩间土不产生压缩，如同实体墩基一样工作，然后按照扩展基础的沉降计算方法来计算群桩的沉降。

等代墩基法的计算公式在推导中做了如下3条假设。

① 桩承台及下面的群桩及桩间土没有压缩变形，而作为与承台截面相同的刚性实体作用于桩端底面地基土上；

② 桩端底面以下土的附加应力服从布辛奈斯克规律；

③ 不考虑实体侧壁与土的摩擦力影响，最后通过经验系数调整。

(5) 桩基的明德林理论方法

等代墩基法的沉降计算没有考虑桩与桩间土的作用，对于桩距较密时是合适的，但当桩相对稀疏时（桩距大于6倍桩径），或单排桩甚至单桩时，桩间土与桩之间的作用就不容忽视，同时桩身纵向变形也应计入总沉降。在这种情况下，桩端下面的各土层受到了桩端压力（即桩端阻力）和通过桩身摩阻力传下来的压力（即桩侧阻力），在这些压力下土层的应力分布情况就是明德林理论研究的问题。

明德林理论方法的沉降计算是从单桩出发考虑群桩作用的沉降计算方法，它是建立在常用的单向压缩分层总和法基础上的一种沉降估算法，其基本假设及公式推导要点如下。

① 桩基被认为是具有柔性承台、且各桩承受相等并确定的荷载的一群桩；

② 单桩在竖向荷载作用下分别由桩侧摩阻力和桩尖反力支承；

③ 桩尖反力按集中力考虑，桩侧摩阻力一般随深度呈线性变化；

④ 确定桩尖反力和桩侧摩阻力的分配比例是困难的，从实用分析出发，可近似地按目前工程中经常应用的划分极限荷载时的极限端承力和极限侧摩阻力的方法进行；

⑤ 计算单桩荷载作用下地基中的应力时，可将桩顶上的总荷载 P 表示为 $P=P_p+P_s$，式中，P_p为桩尖反力，数值为 αP，其中 α 是桩尖反力占总荷载之比例；P_s为桩侧摩阻力，数值为 $(1-\alpha)P$ ；

⑥ 不考虑由于桩的存在对地基土产生的加筋效应、遮拦效应，以线性迭加原理计算群桩荷载作用下地基中任一点竖向应力增量；

⑦ 按单向压缩分层总和法计算出群桩下沉量；

⑧ 压缩层深度取附加压力等于土的自重应力20%处的位置。

5.5.2 计算参数

点击【计算参数】，屏幕弹出沉降计算参数设置对话框（图5-73）。

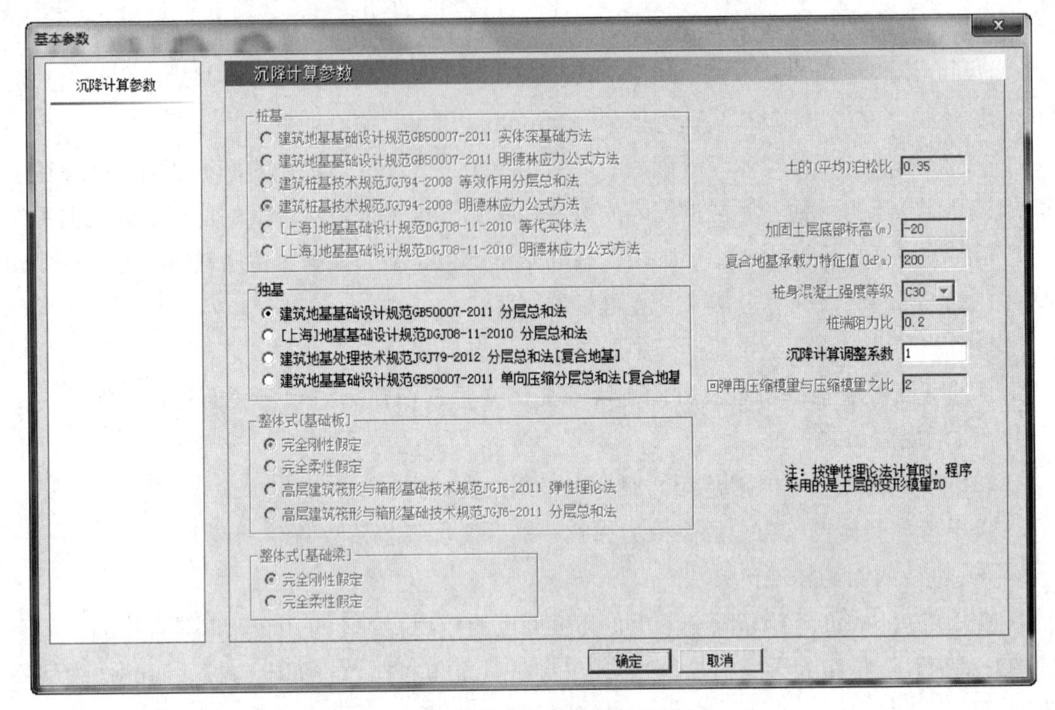

图 5-73　沉降计算参数设置对话框

(1) 独基沉降计算方法

程序提供四种选项：①建筑地基基础设计规范 GB 50007—2011 分层总和法；②［上海］地基基础设计规范 DGJ 08-11—2010 分层总和法，适用于上海地区的独基沉降计算；③建筑地基处理技术规范 JGJ 79—2012 分层总和法［复合地基］；④建筑地基基础设计规范 GB 50007—2011 单向压缩分层总和法［复合地基］。

(2) 沉降计算调整系数

上海《地基基础设计规范》(DGJ 08-11—2010) 中利用 Mindlin 方法计算沉降时提供了沉降经验系数，《地基基础规范》及《桩基规范》没有给出相应的系数，由于经验系数是有地区性的，因此 JCCAD 计算沉降时，提供了一个可以修改的参数——沉降计算调整系数。程序根据该参数修正沉降值，使其最终结果符合经验值。

5.5.3　沉降计算

点击【沉降计算】，程序对模型进行沉降计算，生成的计算结果文件如图 5-74 所示，沉降图如图 5-75 所示。

5.5.4　其他菜单

(1) 两点沉降差

用于查询基础两点之间的沉降差。

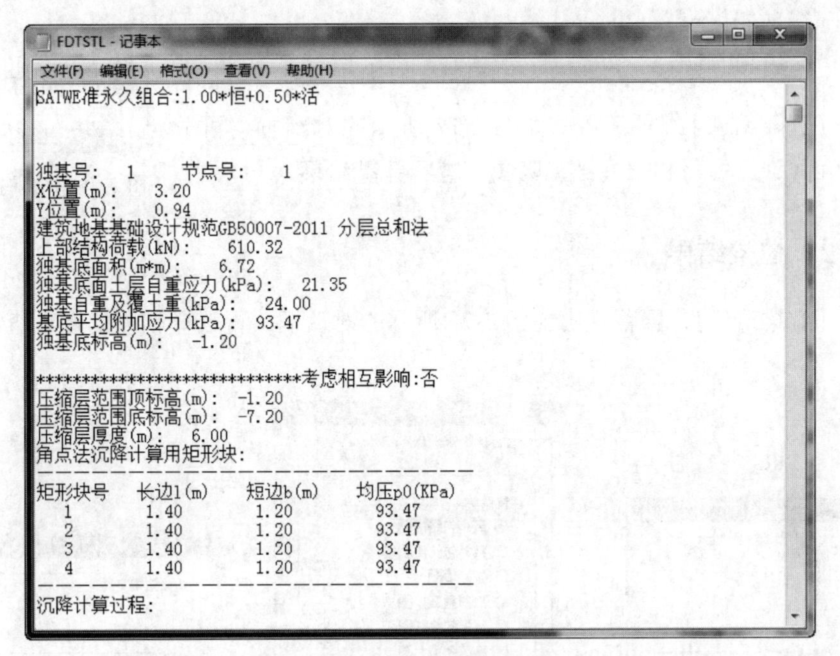

FDTSTL - 记事本

文件(F) 编辑(E) 格式(O) 查看(V) 帮助(H)

```
SATWE准永久组合:1.00*恒+0.50*活


独基号:   1      节点号:    1
X位置(m):    3.20
Y位置(m):    0.94
建筑地基基础设计规范GB50007-2011 分层总和法
上部结构荷载(kN):     610.32
独基底面积(m*m):     6.72
独基底面土层自重应力(kPa):    21.35
独基自重及覆土重(kPa):    24.00
基底平均附加应力(kPa):   93.47
独基底标高(m):    -1.20

******************************考虑相互影响:否
压缩层范围顶标高(m):  -1.20
压缩层范围底标高(m):  -7.20
压缩层厚度(m):    6.00
角点法沉降计算用矩形块:
-----------------------------------------------
矩形块号    长边l(m)     短边b(m)      均压p0(KPa)
   1        1.40         1.20          93.47
   2        1.40         1.20          93.47
   3        1.40         1.20          93.47
   4        1.40         1.20          93.47
-----------------------------------------------
沉降计算过程:
```

图 5-74 独基沉降计算结果文件

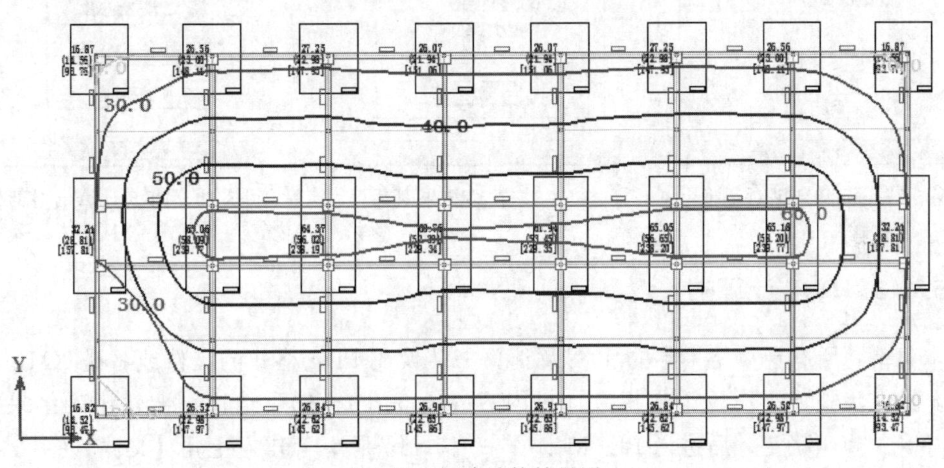

图 5-75 沉降计算结果图

(2) 清理屏幕

用于清除沉降计算结果。

5.6 结果查看

点击屏幕上方【结果查看】，菜单如图 5-76 所示。本菜单可以显示 JCCAD 所有模块的计算结果以及基础模型信息，显示内容包括分析模型显示、承台计算结果显示、梁元法计算结果显示、板元法计算结果显示、沉降计算结果显示、拉梁计算结果显示以及计算书统一显示。

5.6.1 沉降结果

图 5-76 结果查看菜单

点击【沉降结果】，屏幕弹出如图 5-77 所示的对话框，可分别选择“沉降计算书”和“基础沉降图”查看计算结果。

5.6.2 拉梁结果

点击【拉梁结果】，屏幕弹出如图 5-78 所示的对话框，可选择相应的选项查看拉梁计算结果。

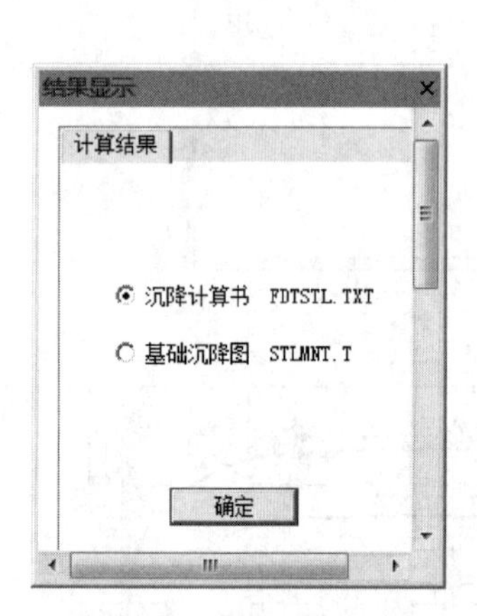

图 5-77 沉降结果对话框

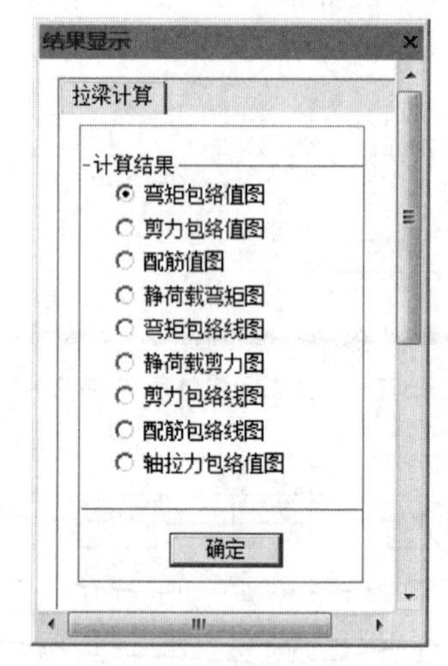

图 5-78 拉梁结果对话框

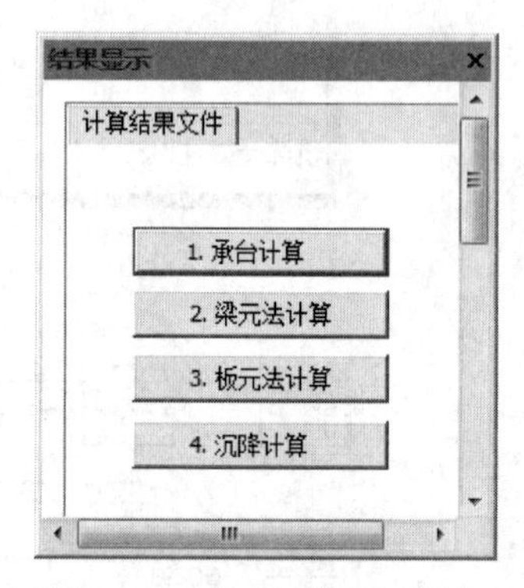

图 5-79 PDF 计算书对话框

5.6.3 PDF 计算书

本菜单将所有计算结果中的 T 图及计算书转换成 PDF 格式的文件或者是 XML 文件保存。操作步骤如下：先选择相应计算内容（图 5-79），然后选择需要输出的结果文件（图 5-80），点〈确定〉后进入 PKPM 计算书编辑器界面，点击左上角【文件】（图 5-81），下拉菜单中选择是将结果文件转换为 XML 文件还是转换为 PDF 文件。

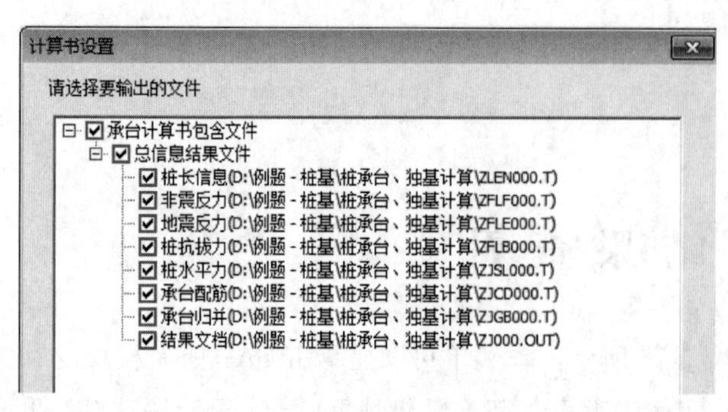

图 5-80 计算书设置对话框

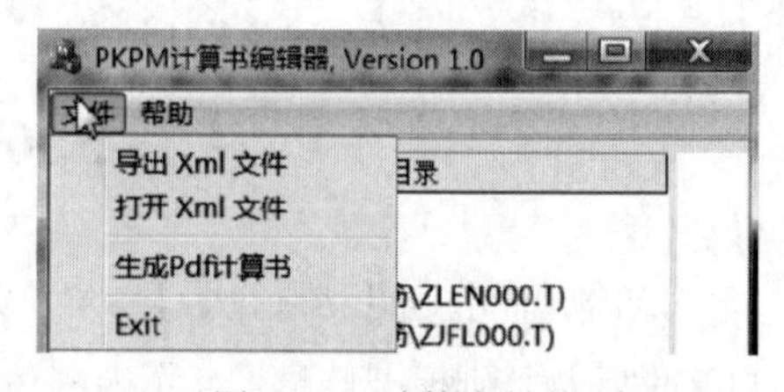

图 5-81 计算书转换

5.7 基础施工图

JCCAD【施工图】菜单（图5-82）可以承接基础建模程序中的构件数据绘制基础平面施工图，也可以承接基础计算程序绘制基础梁平法施工图、基础梁立剖面施工图、筏板施工图、基础大样图（桩承台独立基础墙下条基）、桩位平面图等施工图。程序将基础施工图的各个模块（基础平面施工图、基础梁平法、筏板、基础详图）整合在同一程序中，实现在一张施工图上绘制平面图、平法图、基础详图功能，减少了用户有时逐一进出各个模块的操作，并且采用了全新的菜单组织，程序界面更友好。

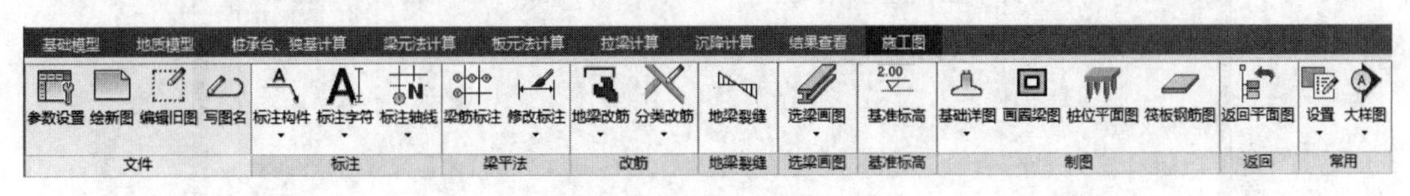

图5-82 施工图菜单

5.7.1 文件

（1）参数设置

本菜单将基础平面图参数和基础梁平法施工图参数整合在同一对话框中，点击【参数设置】，程序弹出如图5-83所示的参数设置对话框，在完成参数修改并按〈确定〉按钮退出后，程序将根据最新的参数信息，重新生成弹性地基梁的平法施工图，并根据参数修改重绘当前的基础平面图。

（2）绘新图

用来重新绘制一张新图，如果有旧图存在时，新生成的图会覆盖旧图。

（3）编辑旧图

打开旧的基础施工图文件，程序承接上次绘图的图形信息和钢筋信息，继续完成绘图工作。

（4）写图名

写当前图的基础梁施工图名称。

5.7.2 标注

（1）标注构件

本菜单实现对所有基础构件的尺寸和位置进行标注，下设子菜单见图5-84所示，主要子菜单的功能和使用方法说明如下。

【条基尺寸】：用于标注条形基础和上面墙体的宽度，使用时只需用光标点取任意条基的任意位置即可在该位置上标出相对于轴线的宽度。

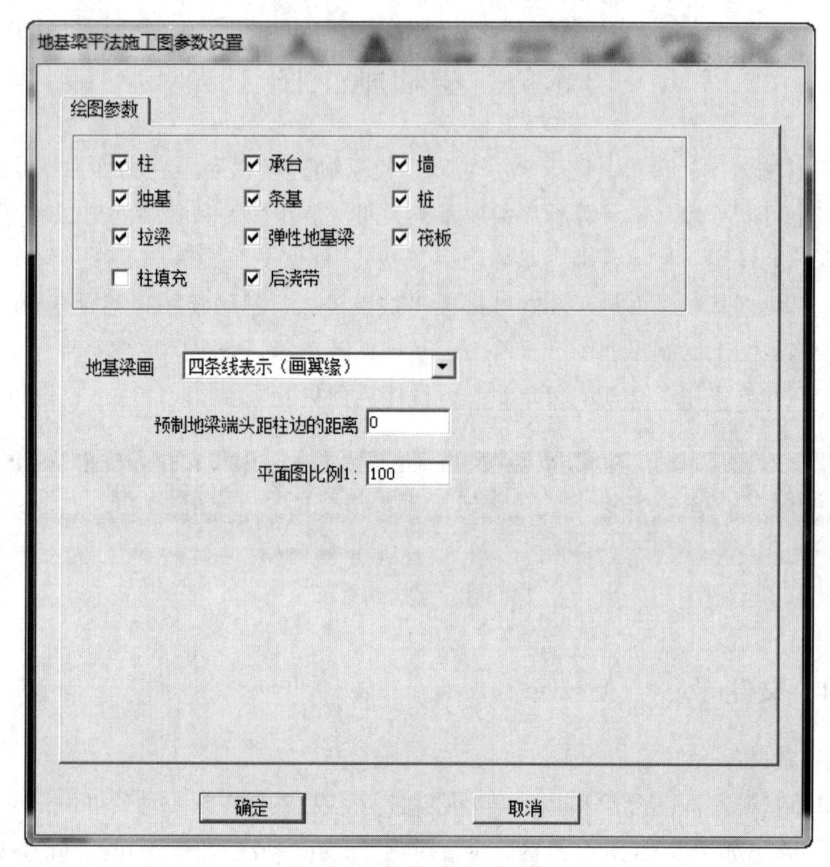

图 5-83 参数设置对话框

【柱尺寸】：用于标注柱子及相对于轴线尺寸，使用时只需用光标点取任意一个柱子，光标偏向哪边，尺寸线就标在哪边。

【拉梁尺寸】：用于标注拉梁的宽度及其与轴线的关系。

【独基尺寸】：用于标注独立基础及其相对于轴线尺寸，使用时只需用光标点取任意一个独立基础，光标偏向哪边，尺寸线就标在哪边。

【承台尺寸】：用于标注桩基承台及其相对于轴线尺寸，使用时只需用光标点取任意一个桩基承台，光标偏向哪边，尺寸线就标在哪边。

【地梁长度】：用于标注弹性地基梁（包括板上的肋梁）长度，使用时首先用光标点取任意一个弹性地基梁，然后用光标指定梁长尺寸线标注位置。一般此功能用于挑出梁。

【地梁宽度】：用于标注弹性地基梁（包括板上的肋梁）宽度及其相对于轴线尺寸，使用时只需用光标点取任意一根弹性地基梁的任意位置，即可在该位置上标出相对于轴线的宽度。

【标注加腋】：用于标注弹性地基梁（包括板上的肋梁）对柱子的加腋线尺寸，使用时只需用光标点取任意一个周边有加腋线的柱子，光标偏向柱子哪边，就标注哪边的加腋线尺寸。

【筏板剖面】：用于绘制筏板和肋梁的剖面，并标注板底标高。使用时需用光标在板上输入两点，程序即可在该处画出该两点切割出的剖面图。

【标注桩位】：用于标注任意桩相对于轴线的位置，使用时先用多种方式（围区、窗口、轴线、直接）选取一个或多个桩，然后光标点取若干同向轴线，按［Esc］键退出后再用光标给出画尺寸线的位置，即可标出桩相对这些轴线的位置。如果轴线方向不同，可多次重复选取轴线、定尺寸线位置的步骤。

【标注墙厚】：用于标注底层墙体相对轴线位置和厚度。使用时只需用光标点取任意一道墙体的任意位置，即可在该位置上标出相对于轴线的宽度。

（2）标注字符

本菜单的功能是标注写出柱、梁、独基的编号和在墙上设置、标注预留洞口。下设子菜单见图5-85所示，主要子菜单的功能和使用方法说明如下。

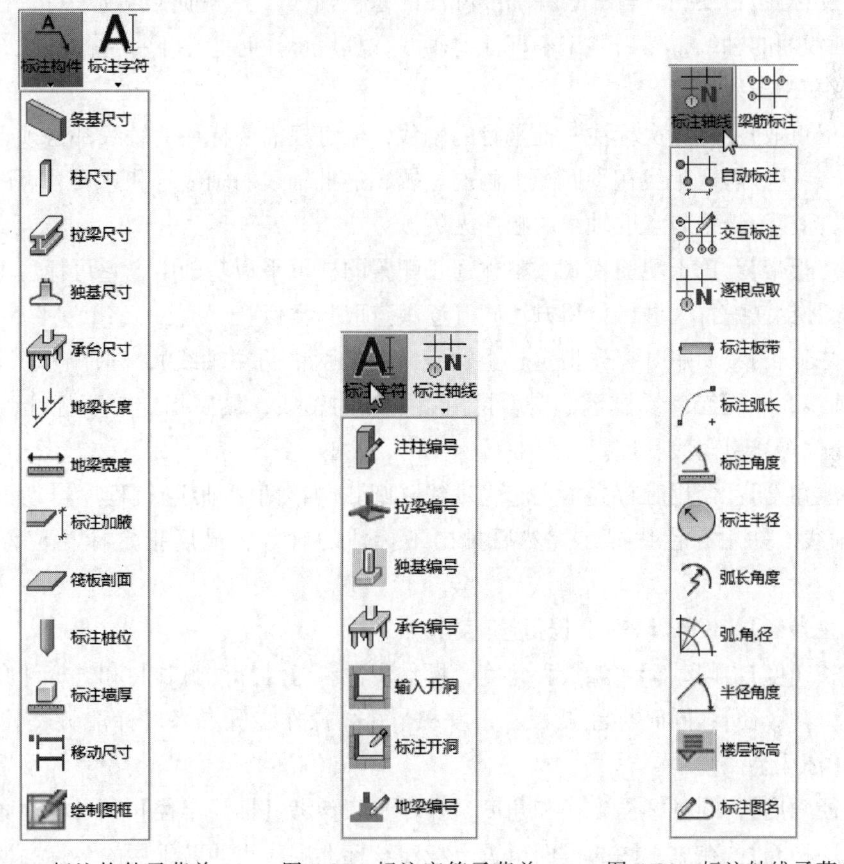

图5-84　标注构件子菜单　　图5-85　标注字符子菜单　　图5-86　标注轴线子菜单

【注柱编号】、【拉梁编号】、【独基编号】、【承台编号】：分别用于写柱子、拉梁、独基和承台编号，使用时先用光标点取任意一个或多个目标（应在同一轴线上），然后按［Esc］键中断，再用光标拖动标注线到合适位置，写出其预先设定好的编号。

【输入开洞】：用于在底层墙体上开预留洞，使用时先用光标点取要设洞口的墙体，然后输入洞宽和洞边距左下节点的距离（m）。

【标注开洞】：用于标注上个菜单画出的预留洞，使用时先用光标点取要标注的洞口，接着输入洞高和洞下边的标高，然后用光标拖动标注线到合适的位置。

【地梁编号】：提供自动标注和手工标注两种方式，自动标注是把按弹性地基梁元法计算后进行归并的地基连续梁编号自动标注在各个连梁上，使用时只要点取本菜单即可自动完成标注；手工标注是将用户输入的字符标注在用户指定的连梁上。

(3) 标注轴线

本菜单作用是标注各类轴线（包括弧轴线）间距、总尺寸、轴线号等，下设子菜单见图 5-86 所示，主要子菜单的功能和使用方法说明如下。

【自动标注】：仅对正交的且已命名的轴线才能执行，它根据用户所选择的信息自动画出轴线与总尺寸线，用户可以控制轴线标注的位置。

【交互标注】：使用时首先选择需要标注的起止轴线，要求轴线必须平行，程序自动识别起止轴线间的轴线，然后挑出不标注的轴线，程序标注时忽略不标注的轴线，最后指定标注位置和引出线长度。

【逐根点取】：可每次标注一批平行的轴线，但每根需要标注的轴线都必须点取，按屏幕提示指定这些点取轴线在平面图上画的位置，这批轴线的轴线号和总尺寸可以画，也可以不画，标注的结果与点取轴线的顺序无关。

【标注板带】：用于配筋模式按整体通长配置的柱下平板基础中，它可标注出柱下板带和跨中板带钢筋配置区域，使用方法同【逐根点取】类似。

【标注弧长】：使用时首先指定起止轴线（圆弧网格两端轴线），程序自动识别起止轴线间的轴线，并用红色线显示，然后挑出不标注的轴线，最后指定需要标注弧长的弧网格、标注位置和引出线长度。

【标注角度】：使用时首先指定起止轴线（圆弧网格两端轴线），程序自动识别起止轴线间的轴线，并用红色线显示，然后挑出不标注的轴线，最后指定标注位置和引出线长度。

【标注半径】：操作步骤同【标注角度】。

【弧长角度】：同时标注弧长和角度，操作步骤参考【标注弧长】和【标注角度】。

【弧．角．径】：同时标注弧长、角度和半径，操作步骤参考【标注弧长】、【标注角度】和【标注半径】。

【半径角度】：同时标注半径和角度，操作步骤参考【标注半径】和【标注角度】。

【楼层标高】：在施工图的楼面位置上标注该标准层代表的若干层的各标高值，各标高值均由用户键盘输入（各数中间用空格或逗号分开），再用光标点取这些标高在图面上的标注位置。

【标注图名】：标注平面图图名。图名内容由程序自动生成，主要包含楼层号及绘图比例信息，用户可指定标注位置。

实例操作：

点击【标注轴线/自动标注】，屏幕弹出自动标注轴线对话框（图 5-87），如图勾选。

点击【标注字符/独基编号】，屏幕弹出选择编号标注方式对话框（图 5-88），选择〈自动标注〉。

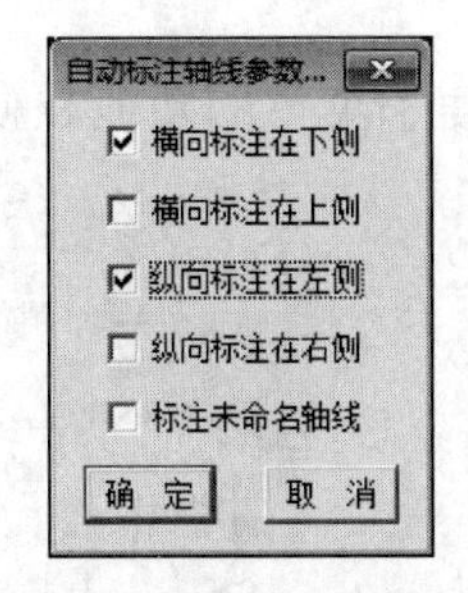

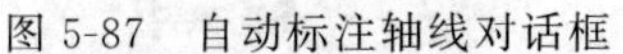
图 5-87 自动标注轴线对话框

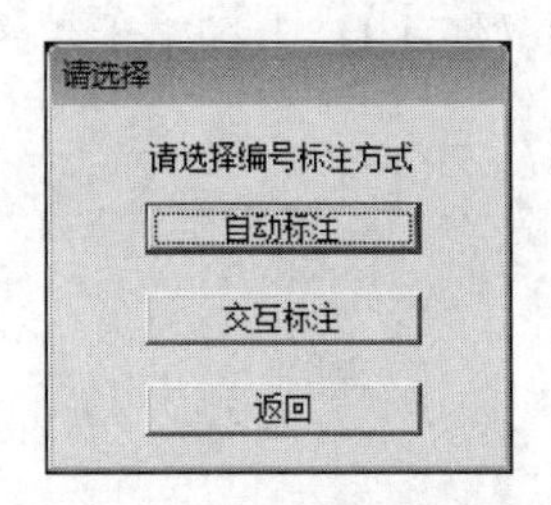

图 5-88 选择编号标注方式对话框

点击【标注构件/独基尺寸】，选择需要标注的基础。

完成上述操作后，生成基础平面图如图 5-89 所示。

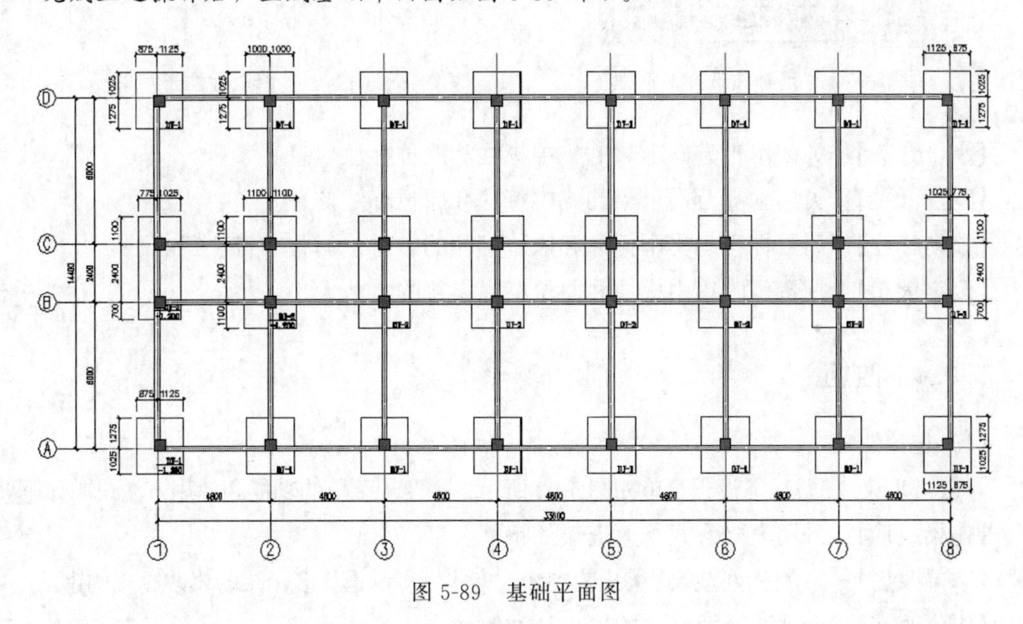

图 5-89 基础平面图

5.7.3 梁平法

(1) 梁筋标注

本菜单的功能是为用各种计算方法（梁元法、板元法）计算出的所有地基梁（包括板上肋梁）选择钢筋、修改钢筋并根据《混凝土结构施工图平面整体表示方法制图规则和构造详图》(16G101-3) 绘出基础梁的平法施工图，对于墙下筏板基础暗梁无需执行此项。

当点击【梁筋标注】后，程序首先检查数据文件，如果既有梁元法计算出的梁信息，又有板元法计算出的梁信息，程序则会显示如图 5-90 所示的对话框。

用户可根据需要自己确定采用何种计算结果的梁图，接着屏幕显示地基梁平法施工图参数设置对话框，详见 5.7.1 节中的【参数设置】。通过修改参数来调整平法施工图中钢筋的多少、平法标注符号以及施工图的绘图信息。当地基梁纵筋、支座筋、箍筋出现超筋时，将弹出警告对话框。

(2) 修改标注

点击【修改标注】，下设子菜单如图 5-91 所示，主要子菜单的功能和使用方法说明如下。

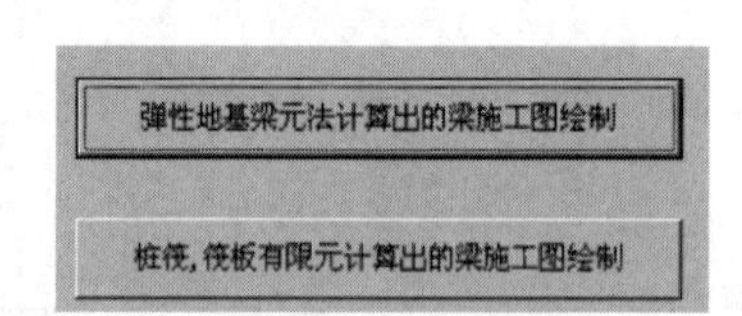

图 5-90 梁筋标注选择对话框

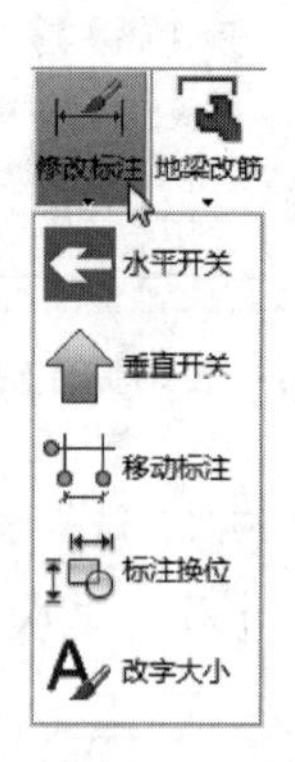

图 5-91 修改标注子菜单

【水平开关】：关闭水平方向上梁的集中标注和原位标注信息。

【垂直开关】：关闭垂直方向上梁的集中标注和原位标注信息。

【移动标注】：用鼠标移动集中标注和原位标注的字符，调整字符位置。

【改字大小】：批量修改集中标注和原位标注字符的字体大小。

5.7.4 改筋

(1) 地梁改筋

点击【地梁改筋】，下设子菜单如图 5-92 所示，主要子菜单的功能和使用方法说明如下。

【连梁改筋】：采用表格方式修改连梁的钢筋。

【单梁改筋】：采用手动选择连梁梁跨的修改方式，可以选择多个梁跨修改相应的钢筋。

【原位改筋】：手动选择要修改的原位标注钢筋进行修改。

【附加箍筋】：程序自动计算附加箍筋，并生成附加箍筋标注。

【删附加箍筋】：手动选择已经标注的附加箍筋，删除钢筋。

【附箍全删】：一次全部删除图中已经标注的附加箍筋。

(2) 分类改筋

【分类改筋】子菜单如图 5-93 所示，各项子菜单分别用于修改基础不同部位的钢筋。

5.7.5 地梁裂缝

点击【地梁裂缝】，程序进行裂缝验算，并在图上标出裂缝宽度的数值。需要注意的是，目前程序只能对梁元法的计算结果进行裂缝验算，板元法计算结果不能验算裂缝。

5.7.6 选梁画图

点击【选梁画图】，子菜单如图 5-94 所示，程序进行连梁立剖面图的绘制。

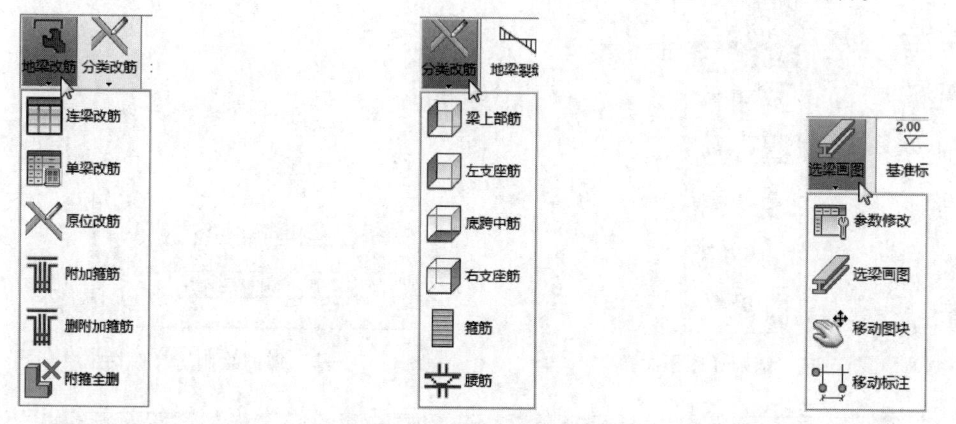

图 5-92 地梁改筋子菜单　　图 5-93 分类改筋子菜单　　图 5-94 选梁画图子菜单

首先执行【选梁画图】，用户交互选择要绘制的连续梁，程序用红线标示将要出图的梁，一次选择的梁均会在同一张图上输出。由于出图时受图幅的限制，一次选择的梁不宜过多，否则布置图面时，软件将会把剖面图或立面图布置到图纸外面。选好梁后，按鼠标右键或［Esc］键结束梁的选择。之后，屏幕上会弹出如图 5-95 所示的立剖面参数对话框（点取【参数修改】可出现同样的对话框），用户在这里输入图纸号、立面图比例、剖面图比例等参数。

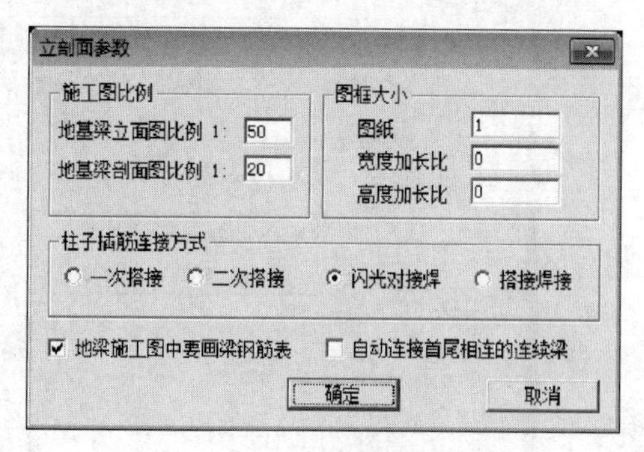

图 5-95 立剖面参数对话框

参数定义完毕后，就可以正式出图了。程序首先要进行图面布置的计算。布图过程中可能会出现某些梁长度过长超出图纸范围的情况，这时软件会提示是否分段。如果选择“分段”，则程序会将此梁分为几段绘制，如果选“不分段”，则此梁会超出原来选定的图纸范围。布置计算完成后，用户按程序提示输入图名，然后程序会自动绘制出施工图。如果用户觉得自动布置的图面不满足要求，则可使用【参数修改】菜单重新设定绘图参数，或使用【移动图块】和【移动标注】菜单来调整各个图块和标注的位置，得到自己满意的施工图。

5.7.7 制图

(1) 基础详图

本菜单的功能是在当前图中或者新建图中添加绘制独立基础、条形基础、桩承台、桩的大样图。点击【基础详图】，下设子菜单如图 5-96 所示，主要子菜单的功能和使用方法说明如下。

【绘图参数】：点取该菜单后，首先弹出如图 5-97 所示的提示对话框，选择好后，屏幕弹出绘图参数设置对话框（图 5-98），用户可根据需求输入参数。

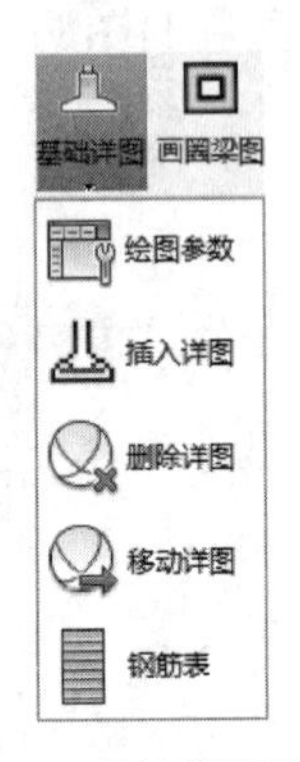

图 5-96 基础详图子菜单

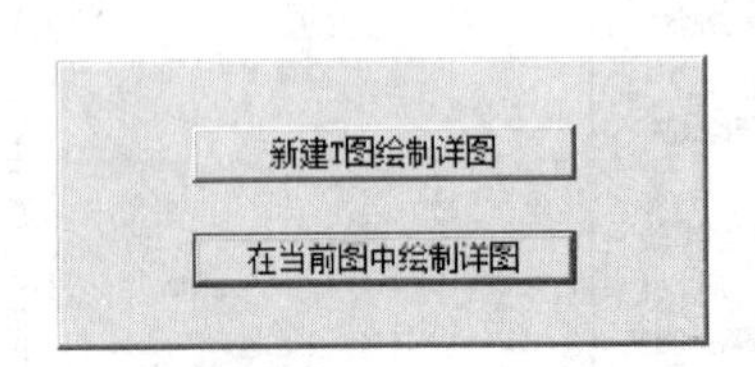

图 5-97 基础详图绘制选择对话框

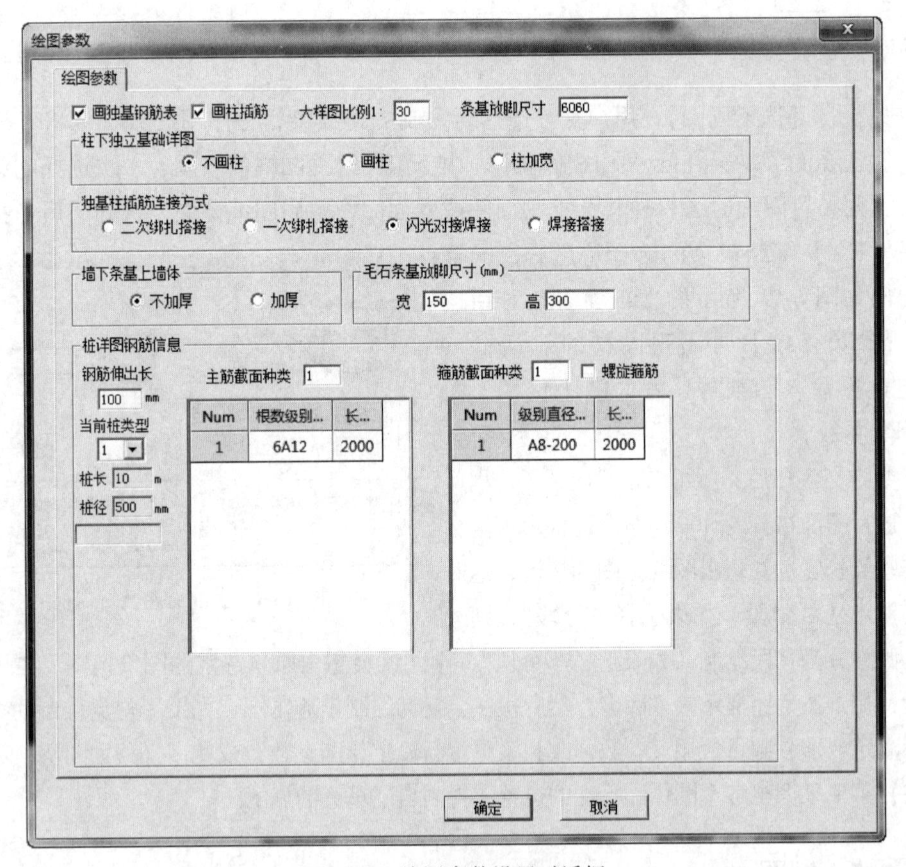

图 5-98 绘图参数设置对话框

【插入详图】：点取该菜单后，在弹出的选择基础详图对话框中列出了应画出的所有大样名称，独基以“DJ-”字母打头，条基为各条基的剖面号。已画过的详图名称后面标有记号“√”。用户点取某一详图名称后，屏幕上出现该详图的虚线轮廓，移动光标可将该大样移动到图面空白位置，回车即将该图块放在图面上（图 5-99）。

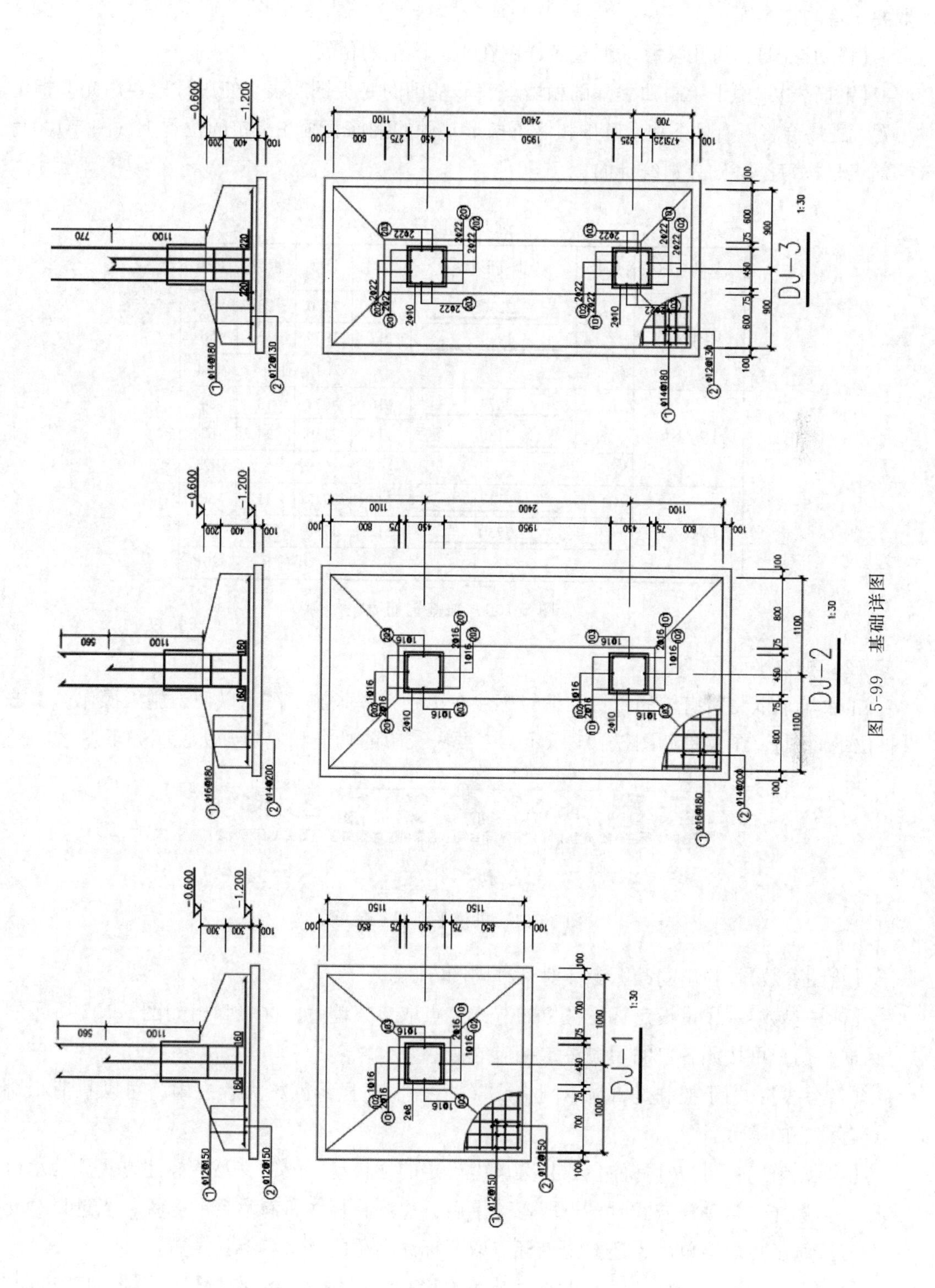

图 5-99 基础详图

【删除详图】：用来将已经插入的详图从图纸中去掉。具体操作是：点取菜单后，再点取要删除的详图即可。

【移动详图】：可用来移动调整各详图在平面图上的位置。

【钢筋表】：用于绘制独立基础和墙下条形基础的底板钢筋表。使用时只要用光标指定位置，程序会将所有柱下独立基础和墙下条形基础的钢筋表画在指定的位置上（图 5-100）。钢筋表是按每类基础分别统计的。

独基钢筋表

基础名称	编号	钢筋形状	规格	长度	根数	重量
DJ-1×16	①	2230	Φ12	2230	28	56
	②	1930	Φ12	1930	32	56
					小计	884
DJ-2×6	①	4077	Φ16	4077	13	84
	②	2130	Φ14	2130	24	62
					小计	873
DJ-3×2	①	3717	Φ14	3717	11	50
	②	1730	Φ12	1730	33	51
					小计	201

图 5-100　独基钢筋表

（2）桩位平面图

本菜单可以将所有桩的位置和编号标注在单独的一张施工图上以便于施工操作。点击【桩位平面图】，子菜单如图 5-101 所示，主要子菜单的功能和使用方法说明如下。

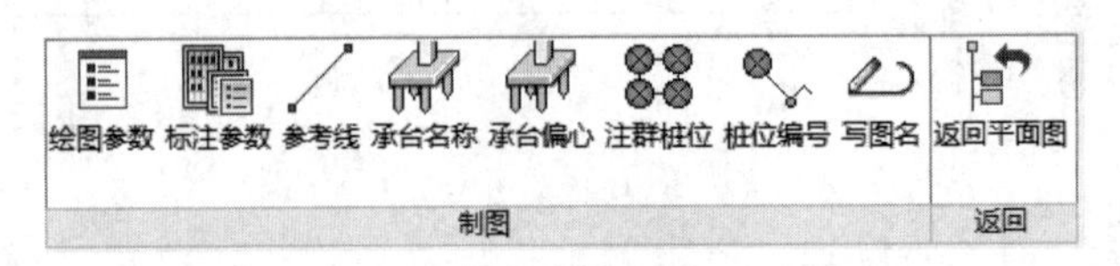

图 5-101　桩位平面图子菜单

【绘图参数】：弹出的绘图参数对话框同图 5-83。

【标注参数】：用于设定标注桩位的方式。点取该菜单后，屏幕弹出如图 5-102 所示的对话框，用户可按照各自的习惯设定相应的值。

【参考线】：用于控制是否显示网格线（轴线）。在显示网格线状态中，可以看清相对节点有移心的承台。

【承台名称】：可按【标注参数】菜单中设定的“自动”或“交互”标注方式注写承台名称。当选择“自动”方式时，点取本菜单后，程序将标注所有承台的名称；当选择“交互”方式时，点取菜单后，还要用鼠标点取要标注名称的承台和标注位置。

【承台偏心】：用于标注承台相对于轴线的移心。可按【标注参数】中设定的“自动”或“交互”方式进行标注。

【注群桩位】：用于标注一组桩的间距及其和轴线的关系。点取该菜单后，需要先选择桩(选择方式可按［Tab］键转换)，然后选择要一起标注的轴线。如果选择了轴线，则沿轴线的垂直方向标注桩间距，否则要指定标注角度。先标注一个方向后，再标注与前一个正交方向的桩间距。

【桩位编号】：用于将桩按一定水平或垂直方向编号。点取该菜单后，先指定桩起始编号，然后选择桩，再指定标注位置。

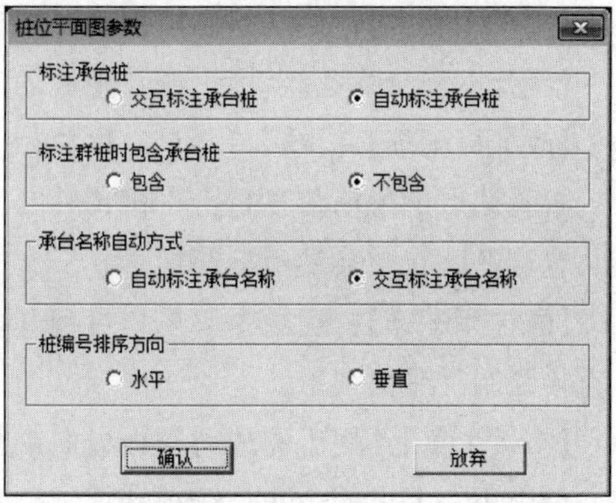

图 5-102 桩位平面图参数对话框

(3) 筏板钢筋图

本菜单用于筏板基础施工图的绘制。点取该菜单后，程序将自动检查该模块的数据信息（对当前工程而言）是否已经存在。如果存在，则屏幕上将弹出如图 5-103 所示的对话框，提示用户对此前建立的信息的取舍做出选择。

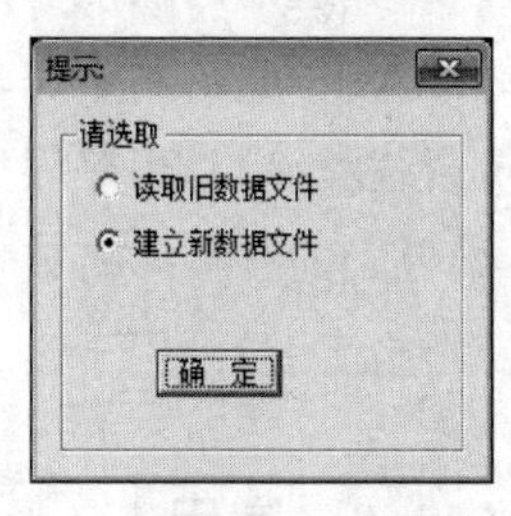

图 5-103 数据文件选择对话框

选择“读取旧数据文件”，表示此前建立的信息仍然有效。

选择“建立新数据文件”，表示初始化本模块的信息，此前已经建立的信息都无效。

点取〈确定〉按钮后，屏幕上将显示出如图 5-104 所示的子菜单，主要子菜单的功能说明如下。

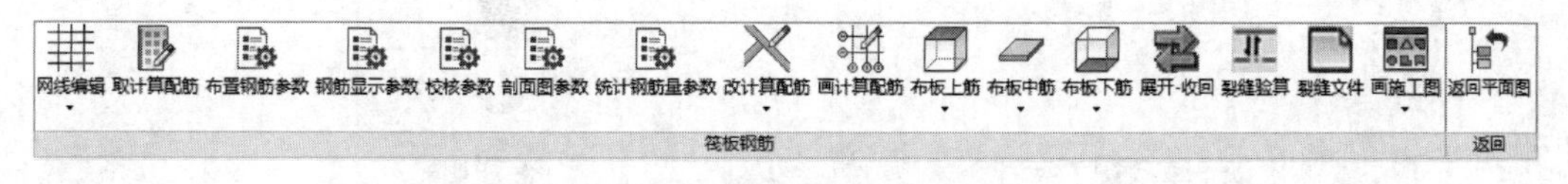

图 5-104 筏板钢筋图子菜单

【网线编辑】：本菜单不是必须操作的。为了方便筏板钢筋的定位，可能需要对基础平面布置图的网线信息进行一些编辑处理。只要编辑的网线信息与已布置的钢筋无关，则经过网线编辑后，已布置的钢筋信息仍然有效。

【取计算配筋】：通过本菜单，可选择筏板配筋图的配筋信息来自何种筏板计算程序的结果。为使该菜单能正常运行，在此之前，应在筏板计算程序中执行【钢筋实配】或【交互配筋】。

【布置钢筋参数】：这些参数只对将要布置的钢筋起作用，也就是说，参数的改变不会自动改变已布置的钢筋信息。

【钢筋显示参数】：用来确定钢筋在图面上显示的方式和位置。

【校核参数】：用来设定钢筋校核时的表示方法。

【剖面图参数】：用于绘制筏板剖面图。

【统计钢筋量参数】：用于统计筏板的钢筋量。

【改计算配筋】：本菜单不是必须执行的，它有三个用途，其一，可在具体绘钢筋图之前，查看读取的配筋信息是否正确；其二，可对计算时生成的筏板配筋信息进行修改；其三，也可在此自定义筏板配筋信息。

【画计算配筋】：通过本菜单，可把【取计算配筋】或【改计算配筋】中的筏板钢筋信息直接绘制在平面图上。

【布板上筋】：用于完成对筏板板面钢筋的布置，钢筋的信息（钢筋直径、间距、级别等）是由用户提供的，它与筏板计算结果不相关联。

【布板中筋】：用于编辑筏板板厚中间层位置的钢筋，钢筋的信息是由用户指定的，即无程序计算选筋的功能。

【布板下筋】：用于编辑筏板的板底钢筋。

【裂缝验算】：程序根据板的实际配筋量，计算出板边界和板跨中的裂缝宽度。注意：只有梁板式的筏板才有该项功能。

【画施工图】：用于生成筏板配筋施工图。

5.7.8 常用

(1) 设置

本菜单用于完成当前施工图的线型、图层、文字等相关设置，子菜单如图5-105所示。

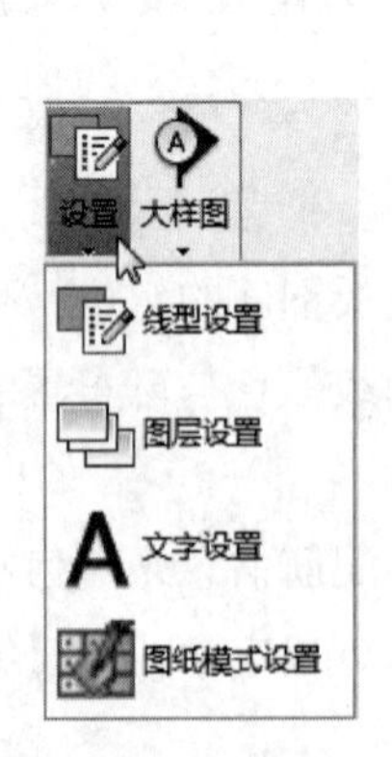

图5-105 设置子菜单

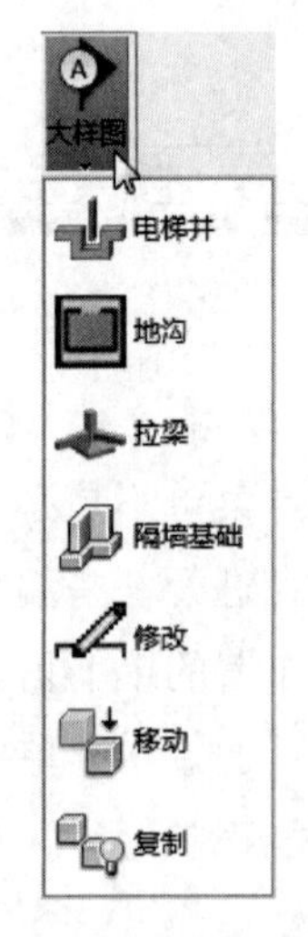

图5-106 大样图子菜单

(2) 大样图

本菜单用于绘制基础中的一些常用剖面图，包括电梯井、地沟、拉梁和隔墙基础，子菜单如图5-106所示。

【电梯井】：参数化定义电梯井的详图（平面大样和剖面大样），并将其插入施工图中。

【地沟】：参数化定义地沟的详图（平面大样和剖面大样），并将其插入施工图中。

【拉梁】：参数化定义拉梁剖面详图，并将其插入施工图中。

【隔墙基础】：参数化定义隔墙基础，并将其插入施工图中。该类基础在基础数据输入时并不出现，一般也不需要进行承载力和基础内力计算。

第 6 章

建筑结构概念设计及其案例分析

在传统的土木工程专业教学中，往往只重视单独构件和孤立的分体系的力学概念讲解，忽略对整体结构体系概念的强调。而且随着计算机应用教育的普及，部分院校土木工程专业学生的毕业设计采用结构设计软件进行计算、出图。但由于计算机设计过程的屏蔽，手算过程训练程度的削弱，造成学生整体结构体系概念模糊，并形成了一种错误的观念，认为结构设计就是“规范＋一体化计算机结构设计程序”。类似的情况在年轻的结构工程师中也普遍存在，他们缺乏对整体结构概念的认识，只会盲目照搬规范和规程的条文限值，过分依赖计算机分析结果而出现结构计算模型与实际建筑物的较大差别；或由于对软件的基本理论假定、应用范围和限制条件认识不清而导致错误的计算结果，这些对于培养具有创造力的工程师是相当不利的。

结构设计不仅是一门专业技术，更是一门艺术。而且，结构设计没有唯一解，只有通过不断地探索去寻求相对的最佳，而根本没有什么所谓的绝对最优。结构工程师的职责就是凭借自身的概念、经验、悟性、判断力和创造力，对每一个工程项目设计进行不断地探索、比较、反馈和优化，从而帮助建筑师和业主开拓和实现他们所追求的梦想，而不应拘泥于规范的条条框框和盲目依赖计算机的分析结果。本章的编写旨在强调概念设计思想在结构计算机辅助设计中的重要性。限于篇幅，本章主要概述了部分较为宏观的、与结构方案布置有关的概念设计的重要内容，更为详尽的概念设计内容请读者查阅书末列示的参考文献。此外，本章还列举了部分工程实例，探讨概念设计思想是如何运用到结构设计中的。希望这些工程实例能为从事设计和施工工作的工程师和高校土木工程专业的学生提供参考价值和启示作用，从而激发他们建立强烈的工程意识和培养创新精神。

6.1　建筑结构概念设计

6.1.1　概念设计的意义

目前建筑结构设计提倡采用概念设计思想来促进结构工程师的创造性，推动结构设计的发展。所谓的概念设计一般指不经数值计算，尤其在一些难以做出精确力学分析或在规范中难以规定的问题中，依据整体结构体系与分体系之间的力学关系、结构破坏机理、震害、试验现象和工程经验所获得的基本设计原则和设计思想，从整体的角度来确定建筑结构的总体布置和抗震细部措施的宏观控制。在建筑设计的方案阶段就引入概念设计的思想，可以为结构工程师和建筑师之间创造性的合作提供可能性，并且从整体上把握结构的各项性能，所得方案往往概念清晰、定性正确，避免了后期设计阶段一些不必要的繁琐运算，具有较好的经济可靠性能，从而最终实现建筑功能、结构、美观、建造的统一性。

6.1.2 概念设计的内容

一个工程项目的设计通常包括三个阶段：方案设计阶段、初步设计阶段和施工图设计阶段。结构概念设计应该贯穿于工程设计的每一个阶段，其内容包括结构体系的确立、结构的分析与计算以及结构的构造措施等。

(1) 结构的刚度

结构的刚度越大，其动力效应越小，亦即频率高，振动的振幅小，虽然有利于抵抗风荷载，但所受的地震作用却越强，产生的地震作用效应也就越大，相应的材料用量会增加。反之，结构刚度越小，所受的地震作用就越小，虽然可以节省材料，但是结构产生的变形较大。而历次地震的建筑震害表明，结构的变形较小时，所受的震害也比较小。例如框架结构的震害通常比较大，而设置剪力墙的结构震害则较小，主要是因为剪力墙的刚度较框架刚度大。当然，不能因此得出结构的刚度愈大愈好的结论，因为正如前面所述，结构刚度越大，所受的地震作用就越强，相应的材料用量会增加，造成工程造价的提高。

此外，结构的振动与变形不仅与结构的刚度有关，还与场地土有关，即当结构自振周期与场地土的卓越周期接近时，建筑物的振动变形和所受的地震作用都会加大，因此应根据场地条件设计结构，硬土地基上的结构可柔一些，软土地基上的结构可刚一些。可通过改变结构的刚度调整结构的自振周期，使其偏离场地土的卓越周期，较理想的结构是自振周期比场地卓越周期更长，如果不可能，则应使其比场地卓越周期短得较多，因为在结构出现少量裂缝后，周期会加长，要考虑结构进入开裂和弹塑性状态时，结构自振周期加长后与场地卓越周期的关系。如果有可能发生类共振，则应采取有效的措施。

因此，结构刚度的确定应结合结构的具体高度、体系和场地条件进行综合判断，从而建立一个具有多道防线、刚柔结合的理想刚度目标，即结构应具有一定大的刚度和承载力以抵抗风荷载和地震作用，在风荷载和规范设防烈度水准的地震作用下，能保证结构完全处于弹性工作状态。并且在第一道防线屈服后，在结构变柔的同时仍具有足够大的弹塑性变形能力和延性耗能能力来抵御未来可能遭遇的罕遇地震。然后根据这个多道防线、刚柔结合的理想目标，再从具体的结构整体设计中去满足（其中包括合理的构造措施），而不是仅仅满足于结构的变形没有超过规范允许的限值就可以了。

（2）结构的平面与竖向布置

在进行结构布置时，平面形状宜简单、规则、对称，尽量减少突出、凹进等复杂平面，平面的刚度分布与质量分布宜均匀，并使得刚度中心与质量中心尽量靠近，以减少地震作用下的扭转效应。结构的竖向体型宜上下等宽或由下至上逐渐减小，避免有过大的外挑和内收，侧向刚度最好下大上小，沿竖向均匀变化，避免侧向刚度和承载力发生突变。

平面刚度是否均匀是地震是否造成扭转破坏的重要原因，而影响刚度是否均匀的主要因素是剪力墙的布置，剪力墙宜沿纵横两个方向布置，以抵抗不同方向的水平荷载，并且宜布置在建筑物两端、楼梯间、电梯间或平面刚度有变化处，这样可以增强整个建筑结构对偏心扭转的抵抗能力。以汶川地震中框架-剪力墙结构的震害为例，位于同一地点，按相同抗震设防烈度设计的两栋建筑，在遭遇同样的地震时，其震损程度相差较大。如都江堰某20层框架-剪力墙建筑，其建筑平面简单、规则，剪力墙集中布置，类似框架-核心筒的结构体系，只出现了连梁开裂破坏；而位于都江堰的另一栋13层框架-剪力墙建筑，平面和立面均不规则，剪力墙分置于两侧（不对称），除连梁破坏外，还有剪力墙墙身及部分框架梁柱发生破坏。

（3）设置多道抗震防线

为了防止结构在地震作用下发生倒塌，抗震结构应具有多道抗震防线，并建立合理的屈服机制和耗能机制。当结构受到超过设防烈度的所谓“大震”作用时，作为第一道防线的某些构件，如框、排架结构的柱间支撑或柱子的翼墙、剪力墙结构的连梁等率先破坏，消耗部分地震能量并改变了整体结构的动力特性，从而降低地震作用，保护了作为第二道防线的构件，如框、排架结构的柱子、剪力墙结构的墙体等。

设置多道抗震防线时，应注意分析并控制结构的屈服或破坏部位，控制出铰次序及破坏过程。有些部位允许屈服或甚至允许破坏，而有些部位则只允许屈服，不允许破坏，甚至有些部位不允许屈服。例如带有连梁的剪力墙中，连梁应当作为第一道防线，连梁先屈服或破坏都不会影响墙肢独立抵抗地震作用；框架-剪力墙和框架-核心筒结构中，因为剪力墙、核心筒的刚度大，承担的地震剪力大，允许的变形又较小，通常是剪力墙中的连梁或墙肢先屈服，连梁可以破坏，而墙肢只能屈服不能破坏，剪力墙的刚度降低后，框架将承担更多的地震剪力；如果框架先屈服，则只允许框架梁先屈服，框架柱不允许屈服。无论是剪力墙先屈服，还是框架先屈服，另一部分抗侧力结构仍然能够发挥较大作用，虽然会发生内力重分布，但两者仍然能够共同抵抗地震作用，多道设防的结构不容易倒塌。

（4）设计延性结构和延性构件

延性是指构件和结构屈服后，具有承载能力不降低或基本不降低、且有足够塑性变形能力的一种性能。在“小震不坏、中震可修、大震不倒”的抗震设计原则下，钢筋混凝土结构都应设计成延性结构，即在设防烈度地震作用下，允许部分构件屈服出现塑性铰，这种状态是“中震可修”状态；当合理控制塑性铰部位、构件又具备足够的延性时，可以实现在大震作用下结构不倒塌。延性结构的塑性变形可以耗散部分地震能量，结构变形虽然会加大，但作用于结构的惯性力不会很快增加，内力也不会再加大，因此可以降低对延性结构的承载力要求，也可以说，延性结构是用它的变形能力（而不是承载力）抵抗强烈的地震作用；反之，如果结构的延性不好，则必须用足够大的承载力抵抗地震。然而后者会多用材料，对于地震发生概率极少的抗震结构，延性结构是一种经济的、合理而安全的设计对策。

要保证钢筋混凝土结构具有一定的延性，除了必须保证梁、柱、墙等构件具有足够的延性，即都应按"强剪弱弯"设计外，还要采取措施使框架和剪力墙都具有较大的延性。钢筋混凝土构件可以由配置钢筋的多少控制它的屈服承载力和极限承载力，由于这一性能，在结构中可以按照"需要"调整钢筋数量，调整结构中各个构件屈服的先后次序，实现最优状态的屈服机制。例如，对于框架结构，应该设计成"强柱弱梁"，即允许塑性铰出现在梁端，避免塑性铰出现在柱的上、下端形成"机构"而倒塌。对于剪力墙结构，应该设计成"强墙弱梁"的联肢剪力墙，即连梁先出现铰，耗散部分地震能量，而剪力墙的刚度有所降低，但是能够继续抵抗侧向力，最后在墙肢底部钢筋屈服以后达到极限状态，是比较理想的破坏机制。如果连梁较强而不屈服（高跨比大或者抗弯配筋很多），则由于剪力墙整体作用较强，塑性铰出现在墙肢底部，类似于静定的悬臂墙底部出现塑性铰而成为"机构"，不能继续抵抗侧向力。

（5）填充墙对结构的影响

由历次地震中框架结构的震害特征可知，由于填充墙的存在，特别是填充墙在框架中的不利布置，导致框架结构严重损坏甚至倒塌破坏。例如，填充墙沿高度不连续设置造成结构的竖向刚度不均匀，导致薄弱层侧移过大或倒塌；填充墙平面布置不均匀造成结构平面刚度偏心，导致地震作用下结构产生扭转效应；窗下填充墙对框架柱的侧向约束，使得框架柱的实际剪跨比减小，形成短柱。框架柱剪跨比的减小，一方面使得柱的抗侧刚度增大，相应地震剪力增大，另一方面小剪跨比框架柱的侧向变形能力小，容易产生脆性剪切破坏。

填充墙对框架结构抗震性能的影响十分复杂，应根据其在整体结构中的作用和影响，在结构设计时予以充分考虑，建议将填充墙分为不参与结构受力和参与结构受力两类。对于不参与结构受力的填充墙，应首先选用刚度小、变形能力大的轻质填充墙。但目前我国的填充墙材料大多选用强度和变形能力都小的空心砖和空心砌块，因此在设计和施工中应注意在填充墙与框架柱之间预留足够的缝隙，避免填充墙影响主体框架结构的受力和变形，同时填充墙内部应设置水平钢筋或构造柱，防止填充墙平面外倒塌。对于参与结构受力的填充墙，可作为一种结构构件，纳入整体结构的抗震分析和设计中，并作为框架结构的第一道抗震防线。此时，填充墙与框架之间应采取必要的水平钢筋拉结、构造柱、水平系梁等措施，有效增强填充墙与主体框架结构的协同工作能力，提高填充墙的变形能力和抗面外倒塌能力。

（6）关于变形缝的设置

变形缝包括防震缝、伸缩缝和沉降缝。设置变形缝的目的是将平面或竖向不规则的结构划分为若干个简单规则的结构单元，以消除结构不规则、收缩和温度应力以及不均匀沉降对结构造成的不利影响，改善结构在地震作用下的受力性能。但是历次的建筑震害表明，在建筑中设缝既有有利的一面，也有不利的一面。

一方面，对平面或立面不规则的结构，通过设置防震缝将其划分为简单规则的独立结构单元，可以减小地震作用及其产生的扭转效应，降低地震不确定性带来的危害；对平面尺寸较长而又未采取有效控制温度影响措施的结构，设置温度缝可以减小温度应力对结构的不利影响；对处于不均匀地基土上的建筑或带有裙房的高层建筑，设置沉降缝可以减小地基的不均匀沉降。

另一方面，变形缝的设置，给建筑立面处理、地下室防水、设备管线穿越等带来一定困难，并且在历次地震中，因防震缝两侧的结构相互碰撞造成破坏甚至倒塌的现象屡见不鲜。

因此，结构设计应遵循牢固连接或彻底分离的原则，通过调整平面形状和尺寸、构造或施工上采取措施，解决不规则、超长或不均匀沉降导致的不利影响，尽可能不设缝或少设缝。例如，高层建筑的平面一般不要设计得过长，在较长的平面中设置后浇带可以解决早期收缩出现裂缝的问题，顶层采取隔热措施、外墙设置外保温层等可以有效减小温度变化的影响，顶层、底层、山墙等温度变化较大的部位提高配筋率，以抵抗温度应力等。对于设有裙房的高层建筑，为了减小主体和裙房之间的沉降差，可以把主体结构和裙房放在一个刚度很大的整体基础上；土质不好时，裙房和主体结构都采用桩基将上部荷载传到压缩性小的土层中；可以在施工阶段在主体与裙房之间设置后浇带；裙房面积不大时，可以从主体结构的箱形基础上悬挑基础梁来承受裙房的重量等等。

如果在结构中无法避免设置变形缝时，则都必须按照防震缝的要求设置其宽度，即应满足在中震或大震下缝两侧建筑物不致严重碰撞的要求。缝内应采用具有变形能力的柔性填充材料，避免采用刚性材料，因为刚性材料填缝相当于变相缩减缝宽，而且可能改变缝两侧建筑物的变形特性，地震作用下极易造成填缝材料及缝两侧建筑物的损坏。

6.2 概念设计在工程案例中的运用

6.2.1 印象海南岛剧场

(1) 工程概况

印象海南岛剧场位于海口市西海岸，是在 20 世纪 90 年代建成的“水世界”旧结构基础上，综合环境、文脉、技术等因素，引入形态仿生和结构仿生概念改建而成，是国内首个仿生剧场。剧场呈半封闭式结构，总占地面积约 $10hm^2$，总建筑面积 $11000m^2$，可容纳 1600 人观看演出。

(2) 形态仿生

印象剧场构思的着力点是：寻找大海的象征，设计灵感来源于本项目的主题——大海。整个建筑群寓意一组飘浮在海面上的贝壳，而最大的那个“贝壳”，就是本项目的主体建筑——印象剧场（图 6-1）。印象剧场的外形创意来源于美丽的海胆外壳：海胆的圆形轮廓与剧场圆形看台的平面结构相适应，海胆球状壳体符合圆形剧场所需的穹顶结构。

(3) 结构仿生

“水世界”原有的结构已不能满足印象剧场的使用要求，只能对旧结构进行加固改造。因旧建筑无法承担“海胆”全部的重量，剧场的屋盖采用了拱、弦相结合的结构形式，既满足了“海胆”的造型要求，又最大限度地减轻了新结构对老结构的压力。

为了满足建筑造型的特殊性，降低建筑自重，作为主结构的钢拱分为前后两部分，采用了弦支拱桁架的结构形式。前后拱的三个主弦杆为平面六次抛物线。前拱支撑“海胆”的内胆结构，通过径向桁架将重力荷载传递给原有混凝土柱，后拱则承担风荷载和地震作用(图6-2、图6-3)。

图6-1 印象海南岛剧场

图6-2 主体结构

由于“海胆”造型并非简单的球体，为了体现出“海胆”优美的造型，设计中通过前拱与后拱之间的弦桁架杆张成三次双曲抛物面。

“海胆”面层构造刚柔相济，外表面为铝板，能适应高温高湿气候，抵抗海边盐雾的腐蚀，“海胆”内表面必须能适应舞台灯光、音响的技术要求，因此采用了体形丰富、自然流畅的膜结构膜面(图6-4)。

图6-3 拱脚基础

图6-4 张拉膜

6.2.2 海口某滨海酒店

6.2.2.1 工程概况

海口某滨海酒店位于海口市西海岸，建筑面积约为33553m²。酒店分为1、2、3三个分区（图6-5），地上均为13层，2、3区设二层地下室，建筑屋面高度为38.45m，主楼部分均采用框架-剪力墙结构。1、2、3区之间分别设置伸缩缝脱开，其中1区由于总长度过大，居中另设置了一道伸缩缝；2区主楼与泳池屋顶部分结构形式分别为框架-剪力墙结构和框架结构，两者之间也设置了一道伸缩缝予以脱开。酒店所在的海口地区抗震设防烈度为8度（0.30g），50年一遇的风荷载基本风压为0.75kN/m²，地面粗糙度类别：A类；框架-剪力墙中框架抗震等级：2级，剪力墙抗震等级：1级。

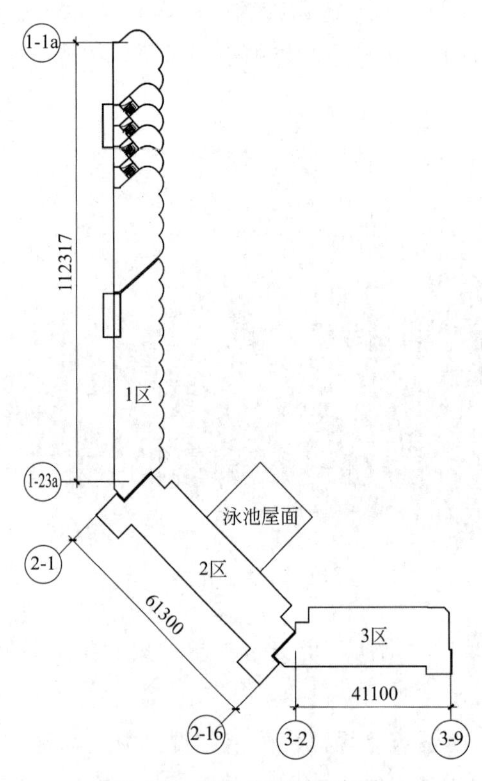

图6-5 酒店总平面示意图

6.2.2.2 基础形式的选择以及地下室抗浮处理

(1) 地质条件

根据地勘报告，本工程场地属海岸砂堤，地貌单元单一，综合评价地基的液化等级为中等液化，场地类别为Ⅱ类。

(2) 基础选型

高层建筑应采用整体性好、能满足地基承载力和建筑的容许变形要求并调节不均匀沉降的基础形式。本工程为高层建筑，场地存在液化的情况，根据《建筑抗震设计规范》(GB 50011—2001) 第4.3.6条要求，基础需进行处理。综合考虑后本项目1区采用了钻孔灌注桩，桩端持力层为⑥层中风化玄武岩。⑥层中风化玄武岩全场地均有分布，桩的极限端阻力标准值为15000kPa。1区的基础选型起到了全部消除地基液化沉陷的作用，而且本工程的⑥层中风化玄武岩埋深一般在3～8m深度范围，所以1区采用钻孔灌注桩基础十分经济划算；2、3区均有2层的地下室，本项目⑥层中风化玄武岩埋深较浅，所以2、3区采用了持力层为⑥层中风化玄武岩的天然地基，由于场地的岩层存在一定的倾角，在基础施工过程中局部岩层较浅处采用了爆破处理，岩层较深处采用C15素混凝土回填到设计基底标高。在基础开挖过程中已将存在液化可能的①层中砂、③层砾砂全部挖除，消除了地基液化沉陷的可能，同时也很好地利用了场地的有利条件，节约了造价。

(3) 地下室抗浮处理

本工程场地抗浮水位为绝对标高4.584m，基本与工程室外地面标高平，2、3区地下室部分的抗浮水头达到了7.1m。本项目主楼部分共有15层楼板，结构自重足以抵抗水的浮力；抗浮问题主要存在于上部没有主楼建筑的地下室部分，在考虑此部分的抗浮设计时，我们考虑了以下几种处理的方案：A. 将地下室底板挑出挡土墙外1m，利用外挑底板上再回填的土重作为抗浮的有利荷载；B. 加大相应部分的回填深度及容重；C. 设置抗拔锚杆。在以上方法中，A及B能够部分解决抗浮不足的问题，但是面对抗浮水头如此高的情况，均不能从根本上解决抗浮问题。而本项目⑥层中风化玄武岩埋深较浅，岩石强度高，所以最终采取了在柱下位置布置抗拔锚杆的做法，锚杆设计详见图6-6。在锚杆设计过程中验算了①锚杆钢筋截面面积；②锚杆锚固体与土层的锚固长度；③锚杆钢筋与锚固砂浆间的锚固长度；④土体或者岩体的强度验算等相关内容，以确保锚杆的安全可靠。

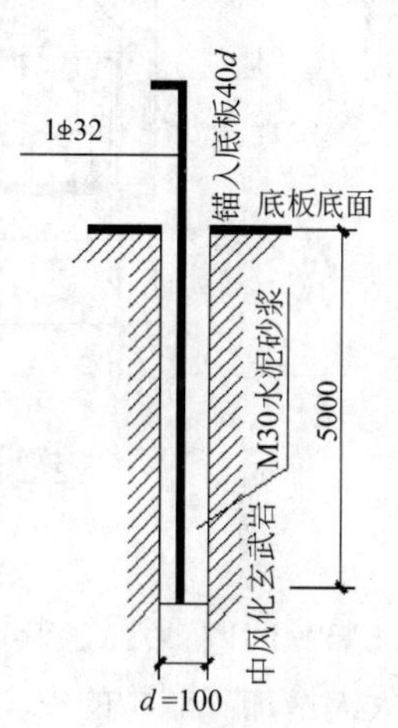

图6-6 锚杆详图

6.2.2.3 2区的结构设计特点

2区是本项目功能与结构最复杂的分区，以下选取几个结构上有特点的地方进行介绍。

① 本酒店的走廊为外廊式，设备专业的水管及电桥架等均在走廊位置梁底架设，在吊顶高度确定的情况下，各专业管道汇总的结果确定走廊处的梁高不得大于300mm，而此处梁的跨度为4800mm，在地震作用带来的弯矩大、走廊及卫生间荷载大的情况下，按常规布置要满足300mm的梁高控制基本没有可能。最终在设计中采用了设置斜撑的做法，通过设置斜撑可以使得走廊梁的跨度大幅度减小，从而使300mm高的梁截面成为可能，而且斜撑巧妙地藏在了靠近走廊的卫生间横墙中（图6-7），所以对于建筑的布置不会造成不利的影响。实际上在酒店建筑中，不管是内走廊还是外走廊均是设备专业管线路由的必经必争之地，而高档酒店往往对于走廊吊顶后的高度有着严格的要求，所以结构的梁高自然是“严密控制”的对象，本项目采用的加设斜撑的结构做法是解决这一矛盾的很好办法。

② 2区存在立面开洞导致竖向结构不连续的问题（图6-8），结构设计采用了斜撑（斜柱）转换的做法。由于立面开洞的存在，本楼转换层位于10层位置，《高层建筑混凝土结构技术规程》(JGJ 3—2002)（以下简称《高规》）10.2.2条规定8度区“底部大空间部分框支剪力墙高层建筑结构”转换层不宜超过3层，那么本楼是否应属于高位转换呢？我们注意到其前提系指“框支剪力墙结构”。本项目所转换构件为柱子而非剪力墙，在本楼结构抗震体系中，剪力墙属于抗侧力构件，而柱子主要为竖向承重构件。所以认为本楼应属于《高规》10.2.2条最后所指，“其转换层位置可适当提高”的范围；而且由于在每根被转换柱子底部均布置 500×500斜柱，所以2区结构应不同于一般的梁柱转换。

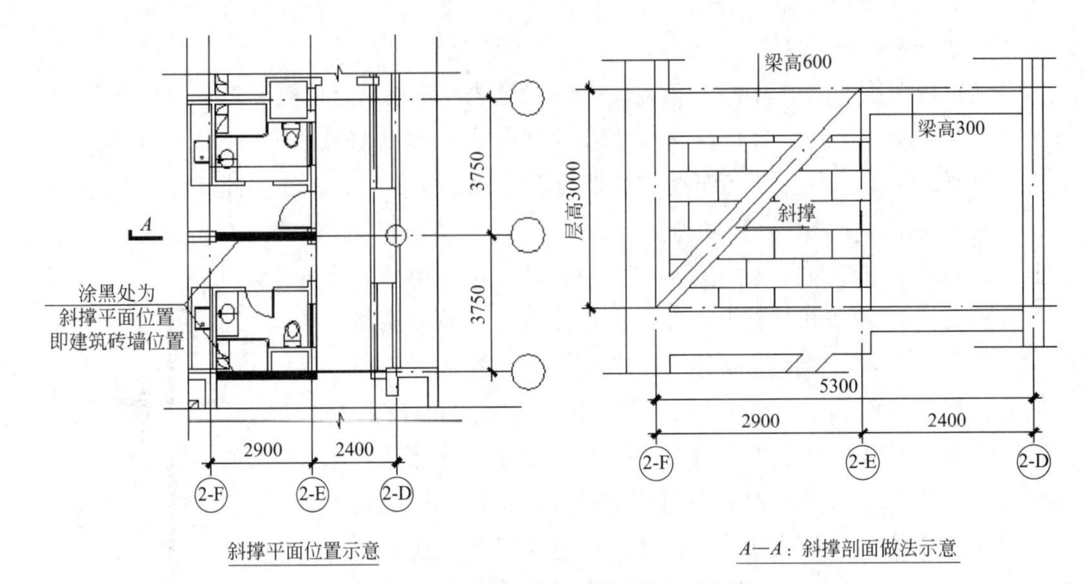

图 6-7 卫生间、走廊位置斜撑做法示意

柱底竖向内力通过斜柱传到相邻框架柱上，所以斜柱总体应视为竖向承重构件，设置斜柱大大增加了结构的安全度；同时，计算结果显示，本楼转换层上部与下部结构的等效侧向刚度比远小于1，转换层上下各层的层刚度比满足《高规》4.4.2 条要求，与上层楼层侧向刚度相比，Rat$x$＝0.8462，Rat$y$＝0.8738，大于规范要求的 0.60 最小限值，本楼没有出现刚度突变及抗剪薄弱层。应该说，本楼转换具有多项有利条件，不属于转换层位置超过《高规》规定的高位转换高层建筑。

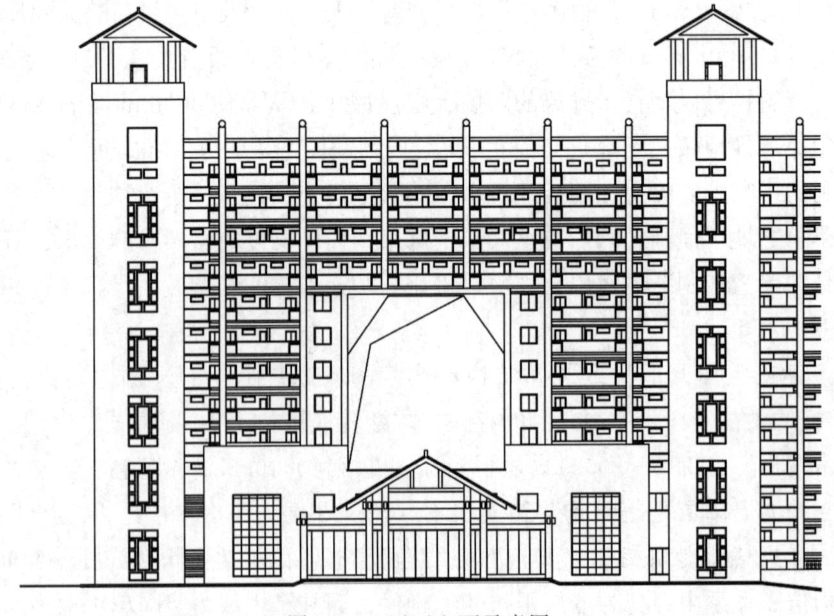

图 6-8 2 区正立面示意图

③ 由于立面开洞带来的竖向构件不连续，在 2 区的结构计算中按竖向不规则的情况

同时计算了双向地震及偶然偏心两种情况下的地震作用；设计中按照规范的相关规定采取了如下的结构加强措施：A. 按照《高规》规定转换的落地剪力墙应为特1级抗震，转换的框支柱、局部错层处柱子也提高1级抗震等级，按照1级抗震设计；B. 将10层柱向下转为斜柱处水平梁按转换梁设计，抗震等级提高1级，按照1级抗震设计，结构转换层（10层）楼板厚度根据《高规》第10.2.20条规定取180mm，并保证配筋率大于0.25%；C. 根据《高规》10.2.5条规定，底部加强区除按正常高层取底部部分以外，10层（转换层）及以上3层均按照底部加强区设计及设置约束边缘构件。

④ 根据《高规》第5.1.12规定，体型复杂、结构布置复杂的高层建筑应采用两个不同力学模型进行整体分析。本项目设计采用PKPM-SATWE软件计算及配筋，另外用PKPM-TAT软件进行整体验算，验算的主要总信息结果与SATWE计算结果大体相符。由于SATWE软件为有限元分析软件，TAT为空间杆件、薄壁柱计算模型，所以用TAT软件校核本建筑的整体计算是合适的，计算得出的结果反映本建筑的整体计算满足规范各条文要求。

6.2.3 海口某商住楼

6.2.3.1 工程概况

位于海口市的某商住楼一期工程包括两座对称的塔楼、地下车库及其他辅助用房。塔楼为20层的住宅楼，含一层地下室，地下室底标高为－3.40m。层高分别为：地下4.9m，一层4.8m，二至十八层2.9m，十九至二十层3.1m，电梯机房3.2m，水箱间4.7m。地下车库实为半地下车库，位于两栋塔楼的南侧，底标高－2.40m，顶标高1.2m，柱网8.0m×6.0m及8.0m×7.2m。车库顶为花园绿化，并通消防车。

本工程抗震设防烈度为8度，设计基本地震加速度值为0.30g，框架抗震等级为二级，剪力墙抗震等级为一级，场地土类别为Ⅱ类。

6.2.3.2 结构的整体分析

本工程采用PKPM程序建立结构模型并进行结构的整体分析。由于两栋塔楼的各户型系通过电梯、楼梯、走廊连成一体，而各户型之间设有天井，无板相连，因此除了利用PKPM进行结构的整体分析外，还利用广厦程序进行复算，即按各户型相连之间的板为有限刚度，而各户型本身楼板为无限刚度考虑。在结构的整体分析中充分运用了抗震概念设计的思想，主要体现在如下几方面。

① 地下车库顶屋顶花园活载的取值：屋顶花园有消防车道处，活载取消防车荷载20kN/m^2，无消防车道处则取5.0kN/m^2。

② 填充墙的材料问题：为了减轻塔楼自重，除外墙采用200mm厚的黏土空心砖外，其余内隔墙应首选加气混凝土砌块，其次是黏土空心砖。加气混凝土砌块加砂浆砌筑后的容重取9～10kN/m^3，黏土空心砖的容重则按实际取用。另外在布置填充墙时，应考虑其

布置方式对主体结构的不利影响，避免平面布置不均匀造成主体结构扭转，上下布置不均匀造成层刚度突变形成软弱层。

③ 塔楼的嵌固问题：考虑到塔楼的室内外高差为 1.6m，并且与地下车库相连，因此塔楼上部结构的嵌固部位取至地下室底，即考虑地下室作为一层计算。

④ 层间剪刚比调整问题：塔楼地下室层高为 4.9m，首层为 4.8m，二层以上为 2.9m。显然，如果首层与二层的剪力墙面积相同，则两者的刚度比为 1.655，即二层的刚度大于首层，因此为了使塔楼各层的刚度趋于均匀，应将各层的剪力墙厚度进行调整，具体如下：二层以下的剪力墙厚度调整为：除电梯间和楼梯间的墙厚 200mm，电梯井筒间墙厚 160mm 外，其余均为 240mm；二层以上除电梯间和楼梯间的墙厚 180mm，电梯井筒间墙厚 160mm 外，其余均为 200mm，并且尚需经电算进行调整。

⑤ 剪力墙的抗侧刚度问题：本工程的结构体系为钢筋混凝土剪力墙结构，为了使结构不致因剪力墙抗侧刚度太大造成结构的自振周期短，房屋顶点位移、层间位移小，从而使得工程费用增加，本工程对墙体的位置、墙肢的长度均进行了合理的布置和调整，使一般墙肢长度多在 2.5～3m（按具体位置考虑，见图 6-9），同时也做到了最小墙肢长度不小于 $5b_w$（b_w 为剪力墙的厚度）。为了避免剪力墙体系产生水平方向的扭转问题，在考虑剪力墙的布置时尽量做到正交抗剪中心接近建筑物质量产生的侧向荷载的作用中心。

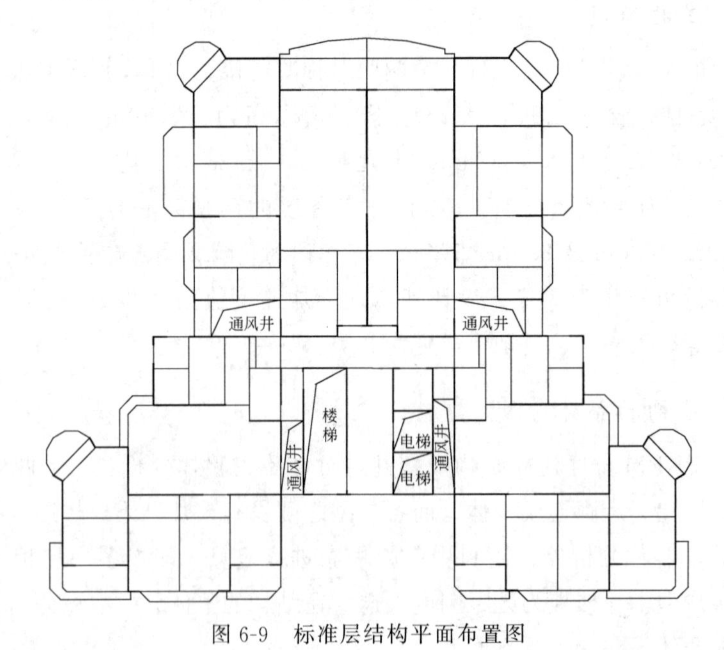

图 6-9 标准层结构平面布置图

⑥ 抗震的加强问题：该工程各个拐角处为了满足建筑使用功能的需要，多数角部为开口角窗，致使在地震作用下的抗扭转性能差，为了提高角部抗震性能，采取了如下措施。

a. 开口位的两向剪力墙在 18 层以下不得开洞，确保剪力墙刚度；

b. 角窗洞边的暗柱按约束边缘构件设计，并加大其竖向配筋；

c. 加厚角位房间的楼板厚度，并在转角处板内设置连接两侧墙体的暗梁。

⑦ 为了加强各户型之间的连接，增强整体协同工作能力，应在各户型相连的通风天井的外侧设双梁，并在双梁之间设100mm厚板。

6.2.3.3 部分计算结果及其分析

(1) 结构的位移比

位移比是控制结构整体扭转和平面布置不规则性的重要指标，位移比包含两部分内容：① 楼层竖向构件的最大水平位移与平均水平位移的比值 Ratio-(X) 和 Ratio-(Y)；②楼层竖向构件的最大层间位移与平均层间位移的比值 Ratio-Dx 和 Ratio-Dy。由表6-1可知，本工程结构的位移比均小于1.5，满足规范要求。

表6-1 结构的位移比

X向地震作用		Y向地震作用		X向风作用		Y向风作用	
Ratio-(X)	Ratio-Dx	Ratio-(Y)	Ratio-Dy	Ratio-(X)	Ratio-Dx	Ratio-(Y)	Ratio-Dy
1.11	1.11	1.04	1.04	1.25	1.25	1.06	1.06

(2) 层间位移角

层间位移角是衡量结构变形能力、控制结构整体刚度和不规则性的主要指标。由表6-2可知，结构的最大层间位移角均小于1/1000，满足规范要求。

表6-2 结构的最大层间位移角

X向地震作用	Y向地震作用	X向风作用	Y向风作用
1/1020	1/2187	1/5501	1/4748

(3) 结构的周期比

周期比是指结构扭转为主的第一自振周期 T_t 与平动为主的第一自振周期 T_1 的比值，周期比是控制结构扭转效应的重要指标。由"周期、振型、地震力"计算结果文件可知，$T_t=1.5410$，$T_1=1.8129$，$T_t/T_1=1.5410/1.8129=0.85<0.9$，满足规范要求。

(4) 结构的剪重比和刚重比

由表6-3可知，剪重比大于4.8%，刚重比大于1.4，满足规范要求。

表6-3 结构的剪重比和刚重比

剪 重 比/%		刚 重 比/%	
X向	Y向	X向	Y向
4.81	5.36	7.56	8.89

(5) 轴压比

由"梁弹性挠度、柱轴压比、墙边缘构件简图"可知，所有剪力墙中最大轴压比为0.45，小于0.5，满足规范要求。

由上述部分计算结果可知，结构的位移比、周期比、层间位移角、剪重比、刚重比和轴压比均在正常范围内。此外，结构的层间刚度比和层间受剪承载力比等计算控制指标也均满足规范要求，限于篇幅，未列于表中。由于在结构的整体分析中注重运用抗震概念设计思想，包括活载的取值、嵌固端的确定、填充墙材料的选择和布置、层间刚度比的调整、抗侧刚度沿平面和竖向的分布以及薄弱部位的加强等，因此使得计算结果合理，各项控制指标均符合规范要求，由此证明了上述抗震概念设计思想在结构整体分析中的有效性。

6.2.4 北京万达广场一期西区地下室结构设计

6.2.4.1 工程概况

北京万达广场一期西区工程是集酒店式公寓、商场、会所、幼儿园等为一体的大型综合性建筑群，总建筑面积 173293m^2；其中地下 2 层，地上由 5 栋 9～27 层的公寓、办公楼及 2 栋 3～4 层的商铺、会所和幼儿园组成，如图 6-10 所示。地上群楼与庭院的地下室连为一体，属于大底盘、多塔楼结构，地下室建筑面积 48617m^2，平时为汽车车库及设备用房，战时地下二层为六级人防物资库。

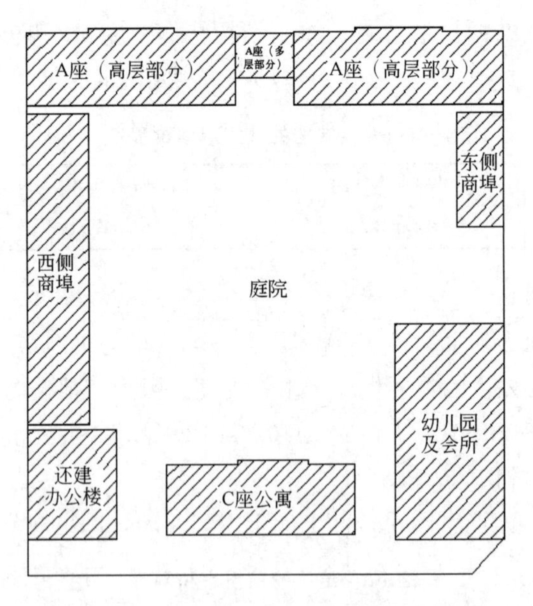

图 6-10 万达广场一期西区群楼分布示意图

6.2.4.2 地基处理

根据地质报告，地基持力层主要为圆砾-卵石及细中砂层，局部为黏质粉土-砂质粉土层，综合考虑地基承载力标准值 f_{ka} 取为 200kPa。压缩模量 $E_s \geqslant 25$MPa，且无软弱下卧层，地基条件良好。

由于高层建筑的基底反力较大，经过宽度和深度修正后的天然地基承载力不能满足设计要求，而且高层建筑与地下车库及裙房的基底反力相差较大，使用上又不允许设置沉降缝，经计算两者之间的沉降差不能满足规范要求，故在高层建筑下采用 CFG 桩（水泥粉煤灰碎石桩）进行地基处理。本工程共打桩 2533 根，桩径 400mm，褥垫层厚度均为 150mm，混凝土等级为 C25。经计算及现场试验，修正后的复合地基承载力特征值和总沉降量均满足设计要求。

地下车库及裙房部分仍采用天然地基。经过地基处理后，高层建筑本身的整体倾斜度将完全控制在规范允许的范围内［《北京地区建筑地基基础勘察设计规范》(DBJ01-501—92）的要求是 0.15%，而《建筑地基基础设计规范》(GB 50007—2002）的要求是 0.25%］。为了解决高层建筑与地下车库及裙房之间的沉降差，设计上沿高层建筑周边均设置了沉降后浇带，以解决结构在施工期间产生的不均匀沉降问题。由于高层建筑的大部分沉降量将在结构封顶后完成，而高层建筑的最终沉降量又控制在 40mm 以内，所以两者之间最终的沉降差将控制在允许的范围之内。

6.2.4.3 基础设计

本工程±0.000 相对于绝对标高为 37.800m，抗渗设计水位为 36.300m，抗浮设防水位为 33.500m。地下水中的潜水对混凝土无腐蚀性，而在干湿交替的环境下，微承压水对钢筋混凝土中的钢筋具有弱腐蚀性，由于地下室底板及外墙都采取了外防水措施，故地下水对基础基本无腐蚀性。

为了取得良好的经济效果，结合本工程的具体情况，在基础设计中共采用了三种不同的基础形式，即：高层建筑非核心筒部分采用“低板位”的梁板式筏板基础，基础梁截面尺寸为 1200mm×1800mm，底板厚度为 800mm；核心筒部分采用厚板基础，板厚 1800mm；地下车库及裙房部分则采用平板式筏板基础加下翻式柱帽，板厚 700mm，柱帽高 300mm。三种形式的基础设计满足了上部不同结构的特点。对于板顶和梁顶有高差的部分，按照《混凝土结构施工图平面整体表示方法制图规则和构造详图（筏板基础）》的构造要求做了平缓过渡，基础结构平面布置见图 6-11。为了提高底板的抗冲切能力，在车库及裙房部分的柱底都设置了下翻式柱帽。下翻式柱帽相对于上翻式柱帽而言，虽然柱帽尺寸较大，但可以降低基础的埋置深度、减少基坑土的开挖量及回填量、节约模板；同时，采用下翻式柱帽将使底板顶面平整，便于各专业铺设管线，柱帽做法见图 6-12。由于采用了具有不同特点的基础形式，因此既保证了建筑物的安全，又降低了工程造价、加快了施工进度。

6.2.4.4 人防设计

本工程地下二层局部战时为六级人防物资库，共划分为 5 个人防单元，人防单元之间通过 200mm 厚的人防单元隔墙分隔，人防顶板的厚度不需要考虑早期核辐射的要求，按人防规范取最小厚度为 200mm，人防外墙厚 350mm，临空墙厚 250mm。每个人防分区内都设有扩散室和人防出入口，扩散室和人防出入口的墙按临空墙计算，人防出入口上部设置防倒塌棚架，防倒塌棚架柱截面尺寸为 400mm×400mm，人防出入口处的楼梯按正

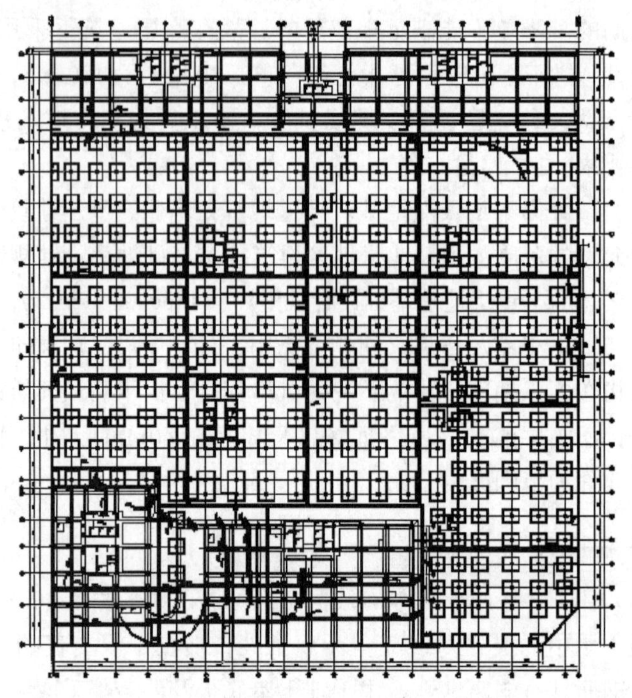

图 6-11 基础平面布置图

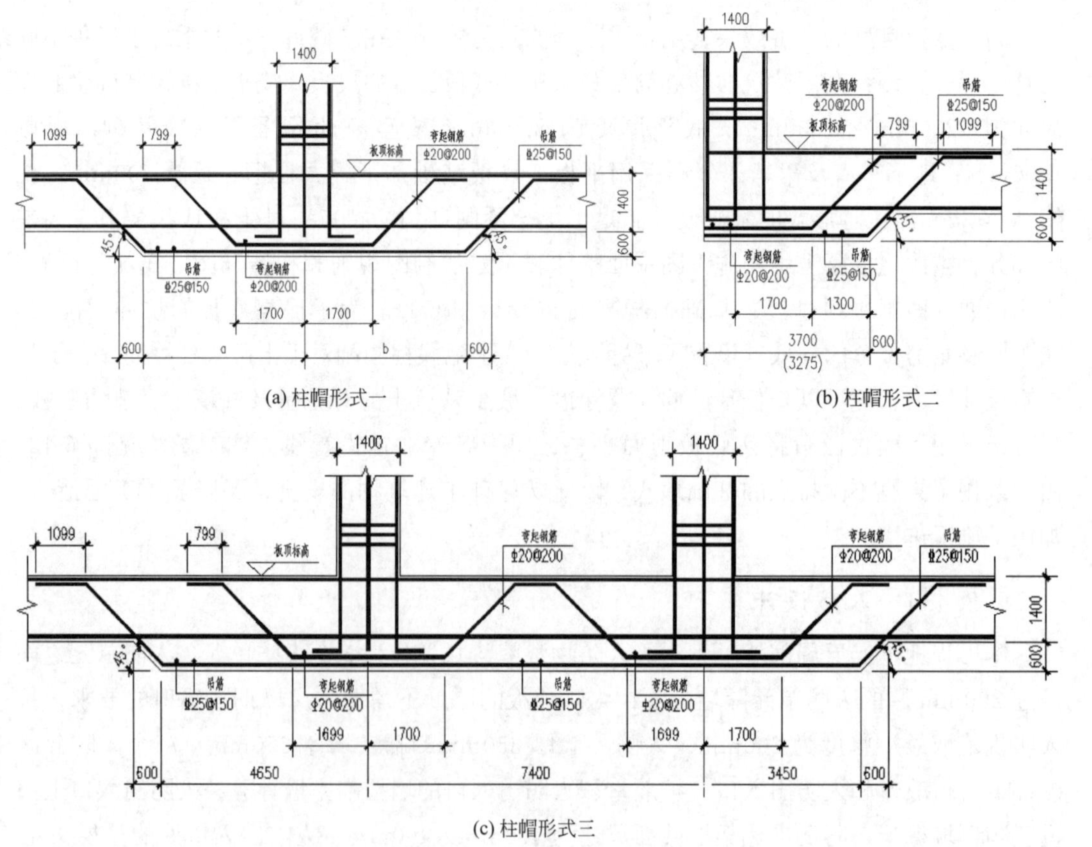

(a) 柱帽形式一

(b) 柱帽形式二

(c) 柱帽形式三

图 6-12 柱帽形式示意图

面和反面受核暴动等效荷载作用分别计算内力和配筋。从计算结果看，以上人防构件的尺寸都是比较经济的尺寸。

防空地下室在核暴动荷载作用下的动力分析采用等效静荷载法，人防荷载（等效静荷载标准值）取值如表6-4所示，荷载的选取按不计入上部建筑物影响考虑。各人防构件的荷载组合按《人民防空地下室设计规范》（GB 50038—94）中第4.3.14条进行，由于在核暴动荷载作用下防空地下室对结构的变形和裂缝的开展可不进行验算，故在截面设计中只按承载力极限状态设计。设计时，结构的重要性系数取1.0；等效静荷载分项系数取1.0；永久荷载分项系数：当其效应对结构不利时取1.2，有利时取1.0。构件的材料强度采用材料动力强度设计值，混凝土材料强度综合调整系数为1.5，钢筋HRB400的材料强度综合调整系数为1.2。为了充分发挥材料的动力强度，在设计中要求用于人防部分的混凝土不得掺入早强剂，以保证最大限度地发挥材料的综合强度。在人防构件的设计中，按人防办的要求全部采用了抗渗等级为S8的C40抗渗混凝土。

表6-4 人防荷载（等效静荷载标准值）取值

人防构件	荷载值/(kN/m²)	人防构件	荷载值/(kN/m²)
人防顶板	60	人防底板	50
人防外墙	55	门框墙	240
出入口临空墙	160	普通地下室一侧隔墙	140
普通地下室一侧门框墙	200	防护密闭门门框墙	240
室外出入口多跑楼梯踏步与休息平台	60(正面)	开放式防倒塌棚架	50(垂直荷载)
	30(反面)		15(水平荷载)

6.2.5 北京中关村软件园“光盘”结构的优化设计

6.2.5.1 工程概况

北京中关村软件园是我国最大的软件开发基地之一，占地面积1.43km²，总建筑面积460,000m²。软件广场位于软件园主入口，由四个“鼠标”形建筑和一个巨型“光盘”构筑物组成，如图6-13所示。其寓意为鼠标、光盘，标识软件园内企业性质，是软件园的标志性建筑。

“光盘”构筑物主体结构为四根悬臂柱悬吊一巨型“光盘”：盘面中心标高20.0m，外径ϕ84.8m，中间开孔直径15.0m，上下分别采用24根斜拉索和24根风缆索与柱子相连；四根悬臂柱柱距35.0m，柱高35.0m，均为87°角沿径向外倾的斜锥体。“光盘”盘面结构由内、外组合钢环及中间悬索组成：其中内钢环由

图6-13 软件广场鸟瞰图

7 个环向钢箱梁、间隔 3°的上下两层径向Ⅰ字钢杆件以及竖向腹杆组成空间刚架，外钢环由 4 个变截面环向钢箱梁以及间隔 3°的径向杆件组成平面刚架。内外钢环间悬索长约 20m，分上下两层共 240 根，上下索中部以一根 ϕ43mm 撑杆相连，共同支撑上部玻璃采光顶以及光电板系统。结构平面图、剖面图及透视图见图 6-14～图 6-16。

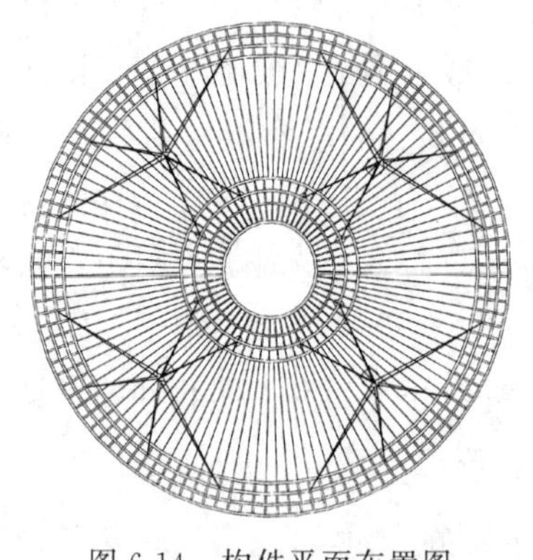

图 6-14 构件平面布置图

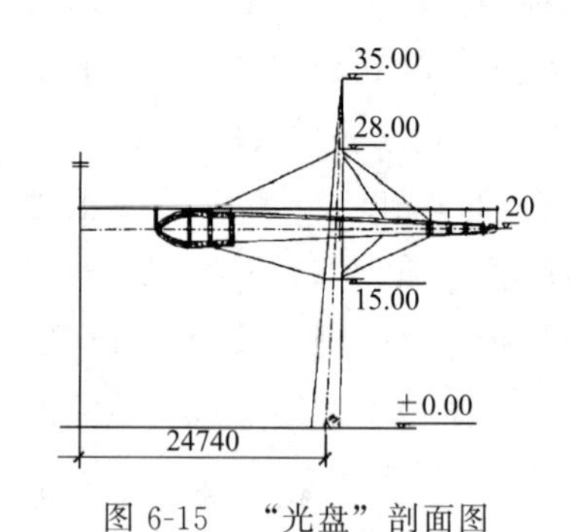

图 6-15 “光盘”剖面图

6.2.5.2 结构形式及构件布置

由于集空间斜拉索、悬索于一体，“光盘”结构受力十分复杂。初步设计阶段首先对光盘结构体系进行宏观估算，给出其设计原则：包括盘面结构形式的确定，内外斜拉索以及径向悬索数目的确定，柱形式、柱倾角、柱距的确定，悬索间支撑杆件数目以及悬索的初始预应力的确定等。

(1) 盘面结构形式

根据建筑方案，盘面结构考虑了两种形式：一是空间桁架，如图 6-17 所示。此结构方案采用内外两个加强环、60 榀径向辐射桁架加环向支撑形式，加强环、桁架及支撑均采用钢管相贯焊接。加强环钢管采用 $\phi245\times10$，桁架上下弦杆钢管为 $\phi219\times8$，吊点处上弦钢管以及节点局部加强。结构用钢量较小，受力较为合理。但此结构形式空间杆件较多且繁杂，建筑视觉效果较差。

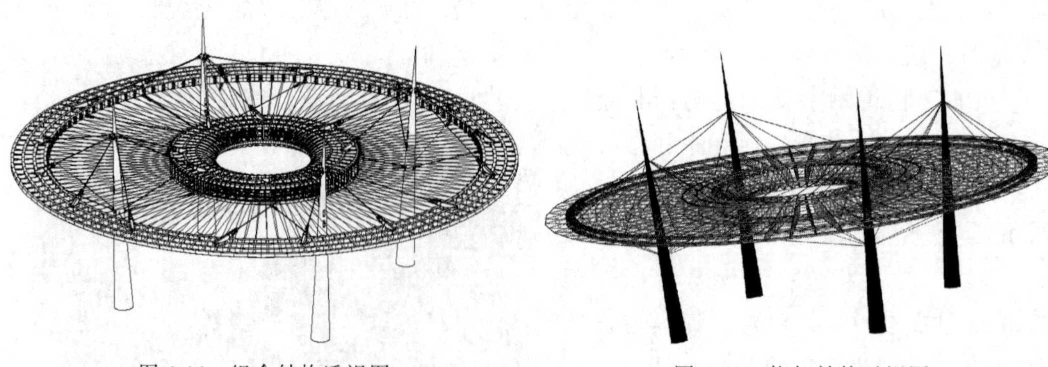

图 6-16 组合结构透视图　　图 6-17 桁架结构透视图

第二种盘面形式是内外钢环与悬索结合的杂交结构体系（图 6-16），此结构方案用钢量较大且受力复杂，但是结构中间部分更加轻盈、现代化，最终由建筑师决定采用此结构方案。

（2）柱形式、柱倾角、柱距

由于建筑场地限制以及建筑效果要求，主要支撑结构——四个悬臂柱无法配置有效缆绳，所以柱底不能采用铰接，只能采用受力不理想的悬臂柱形式。这样，柱身弯矩控制成为整个结构设计的关键之一。

悬臂柱受力简图如图 6-18 所示，由图可见，影响柱弯矩大小的主要因素有：斜拉索的拉力，柱倾角和柱距（吊点位置一定时，柱距和柱倾角决定了斜拉索与柱轴线间的角度）。

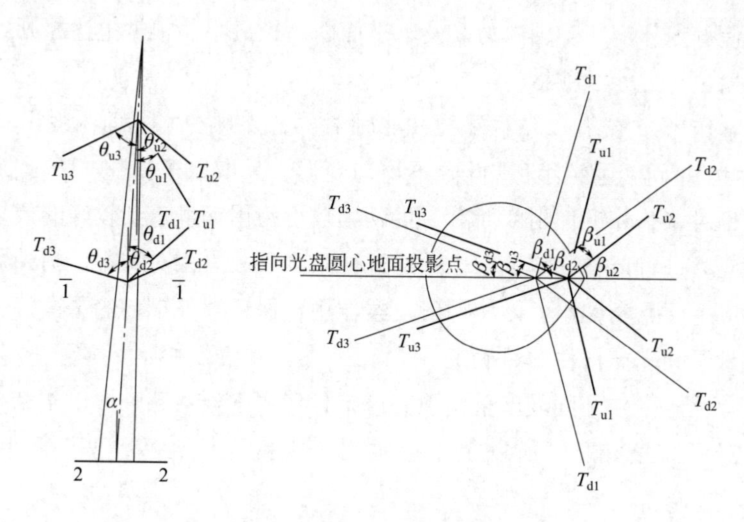

图 6-18　柱受力简图

对于悬臂柱而言，理想的受力状态应满足两点：一是正常使用状态下仅受轴力作用；二是最不利荷载作用下柱身弯矩最小。由此可得：

$$\sum M_{1-1}=0 \qquad \sum M_{2-2}=0 \tag{1}$$

根据几何关系有：

$$\frac{T_{u3}\sin\theta_{u3}\cos\beta_{u3}-T_{u1}\sin\theta_{u1}\cos\beta_{u1}-T_{u2}\sin\theta_{u2}\cos\beta_{u2}}{T_{u1}\cos\theta_{u1}+T_{u2}\cos\theta_{u2}+T_{u3}\cos\theta_{u3}}=\tan\alpha$$
$$\frac{T_{d1}\sin\theta_{d1}\cos\beta_{d1}+T_{d2}\sin\theta_{d2}\cos\beta_{d2}-T_{d3}\sin\theta_{d3}\cos\beta_{d3}}{T_{d1}\cos\theta_{d1}+T_{d2}\cos\theta_{d2}+T_{d3}\cos\theta_{d3}}=\tan\alpha \tag{2}$$

式中，T_{ui}、T_{di}分别为使用状态下斜拉索、风缆索拉力，几何关系一定时主要取决于内外钢环自重及承重。

根据上述原则，经过多次试算，在斜拉索吊点标高 28m，风缆索下拉点标高 15m 时，确定柱倾角沿径向外倾 3°，柱距 35m，此时结构使用状态下柱身弯矩较小。

(3) 拉索数目、径向悬索数目以及初始预应力

斜拉索作为内外钢环的支承点，其数目、位置决定了内外钢环的水平跨度，据此确定每根悬臂柱上部设 6 根斜拉索，其中外侧采用 4 根斜拉索与外钢环拉结，内侧采用 2 根斜拉索与内钢环拉结，斜拉索共 24 根，下部对应设置 24 根风缆索。为减小内外钢环竖向挠度，吊点布置尽量均匀，如图 6-14 所示。

由于光盘需要在内、外钢环之间达到完全通透的效果，不允许有径向分割，甚至不允许出现环向拉索。所以，玻璃本身的合理跨度限制，决定了径向悬索的环向间距，也就决定了径向悬索数目。据此，最终确定沿环向间隔 3°布置径向索，上下共 240 根，这样最大点支式玻璃尺寸约为 2120mm×1750mm。

考虑到内外环间悬索的竖向变形，在保证采光顶有效排水坡度情况下，尽量减小径向索拉力，从而使得内外钢环受轴向力以及水平面内弯矩最小。根据上述原则，试算后确定每根径向索初始预应力为 300kN 左右。

由于斜拉索作用，“光盘”结构受力并非轴对称，外环在水平面内变形呈花瓣状，如图 6-19 所示。为减小内、外钢环平面内不均匀变形，采取以下措施：一是保证内钢环刚度很大，这样相对调整外钢环刚度而言，可以用较小的用钢量达到较好的效果；二是对径向悬索初始预应力进行调整，斜拉索位置附近径向索预应力相对调小；另外，所有下层悬索预应力比对应上层悬索偏小，以协调斜拉索作用，保证内外钢环的平衡。

(4) 上下悬索间支撑杆件数目确定

由于建筑师反对内外环间玻璃采光顶支撑结构使用索杆桁架，而单索结构竖向变形很大，无法保证悬索挠度指标，所以上下悬索间用少量连杆连接，使两者共同承受竖向荷载。

分别选用 1 根、2 根、3 根、5 根、9 根竖向撑杆，在内外钢环间均匀布置，将两端节点简化处理为固定支座，在初始预应力及采光顶自重作用，计算悬索竖向变形，计算结果如图 6-20 所示。可见，竖向撑杆数目配置过多对于减小悬索竖向变位作用不明显，因此最后设计中采用了一根 ϕ42mm 钢管连杆。

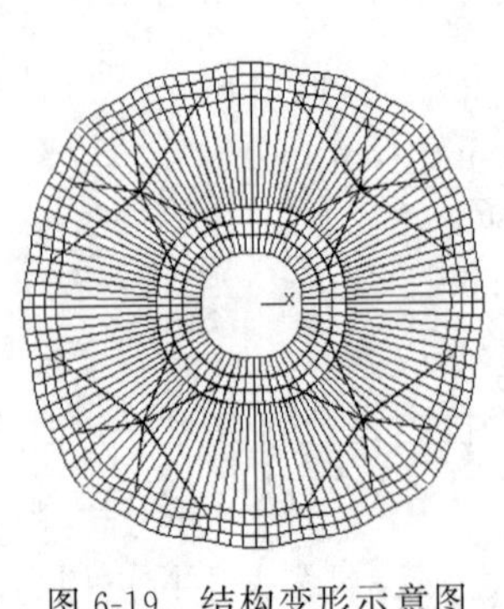

图 6-19　结构变形示意图

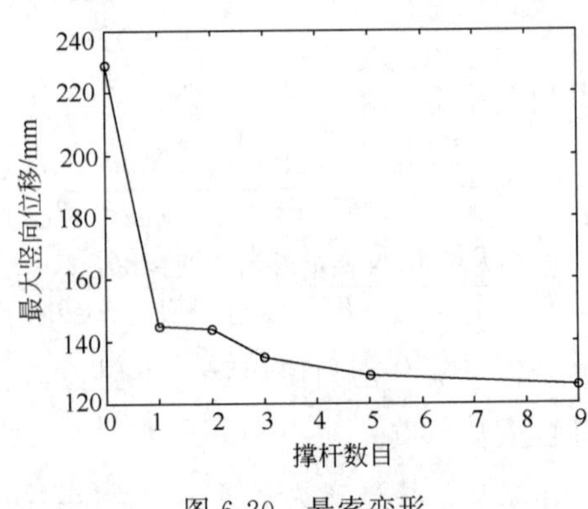

图 6-20　悬索变形

6.2.5.3 设计荷载及计算分析内容

(1) 设计荷载

由于斜拉索、悬索对各种不对称荷载作用反应敏感，结构设计时，确定结构荷载取值及组合十分重要，本次结构设计考虑的各种荷载如下：①各种索预应力；②结构自重；③均布、对称布置、反对称布置的活荷载；④均布、对称布置、反对称布置的雪荷载；⑤根据风洞试验确定的各种风荷载工况；⑥温度影响；⑦水平、竖向地震作用；⑧支座竖向沉降、倾斜。

计算表明，内外钢环对反对称的风荷载反应敏感，悬臂柱柱底弯矩控制荷载为支座倾斜、温度以及水平地震作用。

(2) 计算分析内容

对“光盘”结构计算分析内容主要有三部分：①整体结构内力、变形计算分析。包括整体结构各种工况下的静力分析、自振特性计算、动力反应分析以及相应的构件承载能力及变形验算；②结构和构件的稳定分析。对整体结构进行特征值屈曲分析以及考虑结构几何非线性、材料非线性、初始几何缺陷的屈曲分析，对构件稳定验算参照规范进行；③局部构件以及节点的有限元分析：主要针对索与柱的连接节点以及单个悬臂柱在不利荷载作用下进行有限元分析，通过分析，了解构件以及节点的受力性能、应力分布，以便采取相应构造加强措施。由于条件所限，本结构设计时对风荷载仅仅进行等效静力分析，未进行风振动力分析。

6.2.5.4 地基处理及基础设计

由图6-18可见，悬臂柱基础倾斜会导致θ_{ui}、θ_{di}的变化，从而引起柱底附加弯矩。虽然附加弯矩多数情况下对结构整体受力是有利的，但是鉴于“光盘”结构对地基不均匀沉降和倾斜反应敏感，设计中仍须对此严格控制。简化起见，设计时采用减小基础绝对沉降值的办法以保证基础倾斜值小于1‰。为此，设计中采用了复合地基，置换材料选用素混凝土桩。处理后的地基综合压缩模量超过27MPa且比较均匀，能够满足设计要求。

悬臂柱采用独立基础，由于柱距很大，中间不再设置拉梁。正方形基础底板10.0m×10.0m，与径向、圆周切向正交放置。由于光盘顶面设置光电板发电装置、雨水回收装置以及灯光配套设施等，为便于安装、检修，独立基础采用类似高杯口的办法加以解决，如图6-21所示。杯口除了提供各种附加设施的安装空间外，还减小了基底附加压力，同时节约了材料并大大减小混凝土基础的收缩变形和温度应力。

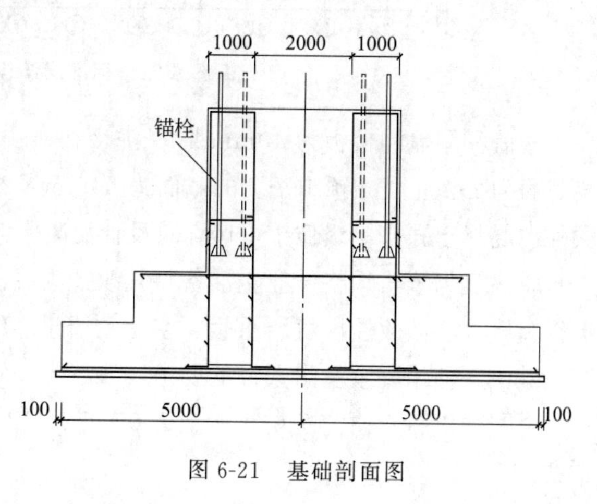

图6-21 基础剖面图

6.2.6 某砌体结构旅馆的加固设计

6.2.6.1 工程概况

该旅馆位于北京市，建于 20 世纪 50 年代。建筑平面大体呈矩形，总长 96.1m，总宽 22.39m，结构形式为砌体结构，地下一层，地上四层，局部五层。总建筑面积为 10686.33m²。该建筑被两条变形缝分为三段，分别为Ⅰ区、Ⅱ区、Ⅲ区。Ⅰ区、Ⅲ区地上四层，总高为 16.90m，Ⅱ区地上五层总高为 20.40m。标准层结构平面简图见图 6-22。

该建筑地下室层高 2.6m，首层层高 2.8m，二至五层层高均为 3.5m。外墙为清水砖墙，厚 490mm，地上部分内承重墙厚分别为 370mm、240mm。每隔 2 到 3 个开间设横墙一道，Ⅰ区、Ⅲ区与Ⅱ区相连处横墙未封闭。砖强度等级达到原设计不低于 75 号砖的要求；地下室及一层砂浆达到原设计不低于 50 号砂浆的要求，但二至五层未达到原设计不低于 25 号砂浆的要求。

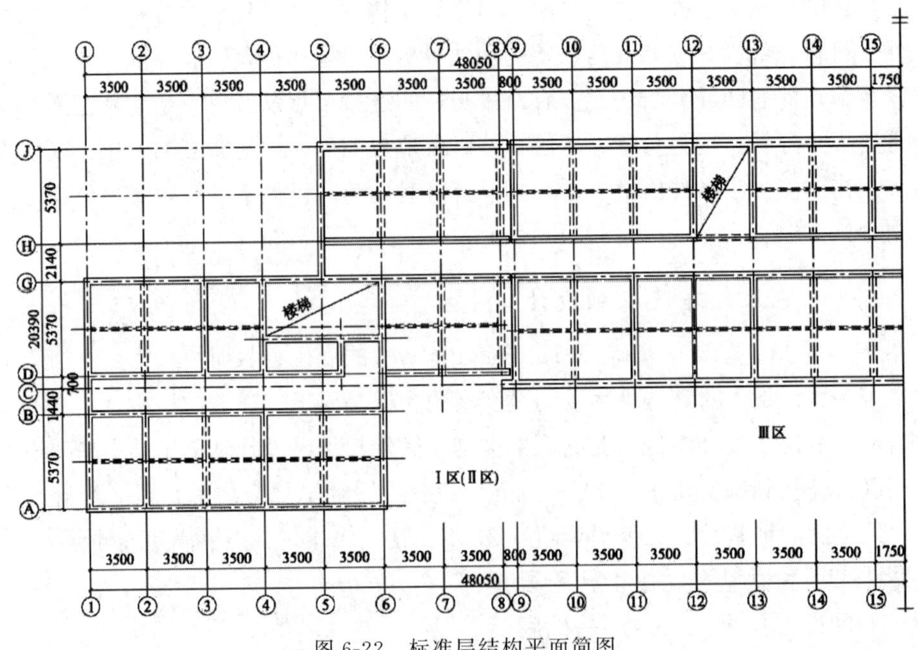

图 6-22 标准层结构平面简图

楼盖和屋盖的楼板为 40mm 厚现浇楼板，由预制主次梁和预制密肋承担。预制主次梁截面为 L、Ⅱ型，预制密肋的截面为 50mm×200mm，间距为 500 mm。除地下室及三层外，混凝土强度等级低于 C10（原设计混凝土为 140 号）。

原建筑为欧式风格，业主准备将其改造为经济型酒店，要求增设两部电梯，对室内外进行装修，全面改造电气、采暖、空调、通讯、给排水系统。因此也要求对其进行结构加固，以保证使用安全及耐久性的要求。

中国建筑科学研究院抗震所于 2005 年 9 月对该建筑进行了结构鉴定，得出了如下鉴定结论。

① 构造方面：建筑高度高于8度区多层黏土砖房最高18m的要求；没有按照规范要求设置构造柱；圈梁仅在地下室与顶层处设置，未按照规范要求每层设置。

② 承载力方面：多数承重墙抗震承载力不足、部分承重墙受压承载力不足、少数承重墙高厚比不满足要求；多数主梁承载力不足且部分梁截面超筋；楼板没有配置负弯矩钢筋，支座处承载力不足。

6.2.6.2 加固方案

传统的砌体结构加固方法如增设圈梁和构造柱、用钢丝网抹灰加固砖墙等解决不了结构超高的问题，且结构抗震能力与延性增强不多。经多次比较论证，采用“喷射钢筋混凝土墙”的加固方案，基本改变了原结构抗侧力体系，具体为在砌体墙的两侧或一侧喷射混凝土组合层，从而大幅度提高墙体承载力和变形性能，形成“砌体-混凝土”组合墙体的抗侧力结构体系。这样，可以改变整个结构体系为组合墙体的剪力墙体系，使结构高度能满足8度抗震设防的要求。

这种组合墙体的平面内及平面外的抗弯刚度、抗剪强度及延性均相对得到较大提高，并可通过对外墙进行单面加固来保护原外立面，对内墙进行双面加固也为室内改造提供了便利条件。

横墙未封闭处增设混凝土梁柱，来解决刚度不均的问题。

6.2.6.3 加固设计

组合墙体既含有砖墙，又有配筋的混凝土板墙，构件截面特性不统一，为简化计算，将砖墙按剪切模量折算成混凝土的厚度与混凝土板墙合并，在SATWE程序中按剪力墙结构进行计算。

经过计算，Ⅰ、Ⅱ、Ⅲ区的周期分别为0.1610、0.2143、0.1643；最大层间位移角分别为1/5679、1/6905、1/6828。具体数据见表6-5。

表6-5 结构自振周期和层间位移角

项目		Ⅰ区		Ⅱ区		Ⅲ区	
周期		0.1610		0.2143		0.1643	
相对位移		X向	Y向	X向	Y向	X向	Y向
风载	层间最大位移角	1/9999	1/9999	1/9999	1/9999	1/9999	1/9999
	顶点最大位移角	1/9999	1/9999	1/9999	1/9999	1/9999	1/9999
地震	层间最大位移角	1/9999	1/5679	1/9999	1/6905	1/9999	1/6828
	顶点最大位移角	1/9999	1/7416	1/9999	1/9999	1/9999	1/9999

由表6-5可以看出用组合墙体加固后，建筑物的自振周期明显降低，刚度得到很大提高。加固后结构刚度也能满足抗震及使用的需求。

6.2.6.4 加固做法

(1) 混凝土墙的加固做法

采用喷射混凝土的施工工艺，混凝土加固层内配置双向钢筋网，做法见图6-23。

(2) 梁、板的设计

原有楼板 40mm，预制主次梁截面为 L、Ⅱ型，预制密肋的截面为 50mm×200mm，如果用传统加固方法加固很难实现，而且施工困难，成本很高；且混凝土强度等级低于 C10，也很难满足目前的加固方法的强度要求。故采用传统加固方法加固是不可行的。

考虑多方面因素，且不增加荷载的情况下，本次设计采用拆去原有梁板，重新现浇钢筋混凝土梁板结构。新增梁可置放于原梁的位置，新增板与墙体的搭接，为避免对原墙体的破坏，利用新增墙板作为支座来满足要求，具体做法见图 6-24。

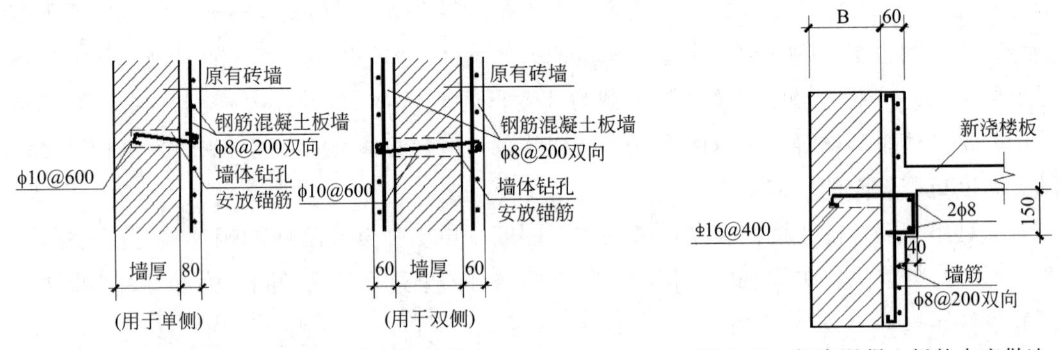

图 6-23 混凝土板墙的加固做法

图 6-24 新浇混凝土板的支座做法

6.2.7 北京饭店二期改扩建工程商业部分结构设计

6.2.7.1 工程概况

北京饭店二期改扩建工程位于北京市东城区王府井地区。建设用地东西长约 314m，南北宽约 105～112m。总建筑面积为 273561m² (其中地下 131371m²，地上 142190m²)。地下四层，主要用于停车和商业，基础埋深 21.20m。地上部分由商业、酒店式公寓和豪华公寓三个塔楼组成。其中地上商业部分东西向长 96m，南北向长 92.4m，总共 7 层 (局部 8 层)，总建筑高度为 34.55m。商业部分效果图见图 6-25，结构平面布置见图 6-26。结构首层层高为 5.6m，顶上两层层高为 3.9m，中间错层部分层高分别为 5.25m (7 层部分) 和 4.2m (8 层部分)，见图 6-27。商业首层㉗轴到㉚轴之间为消防通道 (兼作城市支路)，二层边跨部分采用钢桁架转换。

6.2.7.2 结构体系

北京饭店二期改扩建工程商业部分，由于建筑功能的需要导致结构的平面和竖向均不规则，通过以下几个方面的比较，确定采用钢框架-支撑体系。

(1) 首层消防通道处抽柱的影响

结构底层㉗～㉚轴处为消防通道 (见图 6-29)，跨度较大 (边跨 43.1m，中跨 26.1m)，采用普通钢筋混凝土梁难以满足使用要求，需采用其他结构形式。通过对钢桁架、预应力钢筋混凝土梁和钢梁三种方案进行比较分析，结果如下。

图 6-25 商业东侧效果图

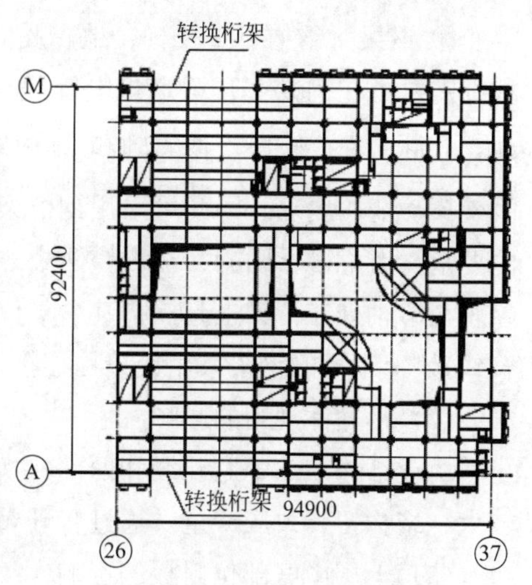

图 6-26 结构二层平面图

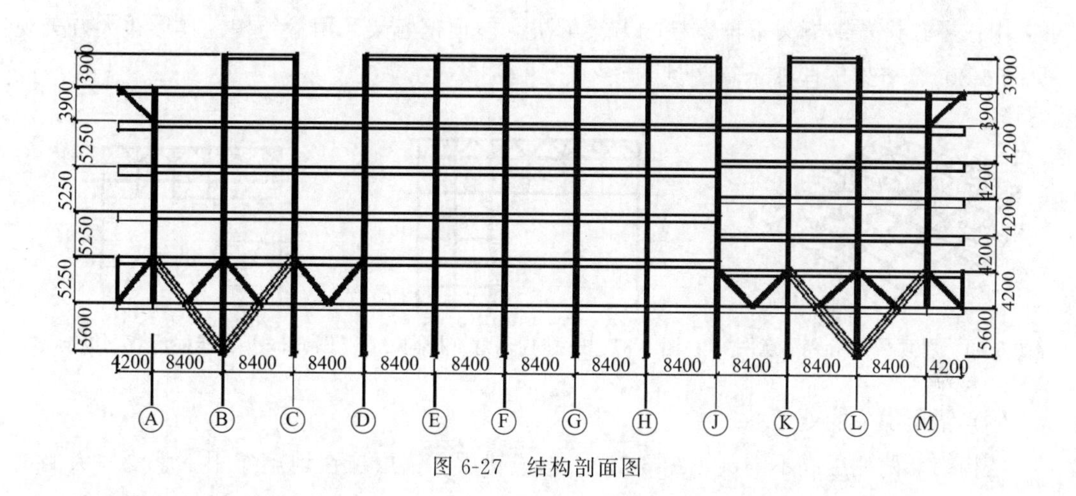

图 6-27 结构剖面图

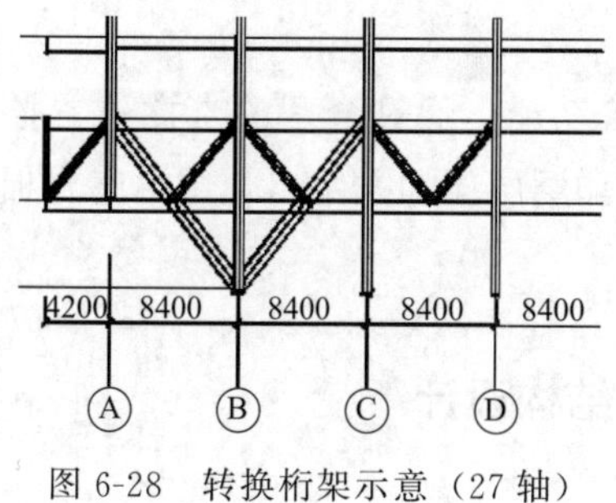

图 6-28 转换桁架示意（27 轴）

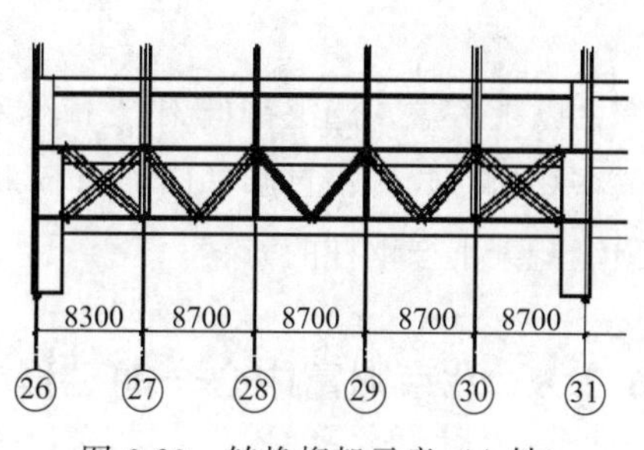

图 6-29 转换桁架示意（A 轴）

① 钢桁架 刚度较大，桁架上下楼层形成刚度突变，结构竖向布置不规则，对结构抗震不利。若每层均采用钢桁架，对建筑功能的影响极大。

② 预应力钢筋混凝土梁 自重较大，地震反应相应也较大，虽可降低杆件截面，但不满足首层车道高度的需要，且施工较为复杂。

③ 钢梁 结构自重较轻，地震反应小，钢梁杆件小，可以满足首层车道高度的需要，根据需要可在钢梁上开洞走机电管线，减少管线占用的净空高度，使商场的净空高度增加，且施工速度较快。但Ⓐ轴和Ⓜ轴处跨度较大，若采用钢梁，梁高较大，不能满足建筑使用功能的要求，因此可采用钢桁架转换，既解决了结构受力问题，又能满足建筑功能的要求。考虑以上因素，在纵横两个方向采用钢桁架转换体系（图 6-28、图 6-29），边跨㉗轴与㉚轴处在桁架上起柱，其余部位各层采用钢梁层层受力体系（在钢梁上开洞走机电管线），上下层的钢梁采用铰接柱连接。

（2）平面不规则的影响

由于结构东部中庭开洞和西部转换桁架的影响，导致结构的刚度中心和质量中心差异较大，结构扭转效应严重。通过合理布置支撑以控制结构的扭转效应。

（3）七层中庭部位封板的影响

七层东部的中庭部位，建筑要求封板。由于此部分跨度较大，下部也无可靠支撑点，可采用在屋顶设置钢桁架下挂钢柱的方案解决。屋顶钢桁架采用管结构，其形式大方美观（见图 6-30），桁架下挂柱示意图见图 6-31、图 6-32。

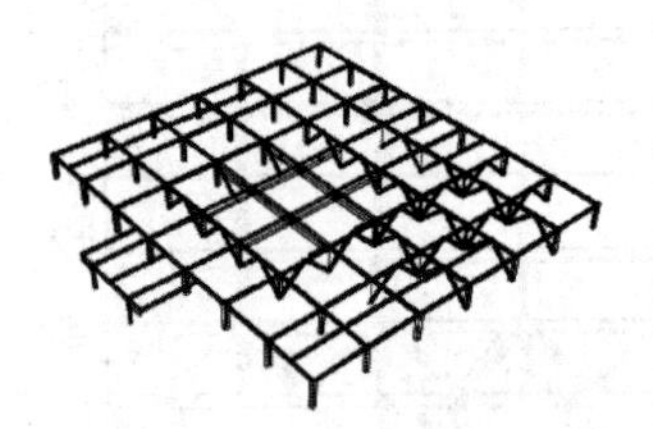

图 6-30 屋顶吊挂桁架示意图

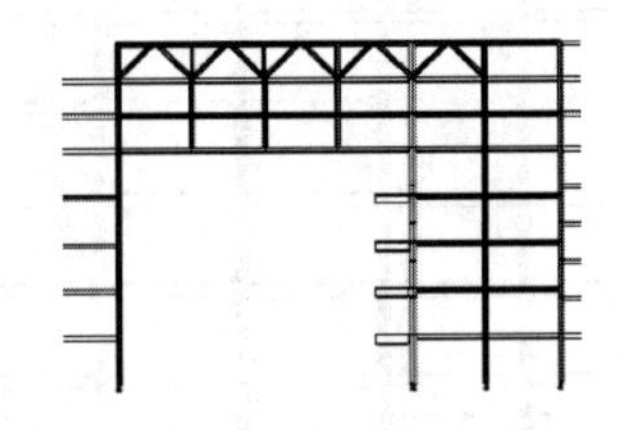

图 6-31 下挂柱示意（横向）

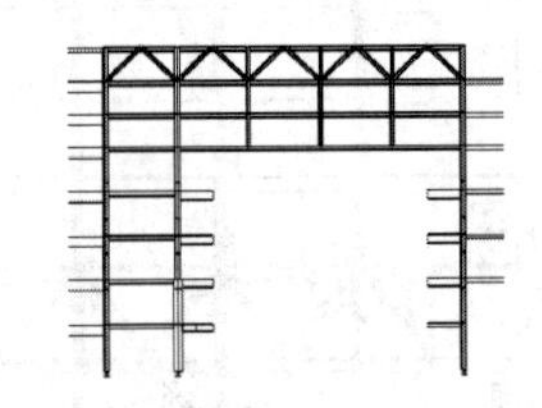

图 6-32 下挂柱示意（纵向）

（4）错层部位的处理

结构南北两侧层高不同（见图 6-27），形成错层。错层柱在地震作用下承受较大的剪力作用。通过调整支撑布置以减小错层柱的受力，同时加大错层柱的壁厚以提高其抗剪能力。

综合以上考虑，选定钢框架-支撑体系，结合建筑功能，通过合理的支撑布置控制结构的位移和扭转效应；首层消防通道，采用转换桁架加层层梁的方案；七层中庭封板，采用屋顶钢桁架下挂钢柱的方案。

6.2.8 北京财富中心一期工程办公楼混合结构设计

6.2.8.1 工程概况

北京财富中心工程位于北京中央商务区（CBD），总建筑面积 72.0 万立方米。一期工程由办公楼、办公楼翼楼、公寓楼、公寓楼翼楼及地下车库组成，总建筑面积 24.7 万立方米。

办公楼为一座甲级智能化办公楼，建筑面积为 10.7 万立方米（见图 6-33），地下 3

层，结构底板底标高为－16.35m，地上40层，结构高度为151.8m，另有局部突出4层，结构最高点高度为165.9m，结构平面尺寸为42.0m×47.985m，高宽比为3.61。平面图及剖面图分别见图6-34～图6-36。

图6-33 效果图

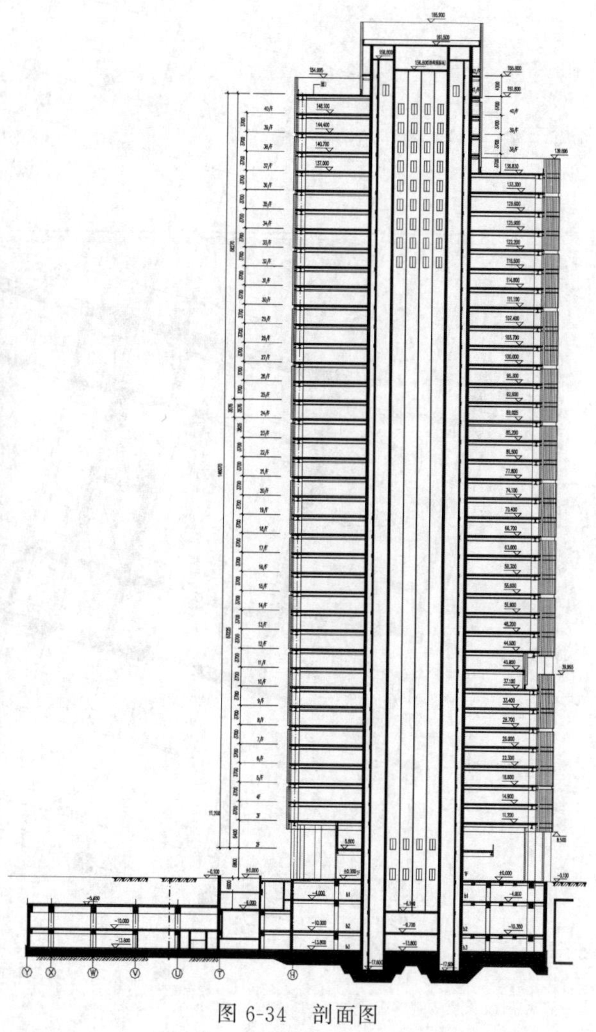

图6-34 剖面图

6.2.8.2 结构设计

(1) 结构形式

本工程采用型钢混凝土柱钢梁框架与钢筋混凝土筒体共同受力的混合结构，结构体系为框架-筒体结构。

(2) 结构布置及节点设计

结构平面布置见图6-35、图6-36。

核心筒由钢筋混凝土墙体组成，墙体厚度为250～800mm。核心筒外围墙体内设有钢柱及钢梁，钢柱设置位置为外围四角、门洞暗柱处及与外框柱对应处，其截面尺寸，四角为H300mm×300mm，其余各处为H300mm×200mm；钢梁在各楼层标高处均设，与墙

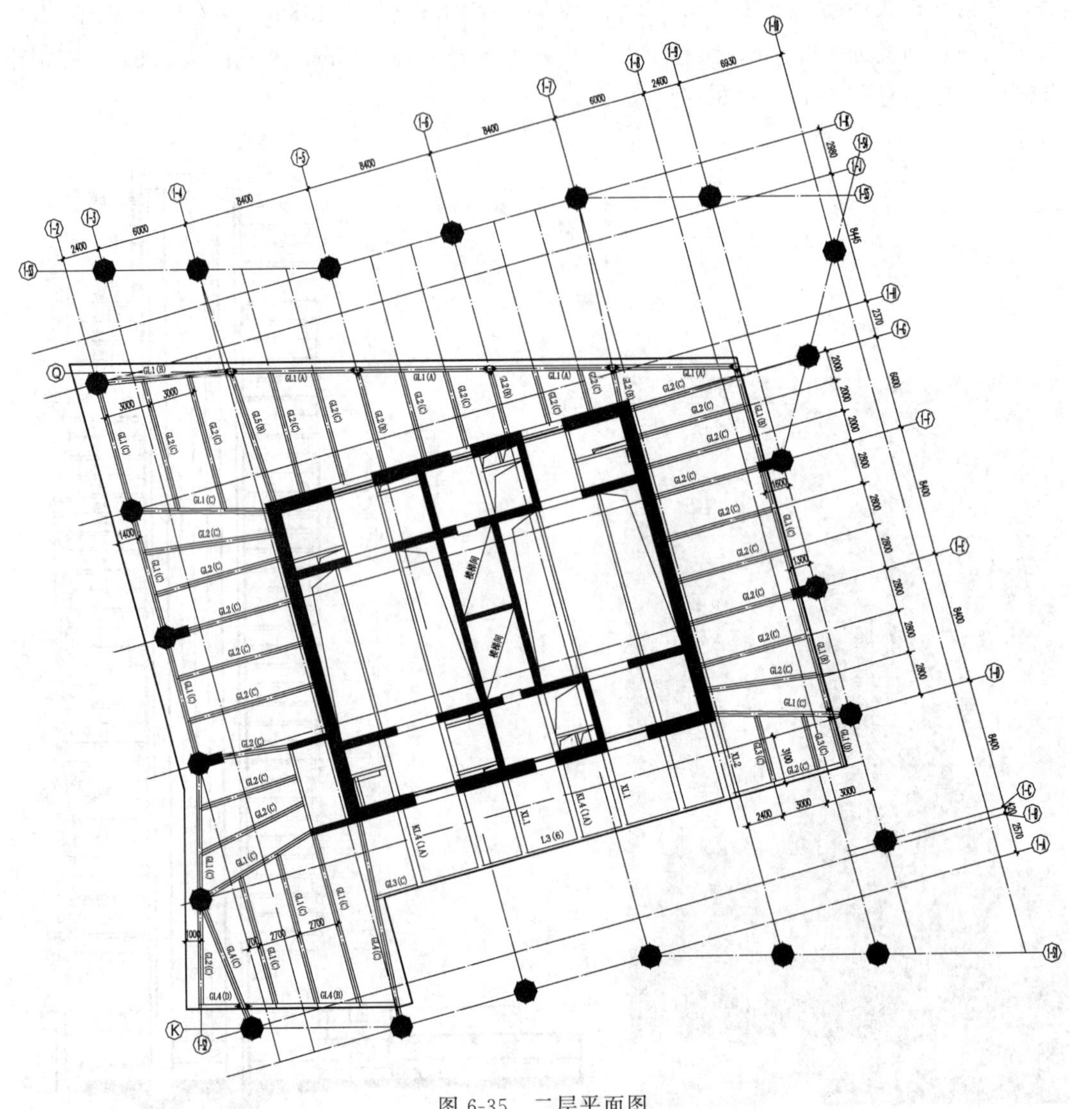

图 6-35 二层平面图

内钢柱形成构造钢框架，钢梁截面为 H300mm×200mm。墙内所设钢框架大多为构造所设，其目的一方面是为了改善核心筒的受力性能，另一方面是为了解决楼面钢-混凝土组合梁与核心筒墙体的连接。墙内所设构造钢柱、钢梁在结构计算中不考虑，仅在部分门洞处，由于钢筋混凝土连梁超筋，连梁截面尺寸又受到限制，而加大了此处设置的钢梁，参考《型钢混凝土组合结构技术规程》(JGJ138—2001) 按型钢混凝土梁进行截面设计。

外框柱大多是圆形截面的型钢混凝土柱，截面尺寸为 ϕ750～1500mm，型钢设置见图 6-37，另有 4 根蘑菇形截面的型钢混凝土柱，截面形式及型钢设置见图 6-38。柱内所设型钢均下伸至地下二层楼面标高，在地下三层柱子变为钢筋混凝土柱。

核心筒内部的楼面梁为钢筋混凝土梁，核心筒以外的楼面梁为钢梁。外围框架钢梁与柱子连接为刚接（图 6-36 中梁端示有▲者），梁腹板为双排高强螺栓连接，梁翼缘则为全

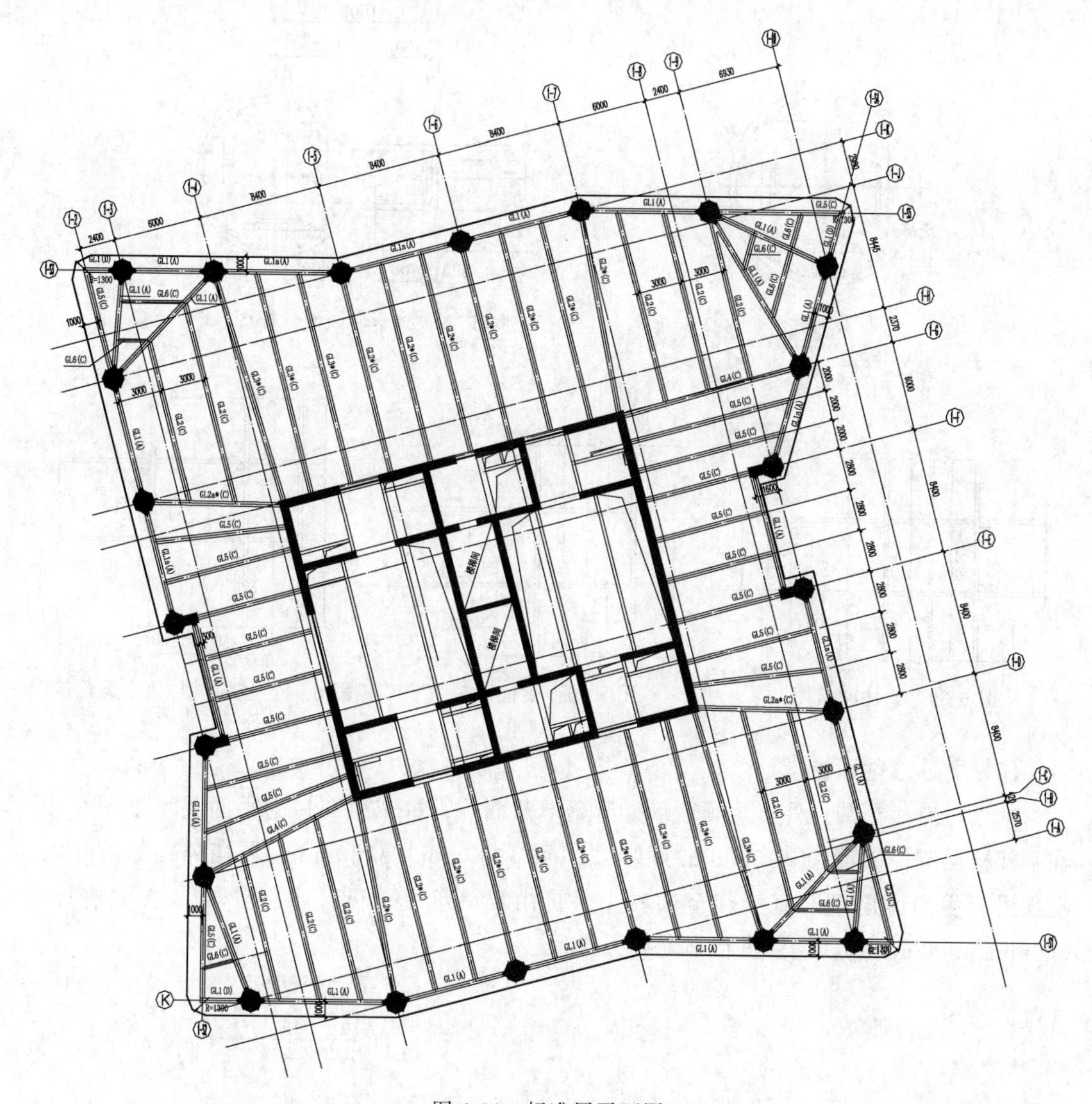

图 6-36 标准层平面图

熔透焊接，连接节点见图 6-39。外框架与核心筒之间的钢梁，与柱子连接可为刚接，也可为铰接。对于本工程，由于梁截面高度受到限制，14.0～16.0m 跨度的梁，钢梁部分的高度只能做到 500mm（组合梁截面高度为 620mm），如与柱子刚接连接，钢梁截面难以满足强度要求，只能为铰接，按钢-混凝土组合梁进行截面设计，梁与柱铰接节点见图 6-40；钢梁与核心筒墙体的连接为铰接，通过在核心筒墙体内加设的钢梁上设钢牛腿与楼面钢梁相连接，连接节点见图 6-41。

核心筒内部楼板为现浇钢筋混凝土楼板，板厚 150mm；核心筒以外采用闭口型钢承板上浇筑混凝土的组合楼板，钢承板肋高 65mm，钢板厚 0.75mm，组合楼板厚为 120mm。钢承板代替楼板下皮钢筋，且不需涂防火涂料，钢承板与钢梁之间设 ϕ19 栓钉，组合楼板剖面见图 6-42。

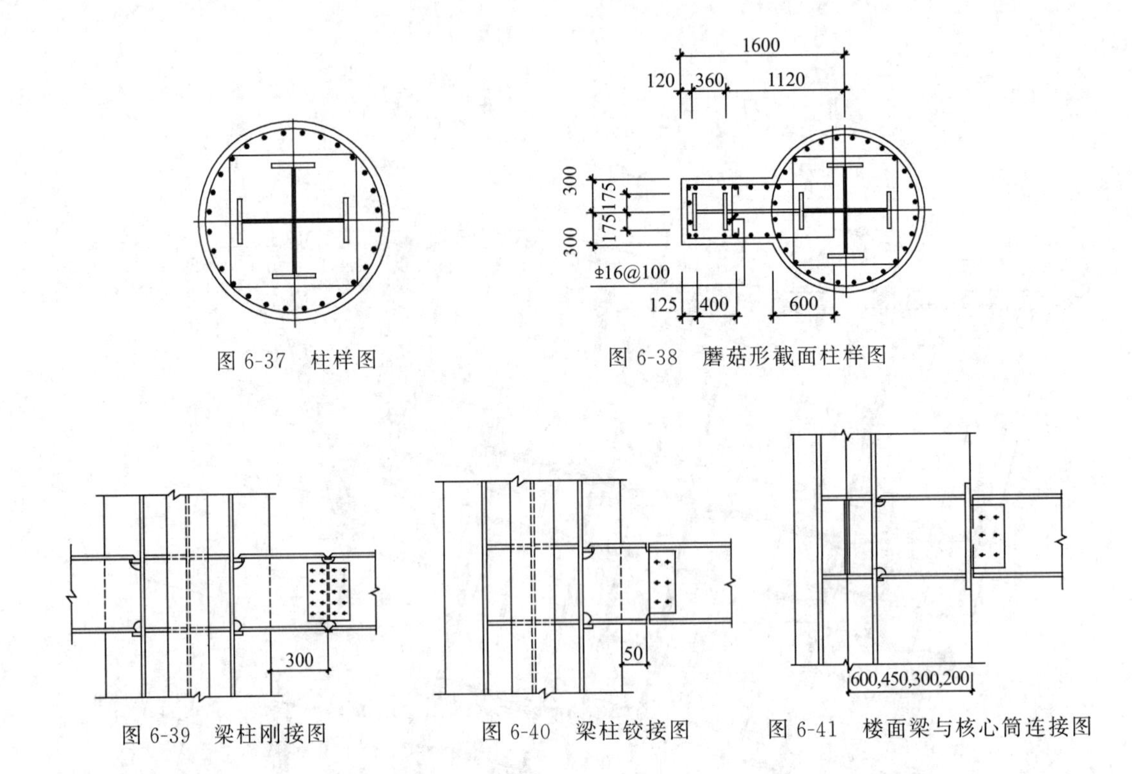

图 6-37 柱样图

图 6-38 蘑菇形截面柱样图

图 6-39 梁柱刚接图

图 6-40 梁柱铰接图

图 6-41 楼面梁与核心筒连接图

(3) 蘑菇形截面柱设计

本工程有 4 根圆柱外接短翼墙形如蘑菇形截面柱，框架梁与柱的平面关系见图 6-43。在上部楼层圆柱截面由 ϕ1500mm 逐步减小到 ϕ950mm、ϕ750mm，翼墙外伸长度加大，框架梁产生的弯矩难以直接传至圆柱上，将由翼墙承受，设计中将外伸翼墙按截面为 600mm×900mm 的独立柱进行强度复核。

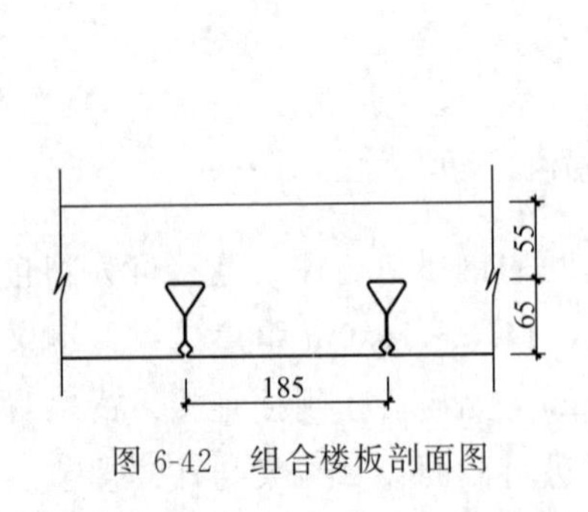

图 6-42 组合楼板剖面图

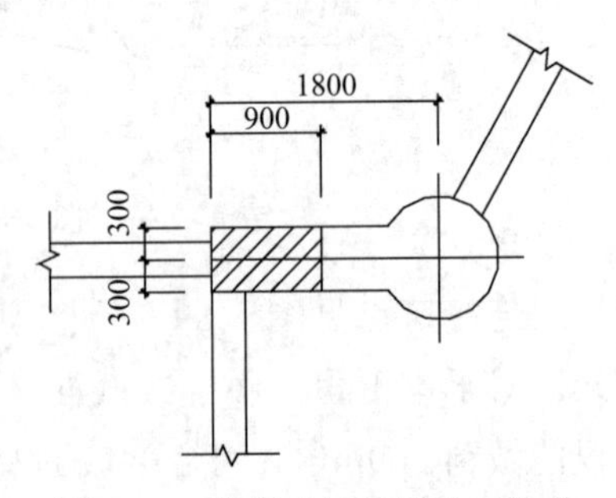

图 6-43 蘑菇形柱与梁平面关系

(4) 结构二三层平面的处理

二层平面（见图 6-35）核心筒外，由于建筑大空间的要求仅为部分有楼板，使得结构不对称。为减小由于结构不对称引起的扭转，一方面在二层外围框架梁及楼面梁与外围框架柱均设计成铰接；另一方面核心筒外围混凝土墙体在首层、二层适当加厚至 800mm，同时三层楼面框架梁适当加大，最终的处理结果是满意的。

6.2.9 安贞医院外科综合楼

6.2.9.1 工程概况

北京安贞医院外科综合楼（图6-44）长91.8m，宽41.4m，高43.5m，总建筑面积34450m^2。地下2层，地上部分主楼11层，裙房5层，内设手术部、营养厨房、图书馆、病房、行政办公、会议及地下车库、太平间等，是一座较大规模的综合性医疗建筑。主要柱网尺寸7.2m×7.2m，建筑剖面图见图6-45。

图6-44 建筑实景

6.2.9.2 特殊问题处理

(1) 高低层沉降差异问题处理

主楼与裙房连成一体，由于楼层相差较大存在两部分沉降差异如何解决的问题。设计中通过计算分析后，采取以下措施解决高低层间的沉降差异。

① 调整基底应力，将高层部分周边筏基梁挑出近3m（见图6-46），尽量扩大高层部分的基底面积，减小其基底应力；利用裙房部分厨房下管道层回填土重，适当加大低层部分的基底应力。

② 加强基础刚度，充分利用两层地下室的有利因素，加强结构整体刚度，在高低层交接处设置两层高的钢筋混凝土墙，形成由高层向低层伸出的两条刚臂，使高层部分荷载有效地向低层部分扩散，进一步减小高层部分的基底应力。

③ 调整高层、多层的地基刚度，在高层部分进行局部地基处理。采用300～400mm桩径的CFG桩，桩长4.5m，桩距1600～1800mm，桩端位于粉砂、砂质粉土层。利用CFG桩置换土层，提高一定深度内复合土层的压缩模量，有效地减小高层部分的沉降量。

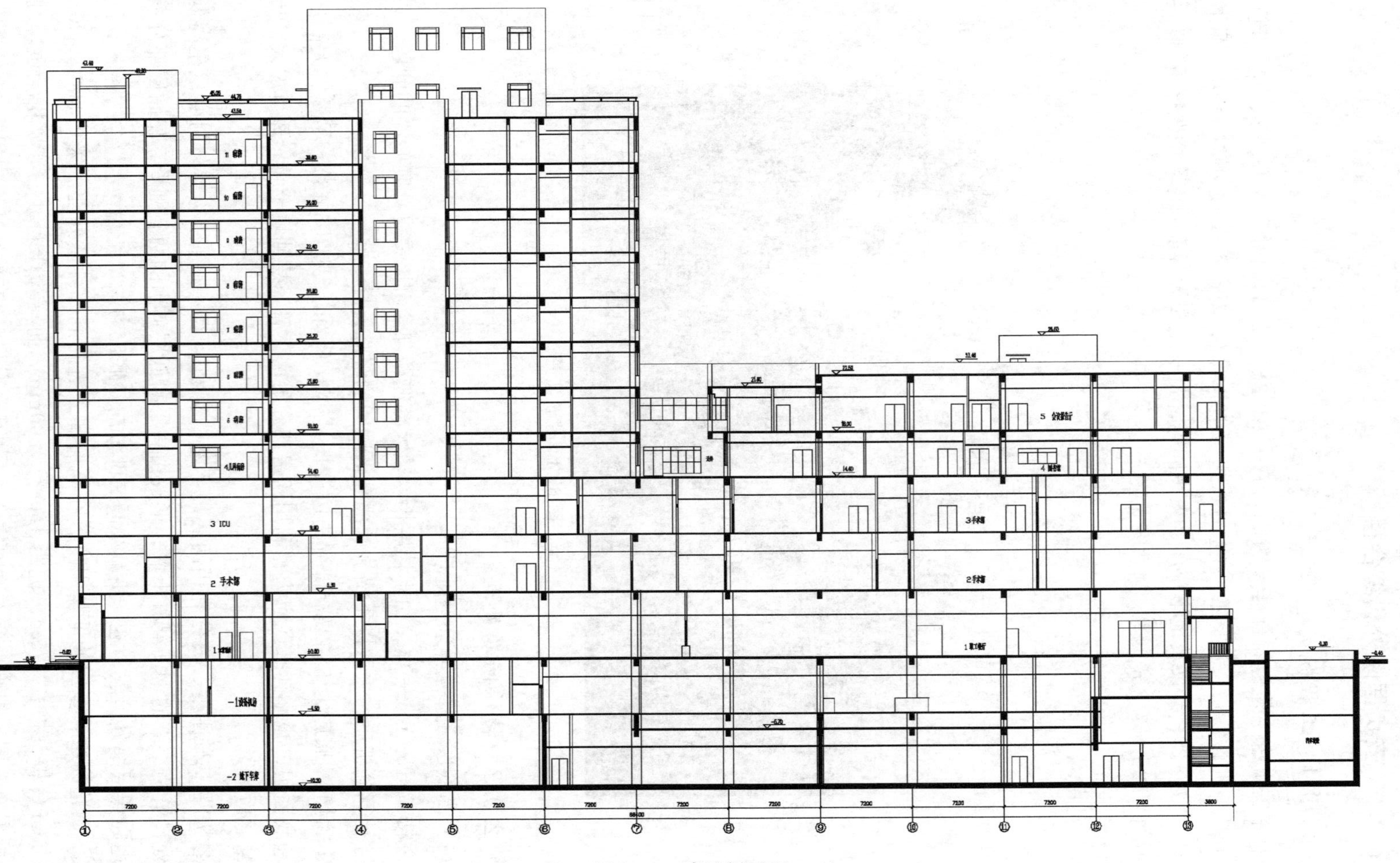

图 6-45 建筑剖面图

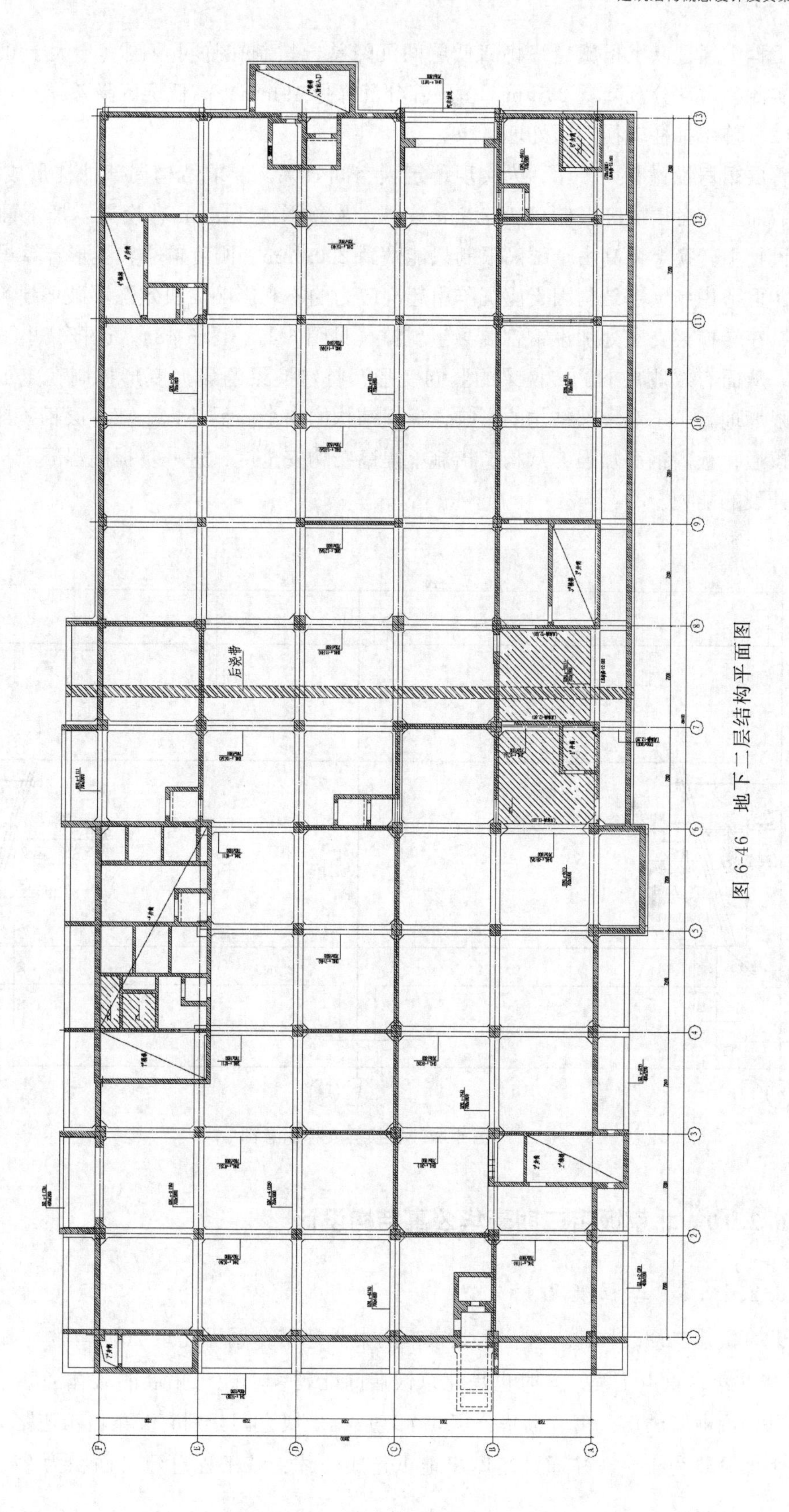

图 6-46 地下二层结构平面图

工程中通过以上措施最终将高低层间沉降差异控制在许可范围（不大于 0.002l）之内。实测高层部分沉降量 29mm，多层部分沉降量 19mm，高低层沉降差异 0.0013l。

(2) 首层抽柱转换问题处理

首层裙房设置有大餐厅，为实现建筑大空间效果，要求结构局部抽柱形成 14.4m 的大跨，而上部各层层高限制仍为 7.2m 柱网，最终形成 14.4m 转换梁承托上面四层的楼面。设计中转换梁梁高由于层高限制只能做到 2000mm，刚度偏小，变形计算虽满足规范要求，但考虑到上部结构因支座沉陷引起次应力的不利影响，决定在不破坏建筑空间的前提下，在转换梁支座处加设钢管混凝土斜撑（见图 6-47、图 6-48）。这样减小了转换梁的跨度，从而有效地减小了转换梁的竖向变形，将转换梁的最大变形控制在 1/1000 左右，最大限度地减少了对上部结构的影响，保证结构的安全。另外，上部各层相关部位梁配筋上下拉通，板内钢筋加强，从构造措施上提高结构安全度，进一步提高混凝土构件抵抗变形和开裂的能力。

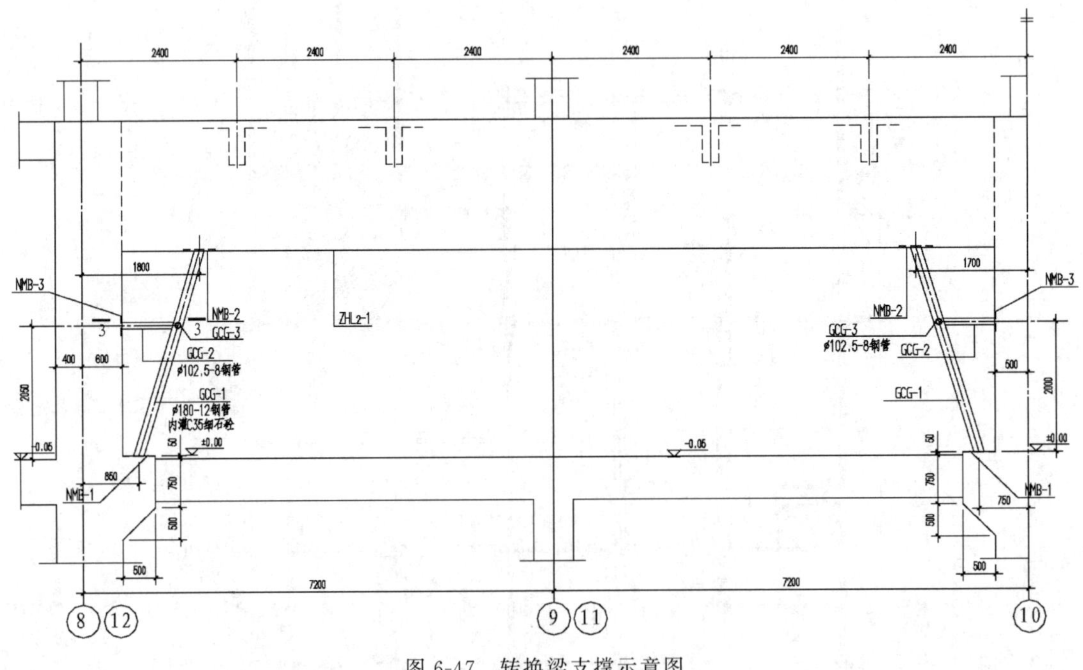

图 6-47 转换梁支撑示意图

6.2.10 北京饭店二期豪华公寓结构设计

6.2.10.1 工程概况

北京饭店二期改扩建工程位于北京市的中心地带，属于北京 2008 年奥运配套工程及 2006 年北京市重点工程，同时也是北京饭店向北延续功能与拓展的载体。整个工程从东至西分为商业、酒店公寓、豪华公寓 3 个地块，地块之间分别有 2 条城市道路穿越，各地块地下部分均为 4 层，并通过车库将地下连成一体，该工程总建筑面积为 27 万平方米。

图 6-48　转换梁支撑实景

本文仅介绍豪华公寓结构设计。

豪华公寓地上建筑物总平面呈［字形布局，由南北两栋公寓（南侧为1＃楼，北侧为2＃楼）和会所3部分组成，地下4层，另外还有1个地下夹层，两栋公寓地上均为7层，会所地上2层（见图6-49），地上建筑面积为3.5万平方米。在会所两端设防震缝，将3栋建筑地上分为3个独立的抗震单元。本工程抗震设防烈度8度，设计地震分组第一组，设计基本地震加速度0.20g，场地类别Ⅱ类。在豪华公寓结构设计中遇到了一些难点，下面分别讨论。

6.2.10.2　结构计算中嵌固部位难以明确指定

结构计算中，模型嵌固部位的确定是否符合实际情况，直接影响结构受力真实性，从而关系到结构安全。一般建筑只要符合《抗震规范》的要求，均可将地下室顶板作为嵌固部位。该公寓楼结构计算中，嵌固部位很难直接依据规范要求确定。一方面，本工程中地下车库顶板有3m覆土，用于庭院绿化。豪华公寓两个主楼地下室均为两侧临室外回填土，另外两侧临地下车库顶板覆土。因为绿化土层没有压实要求，故车库顶板覆土对于主楼的嵌固作用不大，也就是说主楼地下室顶板（即±0.00处楼板）不能作为主楼的嵌固部位。另一方面，主楼范围内地下夹层楼板（即－3.20处楼板）与车库顶板处于同一标高，该处楼板往下的地下室均临室外回填土，对主楼的嵌固作用比较强，应该可以作为嵌固层，但是地下夹层楼板由于建筑功能及设备需要等原因，板面开了很多洞，不符合《抗震规范》要求。因此，地下夹层楼板也不能作为嵌固部位。根据以往工程实践，嵌固部位如果再下移一层，设计结果将会很保守，经济性不好。针对本工程结构嵌固部位很难确定在哪一层，结构设计中采取了以下措施：

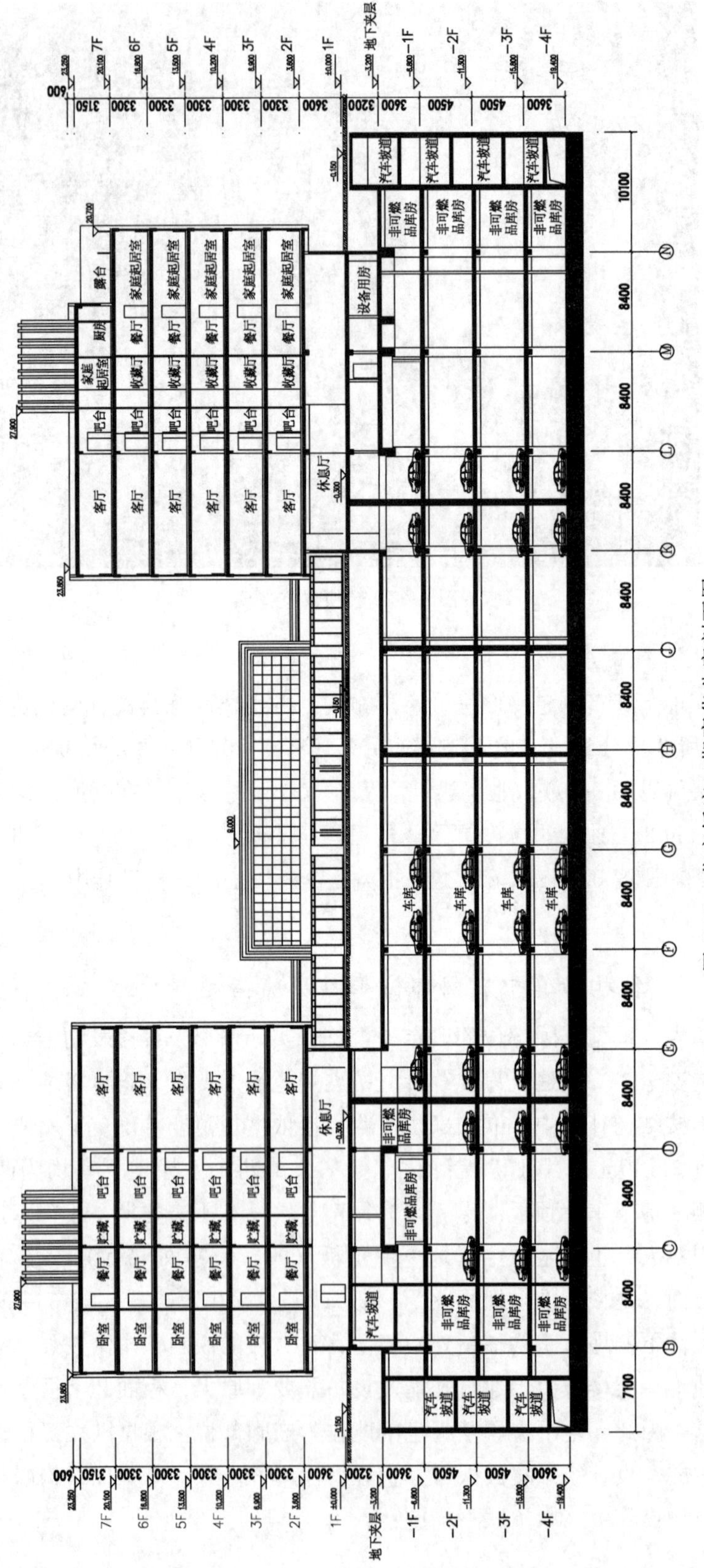

图 6-49 北京饭店二期豪华公寓剖面图

① 利用地下室建筑布局，增加地下混凝土剪力墙布置，提高地下室结构楼层的侧向刚度。经计算地下室楼层侧向刚度是相邻上部楼层的4倍多，满足《抗震规范》要求；

② 对于地下夹层楼面开洞较多的情况，和建筑专业及有关设备专业认真协调后，在满足他们要求的情况下，在楼板开洞处间隔2.8m左右布置了多道井字梁，从而有利于楼层水平力传到周围土体中；

③ 分两个版本计算，将结构嵌固部位分别设置于地下室顶板和地下夹层楼板，回填土对地下室约束相对刚度比定为2，结构设计中按二者的不利情况控制。

6.2.10.3 转换层结构的设计

该公寓建筑竖向功能变化较多，依次是：地下4层～地下1层为车库，地下夹层为物业及设备用房，首层为商铺，2层以上为住宅。由于竖向功能的变化，使上部很多竖向构件不能落到基础上，需要转换。本工程位于8度区，《高层规程》对于转换结构有严格的规定。相对于其他转换结构，本工程有一点有利之处，即所有转换均发生在地下夹层和地下1层，没有在地上转换。但是由于上部楼层较多，而且转换梁上墙体开边门洞很普遍，从而转换梁受力复杂。本工程设计中采取了以下措施，保证结构设计安全可靠。

① 采用SATWE和ETABS两种软件进行整体计算，分析比较二者的计算结果，按不利情况设计。下面，以1#公寓为例，比较二者的计算数据。

a. 周期和楼层最大位移计算结果如表6-6、表6-7所示，可以看出两种软件整体计算结果比较接近。

表6-6 结构周期 单位：s

项目	T1	T2	T3
SATWE	0.7427(X向平动)	0.7235(Y向平动)	0.5630(扭转)
ETABS	0.7227(X向平动)	0.6330(Y向平动)	0.5823(扭转)

表6-7 楼层最大位移角

项目	X向地震	Y向地震
SATWE	1/1095	1/1052
ETABS	1/1115	1/958

b. SATWE整体计算完毕后，接力运行其针对转换结构的子程序“框支剪力墙有限元分析”；ETABS整体分析中，将转换梁按壳单元模拟，单元划分时应与上部剪力墙协调一致。取出一榀有代表性的转换结构进行对比，该榀转换结构平面位置为1#楼Ⓜ轴，如图6-48所示，具体以④轴～⑤轴转换梁内力进行对比，结果如表6-8。从表中可以看出，两种模型计算结果有一定的差别，主要是有限元单元不同造成的，设计中按二者的不利情况控制设计。

表6-8 恒载作用下转换梁内力

项目	V_4/kN	V_5/kN	M_4/kN·m	M_5/kN·m	M中/kN·m
SATWE	2146	−2072	−2008	−4667	2316
ETABS	2527	−2963	−1562	−3650	1875

注：V_4、V_5分别表示④轴和⑤轴处的梁端剪力；M_4、M_5分别表示④轴、⑤轴支座处弯矩；M中表示跨中处梁弯矩。

② 转换梁内力很大，为了满足强剪弱弯的设计思路，对于转换梁抗剪截面不足的梁端，采用竖向加腋的方法提高抗剪能力。

③ 参考《高层规程》的有关规定，对于转换层及转换构件采取相应的抗震措施。主要措施如下：转换构件抗震等级提高为一级，计算中按一级的要求调整转换构件内力；转换层板厚至少 180mm 厚，钢筋双层双向布置，且每个方向单层配筋率不小于 0.30%，与转换层相邻的楼板也适当地进行了加强；框支层以下的落地剪力墙在结构楼层处设置边框梁或暗梁，以加强结构整体性；剪力墙底部加强部位墙体水平和竖向分布钢筋最小配筋率不小于 0.30%；框支柱箍筋全部采用复合箍，且全高范围加密等。

6.2.10.4 一字形短肢剪力墙较多

根据《高层规程》，高层建筑结构不应采用全部为短肢剪力墙的剪力墙结构，短肢剪力墙较多时，应布置筒体或一般剪力墙，形成短肢剪力墙和筒体（或一般剪力墙）共同抵抗水平力的剪力墙结构。本工程虽不是高层建筑，但是根据《建筑抗震设计规范疑难解答》，对于短肢剪力墙的设计要求，多层建筑也应按照《高层规程》执行。由于建筑户型需要，公寓主体结构中一字形短肢剪力墙较多，如图 6-50 所示。一字形剪力墙平面外稳定性较差，抗震性能不好，更不利的是本工程中的一字墙大部分是短肢剪力墙。经过与审图公司的结构专家认真沟通后，针对本工程一字形短肢剪力墙较多的具体情况，采取以下措施予以解决。

① 结合建筑功能及平面布置，在楼梯间、电梯井筒四周以及两端山墙处，尽可能多地布置长墙。根据计算结果，短肢剪力墙承受的底部地震倾覆力矩占结构总底部地震倾覆力矩的百分比最大值为：1＃楼 43.7%，2＃楼 45.2%，均控制在 50%之内。

② 结构整体计算中，将楼面板按弹性板建模，这样可以比较准确地确定墙体的平面内、外弯矩，从而准确验算平面内、外稳定及承载力。

③ 提高短肢剪力墙的抗震等级为一级，内力调整和抗震构造措施均按一级考虑。

④ 严格控制短肢剪力墙的轴压比，提高结构延性。根据《高层规程》要求，一字形短肢剪力墙的轴压比应控制在 0.4 以内，根据计算结果，1＃楼和 2＃楼短肢墙最大轴压比均为 0.39。

⑤ 加大一字形短肢剪力墙厚度，使墙厚与层高的比值满足规范要求。2 层楼面以下短肢墙厚度为 500mm，2 层楼面至 3 层楼面墙厚为 300～350mm，标准层为 250～300mm，这样，底部加强区墙厚是层高的 1/11，非加强区为 1/13.2，满足要求。

⑥ 1＃楼 Ⓚ轴和 Ⓝ轴处短肢墙平面外没有连续梁约束，为了提高稳定性，结合楼板（板厚最薄为 200mm），沿 Ⓚ轴和 Ⓝ轴做两条连续的暗梁加强墙体稳定，如图 6-50 所示。

6.2.10.5 其他问题

本工程设计中，还遇到其他一些问题，此处简要阐述一下设计中是如何解决的。

1）1＃楼、2＃楼及会所平面呈［形分布，结构平面不规则，如果连成一体，结构的

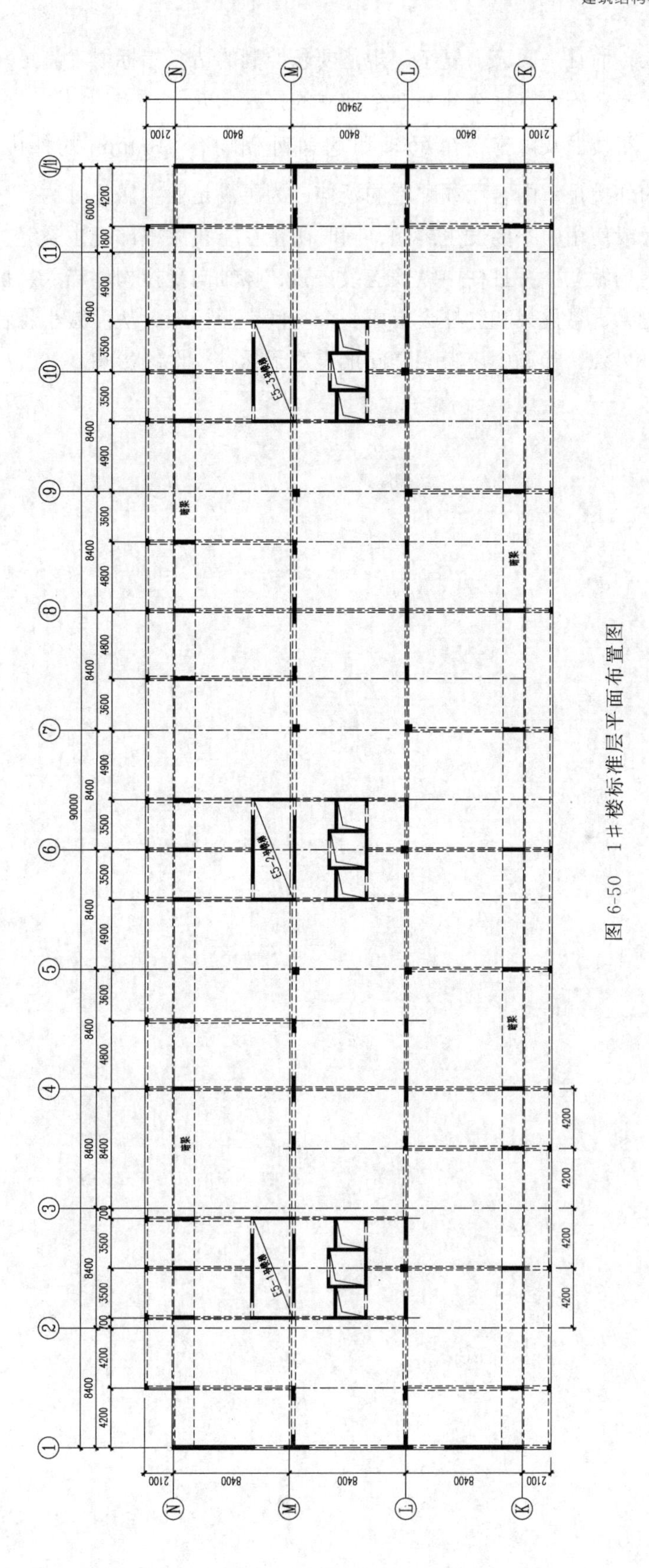

图 6-50 1＃楼标准层平面布置图

扭转效应会很大，而且平面应力复杂，规范要求控制的诸多指标很难满足。设计中在会所两端设防震缝，将2栋建筑地上分为3个独立的抗震单元。

2）1#楼2层楼面及以上，在Ⓚ轴和Ⓝ轴外侧均有2100mm的外挑，如图6-50所示。由于此处的外挑是室内客厅或卧室的延伸，为了满足业主居住时的舒适要求，使悬挑梁变形不要过大或使用中不要发生震颤，同时防止在悬挑梁根部产生裂缝，结构设计时在悬挑梁端部每层均做立柱，且柱中纵筋连续布置，按轴向受拉构件锚入悬挑梁内或互相搭接。这样，封边梁、悬挑梁和立柱会形成一个空间空腹桁架，从而减小悬臂端变形以及悬挑梁根部内力。另外，计算中应考虑竖向地震对于悬挑构件的影响。

附录 1　框架结构设计实例 1

附录 1 列举了本书工程实例的部分梁柱配筋结果和 PKPM 绘制的施工图，见附图 1-1～附图 1-9，供读者参考。

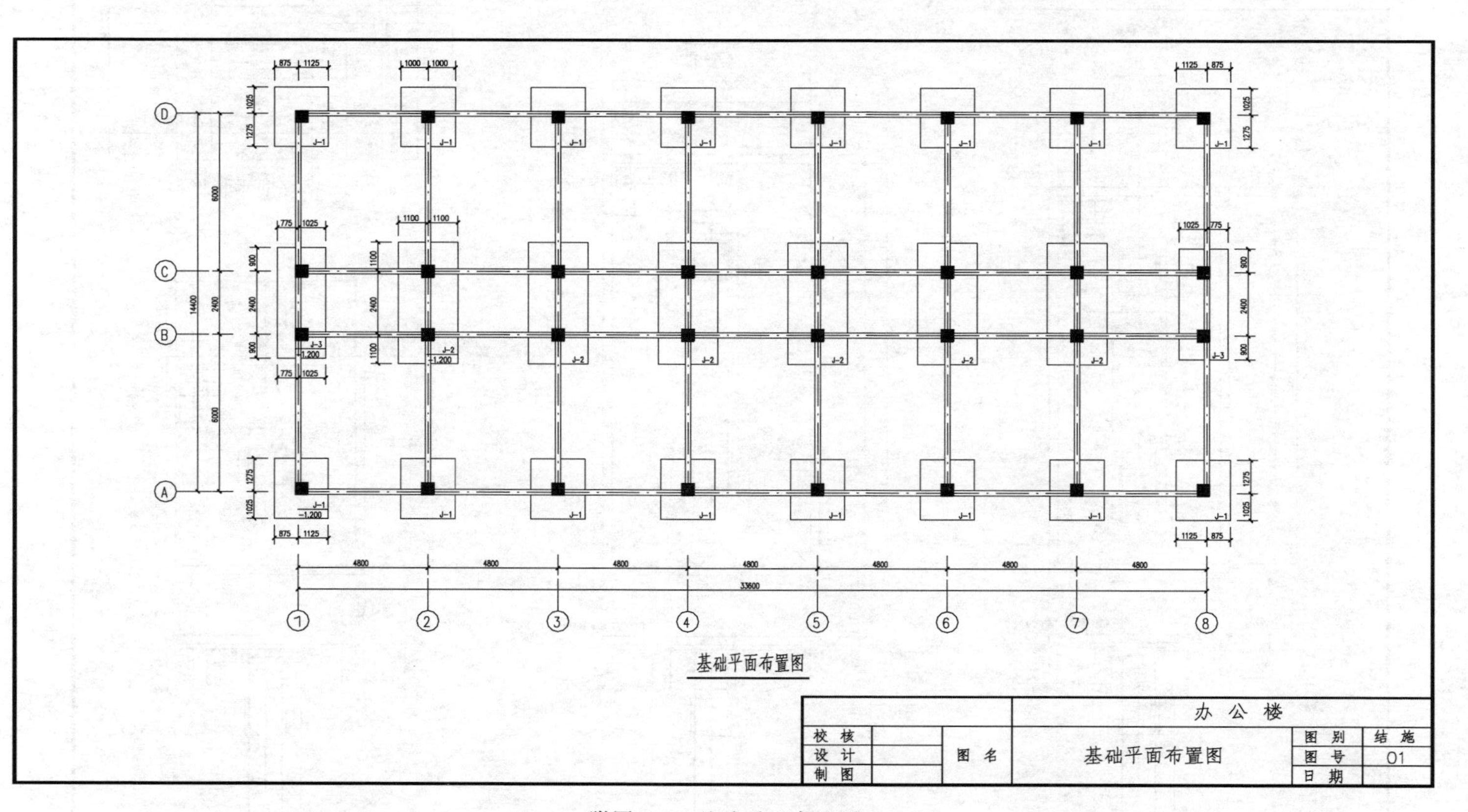

附图 1-1　基础平面布置图

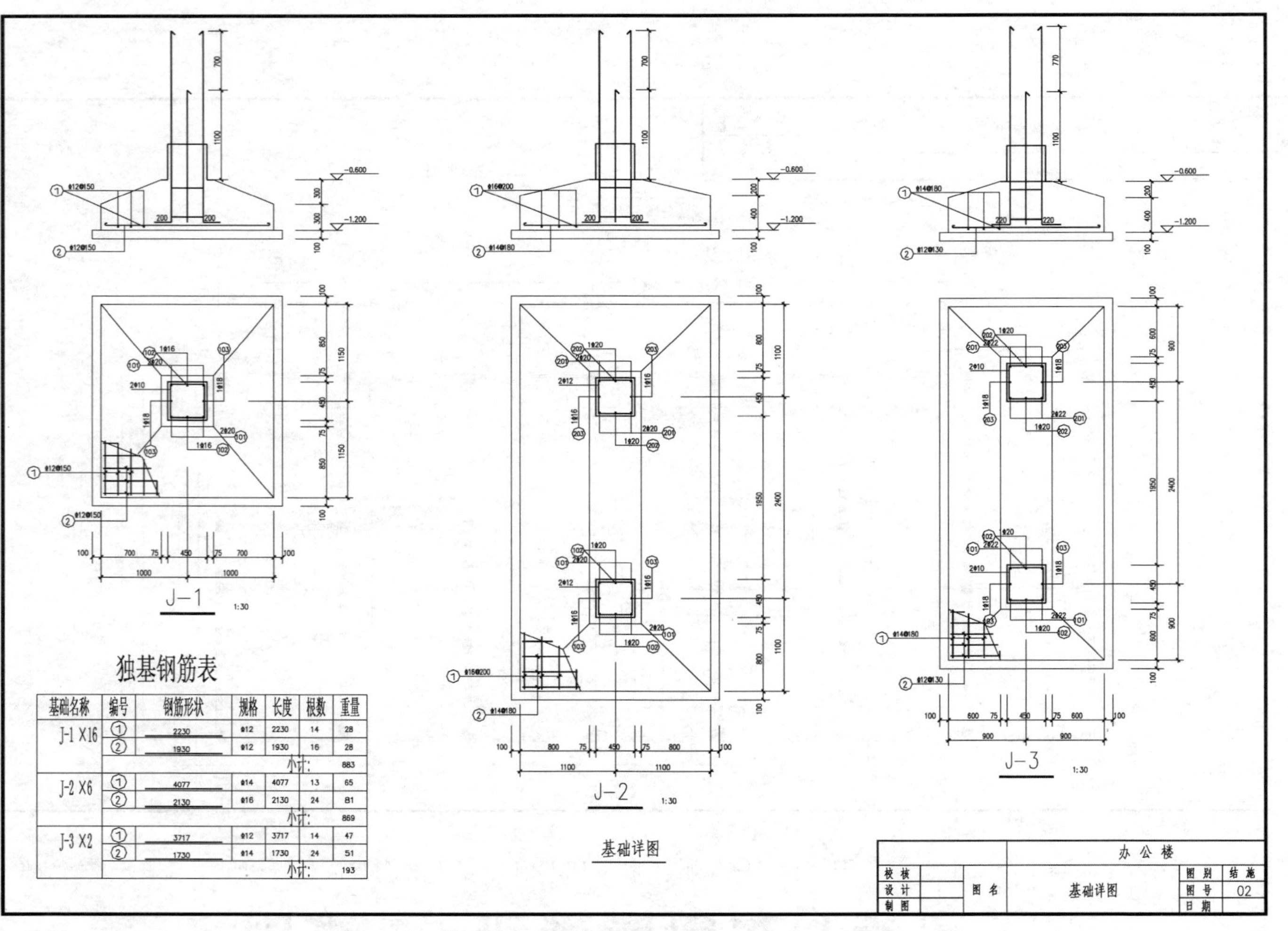

独基钢筋表

基础名称	编号	钢筋形状	规格	长度	根数	重量
J-1 X16	①	2230	⌀12	2230	14	28
	②	1930	⌀12	1930	16	28
				小计:		883
J-2 X6	①	4077	⌀14	4077	13	65
	②	2130	⌀16	2130	24	81
				小计:		869
J-3 X2	①	3717	⌀12	3717	14	47
	②	1730	⌀14	1730	24	51
				小计:		193

附图 1-2　基础详图

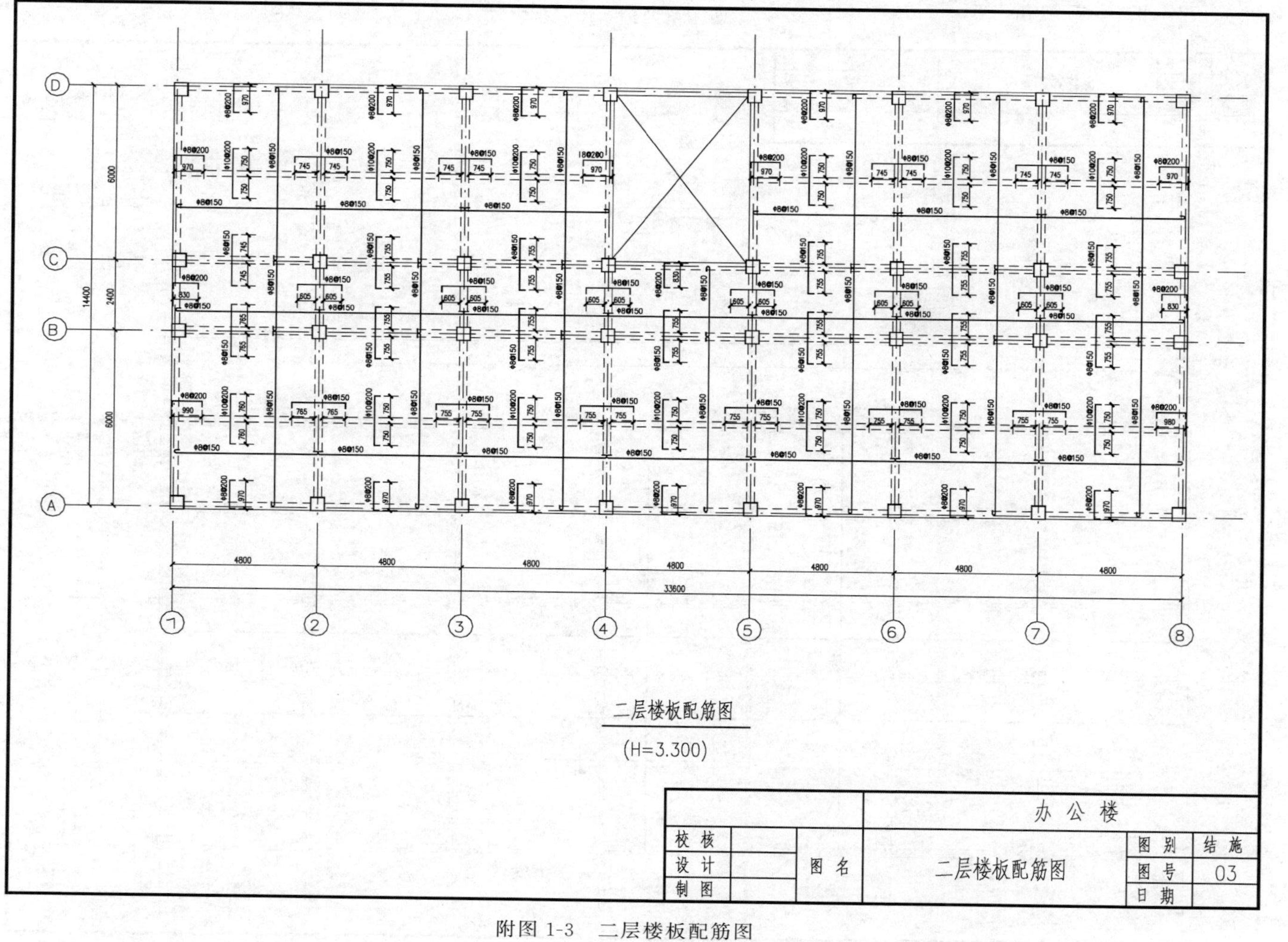

附图 1-3　二层楼板配筋图

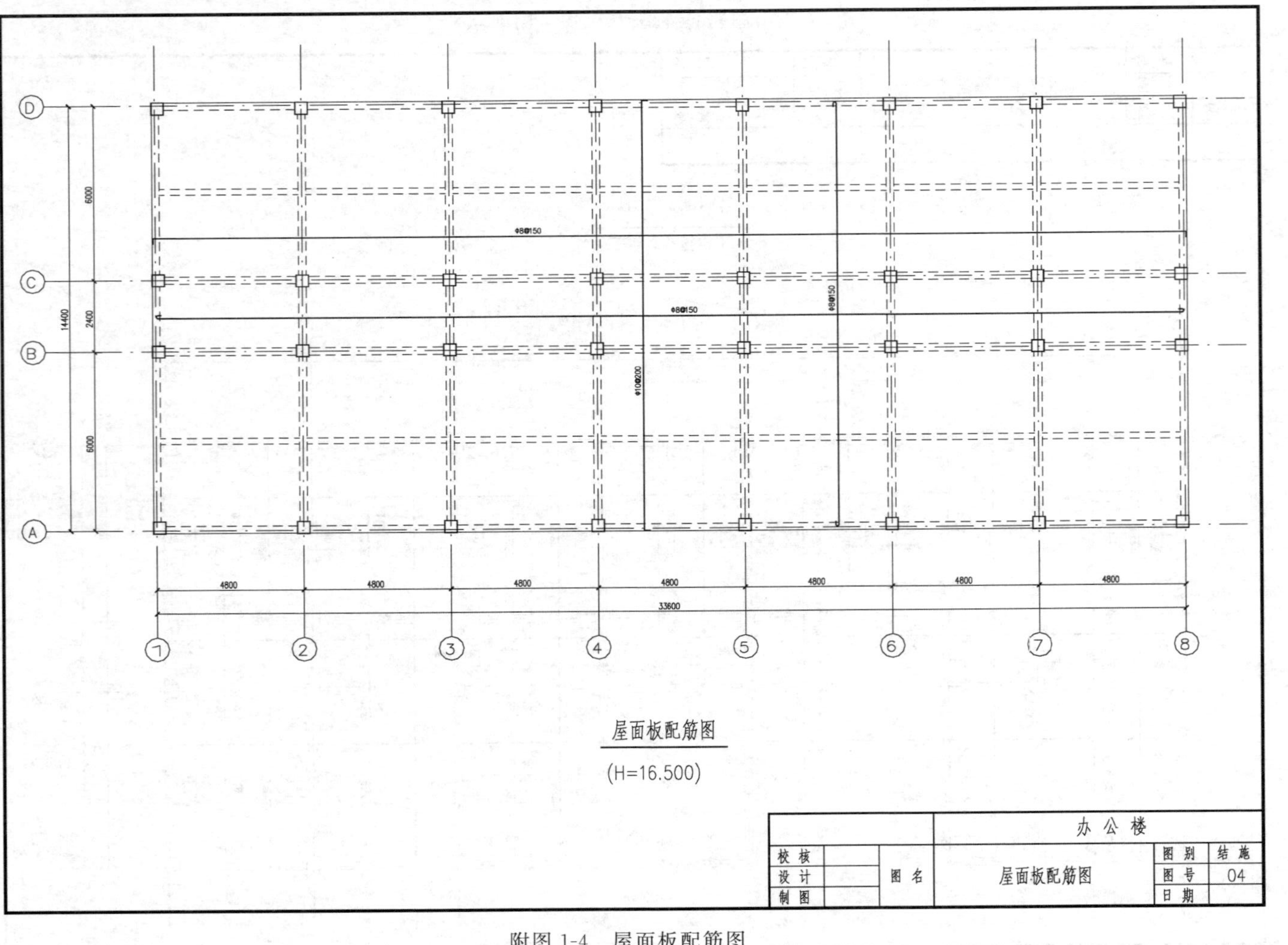
屋面板配筋图
(H=16.500)
办公楼
校核
设计
制图
图名
屋面板配筋图
图别
结施
图号
04
日期
4800
33600
6000
2400
14400
Φ8@150
Φ10@200

附图 1-4 屋面板配筋图

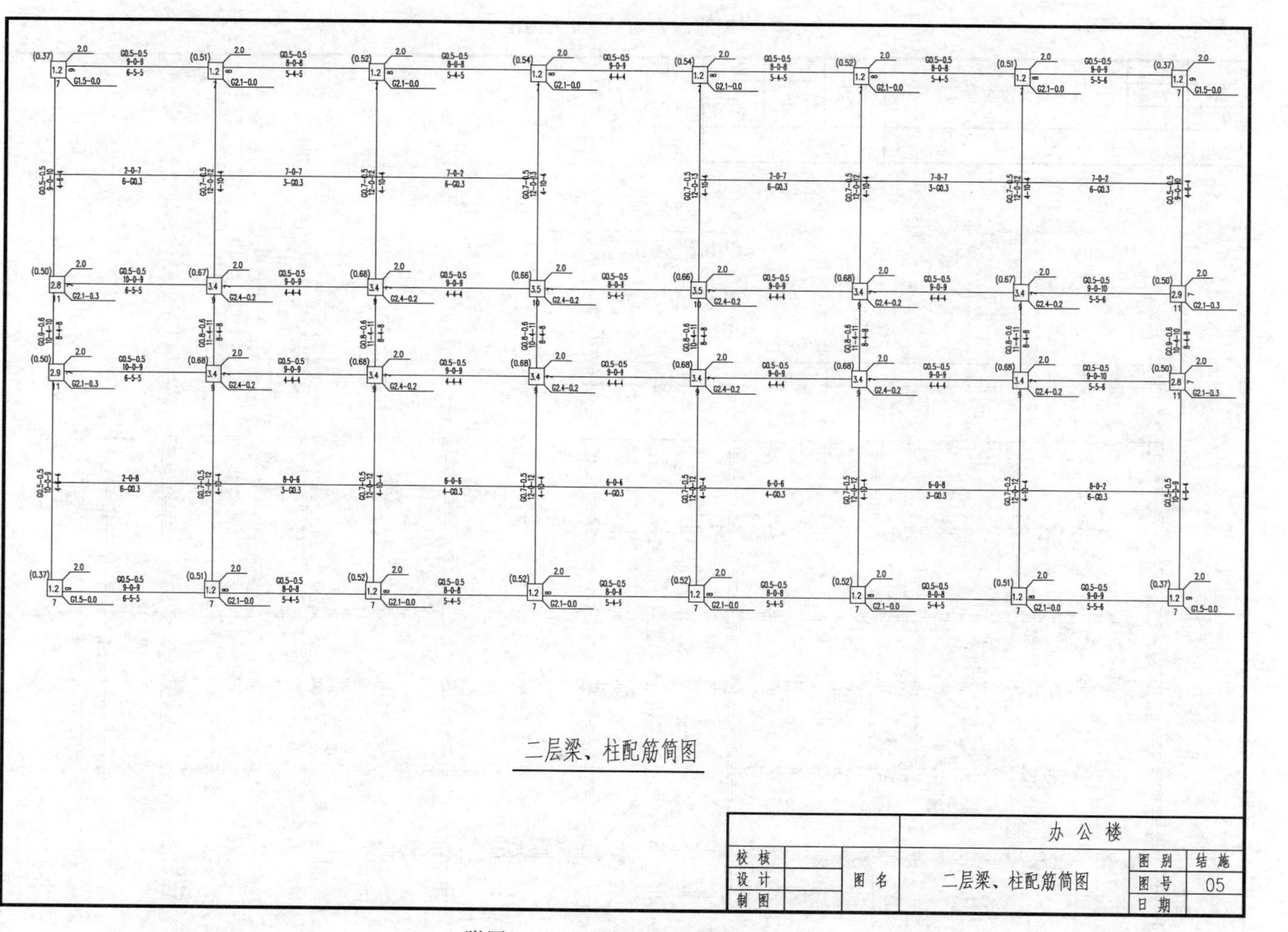

附图 1-5 二层梁、柱配筋简图

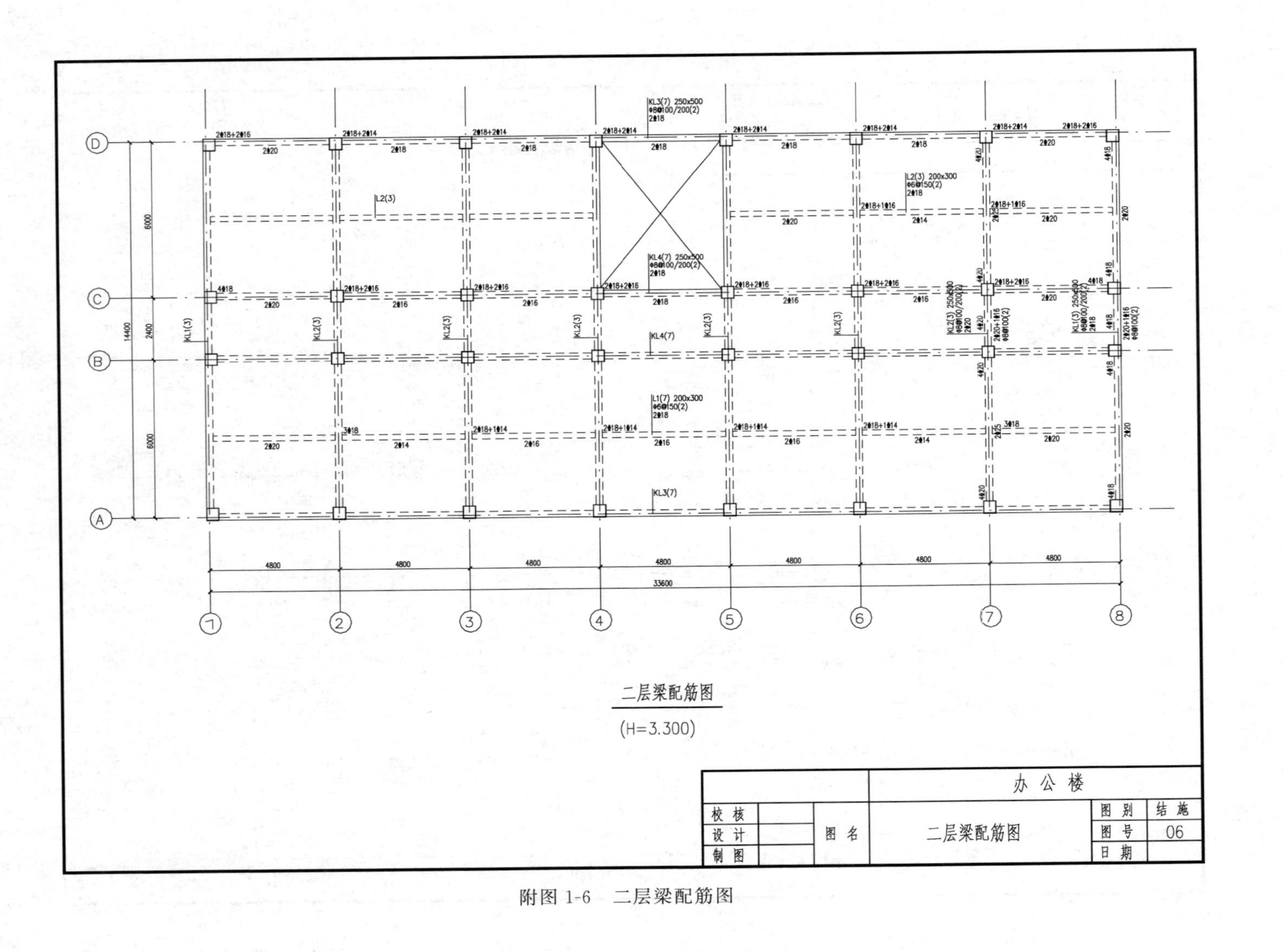

附图 1-6 二层梁配筋图

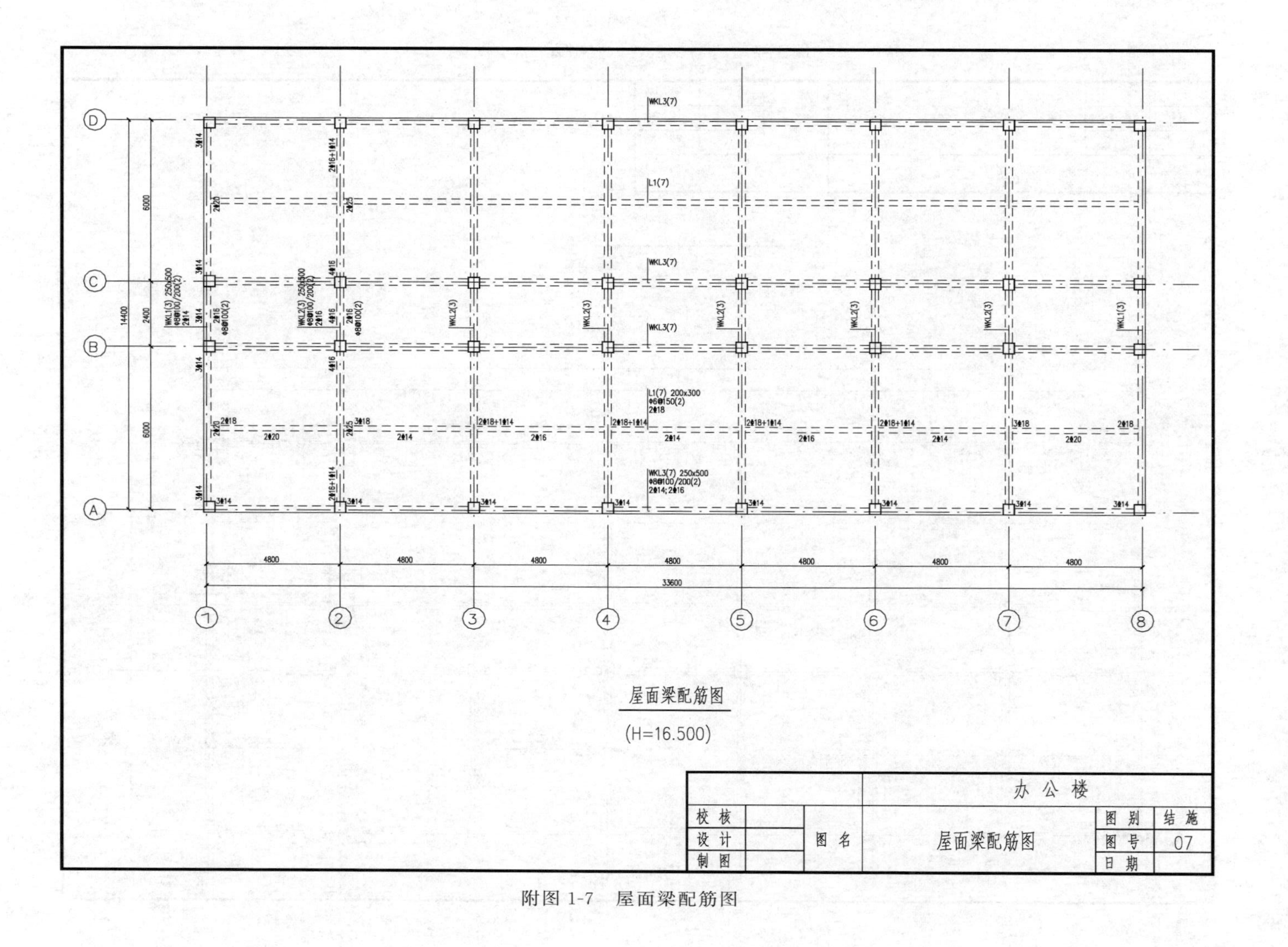

WKL3(7)
L1(7)
WKL3(7)
WKL3(7)
L1(7) 200x300
Φ6@150(2)
2Φ18
WKL3(7) 250x500
Φ8@100/200(2)
2Φ14;2Φ16
WKL1(3) 250x500
Φ8@100/200(2)
2Φ14
WKL2(3) 250x500
Φ8@100/200(2)
2Φ16
WKL2(3)
WKL1(3)
4800
33600
14400
6000
2400
屋面梁配筋图
(H=16.500)
办 公 楼
校 核
设 计
制 图
图 名
屋面梁配筋图
图 别
结 施
图 号
07
日 期

附图 1-7 屋面梁配筋图

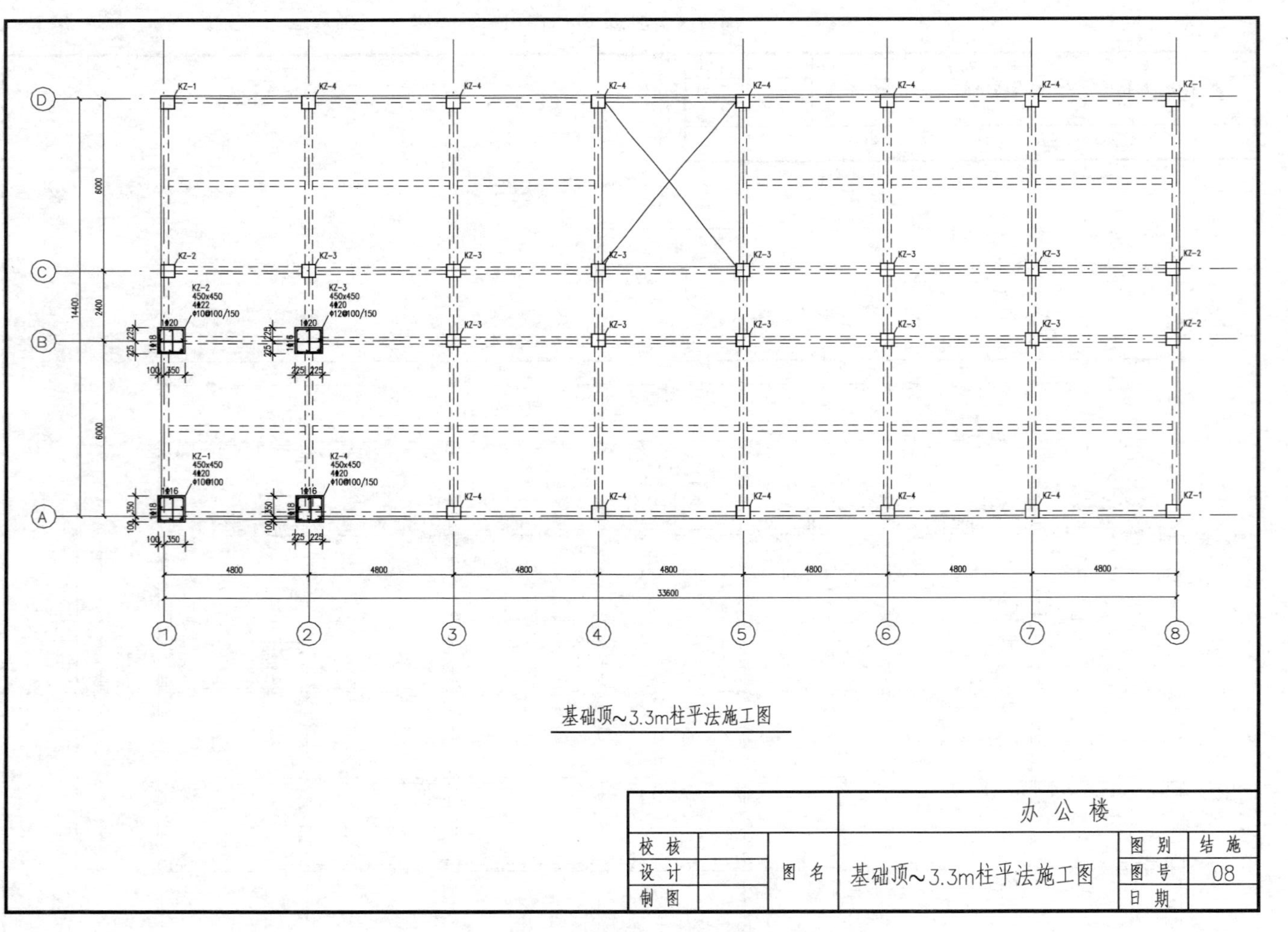

附图 1-8　基础顶～3．3m 柱平法施工图

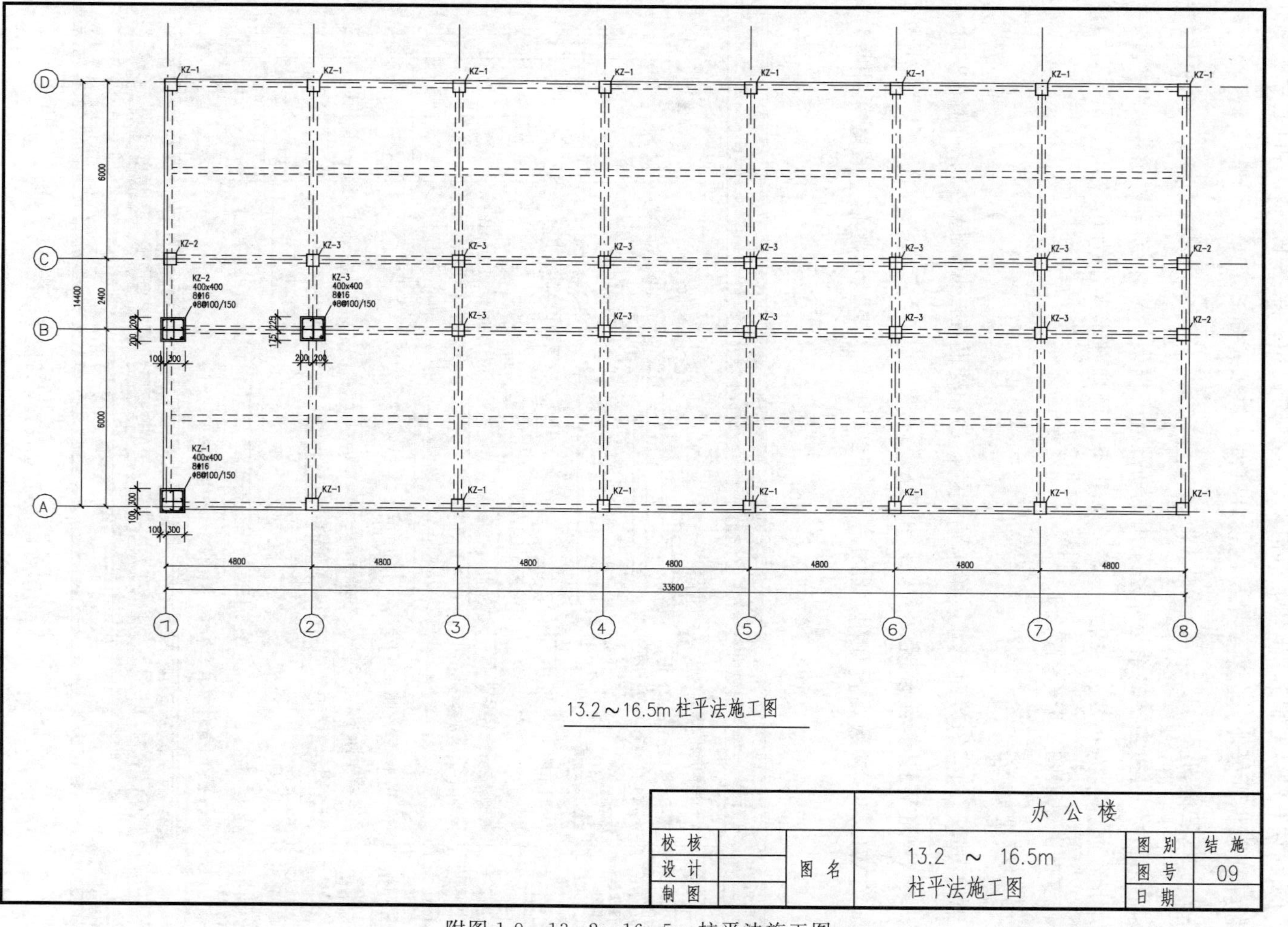

附图 1-9　13．2～16．5m 柱平法施工图

附录 2　框架结构设计实例 2

为了让读者熟练地掌握 PKPM 结构设计软件的使用，除了书中列举的工程实例外，在本附录中提供了另外一个框架结构的设计实例，供读者练习。

一、工程概况

本工程为 3 层宿舍楼，结构体系采用钢筋混凝土框架结构，抗震设防烈度为 8 度，设计基本地震加速度为 0．2g，场地土类别为Ⅱ类，场地基本风压为 0．75kN/m^2。建筑平面图和立面图见附图 2-9～附图 2-13。

二、模型建立

结构布置、构件的截面尺寸、梁上输入的荷载和楼面荷载见附图 2-14～附图 2-16。

三、SATWE 参数设置

SATWE 部分参数设置如附图 2-1～附图 2-8 所示，未显示的信息设置采用程序默认值。

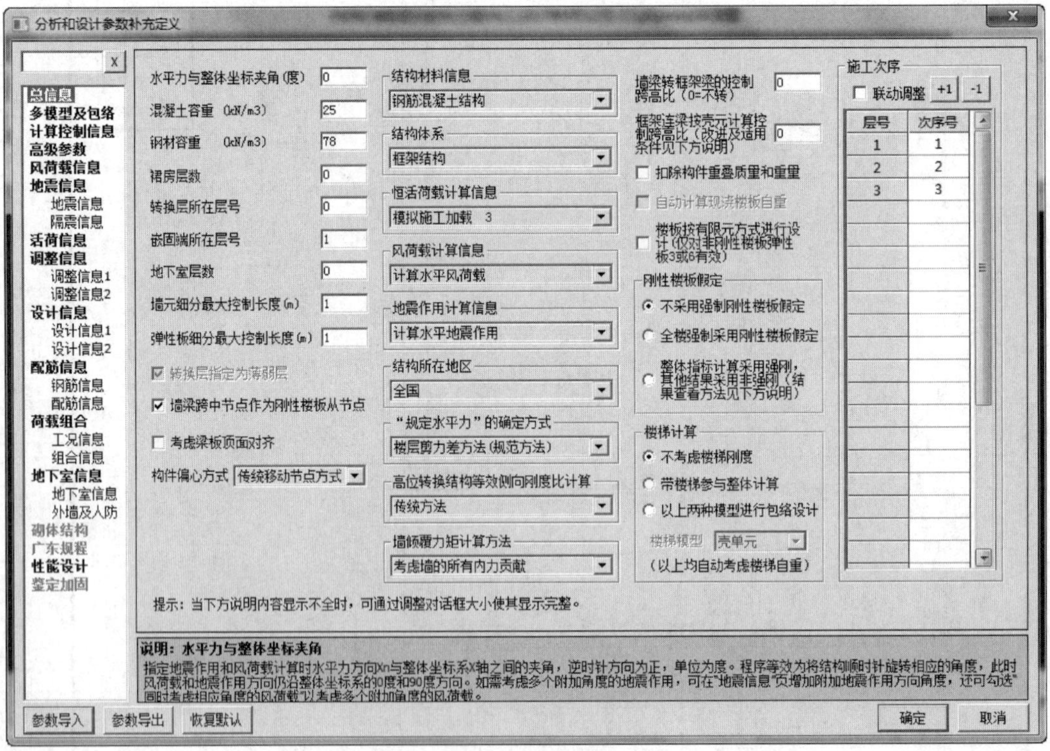

附图 2-1　总信息设置对话框

分析和设计参数补充定义

总信息
多模型及包络
计算控制信息
高级参数
风荷载信息
地震信息
地震信息
隔震信息
活荷信息
调整信息
调整信息1
调整信息2
设计信息
设计信息1
设计信息2
配筋信息
钢筋信息
配筋信息
荷载组合
工况信息
组合信息
地下室信息
地下室信息
外墙及人防
砌体结构
广东规程
性能设计
鉴定加固

地面粗糙度类别 A B C D
修正后的基本风压(kN/m2) 0.75
X向结构基本周期(秒) 0.40679
Y向结构基本周期(秒) 0.40679
风荷载作用下结构的阻尼比(%) 5
承载力设计时风荷载效应放大系数 1

顺风向风振
考虑顺风向风振影响

横风向风振
考虑横风向风振影响
规范矩形截面结构
角沿修正比例b/B(+为削角，-为凹角)：
X向 0 Y向 0
规范圆形截面结构
第二阶平动周期 0.12203

扭转风振
考虑扭转风振影响(仅限规范矩形截面结构)
第1阶扭转周期 0.28475

当考虑横风向或扭转风振时，请按照荷载规范附录H.1~H.3的方法进行校核 校核

用于舒适度验算的风压(kN/m2) 0.5
用于舒适度验算的结构阻尼比(%) 2
导入风洞实验数据

水平风体型系数
体型分段数 1
第一段：最高层号 3 X向体型系数 1.3 Y向体型系数 1.3
第二段：最高层号 0 X向体型系数 0 Y向体型系数 0
第三段：最高层号 0 X向体型系数 0 Y向体型系数 0
设缝多塔背风面体型系数 0.5

特殊风体型系数
体型分段数 1
第一段：最高层号 3 挡风系数 1
迎风面 0.8 背风面 -0.5 侧风面 -0.7
第二段：最高层号 0 挡风系数 0
迎风面 0 背风面 0 侧风面 0
第三段：最高层号 0 挡风系数 0
迎风面 0 背风面 0 侧风面 0

说明：地面粗糙度类别
指定结构所在地区的地面粗糙度类别。

参数导入 参数导出 恢复默认 确定 取消

附图 2-2 风荷载信息设置对话框

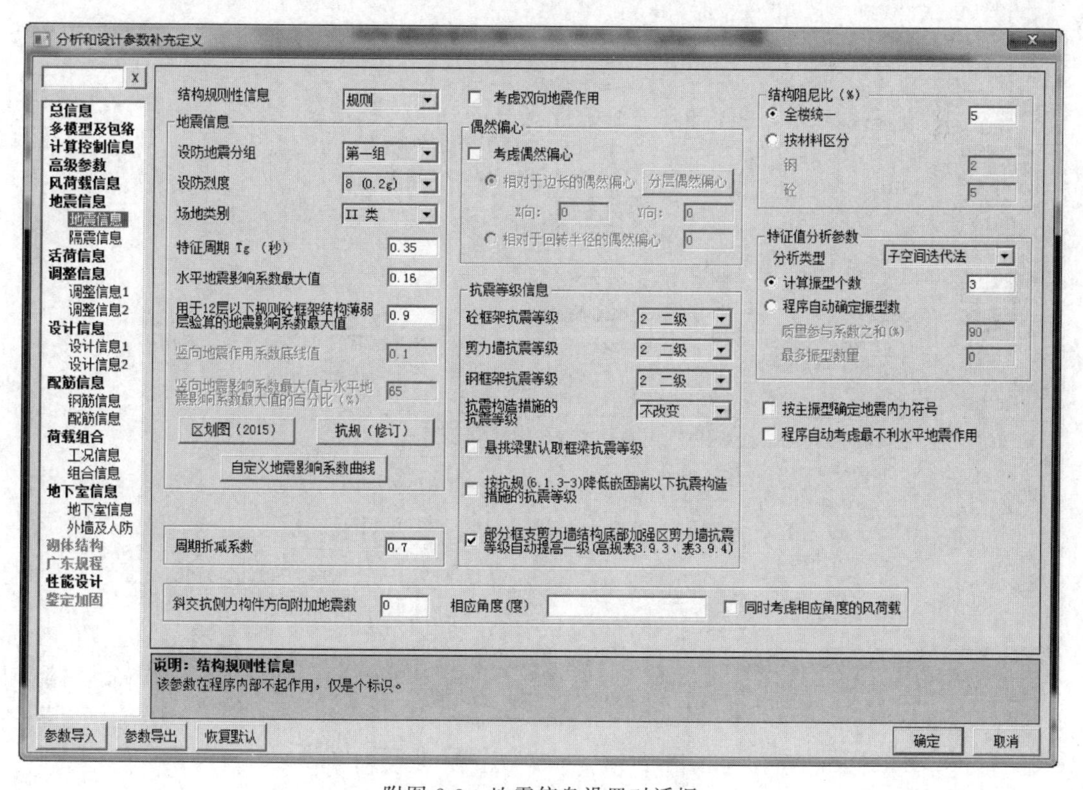

附图 2-3 地震信息设置对话框

分析和设计参数补充定义

总信息
多模型及包络
计算控制信息
高级参数
风荷载信息
地震信息
地震信息
隔震信息
活荷信息
调整信息
调整信息1
调整信息2
设计信息
设计信息1
设计信息2
配筋信息
钢筋信息
配筋信息
荷载组合
工况信息
组合信息
地下室信息
地下室信息
外墙及人防
砌体结构
广东规程
性能设计
鉴定加固

楼面活荷载折减方式
传统方式
柱 墙设计时活荷载
不折减 折减
传给基础的活荷载
不折减 折减
柱 墙 基础活荷载折减系数

计算截面以上层数	折减系数
1	1
2-3	0.85
4-5	0.7
6-8	0.65
9-20	0.6
20层以上	0.55

梁楼面活荷载折减设置
不折减
从属面积超过25m2时，折减0.9
从属面积超过50m2时，折减0.9
按荷载属性确定构件折减系数（参见荷载规范5.1.2条）（说明：需在PM“楼板活荷类型”菜单中指定楼板活荷载属性）

消防车荷载折减
柱 墙设计时消防车荷载
不折减 折减
柱、墙设计时消防车荷载折减系数 1
梁设计时消防车荷载
不折减 折减
说明：梁折减系数由程序自动确定。梁和柱、墙折减系数均可在“设计模型前处理”->“活荷折减”菜单中进行单构件查看和修改。

梁活荷不利布置
最高层号 3
考虑结构使用年限的活荷载调整系数（活荷载工况和屋面活荷载工况） 1

说明：柱 墙设计时活荷载
指定在设计时是否折减柱、墙活荷载。可参考《荷载规范》第5.1节有关条文规定。

参数导入 参数导出 恢复默认 确定 取消

附图 2-4 活荷信息设置对话框

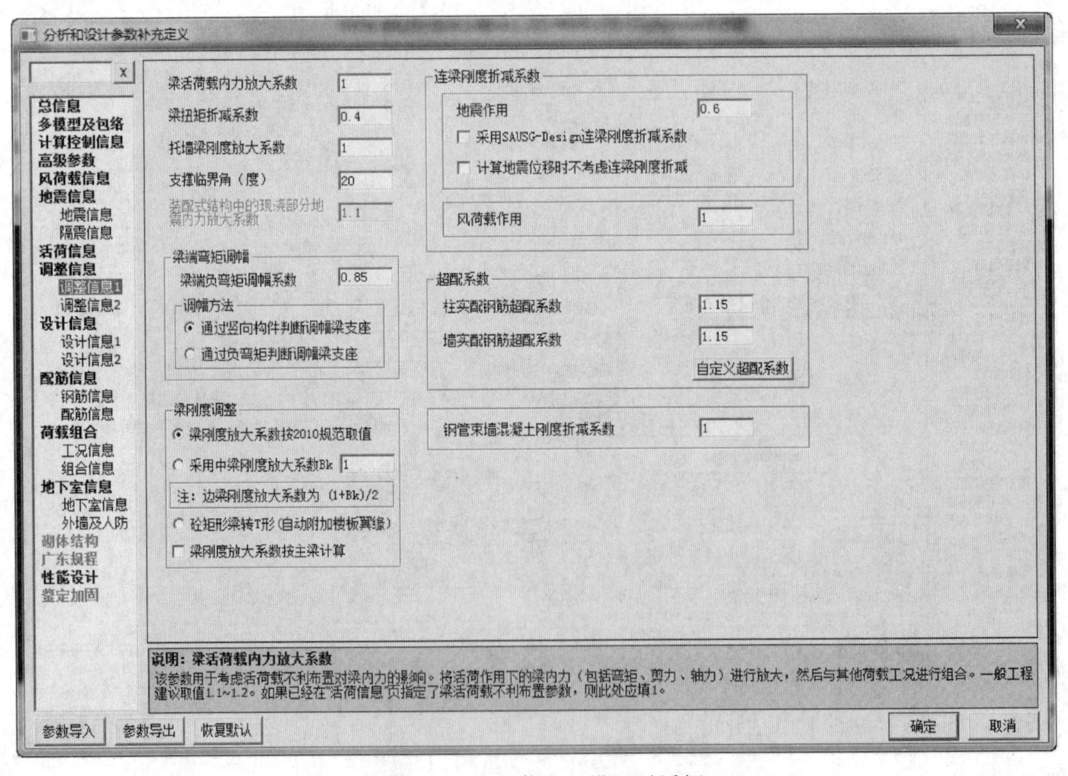

附图 2-5 调整信息 1 设置对话框

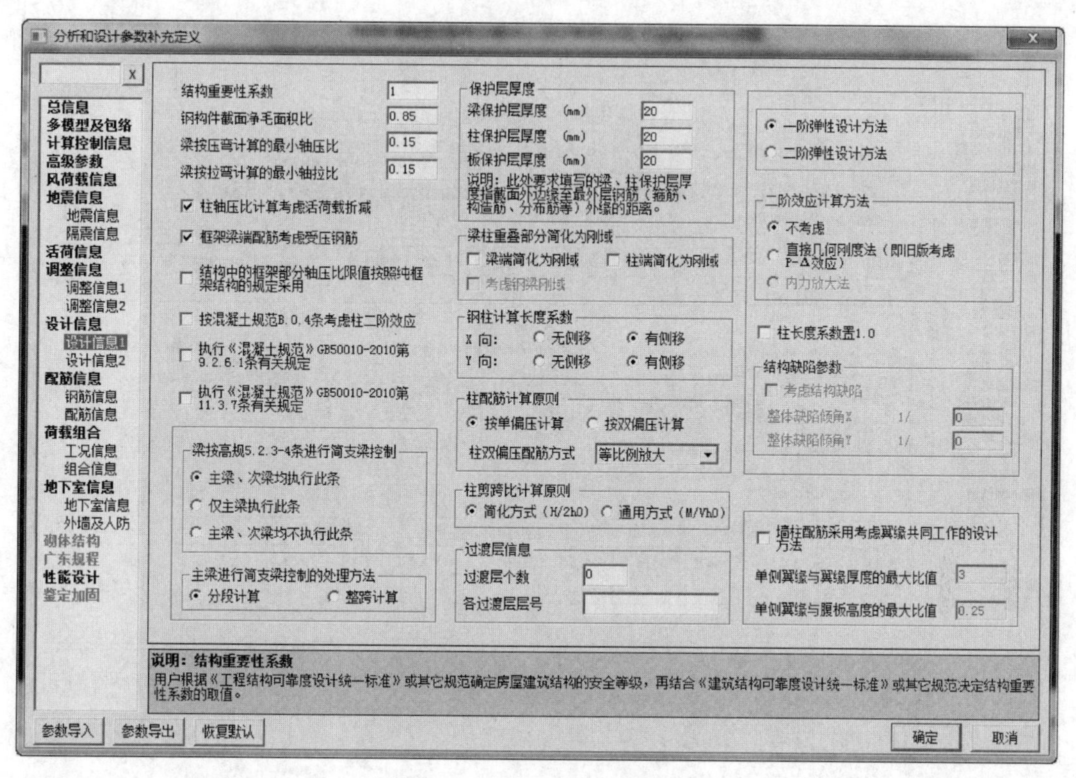

附图 2-6　设计信息 1 设置对话框

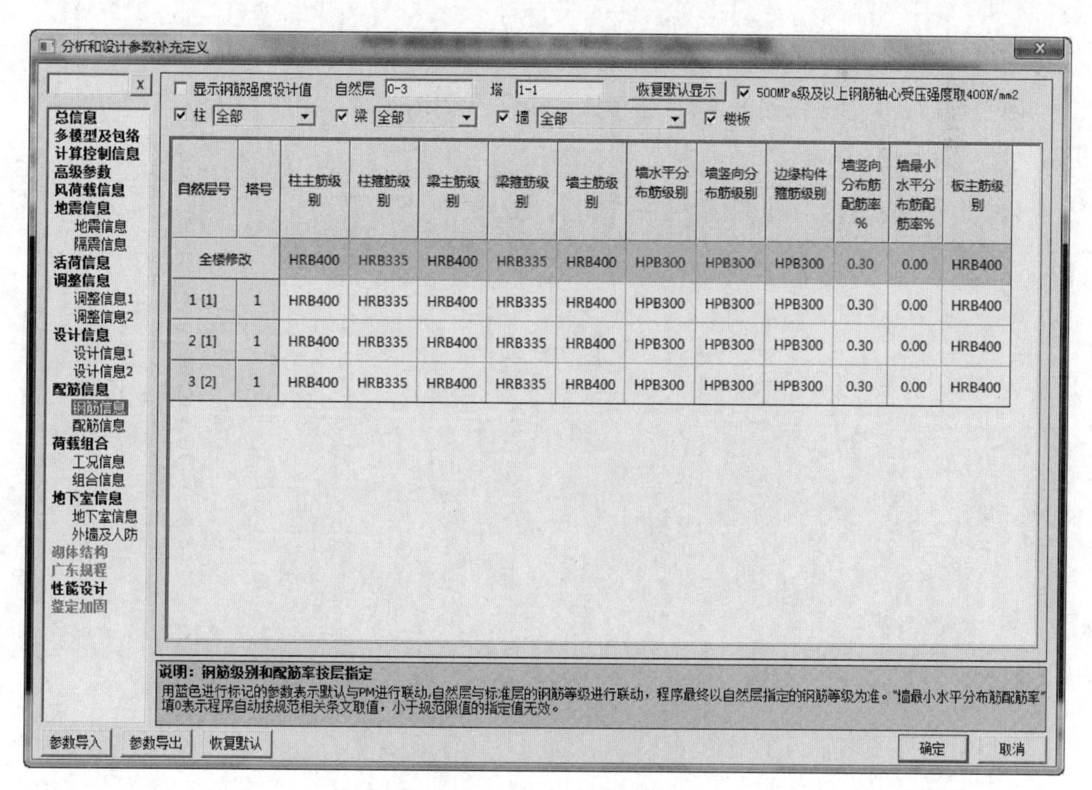

自然层号	塔号	柱主筋级别	柱箍筋级别	梁主筋级别	梁箍筋级别	墙主筋级别	墙水平分布筋级别	墙竖向分布筋级别	边缘构件箍筋级别	墙竖向分布筋配筋率%	墙最小水平分布筋配筋率%	板主筋级别
全楼修改		HRB400	HRB335	HRB400	HRB335	HRB400	HPB300	HPB300	HPB300	0.30	0.00	HRB400
1 [1]	1	HRB400	HRB335	HRB400	HRB335	HRB400	HPB300	HPB300	HPB300	0.30	0.00	HRB400
2 [1]	1	HRB400	HRB335	HRB400	HRB335	HRB400	HPB300	HPB300	HPB300	0.30	0.00	HRB400
3 [2]	1	HRB400	HRB335	HRB400	HRB335	HRB400	HPB300	HPB300	HPB300	0.30	0.00	HRB400

附图 2-7　钢筋信息设置对话框

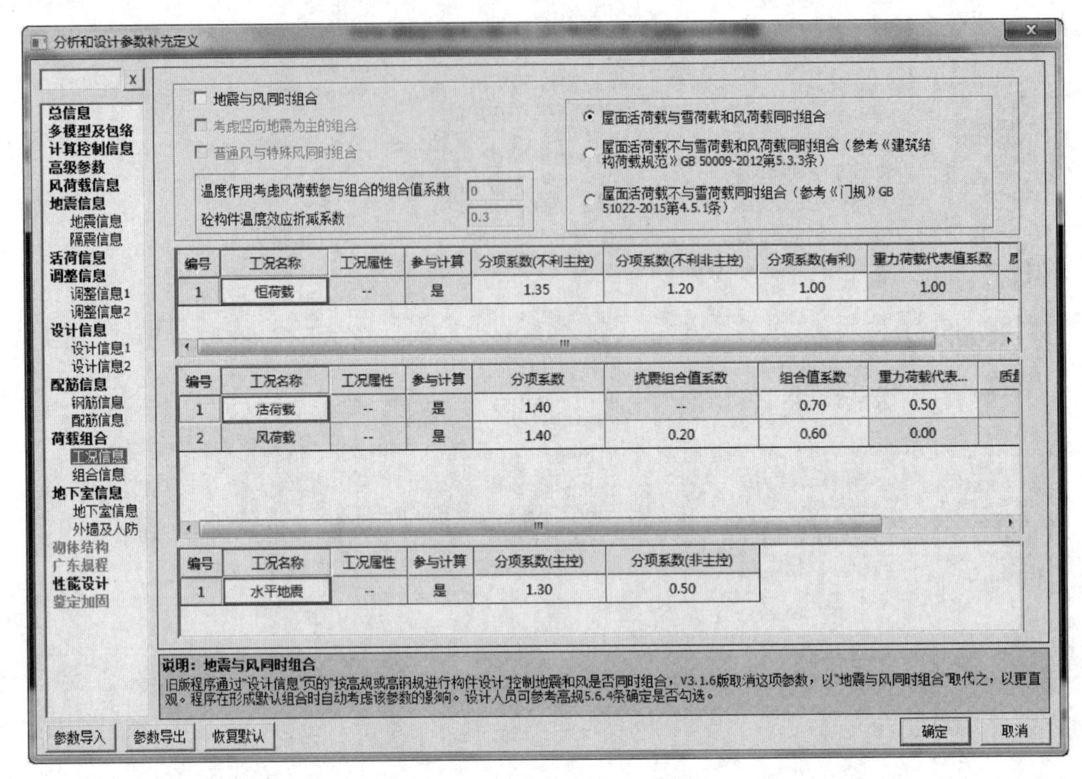

附图 2-8　工况信息设置对话框

四、部分计算结果

限于篇幅，本附录只列出梁、柱的配筋结果，见附图 2-17、附图 2-18。

五、施工图

本工程的结构施工图见附图 2-19～附图 2-22。

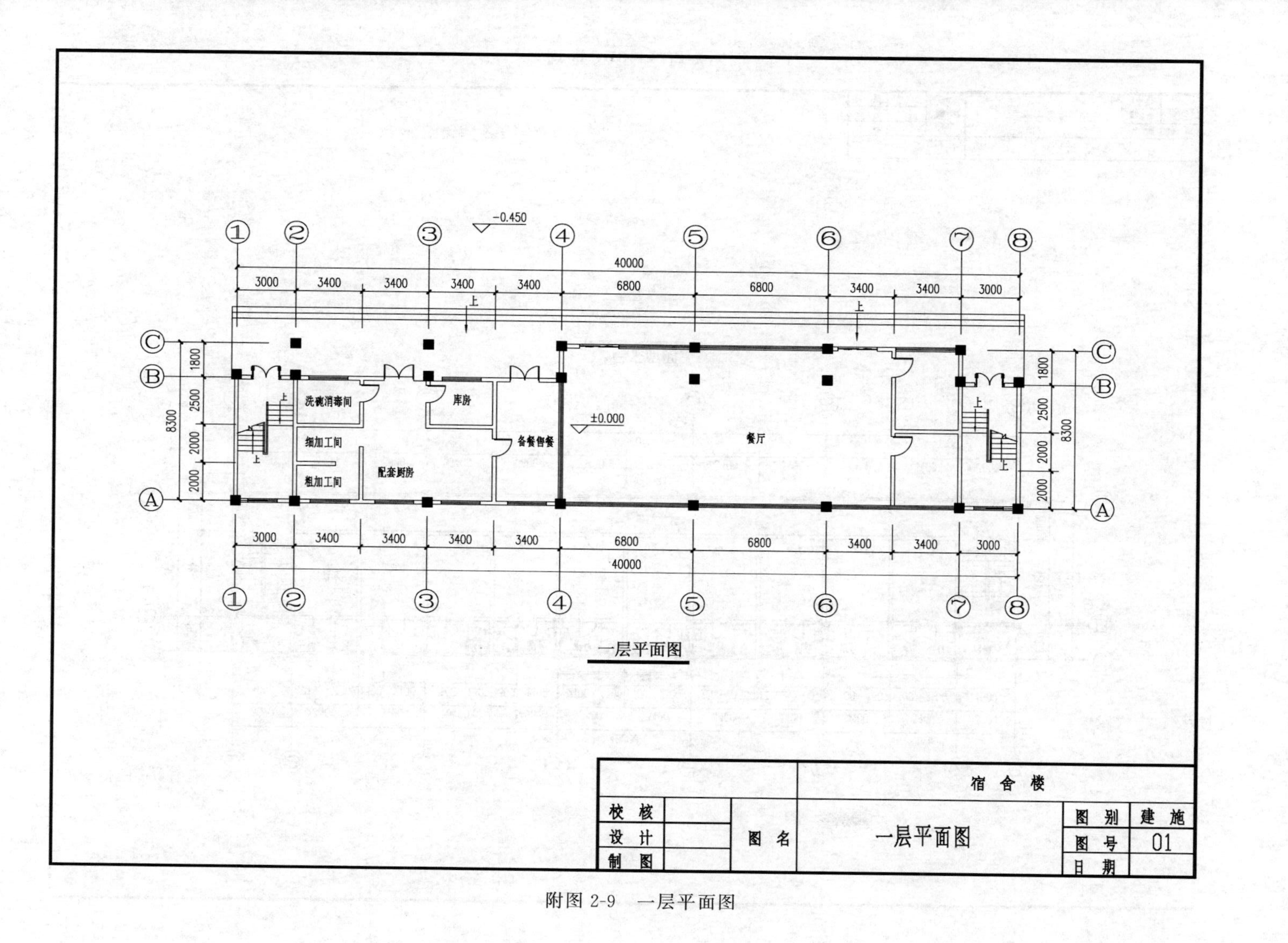
-0.450
40000
3000
3400
6800
上
1800
2500
2000
8300
洗碗消毒间
细加工间
粗加工间
配套厨房
库房
备餐售餐
±0.000
餐厅
一层平面图
宿舍楼
校核
设计
制图
图名
一层平面图
图别
建施
图号
01
日期

附图 2-9 一层平面图

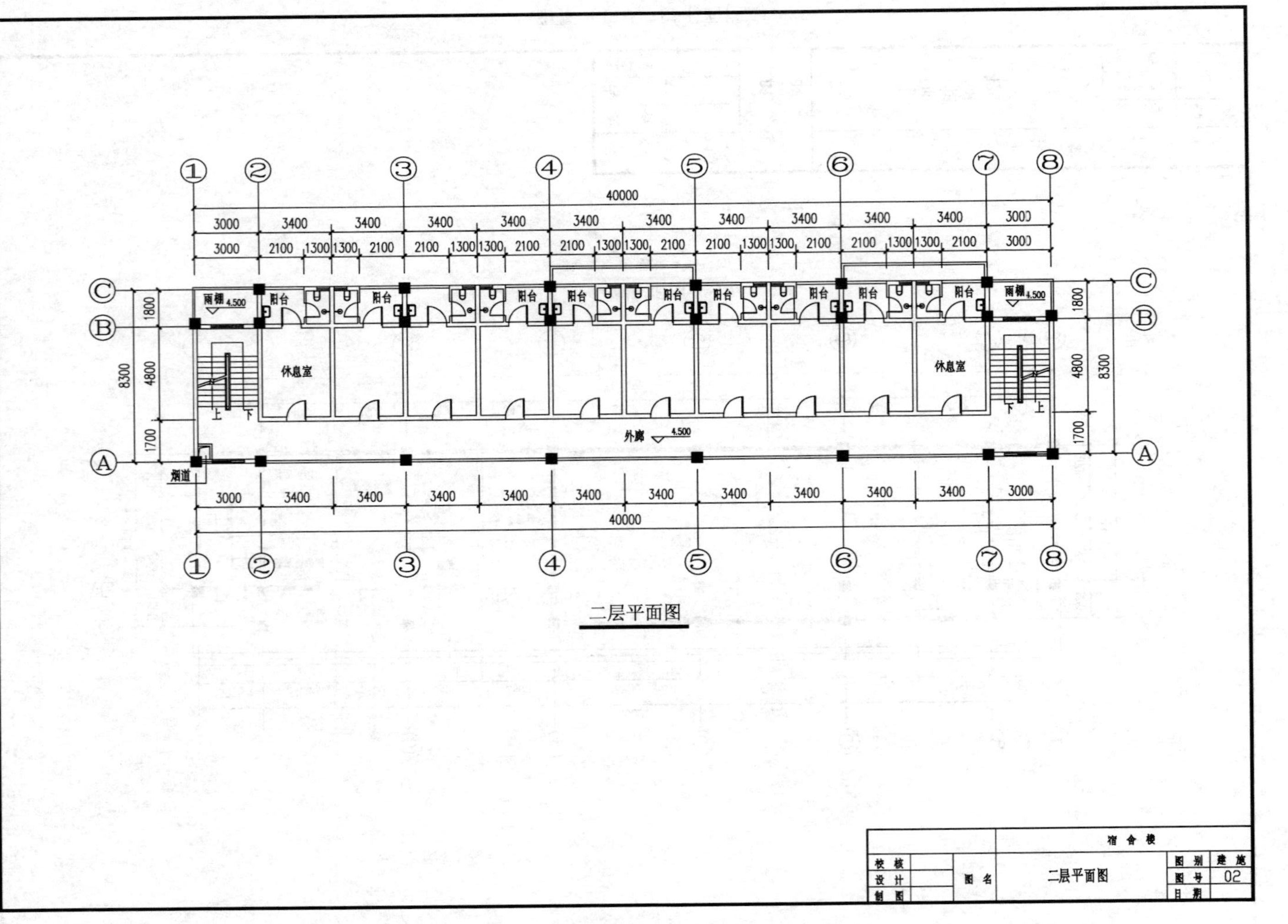
40000
3000
3400
2100
1300
1800
4800
1700
8300
雨棚 4.500
阳台
休息室
外廊 4.500
烟道
上
下
二层平面图
宿舍楼
校核
设计
制图
图名
二层平面图
图别
建施
图号
02
日期

附图 2-10 二层平面图

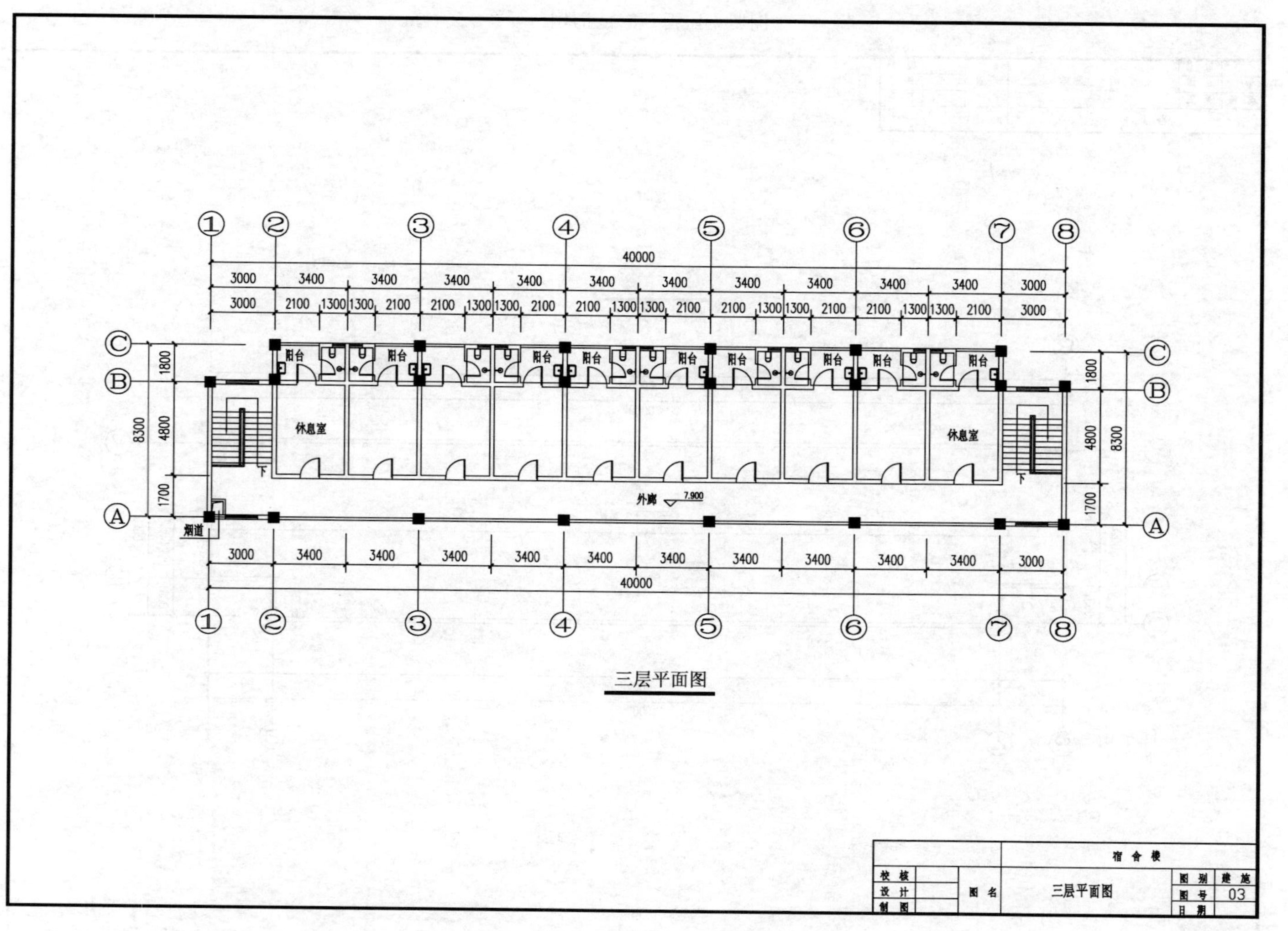

附图 2-11　三层平面图

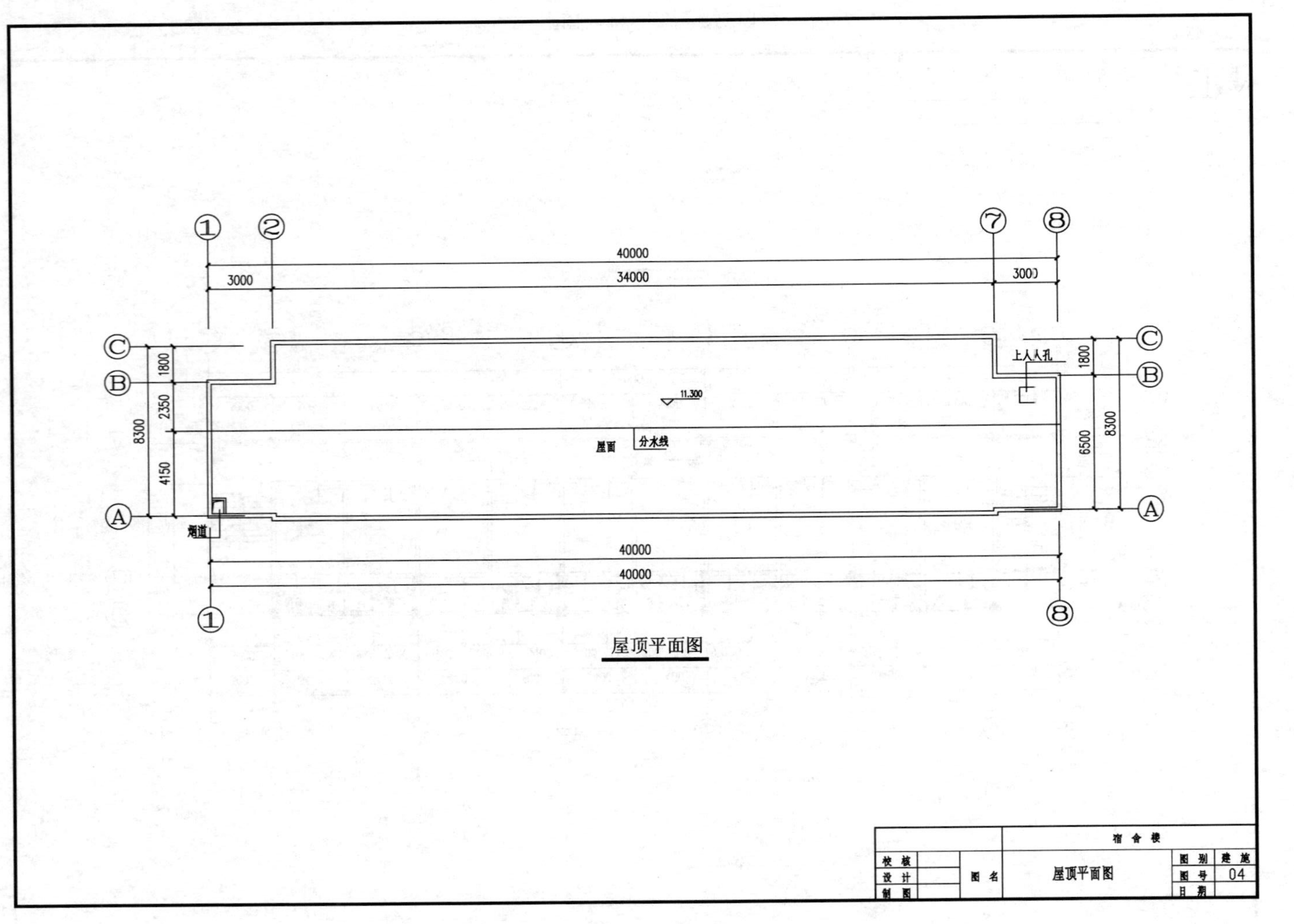
40000
3000
34000
3000
1800
2350
4150
8300
上人孔
11.300
屋面
分水线
6500
8300
烟道
40000
40000
屋顶平面图
宿舍楼
校核
设计
制图
图名
屋顶平面图
图别 建施
图号 04
日期

附图 2-12 屋顶平面图

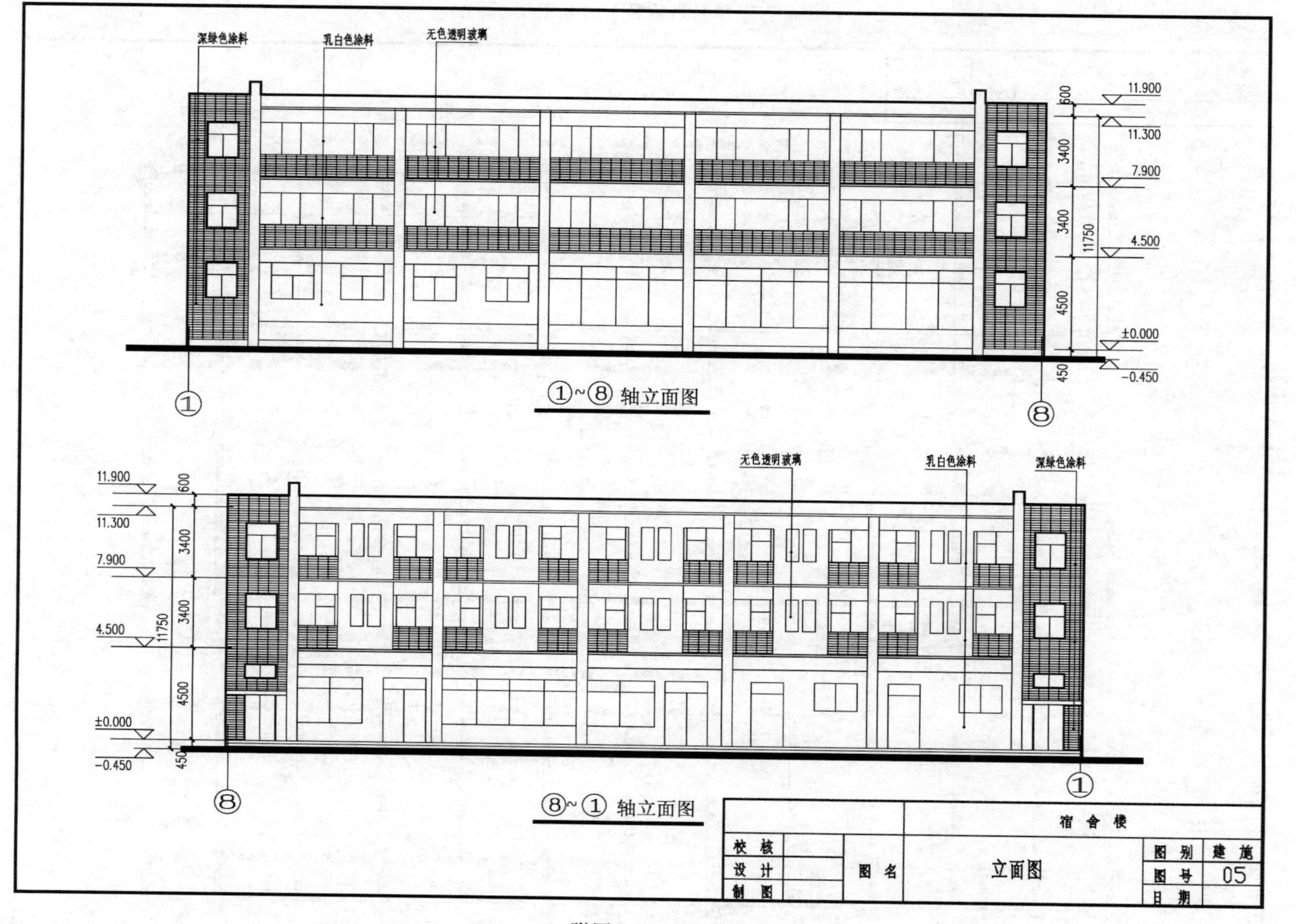
深绿色涂料
乳白色涂料
无色透明玻璃
11.900
11.300
7.900
4.500
±0.000
-0.450
600
3400
3400
4500
450
11750
①~⑧ 轴立面图
⑧~① 轴立面图
宿 舍 楼
校 核
设 计
制 图
图 名
立面图
图 别
建 施
图 号
05
日 期

附图 2-13 立面图

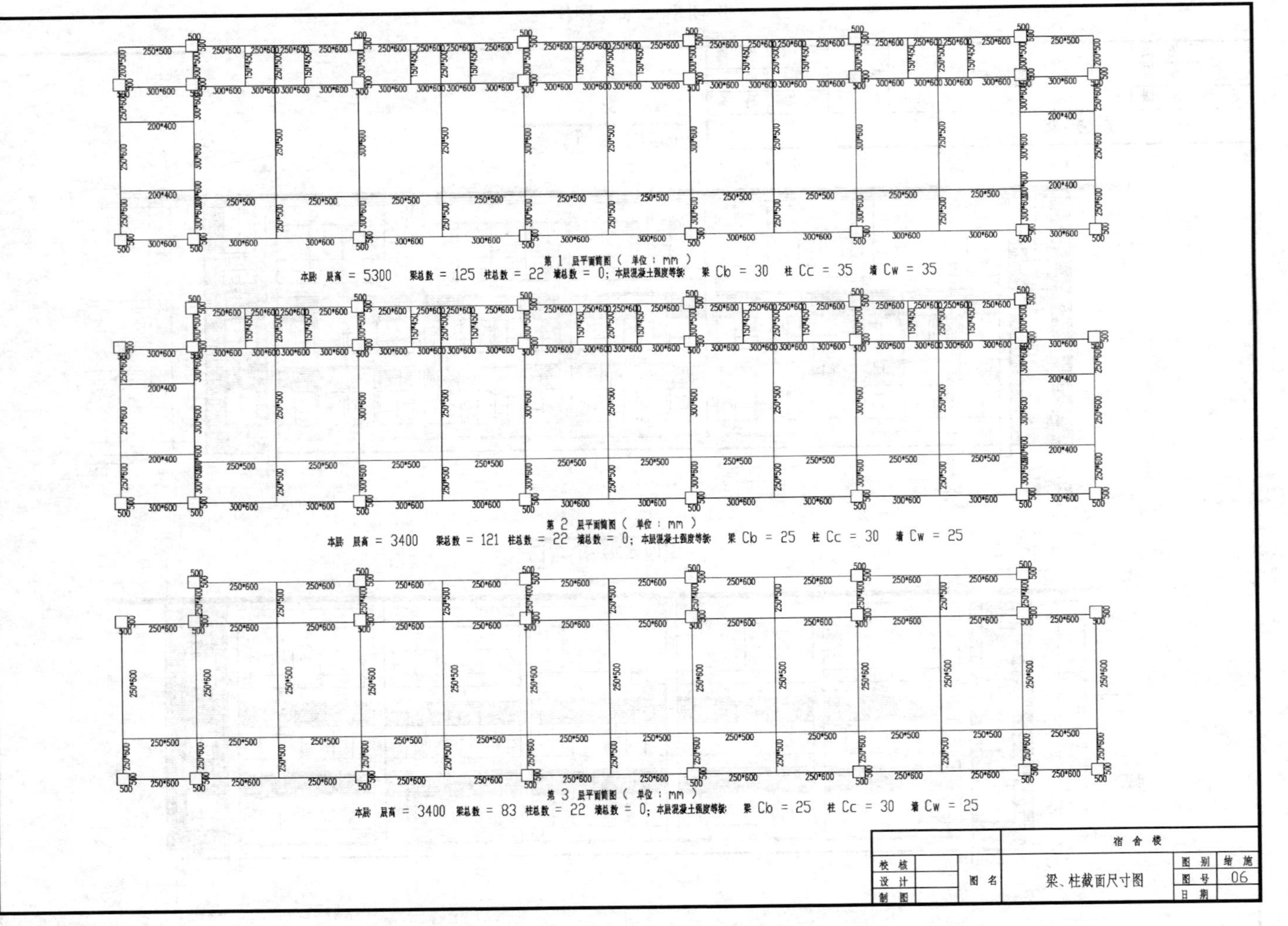

附图 2-14　各层梁柱截面尺寸图

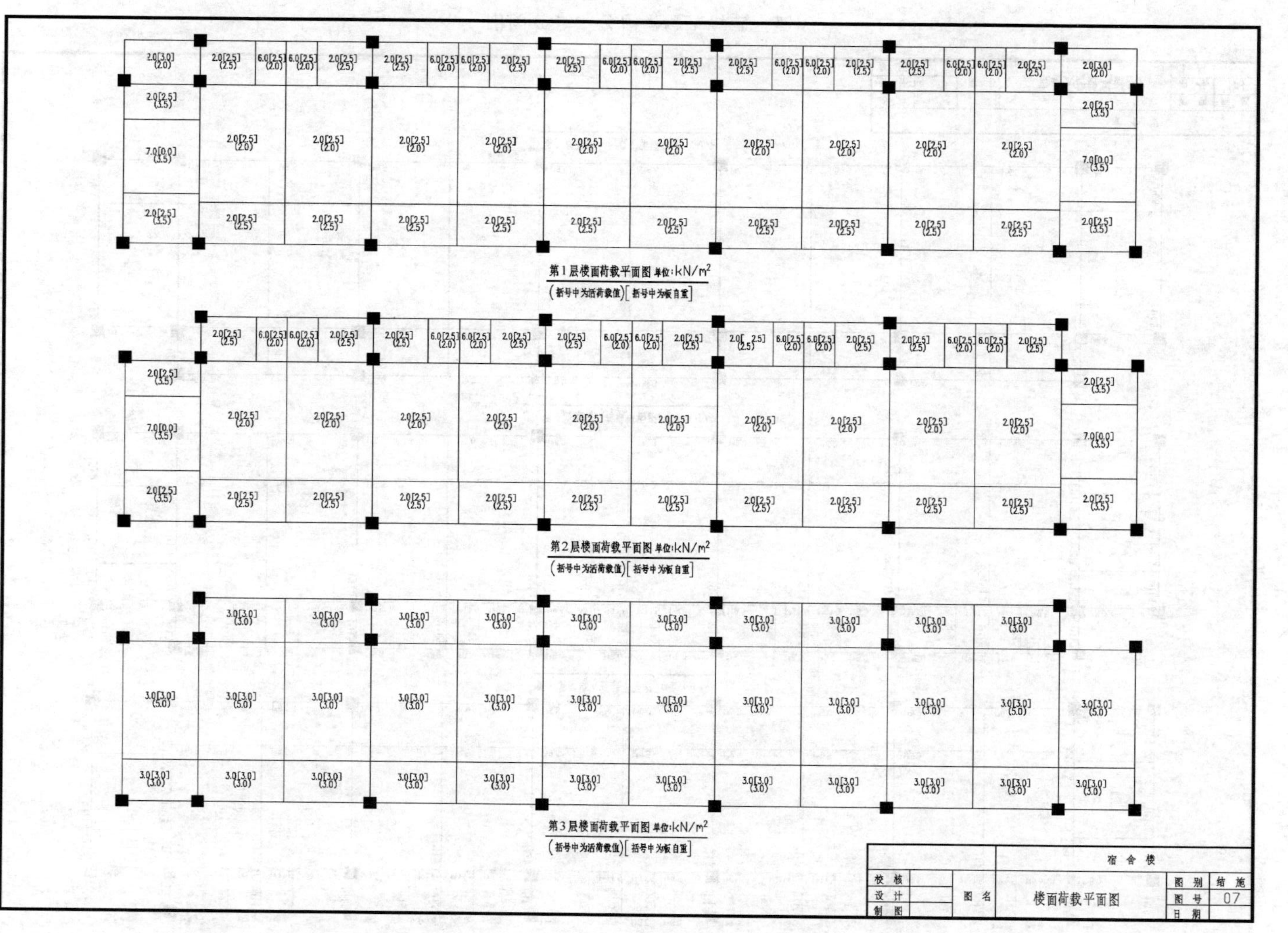

附图 2-15 各层楼面荷载平面图

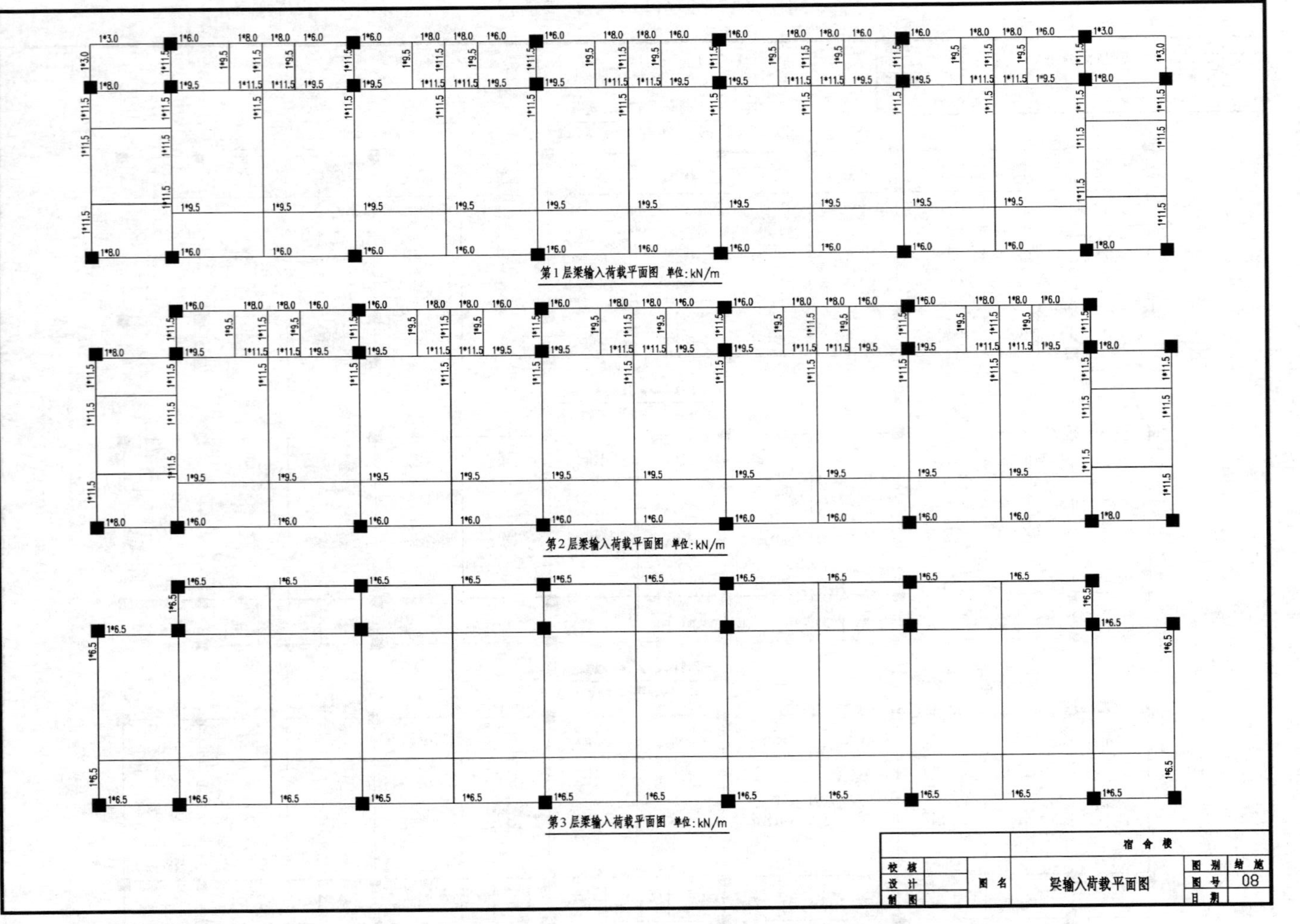

附图 2-16 各层梁输入荷载平面图

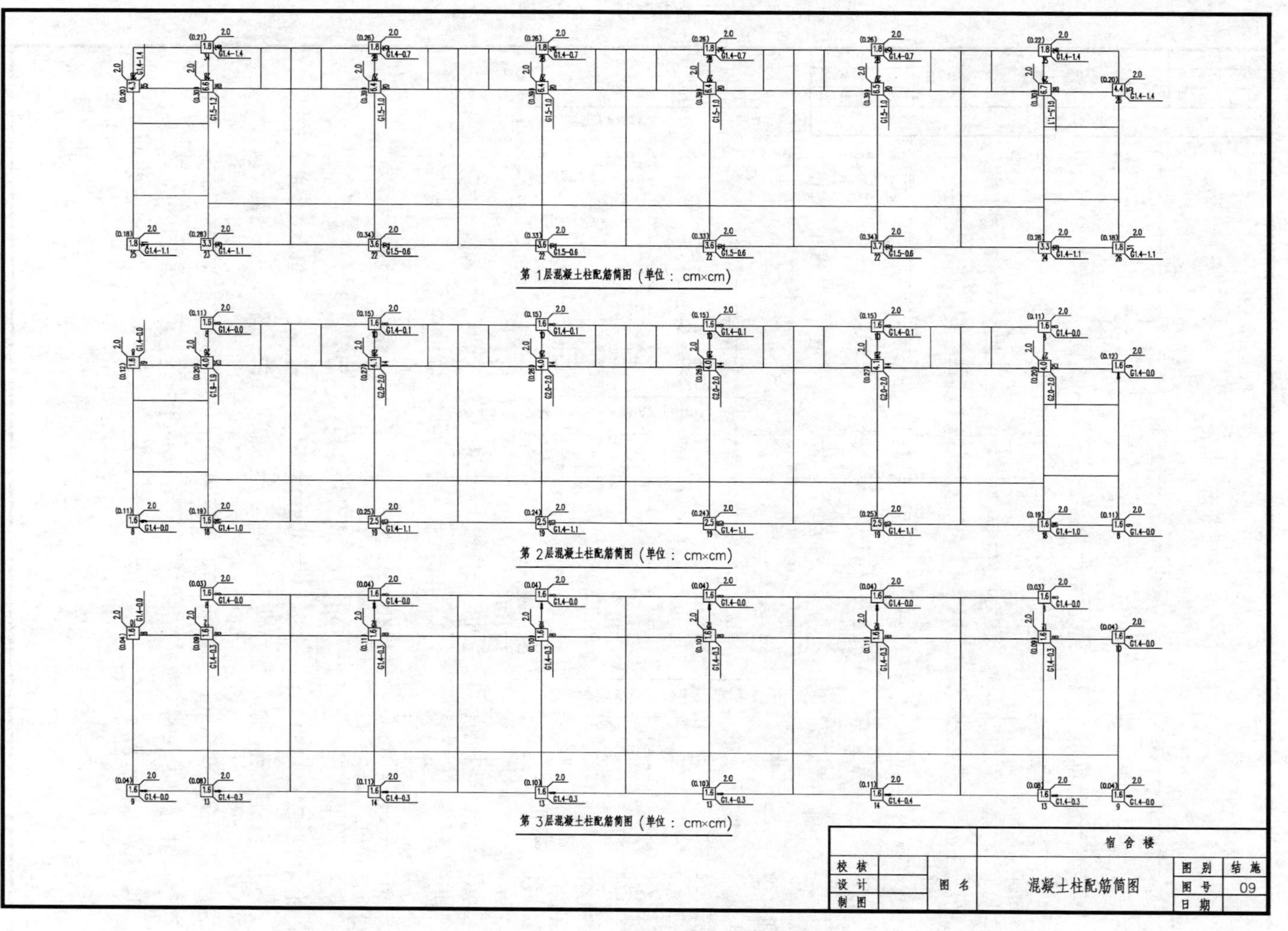

附图 2-17 各层混凝土柱配筋简图

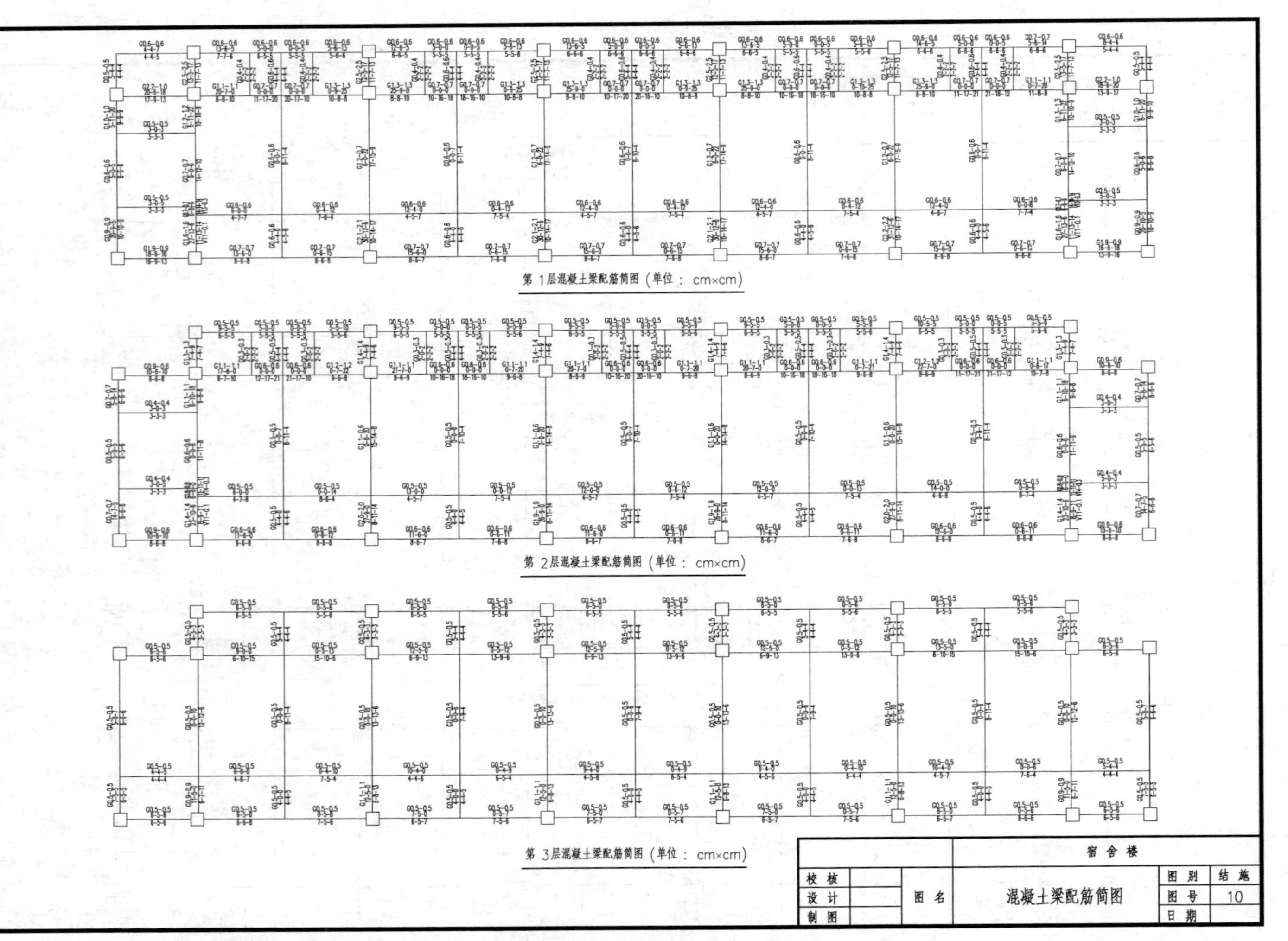

附图 2-18　各层混凝土梁配筋简图

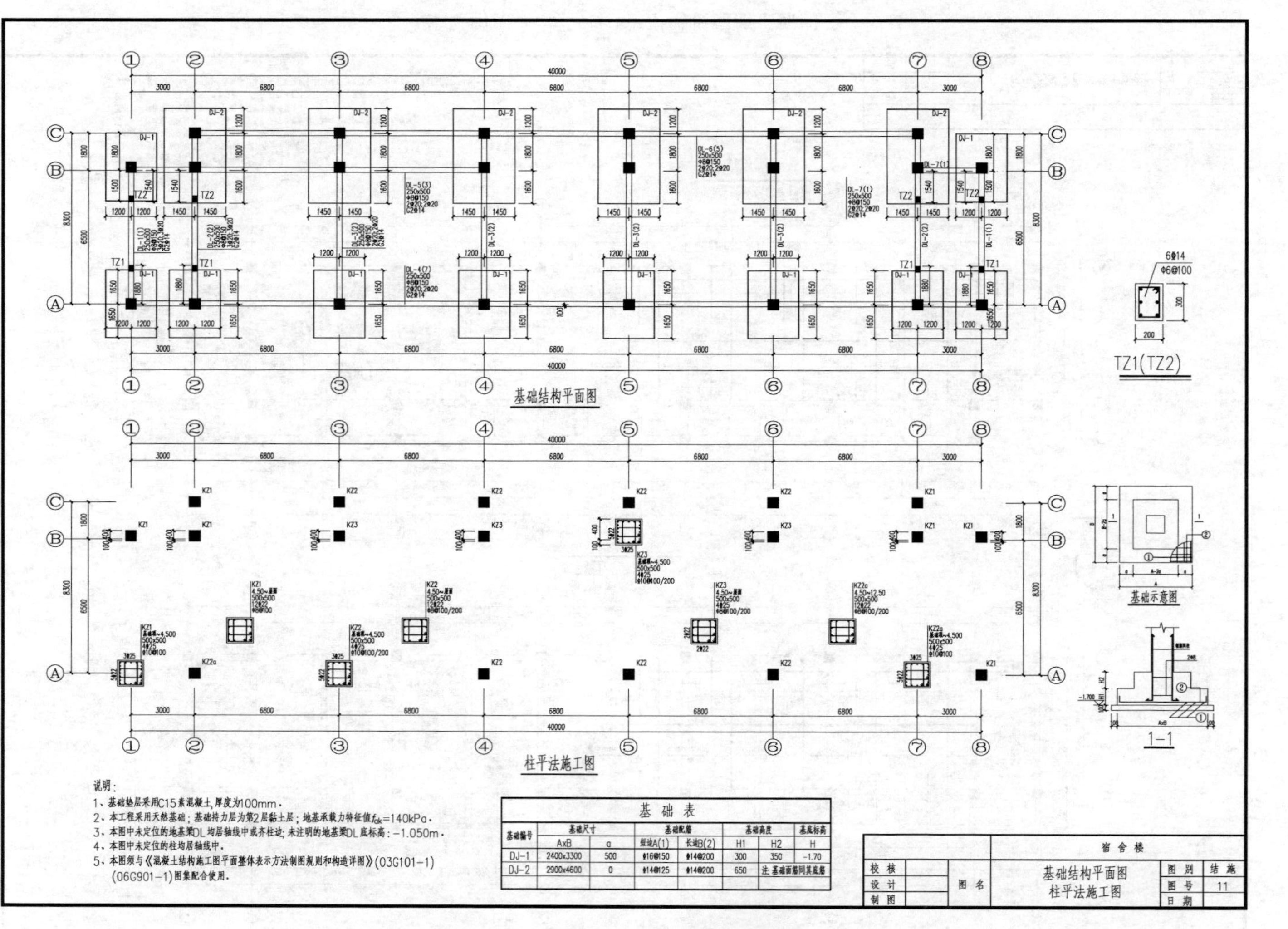

附图 2-19　基础结构平面图和柱平法施工图

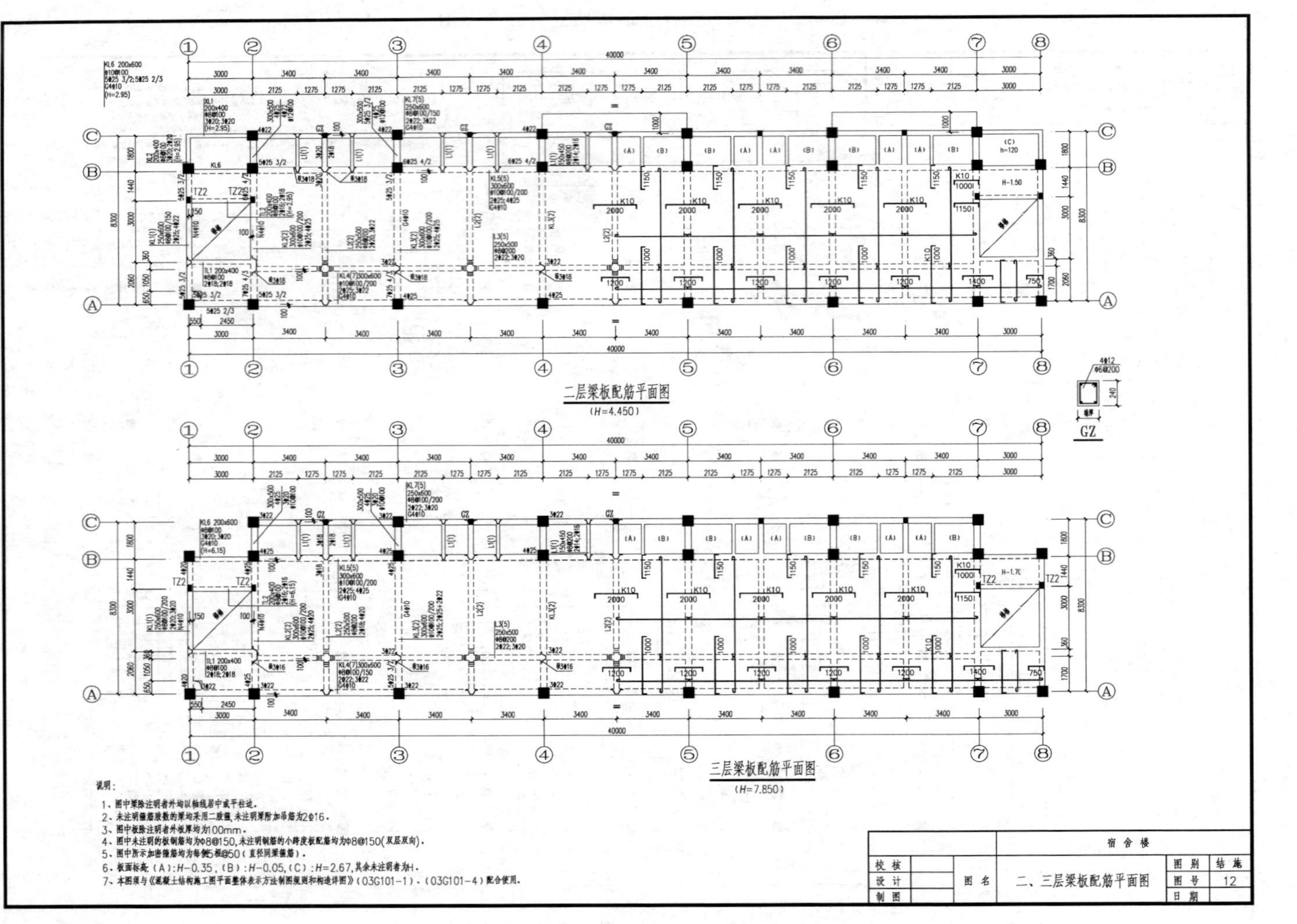

附图 2-20 二、三层梁板配筋平面图

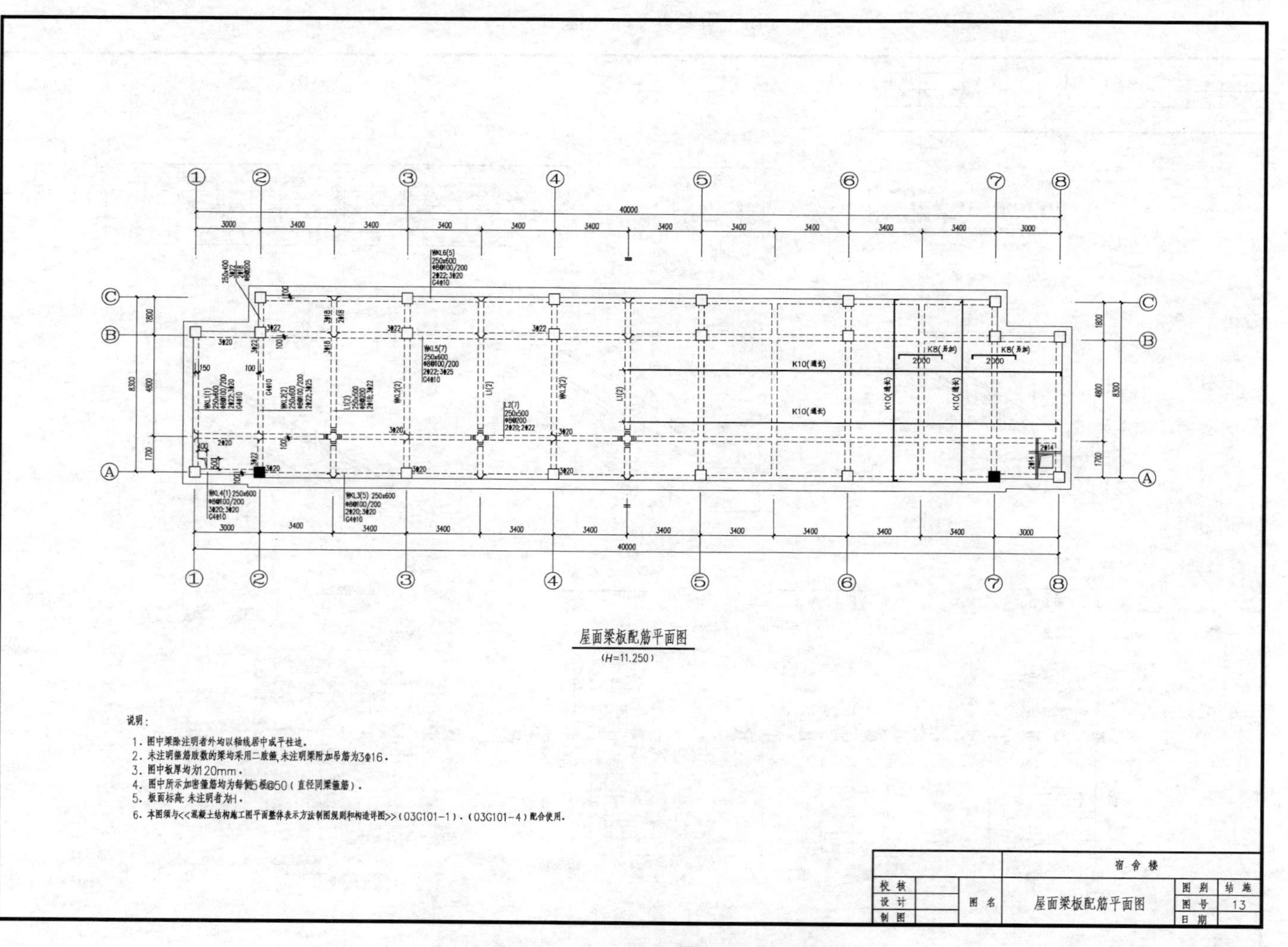

附图 2-21 屋面梁板配筋平面图

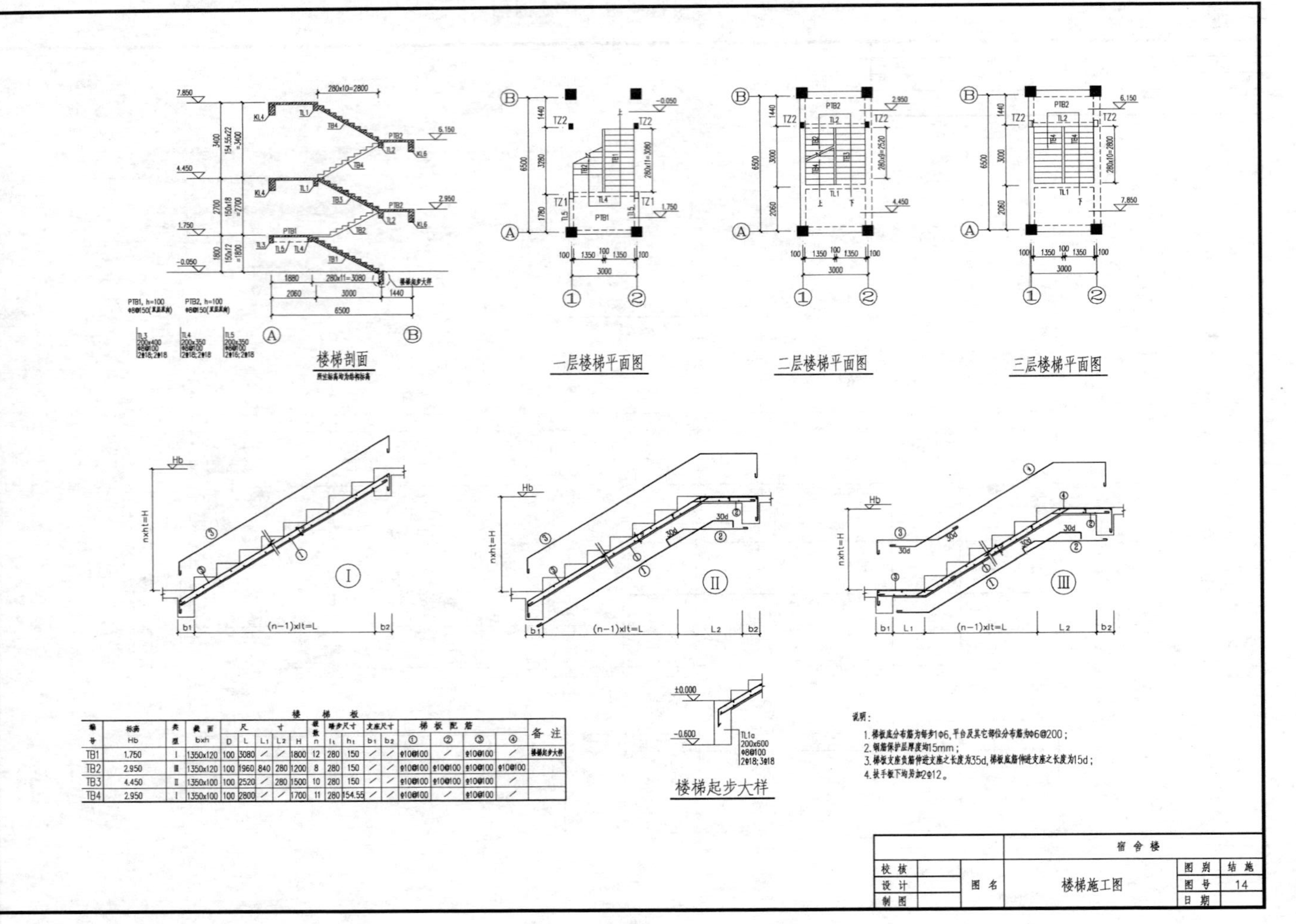

楼梯板

编号	标高 Hb	类型	截面 bxh	尺寸 D	L	L_1	L_2	H	级数 n	踏步尺寸 l_t	h_t	支座尺寸 b_1	b_2	梯板配筋 ①	②	③	④	备注
TB1	1.750	Ⅰ	1350x120	100	3080	/	/	1800	12	280	150	/	/	Φ10@100	/	Φ10@100	/	楼梯起步大样
TB2	2.950	Ⅲ	1350x120	100	1960	840	280	1200	8	280	150	/	/	Φ10@100	Φ10@100	Φ10@100	Φ10@100	
TB3	4.450	Ⅱ	1350x100	100	2520	/	280	1500	10	280	150	/	/	Φ10@100	Φ10@100	Φ10@100	/	
TB4	2.950	Ⅰ	1350x100	100	2800	/	/	1700	11	280	154.55	/	/	Φ10@100	/	Φ10@100	/	

附图 2-22　楼梯施工图

参 考 文 献

[1] GB 50011—2010（2016 年版）《建筑抗震设计规范》.

[2] GB 50010—2010（2015 年版）《混凝土结构设计规范》.

[3] JGJ 3—2010《高层建筑混凝土结构技术规程》.

[4] JGJ 99—2015《高层民用建筑钢结构技术规程》.

[5] GB 50009—2012《建筑结构荷载规范》.

[6] GB 50017—2017《钢结构设计标准》.

[7] GB 50223—2008《建筑工程抗震设防分类标准》.

[8] GB 50007—2011《建筑地基基础设计规范》.

[9] JGJ 94—2008《建筑桩基技术规范》.

[10] 杨星. PKPM 结构软件从入门到精通. 北京：中国建筑工业出版社，2008.

[11] 陈岱林，赵兵，刘民易. PKPM 结构 CAD 软件问题解惑及工程应用实例解析. 北京：中国建筑工业出版社，2008.

[12] 袁泉，朱春明. PKPM 地基基础设计入门. 北京：中国建筑工业出版社，2009.

[13] 中国建筑科学研究院建筑工程软件研究所. PKPM 基础设计软件功能详解. 北京：中国建筑工业出版社，2009.

[14] 清华大学，西南交通大学等. 汶川地震建筑震害分析及设计对策. 北京：中国建筑工业出版社，2009.

[15] 方鄂华. 高层建筑钢筋混凝土结构概念设计. 北京：机械工业出版社，2007.

[16] 高立人，方鄂华，钱稼茹. 高层建筑结构概念设计. 北京：中国计划出版社，2005.

[17] 罗福午，张惠英，杨军. 建筑结构概念设计及案例. 北京：清华大学出版社，2003.

[18] 张立力，李伟. 施工图审查结构对计算书内容及完整性要求. 建筑设计管理，2008，25(5)：41-42.

[19] 肖自强，马升东，李亮. 印象海南岛剧场大跨度钢结构仿生综述. 见：刘志军编. 2008 全国钢结构学术年会论文集. 北京：工业建筑杂志社，2008：409-411.

[20] 张震. 海口某滨海酒店的结构设计. 海南省土木建筑学会 2009 会刊.

[21] 赵菲，陈超核，黄利. 抗震概念设计在高设防烈度结构体系中的应用. 海南大学学报，2011，29(3)：242-245.

[22] 柴万先，阎红伟. 北京万达广场一期西区地下室结构设计. 见：中国中元兴华工程公司，科技论文集，2004 年.

[23] 张同亿，何维，肖自强. 北京中关村软件园“光盘”结构设计. 建筑结构，2005，35(11)：57-59.

[24] 马杰. 某砌体结构旅馆的加固设计. 四川建筑科学研究，2009，35(1)：94-95.

[25] 王啸，张鸿，王洪领. 北京饭店二期改扩建工程商业部分结构设计. 工程建设与设计，2009，7：29-33.

[26] 吴汉福，肖自强，张作运. 北京财富中心一期工程办公楼混合结构设计. 见：刘万忠，陈禄如编. 中国钢结构协会成立二十周年庆典暨 2004 钢结构学术年会论文集. 北京：工业建筑杂志社，2004：133-140.

[27] 康凯. 安贞医院外科综合楼. 见：中国中元兴华工程公司，科技论文集，2003 年.

[28] 王宁，柴万先，金怀印. 北京饭店二期豪华公寓结构设计中的难点处理. 工程建设与设计，2010，1：23-26.